K. Lauber **Chemie im Laboratorium**

K. Lauber

Chemie im Laboratorium

Einführung in die allgemeinen theoretischen Grundlagen mit Einblick in die klinische Chemie und Biochemie

3., erweiterte Auflage

Mit 104 Abbildungen und 41 Tabellen, 1975

S. Karger
Basel · München · Paris · London · New York · Sydney

1. Auflage 1964
2., verbesserte Auflage 1967
3., erweiterte Auflage 1975

CIP-Kurztitelaufnahme der Deutschen Bibliothek

Lauber, Konrad
Chemie im Laboratorium: Einf. in d. allg.
theoret. Grundlagen mit Einblick in d. klin.
Chemie u. Biochemie.
2. Aufl. u. d. T.: Lauber, Konrad: Chemie
im medizinischen Laboratorium.

ISBN 3–8055–2102–2

Printed in Switzerland by National-Zeitung AG, Basel

Inhaltsverzeichnis

Vorwort VII
Einleitung 1

Allgemeine und anorganische Chemie

I. Der reine Stoff 2
A. Spezifische Eigenschaften 2
B. Isolierung von reinen Stoffen . . . 3

II. Moleküle und Atome; Zerlegung von reinen Stoffen 9
A. Das Molekül 9
B. Thermolyse und Elektrolyse 9

III. Chemische Elemente 11

IV. Synthese; Gesetz von der Erhaltung der Masse 13

V. Gesetz der konstanten Proportionen . 14

VI. Luft und Sauerstoff 17
A. Die Luft 17
B. Sauerstoff 18

VII. Die chemische Formel 22
A. Der Bau von Gasmolekülen 22
B. Die Strukturformel 23
C. Die Bruttoformel 23

VIII. Die Wertigkeit der Elemente 25
A. Wertigkeit und Strukturformel . . . 25
B. Oxidationsstufen; Elemente mit mehreren Wertigkeiten 26

IX. Chemische Gleichungen 28

X. Wasser und Wasserstoff 31
A. Wasser 31
B. Wasserstoff 33

XI. Der Bau der Atome 34
A. Bestandteile des Atoms 34
B. Das Periodensystem der Elemente 34
C. Elektronenschalen 36
D. Isotope 37

XII. Das Atom- und Molekulargewicht; das Mol 42
A. Grösse und Masse der Atome . . . 42
B. Relative Atomgewichte 42
C. Molekulargewichte 43
D. Das Mol; die Loschmidtsche Zahl 44
E. Das Molvolumen der Gase 45
F. Umrechnungen von Substanzgewichten und Gasvolumen auf Anzahl Mol und umgekehrt 45

XIII. Elektrolyte I 47
A. Die elektrolytische Dissoziation; das Ion 47
B. Säuren und Basen 48
C. Die Neutralisation; das Val 55
D. Salze 59

XIV. Die chemische Bindung 68
A. Elektronenformeln der Elemente nach Lewis 68
B. Atombindung und kovalente Bindung 68
C. Die Ionenbindung 69
D. Polare Moleküle 70

XV. Redoxvorgänge 72
A. Oxidationsmittel 72
B. Die Reduktion 72
C. Redoxprozesse mit Wasserstoffübertragung 73
D. Redoxvorgänge mit Elektronenübertragungen 74
E. Redoxvorgänge und Wertigkeit . . 75
F. Ozon und Wasserstoffperoxid . . . 76

XVI. Thermochemie 78

XVII. Reaktionsgeschwindigkeit und chemisches Gleichgewicht 80
A. Beeinflussung der Reaktionsgeschwindigkeit 80
B. Unvollständig ablaufende Reaktionen; chemische Gleichgewichte 82
C. Das Massenwirkungsgesetz 82
D. Beeinflussung von Gleichgewichten; Regel vom kleinsten Zwang . 83
E. Eingefrorene Gleichgewichte 85

XVIII. Lösungen; Lösen und Kristallisieren . 87
A. Konzentrationseinheiten 87
B. Zubereitung von Lösungen 90
C. Der Lösungsvorgang 95

D. Die Löslichkeit 96
E. Gemeinsame Eigenschaften der Lösungen 97
F. Kristallisieren 99
G. Kristallwasserhaltige Salze 101
H. Trocknen von feuchten Substanzen 102

XIX. Elektrolyte II 104
A. Elektrochemie 104
B. Ionenaustauscher 110
C. Serumelektrolyte 112
D. Dissoziation des Wassers; der pH-Wert 113
E. Dissoziation schwacher Säuren und Basen; Indikatoren 118
F. Hydrolyse 121
G. Puffer 124
H. Das Löslichkeitsprodukt 128
I. Der Säure-Basen-Begriff von Brönsted 129

XX. Acidimetrische Titration 131

XXI. Die Halogene; Oxidimetrie 137
A. Die Halogengruppe 137
B. Oxidimetrische Titrationen; Jodometrie 143

XXII. Stöchiometrie 148
A. Massen-(Gewichts-)Anteil von Elementen an einer Verbindung . . 148
B. Berechnung von Reaktionsumsätzen 150

XXIII. Leichtmetalle 155
A. Alkalimetalle 155
B. Erdalkalimetalle 156
C. Aluminium 158

XXIV. Stickstoff- und Sauerstoffgruppe . . . 160
A. Die V. Hauptgruppe 160
B. Die VI. Hauptgruppe 166

XXV. Komplexverbindungen 168

XXVI. Säurebildende Metalle 173

XXVII. Einige Schwermetalle 177

XXVIII. Glas 181

Organische Chemie und Biochemie

I. Aliphatische Verbindungen 185
A. Kohlenwasserstoffe 185
B. Halogen-kohlenwasserstoffe 194
C. Alkohole 196
D. Äther 202
E. Aldehyde und Ketone 205
F. Carbonsäuren 210
G. Halogen-carbonsäuren 214
H. Hydroxy-carbonsäuren und Keto-carbonsäuren 215
I. Carbonsäure-halogenide 219
J. Carbonsäure-anhydride 220
K. Ester 221
L. Fette 226
M. Kohlenhydrate 232
N. Organische Schwefelverbindungen 242
O. Amine und andere aliphatische N-Verbindungen 245
P. Aminosäuren 249
Q. Amide und Peptide 252
R. Proteine 255
S. Enzyme 270

II. Isozyklische Verbindungen 280
A. Aromatische Verbindungen 280
B. Alizyklische Verbindungen 303
III. Heterozyklische Verbindungen 311
A. Furan, Thiophen und Pyrrol 311
B. Porphyrine und deren Derivate . . 312
C. Indol und dessen Derivate 316
D. Fünfgliedrige Ringe mit zwei und mehr Heteroatomen 317
E. Sechsringe mit Stickstoff 318
F. Purine 319
G. Nucleinsäuren und Nucleotide . . 319
H. Chelatkomplexe 323

Die wichtigsten aliphatischen und aromatischen Verbindungstypen 326

Anhang: Analytische Methoden 329
A. Übersicht 329
B. Chromatographie 331
C. Photometrie 337
D. Potentiometrie, Bestimmung von Ionenkonzentrationen mit Hilfe von Spannungsmessungen 344

Antworten zu den Kontrollfragen 348
Sachregister 357

Vorwort

Vor elf Jahren erschien die erste, drei Jahre später die wenig veränderte zweite Auflage dieses Buches. Die beiden Ausgaben mit dem Titel «Chemie im medizinischen Laboratorium» waren in erster Linie für den Unterricht an Schulen für medizinische Hilfsberufe geschaffen worden – und scheinen die zugedachte Aufgabe auch weitgehend erfüllt zu haben. Die rasche Entwicklung, vor allem auf dem Gebiet der Biochemie und auch der analytischen Techniken, hat nach einer gründlichen Überarbeitung des Lehrmittels gerufen. In den letzten Jahren ist zudem von verschiedener Seite angeregt worden, das Buch sollte so revidiert werden, dass es auch den Bedürfnissen des Chemielaboranten Rechnung trage. Der Verfasser – seit acht Jahren u.a. an der Gewerbeschule Bern als Chemielehrer für Laboranten tätig – hat nun diesem Wunsch zu entsprechen versucht. Sowohl der allgemeine als auch der organische Teil sind derart erweitert und gleichzeitig modernisiert worden, dass die Laborfachleute aller Richtungen daraus das von ihrem Beruf geforderte chemische Basiswissen schöpfen können. Bei aller Verbreiterung ist, dem ursprünglichen Konzept entsprechend, der Biochemie und der klinischen Chemie auch in dieser Auflage besondere Aufmerksamkeit geschenkt worden. Das Buch kann daher nach wie vor der angehenden medizinischen Laborassistentin als Lehrgang, den fertig ausgebildeten medizinischen Berufsleuten zum Auffrischen von verblassten Kenntnissen bestens empfohlen werden.

Für die sorgfältige und kritische Durchsicht von Manuskript und Korrekturabzügen bin ich den Herren René Gentinetta und Bernhard Ruef zu grossem Dank verpflichtet. Allen nimmermüden «Geburtshelfern» des Buches vom Karger-Verlag, insbesondere den Herren Schüler und Pfäffli, möchte ich für angenehme Zusammenarbeit meine Anerkennung zollen. Ein Kränzlein gebührt nicht zuletzt meiner Familie, die sich geduldig damit abfand, von ihrem gesetzlich anerkannten Oberhaupt während vieler Monate nur einen über den Schreibtisch gebeugten Rücken zu sehen.

März 1975 Konrad Lauber

Einleitung

Definition der Chemie

Die Chemie ist die Lehre von den Stoffen und ihren Veränderungen.

Verschiedene Gebiete der Chemie

1. Allgemeine Chemie
Die allgemeine Chemie befasst sich mit den Eigenschaften der Stoffe, deren Aufbau und den Gesetzen, nach denen sie sich verändern. Sie gibt Aufschluss über das Verhalten und die gegenseitige Beeinflussung der Stoffe unter den verschiedensten Umweltbedingungen.

2. Analytische Chemie
Die analytische Chemie hat die Aufgabe, die Zusammensetzung der einzelnen Stoffe zu ermitteln und sie in ihre Bestandteile zu zerlegen.
Die **qualitative Analyse** befasst sich mit dem **Nachweis** von Einzelstoffen in Gemischen. Sie beantwortet die Frage: **«Ist ein gewisser Stoff vorhanden oder nicht?»** Zum Beispiel: «Enthält ein Urin Zucker, ein Mineralwasser Eisen?»
Die **quantitative Analyse** beschäftigt sich mit der **Bestimmung der Menge** von Stoffen, dem prozentualen Anteil der Komponenten einer Stoffkombination. Sie gibt Antwort auf die Frage: **«Wieviel eines bestimmten Stoffes liegt vor?»** Zum Beispiel: «Wie viele Milligramm Glucose enthalten 100 Milliliter Blut, wie viele Kubikzentimeter Kohlendioxid 10 Liter Luft?»

3. Synthetische Chemie
Die synthetische Chemie arbeitet mit der Herstellung und Umwandlung von Stoffen, dem Aufbau von komplizierten aus einfachen Verbindungen. Ihr verdanken wir alle künstlichen Medikamente, Farbstoffe, Textilfasern, Plastikmaterialien usw.

Das Wissensgebiet der Chemie wird auch noch folgendermassen eingeteilt:

a) Anorganische Chemie. Unter der anorganischen Chemie versteht man heute die Chemie sämtlicher Substanzen, welche keinen Kohlenstoff enthalten.

b) Organische Chemie. Die organische Chemie umfasst die Chemie der kohlenstoffhaltigen Verbindungen.

Eine andere Grenze lässt sich auch zwischen folgenden Hauptgebieten ziehen:

Chemie der unbelebten Materie («Reagensglas-Chemie»)
Chemie der Lebensvorgänge = Biochemie (oder physiologische Chemie)

Allgemeine und anorganische Chemie

I. Der reine Stoff

Die irdische Materie (Gesteine, Humus, Meer- und Binnenwasser, Lebewesen, Luft) besteht aus **Stoffgemischen.** Das chemische Verhalten eines Stoffes kann nur untersucht werden, wenn er rein und ohne alle Beimengungen vorliegt. Eine wichtige Aufgabe von Wissenschaft und Technik ist daher die Isolierung von **reinen Stoffen** aus den natürlichen Gemischen. Zur Trennung von Stoffgemischen stehen eine Reihe von physikalischen Operationen zur Verfügung. Alle Trennverfahren machen sich die Unterschiede in den **spezifischen Eigenschaften** der einzelnen Stoffe zunutze.

A. Spezifische Eigenschaften

Tabelle I. Dichte, Schmelzpunkt und Siedepunkt einiger Elemente und Verbindungen

Elemente	Dichte g/cm³	Smp °C	Sdp °C	Verbindungen	Dichte g/cm³	Smp °C	Sdp °C
Aluminium	2,70	660	2500	Aceton	0,79	−95	56
Argon	0,00178	−189	−186	Äther	0,713	−116	35
Blei	11,3	327	1750	Äthylalkohol	0,789	−114	78
Brom	3,14	−7	59	Ammoniak	0,00077	−78	−33
Chlor	0,00321	−101	−34	Benzol	0,879	5	80
Eisen	7,86	1535	2730	Chloroform	1,498	−63	61
Gold	19,3	1063	2960	Essigsäure	1,05	17	118
Helium	0,000178	−271[1]	−269[1]	Kohlendioxid	0,00198	−57 5At	−78 sub
Jod	4,93	114	184	Kohlenmonoxid	0,00125	−207	−90
Kohlenstoff (Graphit)	2,25	3570[1]	4350	Methan	0,00072	−184	−161
Kupfer	8,93	1083	2595	Methylalkohol	0,796	−98	65
Magnesium	1,74	650	1102	Natriumchlorid	2,16	801	1413
Neon	0,000900	−249	−246	Natriumhydroxid	2,13	318	1390
Osmium	22,48[1]	2700	ca. 5300	Salpetersäure	1,50	−42	86
Platin	21,45	1769	4400	Salzsäure	0,00164	−112	−84
Quecksilber	13,5	−39	357	Schwefeldioxid	0,00293	−73	−10
Sauerstoff	0,00143	−219	−183	Schwefelsäure	1,83	10	338
Silber	10,5	960	ca. 2170	Schwefelwasserstoff	0,00154	−83	−62
Stickstoff	0,00125	−210	−196	Tetrachlorkohlenstoff	1,63	−23	76
Uran	18,9	1130	ca. 3500	Trichloressigsäure	1,63	57	197
Wasserstoff	0,000089[1]	−259	−253	Wasser	1,000	0	100
Wolfram	19,3	3380	ca. 6000[1]	Wasserstoffperoxid	1,46	−89	152

[1] Höchste bzw. tiefste überhaupt vorkommende Dichte, Schmelzpunkt bzw. Siedepunkt.

Jeder einheitliche Stoff hat Eigenschaften, die nur ihm zukommen, ihn somit von allen andern Stoffen unterscheiden. Solche Eigenschaften heissen **spezifische, die Stoffart auszeichnende Eigenschaften.** Sie ermöglichen die eindeutige

Charakterisierung jedes einzelnen der bekannten mehreren hunderttausend Stoffe. Wichtigste spezifische Eigenschaften eines Stoffes sind sein **Schmelzpunkt** (Smp), sein **Siedepunkt** (Sdp) und seine **Dichte.** Von Bedeutung sind ferner seine **Löslichkeit** in verschiedenen Lösungsmitteln, die **elektrische Leitfähigkeit,** der **Lichtbrechungsindex,** das **Lichtabsorptionsvermögen** und bei Festkörpern **Kristallstruktur** und **Härte.**

Der Schmelzpunkt (Erstarrungspunkt oder Gefrierpunkt) ist die Temperatur, bei welcher ein Stoff vom festen in den flüssigen Zustand (oder umgekehrt) **übergeht.** Er ist die Grenztemperatur, bei welcher der flüssige und der feste Aggregatzustand nebeneinander bestehen können.

Der Siedepunkt (Kondensationspunkt) einer Flüssigkeit ist die Temperatur, bei der ihr Dampfdruck dem Druck von 760 mm Quecksilbersäule entspricht (mittlerer Luftdruck auf Meereshöhe).

Die Dichte (für die Erdoberfläche zahlenmässig gleich dem spezifischen Gewicht) **ist definiert als Masse pro Volumeneinheit** (Gramm pro Kubikzentimeter).

B. Isolierung von reinen Stoffen

Die seit alters her bekannten Methoden zur Separierung von Stoffgemischen sind die **Filtration, Zentrifugation, Destillation, Kristallisation** und **Extraktion.** Eine Zusammenstellung der meisten heute gebräuchlichen Trennmethoden findet sich im Anhang (S. 329). Alle diese Verfahren basieren auf physikalischen Vorgängen.

Durch physikalische Operationen werden die spezifischen Eigenschaften der Stoffe nicht verändert. Der Bau der kleinsten Teilchen (Moleküle), welche noch die Eigenschaften des betreffenden Stoffes haben, bleibt erhalten. Stoffe, welche durch keine der verfügbaren Trennmethoden zerlegt werden können, sind einheitlich oder rein.

Ein reiner Stoff kann durch physikalische Operationen nicht in Bestandteile mit verschiedenen Eigenschaften zerlegt werden. Seine kleinsten Teilchen, die Moleküle, sind unter sich identisch (vgl. auch Kapitel «Bau der Atome», S. 34 ff.).

Beispiele von Gemischen:
Quellwasser (Wasser+Salze+Gase)
Blutserum (Wasser+Proteine+Salze+Fette+Zucker+Harnstoff+Aminosäuren+Hormone usw.)
Luft (Stickstoff+Sauerstoff+Edelgase+Kohlendioxid)

Beispiele von reinen Stoffen:
Wasser, Sauerstoff, Äthylalkohol, Kochsalz, Eisen, Glucose, Chlor, Vitamin A.
Die verschiedenen Stoffe eines Gemisches können verschiedene Aggregatzustände haben.

Wir unterscheiden als Gemischkomponenten: Feststoffe, Flüssigkeiten, gelöste Feststoffe (flüssig), gelöste Gase (flüssig), Gase.

1. Trennung verschiedener Feststoffe

a) Schlämmen

Ausnützung der **verschiedenen Sinkgeschwindigkeit** der Gemengepartikel in einer Flüssigkeit. Beispiel: Goldkörner sinken in Wasser rascher als der spezifisch leichtere Sand gleicher Korngrösse.

b) Extraktion

Ausnützung der **verschiedenen Löslichkeit** der Gemischanteile. Eine oder mehrere Gemischkomponenten werden mit einem Lösungsmittel aufgelöst, in welchem der Rest des Gemisches unlöslich ist. Dann wird eines der Trennverfahren für Fest-flüssig-Gemische angewandt. Beispiele: Kochsalz/Lehm, Wasser als Lösungsmittel; Fett in tierischem oder pflanzlichem Gewebe, Äther als Lösungsmittel.

2. Trennung von Flüssigkeiten und Feststoffen

a) Filtration

Ausnützung des **unterschiedlichen Aggregatzustandes** (Schmelzpunktes) der Gemischkomponenten. Das Gemisch wird auf ein Sieb (Filter) gegeben, dessen «Maschen» kleiner sein müssen als die kleinsten Partikel der Feststoffkomponente. Die flüssige Komponente läuft als **Filtrat** durch das Filter, der Feststoff bleibt als **Rückstand** auf dem Filter. Als Filtermaterial dient in erster Linie **Fliesspapier.** Je nach Partikelgrösse des suspendierten Feststoffes werden verschieden «harte» Papierqualitäten verwendet. Je feiner die Suspension, um so härter (feinporiger) muss das Papier sein – um so langsamer läuft anderseits die Filtration. Zum Filtrieren von aggressiven Flüssigkeiten (starke Laugen oder Säuren) müssen Glas- oder Porzellanfilter verwendet werden. Wird der Rückstand zur Aschebestimmung verbrannt oder sonst hoch erhitzt, empfiehlt sich die Verwendung eines sogenannten Gooch-Tiegels (Abb. 3).

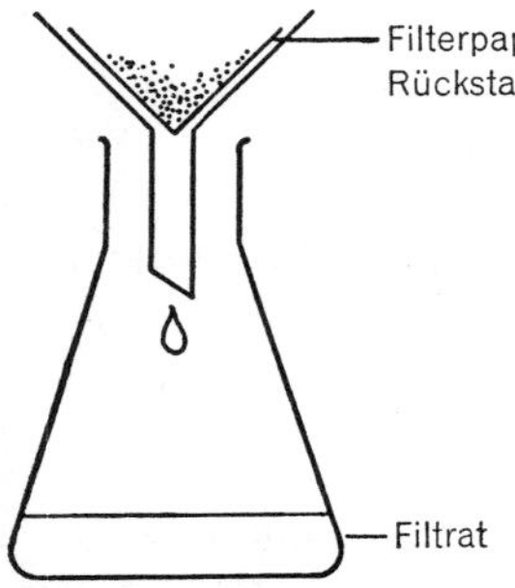

Abb. 1. Gewöhnliche Filtration.

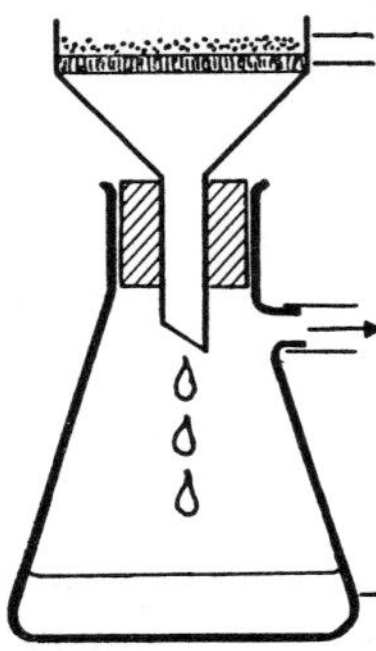

Abb. 2. Vakuumfiltration.

Abb. 3. Porzellanfiltertiegel mit glasierter Wand und porösem Boden (Gooch-Tiegel).

Jede Filtration kann durch Anwendung eines Druckunterschieds beidseitig des Filters beschleunigt werden (Saugen unter oder Drücken über dem Filter). Bequem und oft angewandt ist die **Vakuumfiltration** mit Hilfe einer Wasserstrahlpumpe (Abb. 2). Die Trennung von Flüssigkeit und Feststoff ist hier bedeutend besser, der Rückstand wird trockener als bei der gewöhnlichen Filtration. Enthält das Filtrat noch gelöste Stoffe, wird der Rückstand vor dem Trocknen oder der sonstigen Weiterverarbeitung mit reinem Lösungsmittel **nachgewaschen.**

b) Zentrifugation

Ausnützung der **verschiedenen Dichte** der Gemischanteile. Bei langem Stehen einer Suspension sinkt der fein verteilte Feststoff allmählich als **Sediment** zu Boden. Die über dem Sediment stehende Flüssigkeit wird allmählich klar und kann durch Abgiessen oder Absaugen vom Bodensatz getrennt werden. Die Schwerkraft, welche diese Separation bewirkt, kann durch die **Fliehkraft einer Zentrifuge** um ein Vielfaches übertroffen werden.

Für alle Zentrifugenarten gilt dasselbe Prinzip: Das Zentrifugengefäss (dickwandiges Glas oder Kunststoff) mit dem zu trennenden Gemisch wird in einen Halter gestellt oder gehängt, der in rasche Rotation versetzt wird. Man unterscheidet zwei Haupttypen: **Ausschwingzentrifuge** (Abb. 4) und **Winkelkopfzentrifuge** (Abb. 5).

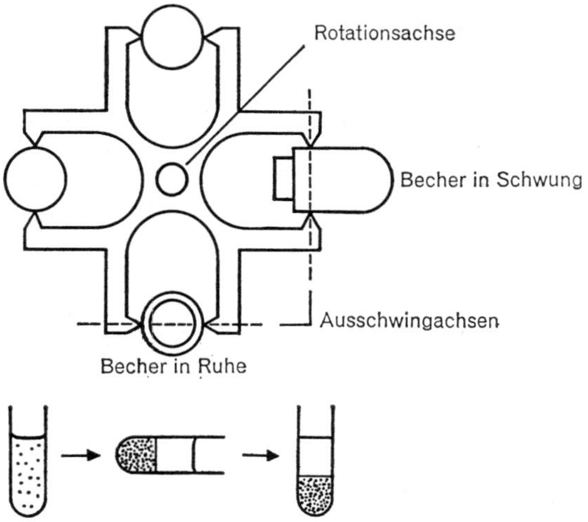

Abb. 4. Ausschwingzentrifuge.

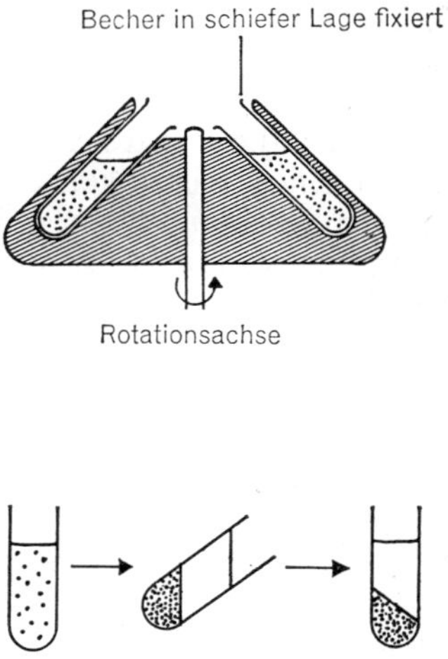

Abb. 5. Winkelkopfzentrifuge.

Es existieren zahlreiche Spezialausführungen für grösste und kleinste Flüssigkeitsmengen, für wenig und viel Einzelgefässe, mit oder ohne Kühlung usw.

Das Mass für die Leistungsfähigkeit einer Zentrifuge ist ihre **Zentrifugalbeschleunigung,** nicht allein ihre Tourenzahl. Die Beschleunigung wird meist in **Vielfachen der Gravitationsbeschleunigung** *g* angegeben. Sie berechnet sich wie folgt:

$$\textbf{Anzahl } g = \frac{4\pi^2 \cdot R \cdot U^2}{3600 \cdot 981} \approx \frac{RU^2}{90000}$$

R = mittlerer Schwingradius in cm;
U = Tourenzahl/min.

Eine Zentrifuge mit 18 cm Radius und 2000 Touren/min entwickelt demnach 800 *g*.

Die **Sedimentationszeit** (Zeit bis Überstand vollkommen klar) ist **um so kürzer,**

1. je grösser die Partikel der Suspension,
2. je geringer die Viskosität (Zähigkeit) der Flüssigkeit,
3. je grösser der Dichteunterschied Festpartikel/Flüssigkeit,
4. je grösser die Zentrifugalbeschleunigung.

Das Produkt aus Sedimentationszeit und Beschleunigung ist für eine bestimmte Suspension annähernd konstant. Bei verdreifachter *g*-Zahl dauert z.B. die Sedimentation dreimal weniger lang. Mit guten Laborzentrifugen erreicht man 1500–3000 *g*. Eine Suspension setzt sich in einer solchen Maschine 1500- bis 3000mal rascher als bei freiem Stehen. Enthält die Flüssigkeit noch gelöste Stoffe, kann das Sediment zwecks Reinigung nach dem Abtrennen des Überstandes beliebig oft in reinem Lösungsmittel wieder aufgewirbelt und erneut zentrifugiert werden. Im klinischen Labor wird die Zentrifugation der Filtration meist vorgezogen (Gefahr der Verunreinigung durch die Filtriereinrichtung, Materialverlust im Filter). Bei viskösen Flüssigkeiten einerseits und sehr feiner Verteilung des Feststoffes anderseits versagt die Filtration ohnehin in vielen Fällen.

3. Trennung verschiedener Flüssigkeiten

a) Destillation

Ausnützung der **unterschiedlichen Siedepunkte** der Gemischpartner. Beim Erhitzen eines Flüssigkeitsgemisches verdampft zuerst die Komponente mit dem tiefsten Siedepunkt. Der gebildete Dampf wird in einem **Kühler** wieder **kondensiert** und als **Destillat** aufgefangen. Die Trennung von zwei Flüssigkeiten ist um so leichter, je weiter auseinander ihre Siedepunkte liegen.

Merke:
Nie im vollständig geschlossenen System destillieren!
(Druckausgleich ermöglichen.)

Abb. 6. Gewöhnliche Destillation.

Für hochsiedende Flüssigkeiten und vor allem solche, welche keine hohen Temperaturen ertragen, wird die **Vakuumdestillation** angewandt.

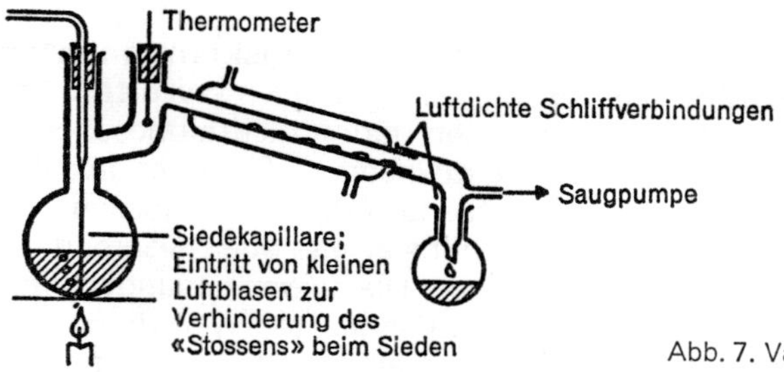

Abb. 7. Vakuumdestillation.

Durch Evakuieren des Destillationssystems mit einer Wasserstrahlpumpe kann der Siedepunkt der meisten Flüssigkeiten um zirka 100 °C gesenkt werden.

b) Zentrifugation

Ausnützung der **verschiedenen Dichte** der Gemischkomponenten. Die Methode ist nur anwendbar, wenn es sich um eine **Emulsion** handelt, d.h. eine feine Verteilung von zwei Flüssigkeiten, die nicht unbeschränkt ineinander löslich sind. Die Trennung erfolgt wie unter 2. beschrieben (S. 5). Die spezifisch schwerere Flüssigkeit sedimentiert, die leichtere **rahmt auf** (Beispiel: Öl in Wasser, Milch).

4. Trennung von Flüssigkeit und gelöstem Feststoff

a) Destillation

Ausnützung der **unterschiedlichen Siedepunkte** von Lösungsmittel und gelöstem Stoff. Gleiches Vorgehen wie bei der Trennung verschiedener Flüssigkeiten. Der Destillierrückstand ist fest (vgl. S. 6). Oft ist das Lösungsmittel uninteressant (Wasser); dann wird im **offenen Gefäss eingedampft.** Ist der gelöste Stoff **hitzeempfindlich,** wird entweder **im Vakuum abgedampft** (s. oben) oder bei Zimmertemperatur **eingedunstet.** Das Verdunsten kann durch Aufblasen von Luft (evtl. Stickstoff) und durch Vergrössern der Flüssigkeitsoberfläche beschleunigt werden.

5. Trennung verschiedener gelöster Stoffe

Die Isolierung einzelner Stoffe aus einem Lösungsverband gehört zu den Hauptaufgaben der analytischen und somit auch der medizinischen Chemie. Die meisten im Anhang auf Seite 329 aufgeführten Methoden befassen sich mit diesem Problem.

a) Kristallisation

Ausnützung der **unterschiedlichen Löslichkeit der gelösten Substanzen.** Die Lösung wird abgekühlt oder teilweise eingedampft, bis einer der gelösten Stoffe seine Sättigungsgrenze erreicht und auskristallisiert; dann wird filtriert oder zentrifugiert. **Die Trennung ist unvollständig.** Es bleibt immer ein Teil der auskristallisierten Substanz in Lösung (vgl. auch S. 99 f.).

b) Extraktion

Ausnützung der **unterschiedlichen Löslichkeit der Lösungskomponenten in verschiedenen Lösungsmitteln.** Die Lösung wird mit einem **zweiten Lösungsmittel** durchgeschüttelt. Die zwei Flüssigkeiten dürfen nicht unbeschränkt ineinander löslich sein («nicht mischbare Lösungsmittelpaare»). Einer der gelösten Stoffe (oder eine Stoffgruppe) muss im zweiten Lösungsmittel besser löslich sein als im ersten. Er geht beim Schütteln aus dem ersten ins zweite über, während die übrigen Gemischkomponenten im ersten zurückbleiben. Die beiden Lösungen werden im **Scheidetrichter** separiert (Abb. 8). Der extrahierte Stoff wird durch Destillation vom Lösungsmittel getrennt. Meist führt eine einmalige Ausschüttelung zu einer unvollständigen Trennung. Die beiden Schichten im Scheidetrichter können aber beliebig oft mit frischem «Gegenlösungsmittel» (die Ätherschicht mit Wasser, die Wasserschicht mit Äther) «nachgewaschen» werden.

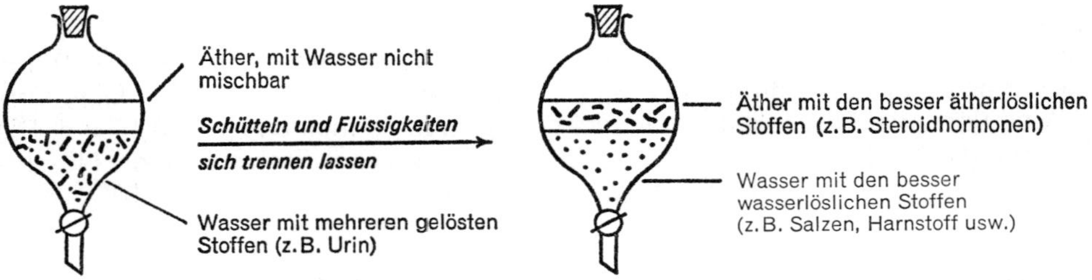

Abb. 8. Extraktion.

6. Trennung von Flüssigkeit und gelöstem Gas

a) Austreiben der Gase durch Erhitzen

Ausnützung der **Temperaturabhängigkeit der Gaslöslichkeit.** Beispiel: Durch Aufkochen kann destilliertes Wasser praktisch vollständig vom gelösten Kohlendioxid befreit werden.

b) Austreiben der Gase durch Druckerniedrigung

Ausnützung der Druckabhängigkeit der Gaslöslichkeit.

7. Trennung verschiedener Gase

a) Verflüssigung und Destillation des Flüssigkeitsgemisches

Zur Trennung von Luft in Sauerstoff, Stickstoff und Edelgase wird diese durch Abkühlen verflüssigt und dann destilliert (vgl. Abschnitt 3, S. 6).

Für alle physikalischen Trennoperationen gilt gemeinsam:
Durch blosses Mischen der isolierten Reinstoffe kann der ursprüngliche Zustand wiederhergestellt werden.

II. Moleküle und Atome; Zerlegung von reinen Stoffen

A. Das Molekül

Jeder reine Stoff ist aus lauter unter sich identischen Teilchen, den **Molekülen,** aufgebaut. Besonders grosse Moleküle, wie sie z. B. bei Eiweissstoffen vorkommen, können im Elektronenmikroskop sichtbar gemacht werden. Aber auch für die wegen ihrer Kleinheit bisher nicht direkt photographierbaren Moleküle der «gewöhnlichen» Stoffe ist die Existenz mannigfach bewiesen (Beugung von Röntgenstrahlen, Brownsche Bewegung usw). Die kleinsten Moleküle, z. B. Wasser, Ammoniak, Salzsäure, haben Durchmesser von wenigen Zehnmillionstel Millimetern. Moleküle sind keineswegs unteilbar. Ihre Bausteine sind die **Atome. Elektrische Kräfte halten die Atome eines Moleküls zusammen.** Führt man den Molekülen von aussen Energie zu (in Form von Wärme, Elektrizität oder in besonderen Fällen Licht), so können die bindenden Kräfte zwischen den Atomen überwunden werden, die **Moleküle werden gespalten.**

B. Thermolyse und Elektrolyse

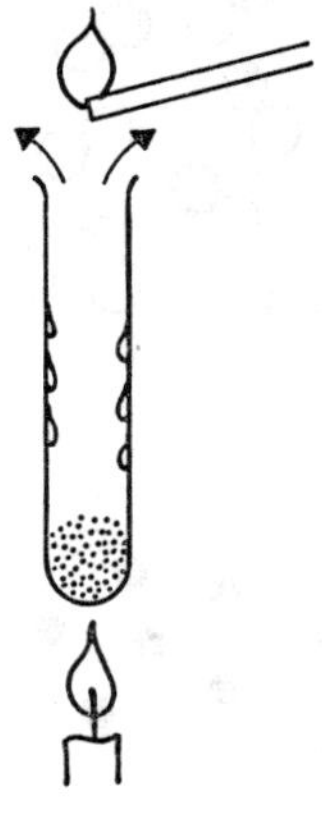

Abb. 9. Thermolyse von Quecksilberoxid.

Experiment: In einem Reagensglas wird etwas Quecksilberoxid auf der Flamme erhitzt. Dabei verringert sich die Menge des Pulvers und es entstehen zwei neue Stoffe mit ganz anderen spezifischen Eigenschaften.

$$\textbf{Reiner Stoff I} \xrightarrow[\text{energie}]{\text{Wärme-}} \textbf{reiner Stoff II + reiner Stoff III}$$

$$\text{Quecksilberoxid} \xrightarrow{\text{Thermolyse}} \text{Quecksilber} + \text{Sauerstoff}$$

Quecksilberoxid	rotes Pulver, leitet den elektrischen Strom nicht
Quecksilber	silberglänzendes, flüssiges Metall (Tröpfchen an der Glaswand), leitet den elektrischen Strom
Sauerstoff	farbloses Gas, entflammt einen glimmenden Holzspan

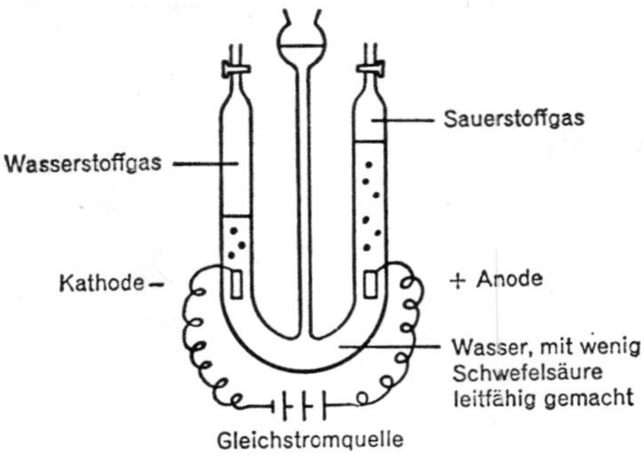

Abb. 10. Elektrolyse von Wasser.

Experiment: In der in Abbildung 10 skizzierten Apparatur lässt man Wasser von elektrischem Gleichstrom durchlaufen. An der Ein- und Austrittstelle des Stromes (Elektroden) bilden sich Gase, die durch Spaltung des Wassers entstanden sind.

$$\text{Wasser} \xrightarrow{\text{Elektrolyse}} \text{Wasserstoff} + \text{Sauerstoff}$$

Wasserstoffgas ist brennbar!

Thermolyse und Elektrolyse sind **chemische Vorgänge.** In beiden Fällen werden die Moleküle der Ausgangsstoffe durch Energiezufuhr gespalten. Die freigewordenen Sauerstoff- bzw. Wasserstoffatome verbinden sich mit ihresgleichen zu zweiatomigen Gasmolekülen. Durch blosses Mischen der Spaltprodukte (Quecksilber und Sauerstoff bzw. Wasserstoff und Sauerstoff) entsteht nicht ohne weiteres wieder das Ausgangsmaterial – im Gegensatz zur physikalischen Trennung. Die bei chemischen Spaltungen entstehenden neuen Stoffe liegen im Ausgangsstoff als **Verbindung** vor und nicht als Gemisch. **Quecksilberoxid ist eine Verbindung von Quecksilber und Sauerstoff, Wasser eine Verbindung von Wasserstoff und Sauerstoff.**

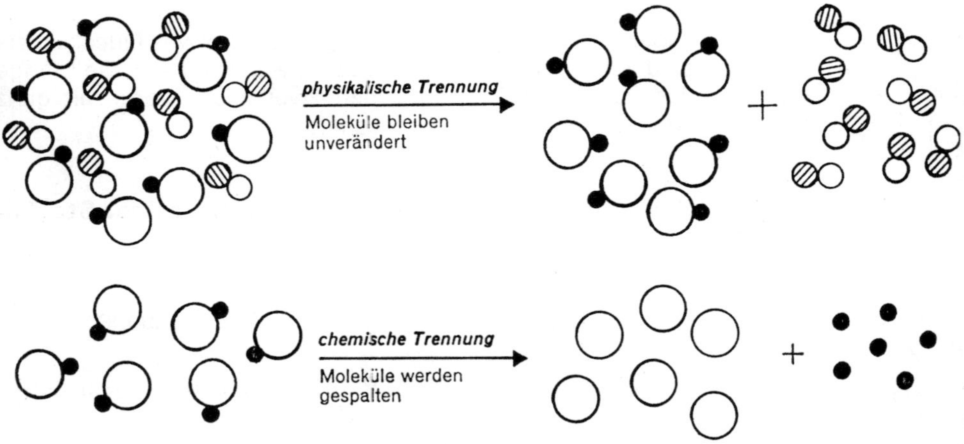

Abb. 11. Physikalische und chemische Trennung.

Alle Verbindungen können thermolytisch gespalten werden. Je grösser die Kraft, welche die Atome zusammenhält, desto höher muss erhitzt werden (Silberoxid 180 °C, Eisenoxid 3000 °C). Auf der Sonne (6000 °C) existieren keine Verbindungen.

III. Chemische Elemente

Die reinen Stoffe können nicht beliebig in neue zerlegt werden. Substanzen, die jeder weiteren Spaltung trotzen, heissen **Grundstoffe** oder **Elemente.**

Ein Element ist ein reiner Stoff, der mit chemischen Prozessen nicht in neue Stoffe zerlegt werden kann. Seine kleinsten Teilchen sind entweder freie Atome oder Moleküle aus lauter gleichartigen Atomen.

Man kennt heute (1974) 104 verschiedene Elemente. Davon kommen 92 in der Natur vor, drei davon in verschwindend kleinen Mengen (Promethium, Astatin, Francium), eines (Technetium) nur auf anderen Himmelskörpern. 12 Elemente sind in neuster Zeit von Atomphysikern künstlich hergestellt worden, oft nur in wenigen Atomen. Die Moleküle von gegen 1 Million bekannten Stoffen sind somit nur aus 88 verschiedenen Atomen aufgebaut, über neun Zehntel davon sogar bloss aus deren fünf (Kohlenstoff, Wasserstoff, Sauerstoff, Stickstoff, Schwefel).

1. Metalle und Nichtmetalle

a) Metalle

Etwa vier Fünftel aller Elemente sind Metalle. Sie sind **gute Leiter für Wärme und Elektrizität,** zeigen den typischen Metallglanz, sind auch in dünner Schicht undurchsichtig, dehnbar und mit einer Ausnahme (Quecksilber) bei 20°C fest.

b) Nichtmetalle

Etwa ein Fünftel der Elemente sind Nichtmetalle. Sie **leiten Wärme und Elektrizität schlecht** und sind wenigstens in dünner Schicht durchsichtig. Mehr als die Hälfte (11) sind bei 20°C gasförmig, eines flüssig (Brom). Die festen Nichtmetalle sind spröd und nicht dehnbar.

Metalle und Nichtmetalle unterscheiden sich auch grundlegend in ihrem **chemischen Verhalten** (vgl. S. 18 f.). Fünf Elemente besitzen teils metallische, teils nichtmetallische Eigenschaften. Sie werden daher als **Halbmetalle** bezeichnet (Bor, Silicium, Germanium, Arsen, Tellur).

2. Symbole der Elemente

Jedes Element hat sein internationales Symbol, bestehend aus ein bis zwei Buchstaben. Die am längsten bekannten Elemente haben in den verschiedenen Sprachen verschiedene Namen. Man hat daher bei der Bildung ihrer Symbole auf die lateinische oder griechische Bezeichnung zurückgegriffen (Tab. II).

Tabelle II. Symbole von 46 für die Laborpraxis bedeutsamen Elementen

Metalle				Halbmetalle	
Al	Aluminium	Mn	Mangan	As	Arsen
Sb	Antimon (Stibium)	Mo	Molybdän	B	Bor
Ba	Barium	Na	Natrium	Si	Silicium
Pb	Blei (Plumbum)	Ni	Nickel		
Cd	Cadmium	Pt	Platin	Nichtmetalle	
Ca	Calcium	Hg	Quecksilber (Hydrargyrum)	Br	Brom
Ce	Cer	Ra	Radium	Cl	Chlor
Cr	Chrom	Ag	Silber (Argentum)	F	Fluor
Fe	Eisen (Ferrum)	Sr	Strontium	He	Helium
Au	Gold (Aurum)	Tl	Thallium	J	Jod
K	Kalium	Ti	Titan	C	Kohlenstoff (Carboneum)
Co	Kobalt	U	Uran	P	Phosphor
Cu	Kupfer (Cuprum)	Bi	Wismut (Bismutum)	O	Sauerstoff (Oxygenium)
La	Lanthan	W	Wolfram	S	Schwefel (Sulfur)
Li	Lithium	Zn	Zink	N	Stickstoff (Nitrogenium)
Mg	Magnesium	Sn	Zinn (Stannum)	H	Wasserstoff (Hydrogenium)

Tabelle III. Anteil der verschiedenen Elemente an der Gesamtmaterie in Gewichtsprozent

Erdrinde einschliesslich Wasser und Atmosphäre	%	Menschlicher Organismus	%	
Sauerstoff	49,42	Sauerstoff	63	zirka 99
Silicium	25,75	Kohlenstoff	20	
Aluminium	7,51	Wasserstoff	10	
Eisen	4,70	Stickstoff	3	
Calcium	3,39	Calcium	1,5	
Natrium	2,64	Phosphor	1	
Kalium	2,40	Kalium	0,25	
Magnesium	1,94	Schwefel	0,2	
Wasserstoff	0,88	Chlor	0,1	
Titan	0,58	Natrium	0,1	
Chlor	0,19	Magnesium	0,04	
Phosphor	0,12	Eisen	0,004	
Kohlenstoff	0,09	Zink	0,003	
Mangan	0,08	Fluor	0,001	
Schwefel	0,05	Silicium	0,0007	
Barium	0,05	Kupfer	0,0004	
Chrom	0,04	Brom	0,0003	
Stickstoff	0,03	Aluminium	0,00015	
Alle übrigen Elemente zusammen	0,14	Mangan	0,0001	
		Jod	0,00005	

IV. Synthese; Gesetz von der Erhaltung der Masse

Atome können zu Molekülen zusammentreten. Vereinigen sich Atome verschiedener Elemente, so entstehen **Verbindungen.** Der Vorgang heisst **Synthese.**

Experimente

1. 3,2 g Schwefel- und 5,6 g Eisenpulver werden gemischt. Das Gemisch wird an einer Stelle mit einer Flamme erhitzt. Die ganze Masse glüht auf und es entsteht ein grauer Klumpen. Fe- und S-Atome haben sich zu einer Verbindung vereinigt.

Eisen+Schwefel ——→ **Eisensulfid** (Schwefeleisen)

2. Sauerstoff- und Wasserstoffgas werden in einem Reagensglas im Volumenverhältnis 1:2 gemischt. Das Gemisch wird an der Gläschenöffnung durch ein brennendes Streichholz erhitzt. Unter scharfem Knall vereinigt sich der Sauerstoff mit dem Wasserstoff. Das Gläschen beschlägt sich innen mit feinen Wassertröpfchen.

Wasserstoff+Sauerstoff ——→ Wasser

3. Ein Stück Magnesiumband wird mit einem Ende in die Bunsenflamme gehalten. Das Metall wird weissglühend. Es glüht weiter bei Entfernung der Flamme unter Entwicklung von weissem Rauch. Das Mg verbindet sich mit dem Luftsauerstoff.

Magnesium+Sauerstoff ——→ Magnesiumoxid

Bei allen drei Experimenten müssen die Elemente erst erhitzt werden, damit ihre Atome «reaktionsfreudig» werden (Zündung). Durch die Vereinigung der ersten aktivierten Atome wird dann genügend Wärme produziert, um auch das restliche Gemisch aufzuheizen. Beim Sauerstoff-Wasserstoff-Gemisch läuft dieses spontane Aufheizen durch die eigene Reaktionswärme explosionsartig schnell ab (Knallgas). Nicht alle Elemente müssen gezündet werden, damit sie reagieren. Chlor und Natrium vereinigen sich schon in der Kälte heftig zu Natriumchlorid. Daneben gibt es Elemente, die sich trotz intensiver Aktivierung nicht verbinden, z. B. Au und He.

Die Synthese ist die Umkehrung der chemischen Spaltung. Die Energie, die bei der Spaltung aufgewendet werden muss, wird bei der Synthese freigesetzt (Aufglühen, Knall). Für beide Vorgänge gilt: **Die gebildeten bzw. gespaltenen Verbindungen haben ganz andere Eigenschaften als die Gemische der entsprechenden Elemente.**

Bei jedem chemischen Prozess (Spaltung, Synthese, Stoffumwandlung) ist die Gesamtmasse der Ausgangsstoffe gleich der Gesamtmasse der gebildeten Stoffe (Lavoisier, 1792). Im Gegensatz zur Ansicht der mittelalterlichen Alchimisten kann Materie weder aus nichts gebildet noch vernichtet werden.

V. Gesetz der konstanten Proportionen

Alle Moleküle eines reinen Stoffes sind gleich gebaut. Eine bestimmte Atomart ist somit in jedem Molekül in gleicher Anzahl vertreten.

Beispiele

1. Natriumchlorid; jedes Molekül besteht aus 1 Natrium- und 1 Chloratom.

2. Wasser; jedes Molekül besteht aus 1 Sauerstoff- und 2 Wasserstoffatomen.

3. Schwefelsäure; jedes Molekül besteht aus 1 Schwefel-, 4 Sauerstoff- und 2 Wasserstoffatomen.

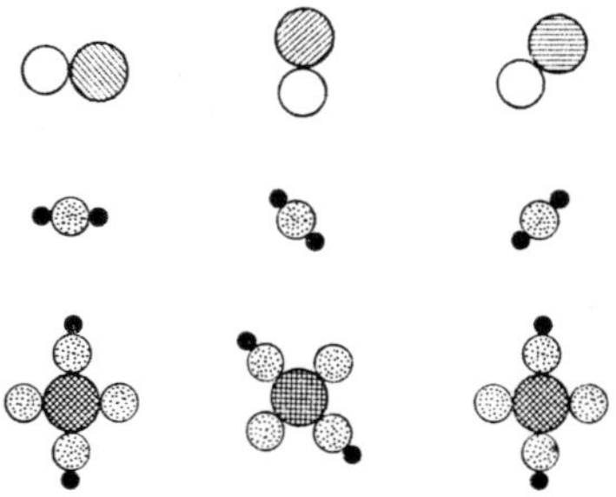

Abb. 12. Molekülmodelle von Natriumchlorid (1), Wasser (2) und Schwefelsäure (3).

Dasselbe Anzahlverhältnis der Atome, das für ein Molekül gilt, herrscht logischerweise auch in irgendeinem Quantum des betreffenden Stoffes. Für irgendeine Menge Wasser gilt somit: Anzahl Wasserstoffatome zu Anzahl Sauerstoffatome= 2:1.
Da alle Atome eines Elementes die gleiche Masse haben, ist nicht nur das Anzahlverhältnis der Atome in einer Verbindung konstant, sondern auch das **Gewichtsverhältnis** der beteiligten Elemente.

Das Sauerstoffatom ist zirka 16mal schwerer als das Wasserstoffatom. Das Gewichtsverhältnis O:H im Wasser beträgt somit $1 \cdot 16 : 2 \cdot 1 = 8:1$.
Das Schwefelatom ist 32mal schwerer als das Wasserstoffatom. Das Gewichtsverhältnis S:O:H in Schwefelsäure ist $32 : 4 \cdot 16 : 2 \cdot 1 = 16:32:1$.

Gesetz der konstanten Proportionen: **Das Gewichtsverhältnis der Elemente in einer Verbindung ist konstant.**

Werden zwei Elemente zu einer Verbindung vereinigt, dann reagieren sie nur in einem ganz bestimmten Mengenverhältnis miteinander. Ein allfälliger Überschuss des einen Elementes bleibt unverbraucht.

Durch die konstanten Proportionen unterscheidet sich die Verbindung am sichersten vom Gemisch der Elemente. Wasserstoff und Sauerstoff können in jedem Verhältnis gemischt werden. Die beiden Gase verbinden sich aber nur in **einem** ganz bestimmten Verhältnis zu Wasser.

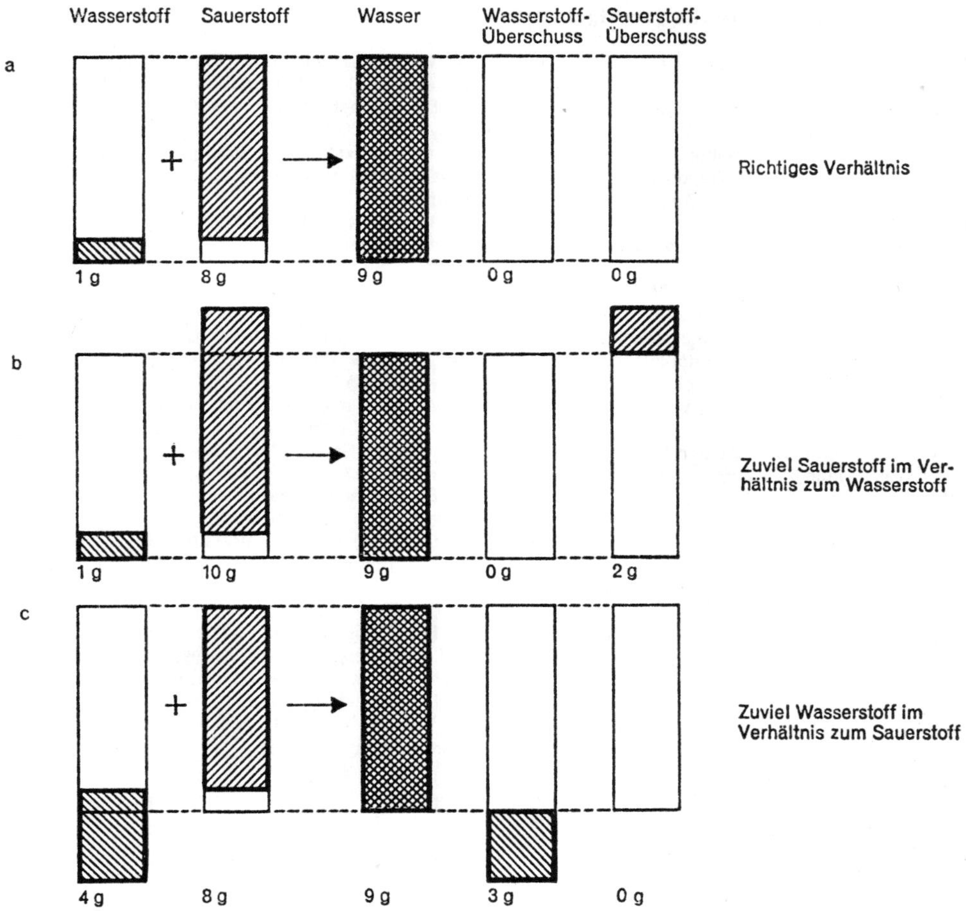

Abb. 13. Reaktion von Wasserstoff und Sauerstoff bei richtigem Verhältnis (a), bei Sauerstoffüberschuss (b) und bei Wasserstoffüberschuss (c).

Das Gesetz der konstanten Proportionen ist das Fundament aller chemischen Berechnungen und quantitativen Analysen.

I. Fragen zur Eigenkontrolle (Stoffgebiet S. 1–15)

1. Wie wird ein reiner Stoff, wie ein Element definiert?
2. Welches sind die Unterschiede zwischen Gemisch und Verbindung zweier Elemente?
3. Was versteht man unter einer spezifischen Eigenschaft eines Stoffes – im Gegensatz zu einer zufälligen Eigenschaft? Nenne 7 spezifische Eigenschaften.
4. Welche Stoffe entstehen bei der Wasserelektrolyse?
5. Wie unterscheiden sich die Moleküle der Elemente von den Molekülen der Verbindungen?
6. Wie lassen sich im Harn ausgeschiedene Festpartikel, z. B. Calciumphosphatkristalle von der Flüssigkeit abtrennen (2 Methoden)?
7. Wie ist der Schmelzpunkt, wie der Siedepunkt eines Stoffes definiert?
8. Welches sind die 3 häufigsten Elemente der Erdrinde, welches die 10 Hauptelemente des menschlichen Organismus?
9. Was versteht man unter einer chemischen Synthese (2 Beispiele)?
10. Ein Gemisch zweier Flüssigkeiten soll getrennt werden. Eine der beiden hat einen Siedepunkt von 160 °C, die andere von 280 °C. Die erste beginnt sich aber bei 140 °C zu zersetzen. Wie kann das Gemisch trotzdem ohne Schaden getrennt werden?
11. Aus 80 g Eisen-Schwefel-Gemisch entstehen nach Entzündung 80 g Eisensulfid. Wie heisst das Gesetz, welches diese Gewichtskonstanz zum Gegenstand hat?
12. Von welchen Daten ist die Sedimentationszeit beim Zentrifugieren abhängig?
13. Was versteht man unter Thermolyse? Wie unterscheidet sie sich grundlegend von einer Gemischtrennung durch Destillation?
14. Was erhält man nach Entzündung eines Gemisches von 10 g Wasserstoff + 60 g Sauerstoff?
15. Ein Gas hat die Dichte 0,0028 g/cm^3. Wieviel kg wiegen 300 m^3 davon?
16. Wie unterscheidet sich ganz allgemein ein physikalischer von einem chemischen Prozess (2 Hauptunterschiede)?
17. Wie lässt sich eine Flüssigkeit von gelösten Gasen befreien?
18. Welches sind die Hauptunterschiede von Metallen und Nichtmetallen?
19. Eine wässerige Flüssigkeit enthält fein verteiltes Öl, das sich nicht durch Zentrifugation abtrennen lässt. Welche Möglichkeit zur Separierung steht zur Verfügung?
20. Wie heissen die Symbole von Calcium, Mangan, Bor, Eisen, Quecksilber, Kalium, Stickstoff, Zinn, Magnesium, Brom, Silber, Zink?
21. Wie lässt sich eine Filtration beschleunigen?
22. Ein Alkoholmolekül besteht aus 2 Kohlenstoffatomen, 6 Wasserstoffatomen und einem Sauerstoffatom. Das Kohlenstoffatom ist 12mal, das Sauerstoffatom 16mal schwerer als das Wasserstoffatom. In welchem Gewichtsverhältnis stehen die drei Elemente im Alkohol zueinander?
23. Ein Gemisch besteht aus einer Kochsalzlösung und darin suspendierten Eiweissflocken (gefälltes Eiweiss). Wie kann das Eiweiss vollkommen kochsalzfrei erhalten werden?
24. Welches ist der Unterschied zwischen einem Atom und einem Molekül?

(Antworten S. 348)

VI. Luft und Sauerstoff

A. Die Luft

1. Zusammensetzung der Luft

Luft ist kein reiner Stoff sondern ein **Gasgemisch.** Durch Abkühlen auf zirka –200 °C lässt sich Luft verflüssigen und dann durch Destillation in die Komponenten zerlegen. In grober Näherung gilt:
Luft besteht zu einem Fünftel aus Sauerstoff und zu vier Fünfteln aus Stickstoff.

Tabelle IV. Bestandteile der Luft

	Volum%
Stickstoff	78,03
Sauerstoff	20,99
Argon	0,93
Kohlendioxid	0,03
Wasserstoff	0,015
Neon	0,0018
Helium	0,0005
Krypton	0,0001
Xenon	0,00001

2. Edelgase

He	Helium	↓ zunehmende Dichte
Ne	Neon	
Ar	Argon	
Kr	Krypton	
Xe	Xenon	
Rn	Radon	

Die Edelgase sind die **reaktionsträgsten Elemente** überhaupt. Den Namen «Edelgas» haben sie erhalten, weil sie sich chemisch ähnlich benehmen wie die Edelmetalle. Früher waren sich alle Wissenschafter einig, dass Edelgasverbindungen nicht existieren können. 1962 wurde die erste Xenonverbindung mit Fluor, dem reaktionsfreudigsten aller Elemente, synthetisiert. Seither sind auch O-Verbindungen von Xe und F-Verbindungen von Kr hergestellt worden. Alle Edelgase mit Ausnahme des radioaktiven Radons werden zur Füllung von Leuchtröhren und Glühlampen verwendet.

3. Entfernung des Kohlendioxids aus der Luft

Oft benötigt man kohlendioxidfreie Luft. Leitet man Luft durch eine Lösung von Bariumhydroxid, wird alles Kohlendioxid von diesem gebunden. Es entsteht ein **Niederschlag** (Trübung, Bodensatz) von Bariumcarbonat.

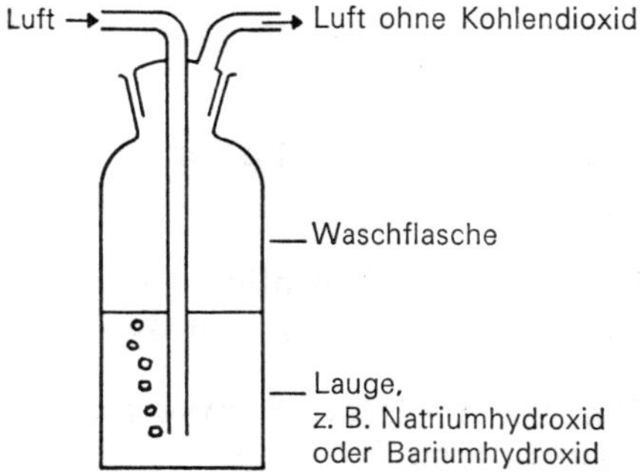

Abb. 14. Entfernung von Kohlendioxid aus der Luft.

Kohlendioxid + Bariumhydroxid → Bariumcarbonat ↓

Erzeugt ein geruchloses Gas mit Bariumhydroxid einen weissen Niederschlag, dann handelt es sich immer um Kohlendioxid. Bariumhydroxid ist ein **Reagens** auf Kohlendioxid. Das Gas wird mit Bariumhydroxid **nachgewiesen.**

B. Sauerstoff

1. Herstellung von reinem Sauerstoff

Destillation von flüssiger Luft } grosstechnische Verfahren
Elektrolyse von Wasser }
Erhitzen von Kaliumchlorat (veraltet)

2. Reaktionen des Sauerstoffs; die Oxidation

Sauerstoff bildet ausser mit den drei leichtesten Edelgasen mit allen Elementen Oxide. Die Vereinigung von O mit anderen Stoffen heisst **Oxidation.** Bei allen Oxidationen wird **Wärme** erzeugt. Die Wärmeproduktion kann so stürmisch sein, dass die reagierenden Stoffe zum Glühen kommen. Oxidationen mit Feuererscheinung heissen **Verbrennungen. Flammen** entstehen bei Verbrennung von Gasen und Dämpfen. **Je höher die Temperatur, desto schneller läuft eine Oxidation ab.**

Bei der vollständigen Verbrennung einer Verbindung entstehen im allgemeinen die Oxide der an dieser Verbindung beteiligten Elemente.

ABC + Sauerstoff → A-oxid + B-oxid + C-oxid

Bei der Verbrennung einer Paraffinkerze (Verbindungen von Kohlenstoff und Wasserstoff) entstehen die Oxide des Kohlenstoffs und des Wasserstoffs (Kohlendioxid und Wasserdampf).

3. Oxide

Aufgrund ihres Verhaltens gegenüber Wasser lassen sich die Oxide in 3 Gruppen einteilen:

Oxide der Nichtmetalle (und Halbmetalle) **lösen sich in Wasser unter Bildung von Säuren.**

Oxide einzelner Metalle (Na, K, Ca, Ba und ein paar weitere) **lösen sich in Wasser unter Bildung von Basen** (Hydroxiden, Laugen).

Oxide der meisten Schwermetalle (und einzelner Leichtmetalle) sind **in Wasser unlöslich** (vgl. S. 173f.).

a) Bildung von Säuren

Phosphor + Sauerstoff $\xrightarrow{\text{Verbrennung}}$ **Phosphorpentoxid** (Rauch)

Phosphorpentoxid + Wasser $\longrightarrow$ **Phosphorsäure**

Schwefel + Sauerstoff $\xrightarrow{\text{Verbrennung}}$ **Schwefeldioxid** (Gas)

Schwefeldioxid + Wasser $\longrightarrow$ **schweflige Säure**

Kohlenstoff + Sauerstoff $\xrightarrow{\text{Verbrennung}}$ **Kohlendioxid** (Gas)

Kohlendioxid + Wasser $\longrightarrow$ **Kohlensäure**

b) Bildung von Basen

Natrium + Sauerstoff $\xrightarrow{\text{Verbrennung}}$ **Natriumoxid** (Rauch)

Natriumoxid + Wasser $\longrightarrow$ **Natriumhydroxid** oder **Natronlauge**

Kalium + Sauerstoff $\xrightarrow{\text{Verbrennung}}$ **Kaliumoxid** (Rauch)

Kaliumoxid + Wasser $\longrightarrow$ **Kaliumhydroxid** oder **Kalilauge**

Calcium + Sauerstoff $\xrightarrow{\text{Verbrennung}}$ **Calciumoxid** (Rauch)

Calciumoxid + Wasser $\longrightarrow$ **Calciumhydroxid** oder **gelöschter Kalk**

Barium + Sauerstoff $\xrightarrow{\text{Verbrennung}}$ **Bariumoxid** (Rauch)

Bariumoxid + Wasser $\longrightarrow$ **Bariumhydroxid** oder **Barytlauge**

4. Nachweis von Säuren und Basen; Indikatoren

Konzentrierte Säuren und Basen lassen sich mit den Sinnesorganen nachweisen (saurer Geschmack der Säure, seifiges Anfühlen der Base). Bei niedrigen Konzentrationen sind wir auf **Indikatoren** («Anzeiger») angewiesen.
Säure-Basen-Indikatoren sind Farbstoffe, welche bei Kontakt mit Säuren und mit Basen verschiedene Farben annehmen.

Tabelle V. Einige Säure-Basen-Indikatoren

Farbstoff	Farbe in Säure	Farbe in Base
Phenolphthalein	farblos	rot
Methylorange	rot	gelb
Phenolrot	gelb	rot
Bromthymolblau	gelb	blau
Lackmus	rot	blau

Lackmus ist ein Pflanzenfarbstoff. Die übrigen in Tabelle V angeführten Indikatoren sind synthetische Farbstoffe und wegen ihrer Einheitlichkeit zuverlässiger.

5. Bedeutung des Sauerstoffs für das Leben

Alle Lebewesen sind Energieverbraucher. Die Herstellung von Baustoffen durch den Organismus braucht Energie. Damit die Muskeln arbeiten können, muss ihnen Energie zugeführt werden. Der Warmblüter braucht ferner grosse Energiemengen zur Aufrechterhaltung seiner Körpertemperatur.

Die zum Leben notwendigen Energien mobilisiert der Organismus mit Hilfe von chemischen Prozessen, in erster Linie **Oxidationen.**

Alle Lebewesen, mit Ausnahme der Pilze, der meisten Bakterien und der Viren brauchen zum Leben **elementaren Sauerstoff** (gasförmig in der Luft oder gelöst im Wasser). Der Sauerstoff wird zur Oxidation der Nährstoffe verwendet. Dieser oxidative Abbau der energieliefernden Stoffe in den Zellen wird als **Zellatmung** bezeichnet. Die Zellatmung ist ein aerober Prozess (Mitwirkung von Luftsauerstoff). Im Gegensatz dazu ist die Gärung (ein anderer energieliefernder Vorgang) anaerob (keine Beteiligung von Luftsauerstoff).

Die **Energielieferanten** des Warmblüterorganismus sind vor allem **Kohlenhydrate** und **Fette,** also Verbindungen aus C, H und O. Bei deren vollständiger Oxidation entstehen **Kohlendioxid** und **Wasser.**

Der oxidative Abbau von Nährstoffen in den Lebewesen bei 37 °C und darunter ist nur dank der Mitwirkung von **Enzymen** möglich. Enzyme oder Fermente sind Eiweissverbindungen, die nur vom lebenden Organismus produziert werden.
Sie gehören zu den **Katalysatoren;** das sind Stoffe, welche durch ihre Gegenwart eine chemische Reaktion beschleunigen oder überhaupt erst ermöglichen, ohne selbst verändert zu werden. Die meisten Katalysatoren greifen wohl in den Reaktionsablauf ein, werden aber am Ende des Prozesses wieder unverändert freigesetzt (vgl. auch Kapitel «Enzyme», S. 270 ff.).

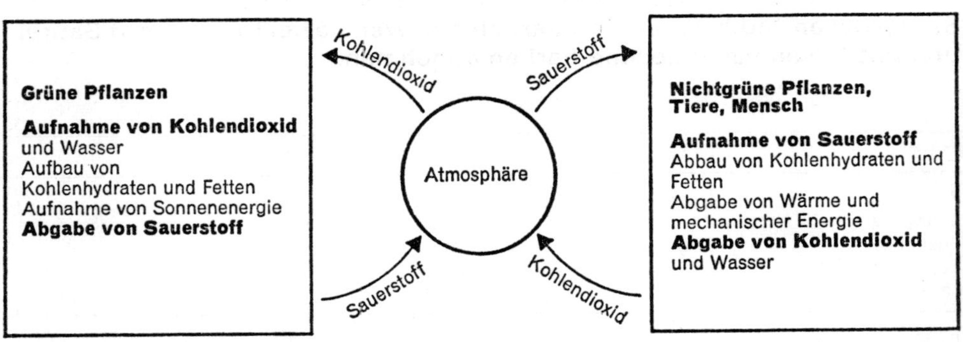

Abb. 15. Der Sauerstoffzyklus in der Natur.

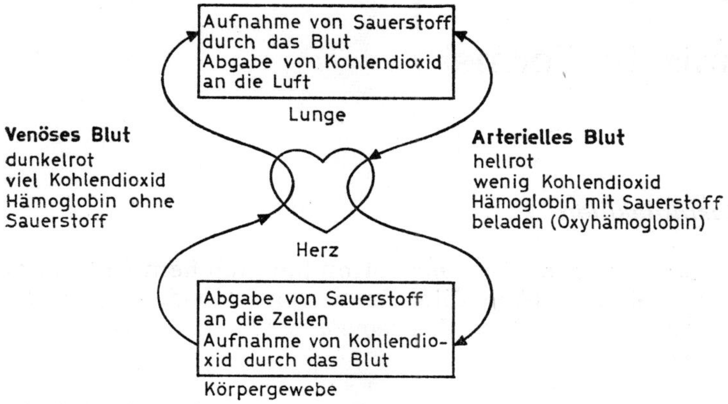

Abb. 16. Der Weg des Sauerstoffs im menschlichen Organismus.

Der Mensch nimmt durchschnittlich pro Tag etwa 550 l Sauerstoff auf. Das Gas tritt aus den Lungenbläschen in das Blut der Lungenkapillaren über und wird dort vom Hämoglobin (roter Blutfarbstoff) der Erythrozyten (rote Blutkörperchen) gebunden. In den energieverbrauchenden Geweben diffundiert der Sauerstoff durch die Kapillarwände in die Zellen. Das Blut belädt sich dafür mit Kohlendioxid, welches in die Lunge transportiert und an die Ausatmungsluft abgegeben wird.

VII. Die chemische Formel

A. Der Bau von Gasmolekülen

Gleiche Volumina verschiedener Gase enthalten bei gleichem Druck und gleicher Temperatur gleichviel Moleküle (Gesetz von Avogadro).
Mit diesem Gesetz als Grundlage kann die Zusammensetzung irgendwelcher Gasmoleküle ermittelt werden.

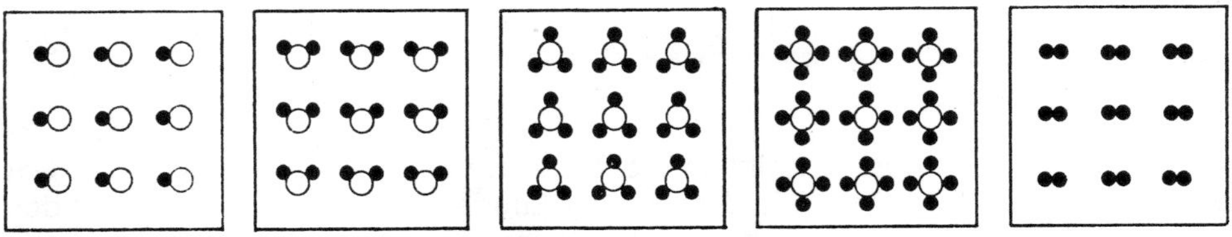

Chlorwasserstoff: n Moleküle, n Atome H=1 g 1 H-Atom pro Molekül

Wasserdampf: n Moleküle, 2n Atome H=2 g 2 H-Atome pro Molekül

Ammoniak: n Moleküle, 3n Atome H=3 g 3 H-Atome pro Molekül

Methan: n Moleküle, 4n Atome H=4 g 4 H-Atome pro Molekül

Wasserstoff: n Moleküle, 2n Atome H=2 g 2 H-Atome pro Molekül

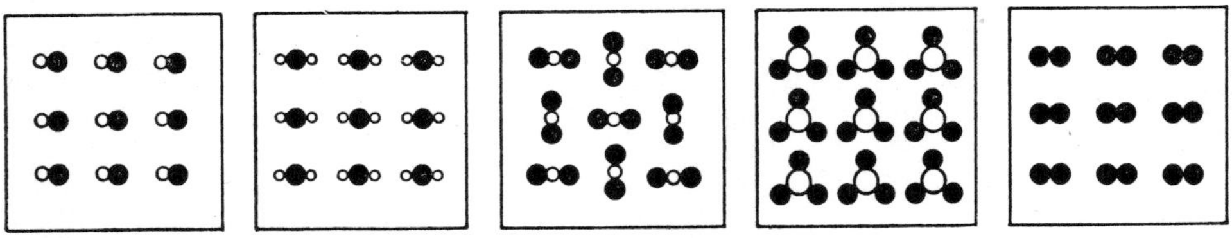

Kohlenmonoxid: n Moleküle, n Atome O=16 g 1 O-Atom pro Molekül

Wasserdampf: n Moleküle, n Atome O=16 g 1 O-Atom pro Molekül

Kohlendioxid: n Moleküle, 2n Atome O=32 g 2 O-Atome pro Molekül

Schwefeltrioxid: n Moleküle, 3n Atome O=48 g 3 O-Atome pro Molekül

Sauerstoff: n Moleküle, 2n Atome O=32 g 2 O-Atome pro Molekül

Abb. 17. Molekülbau von H-und O-haltigen Gasen, abgeleitet aus deren quantitativer Analyse. Jedes Feld = 22,4 l Gas.

Analysiert man je 22,4 l verschiedener Gase, erhält man folgende Mengen Wasserstoff in Gramm:

Chlorwasserstoff	1
Wasserdampf	2
Ammoniak	3
Methan	4
Wasserstoff	2

Da alle untersuchten Gasportionen gleich viel Moleküle besitzen (Avogadro) folgt: Die Anzahl H-Atome pro Molekül verhält sich für die untersuchten fünf Gase wie 1:2:3:4:2 (von oben nach unten).

Es existiert kein Gas mit weniger als 1 g H/22,4 l. Chlorwasserstoff hat somit von allen H-haltigen Gasen die kleinstmögliche Zahl H-Atome pro Molekül (1). Das Wassermolekül hat 2 H-Atome, das Ammoniakmolekül 3 usw.
Das gleiche Experiment kann mit O-, N-, C- oder S-haltigen Gasen angestellt werden. Durch Kombinieren der verschiedenen Analysenergebnisse kann die vollständige Molekülzusammensetzung aller Gase ermittelt werden.

B. Die Strukturformel

Die Strukturformel eines Stoffes ist ein schematisches Abbild seiner Moleküle. Für jedes Atom wird das Symbol des betreffenden Elementes gesetzt. Die chemischen Bindungen werden durch Striche angedeutet.

H – O – H Wasser

H – Cl Salzsäure (Chlorwasserstoff)

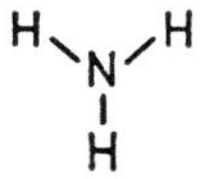
Ammoniak

H – H Wasserstoffgas

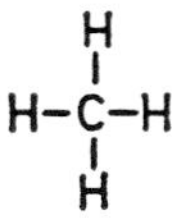
Methan

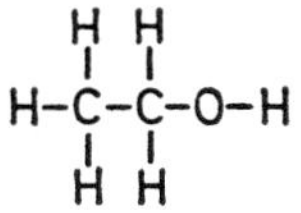
Alkohol

Die Strukturformeln sind anschaulich, aber wegen ihres Raumbedarfs, vor allem bei komplizierten Molekülen, unbequem zu handhaben. Man verwendet daher als vereinfachte Schreibweise die Brutto- oder Summenformel.

C. Die Bruttoformel

Die Bruttoformel eines Stoffes entsteht durch Aneinanderreihen der Symbole seiner Elemente. Für jedes Element wird die Anzahl Atome pro Molekül durch eine kleine Zahl (Index) rechts unter dem Symbol angegeben.

H – S – H ⟶ H_2S (Schwefelwasserstoff)

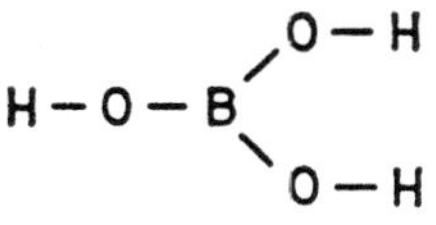
⟶ H_3BO_3 (Borsäure)

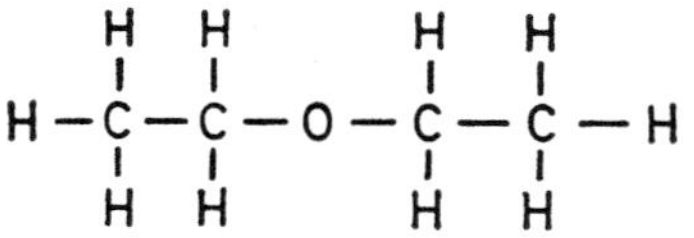
⟶ $C_4H_{10}O$ (Äther)

Die Bruttoformel der Phosphorsäure H_3PO_4 besagt, dass die Säure aus Wasserstoff, Phosphor und Sauerstoff aufgebaut ist. Sie sagt ferner aus, dass ein Molekül 3 Atome H, 1 Atom P und 4 Atome O enthält. Wie die einzelnen Atome im Molekül verknüpft sind, ist aus der Bruttoformel nicht ersichtlich – im Gegensatz zur Strukturformel.

Atomgruppen, die in zahlreichen Molekülen wiederkehren und für gewisse Stoffklassen charakteristisch sein können, werden oft in Klammern zusammengefasst. Der Index hinter der Klammer gilt dann für die ganze Gruppe in der Klammer. Die Verbindung $(NH_4)_2SO_4$ (Ammoniumsulfat) enthält also 2 N-, 8 H-, 1 S- und 4 O-Atome pro Molekül.

H–O–Ca–O–H $\rightarrow$ $Ca(OH)_2$ (und nicht CaO_2H_2)

Die Klammer um die **OH-Gruppe** deutet an, dass diese für das Calciumhydroxid als **Base** typisch ist (vgl. S. 48).

Für die Reihenfolge der Elemente in den Bruttoformeln gibt es gewisse Regeln. Bei Oxiden wird der Sauerstoff zuletzt geschrieben, bei anorganischen Säuren der Wasserstoff zuerst, bei Salzen das Metall zuerst. Für organische Verbindungen ist die Reihenfolge C, H, übrige Elemente in alphabetischer Reihenfolge.

Tabelle VI. Formeln der in vorangehenden Kapiteln vorgekommenen Stoffe

H_2	Wasserstoff	CO_2	Kohlendioxid	NaOH	Natriumhydroxid
O_2	Sauerstoff	SO_2	Schwefeldioxid	KOH	Kaliumhydroxid
N_2	Stickstoff	SO_3	Schwefeltrioxid	$Ca(OH)_2$	Calciumhydroxid
NH_3	Ammoniak	P_2O_5	Phosphorpentoxid	$Ba(OH)_2$	Bariumhydroxid
CH_4	Methan	Na_2O	Natriumoxid	H_2SO_3	schweflige Säure
H_2O	Wasser	K_2O	Kaliumoxid	H_2SO_4	Schwefelsäure
NaCl	Natriumchlorid	CaO	Calciumoxid	H_2CO_3	Kohlensäure
FeS	Eisensulfid	BaO	Bariumoxid	H_3PO_4	Phosphorsäure
$BaCO_3$	Bariumcarbonat	MgO	Magnesiumoxid	HCl	Chlorwasserstoff
$KClO_3$	Kaliumchlorat	HgO	Quecksilberoxid		

VIII. Die Wertigkeit der Elemente

A. Wertigkeit und Strukturformel

Die chemischen Formeln zeigen, dass die Atome der verschiedenen Elemente eine unterschiedliche Zahl von Partneratomen binden können. Die Bindekapazität eines Elementes wird durch eine Zahl, die **Wertigkeit,** ausgedrückt.

Ein H-Atom bindet nie mehr als ein Atom irgendwelcher Art an sich. Der Wasserstoff hat somit die kleinste vorkommende Bindungskapazität (abgesehen von ein paar Edelgasen, die überhaupt keine Bindungen eingehen).

Wasserstoff ist einwertig.

Ein Atom, das seinerseits nur ein H-Atom bindet, ist ebenfalls einwertig; bindet es deren drei, ist es dreiwertig. Nicht alle Elemente verbinden sich mit Wasserstoff, aber alle können diesen in anderen Molekülen ersetzen (vgl. S. 32). Ein Atom, das in einem Molekül 2 H-Atome ersetzen kann, ist zweiwertig.

Die Wertigkeit eines Elementes ist die Zahl der Wasserstoffatome, die eines seiner Atome binden oder ersetzen kann. Sie ist eine ganze Zahl zwischen 1 und 8.

Die Edelgase He, Ne und Ar haben die Wertigkeit null.

Sauerstoff ist in allen Molekülen zweiwertig. Aus der Formel seines Oxids kann deshalb die Wertigkeit eines Elementes abgelesen werden.

K_2O	K einwertig	P_2O_5	P fünfwertig
CaO	Ca zweiwertig	SO_3	S sechswertig
Fe_2O_3	Fe dreiwertig	Mn_2O_7	Mn siebenwertig
CO_2	C vierwertig	OsO_4	Os achtwertig

Das **Kraftfeld,** das von einem einwertigen Atom ausgeht und auch ein anderes einwertiges Atom festhält, wird als Valenzkraft oder kurz **Valenz** bezeichnet. Ein fünfwertiges Atom besitzt fünf solcher Valenzen. (Über das Zustandekommen dieser Kräfte siehe Kapitel «Die chemische Bindung», S. 68 ff.)

In den Strukturformeln wird **jede Valenz durch einen Strich markiert.** Ein vierwertiges Element muss in allen Strukturformeln vier Valenzstriche auf jedes seiner Atome vereinigen. In Verbindungen mit mehrwertigen Elementen kommt es oft vor, dass zwei oder drei Valenzen zwischen zwei Atomen betätigt werden. Es entstehen dann **Doppelbindungen** bzw. **Dreifachbindungen.**

Cl—Cl

Cl_2, Chlor
Cl einwertig

O=O

O_2, Sauerstoff
O zweiwertig

N≡N

N_2, Stickstoff
N dreiwertig

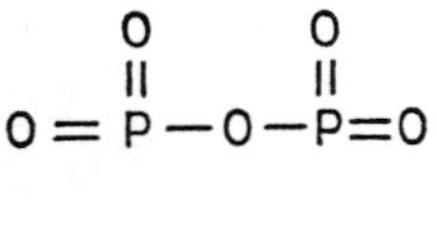

P_2O_5, Phosphorpentoxid
P fünfwertig

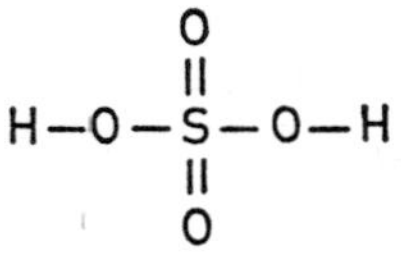

H_2SO_4, Schwefelsäure
S sechswertig

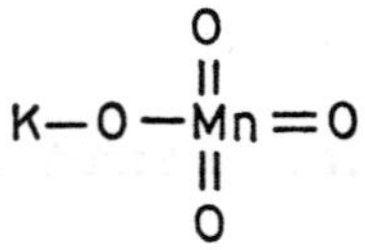

$KMnO_4$, Kaliumpermanganat
Mn siebenwertig

B. Oxidationsstufen; Elemente mit mehreren Wertigkeiten

Vom Kupfer existiert ein schwarzes und ein rotes Oxid, vom Chrom ein rotes und ein grünes und vom Kohlenstoff ein schwachgiftiges und ein hochgiftiges. Stickstoff bildet sogar fünf verschiedene Oxide (vgl. S. 161). Stoffe mit verschiedenen Eigenschaften müssen auch ungleiche Moleküle besitzen. Von zwei bestimmten Elementen sind unterschiedliche Moleküle nur bei unterschiedlichem Zahlenverhältnis der beiden Atomarten möglich. Dies bedingt, dass mindestens ein Partner **die Wertigkeit wechselt.** (Ausnahmen: Stoffe mit Bindungen zwischen gleichartigen Atomen.)

CuO	Cu=O	schwarzes Kupferoxid	Kupfer(II)-oxid
Cu_2O	Cu—O—Cu	rotes Kupferoxid	Kupfer(I)-oxid
Cr_2O_3	O=Cr—O—Cr=O	grünes Chromoxid	Chrom(III)-oxid
CrO_3	O=Cr=O ‖ O	rotes Chromoxid	Chrom(VI)-oxid
CO	C=O	Kohlenmonoxid (giftig)	Kohlenstoff(II)-oxid
CO_2	O=C=O	Kohlendioxid	Kohlenstoff(IV)-oxid

Die obigen Elemente (und viele andere) bilden Oxide in zwei oder mehr **Oxidationsstufen.** Nicht nur gegenüber Sauerstoff, auch mit zahlreichen anderen Verbindungspartnern kann ein Element wechselnde Wertigkeiten haben. Zur eindeutigen Benennung von Verbindungen mit «wechselhaften» Elementen stehen zwei Möglichkeiten offen:

1. Die Zahl der Atome (evtl. Atomgruppen) pro Molekül wird als **griechisches Zahlwort** unmittelbar vor den Namen der betreffenden Gruppe eingeführt (mono-, di-, tri-, tetra-, penta-, hexa-, hepta- usw.).
Beispiel: SO_3=Schwefeltrioxid; SO_2=Schwefeldioxid; N_2O_5=Distickstoffpentoxid; $FeCl_3$=Eisentrichlorid.

2. Die Wertigkeit des veränderlichen Elementes wird unmittelbar nach dessen Namen als **eingeklammerte römische Zahl** eingeschoben. CuJ=Kupfer(I)-jodid (gelesen als Kupfereinsjodid); $FeSO_4$=Eisen(II)-sulfat (gelesen als Eisenzweisulfat); $Fe(OH)_3$=Eisen(III)-hydroxid (vgl. auch obige Beispiele mit Strukturformeln).

Nach einer älteren, heute überholten Nomenklatur hiessen die drei letzten Beispiele Cuprojodid, Ferrosulfat und Ferrihydroxid. Die Endung «o» stand für niedrigere, «i» für höhere Wertigkeit.

Tabelle VII. Wichtige Wertigkeiten wichtiger Elemente

	Elemente mit nur einer Wertigkeit	Elemente mit mehr als einer Wertigkeit
I	Ag, F, H, K, Li, Na	Br, Cl, Cu, Hg, J
II	Ba, Ca, Mg, O, Zn	C, Co, Cu, Fe, Hg, Mn, Ni, Pb, S, Sn
III	Al, B	As, Ce, Cr, Fe, N, Sb
IV	Si	C, Ce, Mn, Pb, S, Sn
V		As, Br, Cl, J, N, P, Sb
VI		Cr, S
VII		Cl, Mn

Minimalkenntnisse für das medizinische Labor

C	Ca	Cl	Cu	Fe	H	J	K	Mg	N	Na	O	P	S
4	2	1	1; 2	2; 3	1	1	1	2	3; 5	1	2	5	2; 4; 6

IX. Chemische Gleichungen

Jede chemische Reaktion, von der die reagierenden und die gebildeten Stoffe bekannt sind, kann als **Gleichung** geschrieben werden.

$\mathbf{C + O_2 \rightarrow CO_2}$

Ein Atom C wird durch ein Molekül O_2 zu einem Molekül CO_2 oxidiert.
Die Formeln der Ausgangsstoffe kommen auf eine Seite, die Formeln der Reaktionsprodukte auf die andere Seite. Anstelle eines Gleichheitszeichens steht ein Pfeil, der die Reaktionsrichtung anzeigt.

Ein Symbol bzw. eine Formel in einer Gleichung hat stets die Bedeutung von einem Atom bzw. einem Molekül des betreffenden Stoffes.
Damit das **Gesetz der Massenerhaltung** erfüllt ist, muss jede an der Reaktion teilnehmende Atomart links und rechts vom Pfeil in gleicher Anzahl erscheinen.

$Na_2O + H_2O \rightarrow NaOH$

Eine solche Gleichung ist unkorrekt. Sie sagt wohl aus, dass aus Natriumoxid und Wasser Natriumhydroxid entsteht. Nach Ablauf der Reaktion wäre aber nur noch die Hälfte des Ausgangsmaterials vorhanden.

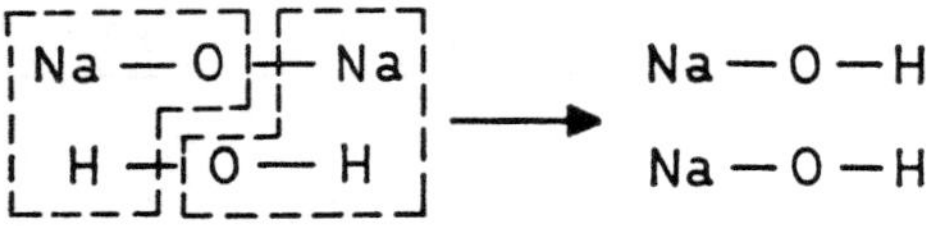

$\mathbf{Na_2O + H_2O \rightarrow 2NaOH}$

Aus einem Molekül Natriumoxid und einem Molekül Wasser entstehen zwei Moleküle Natriumhydroxid.

$2H_2 + O_2 \rightarrow 2H_2O$ Aus 2 Molekülen H_2 + 1 Molekül O_2 entstehen 2 Moleküle H_2O.

Die grossen Zahlen vor den Formeln heissen **Koeffizienten.** Sie geben die **Anzahl der beteiligten Moleküle** an. (Im Gegensatz dazu: Indizes = Anzahl Atome pro Molekül.) $3H_2SO_4$ bedeutet: 3 selbständige, nicht untereinander verbundene Moleküle Schwefelsäure. Jedes einzelne Molekül besteht aus 2 Atomen H, 1 Atom S und 4 Atomen O, die durch chemische Kräfte zusammengehalten werden.

Allgemeine Regeln für das Aufstellen von Gleichungen

1. **Sämtliche Ausgangs- und Endprodukte der Reaktion werden ermittelt.**
Diese Aufgabe ist für den Nichtspezialisten oft nicht einfach. Unsere Kenntnisse über den Verlauf der meisten Reaktionen beruhen auf Erfahrung. Aus zahllosen Analysen von Reaktionsprodukten hat man gesetzmässige Zusammenhänge zwischen dem molekularen Bau eines Stoffes (oder einer Stoffgruppe) und ihrem Verhalten gegenüber Umwelteinflüssen abgeleitet. Bei genauer Kenntnis des Mole-

külbaus eines neuen Stoffes kann man daher weitgehend voraussagen, wie er mit anderen Stoffen reagieren wird und unter welchen Bedingungen er sich aus anderen Stoffen synthetisieren lässt. Eine Anzahl der folgenden Kapitel befasst sich mit derartigen Zusammenhängen zwischen Molekülstruktur von Reaktionspartnern und Reaktionsablauf.

2. **Die Formeln aller Ausgangs- und Endprodukte werden sichergestellt.**

3. **Durch Einsetzen von Koeffizienten wird die Massengleichheit hergestellt.** Niemals durch Verändern von Formelindizes eine Gleichung korrigieren (dadurch würde ein anderes, wahrscheinlich gar nicht existierendes Molekül entstehen)! Am schnellsten wird man fertig, wenn man zuerst Massengleichheit für die Elemente herstellt, die beidseitig des Pfeils nur in einer Formel auftreten und erst dann die übrigen Elemente angleicht. Allfällige, bei vorläufigen Korrekturen entstandene gebrochene Koeffizienten werden durch Erweitern der ganzen Gleichung ganzzahlig gemacht.

Beispiele für das Auffinden von Koeffizienten

1. $\mathrm{P + O_2 \rightarrow P_2O_5}$
   $\mathrm{2P + 2\tfrac{1}{2}O_2 \rightarrow P_2O_5}$ (Verbrennung von Phosphor)
   $\mathbf{4P + 5O_2 \rightarrow 2P_2O_5}$

2. $\mathrm{P_2O_5 + H_2O \rightarrow H_3PO_4}$
   $\mathrm{P_2O_5 + H_2O \rightarrow 2H_3PO_4}$ (Bildung von Phosphorsäure aus Phosphorpentoxid und Wasser)
   $\mathbf{P_2O_5 + 3H_2O \rightarrow 2H_3PO_4}$

3. $\mathrm{C_6H_6 + O_2 \rightarrow CO_2 + H_2O}$
   $\mathrm{C_6H_6 + O_2 \rightarrow 6CO_2 + 3H_2O}$
   $\mathrm{C_6H_6 + 7\tfrac{1}{2}O_2 \rightarrow 6CO_2 + 3H_2O}$ (Verbrennung von Benzol)
   $\mathbf{2C_6H_6 + 15O_2 \rightarrow 12CO_2 + 6H_2O}$

4. $\mathrm{KMnO_4 + HCl \rightarrow Cl_2 + MnCl_2 + KCl + H_2O}$
   $\mathrm{KMn\mathbf{O_4} + HCl \rightarrow Cl_2 + MnCl_2 + KCl + \mathbf{4}H_2\mathbf{O}}$
   $\mathrm{KMnO_4 + \mathbf{8H}Cl \rightarrow Cl_2 + MnCl_2 + KCl + \mathbf{4H_2}O}$
   $\mathrm{KMnO_4 + \mathbf{8}H\mathbf{Cl} \rightarrow \mathbf{2\tfrac{1}{2}Cl_2} + Mn\mathbf{Cl_2} + K\mathbf{Cl} + 4H_2O}$
   $\mathbf{2KMnO_4 + 16HCl \rightarrow 5Cl_2 + 2MnCl_2 + 2KCl + 8H_2O}$
   (Herstellung von Chlor aus Salzsäure und Kaliumpermanganat)

Gelingt es bei einer Gleichung nicht, Massengleichheit für alle Atome zu erzielen, ist mit Sicherheit eine falsche Formel, eine zuwenig oder eine zuviel eingesetzt.

II. Fragen zur Eigenkontrolle (Stoffgebiet S. 17–29)

1. Welcher Stoff besorgt den Sauerstofftransport im Blut?
2. Was ist ein Säure-Basen-Indikator? Nenne drei Beispiele mit den Farben im sauren und basischen Milieu.
3. Wie lautet die Gleichung für die Bildung von Bariumhydroxid aus Bariumoxid und Wasser?
4. Ein Stoff hat die Strukturformel

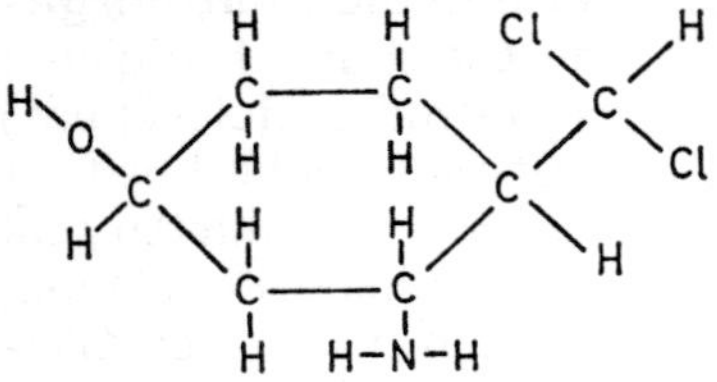

Welches ist seine Bruttoformel?
5. Welches sind die hauptsächlichen Gase der Luft und in welchem Verhältnis liegen sie vor? Welche andern Gase enthält die Atmosphäre?
6. Was ist eine Verbrennung vom chemischen Standpunkt aus betrachtet?
7. Welches sind die Bruttoformeln der beiden Oxide des Chroms, des Kupfers, des Kohlenstoffs?
8. Was lässt sich über das chemische Verhalten der Edelgase sagen?
9. Welches sind die Brutto- und Strukturformeln von Wasser, Wasserstoff, Ammoniak, Methan?
10. Wie viele Wasserstoffatome enthält ein Molekül der Verbindung $(NH_4)_2HPO_4$?
11. Wie lautet die Gleichung für die vollständige Oxidation von Glucose $C_6H_{12}O_6$?
12. Nenne zwei Arten der Sauerstoffgewinnung.
13. Welche Oxide entstehen bei der Verbrennung von Zellulose (Verbindung aus C, H und O)?
14. Welchen Kreislauf beschreibt der Sauerstoff in der belebten Natur?
15. Wie lässt sich eine Oxidation beschleunigen?
16. Welcher fundamentale Unterschied besteht zwischen Leichtmetall- und Nichtmetalloxiden betreffend ihr Verhalten gegenüber Wasser?
17. Setze die richtigen Koeffizienten in die Gleichung:
$NH_2{-}CO{-}NH_2 + HNO_2 \rightarrow N_2 + H_2O + CO_2$
18. Welche Wertigkeit hat Stickstoff in NH_3, NO_2, N_2O_5, N_2O_3?
19. Was versteht man unter einer Valenz?
20. Setze die Koeffizienten in folgende Gleichung:
$FeS_2 + O_2 \rightarrow SO_2 + Fe_2O_3$.
21. Welche Wertigkeiten haben Cu, Ca, K, P, S, Mg?
22. Welches sind die eindeutigen Bezeichnungen für PbO_2, Fe_2O_3, Cu_2O? (2 Arten von Namen!)
23. Aus Eisen(II)-chlorid und Chlorgas bildet sich Eisen(III)-chlorid. Wie lautet die Gleichung für diese Reaktion?
24. Welche Wertigkeit hat Chlor in der Verbindung $HClO_4$ und das Arsen in H_3AsO_3, wenn der Wasserstoff an Sauerstoff gebunden ist? Zeichne die Strukturformel der beiden Säuren.

(Antworten S. 348)

X. Wasser und Wasserstoff

A. Wasser

1. Das Wasser im Laboratorium

Wasser ist in der anorganischen und auch in der physiologischen Chemie das **Lösungsmittel Nummer 1.** Die meisten klinisch-chemischen Analysen werden in wässerigen Lösungen ausgeführt. Je nach der Verwendung werden ganz unterschiedliche Forderungen an die Reinheit des Wassers gestellt.

a) Leitungswasser
Brunnenwasser enthält wechselnde Mengen von gelösten Salzen, vor allem **Calciumhydrogencarbonat** und Calciumsulfat. **Weiches** Wasser enthält wenig, **hartes** Wasser viel gelöste Calciumsalze. Das Leitungswasser wird im Labor zum Vorspülen von Gefässen, als Kühlwasser und als Speisewasser für Heizbäder verwendet. **Als Lösungsmittel für Reagenzien darf Brunnenwasser nicht gebraucht werden.**

b) Ionenaustauscherwasser (demineralisiertes, entsalztes Wasser)
Lässt man Leitungswasser durch ein **Ionenaustauscherbett** fliessen, werden die gelösten Salze von diesem zurückgehalten (vgl. S. 112). Gewisse organische Verunreinigungen (Nichtelektrolyte; vgl. S. 47) und auch Mikroorganismen passieren den Ionenaustauscher. Da gutes Quell- oder Grundwasser sehr wenig Nichtelektrolyte enthält, ist das demineralisierte Wasser dem destillierten fast ebenbürtig. Bei der Herstellung von Reagenzien mit entsalztem Wasser muss von Fall zu Fall geprüft werden, ob gegenüber destilliertem Wasser ein Unterschied festzustellen ist. Ionenaustauscher arbeiten billiger als Destillationsapparate. **Demineralisiertes Wasser ist nicht steril** und darf keinesfalls für Infusionen verwendet werden.

c) Destilliertes Wasser (Aqua destillata)
Durch **Destillation** des Leitungswassers lässt sich dieses von allen gelösten Feststoffen befreien (vgl. S. 6 f.). In Glasapparaturen gewonnenes destilliertes Wasser ist für die Herstellung der allermeisten Reagens- und Standardlösungen genügend rein. Wenn in Analysenvorschriften von Wasser die Rede ist, dann ist immer destilliertes Wasser gemeint. Das gewöhnliche destillierte Wasser enthält stets aus der Luft aufgenommene **gelöste Kohlensäure.** CO_2-freies Wasser, z. B. zur Herstellung von Titrierlaugen (vgl. S. 132). Wird durch Aufkochen von destilliertem Wasser und anschliessendes Abkühlen unter Luftabschluss erhalten.

Für gewisse biochemische Experimente, vor allem beim Arbeiten mit besonders empfindlichen Enzymen, ist auch das gewöhnliche destillierte Wasser noch nicht rein genug. Spuren von Verunreinigungen, vor allem Schwermetallverbindungen, welche beim Sieden in kleinsten Tröpfchen vom Dampf mitgerissen werden, können sich störend auswirken. Durch eine zweite Destillation, vorzugsweise in einer Quarzapparatur, werden auch solche Verunreinigungen entfernt **(Aqua bidestillata).**

2. Physiologische Bedeutung des Wassers

Das Leben in jeglicher Form ist ohne Wasser undenkbar. **Jede lebende Zelle enthält Wasser.** Die **Stoffwechselvorgänge** der primitivsten wie der höchstdifferenzierten Lebewesen finden alle in wässerigen Lösungen statt. Vielfach nimmt das Wasser aktiv an den biochemischen Reaktionen teil. Es ist eines der **Stoffwechsel-Endprodukte** bei allen **biologischen Oxidationen** (vgl. S. 241). Beim Warmblüter kommt dem Wasser eine ganze Reihe von Sonderfunktionen zu. Es ist **Transportmedium für die Stoffwechselprodukte, für die Hormone** und nicht zuletzt **für die Körperwärme** (Blut). Die meisten Stoffwechsel-Endprodukte, der «Abfall», können nur als **wässerige Lösung ausgeschieden** werden (Harn, Schweiss, Galle). Bei Energieüberproduktion (vermehrte Muskeltätigkeit) oder bei hoher Umgebungstemperatur wirkt das Wasser als **Temperaturregulator** (Abkühlung durch Schweissverdunstung).

Der menschliche Körper besteht zu etwa zwei Dritteln aus Wasser. Der Wassergehalt nimmt vom Säuglings- zum Greisenalter ständig etwas ab. Die tägliche Wasseraufnahme des Erwachsenen beträgt im Durchschnitt 2–3 l.

3. Einfache Umsetzungen des Wassers mit Metallen

Unedle Metalle reagieren mit Wasser. Sie setzen Wasserstoff frei und nehmen dessen Stelle ein. Die unedelsten Metalle (Na, K, Ca, Ba) bilden dabei **Hydroxide.** Es sind die gleichen, die auch auf dem Umweg über ihre Oxide mit Wasser Basen bilden (vgl. S. 19). Kalium und Natrium reagieren schon mit kaltem Wasser so heftig, dass sie in der Reaktionswärme schmelzen. Kalium entzündet sich dabei sogar an der Luft.

$$2Na + 2H_2O \rightarrow 2NaOH + H_2$$

$$2K + 2H_2O \rightarrow 2KOH + H_2$$

$$Ca + 2H_2O \rightarrow Ca(OH)_2 + H_2$$

$$Ba + 2H_2O \rightarrow Ba(OH)_2 + H_2$$

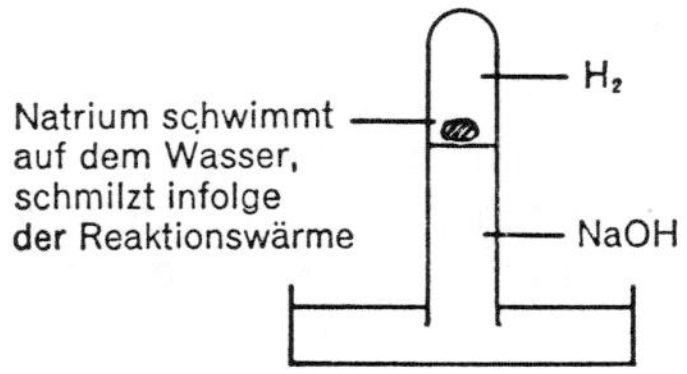

Abb. 18. Reaktion von Natrium mit Wasser.

Die weniger unedlen Metalle (z. B. Fe, Al, Zn) reagieren nur mit heissem Wasserdampf und bilden dabei **Oxide.**

$2Fe + 3H_2O \rightarrow Fe_2O_3 + 3H_2$

$2Al + 3H_2O \rightarrow Al_2O_3 + 3H_2$

$Zn + H_2O \rightarrow ZnO + H_2$

Beim **Rosten** des Eisens in kaltem Wasser ist der im Wasser gelöste Sauerstoff mitbeteiligt. Rost ist vor allem eine Zwischenform aus Eisen(III)-oxid und Eisen(III)-hydroxid (O = Fe-OH).

Reaktionen vom Typ der drei letzten Gleichungen bezeichnet man als **einfache Umsetzungen.**

Eine einfache Umsetzung ist eine Verdrängung eines Elementes aus einer Verbindung durch Eintritt eines anderen, weniger edlen Elementes.

Abb. 19. Schema der einfachen Umsetzung.

Eine Reihe von Elementen wird durch einfache Umsetzungen grosstechnisch hergestellt.

Die Halbedel- und Edelmetalle (Cu, Hg, Ag, Au, Pt) reagieren nicht mit Wasser, auch nicht bei hoher Temperatur.

B. Wasserstoff

H_2 ist das **leichteste Gas** (Ballonfüllungen). 1 m^3 wiegt bloss 89 g (1 m^3 Luft 1,3 kg). Er brennt ausgezeichnet, mit fast farbloser, heisser Flamme. **Mit Sauerstoff bildet er explosive Gemische** (Knallgas).

H_2 lässt sich im Labor durch **einfache Umsetzungen** unedler Metalle mit Wasser oder noch leichter **mit Säuren** herstellen.

Beispiel: $Zn + 2HCl \rightarrow ZnCl_2 + H_2$

Grosstechnisch wird H_2 durch **Wasserelektrolyse** gewonnen. Die Thermolyse von H_2O erfolgt erst oberhalb 2000°C und ist unwirtschaftlich.

H bildet ausser mit den Edelgasen mit allen Nichtmetallen Verbindungen. Ausser Wasser sind bei Zimmertemperatur **alle gasförmig.**

CH_4	**Methan** (Grubengas), brennbar, wasserunlöslich	
NH_3	**Ammoniak,** stechend riechend, bildet mit Wasser eine Base	
H_2S	**Schwefelwasserstoff,** stinkt nach faulen Eiern, giftig, schwache Säure	
HF	**Fluorwasserstoff** (Flussäure), riecht stechend, ätzt Glas, mittelstarke Säure	
HCl	**Chlorwasserstoff** (Salzsäure)	stechend riechend, gut H_2O-löslich, starke Säuren
HBr	**Bromwasserstoff**	
HJ	**Jodwasserstoff**	

Wasserstoff ist das obligatorische Element aller Säuren (vgl. S. 48 ff.). Auch von einigen Leichtmetallen hat man H-Verbindungen hergestellt, sogenannte Metallhydride. Sie reagieren heftig mit Wasser unter Bildung von Wasserstoffgas und Leichtmetallhydroxid.

XI. Der Bau der Atome

A. Bestandteile des Atoms

Jedes Atom besteht aus einem positiv geladenen Kern und einer negativ geladenen Hülle.
Praktisch die gesamte Masse des Atoms konzentriert sich auf den Kern, obschon sein Durchmesser nur etwa $^1/_{10\,000}$ des ganzen Atoms ausmacht. Die Hülle umgibt den Atomkern etwa im gleichen Verhältnis wie ein grosses Zimmer einen Stecknadelkopf. Könnte man einen Kubikmillimeter dicht mit Atomkernen vollstopfen, würde er mehrere hundert Tonnen wiegen.
Die **Atomhülle** besteht aus den negativ geladenen **Elektronen,** welche den Kern mit ungeheurer Geschwindigkeit umkreisen. Die Atomkerne sind ihrerseits zusammengesetzt aus **positiv geladenen Protonen** und **ungeladenen Neutronen.** Beide Kernteilchen werden unter dem Namen **Nukleonen** zusammengefasst.
Der Kern des leichtesten Atoms (H) besteht nur aus einem Proton.
Die **Massen** von Proton und Neutron sind praktisch gleich, die des Elektrons ist fast 2000mal kleiner als diejenige des Protons. Die Ladungen von Elektron und Proton sind gleich gross, aber entgegengesetzt. Sie verkörpern die kleinste überhaupt mögliche Ladung, die **Elementarladung.**
Jedes Element hat seine eigene Protonen- und damit Kernladungszahl.
Atome mit unterschiedlicher Protonenzahl gehören verschiedenen Elementen an. Die Neutronenzahl kann dagegen bei ein und demselben Element in engen Grenzen variieren (vgl. Kapitel «Isotope», S. 37 ff.).

B. Das Periodensystem der Elemente

1. Aufbau einer Ordnung für die Elemente

Ordnet man die Elemente **nach steigender Kernladungs-**(Protonen-)**zahl,** so erhält man eine Reihe, in der **Elemente mit ähnlichen Eigenschaften in periodischen Abständen** auftreten.

H He Li Be B C N O F Ne Na Mg Al Si P S Cl Ar K Ca Sc Ti V ...

Die Länge der Perioden für das Auftreten verwandter Elemente in dieser Ordnung ist nicht konstant:

1. Periode	2 Elemente	$= 2 \cdot 1^2$	5. Periode	18 Elemente	$= 2 \cdot 3^2$
2. Periode	8 Elemente	$= 2 \cdot 2^2$	6. Periode	32 Elemente	$= 2 \cdot 4^2$
3. Periode	8 Elemente	$= 2 \cdot 2^2$	7. Periode	unvollständig	
4. Periode	18 Elemente	$= 2 \cdot 3^2$			

Beginnt man mit jeder Periode eine neue Zeile, so erhält man das **Periodensystem** der Elemente. Den ersten Entwurf zu diesem System machte Mendelejew 1869, als noch eine Reihe von Elementen unentdeckt war. Nur mit Aussparung von Lücken entstand eine brauchbare Ordnung. Aufgrund der Perioden des Systems konnten verschiedene Eigenschaften der noch fehlenden Elemente vorausgesagt werden, so dass man gezielt nach ihnen suchen konnte. Erst 1945 wurde mit dem Promethium die letzte Lücke geschlossen. In den letzten drei Jahrzehnten ist das System auch noch um 12 künstliche Elemente, die Transurane («jenseits des Urans») erweitert worden.

2. Struktur des Periodensystems

Die Abbildung im Buchdeckel zeigt eine heute oft verwendete Schreibart des Periodensystems. Jedes Element hat seine Nummer, die **Ordnungszahl** (Protonenzahl). Die vertikalen Kolonnen des Systems heissen **Gruppen. Alle Elemente derselben Gruppe sind unter sich physikalisch und chemisch verwandt.** Die Verwandtschaft ist um so enger, je näher übereinander sie stehen. Die Gruppen sind von links nach rechts **zweimal bis acht numeriert.** Die Gruppe der Edelgase (ganz rechts) wird heute meist statt mit VIII mit 0 bezeichnet (nullwertige Elemente). Die acht Gruppen, die auch die kurzen Perioden 1 bis 3 einschliessen, heissen **Hauptgruppen** (Ia, IIa usw.), die übrigen **Nebengruppen** (Ib, IIb usw.). Die Elemente der Nebengruppen (lauter Metalle) heissen **Übergangselemente.**

Die acht Hauptgruppen haben eigene Namen:

Ia	Alkalimetallgruppe	Va	Stickstoffgruppe
IIa	Erdalkalimetallgruppe	VIa	Sauerstoffgruppe (Chalkogengruppe)
IIIa	Erdmetallgruppe	VIIa	Halogengruppe
IVa	Kohlenstoffgruppe	0	Edelgasgruppe

Die Perioden- und Gruppeneinteilung des Systems liegt im Bau der Elektronenhüllen begründet (vgl. S. 36).

3. Triadenmetalle, Lanthaniden und Actiniden

Die drei Kolonnen Fe, Ru, Os sowie Co, Rh, Ir und Ni, Pd, Pt hat man in eine Gruppe zusammengefasst. Die horizontalen Trios dieser Grossgruppe heissen Triadenmetalle. Die Verwandtschaft innerhalb einer Triade ist wesentlich enger als von einer Triade zur andern, was den Zusammenschluss rechtfertigt.

Die Gesellschaften der Lanthaniden (58–71) bzw. der Actiniden (90–103) nehmen ebenfalls Sonderstellungen ein. Die chemische Verwandtschaft innerhalb der beiden Familien ist grösser als sonst bei irgend zwei Elementen derselben Gruppe. Die beiden Metalle Praseodym und Neodym sind z. B. so ähnlich, dass man sie früher als einheitliches Element auffasste.

4. Metalle, Halbmetalle und Nichtmetalle

Die Nichtmetalle gruppieren sich im Periodensystem in der rechten oberen Ecke (Sonderfall: Wasserstoff). Die Halbmetalle bilden eine Treppe an der Grenze zu den Metallen. Der metallische Charakter (z. B. elektrische Leitfähigkeit) nimmt in den Gruppen von oben nach unten zu.

5. Gruppennummern und Wertigkeit

Die Elemente der 1. Hauptgruppe sind alle einwertig (Alkalimetalle), die der 2. Hauptgruppe alle zweiwertig (Erdalkalimetalle). So stimmen auch alle andern Elemente, welche der gleichen Gruppe angehören, wenigstens in einer, oft in mehr als einer Wertigkeit überein.
Für die Hauptgruppen gilt folgendes Gesetz: **Die Gruppennummer entspricht der höchsten Wertigkeit, welche die Elemente dieser Gruppe entfalten können.**
Nicht alle Elemente der höheren Gruppen erreichen diese höchsten Wertigkeiten. Es gibt zum Beispiel keine Verbindungen mit sechswertigem Sauerstoff oder achtwertigem Eisen. Für die Nebengruppen ist obiges Gesetz die Regel mit wenig Ausnahmen (Cu und Au sind nicht nur ein- sondern auch zwei- bzw. dreiwertig, einige Lanthaniden und die meisten Actiniden haben neben III auch höhere Wertigkeiten).

C. Elektronenschalen

Die Elektronen rotieren nicht alle auf der gleichen Bahn um den Kern, sondern in verschiedenen Kernabständen auf sogenannten **Elektronenschalen** (Atommodell von Bohr 1913). Den 7 Perioden des Periodensystems entsprechend existieren auch 7 Elektronenschalen, die von innen nach aussen mit den Buchstaben K bis Q bezeichnet werden. Die Schalen können unterschiedlich viele Elektronen aufnehmen. Auf der K-Schale haben maximal 2, auf der L-Schale 8, auf der M-Schale 18 und auf der N-Schale 32 Elektronen Platz.

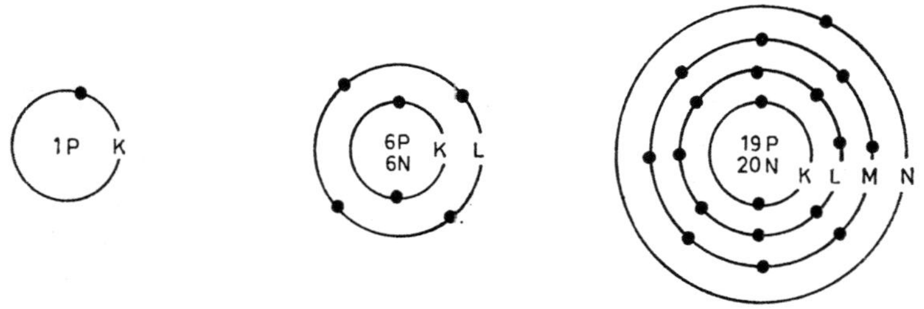

Wasserstoff
1 Proton
1 Elektron

Kohlenstoff
6 Protonen
6 Neutronen
6 Elektronen

Kalium
19 Protonen
20 Neutronen
19 Elektronen

Abb. 20. Bohrsche Atommodelle.

Durchläuft man das Periodensystem von 1 bis 104, findet man folgendes Aufbauprinzip: Der Wasserstoff hat ein Elektron, das Helium deren zwei auf der K-Schale. Damit ist die innerste Schale gefüllt. Mit dem Lithium beginnt der Aufbau der L-Schale, welche sukzessive aufgefüllt wird und am Ende der 2. Periode, beim Neon mit 8 Elektronen ihren Abschluss findet. Das Natrium besitzt bereits ein Elektron in der M-Schale. Am Ende der dritten Periode, beim Argon enthält auch diese Schale 8 Elektronen. Mit dem Kalium beginnt der Aufbau der N-Schale (Abb. 20). In der vierten Periode werden aber nicht nur 8 Elektronen in die vierte Schale aufgenommen, sondern auch noch deren 10 in die dritte Schale «gestopft». Diese war beim Argon nur vorläufig abgeschlossen. Die Komplettierung der M-Schale entspricht den 10 Übergangselementen (Nebengruppen). In der fünften Periode wiederholt sich dasselbe Spiel. Die N-Schale, die beim Krypton vorläufig abgeschlossen war, wird ebenfalls auf 18 Elektronen ergänzt. In der sechsten Periode wird die fünfte Schale auf 18 Elektronen aufgefüllt, aber ausserdem wird noch die vierte Schale von 18 auf 32 Elektronen erweitert. Diese Komplettierung der N-Schale entspricht der Reihe der Lanthaniden. In der 7. Periode wird mit den Actiniden die O-Schale auf 32 Elektronen ergänzt.
Mit jeder Periode beginnt der Aufbau einer neuen Elektronenschale, welche immer bei einem Edelgas mit einer besonders stabilen Gruppierung ihren Abschluss findet. Von der dritten Schale an ist das **Edelgasoktett** nur ein vorläufiger Abschluss. Die Schalen werden in höheren Perioden weiter ausgebaut.
Für das **chemische Verhalten eines Elementes** ist in erster Linie die **Zahl der Elektronen auf der äussersten und zum Teil zweitäussersten Schale ausschlaggebend. Alle Elemente in der gleichen Hauptgruppe besitzen gleich viel Elektronen auf der äussersten Schale** und sind daher chemisch verwandt. Die Elektronen der äussersten Schale bestimmen die Hauptwertigkeiten. Weil alle Lanthaniden und alle Actiniden auf der äussersten Schale 3 Elektronen tragen und auch (mit einzelnen Ausnahmen) die gleiche zweitäusserste Schale besitzen, ist innerhalb der Familien die Verwandtschaft so eng.

Die Elektronen einer Schale sind nicht gleichmässig auf eine Kugelfläche verteilt. Sie bewegen sich vielmehr paarweise oder einzeln auf verschiedenen Schleifen, sogenannten Orbitalen, mit verschiedenem Energieniveau. Die Erläuterung der Orbitaltheorien soll den Lehrbüchern für höhere Schulen überlassen werden.

D. Isotope

1. Massenspektrographie

In einer elektrischen Röhre (Typ Neonröhre) lassen sich Atome elektrisch laden. Geladene Teilchen, sogenannte Ionen, lassen sich im elektrischen Feld durch Anziehung beschleunigen. Fliegende Ionen können anderseits durch ein Magnetfeld aus ihrer Bahn abgelenkt werden. Bei gleicher Geschwindigkeit ist die Ablenkung um so stärker, je kleiner die Masse und damit die Trägheit der Ionen. Verschieden schwere Teilchen können dann an verschiedenen Stellen des Apparats aufgefangen werden. Das Trennverfahren heisst Massenspektrographie. Macht man das beschriebene Experiment mit **reinen Elementen,** so erhält man in vielen Fällen **zwei oder mehr Fraktionen verschieden schwerer Atome.**

2. Wesen der Isotopie

Zwei Atome des gleichen Elementes mit unterschiedlicher Masse sind nur möglich, wenn sie nicht gleich viel Neutronen besitzen. Die Protonenzahl muss dieselbe sein, sonst wären es zwei verschiedene Elemente.

Atome mit gleicher Protonen- aber verschiedener Neutronenzahl werden als Isotope eines Elementes bezeichnet. «Isotop» bedeutet «gleicher Platz» (im Periodensystem).

Über Dreiviertel aller natürlichen Elemente sind Isotopengemische. Insgesamt sind 346 natürliche Isotope bekannt. Bei den meisten Elementen dominiert aber **ein** Isotop. Zur Unterscheidung der verschiedenen Isotope eines Elementes wird links über das Symbol die Gesamtnukleonenzahl geschrieben. Beispiel: ^{2}H, ^{14}C, ^{131}J, ^{235}U. Man spricht von Kohlenstoff-vierzehn, Jod-hunderteinunddreissig usw.

3. Isotope des Wasserstoffs

Der Wasserstoff besitzt 3 Isotope. Sie haben als einzige Isotope eigene Namen:

^{1}H gewöhnlicher Wasserstoff, auch Protium genannt
^{2}H **Deuterium** oder **schwerer Wasserstoff** (Symbol D)
^{3}H **Tritium** (Symbol T)

Das Deuterium macht zirka 0,02% des natürlichen Wasserstoffs aus. Sein Oxid D_2O wird **schweres Wasser** genannt (spez. Gewicht, 1,11). Das Tritium ist radioaktiv. Es verwandelt sich unter β-Strahlung in ein Heliumisotop und hat eine Halbwertszeit von 12,3 Jahren (vgl. folgenden Abschnitt). Die beiden schweren Wasserstoffisotope finden in der biochemischen Forschung als Tracer Verwendung.

4. Radioaktive Isotope

Die Zahl der stabilen Isotope eines Elementes ist eng beschränkt. Je kleiner die Ordnungszahl, desto weniger Isotope sind möglich. Nur bei ganz bestimmten Verhältnissen zwischen Neutronen- und Protonenzahl ist der Kern beständig. Bei den leichten Elementen, etwa bis Ordnungszahl 20 ist das Verhältnis Protonen:Neutronen nahe 1:1. Es verschiebt sich dann mehr und mehr bis gegen 1:1,6 bei den schwersten Elementen. Ist das Nukleonenverhältnis nicht ausgewogen, kann sich der Kern plötzlich spontan verändern. Durch Ausstossung von Partikeln wandelt er sich in einen stabilen um. **Isotope mit instabilen Atomkernen sind radioaktiv** (strahlend).

a) Strahlungsarten radioaktiver Isotope

α-Strahlen Heliumkerne (Pakete aus 2 Protonen und 2 Neutronen)
β-Strahlen Elektronen
γ-Strahlen Kurzwellige («harte») Röntgenstrahlen

Bei Emission von α-Strahlen wird die Nukleonenzahl (und auch das Atomgewicht, vgl. S. 42 f.) eines Isotops um 4 Einheiten kleiner. Die Ordnungszahl fällt um 2. Bei der β-Strahlung bleibt die Kernpartikelzahl gleich, die Ordnungszahl wird um 1 grösser (Abgabe einer negativen Ladung = Zunahme der positiven Ladung um 1). γ-Strahlen sind sehr oft Begleiter der β-Strahlen. Sie treten nie allein auf.

Beim radioaktiven Zerfall finden Elementumwandlungen statt. Die Elektronen der β-Strahlen stammen nicht etwa aus der Atomhülle, sondern aus dem Kern. Sie entstehen im Moment des Zerfalls. Ein Neutron verwandelt sich in ein Proton und ein Elektron.

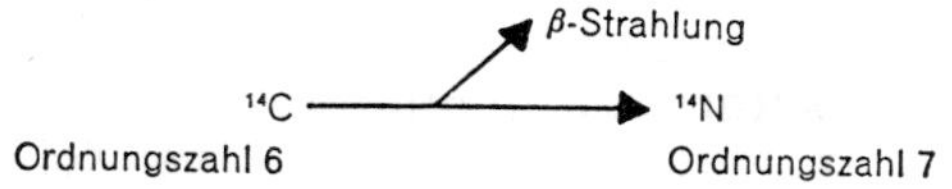

b) Halbwertszeit und Strahlungshärte

Die verschiedenen radioaktiven Isotope zerfallen verschieden rasch. Ein Mass für die Zerfallsgeschwindigkeit ist die **Halbwertszeit.** Sie ist die **Zeitspanne, während der sich die Hälfte eines radioaktiven Elementes umwandelt.** Der radioaktive Zerfall ist durch keine Umweltbedingungen wie Temperatur und Druck beeinflussbar, sondern eine reine Frage der Wahrscheinlichkeit. Für ein bestimmtes Atom lässt sich der Zeitpunkt des Zerfalls nicht voraussagen. Für eine grosse Zahl kann man aber berechnen, welcher Anteil in einer bestimmten Zeit zerfallen wird.

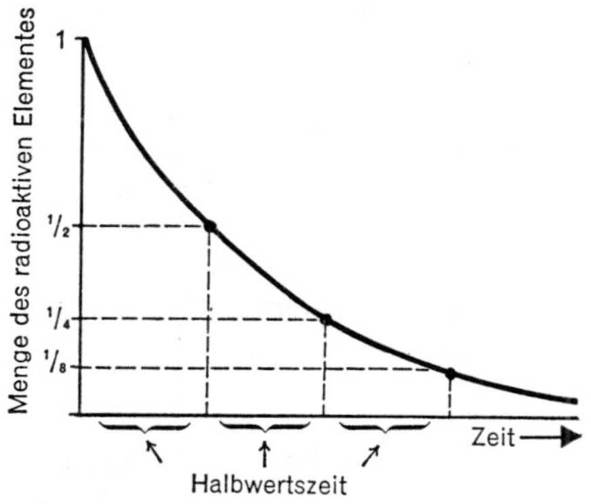

Abb. 21. Die Halbwertszeit radioaktiver Isotope.

Beispiel: Die Halbwertszeit von ^{125}J ist 60 Tage. Wie viele Milligramm sind von 5 g ^{125}J nach einem Jahr noch übrig? Die Ausgangsmenge wird in 360 Tagen sechsmal halbiert:

$$5(\tfrac{1}{2})^6 = \frac{5}{64} = 0{,}078\ \text{g} = \mathbf{78\ mg}$$

Die Halbwertszeit verschiedener Isotope kann ausserordentlich divergieren (10^{-21} sec bei einem He-Isotop, 10^{17} Jahre beim natürlichen Wismut).

Auch das Durchdringungsvermögen der Zerfallsstrahlung, die sogenannte Härte, kann stark variieren. γ-Strahlen sind in der Regel viel härter als β-Strahlen. Ein γ-Strahl kann Metallplatten von mehreren Zentimetern durchdringen, während β-Strahlen schon von einem Blatt Papier weitgehend verschluckt werden. Alle Kernstrahlung kann in lebenden Zellen (meist nachteilige) Veränderungen zur Folge haben (Genmutation, Krebserregung, Zelltod).

c) Natürliche Radioaktivität

Unter den Elementen mit Ordnungszahl 1–82 sind natürliche radioaktive Isotope selten. Von 83 (Bi) an aufwärts existieren aber überhaupt nur instabile Atomkerne,

wenn auch zum Teil mit sehr grossen Halbwertszeiten. Mit Abstand den grössten Beitrag zur natürlichen Radioaktivität liefert das Isotop **^{40}K**, welches 0,012% des gesamten Kaliums ausmacht. In 1 g natürlichem Kalium zerfallen pro Sekunde etwa 30 Atome, das ergibt zirka 5000 Impulse/sec auf einen menschlichen Körper. Das ^{40}K hat eine Halbwertszeit von 1 Milliarde Jahren.
Ein weiteres bedeutungsvolles natürliches radioaktives Isotop ist **^{14}C**. Seine Halbwertszeit beträgt 5570 Jahre. Es wäre somit längst verschwunden, wenn es nicht ständig nachgebildet würde. Durch die Einwirkung der kosmischen Strahlung wird in der oberen Atmosphäre aus ^{14}N, dem gewöhnlichen Stickstoff, ^{14}C gebildet. Dieser wird zu $^{14}CO_2$ oxidiert. Neubildung und Zerfall halten sich in der Atmosphäre die Waage. Der Kohlenstoff, der durch die grüne Pflanze der Atmosphäre entzogen wird, verarmt allmählich an ^{14}C. Je älter ein organisches Material, desto weniger ^{14}C enthält es. Diese Tatsache ermöglicht eine **Altersbestimmung** von archäologischen Holz- und Knochenfunden. Die Altersgrenze, bei der noch aktiver Kohlenstoff nachgewiesen werden kann, beträgt zirka 40000 Jahre. Steinkohle, Erdöl und Kalkstein enthalten praktisch keinen ^{14}C mehr.
Für die moderne Technik von grossem Wert sind die verschiedenen Isotope der Metalle mit höchsten Ordnungszahlen, Radium bis Uran. Auf deren zahlreiche Kernreaktionen kann aber hier nicht eingegangen werden.

5. Künstliche Isotope

Der Atomphysiker kann heute mit Hilfe von erzwungenen Kernreaktionen alle nur möglichen Isotope (über 1000) künstlich herstellen. Durch Beschuss mit sehr rasch fliegenden Elementarpartikeln (Protonen, Elektronen, Deuteronen, Heliumkernen oder Neutronen) kann die Zusammensetzung von Atomkernen verändert werden. Die erste derartige künstliche Elementumwandlung war die folgende (Rutherford 1919):

$^{14}N + \alpha\text{-Teilchen} \rightarrow {}^{17}O + \text{Proton}.$

Beim Beschuss mit geladenen Partikeln entstehen andere Elemente, beim Einfang von Neutronengeschossen andere Isotope des gleichen Elementes.

$^{12}C + 2n \rightarrow {}^{14}C$

Auch die Transurane (Ordnungszahl >92) sind durch solche Kernreaktionen hergestellt worden. Die zum Beschuss erforderlichen schnellen, geladenen Partikel werden im sogenannten Zyklotron produziert. Schnelle Neutronen entstehen in den «Uranbrennern» der Atomkraftwerke.

6. «Tracer»

Wir besitzen heute eine Reihe vorzüglicher Apparate zur Messung von Kernstrahlen (sog. Impulszähler). Anderseits lassen sich radioaktive Isotope von biologisch wichtigen Elementen wie ^{3}H, ^{14}C, ^{32}P, ^{35}S, ^{55}Fe, ^{131}J, ^{125}J und andere zu erschwinglichen Preisen künstlich herstellen. Diese beiden Umstände haben der Biochemie ungeahnte Möglichkeiten zur Erforschung des normalen und auch krankhaften Stoffwechsels in die Hand gegeben. Ein radioaktives Isotop wird an Stelle des stabilen (z.B. ^{14}C statt ^{12}C) in einen Nährstoff, ein Vitamin oder Medikament eingebaut; der Stoff wird «markiert» (Aufgabe des synthetischen Chemikers). Dank dieser «Etikettierung» lässt sich der Stoff selbst und auch die aus ihm entstehenden Stoffwechselprodukte **auf dem Weg durch den Organismus verfolgen.** Das radioaktive Element kann irgendwo und in irgendeiner Verbindung aufgespürt werden (engl. «tracing»). Verschiedene Fraktionen von Körperflüssigkeiten und Organproben werden mit dem Registriergerät auf Strahlung «abgetastet». Die radioaktiven Verbindungen werden isoliert, identifiziert und quantitativ erfasst. So ist es gelungen, ungezählte Stoffwechselvorgänge im gesunden und kranken Organismus aufzuklären.

Wohl kaum irgendwo treten Segen und Fluch der Technik in so krassem Kontrast in Erscheinung wie bei den instabilen Isotopen. Hier unschätzbare Fortschritte der Medizin – dort totale Zerstörung durch die Nuklearwaffen.

XII. Das Atom- und Molekulargewicht; das Mol

A. Grösse und Masse der Atome

Der **Durchmesser** des kleinsten Atoms (H) ist $0{,}6 \cdot 10^{-7}$ mm, der des grössten (Fr) knapp zehnmal grösser. Vergrössert man den Durchmesser eines Atoms und eines Tennisballs je um den Faktor 1 Milliarde, so erhält das Atom die Grösse des Tennisballs, während der Ball die ganze Erde ausfüllt. Noch extremer ist die Kleinheit der **Masse** eines Atoms. Ein H-Atom wiegt $1{,}68 \cdot 10^{-24}$ g, d.h. in 1 g Wasserstoff hat es fast eine Quadrillion (Zahl mit 24 Nullen) Atome. Würde man die Atome von 1 g Wasserstoff gleichmässig auf die ganze Erdoberfläche verteilen, so entfielen auf jeden Quadratmillimeter etwa 1000 Stück. Für die andern Atome und auch die meisten Moleküle sind die Verhältnisse nicht viel anders. Würde man 1 l Alkohol gleichmässig mit dem gesamten Weltmeer durchmischen, so kämen auf jeden Liter Wasser zirka 8000 Alkoholmoleküle.
Jedes Element hat seine eigene spezifische Atommasse.

B. Relative Atomgewichte (Atommassen)

Im folgenden wird stets von Gewichten die Rede sein, wie im täglichen Gebrauch immer noch üblich, obschon eigentlich Massen gemeint sind (Unterschied Gewicht–Masse siehe Lehrbuch der Physik).
Die verschiedenen Atome vereinigen sich stets in einfachen Verhältniszahlen miteinander. Auf Seite 22 wurde dargelegt, wie diese Zahlen ermittelt werden können. Für jeden Reinstoff lässt sich der Gewichtsanteil jedes an dessen Aufbau beteiligten Elementes analytisch bestimmen. Durch Elektrolyse von 18 g Wasser werden z. B. 16 g Sauerstoff+2 g Wasserstoff erhalten. Wird 1,12 g Eisen oxidiert, so nimmt es um 0,48 g zu. 1,6 g Fe_2O_3 enthalten somit 1,12 g Fe und 0,48 g O. Aus der Bruttoformel und dem Analysenergebnis lässt sich das Gewichtsverhältnis der verschiedenen Atome zueinander berechnen.

$$\text{Wasser: } \frac{\text{Gewicht von 2 Atomen H}}{\text{Gewicht von 1 Atom O}} = \frac{2}{16} \qquad \frac{1\,\text{H}}{1\,\text{O}} = \frac{1}{16}$$

$$\text{Eisen(III)-oxid: } \frac{\text{Gewicht von 3 Atomen O}}{\text{Gewicht von 2 Atomen Fe}} = \frac{48}{112} \qquad \frac{1\,\text{O}}{1\,\text{Fe}} = \frac{16}{56}$$

Ist einmal das wechselseitige Gewichtsverhältnis aller Atome bekannt, lässt sich für alle Verbindungen mit bekannter Formel der Gewichtsanteil der daran beteiligten Elemente berechnen. Ist für eine Reaktion die Gleichung bekannt, lässt sich auch vorausberechnen, wie viele Gramm des einen Partners mit wieviel des andern reagieren müssen und wieviel von jedem Produkt entsteht (vgl. Kapitel «Stöchiometrie», S. 148 ff.).

Für alle diese Berechnungen braucht das tatsächliche Gewicht der einzelnen Atome nicht bekannt zu sein. Es genügt das **relative Atomgewicht.**

Als **Bezugsgrösse** für die relativen Atomgewichte hat man das leichteste Element, den Wasserstoff, 1 gesetzt. Dadurch erhielten alle andern Elemente Zahlen zwischen 1 und 238. Sauerstoff z. B. wurde 15,89. Weil für die Berechnung der Verhältnisgewichte vor allem die Oxide dienten, erschien es sinnvoller, den Sauerstoff als Bezugselement zu wählen. Man setzte O = 16,0000. Dadurch wurden alle andern Zahlen etwas grösser (z. B. H = 1,007). Weil der natürliche Sauerstoff ein zufälliges Gemisch der drei O-Isotope ^{16}O, ^{17}O und ^{18}O und somit nichts streng Unveränderliches darstellt (immerhin ist 99,76% ^{16}O), hat man 1961 eine zweite Korrektur vorgenommen. **Bezugsgrösse ist heute das ^{12}C-Isotop,** also das Kohlenstoffatom mit 6 Protonen und 6 Neutronen. **Sein relatives Atomgewicht ist 12,0000.** Wenn im folgenden von Atomgewichten die Rede ist, sind stets die auf das ^{12}C bezogenen relativen Atomgewichte gemeint.
Das Atomgewicht eines Elementes ist das Gewichtsverhältnis zwischen seinem Atom und einem Zwölftel des ^{12}C-Atoms.

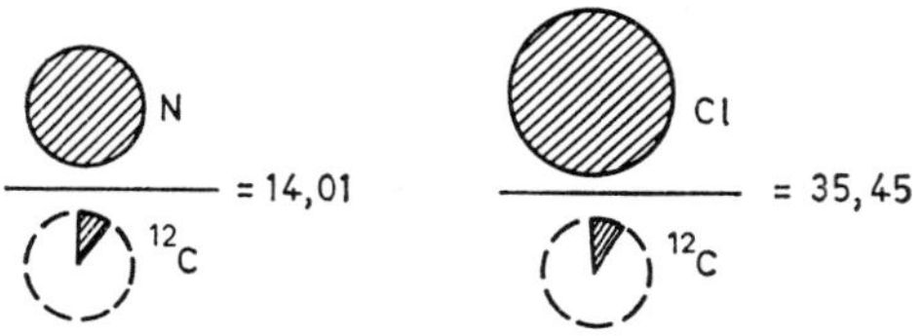

Abb. 22. Atomgewichte.

Neutronen und Protonen sind praktisch gleich schwer. ^{12}C enthält 12 dieser Kernpartikel. Das «Atomgewicht» von Neutron und Proton ist somit praktisch gleich 1. Dies bedeutet weiter, dass alle Elemente, die zur Hauptsache aus **einem** Isotop bestehen (das sind die meisten), fast ganzzahlige Atomgewichte besitzen. Das natürliche Chlor ist ein Gemisch von zirka 75% ^{35}Cl und 25% ^{37}Cl. Deshalb ist sein Atomgewicht zirka 35½.
Häufig verwendete gerundete Atomgewichte:

H	1	C	12	N	14	O	16	Na	23
P	31	S	32	Cl	35½	K	39	Ca	40

Die genauen Atomgewichte sämtlicher Elemente finden sich im Buchdeckel.

C. Molekulargewichte

Ebensogut wie das Gewicht eines Atoms kann auch dasjenige eines Moleküls zum Gewicht des ^{12}C-Atoms in Beziehung gesetzt werden.

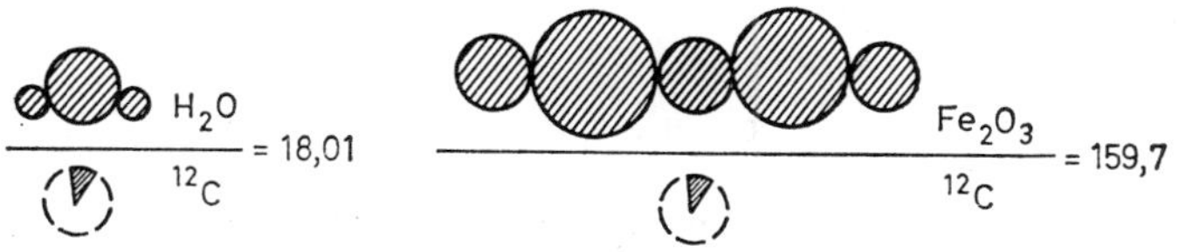

Abb. 23. Molekulargewichte.

Das Molekulargewicht eines Stoffes ist das Gewichtsverhältnis zwischen seinem Molekül und einem Zwölftel des ^{12}C-Atoms.
Das tatsächliche Gewicht eines Moleküls ist die Summe der Gewichte aller beteiligten Atome. Sinngemäss ist auch das **relative Gewicht des Moleküls die Summe der relativen Gewichte sämtlicher Atome.**

Beispiele:

H_3PO_4	3 H = 3	$(NH_4)_2SO_4$	2 N = 28
	1 P = 31		8 H = 8
	4 O = 64		1 S = 32
Molekulargewicht =	98		4 O = 64
		Molekulargewicht =	132

D. Das Mol; die Loschmidtsche Zahl

Das Molekulargewicht von H_2 ist 2, von CO_2 44, von $C_{12}H_{22}O_{11}$ (Rohrzucker) 342, von $C_{2952}H_{4664}O_{832}N_{812}S_8Fe_4$ (Hämoglobin) 65323.
Die Gewichte von je einem Molekül der vier Stoffe verhalten sich zueinander wie die vier angegebenen Zahlen. 2 Gramm Wasserstoff, 44 g Kohlendioxid, 342 g Rohrzucker und 65 323 g Hämoglobin müssen demnach die gleiche Zahl Moleküle enthalten. Diese Molekülzahl, in so viel Gramm eines Stoffes wie dessen Molekulargewicht anzeigt, ist 1867 erstmals von Loschmidt berechnet worden.

$\mathbf{N_L = 6{,}023 \cdot 10^{23}}$ (602 300 Trillionen)

Die Menge von $6 \cdot 10^{23}$ Molekülen wird als ein **Mol** bezeichnet.

---

1 Mol irgendeines Stoffes enthält $6{,}023 \cdot 10^{23}$ Moleküle (Loschmidtsche Zahl)
1 Mol eines Stoffes ist die Menge seines Molekulargewichtes in Gramm

---

Früher wurde die Menge des Atomgewichtes in Gramm als Grammatom und diejenige des Molekulargewichts in Gramm als Grammolekül bezeichnet. Beide Begriffe sind heute zur Abkürzung Mol (ohne Punkt) zusammengenommen. 4 g He oder 23 g Na (je $6 \cdot 10^{23}$ Atome) sind somit ebenfalls 1 Mol.

1 Mol ist die Substanzmenge, welche die Loschmidtsche Zahl gleichartige selbständige Teilchen (Moleküle, Atome, Ionen) enthält.

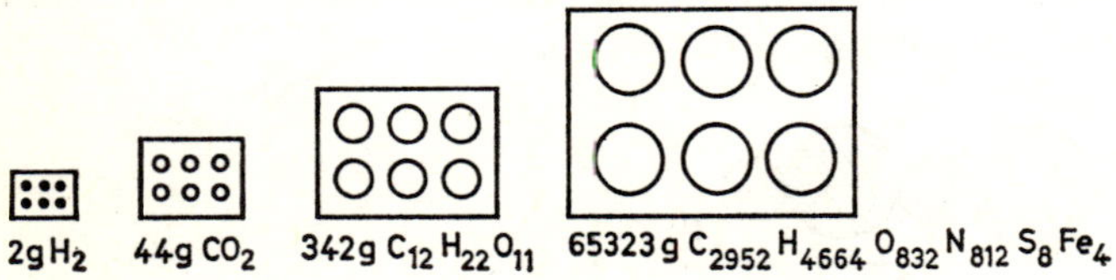

Abb. 24. 1 Mol Wasserstoffgas, Kohlendioxid, Rohrzucker und Hämoglobin (jeder Kreis 10^{23} Moleküle).

Atommasse = ⊘ Masse eines Atoms in u

Die atomare Masseneinheit u = 1/12 der Masse des Kohlenstoffisotops der Masse 12 ($^{12}_{6}C$). In gramm ist u = $1.66053 \cdot 10^{-24}$ g

Molekülmasse = Summe aller Atommassen aller Atome eines Moleküls in u

HCl = 1 + 35.5 = 36.5

Stoffmenge = Mol

1 mol = bestimmte Anzahl von Teilchen (Atome, Moleküle, Ionen ...)

Anzahl = Avogradrosche Konstante N_A
Loschmidtsche Zahl N_L
$= 6.02 \times 10^{23}$

$1 u = 1 \frac{g}{mol} = 1.6605 \times 10^{-24} g$

Fe) 1 mol Fe = N_A-Atome In gramm ausgedrückt hat Fe die Substanzmenge der Atome

Resistivity = spezifisch Ω

ρ = Ω / Länge

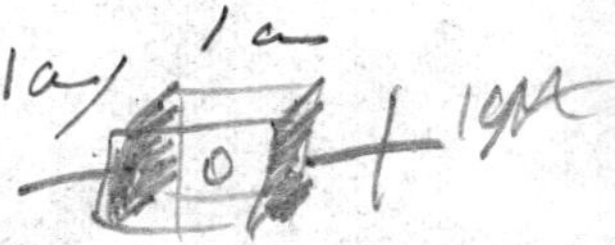

ρ =

$R = \rho l$

1 mol = g/l

355 g/l

E. Das Molvolumen der Gase

Das Gesetz von Avogadro lautet: Gleich viel Moleküle verschiedener idealer Gase nehmen unter gleichen Bedingungen gleiches Volumen ein. Da ein Mol von jedem Gas gleich viel Moleküle enthält, muss es auch dasselbe Volumen einnehmen.

Das Molvolumen eines idealen Gases ist 22,4 l (0°C, 760 mm Hg-Säule Druck).
Für Dämpfe nahe dem Kondensationspunkt («nicht ideale Gase») ist die Zahl etwas kleiner, für NH_3 z. B. 22,1 l.

F. Umrechnungen von Substanzgewichten und Gasvolumen auf Anzahl Mol und umgekehrt

Das Mol ist die Basis aller Berechnungen von Stoffumsätzen, im Laborkolben wie auch im lebenden Organismus (vgl. S. 148 ff.).

Bruchteile und Vielfache von Masseinheiten
Zur Angabe von kleinen Bruchteilen und grossen Vielfachen von Messgrössen hat sich international folgendes System eingebürgert:

M (Mega-): 10^6	z. B. 1 MW	= 1 Megawatt	= 1 Million Watt	
k (Kilo-): 10^3	1 kΩ	= 1 Kiloohm	= 1000 Ohm	
m (Milli-): 10^{-3}	1 mA	= 1 Milliampère	= 1/1000 Ampère	
μ (Mikro-): 10^{-6}	1 μl	= 1 Mikroliter	= 1 Millionstel Liter	
n (Nano-): 10^{-9}	1 nm	= 1 Nanometer	= 1 Milliardstel Meter	
p (Pico-): 10^{-12}	1 pg	= 1 Picogramm	= 1 Billionstel Gramm	

Rechenaufgaben

1. Wieviel wiegen 3,5 Mol Kaliumhydroxid?
1 Mol KOH = 39+16+1 = 56 g
3,5 Mol = 3,5 · 56 = **196 g**

2. Wie viele μMol sind 0,81 mg Glucose?
Molekulargewicht von $C_6H_{12}O_6$ = 180
180 g = 1 Mol
180 μg = 0,18 mg = 1 μMol

$$0{,}81\ \text{mg} = \frac{0{,}81}{0{,}18} = \mathbf{4{,}5\ \mu Mol}$$

3. Luft enthält 0,00001 Volum% Xenon. Wie viele Atome Xe hat es in 1 ml Luft?
0,00001% von 1 ml = 10^{-7} ml = 10^{-10} l Xe
22,4 l Xe = $6 \cdot 10^{23}$ Atome

$$10^{-10}\ \text{l} = \frac{6 \cdot 10^{23} \cdot 10^{-10}}{22{,}4} = 2{,}68 \cdot 10^{12} = \textbf{2,68 Billionen Atome Xe}$$

III. Fragen zur Eigenkontrolle (Stoffgebiet S. 31–45)

1. Welches ist das Molekulargewicht von a) Schwefelsäure, b) Bariumhydroxid?
2. Was haben die Elemente der gleichen Hauptgruppe gemeinsam?
3. Wie lauten die Gleichungen für die Umsetzung von Wasser mit a) Barium, b) Aluminium, c) Quecksilber?
4. In welchem Gebiet des Periodensystems sind die Nichtmetalle und wo die Halbmetalle zu finden?
5. Was ist die Loschmidtsche Zahl?
6. Nenne sechs Wasserstoffverbindungen mit Namen und Formeln?
7. Welches Isotop entsteht, wenn sich ^{35}S unter β-Emission umwandelt?
8. Warum dürfen Glaswaren, die nur mit Leitungswasser gespült wurden, nicht für die Calciumanalyse verwendet werden?
9. Wie unterscheidet sich ein stabiles von einem radioaktiven Isotop?
10. Wie ist das Molekulargewicht und wie das Mol definiert?
11. Welche Elemente gehören zu den Erdalkalimetallen? Wie viele Elektronen haben sie auf der äussersten Schale und welche Wertigkeiten haben sie?
12. Warum kann metallisches Natrium nicht in feuchter Luft aufbewahrt werden?
13. Wie viele Kilogramm wiegen a) 25 Mol Glycerin $C_3H_5(OH)_3$, b) 1,5 mMol Harnstoff $(NH_2)_2CO$?
14. Wie heissen die drei hauptsächlichen Kernstrahlen und welches ist ihre Natur?
15. Wie kann destilliertes Wasser von gelöstem CO_2 befreit werden?
16. Wie heissen die drei Isotope des Wasserstoffs und wie sind ihre Kerne aufgebaut?
17. Welches Volumen erfüllen 16 g Sauerstoffgas bei 0°C und 760 mm Hg?
18. Welche Elemente stehen in der 1., in der 7. und in der 8. Hauptgruppe?
19. Was versteht man unter der L-Schale eines Atoms?
20. Ein Erythrozyt (rotes Blutkörperchen) wiegt zirka 100 pg. Er besteht zirka zu einem Drittel aus Hämoglobin und dieses zu zirka 0,3% aus Eisen. Wie viele Fe-Atome enthält ein Erythrozyt ungefähr?
21. Das Jodisotop ^{131}J hat eine Halbwertszeit von 8 Tagen. Wie viele Mikrogramm des Elementes sind nach einem halben Jahr von 1 mg Ausgangsmaterial noch vorhanden?
22. Wie lässt sich erklären, dass das Argon ein höheres Atomgewicht hat als Kalium, obschon dieses eine höhere Ordnungszahl hat als Argon?
23. Wie heissen die beiden Nukleonenarten und welche Ladung besitzen sie?
24. Warum darf Ionenaustauscherwasser nicht ohne weiteres zur Herstellung von Infusionslösungen verwendet werden?

(Antworten S. 349)

XIII. Elektrolyte I

A. Die elektrolytische Dissoziation; das Ion

Ein Stoff leitet den elektrischen Strom, wenn er **geladene, bewegliche** Teilchen enthält. Stoffe mit beweglichen, aber ungeladenen Partikeln (z. B. irgendwelche Gase) oder Stoffe mit geladenen, aber unbeweglichen Teilchen (z. B. Salzkristalle) leiten den elektrischen Strom nicht. Untersucht man die wässerigen Lösungen von allen möglichen Stoffen auf ihre elektrische Leitfähigkeit, dann findet man zwei Klassen von Verbindungen:

1. Stoffe, welche **leitende Lösungen** bilden = **Elektrolyte**

Beispiele:
Kochsalz
Schwefelsäure
Kaliumcarbonat
Natriumhydroxid
Essigsäure
Eiweiss

Elektrolyte sind Stoffe, welche in gelöstem oder geschmolzenem Zustand den elektrischen Strom leiten, im festen Zustand aber Nichtleiter sind (im Gegensatz zu den Metallen, welche auch als Festkörper leiten). **Alle Säuren, Basen und Salze sind Elektrolyte.**

2. Stoffe, welche **nichtleitende Lösungen** bilden = **Nichtelektrolyte**

Beispiele:
Rohrzucker
Alkohol
Formaldehyd
Aceton
Glycerin
Stärke

Nichtelektrolyte sind Stoffe, deren wässerige Lösungen den elektrischen Strom nicht leiten. Alle Stoffe ausser den Säuren, Basen und Salzen sind Nichtelektrolyte (Elemente, Oxide, zahlreiche organische Verbindungen).

Gemäss Definition des elektrischen Leiters (s. oben) müssen die **wässerigen Lösungen von Säuren, Basen und Salzen geladene, bewegliche Teilchen, sogenannte Ionen enthalten.** Weil die Lösungen nach aussen elektrisch neutral erscheinen, müssen stets **gleich viel positive und negative Ladungen** vorhanden sein.
Ionen liegen immer dann vor, wenn in einem Atom oder Molekül die Gesamtzahl der Kernladungen nicht mit der Gesamtzahl der Elektronen übereinstimmt.

Elektronenüberschuss: negative Ionen
Elektronendefizit: positive Ionen

Bei den Elektrolyten bilden sich die Ionen durch Spaltung von Molekülen. Die Elektronen verteilen sich dabei derart ungleich auf die Bruchstücke, dass diese geladen erscheinen. Der Vorgang heisst **elektrolytische Dissoziation.** Wasser begünstigt die Dissoziation in Ionen.

$HCl \rightarrow H^+ + Cl^-$

Salzsäure zerfällt in positive Wasserstoffionen und negative Chlorionen. Es entweicht aber weder brennbares Wasserstoffgas noch stinkendes, giftiges Chlorgas aus einer Salzsäurelösung. Grund: **Geladene Atome besitzen ganz andere Eigenschaften als ungeladene; ihre Elektronenhülle ist verändert.**

B. Säuren und Basen

1. Molekülbau und Dissoziation der Säuren und Basen

Alle Säuremoleküle bestehen aus einem oder mehreren Wasserstoffatomen und einem Säurerest, alle Basenmoleküle aus einem Basenrest und einer oder mehreren Hydroxylgruppen.
Der Säurerest ist meistens ein Nicht- oder Halbmetall mit oder ohne Sauerstoff. Ausser beim Ammoniumhydroxid ist der Basenrest ein Metall.

Säuren dissoziieren in positive Wasserstoffionen und negative Säurerestionen.
Basen dissoziieren in positive Basenrestionen und negative Hydroxylionen.

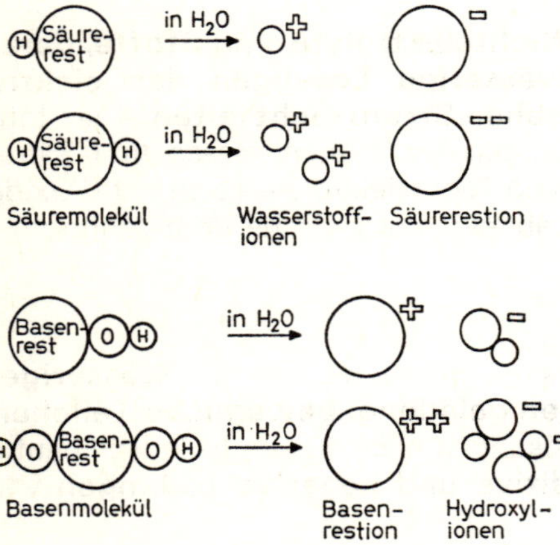

$HBr \rightarrow H^+ + Br^-$
$HNO_3 \rightarrow H^+ + NO_3^-$

$H_2SO_4 \rightarrow 2H^+ + SO_4^{2-}$

$KOH \rightarrow K^+ + OH^-$
$NH_4OH \rightarrow NH_4^+ + OH^-$

$Ba(OH)_2 \rightarrow Ba^{2+} + 2OH^-$

Abb. 25. Dissoziation von Säuren und Basen.

Die Wasserstoffionen der Säuren und die Hydroxylionen (oder Hydroxidionen) der Basen sind für das charakteristische Verhalten der beiden Stoffklassen verantwortlich (Geschmack, Färbung von Indikatoren usw.).
Das H^+-Ion hat ein Defizit von 1 Elektron. Es trägt somit die **positive Elementarladung** (vgl. S. 34). Das OH^--Ion hat einen Überschuss von 1 Elektron und be-

sitzt die **negative Elementarladung.** Die den Ionenformeln angehängte Zahl Plus- bzw. Minuszeichen entspricht der Zahl der Elementarladungen des betreffenden Ions.
In jeder Gleichung, die Ionen enthält, muss für die beiden Seiten nicht nur die Massengleichheit, sondern auch die **Ladungsgleichheit** verwirklicht sein.

2. Anhydride und Pyrosäuren

Von allen Basen und den sauerstoffhaltigen Säuren lässt sich durch mehr oder weniger hohes Erhitzen Wasser abspalten. Dabei entstehen **Basenanhydride** bzw. **Säureanhydride.** «Anhydrid» bedeutet «ohne Wasser» (korrekterweise müsste es «Anhydrat» heissen). Durch Zugabe von Wasser zu einem Anhydrid kann die Base bzw. Säure oft wieder hergestellt werden.

$H_2SO_4 \xrightleftharpoons[+H_2O]{-H_2O} SO_3$ Schwefelsäureanhydrid, Schwefeltrioxid

$2HNO_3 \xrightleftharpoons[+H_2O]{-H_2O} N_2O_5$ Salpetersäureanhydrid, Distickstoffpentoxid

$2H_3PO_4 \xrightleftharpoons[+3H_2O]{-3H_2O} P_2O_5$ Phosphorsäureanhydrid, Diphosphorpentoxid

$2NaOH \xrightleftharpoons[+H_2O]{-H_2O} Na_2O$

$Ca(OH)_2 \xrightleftharpoons[+H_2O]{-H_2O} CaO$

$NH_4OH \xrightleftharpoons[+H_2O]{-H_2O} NH_3$

$2Fe(OH)_3 \xrightarrow{-3H_2O} Fe_2O_3$
$Cu(OH)_2 \xrightarrow{-H_2O} CuO$
irreversible Anhydridbildung

Bei einigen Säuren existieren Zwischenstufen zwischen Anhydrid und «normaler» Säure, sogenannte Pyrosäuren (pyros = Feuer):

$2SO_3 \xrightarrow{+H_2O} H_2S_2O_7 \xrightarrow{+H_2O} 2H_2SO_4$

Pyroschwefelsäure

$P_2O_5 \xrightarrow{+H_2O} 2HPO_3 \xrightarrow{+2H_2O} 2H_3PO_4$

Metaphosphorsäure

3. Eigenschaften einiger gebräuchlicher Säuren

Schwefelsäure. H_2SO_4 ist eine ölige Flüssigkeit von **hoher Dichte** (1,8) und **hohem Siedepunkt** (330 °C). Die konzentrierte Säure des Handels ist etwa 98 %ig. In kaltem Zustand ist sie geruchlos. Beim Mischen von konzentrierter Schwefelsäure mit Wasser wird Wärme frei. Die Erwärmung kann so heftig sein, dass das Gemisch lokal zum Sieden kommt und verspritzt. Es gilt die Regel: **«Zuerst das Wasser, dann die Säure, sonst geschieht das Ungeheure.»** Schwefelsäure ist **aggressiv auf viele organische Stoffe,** z. B. Hauteiweiss oder Zellulose. Spritzer, auch von verdünnter Schwefelsäure, auf Baumwollstoffen hinterlassen Löcher. Konzentrierte H_2SO_4 ist **stark hygroskopisch,** d.h. sie zieht die Luftfeuchtigkeit an und verdünnt sich selbst damit. Durch Auflösen von SO_3 in absoluter Schwefelsäure wird die **rauchende Schwefelsäure** hergestellt, welche noch aggressiver ist als reine H_2SO_4. Die konzentrierte Schwefelsäure wird mit verschiedenen Zusätzen zur **feuchten Veraschung** verwendet (vgl. Kapitel «Proteine», «Kjeldahlanalyse», S. 266). Der hohe Siedepunkt ermöglicht ein Verbrennen von organischen Stoffen im gelösten («feuchten») Zustand. (Betreffend Konzentrationsangaben der käuflichen konzentrierten Säuren vgl. S. 87.)

Salpetersäure. HNO_3 ist eine stechend riechende Flüssigkeit (Sdp 86 °C). Sie ist wie die Schwefelsäure in jedem Verhältnis mit Wasser mischbar. Die konzentrierte Säure des Handels ist etwa 65%ig. Heisse Salpetersäure ist ein gutes **Oxidationsmittel.** Kupfer und Silber werden von HNO_3 aufgelöst. Dabei entsteht neben dem Salz nicht Wasserstoff wie bei der Reaktion von unedlen Metallen mit Säuren, sondern Stickstoffmonoxid und Wasser ($3Ag + 4HNO_3 \rightarrow 3AgNO_3 + NO + 2H_2O$). Das Stickstoffmonoxid NO wird an der Luft zum braunen, giftigen Stickstoffdioxid NO_2 oxidiert **(nitrose Gase).** Bei kurzem Kontakt mit Salpetersäure bilden sich auf der Haut gelbe Flecken (Xanthoproteinreaktion). Bei längerer Berührung entstehen schwer heilende Verätzungen.

Salzsäure. HCl ist ein stechend riechendes **Gas.** Bei Zimmertemperatur lösen sich in 1 l Wasser etwa 450 l Chlorwasserstoffgas. Die konzentrierte Salzsäure des Handels («rauchende Salzsäure») ist etwa 36%ig. Beim offenen Stehen konzentrierter Salzsäure entweicht HCl-Gas. Dieses zieht aus der Luft Wasser an und bildet dadurch **Nebel.** Mit Ammoniakgas verbindet sich Chlorwasserstoffgas zu einem weissen **Rauch** von Ammoniumchlorid NH_4Cl (gegenseitiger Nachweis der beiden Stoffe). Nebel ist in einem Gas fein verteilte Flüssigkeit; Rauch ist fein verteilter Feststoff. Ein 3:1-Gemisch aus konz. HCl und konz. HNO_3 **(Königswasser)** ist noch stärker oxidierend als HNO_3 allein und löst selbst Gold und Platin.

Schwefelsäure, Salpetersäure und Salzsäure werden unter dem Namen **«Mineralsäuren»** zusammengefasst.

Perchlorsäure. $HClO_4$ wird in verdünnter Lösung als **Eiweissfällungsmittel** verwendet (vgl. S. 263). Im Gemisch mit konzentrierter H_2SO_4 wirkt $HClO_4$ in der Hitze **stark oxidierend** auf organisches Material. Sie wird daher zur feuchten Veraschung verwendet (z. B. für die Bestimmung von Metallen in biologischem Material). Kontakt von konzentrierter Perchlorsäure mit leicht oxidablem organischem Material kann zu Explosionen führen!

Phosphorsäure. Absolute H_3PO_4 hat sirupartige Konsistenz. Sie ist geruchlos und in jedem Verhältnis mit Wasser mischbar. Ihr Anhydrid wird als Trocknungsmittel gebraucht. Ihre Salze, die Phosphate, werden oft als Puffer verwendet (S. 124 ff.).

Tabelle VIII. Namen und Formeln einiger Säuren, nach abnehmender Stärke geordnet

Namen	Säuremolekül		Säurerestion	Dissoziationskonstante (Mass für die Stärke)	
Perchlorsäure	$HClO_4$	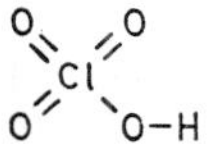	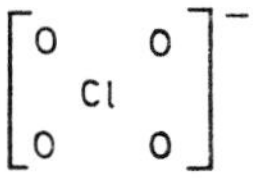	10^9	stark
Jodwasserstoff	HJ	H–J	J^-	ca. 10^9	stark
Bromwasserstoff	HBr	H–Br	Br^-	ca. 10^7	stark
Chlorwasserstoff (Salzsäure)	HCl	H–Cl	Cl^-	10^6	stark
Schwefelsäure	H_2SO_4	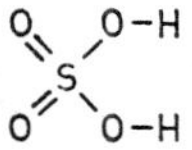	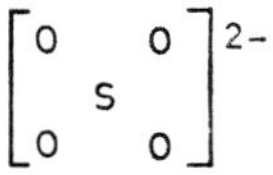	10^3	stark
Salpetersäure	HNO_3	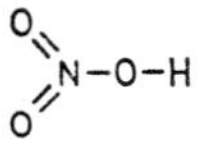	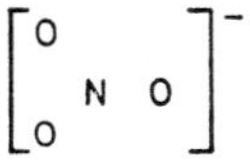	$10^{1,3}$	stark
Chlorsäure	$HClO_3$	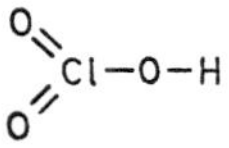	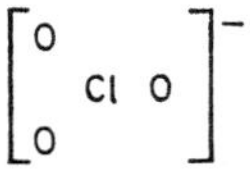	10^0	stark
Schweflige Säure	H_2SO_3	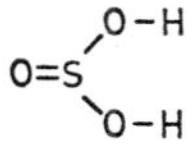	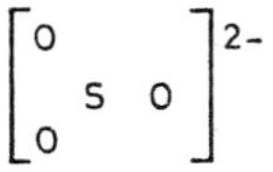	$10^{-2,0}$	mittel
Phosphorsäure	H_3PO_4	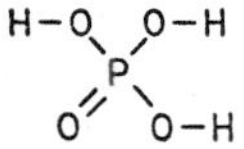	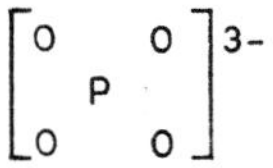	$10^{-2,0}$	mittel
Fluorwasserstoff (Flussäure)	HF	H–F	F^-	$10^{-3,1}$	mittel
Salpetrige Säure	HNO_2	O=N–O–H	$[O\ N\ O]^-$	$10^{-3,3}$	mittel
Kohlensäure	H_2CO_3	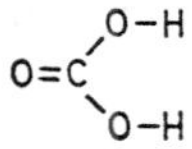	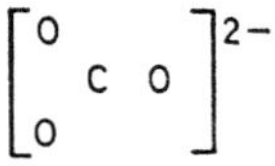	$10^{-6,5}$	schwach
Borsäure	H_3BO_3	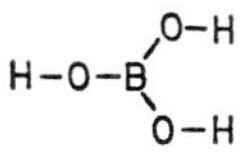	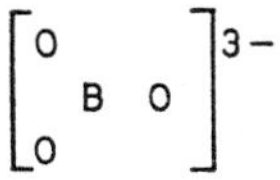	$10^{-6,8}$	schwach
Schwefelwasserstoff	H_2S	H–S–H	S^{2-}	$10^{-7,1}$	schwach
Cyanwasserstoff (Blausäure)	HCN	H–C≡N	CN^-	$10^{-9,4}$	schwach
Kieselsäure	H_4SiO_4	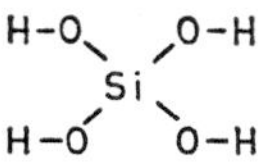	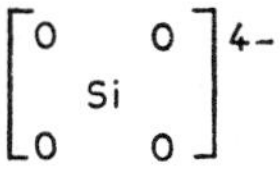	10^{-10}	schwach

Bei den O-haltigen Säurerestionen lässt sich nicht mehr entscheiden, welcher Sauerstoff einfach und welcher doppelt gebunden ist. Die Doppelbindungen ändern laufend ihre Lage. Die Strukturformel für zusammengesetzte Ionen verzichtet daher oft überhaupt auf Valenzstriche. Um den Zusammenhalt der Atome zu dokumentieren wird das Ion in eckige Klammern gesetzt und mit seiner Ladung versehen.

Salpetrige Säure. HNO_2 ist **nur in verdünnter Lösung** herstellbar. Sie wird aus ihren Salzen, den Nitriten, gewonnen. Salpetrige Säure wird vor allem bei der Herstellung von Azofarbstoffen verwendet. Auch im klinischen Labor dient sie diesem Zweck (S. 287; 316).

Kohlensäure. H_2CO_3 ist **nur in äusserst verdünnter Lösung** zu haben. Sie zerfällt sehr leicht in Anhydrid (CO_2) und Wasser. Die Kohlensäure bzw. das Kohlendioxid spielt im Organismus als **Stoffwechselendprodukt** und als Bestandteil des **Blutpuffersystems** eine grosse Rolle. Festes Kohlendioxid ist das sogenannte **Trockeneis.** Es geht bei –78 °C vom festen direkt in den gasförmigen Zustand über ohne zu schmelzen (Sublimation).

Borsäure. H_3BO_3 ist fest und kristallin. In kaltem Wasser ist sie nur zu 3% löslich. Borsäure ist eine der schwächsten anorganischen Säuren. Sie findet unter anderem bei der Kjeldahlanalyse (S. 266) und auch zur Pufferherstellung Verwendung. Früher wurde H_3BO_3 häufig als mildes Desinfektionsmittel verwendet (Augen). Wegen vorgekommener Vergiftungen ist sie heute nicht mehr empfohlen. Borax ($Na_2B_4O_7$) ist ein Salz der Tetraborsäure, einer Pyrosäure (vgl. S. 49).

Schwefelwasserstoff. H_2S ist ein nach faulen Eiern stinkendes, **stark giftiges Gas.** Es entsteht bei Fäulnis von Proteinen. Schwefelwasserstoff kann aus Eisensulfid und Salzsäure hergestellt werden (vgl. S. 166).

Blausäure. HCN (Cyanwasserstoff) ist eine nach bitteren Mandeln riechende Flüssigkeit von tiefem Siedepunkt (26 °C). Die **ausserordentliche Giftigkeit** der Blausäure beruht auf der **Hemmung der Atmungsfermente** und damit der Lähmung des Zellstoffwechsels. Die tödliche Dosis ist zirka 1 mg/kg Körpergewicht. Ihren Namen hat die Blausäure vom Berliner Blau, aus dem sie hergestellt werden kann (vgl. S. 170).

4. Eigenschaften einiger wasserlöslicher Basen

Die wasserlöslichen Hydroxide werden auch Laugen genannt. Sie lassen sich alle aus ihren Anhydriden und Wasser herstellen. Na, K, Ca und Ba können auch direkt mit Wasser Basen bilden. Dabei wird Wasserstoff freigesetzt (vgl. S. 32). Die Hydroxide von Mg, Al und von sämtlichen Schwermetallen sind praktisch wasserunlösliche Basen. Sie können nur aus ihren Salzen, nicht aber aus den Anhydriden erhalten werden.

Natriumhydroxid. Wie alle Metallhydroxide ist NaOH **fest.** Es kommt als gegossene Plätzchen («Rotuli») oder Stangen («Bacilli») in den Handel. Festes Natriumhydroxid nimmt aus der Luft gierig Wasser und auch Kohlendioxid auf (Vorratsgefässe nicht offen lassen!). Beim Auflösen in Wasser entwickelt sich wie bei der Schwefelsäure Wärme. Beim Herstellen grosser Mengen konzentrierter Lauge kann die Lösung in kurzer Zeit zum Sieden kommen (Vorsicht beim Arbeiten mit dickwandigen Glasgefässen!). Bei Zimmertemperatur gesättigte Natronlauge ist etwa 65%ig (sog. **Öllauge).** Natriumcarbonat, das sich durch Aufnahme von

CO_2 gebildet hat, ist in gesättigter NaOH unlöslich und sinkt zu Boden. Carbonatfreie Titrierlaugen (vgl. S. 132) werden daher durch Verdünnen von Öllauge hergestellt. Natronlauge und Kalilauge greifen Glas an (für starke Laugen nach Möglichkeit Plastikgefässe verwenden). Alle Laugen sind **sehr aggressiv auf die Schleimhäute** (Augen schützen!).

Kaliumhydroxid. KOH ist in allen Eigenschaften dem Natriumhydroxid sehr ähnlich. Es ist noch leichter wasserlöslich als NaOH und als Base stärker als Natronlauge. KOH und NaOH sind auch **in Alkohol löslich.**

Calciumhydroxid. $Ca(OH)_2$ ist **schlecht wasserlöslich** (nur etwa 0,15% bei Zimmertemperatur). Es entsteht beim Übergiessen von gebranntem Kalk (CaO) mit Wasser. Calciumhydroxid wird daher auch als gelöschter Kalk bezeichnet. In der klinischen Chemie findet es kaum Verwendung.

Bariumhydroxid. $Ba(OH)_2$ ist wesentlich besser löslich als $Ca(OH)_2$ (etwa 6% bei Zimmertemperatur). Die Barytlauge dient zum **Nachweis von CO_2** (siehe S. 17).

Ammoniumhydroxid. NH_4OH existiert **nur in wässeriger Lösung,** welche man durch Einleiten von Ammoniak in Wasser erhält. Die bei 15 °C gesättigte Lösung ist etwa 35%ig. Das konzentrierte Ammoniak des Handels ist 25–30%ig. Beim Erhitzen oder beim Zutritt starker Laugen zerfällt das Ammoniumhydroxid und gasförmiges NH_3 entweicht. Ammoniak hat einen unverkennbaren, stechenden Geruch und reizt zu Tränen.

Die Strukturformel des NH_4^+-Ions ist $\left[\begin{matrix} H & & H \\ & N & \\ H & & H \end{matrix}\right]^+$ (analog den zusammengesetzten Säurerestionen).

Tabelle IX. Namen und Formeln einiger wichtiger Basen

Name	Formel	Farbe	Stärke
Natriumhydroxid (Natronlauge)	NaOH	farblos	starke Basen
Kaliumhydroxid (Kalilauge)	KOH	farblos	
Calciumhydroxid (Kalkmilch; gelöschter Kalk)	$Ca(OH)_2$	farblos	mittelstarke Basen
Bariumhydroxid (Barytlauge)	$Ba(OH)_2$	farblos	
Ammoniumhydroxid (Ammoniakwasser)	NH_4OH	farblos	schwache Base
Magnesiumhydroxid	$Mg(OH)_2$	weiss	wasserunlösliche Hydroxide
Aluminiumhydroxid	$Al(OH)_3$	weiss	
Zinkhydroxid	$Zn(OH)_2$	weiss	
Eisen(II)-hydroxid	$Fe(OH)_2$	hellgrün	
Eisen(III)-hydroxid	$Fe(OH)_3$	braun	
Kupfer(II)-hydroxid	$Cu(OH)_2$	blau	

5. Der Dissoziationsgrad

Wenn eine Säure in Wasser aufgelöst wird, zerfallen nicht alle ihre Moleküle. Neben Wasserstoff- und Säurerestionen hat es stets auch noch intakte Moleküle in Lösung. Analoges gilt für die Basen. **Eine Säure oder Base ist um so stärker, je leichter ihre Moleküle dissoziieren.** Bei den stärksten Säuren und Basen (Perchlorsäure, Salzsäure, Schwefelsäure, Kalilauge, Natronlauge) sind in verdünnter Lösung praktisch alle Moleküle ionisiert. Bei der extrem schwachen Blausäure sind auf eine Million Moleküle bloss etwa 20 dissoziiert. Das Ausmass des Zerfalls wird durch eine Zahl charakterisiert:

$$\textbf{Dissoziationsgrad} = \frac{\textbf{Anzahl zerfallener Moleküle}}{\textbf{Gesamtzahl der Moleküle}}$$

Bei den anorganischen Basen gehen Dissoziierbarkeit und Wasserlöslichkeit weitgehend parallel. Je schwächer die Dissoziation, desto geringer die Löslichkeit. Die Mehrzahl aller Hydroxide ist praktisch wasserunlöslich und somit auch sehr schwach dissoziiert.

Der Dissoziationsgrad ist keine Konstante. Er lässt sich beeinflussen.

Verdünnung. Bei allen Elektrolyten **nimmt der Dissoziationsgrad mit steigender Verdünnung zu** (die Ionen haben mehr Platz, treten sich seltener nahe und fangen sich weniger leicht gegenseitig ein).

Temperatur. Bei den schwachen Säuren nimmt der Dissoziationsgrad mit steigender Temperatur zu (vgl. dazu Thermolysen S. 9). Illustration aus dem Alltag: Gekochtes Obst schmeckt im warmen Zustand saurer als im kalten, weil die Fruchtsäuren in der Wärme stärker dissoziieren als in der Kälte. Sauren Geschmack haben nur die Wasserstoff**ionen.**

Lösungsmittel. Die Dissoziation ist für alle Elektrolyte besonders gross in Wasser. Wasser setzt die Anziehungskräfte zwischen Ionen um einen Faktor von zirka 80 herab (gegenüber dem Trockenzustand).
Nicht zu verwechseln mit dem Dissoziationsgrad ist die Dissoziationskonstante von Säuren und Basen (S. 118).

6. Dissoziation der mehrwertigen schwachen Säuren

Die mehrwertigen schwachen Säuren zerfallen stufenweise in Ionen.

$$H_2CO_3 \rightarrow H^+ + HCO_3^-$$
$$HCO_3^- \rightarrow H^+ + CO_3^{2-}$$

In einer Kohlensäurelösung sind die Hydrogencarbonat-Ionen (HCO_3^-) etwa 10000mal häufiger als die Carbonat-Ionen (CO_3^{2-}). Die Anziehung des doppelt geladenen CO_3^{2-} auf H^+-Ionen ist sehr viel grösser als die des nur einfach geladenen HCO_3^-.

$$H_3PO_4 \longrightarrow H^+ + H_2PO_4^- \quad \text{(Dihydrogenphosphation)}$$

$$H_2PO_4^- \longrightarrow H^+ + HPO_4^{2-} \quad \text{(Hydrogenphosphation)}$$

$$HPO_4^{2-} \longrightarrow H^+ + PO_4^{3-} \quad \text{(Phosphation)}$$

In einer Lösung von Phosphorsäure hat es nebeneinander H^+-Ionen, viel undissoziierte H_3PO_4, wenig $H_2PO_4^-$, noch weniger HPO_4^{2-} und am wenigsten PO_4^{3-}.
Bei der starken Schwefelsäure ist die Dissoziation nur für das erste H^+ fast vollständig. In verdünnter H_2SO_4 hat es beträchtliche Mengen HSO_4^--Ionen.

7. Die Wertigkeit von Säuren und Basen (vgl. «Wertigkeit der Elemente», S. 25)

Die Wertigkeit einer Säure ist gleich der Zahl der neutralisierbaren Wasserstoffatome eines Moleküls.

HCl, HNO_3, $HClO_4$	einwertige Säuren	H_2SO_4, H_2CO_3, H_2S	zweiwertige Säuren	H_3BO_3, H_3PO_4	dreiwertige Säuren	H_4SiO_4	vierwertige Säure

Die Wertigkeit der Säuren mit zusammengesetztem Säurerest ist verschieden von der Wertigkeit des beteiligten Nicht- oder Halbmetalls.
Für die anorganischen Säuren ist die Wertigkeit gleich der Gesamtzahl der Wasserstoffatome pro Molekül. Anders ist es bei den meisten organischen Säuren (vgl. Kapitel «Carbonsäuren», S. 210 ff.).

Die Wertigkeit einer Base ist gleich der Zahl der neutralisierbaren Hydroxylgruppen pro Molekül.

KOH, $NaOH$, NH_4OH	einwertige Basen	$Ba(OH)_2$, $Ca(OH)_2$, $Fe(OH)_2$	zweiwertige Basen	$Fe(OH)_3$, $Al(OH)_3$	dreiwertige Basen

Für die Metallhydroxide entspricht der Wertigkeit des Metalls auch die Wertigkeit der Base.

C. Die Neutralisation; das Val

Mischt man 1 Mol Salzsäure und 1 Mol Natriumhydroxid, so verschwinden alle typisch sauren bzw. basischen Eigenschaften der beiden Stoffe.
Säuren und Basen neutralisieren sich gegenseitig.

Ein Wasserstoffion der Säure verbindet sich mit einem Hydroxylion der Base zu einem Wassermolekül. Säurerest und Basenrest bilden zusammen ein Salz.

Säure + Base → Salz + Wasser

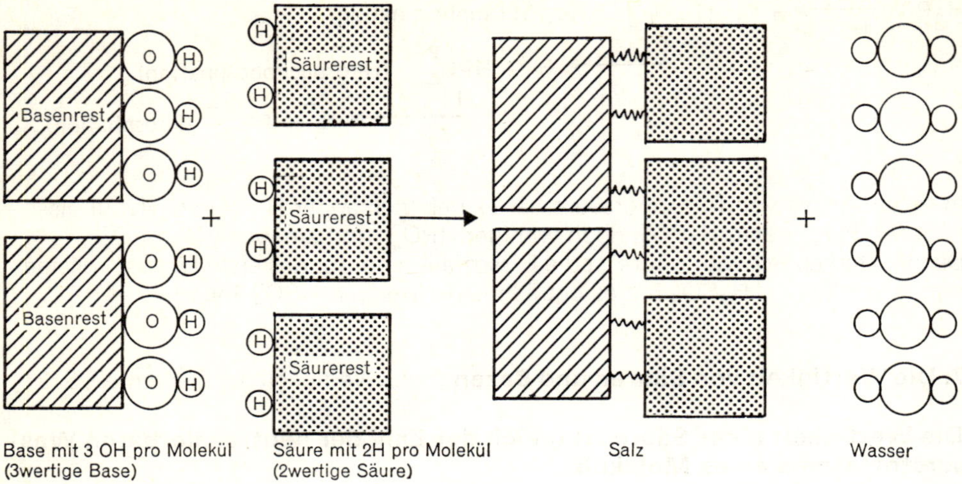

Abb. 26. Neutralisation.

Wenn das entstehende Salz in Lösung bleibt, reduziert sich die Neutralisation starker Basen und starker Säuren zu einer Vereinigung von H^+ und OH^- zu H_2O. Die Basenrest- und Säurerestionen bleiben im Salz dissoziiert.

$$2KOH + H_2SO_4 \longrightarrow K_2SO_4 + 2H_2O$$

$$2K^+ + 2OH^- + 2H^+ + SO_4^{2-} \longrightarrow 2K^+ + SO_4^{2-} + 2H_2O$$

$$2H^+ + 2OH^- \longrightarrow 2H_2O$$

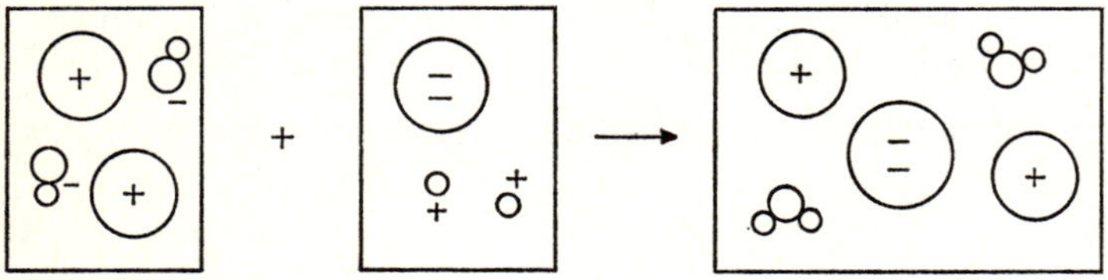

Abb. 27. Neutralisation starker Säuren und Basen.

Bei der Neutralisation schwacher Säuren und Basen reagieren erst nur die freien H^+ und OH^- miteinander. Die verschwundenen Ionen werden aber sofort durch Zerfall weiterer Säure- bzw. Basenmoleküle «nachgeliefert»; die neuen H^+ und OH^- bilden wiederum augenblicklich H_2O. Auf diese Weise reagieren schliesslich alle ionisierbaren H mit allen ionisierbaren OH (stöchiometrische Verhältnisse vorausgesetzt). Der ganze Prozess des Nachdissoziierens läuft in tausendstel Sekunden ab, so dass für die Neutralisation von schwachen und starken Elektrolyten im Endeffekt kein Unterschied besteht.

1 H^+-Ion neutralisiert 1 OH^--Ion.
6 · 10^{23} H^+-Ionen neutralisieren 6 · 10^{23} OH^--Ionen und bilden 1 Mol H_2O (vgl. S. 44).
Je 6 · 10^{23} H^+- bzw. OH^--Ionen sind einander «gleichwertig» oder **äquivalent.**

Man bezeichnet **das Quantum Säure, das 6·10^{23} H^+-Ionen abspalten, und das Quantum Base, das 6·10^{23} OH^--Ionen dissoziieren kann, als ein Äquivalent,** abgekürzt **1 Val.**

---

1 Val Säure besitzt die Loschmidtsche Zahl dissoziierbare (neutralisierbare) H-Atome
1 Val Base besitzt die Loschmidtsche Zahl dissoziierbare (neutralisierbare) OH-Gruppen
1 Val irgendeiner Säure neutralisiert 1 Val irgendeiner Base

---

1 Mol HCl oder HNO_3, KOH oder NaOH besitzt 6·10^{23} Moleküle und auch 6·10^{23} dissoziierbare H-Atome bzw. OH-Gruppen.

1 Mol einwertige Säure oder Base = 1 Val.

1 Mol $Ba(OH)_2$ besitzt 2·6·10^{23} OH-Gruppen, 1 Mol H_3PO_4 3·6·10^{23} neutralisierbare H-Atome.

1 Mol zweiwertige Säure oder Base = 2 Val, 1 Mol dreiwertige Säure oder Base = 3 Val, usw.

Für das Beispiel der Phosphorsäure gilt: 1 Val = ⅓ Mol.

$$\textbf{Gewicht von 1 Val} = \frac{\textbf{Gewicht von 1 Mol}}{\textbf{Wertigkeit}}$$

1 Val H_3PO_4 wiegt demnach $^{98}/_3 = 32{,}67$ g

Es wurde definiert: 1 Mol eines Stoffes ist die Menge des Molekulargewichtes in Gramm; analog gilt:

1 Val einer Säure oder Base ist die Menge des Äquivalentgewichtes in Gramm.

$$\textbf{Äquivalentgewicht} = \frac{\textbf{Molekulargewicht}}{\textbf{Wertigkeit}}$$

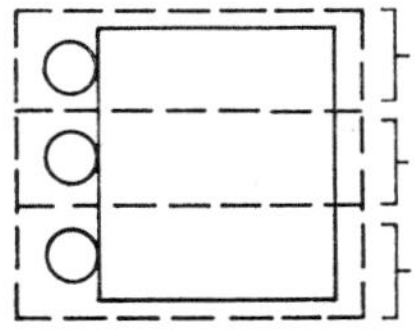

→ 1 Val = 32⅔ g → 2·10^{23} Moleküle → 6·10^{23} H^+-Ionen
→ 1 Val = 32⅔ g → 2·10^{23} Moleküle → 6·10^{23} H^+-Ionen
→ **1 Val = 32⅔ g → 2·10^{23} Moleküle → 6·10^{23} H^+-Ionen**

1 Mol H_3PO_4 ⟶ 3 Val = 98 g → 6·10^{23} Moleküle → 18·10^{23} H^+-Ionen

Abb. 28. Mol und Val der Phosphorsäure.

Rechenbeispiele

1. Wie viele Val sind 120 g Schwefelsäure?
Molekulargewicht von $H_2SO_4 = 98$ Wertigkeit = 2
1 Val = ½ Mol = 49 g

$$120\text{ g} = \frac{120}{49} = \mathbf{2{,}449}\text{ Val}$$

2. Wie viele Milligramm $Ca(OH)_2$ neutralisieren 20 mVal Phosphorsäure?
20 mVal Säure (irgendwelcher Art!) neutralisieren 20 mVal Base

$$20\text{ mVal } Ca(OH)_2 = \frac{20}{2}\text{ mMol} = 10 \cdot 74\text{ mg} = \mathbf{740\ mg\ Ca(OH)_2}$$

3. 15,2 mVal Base neutralisieren 4,56 g einer vierwertigen organischen Säure. Welches Molekulargewicht hat diese?
15,2 mVal = 4560 mg

$$1\text{ mVal} = \frac{4560}{15{,}2} = 300\text{ mg}$$

1 Val = 300 g; das Äquivalentgewicht ist 300
1 Mol = 4 Val = 1200 g; das **Molekulargewicht ist 1200**

Neutralisationsgleichungen

Zum Aufbau der Gleichung für irgendeine Neutralisation wird erst je 1 Val Säure und Base eingesetzt, zum Beispiel:

$\frac{1}{2}\,H_2SO_4 + \frac{1}{3}\,Al(OH)_3 \rightarrow$

Dann werden durch Erweitern die Koeffizienten ganzzahlig gemacht (hier Faktor 6)

$3H_2SO_4 + 2Al(OH)_3 \rightarrow$

Die Gesamtzahl H-Atome der Säure (=Gesamtzahl OH-Gruppen der Base) ergibt die Zahl der entstehenden H_2O-Moleküle. Der Koeffizient der Base wird zum Index des Basenrests und der Koeffizient der Säure zum Index des Säurerests in der Salzformel.

$3H_2SO_4 + 2Al(OH)_3 \rightarrow 6H_2O + Al_2(SO_4)_3$ (Abb. 26)

$NaOH + HCl \rightarrow NaCl + H_2O$
$2KOH + H_2SO_4 \rightarrow K_2SO_4 + 2H_2O$
$Fe(OH)_3 + 3HBr \rightarrow FeBr_3 + 3H_2O$
$Ca(OH)_2 + H_2CO_3 \rightarrow CaCO_3 + 2H_2O$
$Ba(OH)_2 + 2HNO_3 \rightarrow Ba(NO_3)_2 + 2H_2O$
$2Al(OH)_3 + 3H_2S \rightarrow Al_2S_3 + 6H_2O$
$3Cu(OH)_2 + 2H_3PO_4 \rightarrow Cu_3(PO_4)_2 + 6H_2O$
$4Al(OH)_3 + 3H_4SiO_4 \rightarrow Al_4(SiO_4)_3 + 12H_2O$

Neutralisation im weitern Sinn

Die Reaktion einer Säure mit einer Base bezeichnet man als **Neutralisation im engern Sinn.** Salze können auch auf andere Weise gebildet werden:

1. Säure + Base → Salz + Wasser
   $H_2SO_4 + 2NaOH \rightarrow Na_2SO_4 + 2H_2O$
   } Neutralisation im engern Sinn
2. Säure + Basenanhydrid → Salz + Wasser
   $H_2SO_4 + Na_2O \rightarrow Na_2SO_4 + H_2O$
3. Säureanhydrid + Base → Salz + Wasser
   $SO_3 + 2NaOH \rightarrow Na_2SO_4 + H_2O$
4. Säureanhydrid + Basenanhydrid → Salz
   $SO_3 + Na_2O \rightarrow Na_2SO_4$
5. Säure + Metall → Salz + Wasserstoff
   $H_2SO_4 + 2Na \rightarrow Na_2SO_4 + H_2\uparrow$
6. Halogen + Metall → Salz
   $Cl_2 + 2Na \rightarrow 2NaCl$
   } Neutralisation im weitern Sinn

Werden Basen, Metalloxide und Metalle als Basenbildner einerseits, Säuren, Nichtmetalloxide und Halogene als Säurebildner anderseits zusammengefasst, dann gilt: **Bei der Reaktion eines Basenbildners mit einem Säurebildner (Neutralisation im weitern Sinn) entsteht immer ein Salz.** Der Ausdruck «Base» stammt aus dem Mittelalter: «Eine Base ist die Basis für die Bildung eines Salzes.»

D. Salze

1. Eigenschaften der Salze

Alle Salze sind bei Zimmertemperatur **fest.** Ihr Schmelzpunkt ist mit wenigen Ausnahmen sehr hoch (Kochsalz 800 °C). Die Wasserlöslichkeit ist sehr unterschiedlich (z. B. 140 g/100 g Wasser bei Kaliumjodid und $2 \cdot 10^{-7}$ g/100 g H_2O bei Silberjodid). **In verdünnter wässeriger Lösung sind die allermeisten Salze praktisch vollständig dissoziiert.**

$(NH_4)_2SO_4 \rightarrow 2NH_4^+ + SO_4^{2-}$

Im festen Zustand bilden die Salze keine Moleküle im herkömmlichen Sinn. Beim Kristallisieren behalten die Ionen ihre Ladungen. Beim Konzentrieren einer Salzlösung ziehen sich die entgegengesetzt geladenen Ionen mehr und mehr an und ordnen sich schliesslich zu regelmässigen **Kristallgittern,** in denen positive und negative Ionen abwechseln. Das Molekül NaCl ist somit eine Fiktion. Ein Salzkristall ist eigentlich ein einziges gigantisches Molekül. Im Kristallinnern ist jedes Na^+-Ion von 6 Cl^--Ionen und jedes Cl^--Ion von 6 Na^+-Ionen umgeben (vgl. auch Kapitel «Die chemische Bindung», S. 68ff.).

In Gleichungen und bei allen Umsatzberechnungen steht die Formel NaCl als kleinstes Bauelement, als «Zelle» des Salzkristalls, die alles enthält, was zum Kochsalz gehört.

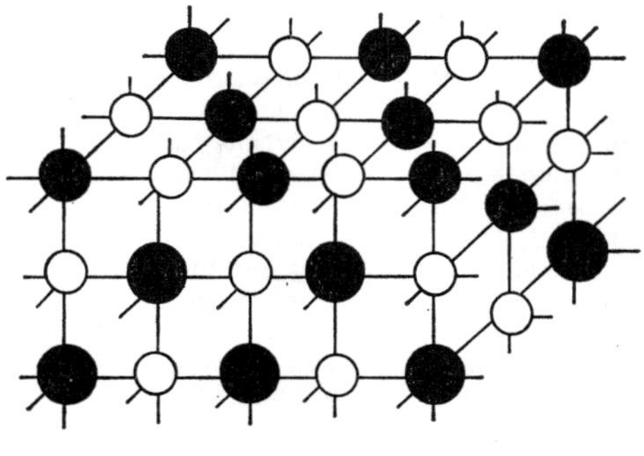

Abb. 29. Kochsalzkristall.

Neben dem Würfelgitter, wie es das NaCl besitzt, gibt es noch eine Vielzahl komplizierterer, meist weniger symmetrischer Kristallordnungen (hexagonale, tetragonale, rhombische usw.).

2. Nomenklatur der Salze

Die chemischen Namen der Salze werden wie folgt gebildet: An den Namen des Basenrestes (Metall bzw. Ammonium) wird ein Teil des lateinischen Namens der Säure und eine Endung angehängt, die sich nach dem Sauerstoffgehalt der Säure richtet. Die **Salze der O-freien Säuren haben alle die Endung -id.** Beispiele: NH_4Cl = Ammoniumchlorid, KCN = Kaliumcyanid. Existiert von einem Nichtmetall nur **eine** O-haltige Säure, dann erhält das Salz die Endung **-at.** Beispiel: Na_2CO_3 = Natriumcarbonat. Gibt es von einem Nichtmetall zwei O-haltige Säuren, so bekommt das Salz mit dem höheren O-Gehalt die Endung -at, das mit dem tieferen Gehalt die Endung **-it.** Für Nichtmetalle mit mehr als zwei Sauerstoffsäuren kommt folgendes System zur Anwendung:

abnehmender O-Gehalt ↓	**-per-...-at**	$KClO_4$	Kalium**per**chlor**at**	Nur beim Chlor existieren alle vier der angeführten Salze
	-at	$KClO_3$	Kaliumchlor**at**	
	-it	$KClO_2$	Kaliumchlor**it**	
	-hypo-...-it	KClO	Kalium**hypo**chlor**it**	

Tabelle X. Namen und Formeln der gebräuchlichsten anorganischen Salze (mit Kalium als Basenrest)

Deutscher Name der Säure (Chemiker)	Lateinischer Name der Säure (Apotheker)	Name des Salzes (Chemiker)	Lateinischer Name des Salzes (Apotheker)	Formel
O-freie Säuren				
			Kalium	
Fluorwasserstoff	Acidum hydrofluoricum	**Kaliumfluorid**	fluoratum	**KF**
Chlorwasserstoff	A. hydrochloricum	**Kaliumchlorid**	**chloratum**	**KCl**
Bromwasserstoff	A. hydrobromicum	**Kaliumbromid**	bromatum	**KBr**
Jodwasserstoff	A. hydrojodicum	**Kaliumjodid**	jodatum	**KJ**
Cyanwasserstoff	A. hydrocyanicum	**Kaliumcyanid**	cyanatum	**KCN**
Schwefelwasserstoff	Hydrogenium sulfuratum	**Kaliumsulfid**	sulfuratum	K_2S
O-haltige Säuren				
			Kalium	
Borsäure	Acidum boricum	**Kaliumborat**	boricum	K_3BO_3
Chlorsäure	A. chloricum	**Kaliumchlorat**	**chloricum**	$KClO_3$
Perchlorsäure	A. perchloricum	**Kaliumperchlorat**	perchloricum	$KClO_4$
Unterchlorige Säure	A. hypochlorosum	**Kaliumhypochlorit**	hypochlorosum	**KClO**
Bromsäure	A. bromicum	**Kaliumbromat**	bromicum	$KBrO_3$
Jodsäure	A. jodicum	**Kaliumjodat**	jodicum	KJO_3
Kohlensäure	A. carbonicum	**Kaliumcarbonat**	carbonicum	K_2CO_3
Phosphorsäure	A. phosphoricum	**Kaliumphosphat**	phosphoricum	K_3PO_4
Salpetersäure	A. nitricum	**Kaliumnitrat**	nitricum	KNO_3
Salpetrige Säure	A. nitrosum	**Kaliumnitrit**	nitrosum	KNO_2
Schwefelsäure	A. sulfuricum	**Kaliumsulfat**	sulfuricum	K_2SO_4
Schweflige Säure	A. sulfurosum	**Kaliumsulfit**	sulfurosum	K_2SO_3
Thioschwefelsäure	A. thiosulfuricum	**Kaliumthiosulfat**	thiosulfuricum	$K_2S_2O_3$

3. Hydrogensalze, basische Salze, Doppelsalze

Bei allen **mehrwertigen Säuren** ist neben der vollständigen auch eine **Teilneutralisation** möglich. Die dissoziierbaren H-Atome lassen sich einzeln durch Metall ersetzen.

$$\mathbf{H_2SO_4 + NaOH \rightarrow NaHSO_4 + H_2O}$$

Mischt man je ein Mol Schwefelsäure und Natronlauge und dampft das Produkt zur Trockne ein, so erhält man nicht ein Gemisch von Na_2SO_4 und überschüssiger H_2SO_4, sondern das einheitliche Salz $NaHSO_4$. Es ist eine Zwischenstufe zwischen Säure und Salz und wird daher als saures Salz oder **Hydrogensalz** bezeichnet. Es enthält noch dissoziierbaren Wasserstoff und lässt sich auch zu Ende neutralisieren:

$$NaHSO_4 + NaOH \rightarrow Na_2SO_4 + H_2O$$

a) Namen einiger Hydrogensalze

$NaHSO_4$	Natriumhydrogensulfat (früher Natriumbisulfat)
$NaHSO_3$	Natriumhydrogensulfit (früher Natriumbisulfit)
$NaHCO_3$	Natriumhydrogencarbonat (früher Natriumbicarbonat)
$Ca(HCO_3)_2$	Calciumhydrogencarbonat («Kalk» des Leitungswassers, «Wasserhärte»)

Von der dreiwertigen Phosphorsäure gibt es drei Reihen von Salzen:

KH_2PO_4	Kaliumdihydrogenphosphat (oder primäres Kaliumphosphat)
K_2HPO_4	Dikaliumhydrogenphosphat (oder sekundäres Kaliumphosphat)
K_3PO_4	Trikaliumphosphat (oder tertiäres Kaliumphosphat)

Die Vorsilbe «bi-» in den alten Namen rührt daher, dass im Hydrogensalz auf eine bestimmte Menge Metall doppelt so viele Säurereste entfallen wie im normalen Salz (bis=zweimal).

b) Dissoziation der Hydrogensalze

Wie gewöhnliche Salze dissoziieren die Hydrogensalze praktisch vollständig in Metall und «sauren Säurerest».

$$NaHCO_3 \rightarrow Na^+ + HCO_3^-$$

Das Hydrogencarbonat-Ion zerfällt dagegen praktisch nicht weiter (vgl. «Dissoziation schwacher mehrwertiger Säuren», S. 54 f.).

$$KH_2PO_4 \xrightarrow[\text{vollständig}]{\text{praktisch}} K^+ + H_2PO_4^-$$
$$H_2PO_4^- \xrightarrow{\text{wenig}} H^+ + HPO_4^{2-}$$
$$HPO_4^{2-} \xrightarrow{\text{extrem wenig}} H^+ + PO_4^{3-}$$

$$NaHSO_4 \xrightarrow[\text{vollständig}]{\text{praktisch}} Na^+ + HSO_4^-$$
$$HSO_4^- \xrightarrow{\text{weitgehend}} H^+ + SO_4^{2-}$$

Da H_2SO_4 eine starke Säure ist, dissoziiert auch das Hydrogensulfat-Ion beträchtlich weiter in Wasserstoff- und Sulfat-Ionen. Eine Lösung von $NaHSO_4$ ist denn auch stark sauer.

Auch **basische Salze** lassen sich herstellen. So ist z. B. die Patina, der grüne Überzug auf alten Kupferdächern ein basisches Kupfercarbonat $(CuOH)_2CO_3$. Alle Metalle mit schwerlöslichen Hydroxiden haben auch schwerlösliche basische Salze. Wird eine mehrwertige Säure von zwei verschiedenen Basen oder eine mehrwertige Base von zwei verschiedenen Säuren neutralisiert, entstehen **Doppelsalze.**

Beispiele:

$MgNH_4PO_4$	Magnesiumammoniumphosphat («Tripelphosphat», Bestandteil von Harnsteinen)
$KAl(SO_4)_2$	Kaliumaluminiumsulfat (Alaun)

4. Doppelte Umsetzungen der Salze

Ein **Austausch von Atomen oder Atomgruppen zwischen zwei Verbindungen** wird als **doppelte Umsetzung** bezeichnet. Aus zwei Verbindungen entstehen zwei neue Verbindungen. (Im Gegensatz dazu: Einfache Umsetzung: Verbindung+Element → neue Verbindung+neues Element.)

a) Salz + Salz

Mischt man eine Lösung von Silbernitrat und eine Lösung von Natriumchlorid, so entsteht augenblicklich eine weisse Trübung, bei konzentrierten Lösungen eine dicke flockige **Fällung.** Die beiden Ausgangslösungen enthalten die 4 Ionen Ag^+, Na^+, NO_3^-, Cl^-. Aus diesen lassen sich 4 Salze kombinieren: $AgNO_3$, $NaCl$ (die Ausgangsstoffe), aber auch $AgCl$ und $NaNO_3$. Ist eine der beiden Neukombinationen schwerlöslich, so erhält diese automatisch den Vorzug. Alle verfügbaren Ionenpaare Ag^+/Cl^- vereinigen sich zu Kristallen und verlassen die Lösung.

$$AgNO_3 + NaCl \longrightarrow \underline{AgCl}\downarrow + NaNO_3$$

$$Ag^+ + NO_3^- + Na^+ + Cl^- \longrightarrow \underline{AgCl}\downarrow + Na^+ + NO_3^-$$ Silberchlorid, weiss, schwerlöslich

Na^+ und NO_3^- nehmen nicht am Vorgang teil und können aus der Gleichung weggelassen werden.

$$K_2SO_4 + BaCl_2 \longrightarrow \underline{BaSO_4}\downarrow + 2KCl$$

$$Ba^{2+} + SO_4^{2-} \longrightarrow \underline{BaSO_4}\downarrow$$ Bariumsulfat, weiss, schwerlöslich

$$Na_2CO_3 + Ca(NO_3)_2 \longrightarrow \underline{CaCO_3}\downarrow + 2NaNO_3$$

$$Ca^{2+} + CO_3^{2-} \longrightarrow \underline{CaCO_3}\downarrow$$ Calciumcarbonat, weiss, schwerlöslich

$$2FeCl_3 + 3Na_2S \longrightarrow \underline{Fe_2S_3}\downarrow + 6NaCl$$

$$2Fe^{3+} + 3S^{2-} \longrightarrow \underline{Fe_2S_3}\downarrow$$ Eisen(III)-sulfid, schwarz, schwerlöslich

Sind beide möglichen Neukombinationen unter den herrschenden Bedingungen löslich, so findet keine Umsetzung statt.

$KNO_3 + NaCl \rightarrow KCl + NaNO_3$
$K^+ + NO_3^- + Na^+ + Cl^- \rightarrow K^+ + Cl^- + Na^+ + NO_3^-$

Beide Seiten der Gleichung sind identisch, somit hat auch keine Veränderung stattgefunden. Beim Eindampfen eines solchen Gemisches aus vier Ionen kristallisiert zuerst die Kombination mit der geringsten Löslichkeit – auf Kosten der andern.

b) Salz + Säure
Giesst man Salzsäure in eine Lösung von Silbernitrat, so entsteht dieselbe Fällung wie beim Mischen von Kochsalz- und Silbernitratlösung.

$HCl + AgNO_3 \longrightarrow \underline{AgCl}\downarrow + HNO_3$

$H^+ + Cl^- + Ag^+ + NO_3^- \longrightarrow \underline{AgCl}\downarrow + H^+ + NO_3^-$

$Ag^+ + Cl^- \longrightarrow \underline{AgCl}\downarrow$

$H_2SO_4 + BaCl_2 \longrightarrow \underline{BaSO_4}\downarrow + 2HCl$

$Ba^{2+} + SO_4^{2-} \longrightarrow \underline{BaSO_4}\downarrow$

Auch hier bildet sich durch Neukombination der gemischten Ionen ein **schwerlösliches Salz,** das auskristallisiert und den Lösungsraum verlässt. In seltenen Fällen kann auch die neue Säure schwerlöslich sein und ausfallen.

$Na_2SiO_3 + H_2SO_4 \rightarrow Na_2SO_4 + \underline{H_2SiO_3}\downarrow$

Eine doppelte Umsetzung läuft auch ab, wenn die neu kombinierte Säure oder deren Anhydrid **flüchtig** ist.

$Na_2S + 2HCl \longrightarrow H_2S\uparrow + 2NaCl$

$2Na^+ + S^{2-} + 2H^+ + 2Cl^- \longrightarrow H_2S\uparrow + 2Na^+ + 2Cl^-$

$S^{2-} + 2H^+ \longrightarrow H_2S\uparrow$ **Schwelfelwasserstoff, flüchtig**

$3K_2CO_3 + 2H_3PO_4 \longrightarrow 3H_2CO_3 + 2K_3PO_4$
$3H_2CO_3 \longrightarrow 3H_2O + 3CO_2\uparrow$

$CO_3^{2-} + 2H^+ \longrightarrow H_2O + CO_2\uparrow$ **Kohlendioxid, flüchtig**

$2KCN + H_2SO_4 \longrightarrow 2HCN + K_2SO_4$
$CN^- + H^+ \longrightarrow HCN\uparrow$ **Blausäure, flüchtig**

Umsetzungen dieses Typs laufen auch ab, wenn das reagierende Salz fest und schwerlöslich ist.

$$CaCO_3 + 2HCl \rightarrow CaCl_2 + H_2O + \mathbf{CO_2}\uparrow$$

Übergiesst man Kalkstein mit Säure, so löst er sich unter Gasentwicklung auf (einfacher Test auf Carbonatmineralien).

$$\underset{\text{fest}}{2NaCl} + \underset{\text{konz.}}{H_2SO_4} \rightarrow \mathbf{2HCl}\uparrow + Na_2SO_4$$

Durch Umsetzung von trockenem Kochsalz mit konzentrierter Schwefelsäure wird grosstechnisch Salzsäure hergestellt (Name!).

Bleiben beide Neukombinationen in Lösung (weder schwerlösliches Salz noch schwerlösliche oder flüchtige Säure), findet keine Umsetzung statt.

$2NaCl + H_2SO_4 \rightarrow 2HCl + Na_2SO_4$ nur theoretisch

in Wasser:

$$\cancel{2Na^+} + \cancel{2Cl^-} + \cancel{2H^+} + \cancel{SO_4^{2-}} \rightarrow \cancel{2H^+} + \cancel{2Cl^-} + \cancel{2Na^+} + \cancel{SO_4^{2-}}$$

c) Salz + Base

Für die doppelte Umsetzung zwischen Salz und Base gelten dieselben Grundsätze wie für Salz und Säure. Eine Reaktion findet statt, wenn eine der Neukombinationen schwerlöslich oder flüchtig ist.

$$Na_2CO_3 + Ca(OH)_2 \longrightarrow \mathbf{CaCO_3}\downarrow + 2NaOH$$

$$CO_3^{2-} + Ca^{2+} \longrightarrow \mathbf{CaCO_3}\downarrow \quad \text{schwerlösliches Salz}$$

$$CuSO_4 + 2NaOH \longrightarrow \mathbf{Cu(OH)_2}\downarrow + Na_2SO_4$$

$$Cu^{2+} + 2OH^- \longrightarrow \mathbf{Cu(OH)_2}\downarrow \quad \text{schwerlösliche Base}$$

$$NH_4NO_3 + KOH \longrightarrow KNO_3 + NH_4OH$$
$$NH_4OH \longrightarrow H_2O + \mathbf{NH_3}\uparrow$$

$$NH_4^+ + OH^- \longrightarrow H_2O + \mathbf{NH_3}\uparrow \quad \text{flüchtiges Basenanhydrid}$$

Ammoniak ist die einzige anorganische Base mit flüchtigem Anhydrid.

In Ausnahmefällen können beide Neugruppierungen schwerlöslich sein.

$$Ba(OH)_2 + FeSO_4 \longrightarrow \mathbf{Fe(OH)_2}\downarrow + \mathbf{BaSO_4}\downarrow$$

d) Zusammenfassung

Beim Mischen von gelösten Salzen einerseits mit Säuren, Basen oder Salzen anderseits, finden Austauschreaktionen statt, wenn mindestens eine der möglichen Neupaarungen der beteiligten Ionen den Lösungsraum als Kristall oder Gas verlässt (schwerlösliche Salze, Säuren oder Basen; flüchtige Säuren oder Basen).

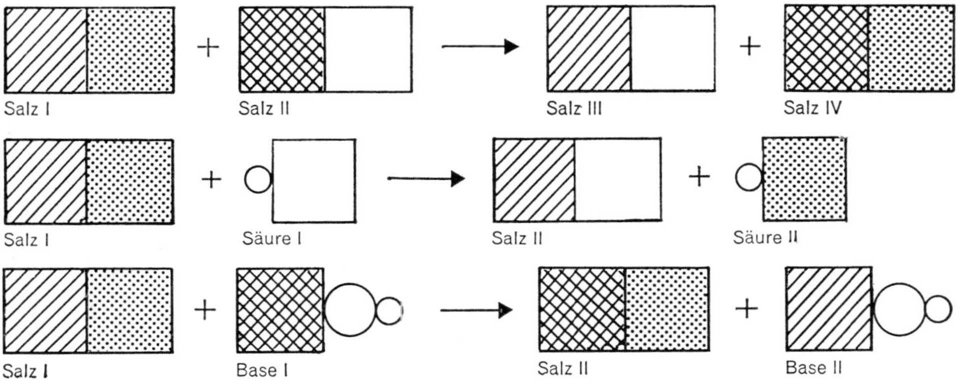

Abb. 30. Doppelte Umsetzungen von Salzen.

Tabelle XI. Schwerlösliche Salze und Hydrcxide, flüchtige Basen und Säuren

Schwerlösliche Salze	
Bariumcarbonat	$BaCO_3$
Bariumphosphat	$Ba_3(PO_4)_2$
Bariumsulfat	$BaSO_4$
Bleichlorid	$PbCl_2$
Bleisulfat	$PbSO_4$
Calciumcarbonat[1]	$CaCO_3$
Calciumoxalat[1]	CaC_2O_4
Calciumphosphat[1]	$Ca_3(PO_4)_2$
Calciumsulfat[2]	$CaSO_4$
Magnesiumcarbonat	$MgCO_3$
Magnesiumammoniumphosphat[1]	$MgNH_4PO_4$
Quecksilber(I)-chlorid	Hg_2Cl_2
Quecksilber(II)-jodid	HgJ_2
Silberbromid	AgBr
Silberchlorid	AgCl
Silberjodid	AgJ
Alle Schwermetallcarbonate	
Alle Schwermetallsulfide	

Schwerlösliche Hydroxide	
Magnesiumhydroxid	$Mg(OH)_2$
Aluminiumhydroxid	$Al(OH)_3$
Alle Schwermetallhydroxide	
Flüchtige Base	
Ammoniumhydroxid als NH_3	NH_4OH
Flüchtige Säuren	
Chlorwasserstoff in wasserfreiem Milieu	HCl
Cyanwasserstoff	HCN
Kohlensäure als CO_2	H_2CO_3
Schwefelwasserstoff	H_2S
Schweflige Säure als SO_2	H_2SO_3

[1] Im Harnsediment und in Nieren- und Blasensteinen vorkommend.
[2] Calciumsulfat ist etwa zu 0,3% in Wasser löslich. Für alle anderen angegebenen Salze ist die Löslichkeit weit unter 0,1%.

e) Praktische Anwendung der doppelten Umsetzungen von Salzen

Mit Hilfe von doppelten Umsetzungen lassen sich alle in Tabelle XI angeführten schwerlöslichen und flüchtigen Verbindungen bequem herstellen. Einige davon werden grosstechnisch auf diese Weise produziert. Die Schwermetallhydroxide sind kaum anders zugänglich. Die Bildung von schwerlöslichen und flüchtigen Verbindungen kann zum **Nachweis** (qualitativ) und zur **Bestimmung** (quantitativ) der beteiligten Basen- und Säurereste verwendet werden.

Beispiele von Nachweisreaktionen

1. Aus stark saurer Lösung fällt bei Zusatz von Bariumchlorid ein feiner, schneeweisser Niederschlag aus: Nachweis von **Sulfat** (nur eindeutig in stark saurer Lösung; im neutralen und alkalischen Milieu geben auch Carbonat und Phosphat eine Fällung).

2. In stark saurer Lösung entsteht bei Zusatz von Silbernitrat eine weisse, flockige Fällung, die sich am Licht grau bis schwarz verfärbt: Nachweis von **Chlorid.** Ist die Fällung im Anfang gelblich, dann handelt es sich um **Bromid** oder **Jodid.** Auch hier muss die Lösung mineralsauer sein, weil Silbernitrat im neutralen Milieu auch mit Carbonat, im alkalischen sogar mit Hydroxyl eine Fällung erzeugt.

3. Aus einer Lösung (oder Festsubstanz) entweicht bei Zusatz einer starken Säure ein fast geruchloses Gas, welches Bariumhydroxidlösung trübt: Nachweis von **Carbonat.**

4. Bei Zusatz von Mineralsäure zu einer Lösung (oder Festsubstanz) bildet sich ein nach faulen Eiern stinkendes Gas: Nachweis von **Sulfid.**

5. Bei Zusatz einer starken Lauge (KOH oder NaOH) zu einer Lösung (oder Festsubstanz) wird ein Gas entwickelt, welches Lackmus bläut: Nachweis des **Ammoniumrestes.**

Solche und ähnliche Nachweismethoden werden z. B. bei der Analyse von Nieren- und Blasensteinen angewandt (Nachweis von Calcium, Magnesium, Ammonium und Oxalat). Der Nachweis der Metalle ist oft nicht eindeutig. Sie lassen sich mit Hilfe der Fällungsreaktionen immerhin in Gruppen einteilen.

Quantitative Fällungsanalyse. Bestimmung des im Urin ausgeschiedenen Sulfats: In einem abgemessenen Bruchteil des während 24 h gesammelten Urins wird durch Zusatz von HCl das Carbonat zerstört. Mit einem Überschuss an $BaCl_2$ (zirka 10mal die mutmasslich nötige Menge) wird alles Sulfat als $BaSO_4$ ausgefällt.
Der Niederschlag wird durch ein dichtes Filter abfiltriert (z. B. einen Gooch-Tiegel, Abb. 3, S. 5), mit destilliertem Wasser nachgewaschen, getrocknet, geglüht und gewogen. Aus dem Gewicht des Bariumsulfates kann das Gewicht des Sulfatrestes berechnet werden (vgl. Kapitel «Stöchiometrie», S. 148 ff.). Zur Berechnung der 24-Stunden-Ausscheidung wird das Resultat durch das verarbeitete Urinvolumen dividiert und mit dem 24-Stunden-Volumen multipliziert. **Quantitative Urinanalysen werden immer auf die Tagesmenge bezogen.** Die Konzentration eines Stoffes im Harn ist vom jeweiligen Wasserhaushalt abhängig.

IV. Fragen zur Eigenkontrolle (Stoffgebiet S. 47–66)

1. Was versteht man unter elektrolytischer Dissoziation?
2. Wievielwertig ist eine Base, wenn ein Mol davon 1,5 Mol einer zweiwertigen Säure neutralisiert?
3. Wie wird beim Verdünnen von konzentrierter Schwefelsäure vorgegangen?
4. Durch welche drei Operationen lässt sich der Dissoziationsgrad eines Elektrolyten herabsetzen?
5. Warum darf man beim Bromidnachweis mit Silbernitrat die Lösung nicht mit Salzsäure ansäuern?
6. Wie heissen folgende Salze: $NaNO_2$, KH_2PO_4, $Fe_2(SO_4)_3$, $Ca(JO_3)_2$, $MgNH_4PO_4$, $KClO_4$?
7. Wie viele H^+-Ionen enthält 1 nVal Blausäure, wenn der Dissoziationsgrad 0,0001 ist?
8. Eine Lösung mit einem Gehalt von 0,1 Mol Natriumhydroxid wird mit 0,1 Mol Schwefelsäure gemischt. Welches Produkt erhält man beim Eindampfen der Lösung bis zur Wasserfreiheit und wieviel wiegt es?
9. Nenne drei starke und drei schwache anorganische Säuren.
10. Wie lautet die Neutralisationsgleichung für Calciumhydroxid und Phosphorsäure, von Ammoniumhydroxid und Kohlensäure?
11. Wie kann aus metallischem Zink Zinkhydroxid hergestellt werden?
12. Wie verändert sich die Konzentration von Natriumchloridlösung und von konzentriertem Ammoniak beim offenen Stehen an der Luft?
13. Unter welchen Bedingungen «lässt sich ein Salz auf eine doppelte Umsetzung ein»?
14. Eine Lösung enthält 10 mVal Phosphorsäure. Wie viele Milligramm Natriumhydroxid braucht es zu ihrer vollständigen Neutralisation?
15. Was geschieht beim Einleiten von Ammoniakgas in Schwefelsäure (Reaktionsgleichung!)?
16. Wie lauten die Dissoziationsgleichungen für Calciumhydroxid, Eisen(III)-sulfat, Kaliumdihydrogenphosphat, schweflige Säure?
17. Wie heissen die Anhydride von Schwefelsäure, Natronlauge, Salzsäure, Ammoniumhydroxid?
18. Welche Massnahmen trifft man beim Verschlucken von Säure und welche beim Verspritzen von Lauge in die Augen?
19. Wie lässt sich am einfachsten CO_2 und wie H_2S herstellen?
20. Welches Salz enthält mehr Sauerstoff, ein Chlorit oder Chlorat? Welche Endung haben die Namen der O-freien Salze?
21. Eine Lösung enthält vermutlich nebeneinander Sulfit und Sulfat. Wie können die beiden Ionen ohne vorherige Trennung nachgewiesen werden?
22. Nenne vier unlösliche Hydroxide mit Namen und Formeln.
23. Bei Zusatz von $Ba(OH)_2$ zu einer Salzlösung entsteht kein Niederschlag. Welche Ionen kann die Lösung nicht enthalten? (Je 3 Metall- und Säurerestionen angeben.)
24. Wie kann verschüttete Säure durch doppelte Umsetzung mit einem Salz unschädlich gemacht werden?

(Antworten S. 349)

XIV. Die chemische Bindung

A. Elektronenformeln der Elemente nach Lewis

Zur Veranschaulichung des chemischen Verhaltens der einzelnen Elemente verwendet man die sogenannten Lewis-Formeln:

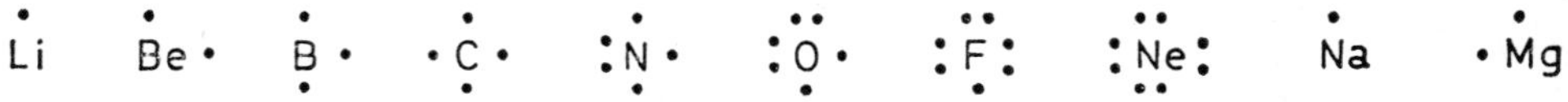

Rund um das Elementsymbol werden alle für die chemische Bindungsfähigkeit mitverantwortlichen Elektronen (die sog. Valenzelektronen) als Punkte gruppiert Bei den Hauptgruppenelementen liegen diese Elektronen alle auf der äussersten Schale. In den Nebengruppen gehört auch ein Teil der zweitäussersten Schale noch dazu (zum vorläufigen Oktett zusätzlich eingebaute Elektronen; vgl. S. 36 f.), also z. B.

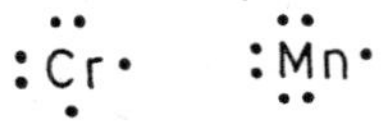

usw. Bei Elementen mit mehr als vier Valenzelektronen bilden sich Elektronenpaare (Quantenmechanische Gesetzmässigkeiten).

B. Die Atombindung oder kovalente Bindung

Die Atome haben allgemein die Tendenz, ihre äusserste Schale in den **Edelgaszustand** zu bringen, also ein **Elektronenoktett** aufzubauen (Ausnahme H: Elektronenpaar wie He). Zwei Atome (gleichartig oder verschieden) mit unvollständigen Edelgasschalen können sich derart nähern, dass ein Teil ihrer Elektronen in den Anziehungsbereich beider Kerne geraten und diese gemeinsam umkreisen. Durch diese gemeinsame Teil-Elektronenhülle kommt die chemische Atombindung zustande. Beide Atome kommen so durch gegenseitige «Anleihen» auf ihre Edelgasschale.

Abb. 31. Lewis-Formeln von H_2, F_2, O_2, N_2, Ammoniak und Äthylalkohol. Die gefüllten und leeren Tupfen in den ersten 5 Formeln deuten die ursprüngliche Zugehörigkeit der Elektronen zu den verschiedenen Atomen an.

Beim Sauerstoffmolekül haben die beiden O-Atome vier Elektronen gemeinsam, so dass beide ein volles Neonoktett haben. Im Äthanolmolekül hat jedes H seine Heliumschale, jedes C und O seine Ne-Schale.

Jedes gemeinsame Elektronenpaar entspricht einer Valenzkraft, also einem Strich in der gewöhnlichen Strukturformel. Oft werden – vor allem in der organischen Chemie – die Strukturformeln durch die nicht an den Bindungen beteiligten Elektronenpaare (sog. einsame Elektronenpaare) ergänzt (Querstriche über dem Elementsymbol). Beispiel Glycin (S. 251)

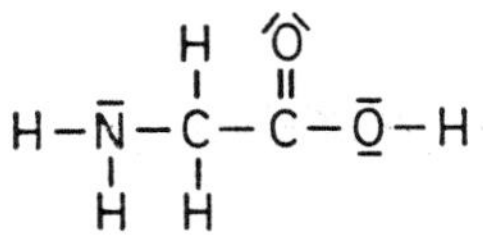

Elektronenpaarbindungen heissen **kovalente Bindungen.** Beide Partner leisten denselben Beitrag. Rein **kovalente Bindungen sind nicht dissoziierbar** (vgl. Unterkapitel D).

C. Die Ionenbindung

Ein Edelgasoktett kann nicht nur durch Beteiligung zweier Atome an gemeinsamen Elektronenpaaren zustande kommen. Atome mit nur wenig «überzähligen» Elektronen ausserhalb der vollen Edelgasschale können diese abgeben; Atome mit nur kleinen Lücken im Edelgasoktett können diese durch Aufnahme fremder Elektronen auffüllen. In beiden Fällen entstehen **Ionen,** weil ja die Kerne mit ihren Ladungen unverändert bleiben.

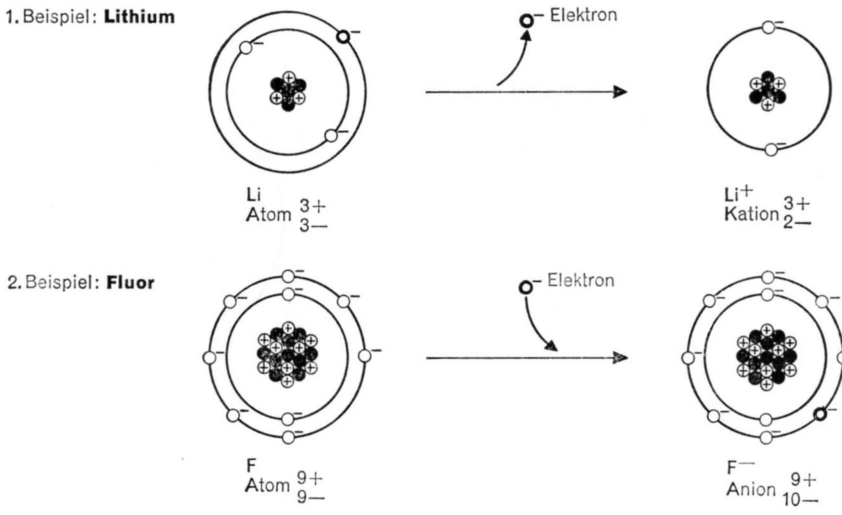

Abb. 32. Ionenbildung.

Damit eine dauerhafte Ionisation möglich wird, müssen Elektronendonatoren und Elektronenakzeptoren zusammentreffen.

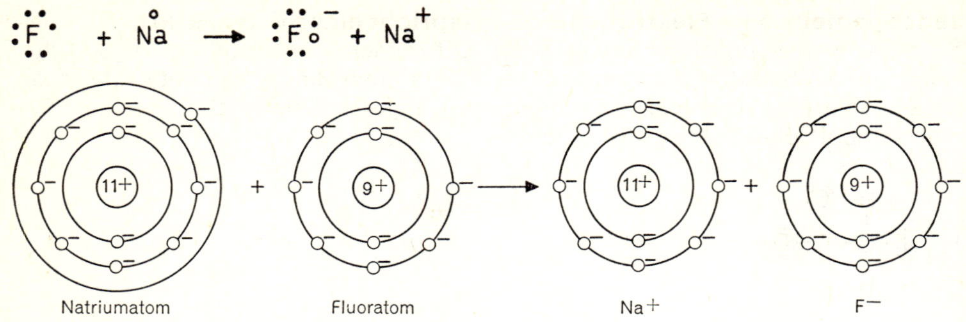

Abb. 33. Elektronenspender und -empfänger.

Ausgesprochene **Elektronenspender** finden sich links im Periodensystem **(Alkali- und Erdalkaligruppe).** Starke **« Elektronensauger »** sind die **Halogene.** Entgegengesetzt geladene Ionen ziehen sich gegenseitig an. Dadurch entsteht die Ionenbindung. Diese wirkt aber nicht nur zwischen je zwei Atomen wie bei der Kovalenzbindung. Im flüssigen Zustand umgibt sich jedes Ion mit einer ganzen Schar von Gegenionen. Im festen Zustand bildet sich ein regelmässiges Ionengitter aus (S. 59), in dem die Anzahl der positiven und negativen Ladungen, also die Zahl der geliehenen und geborgten Elektronen gleich ist.

D. Polare Moleküle

Zwischen der echten kovalenten Bindung und dem reinrassigen Ionengitter gibt es Übergänge. Die Beteiligung zweier Atome an einem gemeinsamen Elektronenpaar ist oft ungleich. Die Atome der 6. und vor allem der 7. Gruppe haben einen grossen Sog auf Elektronen, eine grosse **Elektronenaffinität** (am grössten beim Fluor, in den Gruppen von oben nach unten abnehmend). Dies hat zur Folge, dass sie in all ihren Verbindungen die gemeinsamen Elektronenpaare stark auf ihre Seite ziehen. Dadurch wird das Molekül **polarisiert,** es erhält einen mehr negativen und einen mehr positiven Pol.
Als Gas ist Chlorwasserstoff nicht dissoziiert, sein Molekül ist aber stark polarisiert. Das für H und Cl gemeinsame Elektronenpaar hält sich fast nur in der Nähe des Cl-Kerns auf. In Gegenwart von Wasser wird die Elektronenverschiebung vollständig, die polarisierte Kovalenzbindung wird zur echten Ionenbindung.

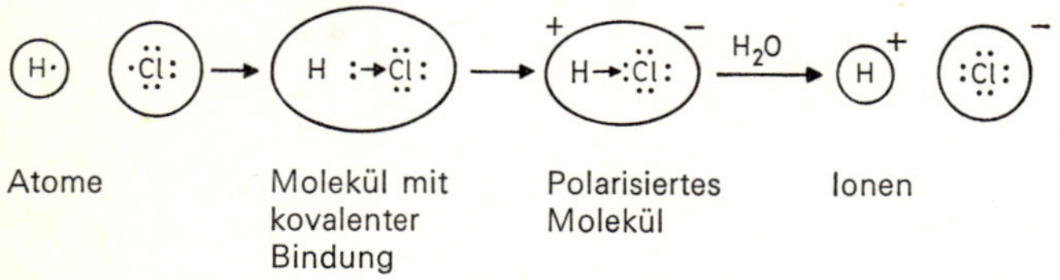

Abb. 34. Entstehung der Salzsäure.

Analoge Vorgänge spielen sich bei der Dissoziation von allen anderen Säuren und auch schwachen Basen ab. Ist die Polarisierung gering, so haben wir einen schwachen Elektrolyten oder sogar einen Nichtelektrolyten vor uns.

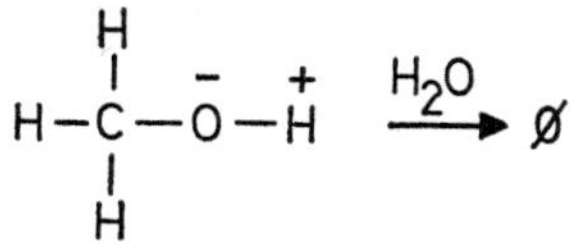

Methylalkohol: Der Sog des Sauerstoffatoms auf das Elektron des H-Atoms ist nicht gross genug, um in wässeriger Lösung eine Dissoziation zu ermöglichen. **Alkohole** sind schwach polar und **Nichtelektrolyte.**

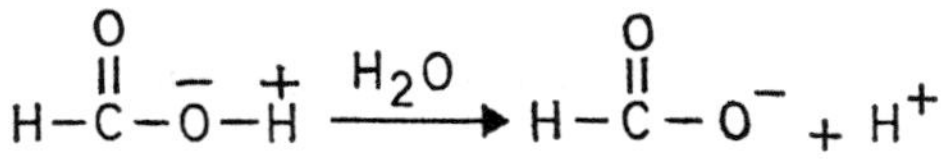

Ameisensäure: Das zweite, doppelt gebundene O-Atom verstärkt den Elektronensog des ersten, das Molekül wird stärker polar als beim Alkohol. In Wasser wird die Dissoziation möglich. Ameisensäure ist eine mittelstarke Säure.

Das Wasser als Dipol; Wasserstoffbrücken

Auch im Wasser wirkt sich der Elektronensog des Sauerstoffs dahin aus, dass sich die negative Ladung mehr auf das O-Atom, die positive auf die beiden H-Atome konzentriert. Da die drei Atome nicht in einer Geraden liegen, sondern in einem Winkel von 105°, erhält das Molekül eine positive und eine negative Seite. Das H_2O-Molekül ist ein **Dipol.** Diese Polarisierung führt dazu, dass sich die H_2O-Moleküle gegenseitig anziehen (starke Kohäsion). Dies erklärt wiederum die starke Oberflächenspannung (Tendenz zur Verkleinerung der Oberfläche). Der Dipolcharakter des Wassers macht dessen ausserordentliche Lösefähigkeit für Elektrolyte verständlich. Die Pole des H_2O-Moleküls konkurrieren mit den Ionenladungen. Die Ionen umgeben sich mit Wassermänteln, sogenannten **Hydrathüllen,** welche sie daran hindern, sich zu Gittern zu ordnen.

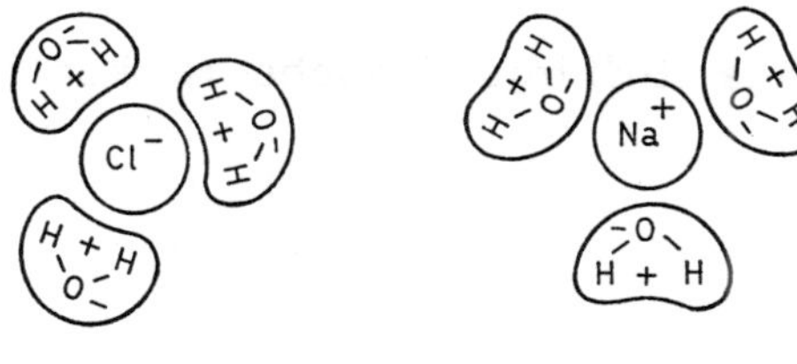

Abb. 35. Hydratisiertes Chlor- und Natriumion.

Das Wasserstoffion H^+ ist nur ein nacktes Proton ohne jede Elektronenhülle und hat als solches eine extrem starke Anziehung. Es verbindet sich deshalb eng mit einem H_2O-Molekül zu einem **Hydroniumion** H_3O^+. Der Einfachheit und Anschaulichkeit halber soll aber auch in den folgenden Kapiteln nur mit H^+-Ionen operiert werden, da das H_2O-Trägermolekül für das Verhalten des H^+-Ions meist ohne Belang ist.

Auch die positiv polarisierten H-Atome anderer OH-Verbindungen als Wasser (z.B. Alkohol) ziehen negative Pole anderer Teilchen an. Man bezeichnet diese vom H ausgehenden schwachen Bindungskräfte als **Wasserstoffbrücken** (vgl. auch Kapitel «Proteine», S. 256). Beim Verdampfen solcher Verbindungen müssen die H-Brücken gesprengt, thermolysiert werden. Dies erklärt den viel höheren Siedepunkt polarer Verbindungen im Vergleich zu unpolaren Molekülen ähnlicher Grösse und Struktur. Beispiele:

H_2O, stark polar: 100 °C CH_4, Methan, apolar: −161 °C
CH_3-CH_2-OH, Äthylalkohol, polar: 78 °C $CH_3-CH_2-CH_3$, Propan, apolar: −42 °C.

XV. Redoxvorgänge

Im Kapitel «Sauerstoff» (S. 18) wurde die Überführung von Elementen und Verbindungen in Oxide mittels Sauerstoffgas als Oxidation definiert. Der Begriff der Oxidation muss aber bedeutend weiter gefasst werden.

A. Oxidationsmittel

Ein Atom oder Molekül kann nicht nur elementaren Sauerstoff aufnehmen, es kann unter Umständen auch O aus einer Verbindung abspalten und sich damit vereinigen. Beispiele:

$$H_2SO_3 + H{-}O{-}O{-}H \longrightarrow H_2SO_4 + H{-}O{-}H$$

Wasserstoffperoxid gibt ein O-Atom an die schweflige Säure ab, welche dadurch zu Schwefelsäure oxidiert wird. Aus dem H_2O_2 entsteht Wasser.

$$C_6H_{12}O_6 + 4KClO_3 \rightarrow 4KCl + 6CO_2 + 6H_2O$$

Zündet man ein Gemisch von Kaliumchlorat und Traubenzucker, so verflüchtigt sich die Masse unter starker Feuererscheinung. Der Zucker wird zu Kohlendioxid und Wasserdampf oxidiert, während sich das Kaliumchlorat in Kaliumchloridrauch verwandelt.

Jede Bereicherung eines Stoffes mit Sauerstoff irgendwelcher Herkunft ist eine Oxidation.

Substanzen, welche besonders leicht Sauerstoff abgeben und auf andere Stoffe übertragen, heissen **Oxidationsmittel.**

B. Die Reduktion

Bei jedem Sauerstofftransfer gibt es einen Spender und einen Empfänger. Der O-Gehalt des Spenders, also des Oxidationsmittels, wird verkleinert (reduziert).

Jede Erniedrigung des Sauerstoffgehaltes einer Verbindung wird als Reduktion bezeichnet.

Substanzen, welche besonders leicht Sauerstoff von anderen Stoffen abspalten, heissen **Reduktionsmittel.**

$$2Al + 3H_2O \rightarrow Al_2O_3 + 3H_2$$

Aluminium ist das Reduktionsmittel, Wasser wird zu Wasserstoff reduziert, das Al wird gleichzeitig zu Al_2O_3 oxidiert.

$Fe_2O_3 + 3CO \rightarrow 2Fe + 3CO_2$ (Hochofenprozess)

Das Kohlenmonoxid reduziert das Eisen(III)-oxid zu elementarem Eisen, das CO wird selber zu CO_2 oxidiert.

$CuO + H_2 \rightarrow Cu + H_2O$

Leitet man Wasserstoffgas durch ein mit schwarzem Kupferoxid beschicktes Rohr, das zuvor erhitzt wurde, so bildet sich rotes Kupfer und das Rohr beschlägt sich im kalten Teil mit Kondenswasser. Das Kupfer(II)-oxid ist zu elementarem Kupfer reduziert, der Wasserstoff zu Wasser oxidiert worden.
In den Beispielen des vorigen Abschnitts werden Wasserstoffperoxid zu Wasser und Kaliumchlorat zu Kaliumchlorid reduziert.

Jede Oxidation ist mit einer Reduktion gekoppelt und umgekehrt. Man bezeichnet deshalb jede Sauerstoffübertragung von einem Teilchen auf ein anderes als **Redoxvorgang.**

C. Redoxprozesse mit Wasserstoffübertragung

Mischt man eine Lösung von Jodwasserstoff mit Wasserstoffperoxid, entsteht erst eine gelbbraune Färbung, dann bilden sich schwarzglänzende Kristalle.

$2HJ + H_2O_2 \rightarrow J_2 + 2H_2O$

Wie bei der Oxidation von H_2SO_3 (S. 72) wird auch hier das H_2O_2 in H_2O übergeführt, also reduziert – ohne dass es allerdings Sauerstoff abgibt. Wenn der eine Reaktionspartner reduziert wird, muss der andere notgedrungen oxidiert werden. Beim vorliegenden Beispiel wird nicht O sondern H verschoben. Der Begriff des Redoxvorgangs wird daher erweitert:

Jeder Transfer von Sauerstoff oder Wasserstoff (oder beider Elemente zugleich) **in entgegengesetzter Richtung von einem Stoff auf einen anderen ist ein Redoxvorgang.**
Oxidationsmittel sind entweder O-Donatoren oder H-Akzeptoren (oder beides zusammen).
Reduktionsmittel sind entweder O-Akzeptoren oder H-Donatoren (oder beides zusammen).

$CH_3OH + CuO \rightarrow Cu + CH_2O + H_2O$ (vgl. S. 205)

Taucht man ein heisses, mit schwarzem Oxid überzogenes Kupferstück in Methylalkohol, so wird das Kupfer blank und rein. Gleichzeitig wird der stechende Geruch von Formaldehyd bemerkbar. Das Kupferoxid wird durch O-Abspaltung reduziert, der Alkohol durch H-Entzug oxidiert. Die abgegebenen H und O vereinigen sich zu Wasser.

$H_2S + Cl_2 \rightarrow S + 2HCl$

Beim Mischen von Chlor- und Schwefelwasserstoffgas scheidet sich elementarer Schwefel ab. Der H_2S verliert seinen Wasserstoff, er wird somit oxidiert. Chlor ist also Oxidationsmittel. Das Beispiel ist ein Redoxvorgang ohne Beteiligung von O.

D. Redoxvorgänge mit Elektronenübertragungen

$Cl_2 + 2HJ \rightarrow J_2 + 2HCl$
Chlor wird zu Chlorwasserstoff reduziert, Jodwasserstoff zu Jod oxidiert.

$Cl_2 + \cancel{2H^+} + 2J^- \longrightarrow J_2 + \cancel{2H^+} + 2Cl^-$

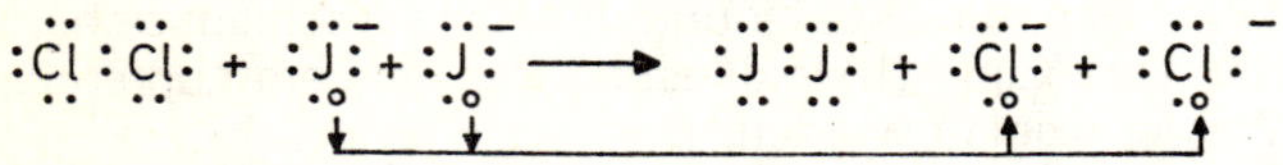

Beim obigen Redoxvorgang findet in Wirklichkeit weder ein Sauerstoff- noch Wasserstofftransfer statt. Die H^+-Ionen bleiben an der Reaktion unbeteiligt. Was sich tatsächlich abspielt, ist eine **Elektronenübertragung.** Das Oxidationsmittel Chlor empfängt ein Elektron pro Atom, das Jodidion ist der Elektronenspender. Abbildung 33 auf Seite 70 stellt einen derartigen Redoxvorgang mit Elektronentransfer dar.
Endgültige Definitionen:

Ein Redoxvorgang ist ein Prozess mit Verschiebung von Sauerstoff, Wasserstoff oder Elektronen zwischen zwei oder mehr Stoffen (Atomen, Molekülen oder Ionen).
Ein Stoff wird oxidiert, wenn er O aufnimmt, H abgibt oder Elektronen abgibt (positive Ladung erhöht).
Ein Stoff wird reduziert, wenn er O abgibt, H aufnimmt oder Elektronen aufnimmt (positive Ladung erniedrigt).
Oxidationsmittel sind Stoffe, die besonders leicht O abgeben oder H aufnehmen oder Elektronen aufnehmen. Reduktionsmittel sind Stoffe, die besonders leicht H abgeben oder O aufnehmen oder Elektronen abgeben.

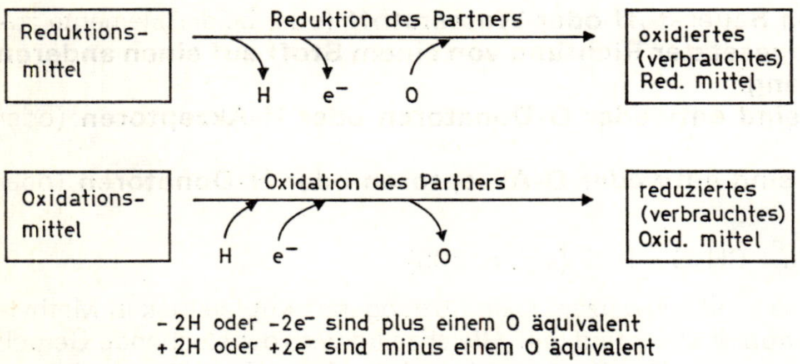

Abb. 36. Redoxvorgänge.

Die Wasserstoffabgabe der Reduktionsmittel ist nicht zu verwechseln mit der Dissoziation und Neutralisation der Säuren. Bei der Reduktion werden H-**Atome** samt ihren Elektronen übertragen, bei der Neutralisation nur H^+-**Ionen** ohne Elektronen.

$HJ + NaOH \rightarrow NaJ + H_2O$	kein Redoxvorgang, kein Platzwechsel von Elektronen
$2HJ + Br_2 \rightarrow 2HBr + J_2$	Redoxvorgang, Elektron wechselt von J auf Br
$2HJ + 2Na \rightarrow 2NaJ + H_2$	Redoxvorgang, Elektron wechselt von Na auf H

E. Redoxvorgänge und Wertigkeit

Bei vielen Redoxvorgängen ändert oft ein Teil der beteiligten Elemente die Wertigkeit oder die **Oxidationszahl,** wie man heute besser sagt. Zu Kapitel VIII (S. 25) muss ergänzt werden: Atome, die sich durch Elektronenabgabe binden (vollständige Abgabe bei der Ionenbindung, teilweise bei der polarisierten Atombindung) haben positive Oxidationszahlen oder Wertigkeiten (Fe ist+dreiwertig in $FeCl_3$). Entsprechend haben elektronenanziehende Atome in ihren Verbindungen negative Oxidationszahlen (N ist −dreiwertig in NH_3). Wegen des starken Elektronensogs (Elektronenaffinität) des Sauerstoffs ist dieser (ausser im Fluoroxid) immer minuszweiwertig. **Sämtliche Elemente** (ausgenommen F) **entwickeln in ihren Sauerstoffverbindungen positive Wertigkeiten.**

$2HJ + 2HNO_2 \rightarrow J_2 + 2NO + 2H_2O$

Gibt man Natriumnitrit zu einer sauren Lösung von Kaliumjodid, färbt sich die Lösung gelbbraun und es entweichen braune «nitrose Gase» ($2NO + O_2 \rightarrow 2NO_2$).

$2J^{-I} - 2e^- \rightarrow J_2^0$ Jod wird oxidiert, seine Wertigkeit nimmt von −I auf 0 zu.
$2N^{+III} + 2e^- \rightarrow 2N^{+II}$ Stickstoff wird reduziert, seine Wertigkeit nimmt von +III auf +II ab.

Freie Elemente haben stets die Oxidationszahl null, auch wenn ihre Atome unter sich Kovalenzbindungen betätigen.

$3Cu + 8HNO_3 \rightarrow 3Cu(NO_3)_2 + 2NO + 4H_2O$

$3Cu + 2NO_3^- + 8H^+ \rightarrow 3Cu^{2+} + 2NO + 4H_2O$

Kupfer löst sich in Salpetersäure unter Bildung von blaugrünem Kupfernitrat und braunem Gas (keine Wasserstoffentwicklung wie bei unedlen Metallen, vgl. S. 33). Kupfer wird oxidiert, seine Wertigkeit nimmt um 2 zu, Stickstoff wird reduziert von +V auf +II.

$2FeSO_4 + H_2O_2 + H_2SO_4 \rightarrow Fe_2(SO_4)_3 + 2H_2O$

Eine farblose Eisen(II)-sulfatlösung wird bei Zusatz von Wasserstoffperoxid gelbbraun.

$2Fe^{+II} - 2e^- \rightarrow 2Fe^{+III}$

$$\left.\begin{array}{r} 2H^{+I} + 2e^- \rightarrow 2H^0 \\ +H_2O_2 \end{array}\right\} \rightarrow 2H_2O$$

Die Oxidationszahl des Eisens nimmt um 1 zu, die des Wasserstoffs um 1 ab. Die beiden nullwertig gewordenen H-Atome reduzieren das H_2O_2 zu Wasser.

$\overset{+IV}{Mn}O_2 + 4H\overset{-I}{Cl} \rightarrow \overset{+II}{Mn}Cl_2 + \overset{0}{Cl_2} + 2H_2O$
$MnO_2 + 2Cl^- + 4H^+ \rightarrow Mn^{2+} + Cl_2 + 2H_2O$

Erwärmt man Braunstein (MnO_2) mit Salzsäure, entweicht Chlorgas.

Für die «Koeffizientenbereinigung» bei Redoxgleichungen empfiehlt es sich, von den Änderungen in der Oxidationszahl auszugehen. Eine Änderung um eine Einheit entspricht immer einem Elektron. Eine Abgabe von 1 O entspricht der Aufnahme von 2 Elektronen (der zuvor gebundene O muss bei seiner «Abreise» die zwei geborgten Elektronen zurücklassen, er bekommt sie vom Reduktionsmittel ersetzt). Eine Abgabe von 1 H entspricht auch der Abgabe von einem Elektron (der zuvor gebundene H nimmt sein angestammtes, an den Bindungspartner ausgeliehenes Elektron bei der «Abreise» mit sich und gibt es ans Oxidationsmittel weiter).

Beispiel eines Redoxvorgangs mit Sauerstoff-, Wasserstoff- und Elektronentransfer:
Nitrobenzol lässt sich durch Zink und Salzsäure zu Anilin reduzieren. Aus Zink und Salzsäure entsteht naszierender («geborenwerdender») Wasserstoff in atomarer Form. Statt dass sich immer zwei naszierende H-Atome vereinigen und als H_2-Gas entweichen, reagieren sie mit dem Nitrobenzol:

$$3Zn + 6H^+ \longrightarrow 6H_{nasz.} + 3Zn^{2+}$$

$$\downarrow$$

$$C_6H_5NO_2 + 6H_{nasz.} \longrightarrow C_6H_5NH_2 + 2H_2O$$

Nitrobenzol **Anilin**

Der Stickstoff gibt 2 O ab und nimmt 2 H auf. Das entspricht einem Gewinn von sechs Elektronen. Dieselben sechs Elektronen stammen von den drei Zinkatomen.

Im lebenden Organismus findet eine grosse Zahl von enzymatisch katalysierten Redoxvorgängen statt. Ihnen verdankt er praktisch seine gesamte Energieversorgung (vgl. S. 241 f.).

Tabelle XII. Einige Oxidations- und Reduktionsmittel nach abnehmender Stärke geordnet

Oxidationsmittel		Reduktionsmittel	
F_2	Fluor	K	Kalium
O_3	Ozon	Ca	Calcium
H_2O_2	Wasserstoffperoxid	Na	Natrium
$KMnO_4$	Kaliumpermanganat	Mg	Magnesium
KClO	Kaliumhypochlorit	Al	Aluminium
$KClO_3$	Kaliumchlorat	C	Kohlenstoff
Cl_2	Chlor	Zn	Zink
$HClO_4$	Perchlorsäure	H_2S	Schwefelwasserstoff
$K_2Cr_2O_7$	Kaliumdichromat	Fe	Eisen
Br_2	Brom	H_2SO_3	Schweflige Säure
HNO_3	Salpetersäure	CO	Kohlenmonoxid
O_2	Sauerstoff	H_2	Wasserstoff
J_2	Jod		

F. Ozon und Wasserstoffperoxid

Ozon ist eine **Modifikation** des Sauerstoffs. Es entsteht aus dem normalen O_2 bei Bestrahlung von Luft mit Ultraviolett oder bei elektrischen Entladungen in Luft. Das Ozonmolekül besteht aus 3 Atomen.

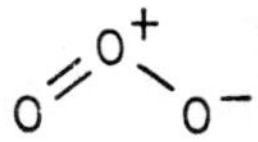

Die eine Bindung ist eine normale Kovalenzdoppelbindung mit zwei gemeinsamen Elektronenpaaren. Bei der anderen stammen beide Bindungselektronen vom mittleren Atom, so dass eine Polarisierung resultiert. Ozon hat einen intensiven Geruch und ist nach dem Fluor das stärkste Oxidationsmittel. Das «überzählige» O-Atom wird leicht abgegeben. Durch die intensive UV-Einstrahlung von der Sonne bilden sich grössere Mengen von Ozon in der obersten Atmosphäre. Dadurch wird das lebensfeindliche kurzwellige UV grossenteils absorbiert und von uns ferngehalten. Mit Ozonisatoren (fortgesetzte schwache elektrische Entladungen) kann Luft geruch- und keimfrei gemacht werden.

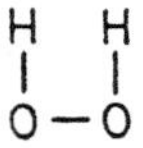

Ein häufig gebrauchtes Oxidationsmittel ist das **Wasserstoffperoxid** H_2O_2. Alle Verbindungen mit der Gruppe –O–O– heissen **Peroxide** und wirken stark oxidierend. Weiteres Beispiel: Bariumperoxid BaO_2

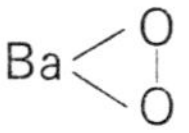 (im Gegensatz dazu PbO_2; O=Pb=O: Bleidioxid).

H_2O_2 gefriert bei –1,7 °C und siedet bei 151 °C. Es ist farblos wie Wasser und kommt als 30%ige Lösung (sog. Perhydrol) in den Handel. In verdünnter Lösung wird es als Desinfektions- und Bleichmittel (Coiffeur) verwendet.

H_2O_2 kann zerfallen. Dabei bildet sich sogenannter naszierender, sehr reaktionsfreudiger Sauerstoff (vgl. «naszierender Wasserstoff», S. 76).

$$H_2O_2 \rightarrow H_2O + O_{nasz} \qquad 2O_{nasz} \rightarrow O_2$$

Der Spontanzerfall verläuft äusserst langsam. Er kann aber durch das Enzym Katalase und auch durch Hämoglobin enorm beschleunigt werden. Dieser Umstand wird zum **Nachweis von Blutspuren** ausgenützt: In Gegenwart von Hämoglobin wird Benzidin (vgl. S. 287) durch H_2O_2 (genauer durch den naszierenden Sauerstoff) zu einem blaugrünen Farbstoff oxidiert. Ohne Blut bleibt die Probe farblos.
H_2O_2 als eines der stärksten Oxidationsmittel kann (paradoxerweise) gegenüber anderen Oxidationsmitteln ($KMnO_4$) als Reduktionsmittel auftreten. Dabei gibt es Wasserstoff ab und wird zu O_2 oxidiert (vgl. S. 174).

XVI. Thermochemie

1. Die Wärmetönung

Bei allen chemischen Reaktionen wird mehr oder weniger Energie umgesetzt. **Endotherm** heisst ein Vorgang, bei dem die Reaktionsteilnehmer **Energie aus der Umgebung aufnehmen** und als **chemische Energie** in den Produkten speichern (endo=innen). Bei **exothermen** Reaktionen **wandelt sich chemische Energie** der Reaktionsteilnehmer **in andere Energieformen um** (Energieabgabe; exo= aussen).

Energie kann weder vernichtet noch aus nichts gebildet werden (Gesetz von der Energieerhaltung, Unmöglichkeit des Perpetuum mobile).

Bei allen exothermen Reaktionen wird ein Teil, meist der Hauptbetrag der Energie als **Wärme** frei (z. B. alle Verbrennungen). Es können aber auch andere Energieformen auftreten: **mechanische Energie** im Muskel; **elektrische Energie** in der Trockenbatterie, im Akkumulator, aber auch im Nervensystem; **Licht** beim Leuchtkäfer. Beim Blutnachweis mit Luminol wird eine Reaktion mit Emission von «kaltem» Licht analytisch ausgenützt: Gibt man zu einer Lösung von 3-Amino-phthalsäurehydrazid (Luminol) und H_2O_2 in alkalischer Lösung eine Spur Hämoglobin, so erstrahlt die Lösung in blauem Licht (exotherme Oxidation des Luminols durch naszierenden Sauerstoff unter Lichtemission, vgl. S. 77).

Bei den endothermen Reaktionen wird meist ebenfalls Wärme, aber auch elektrische Energie oder Licht aufgenommen. Die für den Biokosmos wichtigste endotherme Reaktion ist die **Assimilation des Kohlendioxids durch die grüne Pflanze.** Energiequelle ist das **Sonnenlicht.** Der Aufbau von Kohlenhydraten aus CO_2 ist ein komplizierter Prozess. Die eigentliche photochemische Reaktion ist die **Spaltung von Wasser mit Chlorophyll als Katalysator.** Der dabei gebildete Wasserstoff wird über eine Reihe von Hilfsstoffen mit verschiedenen Enzymen zur Reduktion des von der Pflanze aufgenommenen CO_2 verwendet. **Der Sauerstoff wird an die Umwelt abgegeben** (vgl. S. 20).

Auch im menschlichen Organismus finden endotherme Prozesse statt (z. B. Fett- oder Eiweisssynthese). Alle solchen Vorgänge sind mit exothermen Reaktionen gekoppelt, und zwar so, dass ein Teil der bei diesen freiwerdenden Energie auf den verbrauchenden Prozess übertragen wird, ohne erst als Wärme in Erscheinung zu treten (vgl. S. 242). Alle für Biosynthesen benötigte Energie, ebenso die Muskelenergie und die elektrische Energie des Nervensystems stammt aus der chemischen Energie der Nährstoffe (Kohlenhydrate, Fette, Proteine) und letztlich aus dem Sonnenlicht, das bei der CO_2-Assimilation «fixiert» wurde.

2. Thermochemische Gleichungen

$C + O_2 \rightarrow CO_2 + 94$ kcal

$2HgO \rightarrow 2Hg + O_2 - 41$ kcal

Der chemischen Gleichung wird die freiwerdende (Pluszeichen) bzw. die aufgenommene (Minuszeichen) Energie in **Kilokalorien** (kcal) angehängt. Für die obigen Beispiele heisst dies: Bei der Verbrennung von 1 Mol Kohlenstoff zu CO_2 werden 94 kcal frei. Bei der Spaltung von 2 Mol HgO zu Hg und O_2 werden 41 kcal eingefangen.

$HCl + NaOH \rightarrow NaCl + H_2O + 13{,}7$ kcal
$H_2SO_4 + 2KOH \rightarrow K_2SO_4 + 2H_2O + 27{,}4$ kcal

Die **Neutralisationswärme** für 1 Val starker Säure mit 1 Val starker Base (Vereinigung von 1 Mol H^+ mit 1 Mol OH^-) ist stets 13,7 kcal, unabhängig von der Art der Säure und Base. Für schwache Elektrolyte ist die Neutralisationswärme kleiner, weil für das Abdissoziieren von H^+ bzw. OH^- vor der Vereinigung der Ionen Energie gebraucht wird.

$H_2 + F_2 \rightarrow 2HF + 128$ kcal
$H_2 + Cl_2 \rightarrow 2HCl + 44$ kcal
$H_2 + Br_2 \rightarrow 2HBr + 17$ kcal
$H_2 + J_2 \rightarrow 2HJ - 12$ kcal

Je «exothermer» die Reaktion für die Bildung einer Verbindung aus den Elementen, desto beständiger ist diese, desto schwieriger lässt sie sich wieder spalten.

$H_2O_{fest} \rightarrow H_2O_{flüssig} - 1{,}4$ kcal
$H_2O_{flüssig} \rightarrow H_2O_{gasfg.} - 9{,}7$ kcal
$H_2O_{gasfg.} \rightarrow H_2 + \frac{1}{2}O_2 - 57{,}8$ kcal

Die Schmelzwärme und auch die Verdampfungswärme für 1 Mol Wasser sind klein im Vergleich zur Energie, die für die Thermolyse oder auch Elektrolyse von 1 Mol H_2O aufgewendet werden muss.

XVII. Reaktionsgeschwindigkeit und chemisches Gleichgewicht

Unter der **Reaktionsgeschwindigkeit** (RG) versteht man in der Chemie **die pro Zeiteinheit umgesetzte Stoffmenge,** z. B. Gramm/Sekunde oder Mol/Minute usw.
Die RG eines bestimmten Vorgangs ist in erster Linie von der Natur der Teilnehmer abhängig (Kalium und Wasser reagieren unter gleichen Bedingungen ganz anders miteinander als Eisen und Wasser), sie kann aber durch verschiedene Faktoren in weiten Grenzen beeinflusst werden.

A. Beeinflussung der Reaktionsgeschwindigkeit

1. Temperatur

Die RG nimmt mit steigender Temperatur zu, aber nicht linear, sondern exponentiell. **RGT-Regel: Bei Erhöhung der Temperatur um 10°C wird die Reaktionsgeschwindigkeit mindestens verdoppelt.** Setzt sich z. B. bei 20°C 1 μg/sec um, sind es bei 100°C etwa 250 μg/sec (von 20 auf 100°C finden 8 Verdoppelungen statt: $2^8=256$); bei 500°C läuft dieselbe Reaktion 2^{48} oder etwa 280 Billionen mal schneller, d.h. mit etwa 280 Tonnen/sec.
Die RGT-Regel ist kein strenges Gesetz. Sie gilt aber auch für Enzymreaktionen. Im Kühlschrank verdirbt ein Nahrungsmittel mindestens viermal langsamer als bei Raumtemperatur. Bei der Bestimmung von Enzymaktivitäten muss die vorgeschriebene Temperatur genauestens eingehalten werden. Eine Abweichung von 1 °C führt zu Fehlern von ca. 10% (vgl. S. 275 ff.).

2. Oberfläche

Bei Reaktionen zwischen Stoffen verschiedener Aggregatzustände (sog. heterogene Reaktionen) ist die **Grösse der Kontaktfläche** gasförmig/flüssig, gasförmig/fest oder flüssig/fest für die RG von ausschlaggebender Bedeutung. Ein Haufen Hobelspäne verbrennt unvergleichlich rascher als ein kompaktes Holzstück gleicher Masse. Ein massiver Eisenblock löst sich langsamer in Säure auf als die gleiche Menge Eisenpulver.

3. Katalysatoren

Durch Katalysatoren können Reaktionen um einige Zehnerpotenzen beschleunigt werden (vgl. S. 20). Das Wesen der Katalyse wird im Kapitel «Enzyme» auf Seite 271 erläutert.

4. Konzentration der Reaktionsteilnehmer

Ein Stück Kalkstein löst sich in konzentrierter HCl schneller als in verdünnter. Eine Verbrennung verläuft in reinem Sauerstoff rascher als in Luft. Eine Reaktion zwischen zwei Teilchen kann nur stattfinden, wenn sie zusammenstossen. Je höher die Konzentration eines Reaktionsteilnehmers, desto häufiger die erfolgreichen Zusammenstösse seiner Teilchen mit dem Partner. Eine Lösung enthalte die beiden Molekülarten A und B, die sich zur Verbindung AB vereinigen. Die Konzentration von A und B sei je 1 Mol/l, die RG sei unter diesen Umständen 1 mMol/sec. Wird die Konzentration von A verdoppelt, diejenige von B gleich belassen, so wird die Zahl der Zusammenstösse pro Sekunde, also auch die RG verdoppelt (2 mMol/l). Wird auch B noch verdoppelt, so steigt die RG auf 4 mMol/l. Bei verdreifachtem A und gleichzeitig vervierfachtem B werden die Kollisionen $3 \cdot 4 = 12$mal häufiger.

Die RG ist proportional der Konzentration jedes der beiden Reaktionspartner, also proportional dem (arithmetischen) **Produkt der Einzelkonzentrationen.**

RG = k·(A)(B) (A); (B): Formeln in Klammern = **molare** Konzentration von Reaktionspartnern
k: Proportionalitätskonstante, abhängig von Temperatur und Katalysatoren

Bei der Vereinigung von gleichartigen Teilchen gilt eine analoge Überlegung:

$A + A \rightarrow A_2$

Um welchen Faktor wird die RG grösser, wenn die Konzentration von A verdreifacht wird?
Vergleichsmodell: Eine Anzahl Kinder rennen wahllos in einer Halle umher und werfen ziellos mit Bällen um sich. Pro Minute wird ein Kind getroffen. Nun wird die Zahl der Kinder verdreifacht. Die Zahl der Schüsse pro Minute bleibt für jedes Kind wie zuvor. Die Gesamtzahl der Würfe pro Minute wird somit verdreifacht. Wegen der dreifachen Zahl der «Zielscheiben» wird aber auch die Trefferwahrscheinlichkeit für jeden Schuss verdreifacht. Es setzt pro Minute 9 Treffer ab.

RG = k·(A)(A) = k·$(A)^2$

Alle Vorgänge, die der mathematischen Beziehung RG = k·(A)(B) bzw. k·$(A)^2$ gehorchen, heissen Reaktionen zweiter Ordnung.
Reaktionen, bei denen gleichzeitig drei Partner zusammenstossen (Reaktionen dritter Ordnung) sind selten. Die Konzentrationsabhängigkeit der Geschwindigkeit wird dann: RG = k·(A)(B)(C) oder k·$(A)^2$·(B) oder k·$(A)^3$.
Reaktionsgleichungen, in denen grössere Koeffizienten figurieren, sind stets Bilanzen von mehreren nacheinander ablaufenden einfacheren Teilreaktionen zweiter, evtl. dritter Ordnung.
Es gibt auch Reaktionen, die nicht auf Teilchenkollisionen angewiesen sind. Beispiele: Thermolytischer Zerfall einer Verbindung, radioaktive Kernumwandlungen. Die RG ist hier in jedem Zeitpunkt der noch vorhandenen Menge reagierender Substanz direkt proportional: **RG = kA.** Man spricht von **Reaktionen erster Ordnung** (vgl. S. 39)

Im Verlauf aller Reaktionen verarmt der Reaktionsraum mehr und mehr an Teilnehmerpartikeln. Demzufolge flaut die RG ab. Sie ist maximal bei Beginn, nimmt zuerst rasch, dann immer langsamer ab und nähert sich endlich dem Wert null (asymptotischer Verlauf). Die Reaktion hört streng genommen erst dann auf, wenn sich das letzte «umherirrende» Teilchenpaar getroffen hat oder das letzte Molekül zerfallen ist, was sehr sehr lange dauern kann.

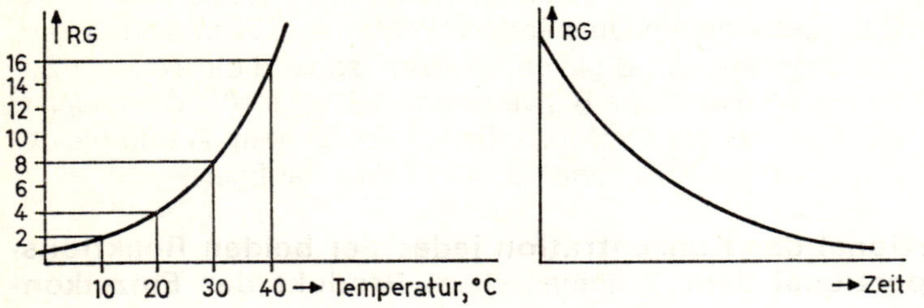

Abb. 37. Reaktionsgeschwindigkeit als Funktion der Temperatur und als Funktion der Zeit.

Reaktionen mit extrem grosser RG sind die **Explosionen.** Im Sprengstoff Nitroglycerin breitet sich nach erfolgter Zündung die Zerfallsreaktion mit 7000 m/sec aus. Ein Sprengsatz von 1 kg zerfällt in wenigen Millionstel Sekunden. Die Freisetzung grosser Energiebeträge in dieser extrem kurzen Zeit erklärt die verheerende Wirkung der Explosionen (hohe Temperaturen, Druckwelle).

B. Unvollständig ablaufende Reaktionen; chemische Gleichgewichte

Es gibt eine Vielzahl chemischer Reaktionen, die selbst bei optimalen Mengenverhältnissen der Ausgangsstoffe nicht zu Ende ablaufen. Bringt man z. B. Wasserstoffgas und Joddampf bei erhöhter Temperatur in einen geschlossenen Raum, so bildet sich farbloser Jodwasserstoff. Auch bei längerem Zuwarten verschwindet aber die Farbe des Jods nie ganz. Erwärmt man anderseits reinen Jodwasserstoff auf die gleiche Temperatur, zerfällt er in Jod und Wasserstoff. Auch dieser Vorgang verläuft indes nicht vollständig. Analysiert man die auf beide Arten erhaltenen Gasgemische, nachdem keine Farbänderung mehr festzustellen ist, so findet man identische Zusammensetzung. Spaltung und Synthese sind **umkehrbare Prozesse,** die bei einem bestimmten Konzentrationsverhältnis der reagierenden Teilchen miteinander im **Gleichgewicht** stehen. Beide Reaktionen laufen auch im stationären Endzustand noch weiter, sie haben aber gleiche Geschwindigkeit und heben sich in ihrer Wirkung gegenseitig auf. Man spricht von einem **dynamischen Gleichgewicht.**

C. Das Massenwirkungsgesetz

$H_2 + J_2 \rightleftharpoons 2HJ$

$RG_1 = k_1 \cdot (H_2) \cdot (J_2) \qquad RG_2 = k_2 \cdot (HJ)^2$

Im Gleichgewichtszustand (Synthese und Zerfall halten sich die Waage) ist $RG_1 = RG_2$, also $k_1 \cdot (H_2) \cdot (J_2) = k_2 \cdot (HJ)^2$

$$\frac{(HJ)^2}{(H_2)(J_2)} = \frac{k_1}{k_2} = K \text{ (Gleichgewichtskonstante)}$$

Für irgendeine umkehrbare (reversible) Reaktion 2. Ordnung $A + B \rightleftharpoons C + D$ gilt:

$RG_1 = k_1(C)(D) \quad RG_2 = k_2(A)(B)$

$$\mathbf{\frac{(C)(D)}{(A)(B)} = K}$$

Für den Gleichgewichtszustand gilt: **Das Produkt der Konzentrationen der Teilnehmer an der Rückreaktion dividiert durch das Produkt der Konzentrationen der Teilnehmer an der Hinreaktion ist für eine bestimmte Temperatur unveränderlich** und heisst **Gleichgewichtskonstante** (Massenwirkungsgesetz).

Treten in der Reaktionsgleichung Koeffizienten auf, die von 1 verschieden sind, so erscheinen diese in der Massenwirkungsgleichung als Exponenten der Konzentrationen.

D. Beeinflussung von Gleichgewichten; Regel vom kleinsten Zwang

1. Katalysatoren

Durch Katalysatoren werden Reaktionen beschleunigt. Für alle reversiblen Reaktionen gilt: Katalysatoren beeinflussen die Geschwindigkeit von Hin- und Herreaktion in gleichem Masse. **Durch Katalysatoren wird die Lage eines Gleichgewichts und damit die Konzentration sämtlicher Teilchen nicht verändert.** Die Einstellung eines Gleichgewichtes (von beiden Seiten her) kann durch Katalysatoren beschleunigt werden.

2. Zusatz bzw. Entfernung von Reaktionsteilnehmern

Gibt man zu einer Lösung von Essigsäure Natriumacetat (Na-salz der Essigsäure), so stellt man eine Abnahme der Wasserstoffionen fest, die Lösung wird weniger sauer.

$HAc \rightleftharpoons H^+ + Ac^-$ (Ac=Säurerest der Essigsäure)

$$\frac{(H^+)(Ac^-)}{(HAc)} = K$$

Durch Zusatz von Acetationen (Natriumacetat) würde der Zähler des obigen Bruchs vergrössert. Weil der Wert des Bruchs aber konstant bleibt, muss sich ein Teil der H^+-Ionen mit den neuen Ac^--Ionen zu undissoziierter HAc (Essigsäuremolekül) verbinden. Die Lösung verarmt an H^+-Ionen.

Zahlenbeispiel: Für eine Säure HA sei $K = 0{,}0001$. Im Gleichgewichtszustand sei $(H^+) = (A^-) = 0{,}01$ Mol/l und $HA = 1$ Mol/l. Die Konzentration von A^- wird nun durch Salzzusatz auf 0,1 Mol/l erhöht.

$$\frac{(H^+)(A^-)}{(HA)} = 0{,}0001 \qquad \text{vor dem Salzzusatz} \quad \frac{0{,}01 \cdot 0{,}01}{1} \qquad \text{nach dem Salzzusatz} \quad \frac{0{,}001 \cdot 0{,}1}{1}$$

Durch Verzehnfachung der Säurerestionenkonzentration (A^-) wird die Wasserstoffionenkonzentration zehnmal vermindert. Die Rechnung stimmt nur näherungsweise, weil sich ja die verschwundenen H^+-Ionen mit A^- zu HA verbunden haben. Der Nenner wird also etwas grösser als 1, (H^+) etwas grösser als 0,001, (A^-) etwas kleiner als 0,1 (vgl. Kapitel «Hydrolyse», S. 121 ff.).

Durch Zusatz eines Reaktionsteilnehmers zu einem Gleichgewicht werden die Konzentrationen aller Teilnehmer verändert.
Dasselbe gilt natürlich bei Herabsetzung der Konzentration einer Teilchenart.
Wird ein Reaktionsteilnehmer laufend aus dem Reaktionsraum entfernt (z. B. Gasentwicklung), **so wird das Gleichgewicht total auf eine Seite verschoben, die eine Reaktion läuft vollständig ab.**

Beispiele: Auflösung von Metallen in Säure unter Wasserstoffentwicklung, doppelte Umsetzung von Salzen mit Säuren oder Basen bei Bildung flüchtiger Säuren oder Basen (vgl. S. 33 und 62 ff.). Auch bei der Bildung von Niederschlägen findet eine starke Gleichgewichtsverschiebung statt, sie ist aber weniger vollständig als bei der Gasentwicklung, weil kein Feststoff vollständig unlöslich ist (Gase können vollständig aus einer Lösung ausgetrieben werden).

Zahlreiche Reaktionen, die scheinbar vollständig ablaufen, sind in Wirklichkeit Gleichgewichte mit extrem grossen Gleichgewichtskonstanten. Beispiel: Knallgasverbrennung (siehe unten).

3. Temperatur

Für jedes Gleichgewicht ist die eine Reaktion exotherm, die andere endotherm. Durch Temperaturerhöhung wird die endotherme (energieverbrauchende) Reaktion begünstigt, die exotherme (energieproduzierende) gebremst. Temperatursenkung hat den gegenteiligen Effekt. **Durch Temperaturänderung wird die Gleichgewichtskonstante verändert.**

Kalt: $$2H_2 + O_2 \underset{\text{endotherm}}{\overset{\text{exotherm}}{\rightleftharpoons}} 2H_2O$$

Heiss: $$2H_2 + O_2 \underset{\text{endotherm}}{\overset{\text{exotherm}}{\rightleftharpoons}} 2H_2O$$

Tabelle XIII. Knallgasgleichgewicht

Temperatur C	Anteil des H_2O am Gleichgewichtsgemisch, %
1400	99,9
1900	98,8
2500	97
3000	85
3500	71
4000	8

Unterhalb 1000°C ist das Knallgasgleichgewicht nahezu vollständig auf die Seite des Wassers verschoben. Eine Knallgasverbrennung verläuft praktisch vollständig.

4. Druck

Ändert sich im Verlauf einer Gasreaktion das Volumen (Änderung der Zahl der Gasmoleküle), so wird durch eine **Druckerhöhung das Gleichgewicht nach der Seite des kleineren Volumens verschoben.** Druckerniedrigung begünstigt die Reaktion mit der Vermehrung der Gasmoleküle. **Bei Gasreaktionen wird durch Druckänderung die Gleichgewichtskonstante verändert.**

$N_2 + 3H_2 \rightleftharpoons 2NH_3$
4 Moleküle   2 Moleküle

Durch Druckerhöhung wird das Gleichgewicht nach rechts verschoben. Die Ammoniaksynthese aus H_2 und N_2 wird bei sehr hohem Druck (1000 at) ausgeführt (grössere Ausbeute als bei Niederdruck).

Regel vom kleinsten Zwang (Prinzip von Le Chatelier):

Ein chemisches Gleichgewicht weicht einem von aussen auferlegten Zwang nach Möglichkeit aus.

1. Ein weggenommener Reaktionspartner wird nach Möglichkeit ersetzt, ein zugesetzter nach Möglichkeit verbraucht.
2. Eine Temperaturerhöhung bzw. -erniedrigung wird dadurch gedämpft, dass die energieverbrauchende bzw. energieliefernde Reaktion begünstigt wird.
3. Einer Druckerhöhung bzw. -erniedrigung wird so ausgewichen, dass die volumenverkleinernde bzw. volumenvergrössernde Reaktion mehr betont wird.

Die Regel vom kleinsten Zwang wird in der Industrie zur Erzielung möglichst hoher Ausbeuten ausgenützt.

E. Eingefrorene Gleichgewichte

Ein Gemisch aus Wasserstoff und Sauerstoff ist bei Zimmertemperatur beständig, obschon das Knallgasgleichgewicht bei Zimmertemperatur praktisch nur Wasser und keine Elemente enthält. Die Reaktionsgeschwindigkeit für die Vereinigung von H_2 und O_2 ist bei 20°C unmessbar klein, das Gleichgewicht würde sich erst im Verlauf vieler Jahre einstellen. Man spricht von einem **«eingefrorenen» Gleichgewicht** oder einem sogenannten metastabilen Zustand («nur mittlerweile stabil»). Bringt man ein Knallgasgemisch mit einem Katalysator (Platin) in Berührung, vereinigen sich die Elemente in kurzer Zeit zu Wasser. Alle brennbaren Stoffe verdanken ihre Existenz in Gegenwart von Luft eingefrorenen Redoxgleichgewichten, die alle stark auf die Seite der Oxide verschoben wären!

V. Fragen zur Eigenkontrolle (Stoffgebiet S. 68–85)

1. Was ist eine Wasserstoffbrücke?
2. Was ist ein Peroxid?
3. Die Lewis-Formeln von Schwefel, Brom, Calcium, Helium, Kohlendioxid und Cyanwasserstoff sind zu zeichnen.
4. Im Jodwasserstoff hat Jod die Oxidationszahl −I, in der Jodsäure +V. Wie viele Mole Jodsäure müssen mit 2 Mol Jodwasserstoff gemischt werden, wenn alles Jod in J_2 umgewandelt werden soll?
5. Welche Wirkung hat ein Katalysator auf ein eingespieltes chemisches Gleichgewicht?
6. Bei 50 °C werden bei einer Reaktion pro Sekunde 2 g Substanz umgesetzt. Wie gross ist der Umsatz für dieselbe Reaktion bei 10 °C?
7. Was ist ein Redoxvorgang?
8. Zwei Beispiele von endothermen Reaktionen sind zu nennen.
9. Welcher Unterschied besteht zwischen der kovalenten Bindung und der Ionenbindung?
10. In folgender Gleichung sind die Koeffizienten einzusetzen:
$CrO_3 + HCl + HJ \rightarrow CrCl_3 + J_2 + H_2O$.
11. Folgende Oxidationsmittel sind nach zunehmender Stärke zu ordnen: O_2, $HClO_4$, J_2, F_2.
12. Warum wird HCl als ein polares Molekül bezeichnet?
13. Was ist ein eingefrorenes Gleichgewicht?
14. Was ist naszierender Wasserstoff?
15. Was geschieht a) mit dem Chloratom, b) mit dem Magnesiumatom, wenn sich die beiden Elemente zu Magnesiumchlorid vereinigen?
16. Beim Einleiten von Chlorgas in eine farblose Lösung von Eisen(II)-chlorid wird die Flüssigkeit gelbbraun. Erklärung mit Gleichung.
17. $NH_4OH \rightleftharpoons NH_4^+ + OH^-$. Wie kann in einer Lösung von NH_4OH die Konzentration der NH_4^+-Ionen herabgesetzt werden (ohne Temperaturänderung)?
18. Was ist in folgendem Vorgang das Reduktionsmittel? $SO_2 + 2H_2S \rightarrow 3S + 2H_2O$.
19. Was versteht man unter der Elektronenaffinität eines Atoms? Bei welchem Element ist sie grösser, bei J oder bei Cl?
20. Wie kommt der Hydratmantel der Ionen zustande?
21. Die Vereinigung von H_2 und N_2 zu NH_3 ist ein exothermer Vorgang. Welche Temperatur ist günstiger für die Ammoniaksynthese 500 oder 600 °C und warum?
22. Was geschieht, wenn Blut in eine Lösung von Wasserstoffperoxid gerät?
23. $H_2 + Cl_2 \rightleftharpoons 2HCl$. Die Gleichgewichtskonstante für dieses Beispiel ist sehr gross. Was geschieht demzufolge beim Mischen gleicher Volumina Wasserstoff und Chlor?
24. $2CO + O_2 \rightleftharpoons 2CO_2$. Wie wird dieses Gleichgewicht a) durch Temperaturerhöhung, b) durch Druckerhöhung verschoben und warum?

(Antworten S. 350)

XVIII. Lösungen; Lösen und Kristallisieren

A. Konzentrationseinheiten

1. Prozentgehalt

Es gibt grundsätzlich drei Möglichkeiten zur Angabe des prozentualen Anteils eines Stoffes an einem Gemisch:

Gewicht/Gewicht: Gramm Stoff pro 100 g Gemisch **(%G)**
Gewicht/Volumen: Gramm Stoff pro 100 ml Gemisch **(%GV)**
Volumen/Volumen: Milliliter Stoff pro 100 ml Gemisch **(%V)**

Der Gehalt der konzentrierten Säuren des Handels wird üblicherweise in %G angegeben. Eine 36%ige Salzsäure enthält somit 36 g HCl in 100 g Lösung. Für Laborreagenzien und auch Analysenstandardlösungen wird aus praktischen Gründen meist mit %GV gearbeitet, weil man Flüssigkeiten bequemer mit Pipette, Messkolben und Messzylinder als mit der Waage abmisst. %V wird vor allem bei Lösungen von Flüssigkeiten und Gasen verwendet, z. B. Alkohol in Wasser oder Kohlenmonoxid im Blut.
Wegen ihrer Mehrdeutigkeit werden Prozentangaben heute nach Möglichkeit ersetzt durch die Konzentrationseinheiten g/l (mg/l, μg/l, ng/l), g/kg (mg/kg, μg/kg, ng/kg) und ml/l (μl/l, nl/l, pl/l). Das Verschwinden der Konzentrationsprozente aus dem Labor ist nur zu begrüssen, passen sie doch schlecht in das auf S. 45 besprochene internationale System der Bruchteile und Vielfachen der Masseinheiten. Unbedingt zu vermeiden sind die früher in der Medizin gebräuchlichen mg% und γ% für mg/100 ml bzw. μg/100 ml. Auch die Einheiten ppm (parts per million) und ppb (parts per billion) sind durch mg/kg bzw. μg/kg zu ersetzen (die angelsächsische Billion entspricht unserer Milliarde!).

2. Molarität

Wenn ein gelöster Stoff an einer chemischen Reaktion teilnehmen soll, ist die **Zahl der gelösten Teilchen** pro Liter interessanter als deren Masse. Die Konzentration wird dann in **Anzahl Mol pro Liter** und nicht in Gramm oder Milliliter pro Liter angegeben.

1 Mol/l = **1 molar = 1 M** = $6 \cdot 10^{23}$ Moleküle pro Liter
1 mMol/l = 1 millimolar = 1 mM = $6 \cdot 10^{20}$ Moleküle pro Liter
1 μMol/l = 1 mikromolar = 1 μM = $6 \cdot 10^{17}$ Moleküle pro Liter

Lösungen verschiedener Stoffe gleicher Molarität (gleich viele Mol pro Liter) **enthalten in gleichen Volumina gleich viel gelöste Moleküle.**
Der Buchstabe M (ohne Abkürzungspunkt!) bedeutet Mol pro Liter und verkörpert eine Konzentration. Das Wort «Mol» darf deshalb nicht zu «M» abgekürzt werden.

Der Prozentgehalt von Lösungen gleicher Molarität ist von Stoff zu Stoff verschieden. Er ist um so grösser, je grösser das Molekulargewicht.
Salze bilden keine Moleküle im üblichen Sinn. 1 Mol Calciumchlorid besteht aus $6 \cdot 10^{23}$ $CaCl_2$-«Molekülen» oder besser Kristall-Baueinheiten (S. 59). Löst man 1 Mol (111 g) $CaCl_2$ auf, so enthält die Lösung auch 1 Mol Ca^{2+}, aber 2 Mol Cl^-. Bei Molarlösungen von Elektrolyten muss deshalb zwischen «Molekül-» und Ionenkonzentrationen unterschieden werden. Eine Lösung, die 1 Mol $Fe_2(SO_4)_3$ (399,8g) pro Liter enthält, ist 1 M in bezug auf Eisen(III)-sulfat, 2 M in bezug auf Fe^{3+}-Ionen und 3 M in bezug auf SO_4^{2-}-Ionen!

3. Normalität

Bei Lösungen von Säuren und Basen, die zu Neutralisationen verwendet werden, interessiert in erster Linie die Anzahl dissoziierbarer H-Atome bzw. OH-Gruppen pro Liter und weniger die Anzahl Moleküle. Das «Paket» mit der stets gleichbleibenden Zahl H^+ bzw. OH^- ist das Val.

1 Val/l = **1 normal = 1 N** = $6 \cdot 10^{23}$ dissoziierbare H-Atome oder OH-Gruppen pro Liter
1 mVal/l = 1 millinormal = 1 mN = $6 \cdot 10^{20}$ dissoziierbare H oder OH pro Liter
1 μVal/l = 1 mikronormal = 1 μN = $6 \cdot 10^{17}$ dissoziierbare H oder OH pro Liter

Lösungen verschiedener Säuren oder Basen gleicher Normalität (gleich viele Val pro Liter) **enthalten in gleichen Volumina gleich viele dissoziierbare H-Atome bzw. OH-Gruppen. Gleiche Volumina gleich normaler Säuren und Basen neutralisieren sich** (vgl. «Die acidimetrische Titration», S. 131 ff.).

Auch bei Oxidations- und Reduktionsmitteln, bei Fällungsreagenzien und Komplexbildnern wird mit Normallösungen gearbeitet (vgl. S. 143 ff.).

4. Gegenseitige Umrechnung verschiedener Konzentrationseinheiten

a) Genauigkeit von Laborrechnungen

Grundsatz: **Die Genauigkeit der Gewichts-, Volumen- und Konzentrationsberechnungen soll in Einklang stehen mit der Genauigkeit der verwendeten Messgeräte und Messmethoden.**

Die Präzision von Vollpipetten und Messkolben liegt um 0,1%, diejenige von Stabpipetten und Messzylindern hat die Grössenordnung 1%.
Rechnungen im Zusammenhang mit hochpräzisen Analysen (Gravimetrie, Titrimetrie; S. 148 ff.) werden auf 4 Ziffern genau ausgeführt (Berechnung auf 5 Ziffern, letzte Stelle auf- oder abrunden). Alle **Lösungen,** die mit **photometrischen Analysen** in Zusammenhang stehen (klinisches Labor) sowie deren Ergebnisse selbst werden maximal **auf 3 Ziffern genau** berechnet (4 Ziffern ausrechnen, letzte Stelle auf- oder abrunden). Für **Reagenslösungen** aller Art (qualitative und quantitative Analysen, Synthesen) sind in den allermeisten Fällen **2 Ziffern genügend. Übertriebene Genauigkeit im Rechnen zeugt von mangelndem Verständnis für die Laborpraxis.**

b) Prozent G ↔ Prozent GV

1. Wie viele Gramm H_2SO_4 enthalten 10 ml Schwefelsäure 98%G von der Dichte 1,83 g/ml?

10 ml → 18,3 g
100 g Lösung → 98 g H_2SO_4

18,3 g Lösung → $\frac{98 \cdot 18{,}3}{100} =$ **17,9 g**

2. Für eine Reaktion werden 10 g absolute HNO_3 benötigt. Wie viele Milliliter Salpetersäure 65%G von der Dichte 1,4 sind dazu erforderlich?

10 g HNO_3 → $\frac{10 \cdot 100}{65}$ g Lösung; 1 g Lösung → $\frac{1}{1{,}4}$ ml

$\frac{10 \cdot 100}{65}$ g → $\frac{10 \cdot 100}{65 \cdot 1{,}4} =$ **11 ml Lösung**

$$\mathbf{\%G = \frac{\%GV}{d}} \qquad \mathbf{\%GV = \%G \cdot d} \qquad \text{(d=Dichte der Lösung)}$$

c) Molarität ↔ Normalität

1. Wieviel normal ist eine 3 molare Phosphorsäure?

1 Mol H_3PO_4 = 3 Val (1 Mol enthält $3 \cdot 6 \cdot 10^{23}$ H-Atome)
3 Mol/l = 9 Val/l. Die Lösung ist **9 N**

2. 7 ml Lösung enthalten 0,2 mVal $Ba(OH)_2$. Wieviel normal und molar ist die Lösung?

1 ml → $\frac{0{,}2}{7}$ mVal

1 l → $\frac{0{,}2}{7}$ Val. Die Lösung ist $\frac{0{,}2}{7} =$ **0,0286 N**

1 Val $Ba(OH)_2$ → 0,5 Mol; 0,0286 N → **0,0143 M**

$$\mathbf{Normalität = Molarität \cdot Wertigkeit} \qquad \mathbf{Molarität = \frac{Normalität}{Wertigkeit}}$$

Die Normalität mehrwertiger Säuren und Basen ist stets eine grössere Zahl als die Molarität (1 Mol enthält 2 oder mehr Val). Eselsbrücke: N steht im Alphabet höher als M.

d) Gramm pro Liter ↔ Molarität; Gramm pro Liter ↔ Normalität

1. Wieviel Gramm pro Liter enthält eine 0,4 M Lösung von Kaliumdihydrogenphosphat?

1 Mol KH_2PO_4 → 39,1 + 2 + 31 + 64 = 136,1 g
0,4 Mol/l → $0{,}4 \cdot 136{,}1$ g/l = **54,43 g/l**

2. Wie viele Milligramm H_2SO_4 enthalten 10 ml einer 0,012 N Schwefelsäure?

$$1 \text{ Val } H_2SO_4 \rightarrow \frac{98}{2} = 49 \text{ g}$$

$0{,}012$ N $H_2SO_4 \rightarrow 0{,}012 \cdot 49$ g/l $\rightarrow 0{,}012 \cdot 49$ mg/ml $\rightarrow 0{,}012 \cdot 49 \cdot 10$ mg/10ml = **5,88 mg**

3. Der Glucosegehalt einer Blutprobe ist 80 mg/100 ml. Wieviel millimolar ist das Blut in bezug auf Glucose?

Molekulargewicht von $C_6H_{12}O_6 = 180$
80 mg/100 ml $\rightarrow$ 800 mg/l
180 mg = 1 mMol

$$800 \text{ mg/l} \rightarrow \frac{800}{180} \text{ mMol/l} = \mathbf{4{,}44\ mM}$$

4. Wieviel molar und normal ist 36% G Salzsäure von der Dichte 1,2 g/ml?

36% G $\rightarrow$ 360 g/kg $\rightarrow$ $360 \cdot 1{,}2$ g/l
1 Mol = 1 Val HCl $\rightarrow$ 36,5 g

$$360 \cdot 1{,}2 \text{ g/l} \rightarrow \frac{360 \cdot 1{,}2}{36{,}5} \text{ Mol/l (Val/l)} = \mathbf{11{,}8\ M\ (N)}$$

Gehalt in Gramm pro Liter = Molarität · Molekulargewicht

Gehalt in Gramm pro Liter = Normalität · Äquivalentgewicht

$$\textbf{Molarität} = \frac{\textbf{Gehalt in Gramm pro Liter}}{\textbf{Molekulargewicht}}$$

$$\textbf{Normalität} = \frac{\textbf{Gehalt in Gramm pro Liter}}{\textbf{Äquivalentgewicht}}$$

B. Zubereitung von Lösungen

1. Wägen

Im modernen Labor verwendet man vor allem zwei Arten von Waagen, die **Laborwaage** mit einem Wägebereich von zirka 1 kg und einer Empfindlichkeit von 10–100 mg und die **Mikro-** oder **Analysenwaage** mit einem Bereich von zirka 100 g und einer Empfindlichkeit von 0,01–0,1 mg.
Für die Herstellung der allermeisten Reagenzien reicht die Empfindlichkeit der Laborwaage aus. Mengen von über 10 g werden nur auf dieser Waage abgewogen. Es ist unsinnig, 10 g Substanz für ein Reagens auf 0,1 mg genau abzuwägen, wenn die Genauigkeit der Volumenmessung etwa 1000mal geringer ist. Auch das offene Abwägen von feuchten, hygroskopischen und flüchtigen Substanzen auf der Mikrowaage ist unzweckmässig. Für die Zubereitung von Standard- und Urtiterlösungen für die quantitative Analyse (S. 132) ist die Analysenwaage am Platz. Als Präzisionsinstrument ist sie vor jedem Missbrauch zu schonen.

2. Zubereitung von Lösungen aus Festsubstanzen

Reagenzien

1. Abwägen der Substanz in Becherglas oder Erlenmeyerkolben auf der **Laborwaage.**
2. Auflösen der Substanz mit etwas weniger als der vorgesehenen Menge Lösungsmittel.
3. Überführen der Lösung in einen **Messzylinder** und Auffüllen mit Lösungsmittel auf das vorgesehene Volumen.
4. Zurückgiessen der Lösung in den Kolben oder Abfüllen in Vorratsflasche und **gründlich durchmischen.**

Standard- und Urtiterlösungen

1. Abwägen der Substanz auf der **Analysenwaage** in einem **möglichst kleinen Gefäss** (Wägeschiffchen).
2. Verlustloses Überführen des Wägegutes in einen **Messkolben** (Nachspülen des Wägegefässes mit Lösungsmittel).
3. Vollständiges Auflösen des Feststoffes in wenig Lösungsmittel.
4. Auffüllen zur Volumenmarke, Kolben verschliessen und Inhalt gründlich durchschütteln. Bei der Volumeneinstellung muss die Temperatur der Lösung der Eichtemperatur des Kolbens entsprechen (meist 20 °C).

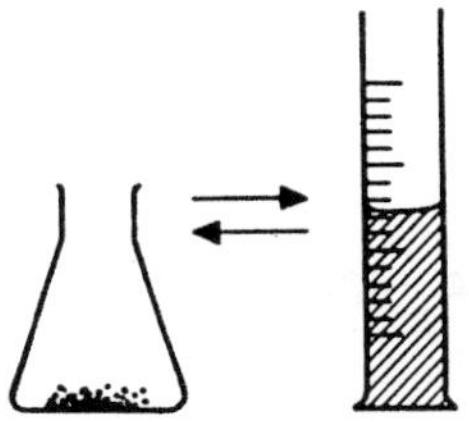

Abb. 38. Zubereitung einer Reagenslösung.

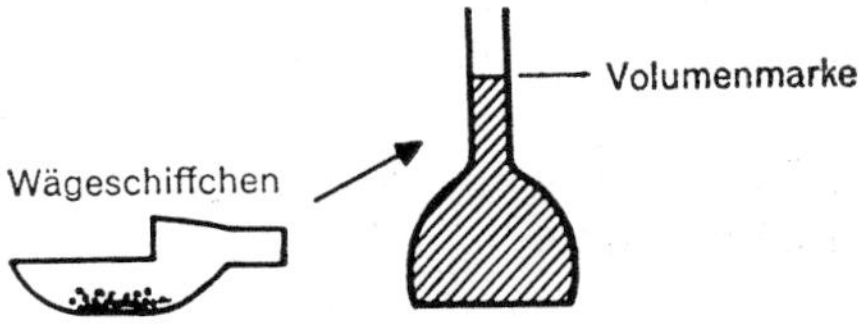

Abb. 39. Zubereitung einer Standardlösung. Anmerkung: Eine sichere Durchmischung wird durch Überführen der Lösung aus dem Messkolben in ein grösseres Gefäss gewährleistet.

3. Gebrauchslösungen aus konzentrierten Vorratslösungen

Reagenzien

1. Berechnetes Volumen der konzentrierten Lösung in den Messzylinder giessen (bei grossem Verdünnungsfaktor pipettieren)
2. Auffüllen auf gewünschtes Volumen
3. Umgiessen in Vorratsgefäss und mischen

Standard- und Urtiterlösungen

1. Berechnetes Volumen der konzentrierten Lösung in Messkolben pipettieren
2. Auffüllen auf vorgesehenes Volumen
3. Mischen der Lösung im Messkolben selbst oder in grösserem Gefäss

4. Gegenseitige Umrechnung von Substanzmenge und Lösungsvolumen bei bekannter Konzentration

$$\text{Konzentration (K)} = \frac{\text{Substanzmenge (S)}}{\text{Lösungsvolumen (V)}} \qquad \mathbf{K} = \frac{\mathbf{S}}{\mathbf{V}} \qquad \mathbf{S} = \mathbf{K} \cdot \mathbf{V} \qquad \mathbf{V} = \frac{\mathbf{S}}{\mathbf{K}}$$

V: Volumen in Liter S in Gramm ↔ K in Gramm pro Liter (g/l)
S in Mol ↔ K in Mol pro Liter (M)
S in Val ↔ K in Val pro Liter (N)

Andere als obige drei Paare von Mengen- und Konzentrationseinheiten werden zuerst in diese umgerechnet (vgl. Rechenbeispiele).

a) Substanzmenge aus Lösungsvolumen und Konzentration

1. Wie viele Gramm NaCl braucht es für 3 l Lösung mit einem Gehalt von 0,9% GV (physiologische Kochsalzlösung)?

0,9% GV = 0,9 g/100 ml → 9 g/l (K)
1 l → 9 g
3 l (V) → **27 g**; $S = K \cdot V = 9 \cdot 3 = 27$ g

2. Wie viele Gramm Festsubstanz enthalten 50 ml 0,8 M Natriumhydrogencarbonat?

V = 0,05 l; K = 0,8 Mol/l
S = 0,8 · 0,05 = 0,04 Mol
1 Mol $NaHCO_3$ = 84 g
0,04 Mol = 0,04 · 84 = **3,36 g**

3. Wie viele Milligramm wiegt der Rückstand nach dem Eindampfen von 20 ml 70 mN Borsäure?

V = 0,02 l; K = 0,07 Val/l
S = 0,07 · 0,02 = 0,0014 Val

$$1 \text{ Val } H_3BO_3 = \frac{61{,}83}{3} = 20{,}61 \text{ g}$$

0,0014 Val = 0,0014 · 20,61 g = **28,85 mg**

b) Lösungsvolumen aus Substanzmenge und Konzentration

1. Wie viele Milliliter einer Lösung mit einem Gehalt von 65 mg/100 ml lassen sich mit 1,25 g Substanz herstellen?

65 mg/100 ml → 0,65 g/l (K)
0,65 g → 1 l

$$1{,}25 \text{ g (S)} \rightarrow \frac{1 \cdot 1{,}25}{0{,}65} = 1{,}92 \text{ l} = \mathbf{1920 \text{ ml}} \text{ (V)}$$

2. Wie viele Liter 3,5 µN Lösung lassen sich mit 6,8 mVal herstellen?

3,5 µN = $3{,}5 \cdot 10^{-6}$ Val/l (K)
6,8 mVal = $6{,}8 \cdot 10^{-3}$ Val (S)

$$V = \frac{S}{K} = \frac{6{,}8 \cdot 10^{-3}}{3{,}5 \cdot 10^{-6}} = \mathbf{1943 \text{ l}}$$

3. In welchem Volumen 70 mM Trinatriumphosphat sind 0,65 g des Salzes enthalten?

70 mM = 0,07 Mol/l → 0,07 · 164 g/l

Rechnungsvariante a)

$S = 0{,}65\ g;\ K = 0{,}07 \cdot 164\ g/l$

$$V = \frac{S}{K} = \frac{0{,}65}{0{,}07 \cdot 164} = 0{,}0566\ l = \mathbf{56{,}6\ ml}$$

Rechnungsvariante b)

$$S = \frac{0{,}65}{164}\ Mol;\ K = 0{,}07\ Mol/l$$

$$V = \frac{S}{K} = \frac{\frac{0{,}65}{164}}{0{,}07} = 0{,}0566\ l = \mathbf{56{,}6\ ml}$$

5. Berechnung von Verdünnungen

Für alle Verdünnungen gilt:
Die Menge des aufgelösten Materials (S) ist vor und nach der Verdünnung dieselbe.

Es sei: K_1 = Konzentration vor dem Verdünnen
K_2 = Konzentration nach dem Verdünnen
V_1 = Lösungsvolumen vor dem Verdünnen
V_2 = Lösungsvolumen nach dem Verdünnen

$S_1 = K_1 \cdot V_1;$

$S_2 = K_2 \cdot V_2$

Weil $S_1 = S_2$, wird $\boxed{\mathbf{K_1 \cdot V_1 = K_2 \cdot V_2}}$ Bedingung: K_1 und K_2 bzw. V_1 und V_2 in gleichen Einheiten.

Die Gleichung kann nach allen vier Grössen aufgelöst werden.

1. Wie viele Milliliter 10% GV Vorratslösung braucht es für die Zubereitung von 500 ml 0,3% GV Gebrauchslösung?

$$V_1 = \frac{K_2 \cdot V_2}{K_1} = \frac{500 \cdot 0{,}3}{10} = \mathbf{15{,}0\ ml}$$

2. Wie viele Milliliter einer 7,5% GV Lösung braucht es für 250 ml Lösung mit einem Gehalt von 250 mg/l?

7,5% GV = 7,5 g/100 ml → 75 000 mg/l

$$V_1 = \frac{K_2 \cdot V_2}{K_1} = \frac{250 \cdot 250}{75000} = \mathbf{0{,}833\ ml}$$

3. 7 ml einer 12 N Salzsäure sollen zu 50 mN Säure verdünnt werden. Auf welches Volumen muss aufgefüllt werden?

50 mN = 0,05 N

$$V_2 = \frac{K_1 \cdot V_1}{K_2} = \frac{12 \cdot 7}{0{,}05} = \mathbf{1680\ ml}$$

4. 7 ml 0,7 M Lösung werden mit 20 ml H_2O gemischt. Welche Molarität hat die neue Lösung?

$$K_2 = \frac{K_1 \cdot V_1}{V_2} = \frac{7 \cdot 0{,}7}{27} = \mathbf{0{,}181\ M}$$

5. Wie viele Milliliter 0,4 N H_3PO_4 lassen sich aus 50 μl 8 M Säure herstellen?

8 M H_3PO_4 = 24 N; 50 μl = 0,05 ml

$$V_2 = \frac{K_1 \cdot V_1}{K_2} = \frac{24 \cdot 0{,}05}{0{,}4} = \mathbf{3{,}0\ ml}$$

6. Wie viele Milliliter 70%G Perchlorsäure (d=1,67 g/ml) braucht es zur Herstellung von 0,5 l 3,5 N Lösung?

0,5 l = 500 ml
70%G = 70 g/100 g → 70·1,67·10 g/l (K_{1a})
1 Val = 1 Mol $HClO_4$ → 100,5 g

3,5 N (K_{2b}) → 3,5·100,5 g/l (K_{2a})

70·1,67·10 g/l → $\frac{70 \cdot 1{,}67 \cdot 10}{100{,}5}$ N (K_{1b})

$$V_1 = \frac{K_2 \cdot V_2}{K_1}$$

Variante a) $$V_1 = \frac{K_{2a} \cdot V_2}{K_{1a}} = \frac{3{,}5 \cdot 100{,}5 \cdot 500}{70 \cdot 1{,}67 \cdot 10} = \mathbf{150\ ml}$$

Variante b) $$V_1 = \frac{K_{2b} \cdot V_2}{K_{1b}} = \frac{3{,}5 \cdot 500}{\frac{70 \cdot 1{,}67 \cdot 10}{100{,}5}} = \mathbf{150\ ml}$$

Vor der eigentlichen Verdünnungsrechnung müssen die beiden Konzentrationen und die beiden Volumina in gleiche Einheiten (ganz egal welche) übergeführt werden.

6. Berechnung von Mischlösungen

Statt durch Verdünnen einer konzentrierten Lösung mit Lösungsmittel kann eine Gebrauchslösung auch durch Mischen einer konzentrierten mit einer verdünnten Lösung gewonnen werden. Die Berechnungen von Volumen und Konzentrationen basieren auch hier auf der Tatsache, dass die gelöste Stoffmenge konstant bleibt.

$V_1 \cdot K_1 + V_2 \cdot K_2 = (V_1 + V_2) \cdot K_m$ K_m: Konzentration des Gemisches

Die Gleichung kann nach irgendeiner Grösse aufgelöst werden.

C. Der Lösungsvorgang

1. Volumenkontraktion

Löst man ein kompaktes Stück Salz von 1 cm^3 Inhalt in 5 ml Wasser, so entstehen **weniger** als 6 ml Lösung. Dasselbe Phänomen beobachtet man beim Mischen von zwei verschiedenen Flüssigkeiten. 50 ml Wasser und 50 ml Alkohol ergeben weniger als 100 ml Mischung. Diese **Volumenkontraktion** ist auf den unterschiedlichen Raumbedarf verschiedenartiger Moleküle und Ionen zurückzuführen. Kleine Teilchen füllen teilweise den ursprünglichen Zwischenraum zwischen den grossen, so dass der gesamte Raum besser ausgenützt ist als vor dem Durchmischen (Vergleichsmodell: Steine+Sand).

Man merke sich: **Bei der Zubereitung von Lösungen wird das Volumen erst endgültig eingestellt, wenn aller Stoff gelöst ist.**

2. Lösungswärme

Löst man eine grössere Menge Ammoniumnitrat in wenig Wasser auf, so kühlt sich die Flüssigkeit dermassen ab, dass sich das Gefäss mit Tau beschlägt. Beim Auflösen (wie auch beim Schmelzen) von Kristallen muss die gegenseitige Anziehung der Ionen und Moleküle überwunden werden, was einer Arbeitsleistung gleichkommt. Die dazu nötige Energie, die **Lösungswärme** wird der Lösung selbst und deren Umgebung entzogen. Beim Auskristallisieren des gelösten Stoffes wird die Lösungswärme wieder freigesetzt.
Löst man Calciumchlorid in Wasser, so erwärmt sich die Flüssigkeit. Mit festem KOH kann man Wasser zum Sieden bringen, ohne von aussen zu heizen. Auch für das Auflösen dieser Stoffe ist Wärme erforderlich. Der Zerstörung des Kristallgitters folgt aber ein zweiter Prozess, die **Hydratbildung.** Die Ionen reissen Wasser an sich (S. 71). Der Aufprall der H_2O-Moleküle erzeugt Wärme (Vergleichsmodell: von der Erde angezogener Gegenstand produziert Wärme beim Aufschlagen am Boden). **Das Auflösen ist endotherm, der Aufbau des Wassermantels exotherm.** Im Fall des Ammoniumnitrats dominiert der endotherme, beim Calciumchlorid und Kaliumhydroxid der exotherme Teilvorgang. Die freigesetzte Hydratationswärme tritt besonders krass in Erscheinung beim Verdünnen von konzentrierter Schwefelsäure. Hier fällt der endotherme Lösungsvorgang weg.

Abb. 40. Auflösevorgang mit Hydratbildung und Wärmeerzeugung.

3. Beschleunigung des Auflöseprozesses

Vom Alltag her ist jedermann bekannt, dass die Zeit zum Auflösen einer bestimmten Festsubstanz (z. B. Zucker in Wasser) auf drei Arten abgekürzt werden kann:
1. Zerkleinern des Festkörpers. Je grösser die Oberfläche, um so leichter kann das Lösungsmittel die Kristalle angreifen.
2. Umrühren. Beim blossen Stehenlassen umgibt sich der zu lösende Stoff bald mit einer hochkonzentrierten Lösungszone, und das Auflösen wird verlangsamt. Durch Bewegung wird dieser Schutzmantel immer wieder zerstört.
3. Erwärmen. In der Wärme sind die Molekülschwingungen stärker als in der Kälte. Die Kristallordnung lässt sich daher mit warmem Lösungsmittel leichter aufheben als mit kaltem. Die Diffusion der gelösten Moleküle durch die Lösung erfolgt zudem rascher in der Wärme, so dass sich der konzentrierte Schutzmantel schneller verteilt als in der Kälte.

D. Die Löslichkeit

Als Löslichkeit eines Stoffes definiert man die Menge Substanz in Gramm, die von 100 g Lösungsmittel eben noch aufgelöst wird.
Für alle Stoffe ist die Löslichkeit temperaturabhängig, für Gase ausserdem druckabhängig.
Die Löslichkeit von Feststoffen und Flüssigkeiten nimmt mit steigender Temperatur zu (einzelne Salze, z. B. Na_2SO_4 oberhalb 32 °C, machen eine Ausnahme).

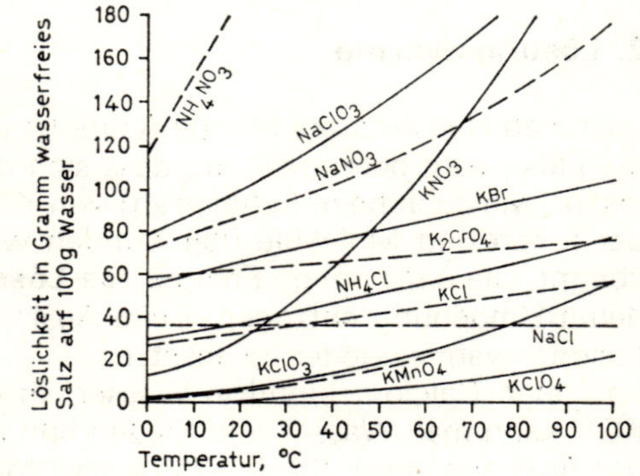

Abb. 41. Löslichkeitskurven.

Stellt man die Löslichkeit als Funktion der Temperatur graphisch dar, so erhält man eine Löslichkeitskurve.

Die Gaslöslichkeit nimmt mit steigender Temperatur ab, mit steigendem Druck zu.
Beispiele zur Illustration dieser Gesetzmässigkeit:
Beim Kochen von Leitungswasser entstehen Gasblasen vor Erreichen des Siedepunktes. Gelöster Sauerstoff (und Stickstoff) wird ausgetrieben.
Durch Kochen wird destilliertes Wasser weitgehend von gelöstem CO_2 befreit.
Unter Druck löst sich in Getränken sehr viel CO_2 (Mineralwasser, Bier, Champagner). Beim Öffnen des Flaschenverschlusses entweicht ein grosser Teil des gelösten Gases, weil der Druck abnimmt.
Begibt sich der Mensch in grosse Tiefe unter Wasser, löst sich als Folge des höheren Druckes mehr Stickstoff im Blut als sonst. Steigt der Taucher zu rasch auf, scheidet sich das gelöste Gas im Blut als Bläschen aus, welche die Kapillargefässe blockieren und im Extremfall zum Tode führen können (Caisson- oder Taucherkrankheit).

Eine Lösung ist mit einem Stoff **gesättigt,** wenn bei Zusatz noch so kleiner Mengen dieser Substanz nichts mehr in Lösung geht. Bei Feststoffen bleibt ein Bodensatz, bei Flüssigkeiten eine Schicht über oder unter der Lösung. Bei Zimmertemperatur eine gesättigte Lösung herzustellen, dauert lange, weil die letzten Teilchen vor der Sättigung nur noch träg in Lösung gehen. Man verwendet deshalb folgenden Kunstgriff: Im leicht erwärmten Lösungsmittel wird etwas mehr Stoff aufgelöst als aus der Löslichkeit bei Zimmertemperatur berechnet. Beim Abkühlen fällt das «Zuviel» an gelöstem Stoff wieder aus. Die Bildung von Kristallen ist ein Beweis für die vollständige Sättigung. Die Lösung wird zusammen mit etwas Bodensatz aufbewahrt, damit sie auch bei Anstieg der Raumtemperatur gesättigt bleibt.

E. Gemeinsame Eigenschaften der Lösungen

1. Gefrier- und Siedepunktverschiebungen

Durch gelöste Stoffe wird sowohl das Sieden als auch das Erstarren des Lösungsmittels erschwert. Die gelösten Partikel behindern das Entweichen der Lösungsmittelmoleküle in den Gasraum, weil sie einen Teil der Oberfläche besetzen; sie behindern auch das Sich-ordnen der Lösungsmittelmoleküle zu Kristallgittern.
Lösungen von nicht flüchtigen Stoffen haben höhere Siedepunkte und tiefere Gefrierpunkte als das reine Lösungsmittel.
Für ein bestimmtes Lösungsmittel ist die Grösse der Verschiebung der beiden Fixpunkte **proportional der Anzahl gelöster Teilchen pro 1000 g Lösungsmittel.** Für Wasser ist die sogenannte **molare Gefrierpunkterniedrigung** 1,86 °C, die **molare Siedepunkterhöhung** 0,51 °C. «Molar» bedeutet hier $6 \cdot 10^{23}$ **selbständige** Partikel pro **1000 g Lösungsmittel** (nicht zu verwechseln mit der 1 molaren Lösung: 1 M = $6 \cdot 10^{23}$ Moleküle, dissoziiert oder nicht, pro Liter **Lösung.**)
Löst man 1 Mol = 58,5 g NaCl in 1 l Wasser, so gefriert die erhaltene Lösung bei −3,7 °C, weil jedes Mol Kochsalz $2 \cdot 6 \cdot 10^{23}$ selbständige Ionen liefert. Für 1 Mol Na_2SO_4 oder $CaCl_2$ ist die Fixpunktverschiebung dreimal so gross wie für 1 Mol Zucker, gelöst in der gleichen Menge Wasser (die beiden Salze dissoziieren in 3 Ionen pro «Molekül»). Die Tatsache, dass Elektrolytlösungen durchwegs grössere Gefrier- und Siedepunktverschiebungen zeigen als gleichmolare Nichtelektrolyte, half die Ionentheorie mitbegründen (Arrhenius, 1887). Für organische Lösungsmittel sind die Fixpunktverschiebungen grösser als für H_2O. Für Benzol ist die molare Gefrierpunkterniedrigung 4,9 °C, für Campher sogar 40 °C. Durch Messung von Fixpunktverschiebungen lassen sich einerseits Molekulargewichte, anderseits Lösungskonzentrationen in Mol pro Kilogramm Lösungsmittel bestimmen.
Rechenbeispiel: Welchen Gefrierpunkt hat gesättigte Kochsalzlösung?

In 1000 g H_2O lösen sich 350 g $\rightarrow \frac{350}{58{,}5} = 6{,}0$ Mol $\rightarrow 2 \cdot 6 \cdot 6 \cdot 10^{23}$ Ionen

$6 \cdot 10^{23}$ Ionen/1000 g H_2O $\rightarrow$ Gefrierpunkt −1,86 °C
$12 \cdot 6 \cdot 10^{23}$ Ionen/1000 g H_2O $\rightarrow 12 \cdot 1{,}86 =$ **−22,3 °C**

Mit Kochsalz lässt sich Eis zum Schmelzen bringen. Die dabei gebrauchte Schmelz- und Lösungswärme kühlt das Gemisch bis auf etwa −20 °C ab (Kälteerzeugung mit Eis-Kochsalz-Mischung).

2. Der osmotische Druck

Sind zwei wässerige Lösungen verschiedener Molarkonzentration durch eine **semipermeable Membran** getrennt, dann kommt es zur **Osmose.** Eine semipermeable Membran ist eine poröse Trennwand, durch die Wassermoleküle ungehindert passieren können, nicht aber grössere Teilchen, wie Salzionen oder organische Moleküle. Derartige Membranen sind in der belebten Natur häufig. Meist sind sie allerdings nicht völlig undurchlässig für gelöste Teilchen. Deren Durchtritt ist aber stark gehemmt (Zellwände, Zellkern- und Mitochondrienmembranen).

Beidseitig einer semipermeablen Membran sind alle Moleküle in ständiger Bewegung (Wärmebewegung). Sie treffen denn auch von beiden Seiten auf die Trennwand. Angenommen, die eine Seite enthalte gleich viel Zuckermoleküle wie Wassermoleküle, die andere Seite nur Wasser. Die Gesamtzahl Stösse pro Sekunde, die auf ein Loch treffen, ist für beide Seiten gleich. Auf der Lösungsseite wird je die Hälfte der Stösse von H_2O- und von Zuckermolekülen bestritten. Trifft ein H_2O auf ein Loch, so passiert es die Membran, ein Zuckermolekül wird zurückgeworfen. Pro Zeiteinheit wechseln somit doppelt soviel Wassermoleküle aus dem Wasser in die Zuckerlösung wie umgekehrt. Ist das Gefäss mit der Zuckerlösung offen, so wird diese mehr und mehr verdünnt. Ist es geschlossen, so entsteht darin ein Druck. Je grösser dieser Druck wird, desto grösser wird auch die Anzahl Stösse pro Sekunde auf die Membran von der Zuckerseite her. Damit steigt auch die Anzahl der Durchtritte von H_2O-Molekülen vom Zucker zum Wasser. Die beiden Räume sind **im osmotischen Gleichgewicht,** wenn sich die Wasserdiffusion in beiden Richtungen die Waage hält. Der im Gleichgewichtszustand in der Zuckerlösung herrschende Druck wird als deren **osmotischer Druck** bezeichnet.

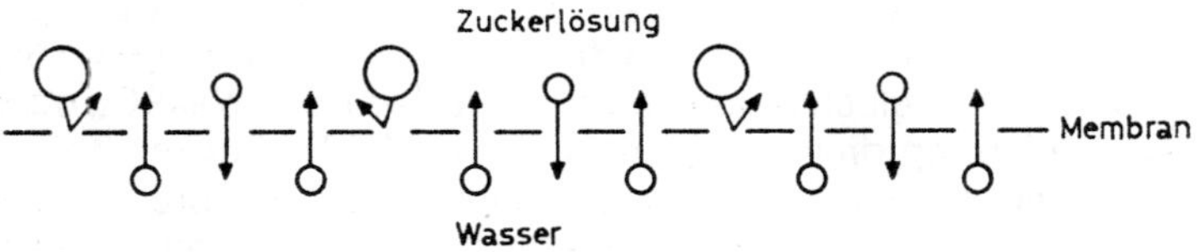

Abb. 42. Osmose zwischen Wasser und Zuckerlösung. Übertritt von H_2O-Molekülen durch thermische Bewegung vom Wasser in die Zuckerlösung häufiger als umgekehrt.

Wie die Fixpunktverschiebungen ist auch der **osmotische Druck der Anzahl gelöster selbständiger Teilchen pro Kilogramm Lösungsmittel proportional,** unabhängig von der Art des Stoffes, d.h. der Grösse der Partikel. Dies steht mit der oben besprochenen Treffertheorie durchaus im Einklang.

Bei idealer semipermeabler Membran (streng nur für H_2O durchlässig) wäre der osmotische Druck einer 1 molaren Lösung (ungefähr 1 Mol/kg Wasser) etwa 20 Atmosphären! Zwei Lösungen mit gleichem osmotischem Druck sind **isotonisch.** Hat eine Lösung im Vergleich zu einer andern höheren osmotischen Druck, dann ist sie dieser gegenüber **hypertonisch,** im umgekehrten Fall **hypotonisch.** Die Ausdrücke werden vor allem in der Physiologie gebraucht.

Beispiele von Osmose im lebenden Organismus:
Bei allen Flüssigkeitstransporten durch Zellwände hindurch spielt die Osmose eine entscheidende Rolle. Die Wasseraufnahme der Landpflanzen erfolgt ausschliesslich osmotisch. Das Blutplasma und die Zellflüssigkeit der Blutkörperchen sind isotonisch. Verdünnt man das Blut mit Wasser, wird das Plasma gegenüber den Zellen hypotonisch. Es setzt Osmose ein. Die Zellen nehmen Wasser auf. Bei grösserem Unterschied im osmotischen Druck, kann dies zum Platzen der Zellwand führen; das Hämoglobin ergiesst sich ins Plasma. Diese Erscheinung heisst **Hämolyse.** Will man Blut ohne Hämolyse verdünnen, muss statt blosses Wasser eine mit dem Plasma isotonische Salzlösung (9 g/l NaCl) verwendet werden (wichtig bei allen Infusionen!). Geraten anderseits Blutkörperchen in den Harn (Nierenschaden), so läuft die Osmose in der andern Richtung, weil der Urin hypertonisch ist. Die Zellen schrumpfen («Stechapfelform»). Meerwasser ist zum Durstlöschen unbrauchbar. Der osmotische Druck des Meerwassers ist etwa 2,5mal höher als der des Zellplasmas. Das Blut nimmt Salz aus dem Darm auf und wird dadurch gegenüber den Gewebezellen hypertonisch, so dass Wasser aus den Körperzellen ans Blut abgegeben wird statt umgekehrt. Die so bewirkte Schrumpfung der Zellen verstärkt das Durstgefühl. In hochkonzentrierten Zuckerlösungen (Konfitüre) gedeiht keine Hefe, weil ihre Zellen osmotisch ausgesogen würden.

F. Kristallisieren

1. Ausfällung von gelöstem Stoff durch zweites Lösungsmittel

Neben den auf Seite 7 f. beschriebenen Methoden gibt es noch eine weitere Möglichkeit zur Trennung gelöster Stoffe vom Lösungsmittel:

Durch Zusatz eines zweiten, mit dem ersten mischbaren, Lösungsmittels, in welchem der gelöste Stoff schlechter löslich ist als im ersten, kann dieser ausgefällt werden.
Beispiel: Mischt man eine wässerige Salzlösung (z. B. Urin) mit Alkohol oder Aceton, dann entsteht ein Salzniederschlag, weil Salze in Alkohol schlechter löslich sind als in Wasser. Es handelt sich dabei um einen **physikalischen Vorgang ohne chemische Reaktion** (im Gegensatz dazu: Fällung durch doppelte Umsetzung; S. 62 ff.).
Die Ausfällung durch ein zweites Lösungsmittel ist in jedem Fall **unvollständig.**
Mischbare Lösungsmittelpaare (in jedem Verhältnis ineinander löslich) sind z. B. Wasser/Alkohol, Wasser/Aceton, Wasser/Pyridin, Alkohol/Äther, Eisessig/Äther.

2. Umkristallisieren

Einwandfreies Arbeiten im analytischen Labor ist nur gewährleistet, wenn reinste Reagenzien und Standardsubstanzen zur Verfügung stehen. Manchmal enthalten die zu verwendenden Substanzen Verunreinigungen, welche nicht mit den früher beschriebenen Trennmethoden entfernt werden können. Eine Reinigung kann dann in vielen Fällen durch **Umkristallisieren** erreicht werden.

Prinzip

1. Herstellung einer nahezu gesättigten Lösung der unreinen Substanz in möglichst **heissem Lösungsmittel.**
2. Möglichst tiefes **Abkühlen der Lösung,** ohne dass diese gefriert. Ein Teil des zu reinigenden Stoffes kristallisiert aus.
3. **Abfiltrieren** der ausgefallenen Kristalle. Das Filtrat, die sogenannte **Mutterlauge** enthält die gelösten Verunreinigungen mit einem Rest des interessanten Stoffes. Ist die abfiltrierte Kristallmasse noch nicht genügend rein, kann ein zweites oder drittes Mal umkristallisiert werden. Mit der Mutterlauge muss immer ein Teil des zu reinigenden Stoffes geopfert werden. Hat dieser eine steile Löslichkeitskurve, ist der prozentuale Verlust kleiner als bei flacher Kurve.

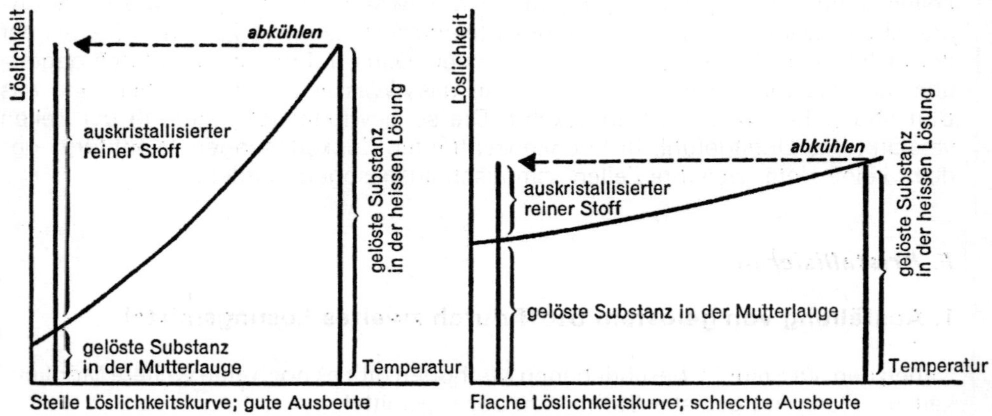

Abb. 43. Umkristallisieren.

3. Die übersättigte Lösung

Bei gewissen Lösungen (z. B. Natriumthiosulfat) ist es möglich, durch Abkühlung bis unter die Sättigungstemperatur zu gelangen, ohne dass der gelöste Stoff auszukristallisieren beginnt. Die Lösung enthält dann mehr Stoff als ihrer Sättigungskonzentration entspricht; sie ist **übersättigt.** Wird eine übersättigte Lösung mit einem Kriställchen des gelösten Stoffes, einem sogenannten **Kristallkeim «geimpft»,** dann setzt intensive Kristallisation ein.

Eine übersättigte Lösung kann immer nur durch Abkühlen einer gesättigten Lösung, nie durch Auflösen von zu viel Stoff erzeugt werden. Voraussetzung ist die Abwesenheit jeglicher Kristallkeime.

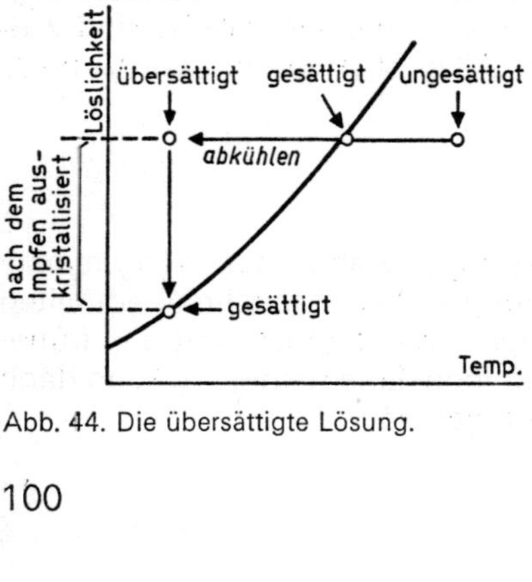

Abb. 44. Die übersättigte Lösung.

G. Kristallwasserhaltige Salze (Hydrate)

Eine grosse Zahl von Salzen baut beim Auskristallisieren Wassermoleküle mit in die Kristalle ein. Ein Teil des Hydratmantels der Ionen wird mit in die Gitterordnung einbezogen. Dieses **Kristallwasser** tritt keineswegs als Feuchtigkeit in Erscheinung. Es ist im Ionengitter **gebunden** (vgl. auch «Komplexsalze», S. 168 ff.). Das Zahlenverhältnis zwischen Wassermolekülen und «Salzmolekül» ist für jedes Salz eine definierte Grösse (meist zwischen 1 und 12), so dass die Aufstellung einer Formel möglich ist. Einige Kristallwassersalze haben eigene Namen.

Beispiele:

$CaSO_4 \cdot 2H_2O$	Calciumsulfat-dihydrat	Gips
$CuSO_4 \cdot 5H_2O$	Kupfersulfat-pentahydrat	
$Na_2S_2O_3 \cdot 5H_2O$	Natriumthiosulfat-pentahydrat	Fixiersalz
$CaCl_2 \cdot 6H_2O$	Calciumchlorid-hexahydrat	
$ZnSO_4 \cdot 7H_2O$	Zinksulfat-heptahydrat	
$Na_2SO_4 \cdot 10H_2O$	Natriumsulfat-decahydrat	Glaubersalz
$Na_2CO_3 \cdot 10H_2O$	Natriumcarbonat-decahydrat	Kristallsoda
$KAl(SO_4)_2 \cdot 12H_2O$	Kaliumaluminiumsulfat-dodecahydrat	Alaun

Der Punkt zwischen der Salzformel und dem Kristallwasser soll die lose Bindung andeuten.

Das Kristallwasser wird sehr unterschiedlich festgehalten. Kristallsoda und Glaubersalz verlieren bei normaler Luftfeuchtigkeit schon bei Zimmertemperatur einen Teil ihres Wassers. Die Kristalle **verwittern** zu feinem Pulver. Andere Salze muss man weit über 100 °C erhitzen, bis sie alles Wasser preisgeben.

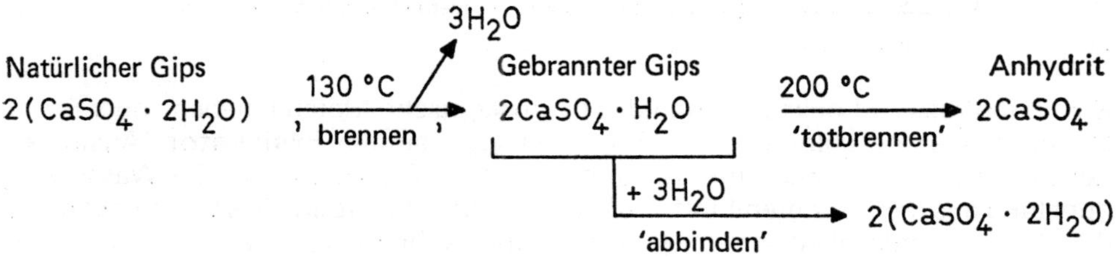

Der Wiedereinbau des beim Erhitzen von natürlichem Gips verlorenen Kristallwassers führt zu einer Neukristallisation und damit einer Vernetzung des ganzen Gipsbreis («Abbinden», Erhärten).

Die wasserfreie Form von Hydratbildnern, z. B. $CuSO_4$, Na_2SO_4 wird oft zum «Trocknen» von organischen Lösungsmitteln verwendet.
Bei der Herstellung von Salzlösungen bestimmter Molarität muss allfälliges Kristallwasser einkalkuliert werden (Molekulargewicht der ganzen Formel einsetzen). Für 1 l 1 M Natriumcarbonat braucht es z. B. 106 g Na_2CO_3, aber 286 g $Na_2CO_3 \cdot 10H_2O$.

H. Trocknen von feuchten Substanzen

1. Hygroskopische Stoffe

Gewisse **Säure- und Basenanhydride, wasserfreie Säuren und Basen** sowie **hydratbildende Salze können aus der Luft Feuchtigkeit aufnehmen.** Solche Stoffe werden als hygroskopisch bezeichnet. Die Wasseraufnahme kann so gierig sein, dass feste Stoffe beim Stehen an der Luft im absorbierten Wasser in Lösung gehen – sie zerfliessen. Beispiel aus dem Alltag: Auf die Strasse gestreute Calciumchloridstücke zerfliessen in dem aus der Luft aufgenommenen Wasser und binden dadurch den Staub.

2. Der Exsikkator

Der «Durst» von stark hygroskopischen Substanzen kann zur Trocknung von nicht oder nur schwach hygroskopischen ausgenützt werden:

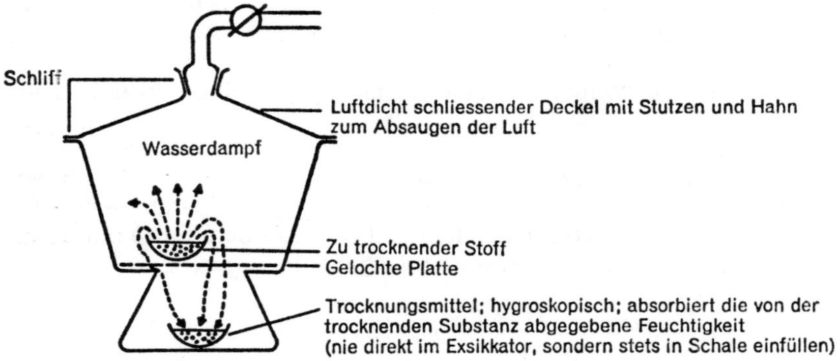

Abb. 45. Der Vakuumexsikkator.

Man bringt das zu trocknende und das hygroskopische Material neben- oder übereinander in ein geschlossenes Gefäss, einen sogenannten **Exsikkator** (Austrockner). Der hygroskopische Stoff trocknet die Luft im Exsikkator aus. Die Wasserverdunstung aus dem feuchten Stoff wird dadurch stark gefördert. Das Wasser wandert durch Isothermdestillation (ohne Heizen und Kühlen) vom feuchten Stoff ins Trocknungsmittel. Die Trocknung kann ganz wesentlich beschleunigt werden, wenn der Exsikkator evakuiert wird (stärkere Verdunstung, raschere Diffusion des H_2O-Dampfes, weil Kollisionen mit Luftmolekülen viel seltener sind als bei Normaldruck).
Für wärmeempfindliche Stoffe ist das Trocknen im Exsikkator die Methode der Wahl.

Gebräuchliche Trocknungsmittel sind: Phosphorpentoxid, konz. Schwefelsäure, wasserfreies Calciumchlorid, Silicagel (wasserfreie Kieselsäure). Silicagel wird mit etwas Cobaltsalz imprägniert («Blaugel»). Das wasserfreie Co^{2+}-Ion ist tief blau, das hydratisierte schwach rosa. Der Farbumschlag von blau nach rosa zeigt an, wenn das Blaugel verbraucht ist. Es kann durch Erhitzen und Austreiben des aufgenommenen Wassers beliebig oft regeneriert werden.

3. Gefriertrocknung

Will man einen gelösten Stoff möglichst schonend vom Lösungsmittel trennen, bedient man sich der **Gefriertrocknung:** Die Lösung wird eingefroren und dann an eine Hochleistungs-Vakuumpumpe angeschlossen. Das Eis verdampft im Hochvakuum, es **sublimiert.** Der Wasserdampf wird in einer Trockeneisfalle (−78 °C) vor der Pumpe ausgefroren. Die gefrorene Lösung bleibt auch bei Zimmertemperatur bis zum Schluss der Trocknung fest, weil ihr laufend Verdampfungswärme entzogen wird. Der getrocknete Rückstand ist sehr locker und lässt sich bei Bedarf leicht wieder auflösen. Man nennt das Gefriertrocknen deshalb auch **Lyophilisieren** (lyophil=lösefreundlich). In der Eiweisschemie, aber auch in der Blutkonserven- und Genussmittelindustrie (Kaffee) ist das Lyophilisieren eine beliebte Trocknungsmethode.

VI. Fragen zur Eigenkontrolle (Stoffgebiet S. 87–103)

1. Was versteht man unter einer 1-millinormalen Säure?
2. Durch welche drei Operationen kann das Auflösen von Kristallen beschleunigt werden?
3. 0,2 g Ammoniumsulfat werden in Wasser gelöst und auf 250 ml aufgefüllt. Wieviel mM ist die Lösung in bezug auf NH_4^+ und in bezug auf SO_4^{2-}?
4. Warum erhält man rot gefärbtes Serum, wenn man Blut zentrifugiert, das mit einer nassen Spritze entnommen wurde?
5. Beim Auflösen von $CaCl_2$ erwärmt sich die Lösung; löst man dagegen $CaCl_2 \cdot 6H_2O$, stellt man Abkühlung fest. Warum der Unterschied?
6. Wieviel millimolar ist eine NaCl-Lösung, wenn 15 ml davon beim Eindampfen einen Rückstand von 8 mg ergeben?
7. Eine Lösung soll 50 ml Alkohol pro 100 ml enthalten. Warum dürfen zu ihrer Herstellung nicht 50 ml Alkohol mit 50 ml Wasser gemischt werden? Wie muss korrekt vorgegangen werden?
8. 6 ml 11 N NaOH werden auf 250 ml verdünnt. Wieviel M und wieviel % GV ist die neue Lösung?
9. Drei Trocknungsmittel für Exsikkatoren sind aufzuzählen.
10. Wie viele Milliliter absolute Schwefelsäure vom spez. Gewicht 1,8 g/ml braucht es für 5,3 l 0,12 N Lösung?
11. Wieviel molar ist eine 720 mN Phosphorsäure?
12. Ein menschliches Serum gefriert bei −0,54 °C. Wie viele mMol selbständige gelöste Teilchen entfallen auf 1 kg Serumwasser und wie viele Einzelteilchen sind dies?
13. Wie viele Milligramm wasserfreies Natriumcarbonat bzw. Kristallsoda sind zur Herstellung von 500 ml 0,2 mM Lösung erforderlich?
14. Nach welchen drei Methoden kann man gelöste Stoffe zum Kristallisieren bringen?
15. 100 ml einer Salzlösung von 50 g/l sollen durch Eindampfen zu einer solchen von 90 g/l konzentriert werden. Wie viele Milliliter Wasser müssen abgedampft werden?
16. Was versteht man unter Lyophilisieren?
17. Wie viele Mikrogramm wiegen 27 μl einer Lösung von der Dichte 1,3 g/ml?
18. 5 ml einer Lösung einer 6 N dreiwertigen, nichtflüchtigen Säure ergeben beim Eindampfen einen Rückstand von 620 mg. Welches Molekulargewicht hat die Säure?
19. Wie kann eine übersättigte Lösung hergestellt und wie zum Kristallisieren gebracht werden?
20. Welche Konzentration in Gramm pro Liter hat eine Kaliumchloridlösung, die mit einer NaCl-Lösung von 0,9% GV isotonisch ist?
21. Wie viele mVal enthalten 3,5 ml 0,8 M Schwefelsäure?
22. Wie viele Mikroliter 5 N NaOH sind zur Herstellung von 2 l 400 mikromolarer Lösung erforderlich?
23. Eine Charge KOH enthält 12% G Wasser. Wie viele Gramm des Materials sind für 80 ml 0,75 N Kalilauge notwendig?
24. Von einem hygroskopischen Stoff sollen etwa 50 ml einer Lösung mit 30 mg/100 g hergestellt werden. Wie wird dazu technisch vorgegangen?

(Antworten S. 350)

XIX. Elektrolyte II

A. Elektrochemie

1. Elektrolyse

Verbindet man zwei Metallplatten über eine elektrische Batterie oder eine andere Gleichstromquelle, werden die Platten durch die angelegte Spannung entgegengesetzt aufgeladen. Taucht man diese Platten **(Elektroden)** in eine Elektrolytlösung oder -schmelze, dann fliesst Strom. Das bedeutet, dass sich geladene Partikel im Stromkreis bewegen. Weil sich entgegengesetzte Ladungen anziehen, wandern die positiv geladenen Ionen zur negativen Elektrode, die negativ geladenen zur positiven Elektrode. In der Lösung übernehmen also die Ionen den Ladungstransport, im metallischen Leiter sind es frei bewegliche Elektronen. Stromrichtung ist immer die Fliessrichtung der positiven Ladung. Im metallischen Leiter sind Stromrichtung und Elektronenfluss entgegengesetzt.

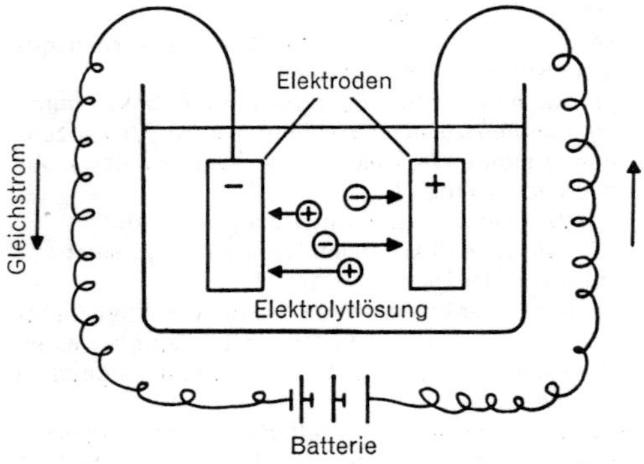

Die **positive Elektrode** heisst **Anode,** die von dieser angezogenen **negativen Ionen** sind **Anionen.** Die **negative Elektrode** ist die **Kathode,** die zu ihr wandernden **positiven Ionen** sind **Kationen.** Die Ladungen von Anode und Anion sind also entgegengesetzt. Dasselbe gilt von Kathode und Kation.

Abb. 46. Elektrolyse.

An der Kathode treten Elektronen in die Lösung aus. Die am leichtesten reduzierbaren Teilchen in der Umgebung der Kathode nehmen diese auf. **Von der Anode werden Elektronen abgesogen.** Die am leichtesten oxidierbaren Teilchen in der Umgebung der Anode, evtl. das Anodenmaterial selbst, geben diese ab. Die Stromquelle wirkt als Elektronenpumpe. Der gesamte Prozess an beiden Elektroden heisst **Elektrolyse.**

Eine Elektrolyse ist ein erzwungener Redoxvorgang mit räumlich getrennter Oxidation und Reduktion.

Bei der Elektrolyse einer NaCl-Schmelze entsteht an der Kathode Na-Metall, an der Anode Chlorgas.

$Na^+ + e^- \rightarrow Na$ (Kathode) $Cl^- - e^- \rightarrow Cl$ (Anode)
$2Cl \rightarrow Cl_2$

$$2NaCl \underset{\text{Spontanreaktion, exotherm}}{\overset{\text{Elektrolyse, erzwungen, endotherm}}{\rightleftarrows}} 2Na + Cl_2$$

Bei der Elektrolyse von wässerigen Lösungen können sich sehr verschiedenartige Vorgänge abspielen. Beispiele:

1. Elektrolyse von verdünnter Natronlauge.

Anode: Oxidation von Wasser

$2H_2O - 4e^- \rightarrow 4H^+ + O_2\uparrow$
$2H^+ + 2OH^- \rightarrow 2H_2O$

Kathode: Reduktion von Wasser

$2H_2O + 2e^- \rightarrow 2OH^- + H_2\uparrow$

Die an der Anode neutralisierten OH^--Ionen der Lauge werden an der Kathode laufend ersetzt. Die NaOH bleibt erhalten; ihre Ionen fungieren nur als Ladungsvehikel. An der Kathode entsteht kein metallisches Natrium, weil das Wasser leichter zu reduzieren ist als Na^+.

2. Elektrolyse von verdünnter Kaliumjodidlösung.
Anode: Oxidation von Jodid zu Jod

$2J^- - 2e^- \rightarrow J_2$

Kathode: Reduktion von Wasser

$2H_2O + 2e^- \rightarrow 2OH^- + H_2$

Die Umgebung der Anode färbt sich braun vom abgeschiedenen Jod. Die Umgebung der Kathode wird alkalisch. Aus dem Kaliumjodid wird Kalilauge. Wenn alles Jodid als Jod abgeschieden ist, läuft die Elektrolyse weiter wie bei Beispiel 1 (Bildung von O_2 an der Anode).

3. Elektrolyse von Kupfersulfatlösung mit Kupferplatten als Elektroden.
Anode: Oxidation der Elektrode, Kupfer geht in Lösung

$Cu - 2e^- \rightarrow Cu^{2+}$

Kathode: Reduktion von Kupferionen, Abscheidung von Kupfer auf der Elektrodenplatte

$Cu^{2+} + 2e^- \rightarrow Cu$

Bilanz: Kupfermetall wird von der Anode zur Kathode verschoben; die Lösung verändert sich nicht. Das Beispiel zeigt, wie man ein Metall elektrolytisch reinigen kann. Das unreine Metall wird als Anode geschaltet. Unedlere Verunreinigungen (leichter oxidierbar als das Metall) bleiben in Lösung, edlere Beimengungen (schwerer oxidierbar) fallen als Anodenschlamm zu Boden (Rohmaterial zur Gewinnung von seltenen Edelmetallen).

Die bei der Elektrolyse an einer Elektrode umgesetzte Stoffmenge ist proportional der durch den Stromkreis geflossenen Ladungsmenge. Diese berechnet sich aus

Stromstärke und Zeit. Fliesst 1 Ampère (A) durch einen Elektrolysekreis, so treten an der Kathode jede Sekunde $6{,}24 \cdot 10^{18}$ Elektronen aus, an der Anode ebenso viele ein. Für die Verschiebung der Loschmidtschen Zahl Elektronen von einem Stoff in der Umgebung der Anode auf einen Stoff in der Umgebung der Kathode (1 Redox-Äquivalent) braucht es $\frac{6{,}02 \cdot 10^{23}}{6{,}24 \cdot 10^{18}} = \mathbf{96\,500\ A \cdot sec.}$

Die Ladungsmenge von 96 500 A·sec heisst **1 Faraday.** (Faraday: engl. Physiker 1791–1867).

Mittels Elektrolyse können zahlreiche Redoxprozesse erzwungen und damit Stoffe hergestellt werden, die anders gar nicht zugänglich sind (z. B. Alkali- und Erdalkalimetalle, Aluminium, Fluor aus Schmelzen ihrer Salze).

2. Die elektrochemische Spannungsreihe

a) Elektroden

Taucht man ein Metall in eine Lösung seiner eigenen Ionen, so treten Metallatome und -ionen in Wechselwirkung. Man bezeichnet ein solches System (Metall + Lösung seiner Ionen) als Elektrode im weitern Sinn. Unedle Metalle sind bestrebt, Elektronen abzugeben und in den positiven Ionenzustand überzugehen. Die Ionen edler Metalle gehen dagegen gern in den elementaren Atomzustand über. Die Vorgänge sollen am Beispiel der Zinkelektrode (unedel) und der Kupferelektrode (relativ edel) erläutert werden.

Vom Zinkstab lösen sich einige Zn-Atome ab und gehen unter Zurücklassung von zwei Elektronen als Zn^{2+}-Ionen in Lösung. Der Stab wird dadurch negativ, die Lösung positiv. Zwischen Stab und Lösung entsteht eine **Spannung,** ein **Potential.** Aus der Kupfersalzlösung scheiden sich einige Cu^{2+}-Ionen als Metall auf dem Cu-Stab ab, natürlich ohne Valenzelektronen mitzubringen. Der Stab wird positiv, die Lösung negativ. Es entsteht ein Potential, das demjenigen bei der Zinkelektrode entgegengesetzt ist. In beiden Fällen stellt sich rasch ein Gleichgewicht ein. Die zunehmende Spannung hindert weitere Zinkatome am Ionisieren und weitere Kupferionen am Abscheiden. Die Höhe des Gleichgewichtspotentials (in Volt) ist von der Konzentration der zugehörigen Ionen in der Lösung abhängig (je weniger Ionen, desto leichter das «Abspringen» von Teilchen aus dem Stab in die Lösung – desto schwerer das «Aufspringen» von Teilchen aus der Lösung aufs Metall, in gleicher Weise bei edlen und unedlen Metallen).

Das Potential zwischen Metall und zugehörigen Ionen lässt sich nicht messen, wohl aber die Spannung zwischen zwei verschiedenen Metallatom/Metallion-Paaren. Verbindet man die Stäbe einer Kupfer- und einer Zinkelektrode (in ihren 1 molaren Ionenlösungen) über ein Voltmeter, so werden 1,1 V registriert.

b) Die Normal-Wasserstoffelektrode

Als Vergleichsbasis für alle kationenbildenden Elemente hat man den Wasserstoff gewählt. Als Wasserstoffelektrode nimmt man ein Stück Platin mit feinporöser Oberfläche, das in eine Säure mit genau 1 Mol H^+ pro Liter (etwas über 1 N H_2SO_4) eintaucht.

Am Platin lässt man H_2-Gas von 760 Torr vorbeiperlen. Der Wasserstoff wird vom Platin adsorbiert (in dünner Schicht festgehalten), so dass die Pt-Oberfläche wie ein «Stück» Wasserstoff wirkt. Zwischen diesem H_2-«Stück» und den H^+-Ionen entsteht dieselbe Wechselwirkung wie zwischen irgendeinem Metall und dessen Ionen. Die Einrichtung heisst Normal-Wasserstoffelektrode.

c) Normalpotentiale

Die Spannung zwischen einer Metallelektrode mit 1 M Ionenlösung und der Normal-Wasserstoffelektrode nennt man **Normalpotential** des betreffenden Metalls. Alle Elemente, deren Tendenz, Elektronen abzugeben, grösser ist als die des Wasserstoffs, haben ein negatives, alle andern ein positives Normalpotential. Je positiver das Normalpotential eines Elementes, desto edler ist es. Die unedelsten Metalle, die Alkali- und Erdalkalimetalle, haben die negativsten Normalpotentiale.

Tabelle XIV. Elektrochemische Spannungsreihe (Normalpotentiale in Volt)

Li	K	Ca	Na	Mg	Al	Mn	Zn	Cr	Fe	Cd	Co
Li^+	K^+	Ca^{2+}	Na^+	Mg^{2+}	Al^{3+}	Mn^{2+}	Zn^{2+}	Cr^{3+}	Fe^{2+}	Cd^{2+}	Co^{2+}
−3,02	−2,92	−2,87	−2,71	−2,34	−1,67	−1,05	−0,76	−0,71	−0,44	−0,40	−0,28

Ni	Sn	Pb	H	Sb	Bi	Cu	Ag	Hg	Pt	Au
Ni^{2+}	Sn^{2+}	Pb^{2+}	H^+	Sb^{3+}	Bi^{3+}	Cu^{2+}	Ag^+	Hg^{2+}	Pt^{2+}	Au^+
−0,25	−0,14	−0,13	0,00	+0,21	+0,32	+0,34	+0,80	+0,85	+1,20	+1,68

Die Spannung zwischen irgend zwei Normalelektroden ist die Differenz zwischen ihren Normalpotentialen, z. B. Cu/Zn = 0,34 − (−0,76) = 1,1 V
Ni/Fe = − 0,25 − (−0,44) = 0,19 V

Alle Elemente mit negativem Normalpotential lassen sich in gewöhnlichen starken Säuren unter Wasserstoffentwicklung auflösen, diejenigen mit positivem Normalpotential nur in oxidierenden Säuren.

$Fe + 2H^+ \rightarrow Fe^{2+} + H_2$

Das Wasserstoffion hat den grösseren Elektronensog als das Eisenion.

$Cu + 2H^+ \rightarrow \varnothing$

Das Kupfer gibt seine Valenzelektronen nicht dem Wasserstoff preis.

Spontaner Elektronenaustausch kann auch zwischen zwei Metallen stattfinden, aber ebenfalls nur zwischen einem Atom und einem Ion oberhalb davon (in der Spannungsreihe). Ein in Kupfersulfatlösung getauchtes Eisenstück wird rot:

$Fe + Cu^{2+} \rightarrow Fe^{2+} + Cu$
$Cu + Hg^{2+} \rightarrow Cu^{2+} + Hg$

Kupfer in eine Quecksilber(II)-Salzlösung getaucht wird silberglänzend vom abgeschiedenen Quecksilber.

3. Das galvanische Element

Verbindet man zwei verschiedene Elektroden zu einem Kreis (metallische Verbindung zwischen den Elektrodenmetallen, Elektrolytverbindung zwischen den Ionenlösungen), so fliessen Elektronen vom unedleren zum edleren Metall über die Metallverbindung (**Gleichstrom** in umgekehrter Richtung). Dadurch wird das Gleichgewicht an den Elektroden gestört. An der Elektrode mit dem negativeren Potential gehen weitere Atome als Ionen in Lösung, an der anderen scheiden sich weitere Ionen als Atome ab. Der Strom fliesst, bis entweder das unedlere Elektrodenmetall vollständig in Lösung oder die edleren Ionen vollständig abgeschieden sind. Die beschriebene Anordnung wird als **galvanisches Element** bezeichnet (Galvani: ital. Forscher 1737–1798).

Der Strom aus dem galvanischen Element kann Arbeit leisten (Heizung, Glühlampe, Antrieb eines Elektromotors, Elektrolyse!). Es wird somit chemische Energie in elektrische und diese wieder in andere Energie verwandelt. Durch Serieschaltung mehrerer Elemente können beliebig hohe Arbeitsspannungen erzeugt werden (die Einzelspannungen jeder Zelle addieren sich; elektrochemische Batterie).

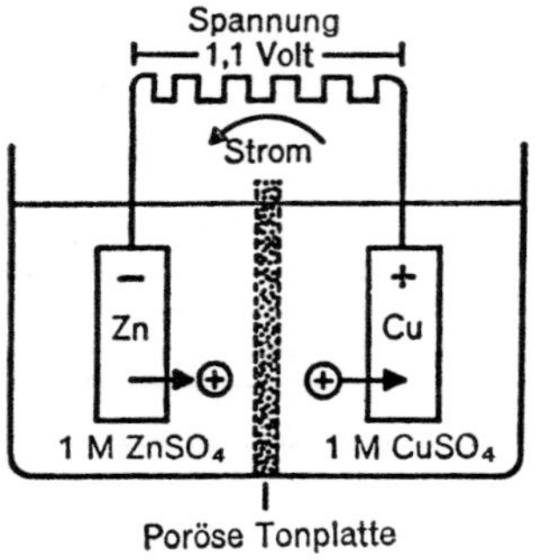

Abb. 47. Galvanisches Element.

4. Redoxpotentiale

Tabelle XV. Einige Redoxpotentiale

	Volt		Volt		Volt
$2J^-/J_2$	+0,53	$2H_2O/O_2+4H^+$	+1,23	$N_2H_5^+/N_2+5H^+$	−0,23
$2Br^-/Br_2$	+1,06	$2H_2O/H_2O_2+2H^+$	+1,77	$H_3PO_3+H_2O/H_3PO_4+2H^+$	−0,28
$2Cl^-/Cl_2$	+1,36	$Mn^{2+}+4H_2O/MnO_4^-+8H^+$	+1,52	S^{2-}/S	−0,51
$2F^-/F_2$	+2,85[1]	$Cl^-+4H_2O/ClO_4^-+8H^+$	+1,34	$SO_3^{2-}+2OH^-/SO_4^{2-}+H_2O$	−0,90

[1] Höchstes vorkommendes Redoxpotential.
Je positiver das Redoxpotential, desto stärker das Oxidationsmittel (rechts vom Strich), je negativer das Potential, desto stärker das Reduktionsmittel (links vom Strich).

Metalle und ihre Kationen bilden Redoxsysteme. Die Metalle mit den negativsten Normalpotentialen sind die stärksten Reduktionsmittel (Alkali- und Erdalkalimetalle). Salze von Edelmetallen anderseits sind Oxidationsmittel.

Nicht nur zwischen Metallen und deren Ionen bestehen Potentiale, sondern auch zwischen verschiedenen Oxidationsstufen irgendeines Elementes. Zu deren Messung verwendet man ähnliche Anordnungen wie bei der Wasserstoffelektrode. Taucht man z.B. ein Pt-Blech in eine Lösung, die ein Gemisch von 1 Mol Fe^{2+} und 1 Mol Fe^{3+} pro Liter enthält und verbindet das Blech über ein Voltmeter mit einer

Normalwasserstoffelektrode, so zeigt das Instrument +0,75 V an. $Fe^{3+} + e^- \rightarrow Fe^{2+}$. Die Elektronen für diese Reaktion werden dem Platin entzogen. Dadurch entsteht die positive Spannung gegenüber der Wasserstoffelektrode. Wird das Elektronendefizit im Platin nicht ersetzt (kein Stromkreis), so stellt sich schnell ein Gleichgewicht ein wie bei den Metallelektroden. +0,75 V ist das **Redoxpotential** von Fe^{2+}/Fe^{3+}; Fe^{3+} ist ein Oxidationsmittel (Elektronensauger), Fe^{2+} ist dessen reduzierte Form.

5. Der Bleiakkumulator

Im galvanischen Element wird ein unedles Metall durch die Ionen eines edleren oxidiert. Die Elektronen werden dabei durch einen metallischen Leiter «fernübertragen» (Strom). Grundsätzlich kann mit jedem Redoxsystem, dessen Reaktionspartner durch einen metallischen Leiter und eine Elektrolytbrücke getrennt sind, Strom erzeugt werden. Eine beliebte Gleichstromquelle dieser Art ist der **Bleiakkumulator.** Dessen **Oxidationsmittel** ist **Blei(IV)-oxid,** das bei Stromentnahme zu **Blei(II)-sulfat reduziert** wird (B). Das Reduktionsmittel ist **metallisches Blei** (auf der andern Seite des Stromverbrauchers), das zu **Blei(II)-sulfat oxidiert** wird (A). Das Redoxpotential für A ($Pb + SO_4^{2-}/PbSO_4$) ist −0,36 V, dasjenige für B ($PbSO_4 + 2H_2O/PbO_2 + 4H^+ + SO_4^{2-}$) ist +1,68 V. Die Differenz beider Potentiale, also die Spannung des Akkumulators somit etwa 2 V. Im frischen Zustand besteht der Bleiakkumulator aus einer Wanne mit 20%G Schwefelsäure und zwei Gitterplatten aus einer Bleilegierung. Beim einen Gitter (A) sind die Maschen mit schwammigem Blei, beim andern (B) mit Bleidioxid ausgefüllt. Verbindet man die Platten über einen Stromverbraucher, so wandelt sich bei A Pb^0 in Pb^{+II}, bei B Pb^{+IV} in Pb^{+II} um, es fliessen Elektronen von A nach B durch den Verbraucher (also Gleichstrom von B nach A). An beiden Elektroden verwandelt sich die Gitterfüllung in weisses, schwerlösliches $PbSO_4$. Die Schwefelsäure wird verdünnter. Ist das Gerät erschöpft (alles PbO_2 in $PbSO_4$ verwandelt), kann es **regeneriert** (aufgeladen) werden, indem es an eine andere Gleichstromquelle mit entgegengesetzter höherer Spannung als 2 V angeschlossen wird. Die beim Entladen spontan ablaufenden Redoxprozesse werden durch die äussere Elektronenpumpe zur Umkehr gezwungen. Der Akkumulator («Ansammler») wird in den ursprünglichen Zustand rückverwandelt. Auch aus Pb-Akkumulatoren lassen sich durch Serieschaltung mehrerer Einzelzellen Batterien mit beliebig hoher Gesamtspannung bauen.

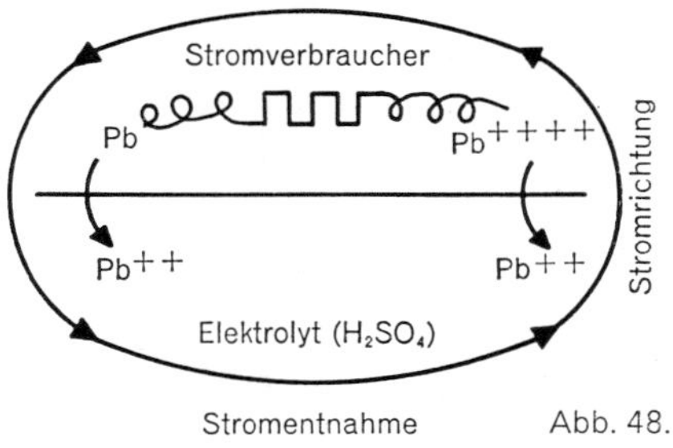

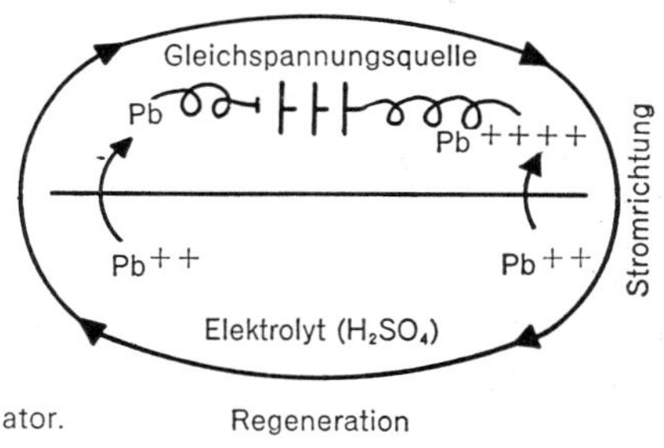

Abb. 48. Bleiakkumulator.

Für galvanische Elemente wie für Akkumulatoren gilt das Faradaysche Gesetz: Bei Entnahme von 96500 Ampère-Sekunden wird an **jeder** Elektrode einer Batterie 1 Redox-Äquivalent umgesetzt.

B. Ionenaustauscher

Es gibt Elektrolyte, bei denen entweder das Anion oder das Kation riesenhafte Ausmasse besitzt (Molekulargewicht von mehreren Millionen), so dass das ganze Molekül wasserunlöslich ist. Trotzdem dissoziieren die Riesenmoleküle beim Kontakt mit Wasser in Ionen. Diese Art von Elektrolyten besitzt somit **ein festes, unbewegliches Riesenion mit vielen Ladungen und viele bewegliche «normale» Ionen.**
Fliesst an einem solchen Makromolekül eine normale Elektrolytlösung vorbei, so können die beweglichen Ionen des Festkörpers gegen die gleichsinnig geladenen Ionen der Lösung **ausgetauscht** werden. Modellvorstellung: Einem Fluss entlang hat es magnetische Anlegeplätze, die alle mit roten Booten besetzt sind. (Das Flussufer ist das feste Riesenion, die Boote sind die beweglichen kleinen Ionen, die Magnete am Ufer und an den Booten, die sich gegenseitig anziehen sind die Ladungen.) Solange der Fluss nur Wasser führt, bleiben die Boote sitzen. Nun kommt ein Schwarm blauer Boote (Ionen mit gleicher Ladung wie die festsitzenden). Durch Stösse der blauen Boote werden rote losgerissen. Die freigewordenen Magneten ziehen vorbeikommende weitere blaue Boote an und halten sie fest. Die abgesprengten roten ziehen mit dem Schwarm weiter. Dabei passiert es mehr und mehr, dass ein rotes wiederum ein rotes verdrängt. Ist die Gesamtzahl der roten Boote sehr viel grösser als die der blauen, so werden nach einer gewissen Fliessstrecke praktisch alle blauen Boote festsitzen und nur noch rote weitertreiben. Gleich viel rote Schiffe verlassen die Anlegezone wie sie blaue betreten haben.
Sind die Anionen die Riesen und die Kationen klein, spricht man von **Kationenaustauschern,** im umgekehrten Fall von **Anionenaustauschern.** Es können auch mehrwertige Ionen gegen einwertige ausgetauscht werden und umgekehrt. 1 Val ($6 \cdot 10^{23}$ Ladungen) des einen Ions ersetzt immer 1 Val des andern. Die Anionen der Lösung passieren einen Kationenaustauscher unbehelligt; dasselbe gilt für die Kationen einer Elektrolytlösung, die einen Anionenaustauscher durchläuft.

1. Chemischer Bau der Ionenaustauscher

Natürliche Ionenaustauscher sind die sogenannten Zeolithe oder Permutite, das sind wasserunlösliche Silikate mit austauschbaren Kationen. Heute befasst sich ein Zweig der Kunstharzindustrie mit der Herstellung von organischen Ionenaustauschern. Diese besitzen ein Vielfaches der Tauschkapazität der Permutite. Die Kationentauscher sind meist organische Derivate der Schwefelsäure. Oft sind die Ladungsträger auch Carbonsäuregruppen (S. 210). Die Anionentauscher sind organische Derivate des Ammoniaks (Amine, vgl. S. 245). Die Herstellung erfolgt durch Polymerisation (Vernetzung von kleinen Molekülen, vgl. S. 193). Die Ionenaustauscher kommen als poröse Kügelchen mit sehr grosser innerer Oberfläche in den Handel.

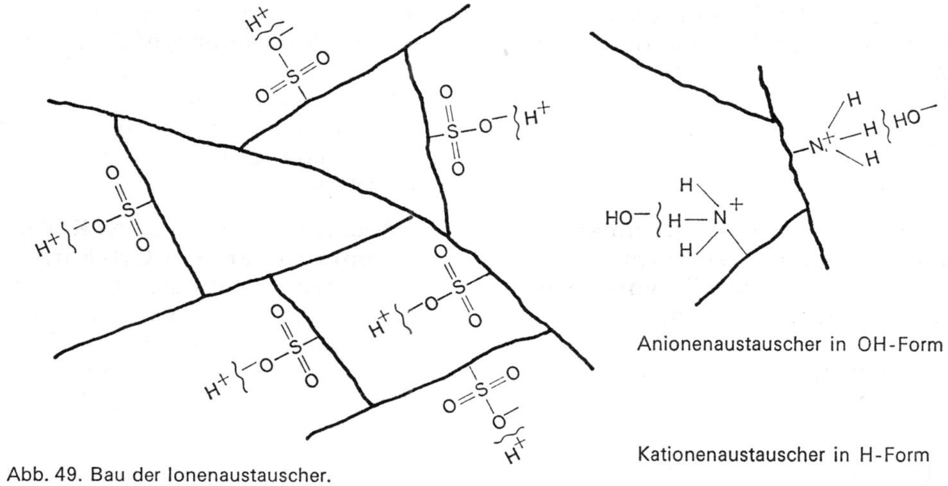

Abb. 49. Bau der Ionenaustauscher.

2. Verwendung der Ionenaustauscher

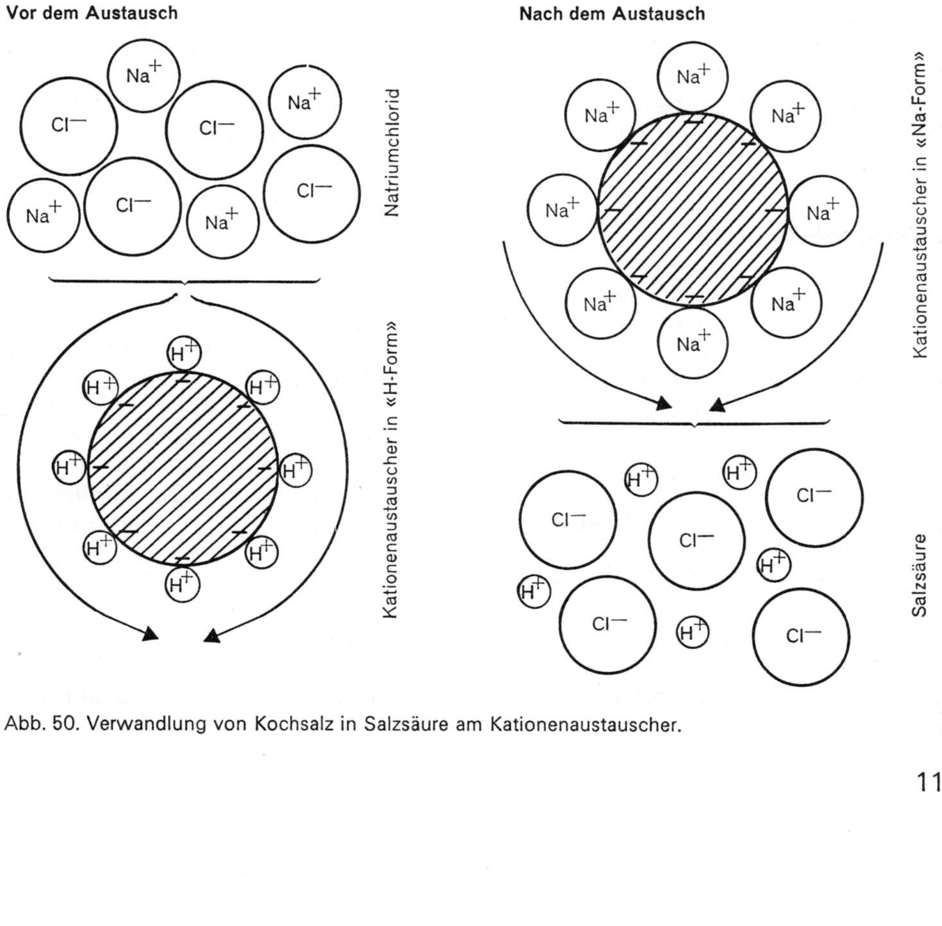

Abb. 50. Verwandlung von Kochsalz in Salzsäure am Kationenaustauscher.

1. Mit einem **Kationentauscher in «H-Form»** (mit Wasserstoffionen beladen) können **lösliche Salze in die Säuren mit gleichem Anion übergeführt werden.** Mit einem Anionentauscher in «OH-Form» (mit Hydroxylionen beladen) können Salze in die Basen mit gleichem Kation umgewandelt werden. Lässt man eine starke Säure (HCl) durch den mit Metallen beladenen Kationenaustauscher fliessen, wird er in die «H-Form» rückverwandelt **(regeneriert).** Anionenaustauscher werden mit Laugen (NaOH) zur «OH-Form» regeneriert.

2. Durch Passieren von **Brunnenwasser** oder **Meerwasser** durch einen **Kationentauscher in «H-Form»** und einen **Anionentauscher in «OH-Form»** kann dieses **vollständig von seinen gelösten Salzen** (und allfälligen Humussäuren) **befreit werden.** Der Kationenaustauscher behält die Metallionen (Ca^{2+}, Mg^{2+}, K^+, Na^+) und gibt H^+-Ionen ab, der Anionenaustauscher behält HCO_3^-, SO_4^{2-}, HPO_4^{2-}, Cl^- usw. und gibt OH^--Ionen ab. H^+ und OH^- vereinigen sich zu Wasser. Nichtelektrolyte und Mikroorganismen passieren das Austauscherbett ungehindert (S. 31).

3. Die Ionenaustauscher finden in der Chromatographie mannigfache Verwendung (S. 333).

4. Mit einem Kationentauscher lässt sich ohne Sonde die Acidität des Magens ermitteln: Der Patient nimmt ein bestimmtes Quantum eines Austauschers ein, der einen Farbstoff als bewegliches Kation enthält. Je nach dem Gehalt des Magens an Wasserstoffionen (Säure) werden mehr oder weniger der Farbstoffionen aus dem Austauscher verdrängt. Der durch H^+-Ionen freigesetzte, nicht aber der noch an den Körnern gebundene Farbstoff wird im Darm resorbiert und innert weniger Stunden durch die Nieren ausgeschieden. Die im Harn erscheinende Farbstoffmenge (photometrisch bestimmbar) ist ein Mass für die HCl-Konzentration des Mageninhalts (Methode nur bei normal funktionierenden Nieren brauchbar!).

C. Serumelektrolyte

Alle Körperflüssigkeiten enthalten anorganische und organische Elektrolyte, welche den Hauptanteil der gelösten Substanzen ausmachen. Das Elektrolytgemisch des Blutserums hat eine ganz bestimmte Zusammensetzung, die **beim Gesunden nur in engen Grenzen variiert.** Die analytische Ermittlung von Normabweichungen in den Serumelektrolytkonzentrationen kann für die Krankheitsdiagnose wertvoll sein. Da die Salze des Serums alle praktisch vollständig dissoziiert sind, ist es sinnlos, eine bestimmte Metallionenart einem bestimmten Anion zuzuordnen. Alle positiven Ionen sind an allen negativen beteiligt und umgekehrt. Die Blutflüssigkeit enthält nicht Natriumchlorid, Kaliumhydrogencarbonat usw. sondern ein Gemisch von Na^+, K^+, Cl^-, HCO_3^- usw.
Ionenkonzentrationen können in Gramm pro Liter oder Mol pro Liter angegeben werden. Will man jedoch ein Mass für die Zahl der Ladungen in einer Ionenlösung haben, so gibt man die Konzentration in **Val pro Liter** an.

1 Val irgendeiner Ionenart besitzt $6 \cdot 10^{23}$ (Loschmidtsche Zahl) **Einheitsladungen** (vgl. dazu das Val bei Säuren und Basen und bei Redoxtitrationen, S. 131, 143).

1 Val einer Ionenart kann ladungsmässig 1 Val jeder anderen gleichsinnig geladenen Ionenart ersetzen (Äqui**val**enz). 1 Val irgendeines Kations neutralisiert ladungsmässig 1 Val irgendeines Anions.

$$1 \text{ mVal } Ca^{2+}/l = 0{,}5 \text{ mMol/l} = \frac{40}{2} \text{ mg/l} = 20 \text{ mg/l}$$

$$1 \text{ g } SO_4^{2-} = \frac{1}{96} \text{ Mol} = \frac{2}{96} \text{ Val} = 0{,}0208 \text{ Val}$$

Die Serumionen sind unter anderem als Ladungsträger, als Bestandteile des Ionengleichgewichts von Bedeutung. Ihre Konzentration wird deshalb in Biochemie und Klinik vorzugsweise in mVal/l angegeben. Wegen der Elektroneutralität ist die Gesamtkonzentration aller Kationen in mVal/l gleich der Gesamtkonzentration aller Anionen in mVal/l. Diese Tatsache kommt im sogenannten **Ionogramm** von Gamble zum Ausdruck (Abb. 51). Die verschiedenen Ionen können sich innerhalb ihrer Säule in gewissen Grenzen gegenseitig ersetzen. Dies gilt vor allem für HCO_3^- und Cl^-. Dabei vertritt natürlich 1 mVal des einen Ions 1 mVal des andern.

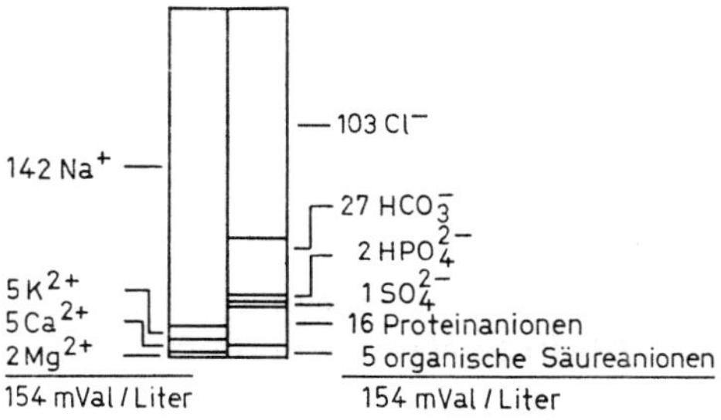

Abb. 51. Ionogramm der Serumelektrolyte.

Das Ionogramm der Intrazellulärflüssigkeit ist von demjenigen des Serums stark verschieden. In der Zelle überwiegt im Gegensatz zum Serum das Kalium bei weitem das Natrium, und das Chlorid tritt, verglichen mit dem Serum, zugunsten von Phosphat und Protein zurück. Bei der Bestimmung des Serumkaliums muss man der Tatsache Rechnung tragen, dass bei längerem Stehen des Blutes Kalium aus den Erythrozyten ins Serum diffundieren und so einen erhöhten Serumkaliumspiegel vortäuschen kann. Das Serum ist daher möglichst kurz nach der Blutentnahme von den Zellen abzutrennen. Hämolytisches Serum ist unbrauchbar!

Einen Sonderfall im Ionogramm bildet das Hydrogencarbonat oder Bicarbonat. Es übernimmt eine wichtige Pufferfunktion im Blut (vgl. S. 127). Näheres über die HCO_3^--Bestimmung siehe Seite 118. Angaben über die Analyse von Serumelektrolyten finden sich auf Seite 139, 155, 325 und 343f.

D. Dissoziation des Wassers; der pH-Wert

1. Das Ionenprodukt des Wassers

Auch das reinste Wasser leitet den elektrischen Strom ganz minim. Es muss somit auch Ionen enthalten, welche nur durch Zerfall von H_2O-Molekülen entstehen können. Wasser ist also selber ein Elektrolyt, wenn auch ein sehr schwacher.

$$\mathbf{H_2O \rightleftharpoons H^+ + OH^-}$$

Das Dissoziationsgleichgewicht liegt stark nach der Molekülseite verschoben. Die Gleichgewichtskonstante = **Dissoziationskonstante** ist ausserordentlich klein.

$$K = \frac{(H^+)(OH^-)}{(H_2O)} = 10^{-15,74}$$ $(H^+), (OH^-), (H_2O)$: molare Konzentrationen der betreffenden Teilchen

Der Nenner des obigen Bruchs, die Anzahl Mol undissoziiertes Wasser pro Liter ist sehr viel grösser als der Zähler und bleibt praktisch konstant, auch wenn sich das Gleichgewicht etwas verschiebt. Wasser enthält 1000:18=55,56 Mol/l. Obige Massenwirkungsgleichung lässt sich somit wie folgt vereinfachen:

$$(H^+)(OH^-) = 10^{-15,74} \cdot 55,56 = 10^{-15,74} \cdot 10^{1,74} = 10^{-14} = \frac{1}{100\,000\,000\,000\,000}$$

Ionenprodukt des Wassers: $\boxed{\mathbf{(H^+)(OH^-) = 10^{-14}}}$

Das Produkt aus der molaren Wasserstoffionenkonzentration und der molaren Hydroxylionenkonzentration ist konstant = 10^{-14} bei 25 °C.

Die Dissoziationskonstante des Wassers wird durch Zusatz von H^+- oder OH^--Ionen (Säure oder Base) nicht verändert (vgl. S. 83). Sinngemäss bleibt auch das Ionenprodukt konstant. Zugesetzte H^+-Ionen verbinden sich mit OH^--Ionen aus dem Wasser zu H_2O, bis $\frac{(H^+)(OH^-)}{(H_2O)} = 10^{-15,74}$, bzw. $(H^+)(OH^-) = 10^{-14}$ ist.

Zugesetzte OH^--Ionen vereinigen sich in analoger Weise mit H^+-Ionen des Wassers.

Auch konzentrierte Lösungen starker Säuren enthalten geringe Mengen von OH^--Ionen und konzentrierte Laugen geringe Mengen von H^+-Ionen.

Je mehr die eine Ionenart über die andere dominiert, desto stärker sauer bzw. alkalisch ist die Lösung.
Bei Kenntnis der molaren OH^--Ionenkonzentration kann die H^+-Ionenkonzentration berechnet werden und umgekehrt. Beispiele:

1. (OH^-) sei 0,1 M (0,1 normale vollständig dissoziierte Base). Wie gross ist (H^+)?

$$(H^+) = \frac{10^{-14}}{(OH^-)} = \frac{10^{-14}}{10^{-1}} = \mathbf{10^{-13}\ Mol/l}$$

2. Wie viele Hydroxylionen hat es in 1 l 0,01 N Salzsäure (vollständige Dissoziation)?

$$(OH^-) = \frac{10^{-14}}{10^{-2}} = 10^{-12}\ M \rightarrow 10^{-12} \cdot 6 \cdot 10^{23} = 6 \cdot 10^{11}$$

1 Liter hundertstel normale HCl enthält **0,6 Billionen** OH^--Ionen!

3. Wie gross sind (H^+) und (OH^-) im neutralen Milieu?
Reines Wasser ist weder sauer noch alkalisch. Weil jedes zerfallene H_2O je ein H^+- und ein OH^--Ion liefert, muss die Konzentration der beiden Ionen gleich sein.

$$(H^+)(OH^-) = 10^{-14}$$
$$x \cdot x = 10^{-14} \quad x = \sqrt{10^{-14}} = 10^{-7}\ M$$

Neutrales Milieu $(H^+) = (OH^-) = 10^{-7}$ M
Saures Milieu $(H^+) > (OH^-)$; $(H^+) > 10^{-7}$ M; $(OH^-) < 10^{-7}$ M
Alkalisches Milieu $(H^+) < (OH^-)$; $(H^+) < 10^{-7}$ M; $(OH^-) > 10^{-7}$ M

2. Der pH-Wert

Die Zehnerpotenzen mit den negativen Exponenten sind nicht eben handliche Grössen. Man arbeitet deshalb oft lieber mit deren **Logarithmen.**
Der (dekadische) Logarithmus einer Zehnerpotenz ist gleich dem Exponenten dieser Potenz. $\log 10^3 = 3$; $\log 10^{-14} = -14$ usw. Jede positive Zahl lässt sich in eine Zehnerpotenz verwandeln. Dezimalzahlen bekommen dabei ganze, alle andern Zahlen gebrochene Exponenten. $10000 = 10^4$; $0{,}001 = 10^{-3}$; $2 = 10^{0{,}30103...}$. Die Logarithmen der Dezimalzahlen sind somit ganzzahlig, die aller übrigen Zahlen gebrochen. Der Logarithmus von 1 ist 0 ($1 = 10^0$). Die Logarithmen von Zahlen grösser als 1 sind positiv, von Zahlen zwischen 1 und 0 negativ. Zur Ermittlung der Logarithmen von andern als Dezimal-Zahlen braucht man eine Logarithmentafel oder andere Rechenhilfsmittel.

Weil die molaren H^+- und OH^--Ionenkonzentrationen fast durchwegs unter 1 liegen, arbeitet man statt mit deren Logarithmen mit den sogenannten p-Werten (p von Potenz), das sind die Logarithmen mit umgekehrtem Vorzeichen.

$pH = -\log(H^+)$
$pOH = -\log(OH^-)$ (seltener verwendet)

Der pH-Wert einer Lösung ist gleich dem negativen Logarithmus ihrer molaren Wasserstoffionenkonzentration.

$(H^+)(OH^-) = 10^{-14}$ $\quad \log(H^+)(OH^-) = \log 10^{-14}$
$\log(H^+) + \log(OH^-) = -14$ (der Logarithmus eines Produktes ist gleich der Summe der Logarithmen der Einzelfaktoren)
$-\log(H^+) - \log(OH^-) = +14$
$pH + pOH = 14$

Neutrales Milieu $(H^+) = (OH^-) = 10^{-7}$ M; **$pH = pOH = 7$**
Saures Milieu $(H^+) > 10^{-7}$ M (z. B. 10^{-5} M); **$pH < 7$** (z. B. 5) $pOH > 7$
Alkalisches Milieu $(H^+) < 10^{-7}$ M (z. B. 10^{-10} M); **$pH > 7$** (z. B. 10) $pOH < 7$

3. Gegenseitige Umrechnung von Ionenkonzentrationen und pH-Werten

1. Welches pH hat eine Lösung mit einer H^+-Ionenkonzentration von 0,001 M?
$0{,}001 = 10^{-3}$
$-\log 10^{-3} = 3$ **pH = 3.**

2. Welches pH entspricht einer H^+-Ionenkonzentration von 0,035 M?
Ohne Hilfsmittel lässt sich nur ermitteln, zwischen welchen ganzen Zahlen das pH liegt. 0,035 ist zwischen 0,1 und 0,01, also zwischen 10^{-1} und 10^{-2}. Der pH-Wert muss demnach **zwischen 1 und 2** liegen. Der genaue Wert von $-\log 0{,}035$ ist **1,456.**

3. Welches pH hat 1 N $HClO_4$ (vollständig dissoziiert)?
Eine 1 normale Säure hat definitionsgemäss die Loschmidtsche Zahl dissoziierbare H-Atome pro Liter. Bei vollständiger Dissoziation ist somit $(H^+) = 1$ M.
$-\log 1 = 0$ **pH = 0.**

4. Welches pH hat eine 0,1 N Säure, wenn der Dissoziationsgrad $^1/_{1000}$ ist?
0,1 N Säure → 0,1 Mol H^+/l, bei vollständiger Dissoziation. Wenn nur jedes tausendste H abdissoziiert, ist die Ionenkonzentration $0{,}1 \cdot 0{,}001 = 10^{-4}$ M.
Das pH ist somit $-\log 10^{-4} =$ **4.**

5. Zwischen welchen ganzen Zahlen liegt das pH einer vollständig dissoziierten 0,0007 N Base?
(OH^-) liegt zwischen 10^{-3} und 10^{-4} M, (H^+) somit zwischen 10^{-11} und 10^{-10} M.
Das pH liegt **zwischen 10 und 11.**

6. Wieviel normal ist eine Säure von pH 3 bei einem Dissoziationsgrad von 0,03?
Die Konzentration der dissoziierten H^+ bei pH 3 ist 10^{-3} Mol/l.

1 Val Säure → 0,03 Mol H^+

$$1 \text{ Mol } H^+ \rightarrow \frac{1}{0{,}03} \text{ Val}$$

$$10^{-3} \text{ Mol } H^+ \rightarrow \frac{10^{-3}}{3 \cdot 10^{-2}} = \frac{1}{30} = 0{,}0333 \text{ Val}$$

0,0333 Val/l = **0,0333 N**

7. Zwischen welchen Dezimalzahlen liegt die Normalität einer vollständig dissoziierten Base vom pH 9,7?
pH 9,7 → pOH 4,3 → (OH^-) zwischen 10^{-4} und 10^{-5} Mol/l

Die Base ist **zwischen 0,0001 und 0,00001 N.**

Die pH-Skala reicht etwas unter 0 und über 14 hinaus. Eine vollständig dissoziierte 10 N Säure hätte pH -1 ($-\log 10 = -1$) und eine vollständig dissoziierte 10 N Base pH 15 (pOH $= -1$). Bei so hoch konzentrierten Lösungen ist aber die Dissoziation gehemmt und anderseits die H_2O-Konzentration nicht mehr 55 Mol/l wie in stark verdünnten Lösungen.

Tabelle XVI. pH-Werte einiger Flüssigkeiten

	pH		pH
Destilliertes Wasser	etwa 5,5[1]	Liquor cerebrospinalis	7,35–7,55
Brunnenwasser	6–8	Speichel	6,35–6,85
Meerwasser	etwa 8	Magensaft	1,5 –2,5
Milch	6,6–7,6	Pankreassaft	7,5 –8,0
Apfelsaft	3,7–5,6	Darmsaft	7,0 –8,0
Wein	2,8–3,8	Urin	4,8 –7,5
Citronensaft	2,2	Schweiss	3,0 –3,6
Blut	7,40–7,45	Tränen	7,4

[1] Wegen Luft-Kohlensäure kleiner als 7.

4. pH-Verschiebungen

Bei pH 1 ist $(H^+) = 0{,}1$ M, bei pH 2 wird $(H^+) = 0{,}01$ M.

Erhöhung des pH um eine Einheit → H^+-Ionenkonzentration zehnmal kleiner.
Erniedrigung des pH um eine Einheit → H^+-Ionenkonzentration zehnmal grösser.

Die pH-Skala ist nicht linear, sondern **exponentiell.** Bei pH 10 hat es nicht halb soviel H^+-Ionen wie bei pH 5, sondern $10 \cdot 10 \cdot 10 \cdot 10 \cdot 10 = 100\,000$mal weniger! Rechenbeispiel: Wieviel 1 N, vollständig dissoziierte Säure muss zu einem Liter Lösung zugesetzt werden, um deren pH a) von 7 auf 6, b) von 3 auf 2 zu verschieben?

a) Ausgangslage	$(H^+) = 10^{-7} = 1 \cdot 10^{-7}$ Mol/l	$(OH^-) = 10^{-7} = 10 \cdot 10^{-8}$ Mol/l
Endlage	$(H^+) = 10^{-6} = 10 \cdot 10^{-7}$ Mol/l	$(OH^-) = 10^{-8} = 1 \cdot 10^{-8}$ Mol/l
Differenz	$9 \cdot 10^{-7}$ Mol/l	$9 \cdot 10^{-8}$ Mol/l

Für die Erhöhung der (H^+) braucht es $9 \cdot 10^{-7}$ Mol H^+, für die Verminderung der (OH^-) durch Neutralisation weitere $9 \cdot 10^{-8}$ Mol H^+ pro Liter, total somit $99 \cdot 10^{-8}$ l 1 N Säure=**0,99 μl.**

b) Ausgangslage	$(H^+) = 10^{-3} = 1 \cdot 10^{-3}$ Mol/l	$(OH^-) = 10^{-11} = 10 \cdot 10^{-12}$ Mol/l
Endlage	$(H^+) = 10^{-2} = 10 \cdot 10^{-3}$ Mol/l	$(OH^-) = 10^{-12} = 1 \cdot 10^{-12}$ Mol/l
Differenz	$9 \cdot 10^{-3}$ Mol/l	$9 \cdot 10^{-12}$ Mol/l

Notwendiger Zusatz: $9 \cdot 10^{-3} + 9 \cdot 10^{-12} = 9\,000\,000\,009 \cdot 10^{-12}$ Mol H^+ pro Liter oder 9,000 000 009 ml 1 N Säure.
Um den Schritt von pH 3 auf 2 zu erzwingen, braucht es also zirka 10 000mal mehr Säure als von 7 auf 6.

Tabelle XVII. pH-Verschiebung in ungepufferter Lösung

pH-Verschiebung	Für 1 l Lösung erforderliche Menge 1 N Säure in ml
13–12	90,0000000009 ≈ 100
12–11	9,000000009 ≈ 10
11–10	0,90000009 ≈ 1
10– 9	0,0900009 ≈ 0,1
9– 8	0,009009 ≈ 0,01
8– 7	0,00099 ≈ 0,001
7– 6	0,00099 ≈ 0,001
6– 5	0,009009 ≈ 0,01
5– 4	0,0900009 ≈ 0,1
4– 3	0,90000009 ≈ 1
3– 2	9,000000009 ≈ 10
2– 1	90,0000000009 ≈ 100

Macht man die analoge Berechnung für alle möglichen pH-Schritte, erhält man nebenstehende Tabelle. Für pH-Verschiebungen von niedrigen zu höheren Werten kann eine analoge Tabelle mit 1 N Lauge an Stelle der Säure aufgestellt werden.
Wegen der durch den Lösungszusatz entstandenen Verdünnungen stimmen die Zahlen an den beiden Enden der Kolonne nur näherungsweise. Die Darstellung illustriert aber deutlich die grosse Empfindlichkeit des pH-Wertes in der Nähe des Neutralpunktes auf Zusätze von Säuren und Basen bei Abwesenheit von Puffern (S. 124ff.). Je weiter das pH vom Neutralpunkt 7 entfernt ist (auf der sauren oder alkalischen Seite), um so grössere Mengen H^+- bzw. OH^--Ionen sind zur Verschiebung um eine pH-Einheit erforderlich.

E. Dissoziation schwacher Säuren und Basen; Indikatoren

1. Dissoziationsgleichgewichte

Wie beim Wasser steht auch bei den Säuren und Basen die Dissoziation im Gleichgewicht mit der Assoziation (Wiedervereinigung).

$HA \rightleftharpoons H^+ + A^-$ $BOH \rightleftharpoons B^+ + OH^-$ A=Säurerest; B=Basenrest

$$\frac{(H^+)(A^-)}{(HA)} = K_s \qquad \frac{(B^+)(OH^-)}{(BOH)} = K_b$$

Die **Dissoziationskonstanten** K_s bzw. K_b sind um so kleiner, je schwächer die betreffenden Elektrolyte sind (Tab. VIII, S. 51). Statt mit den Konstanten selbst arbeitet man oft mit deren p-Werten. pK=−log K (in Analogie zum pH).
Die Dissoziationskonstante ist nicht zu verwechseln mit dem Dissoziationsgrad (S. 54). Im Gegensatz zu diesem ist die Konstante **konzentrationsunabhängig.** Sie ändert sich mit der Temperatur (Begünstigung der endothermen Dissoziation durch Temperaturerhöhung, Regel vom kleinsten Zwang).
Durch Zusatz oder Wegnahme von Teilnehmern kann jedes Gleichgewicht ohne Änderung der Konstanten verschoben werden (vgl. S. 83 f.). Gibt man zur Lösung einer schwachen Säure H^+-Ionen (Senkung des pH durch fremde Säure), so wird ihre Dissoziation zurückgedrängt. Die Vergrösserung des Zählers in der Massenwirkungsgleichung muss durch Vereinigung von H^+ mit A^- zu HA kompensiert werden. Werden anderseits H^+-Ionen entfernt (Erhöhung des pH durch Teilneutralisation mit Base), so müssen HA-Moleküle dissoziieren, um den Verlust auszugleichen. Genau gegengleich sind die Verhältnisse bei schwachen Basen.

	bei hohem pH	bei niedrigem pH
Schwache Säure	stark dissoziiert	schwach dissoziiert
Schwache Base	schwach dissoziiert	stark dissoziiert

Durch Zusatz von A^- zur Lösung einer schwachen Säure (Salz mit gleichem Anion wie die Säure) kann das pH erhöht werden. Weil sich zur Neueinspielung des Gleichgewichts H^+ mit dem fremden A^- zu HA verbinden, sinkt die H^+-Konzentration (vgl. Beispiel S. 83). Entsprechend wird das pH einer Basenlösung durch Zusatz von Basenrestionen gesenkt, weil (OH^-) kleiner und damit (H^+) grösser wird.
Die Dissoziationsgleichung kann auch zur indirekten Bestimmung eines der drei Gleichgewichtsteilhaber aus den beiden andern benützt werden. Die Hydrogencarbonatkonzentration des Blutes (vgl. S. 113) wird auf diese Weise ermittelt.

$$\frac{(H^+)(HCO_3^-)}{(H_2CO_3)} = K_s = 10^{-6,5}$$

Aus (H_2CO_3), (H^+) und K_s lässt sich (HCO_3^-) in mMol/l=mVal/l berechnen.
In der Blutprobe wird soviel Kohlensäure gelöst, wie dies in den Venen der Fall ist (Schütteln des Blutes in einer Atmosphäre vom CO_2-Gehalt und der Temperatur der Ausatmungsluft). Die Löslichkeit der Kohlensäure unter diesen Bedingungen ist bekannt und konstant. Nach der Gleichgewichtseinstellung wird das genaue pH der Blutprobe gemessen. Daraus ergibt sich (H^+) und damit sind alle Daten zur Berechnung von (HCO_3^-) verfügbar. Der so ermittelte HCO_3^--Gehalt des Blutes wird

als **Standard-Bicarbonat** bezeichnet (unter standardisierten Begasungsbedingungen gemessen).

2. Indikatoren

Auf Seite 19 wurde definiert: Säure–Basen-Indikatoren sind Stoffe, die im sauren und basischen Milieu verschiedene Farbe zeigen.
Alle Säure–Basen-Indikatoren sind selber schwache Säuren oder Basen, deren Molekül und Säurerest- bzw. Basenrestion unterschiedliche Farbe haben.
Ein Stoff ist farbig, wenn er aus dem weissen Licht selektiv gewisse Wellenlängen absorbiert, andere durchlässt. Die Absorption kommt dadurch zustande, dass bestimmte Partien eines Moleküls durch die Lichtwellen in Schwingung versetzt werden (Resonanz). Wenn nun ein Farbstoffmolekül dissoziiert, wird seine Polarisierung verändert (vgl. S. 293), die Elektronen verschieben sich. Dadurch wird auch die Resonanzfrequenz für das Licht verändert; andere Wellenlängen werden absorbiert, die Farbe wechselt.
Das Verhalten der Farbstoffe soll am Beispiel einer Indikatorsäure erläutert werden. Jeder Indikator hat seine eigene Dissoziationskonstante.

$$K = \frac{(H^+)(A^-)}{(HA)} \qquad \text{Annahme: } A^- \text{ rot, HA gelb}$$

Unter allen Umständen hat eine Lösung dieses Indikators sowohl rote als auch gelbe Partikel. Gibt man den Indikator in stark saure Lösung, dann wird seine Dissoziation zurückgedrängt (vgl. vorangehendes Unterkapitel 1). Die roten Ionen sind dann sehr viel seltener als die gelben Moleküle, die Lösung ist gelb. Nimmt man durch Neutralisation mehr und mehr H^+-Ionen weg, so nimmt die Konzentration der roten A^- auf Kosten der gelben HA mehr und mehr zu, aber nicht linear mit dem pH, sondern beschleunigt (Abb. 53). Einmal wird der Punkt erreicht, an dem sich HA und A^- die Waage halten. Dann zeigt der Indikator seine Misch- oder **Umschlagsfarbe** (orange).

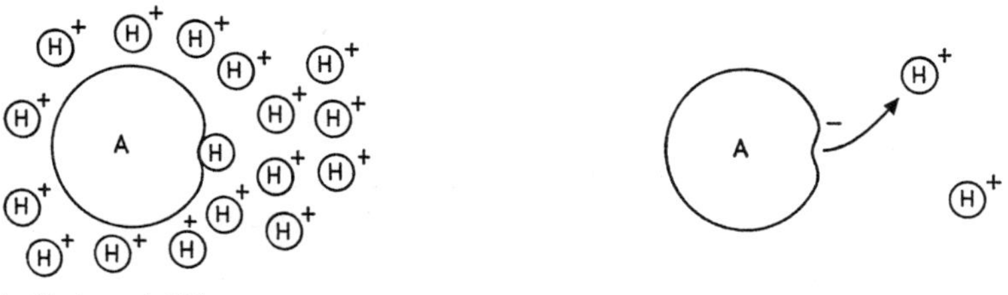

Indikatormolekül
Lösung stark sauer, «Gedränge» von H^+-Ionen; das H der Indikatorsäure wird am Dissoziieren gehindert

Indikator-Anion
Lösung alkalisch, wenig H^+-Ionen; das H der Indikatorsäure hat «freies Feld» zum Dissoziieren

Abb. 52. Indikatorsäure in stark saurem und stark alkalischem Milieu.

Wenn $(A^-) = (HA)$, wird $\frac{(A^-)}{(HA)} = 1$, also $K_s = (H^+)$

Beim Indikatorumschlag ist pH = pK_s

Wird das pH weiter erhöht, so nehmen die Farbstoffanionen weiter überhand, jetzt aber verzögert, die Lösung wird rot. Das visuell erkennbare Umschlagsgebiet erstreckt sich etwa über 2 pH-Einheiten, also von pK −1 bis pK +1. Bei diesen Grenzwerten ist das Verhältnis $(A^-):(HA)$ 1:10 bzw. 10:1. Je nach den Farben des Indikators lässt sich dann die «Minderheitskomponente» von Auge noch gerade eben feststellen. Zwei pH-Einheiten vom Umschlag entfernt, wird das Konzentrationsverhältnis der beiden Farbstoffkomponenten 1:100 bzw. 100:1.
Bei Indikatorbasen ist beim Farbumschlag $pOH = pK_b$ und weil $pH + pOH = 14$, gilt:
Umschlags-pH = 14 − pK_b

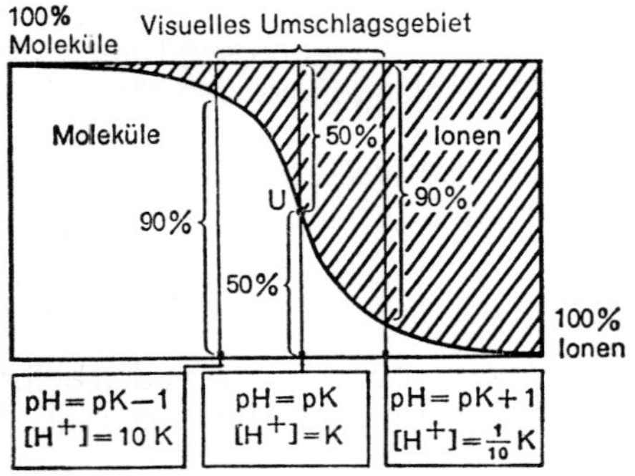

Abb. 53. Indikatorumschlag.

Weil jeder Indikator seine individuelle Dissoziationskonstante hat, besitzt er auch sein individuelles Umschlags-pH. Je schwächer die Indikatorsäure (je kleiner K_s, je grösser pK_s), desto höher liegt das Umschlags-pH. Es gibt sogar Indikatorsäuren (z. B. Phenolphthalein), die so widerwillig dissoziieren, dass sie erst weit oberhalb pH 7 umschlagen. Für Indikatorbasen gilt sinngemäss: Je schwächer die Base (je kleiner K_b, je grösser pK_b), desto tiefer das Umschlags-pH.

Tabelle XVIII. Indikatoren

Indikator	Färbung bei tiefem pH	Färbung bei hohem pH	pH des Umschlagsgebietes
Thymolblau[1]	rot	gelb	1,2– 2,8
Methylorange	rot	gelb	3,1– 4,4
Kongorot	blau	rot	3,0– 5,0
Methylrot	rot	gelb	4,2– 6,3
Bromkresolpurpur	gelb	purpur	5,2– 6,8
Bromthymolblau	gelb	blau	6,0– 7,6
Phenolrot	gelb	rot	6,8– 8,4
Thymolblau[1]	gelb	blau	8,0– 9,6
Phenolphthalein	farblos	rot	8,3–10,0

[1] Thymolblau besitzt zwei Umschlagsgebiete, weil es zwei verschiedene dissoziierbare Atomgruppen im Molekül hat.

Mit Hilfe einer Auswahl von Indikatoren, deren Umschlagsgebiete sich über einen möglichst grossen Bereich der pH-Skala verteilen (Tab. XVIII), kann das pH einer Lösung recht genau ermittelt werden. Mit den 3 nachstehenden Farbstoffen lässt sich das pH zwischen 3 und 10 schon auf zirka 1 Einheit genau bestimmen.

pH	3	4	5	6	7	8	9	10
Methylorange	rot	orange	gelb	gelb	gelb	gelb	gelb	gelb
Bromthymolblau	gelb	gelb	gelb	gelbgrün	grün	blau	blau	blau
Phenolphthalein	farblos	farblos	farblos	farblos	farblos	farblos	rosa	rot

In keiner der 8 Kolonnen hat es die gleichen 3 Farben. Nur zwischen pH 5 und 6 ist die Unterscheidung etwas unsicher, weil Bromthymolblau bei 6,0 eben umzuschlagen beginnt.
Es gibt auch **Universalindikatoren,** das sind Indikatorgemische, welche über ein grösseres Gebiet bei jedem pH eine andere Farbe zeigen. Bei Durchlaufen der pH-Skala schlagen die verschiedenen Komponenten nacheinander um, so dass sich die resultierende Mischfarbe stetig ändert.
Zur genauen pH-Bestimmung (bis auf Hundertstel oder Tausendstel pH-Einheiten) verwendet man elektrische pH-Meter. Die elektrische pH-Bestimmung beruht auf der Messung von Konzentrationspotentialen, die zwischen Lösungen verschiedener H^+-Ionenkonzentration auftreten (Einzelheiten zu dem Verfahren siehe Anhang S. 346).

F. Hydrolyse

Misst man das pH von verschiedenen Salzlösungen, so findet man keineswegs immer Werte um 7, wie man erwarten könnte. Unter den bekanntesten anorganischen Salzen gibt es solche, die stark alkalische Lösungen bilden (pH 11 und darüber). Daneben gibt es schwach sauer reagierende, unter den Salzen organischer Basen auch stark saure Lösungen. Alle diese Salze haben weder ionisierbaren Wasserstoff noch OH-Gruppen im Molekül. Beispiele:

Saure Lösung	NH_4NO_3, $FeCl_3$, $ZnSO_4$, $CuSO_4$
Neutrale Lösung	K_2SO_4, $NaClO_3$, $BaCl_2$, $Ca(NO_3)_2$
Alkalische Lösung	K_2CO_3, Na_3BO_3, KCN, Na_2SO_3

Aus obiger Klassierung lässt sich folgende Gesetzmässigkeit herauslesen:

Wässerige Lösungen von Salzen aus	**starken Säuren mit schwachen Basen**	**haben saures pH**
Wässerige Lösungen von Salzen aus	**schwachen Säuren mit starken Basen**	**haben alkalisches pH**
Wässerige Lösungen von Salzen aus	**starken Säuren mit starken Basen**	**haben neutrales pH**

Bei Salzen aus schwachen Säuren mit schwachen Basen (in der Praxis selten vorkommend) ist das pH der Lösung sauer, wenn die beteiligte Säure die grössere Dissotiationskonstante hat als die Base, alkalisch im ungekehrten Fall.
pK_s von Essigsäure ist 4,76, pK_b von Ammoniumhydroxid 4,79. Lösungen von Ammoniumacetat sind deshalb praktisch neutral.

Das pH einer wässerigen Salzlösung ist um so weiter von 7 entfernt, je mehr sich die Dissoziationskonstanten der Säure und der Base, die am Aufbau des Salzes beteiligt sind, voneinander unterscheiden. In Abbildung 54 wird das Zustandekommen der pH-Verschiebung am Beispiel des Kaliumcyanids erläutert.
Das Phänomen der pH-Verschiebung bei Lösungen von Salzen aus schwachen Säuren mit starken Basen und umgekehrt wird als **Hydrolyse** bezeichnet.
In anloger Weise wie in Abbildung 54 dargelegt, kann auch das saure pH der Lösung eines Salzes aus starker Säure und schwacher Base erklärt werden. Das Kation des Salzes fängt hier die OH^--Ionen ab und bildet undissoziierte Basenmoleküle. Wegen der Neueinstellung des $(H^+)(OH^-)$-Gleichgewichtes resultiert ein H^+-Ionenüberschuss.
Bei den Salzen starker Basen mit starken Säuren bilden sich weder Basen- noch Säuremoleküle aus den Ionen des Salzes und des Wassers, so dass der ursprüngliche Ionisationszustand des Wassers mit $(H^+) = (OH^-)$ erhalten bleibt. Das pH einer solchen Salzlösung entspricht dem des reinen Wassers.
Die Hydrolyse führt zu der paradoxen Tatsache, dass selbst gewisse «saure» Salze (Hydrogensalze) schwach alkalische Lösungen bilden.

Na_2CO_3	stark alkalisch	K_3PO_4	stark alkalisch
$NaHCO_3$	schwach alkalisch	K_2HPO_4	schwach alkalisch
		KH_2PO_4	schwach sauer

Beim Auflösen von Natriumhydrogencarbonat dissoziiert das Salz praktisch total in Na^+ und HCO_3^-.

$$HCO_3^- + H^+ \rightleftharpoons H_2CO_3 \qquad \frac{(H^+)(HCO_3^-)}{(H_2CO_3)} = 10^{-6,5}$$

Unter Mitwirkung der H^+-Ionen aus dem Wasser pendelt sich obiges Gleichgewicht ein, d.h. es werden H^+-Ionen zur Bildung von H_2CO_3 verbraucht. Es resultiert ein OH^--Ionenüberschuss, die Lösung wird alkalisch.

Die Vorgänge beim Auflösen von Dikaliumhydrogenphosphat und Kaliumdihydrogenphosphat gehen aus dem folgenden Schema hervor. Bei beiden Salzen spielt sich dasselbe Gleichgewicht ein, aber von entgegengesetzter Seite, was beim einen Salz zu alkalischem, beim andern zu saurem pH führt.

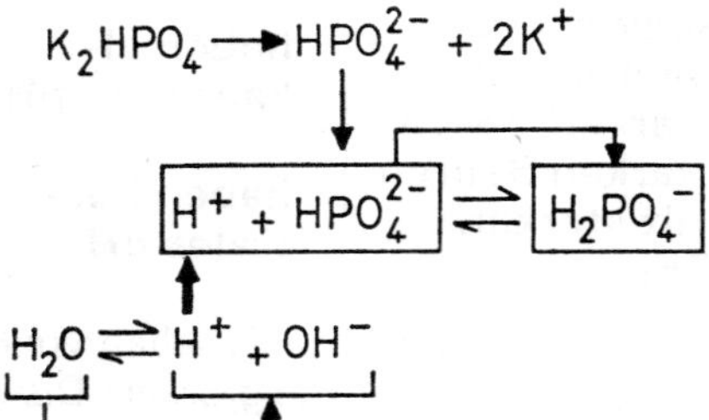

Wegnahme von H+ aus dem Wassergleichgewicht → pH>7

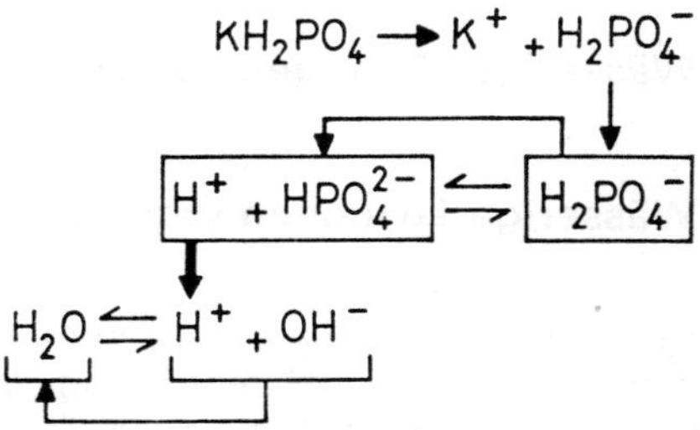

Zufuhr von H+ ins Wassergleichgewicht → pH<7

Beim Auflösen des Salzes spielen sich unmittelbar nacheinander folgende Teilvorgänge ab:

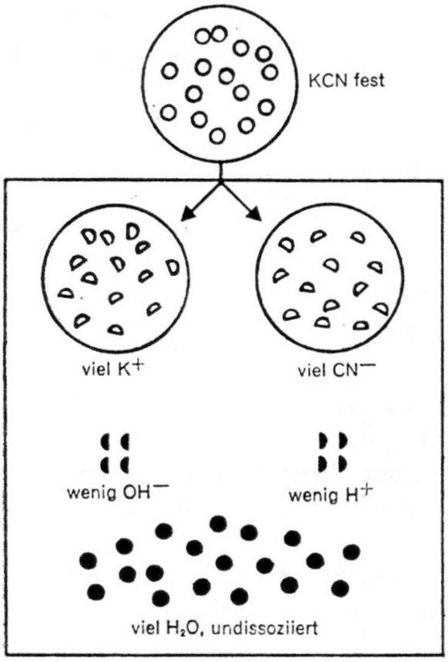

I

Die Salzmoleküle dissoziieren praktisch vollständig in Ionen. Im Wasser befinden sich ausserdem die durch Zerfall von H_2O entstandenen wenigen H^+- und OH^--Ionen.

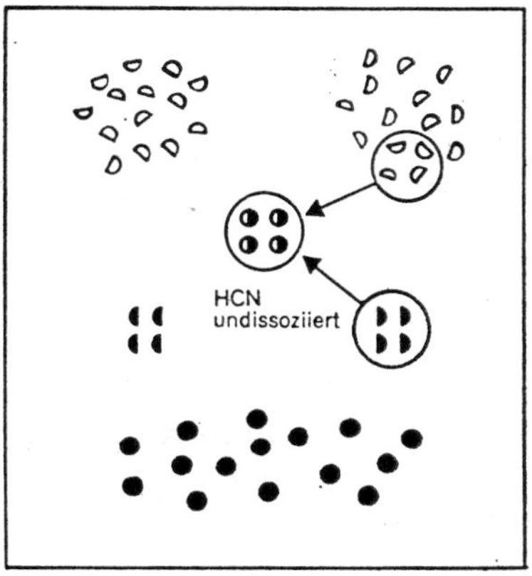

II

Ein Teil der Cyanidionen verbindet sich sofort mit den vorhandenen H^+-Ionen zu undissoziierter Blausäure. Damit wird das Gleichgewicht der Wasserdissoziation gestört.

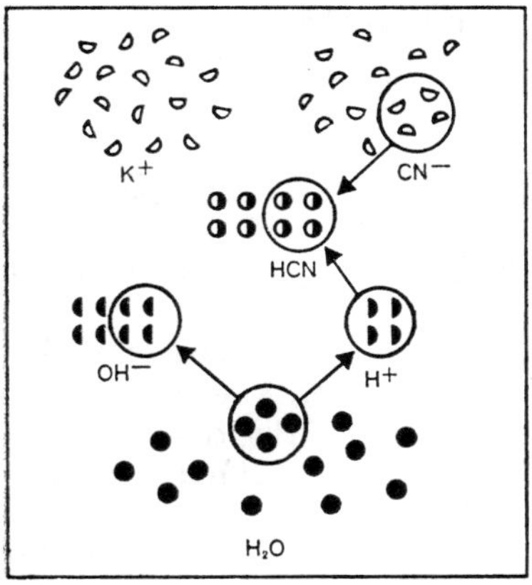

III

Neue H_2O-Moleküle zerfallen. Die frisch entstandenen H^+-Ionen werden laufend von Cyanidionen weggefangen, während die OH^--Ionen als solche bestehenbleiben (KOH ist ja vollständig dissoziiert).

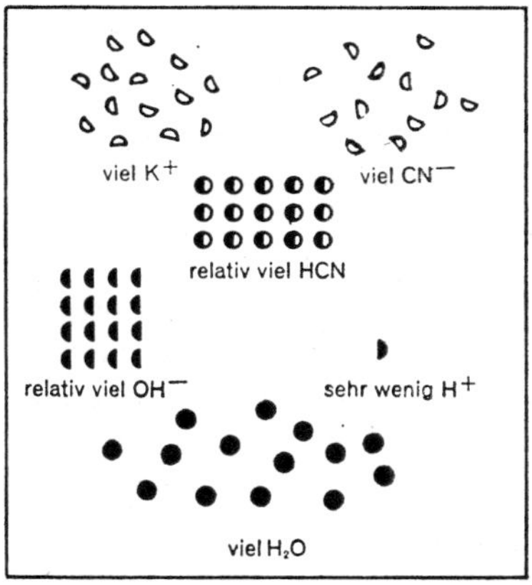

IV

Der endgültige Gleichgewichtszustand ist hergestellt, wenn folgende beiden Gleichungen erfüllt sind:

$$\frac{(H^+)(CN^-)}{(HCN)} = K(=10^{-9,1})$$

$$(H^+)(OH^-) = 10^{-14}$$

Je kleiner die Dissoziationskonstante K der schwachen Säure, desto mehr H^+-Ionen werden gebunden, desto mehr Wassermoleküle müssen dissoziieren, desto alkalischer wird die Lösung zufolge OH^--Ionen-Überschusses.

Abb. 54. Hydrolyse von Kaliumcyanid.

G. Puffer

Ein Säure–Basen-Puffer ist eine Lösung, die sowohl zugesetzte H^+- als auch OH^--Ionen binden kann.
Die durch Säure- oder Basenzusatz zu einer Lösung normalerweise verursachte pH-Verschiebung wird bei Gegenwart eines Puffers verringert. Ein «pH-Stoss» (in beiden Richtungen) wird aufgefangen, gedämpft. Die auf Seite 117 durchgespielten Rechnungen stimmen für gepufferte Lösungen nicht.

1. Zusammensetzung und Wirkungsweise der Puffer

Jede schwache Säure und schwache Base, die man ungefähr zur Hälfte neutralisiert hat, bildet einen Puffer, oder anders ausgedrückt:
Ein Puffer ist ein Gemisch aus einer schwachen Säure und einem Salz mit gleichem Anion oder ein Gemisch aus einer schwachen Base und einem Salz mit gleichem Kation.
Das Verhalten der Pufferlösungen gegenüber Säuren und Basen soll am Beispiel des oft verwendeten Essigsäure/Acetat-Puffers erläutert werden. Essigsäure ist eine einwertige Säure (CH_3COOH). Das Acetation CH_3COO^- wird im Folgenden mit Ac^-, die undissoziierte Essigsäure mit HAc abgekürzt. Das Puffergemisch Natriumacetat/Essigsäure enthält folgende selbständige gelöste Partikel:

Viel Na^+ **viel Ac^-** **viel HAc** **wenig H^+**

Reaktion **bei Zusatz von Säure** (H^+-Ionen): **$Ac^- + H^+ \rightarrow HAc$**

Der grösste Teil der zugesetzten H^+-Ionen wird von den Acetationen aufgefangen. Es entsteht undissoziierte Essigsäure.

Reaktion **bei Zusatz von Base** (OH^--Ionen): **$HAc + OH^- \rightarrow Ac^- + H_2O$**

Der grösste Teil der OH^--Ionen wird durch die undissoziierte Essigsäure neutralisiert. Es entstehen Acetationen und Wasser.
Die Essigsäure wirkt gewissermassen als Ausgleichsbecken für Wasserstoff. Bei Zusatz von H^+-Ionen werden diese zusammen mit Acetationen «in das Vorratsbecken hineingepumpt» und immobilisiert. Bei Zusatz von OH^--Ionen werden durch Dissoziation von Essigsäure wieder H^+-Ionen mobilisiert und mit den OH^--Ionen vereinigt.

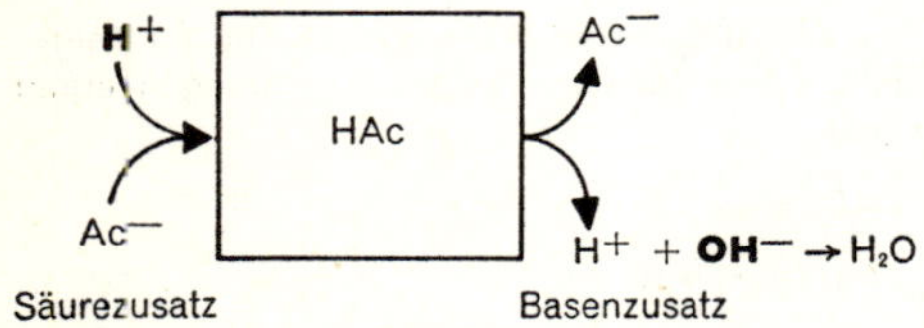

Abb. 55. Der Essigsäure/Acetat-Puffer.

Das Kation des Acetats und auch die Gegenionen der zugesetzten H^+ bzw. OH^- bleiben an der Pufferreaktion unbeteiligt.
Auch für Puffer gilt die Massenwirkungsgleichung:

$$\frac{(H^+)(Ac^-)}{(HAc)} = K_s$$

Bei Zusatz von viel Säure wird (HAc) allmählich grösser und (Ac^-) kleiner. Dies bedingt eine allmähliche Zunahme von (H^+), also ein Absinken des pH. Bei Zugabe von viel Lauge wird (HAc) allmählich vermindert, (Ac^-) dagegen vergrössert, so dass (H^+) abnehmen muss, wenn K_s konstant bleiben soll; das pH steigt.

Ein Rechenbeispiel soll das unterschiedliche Verhalten eines Acetatpuffers im Vergleich zu einer ungepufferten Lösung von gleichem pH demonstrieren:

$$\frac{(H^+)(Ac^-)}{(HAc)} = 10^{-4,76} = 1,8 \cdot 10^{-5} \qquad (H^+) = \frac{(HAc)}{(Ac^-)} \cdot 10^{-4,76}$$

Wenn (HAc) = (Ac^-) = 1 Mol/l, wird $(H^+) = \frac{1}{1} \cdot 10^{-4,76}$ und $pH = pK_s = \mathbf{4,76}$

Zu 1 l dieses Puffers wird nun 0,1 Val konzentrierte starke Säure gegeben (Volumenzunahme zu vernachlässigen). Das zugesetzte 0,1 Mol H^+ vereinigt sich praktisch vollständig mit 0,1 Mol Ac^- zu 0,1 Mol HAc. Die neue H^+-Ionenkonzentration wird:

$$(H^+) = \frac{1,1}{0,9} \cdot 10^{-4,76} = 10^{-4,66} \qquad \mathbf{pH = 4,66}$$

Der Zusatz von 0,1 Mol H^+ zu 1 l hat das pH nur um 0,1 gesenkt. Die H^+-Ionenkonzentration hat nur um den Faktor $\frac{1,1}{0,9} = 1,22$ zugenommen.

Gibt man zu einer ungepufferten Lösung vom pH 4,76 0,1 Mol H^+, so fällt das **pH auf etwa 1**

$$(H^+) = 1,8 \cdot 10^{-5} + 0,1 = 0,100018 \qquad -\log 0,100018 \approx 1$$

Die H^+-Konzentration nimmt um den Faktor $\frac{0,100018}{1,8 \cdot 10^{-5}} = 5557$ zu.

In analoger Weise wie die Säure/Salz-Puffer wirken auch die Basen/Salz-Puffer. Beispiel: Ammoniumhydroxid/Ammoniumchlorid NH_4OH/NH_4^+

Zusatz von H^+-Ionen $NH_4OH + H^+ \rightarrow NH_4^+ + H_2O$
Zusatz von OH^--Ionen $NH_4^+ + OH^- \rightarrow NH_4OH$

Das undissoziierte Ammoniumhydroxid fängt die H^+-Ionen, die Ammoniumionen fangen die OH^--Ionen ab. Auch hier muss gelten:

$$\frac{(NH_4^+)(OH^-)}{(NH_4OH)} = K_b$$

2. Optimaler Wirkungsbereich der Puffer

Die **Pufferkapazität** einer Lösung hängt von der **Gesamtkonzentration des Puffergemisches,** aber auch vom **molaren Verhältnis der beiden Pufferkomponenten** ab.
Die Pufferung einer Lösung ist immer dann am besten, wenn die molare Konzentration der undissoziierten Säure und des freien Anions (bzw. der undissoziierten Base und des freien Kations) **gleich sind,** d.h. wenn z.B. auf 1 Molekül Essigsäure 1 Molekül Na-acetat entfällt. Je mehr das Mischverhältnis von

1:1 abweicht, desto schwächer die Pufferung bei gleichbleibender Gesamtkonzentration. Diese Tatsache lässt sich anhand der Massenwirkungsgleichung mathematisch beweisen.

Annahme: (HAc) = 20 · (Ac^-), Gesamtkonzentration (HAc) + (Ac^-) = 2M (wie im Beispiel unter Abschnitt 1)

$$(H^+) = \frac{(HAc)}{(Ac^-)} \cdot K_s = \frac{1{,}9048}{0{,}0952} \cdot 10^{-4{,}76} = 20 \cdot 10^{-476} \qquad pH = \mathbf{3{,}46}$$

Zu 1 l des Puffers wird nun 0,02 Mol H^+ gegeben:
(HAc) wird um 0,02 grösser, (Ac^-) um 0,02 kleiner

$$(H^+) = \frac{1{,}9248}{0{,}0752} \cdot K_s = 25{,}6 \cdot 10^{-4{,}76} \qquad pH = \mathbf{3{,}35}$$

Das pH hat sich um $^1/_{10}$ Einheit gesenkt wie im Rechenbeispiel des vorangehenden Abschnitts, aber mit einem 5mal geringeren Säurezusatz!

Wenn (Anion) = (Molekül), dann wird (H^+) = K_s oder pH = pK.

Ein Säure/Salz-Puffer hat sein Optimum (beste Pufferung), **wenn das pH gleich dem pK_s der Puffersäure ist.**

Analog gilt für schwache Basen: Wenn (Kation) = (Molekül), wird (OH^-) = K_b oder pOH = pK_b. Ein Basen/Salz-Puffer hat sein Optimum, wenn sich sein pH und das pK_b der Base zu 14 ergänzen (pH + pOH = 14).

Weil jede Säure und Base ihre eigene spezifische Dissoziationskonstante hat, besitzt auch **jeder Puffer sein spezifisches pH-Optimum** (Tab. XIX). Wenn die Dissoziationskonstante einer Säure kleiner ist als 10^{-7} (pK_s grösser als 7), dann liegt das Optimum ihres Puffers paradoxerweise im basischen Gebiet. Das Analoge gilt für Puffer aus schwachen Basen mit ihrem Salz ($K_b < 10^{-7}$; $pK_b > 7$: Optimum im sauren Gebiet).
Faustregel: Eine brauchbare Pufferung erhält man im Gebiet von etwa 1,5 pH-Einheiten über bis 1,5 Einheiten unter dem Optimum. An den Grenzen dieses Gebiets ist die Pufferung etwa 5mal schlechter als beim Optimum. Ein Acetatpuffer ist somit etwa von pH 3,3 bis 6,3 wirksam.

3. Puffer aus mehrwertigen schwachen Säuren

Bei 2wertigen Säuren sind 2 Puffersysteme, bei 3wertigen deren 3 möglich.
Beispiel: Phosphorsäure

a) $H_3PO_4/H_2PO_4^-$	Säurezusatz:	$H^+ + H_2PO_4^- \rightarrow H_3PO_4$
	Basenzusatz:	$OH^- + H_3PO_4 \rightarrow H_2PO_4^- + H_2O$
b) $H_2PO_4^-/HPO_4^{2-}$	Säurezusatz:	$H^+ + HPO_4^{2-} \rightarrow H_2PO_4^-$
	Basenzusatz:	$OH^- + H_2PO_4^- \rightarrow HPO_4^{2-} + H_2O$
c) HPO_4^{2-}/PO_4^{3-}	Säurezusatz:	$H^+ + PO_4^{3-} \rightarrow HPO_4^{2-}$
	Basenzusatz:	$OH^- + HPO_4^{2-} \rightarrow PO_4^{3-} + H_2O$

Jedes dieser drei Puffersysteme hat sein eigenes pH-Optimum, das dem Eigen-pH der 1:1-Mischung entspricht. K_2HPO_4 oder KH_2PO_4 allein puffern gar nicht. Die 1:1-Mischung der beiden Salze aber ist ein ausgezeichneter Puffer. Dasselbe gilt für $NaHCO_3$ und Na_2CO_3.

4. Bedeutung und Verwendung der Puffer

Puffersysteme haben sowohl im Labor als auch im lebenden Organismus wichtige Aufgaben. Es gibt ungezählte Reaktionen, die nur bei bestimmtem pH in gewünschter Weise ablaufen. Sämtliche **Enzymreaktionen** sind ausgesprochen **pH-abhängig.** Überall, wo es gilt, in einer Lösung einen bestimmten pH-Wert zu verwirklichen und aufrechtzuerhalten, ist die Gegenwart eines Puffers unerlässlich. Vor allem pH-Werte in der Nähe von 7, wie sie in den meisten physiologischen Medien herrschen, lassen sich niemals ohne geeigneten Puffer einhalten (vgl. Tab. XVII, S. 117). Praktisch alle Stoffwechselvorgänge im lebenden Organismus sind enzymatische Prozesse, die nur bei bestimmtem pH ablaufen. Die Körperflüssigkeiten enthalten denn auch verschiedene Puffersysteme, welche die pH-Konstanz des Reaktionsmilieus gewährleisten. Die wichtigsten **Puffer des Blutes** sind die **Proteine** (vgl. S. 259 f.) und **Kohlensäure/Hydrogencarbonat.** Der letztgenannte ist ein Puffer besonderer Art:

$$HCO_3^- + H^+ \rightleftharpoons H_2CO_3 \rightarrow H_2O + CO_2\uparrow$$

Geraten durch krankhaften Stoffwechsel vermehrt organische Säuren ins Blut (z.B. bei Zuckerkrankheit), werden diese vom Hydrogencarbonat abgefangen. Die gebildete Kohlensäure kann in Wasser und Kohlendioxid zerfallen. Das CO_2 wird in der Lunge an die Luft abgegeben. Man spricht von einem «offenen Gleichgewicht». Im Ionogramm ersetzen die organischen Anionen einen Teil der HCO_3^--Säule.

Tabelle XIX. Einige gebräuchliche Puffer mit ihrem pH-Optimum

Phthalsäure/Hydrogenphthalat	2,8	
Citronensäure/Dihydrogencitrat	3,7	
Essigsäure/Acetat	4,8	
Dihydrogencitrat/Monohydrogencitrat	4,8	
Kohlensäure/Hydrogencarbonat	6,5	
Dihydrogenphosphat/Monohydrogenphosphat	7,2	schwache Säure+Salz
Veronal/Veronal-Natrium	7,4	
Borsäure/Dihydrogenborat	9,2	
Glycin/Glycin-Natrium	9,8	
Hydrogencarbonat/Carbonat	10,3	
Monohydrogenphosphat/Phosphat	12,7	
Triäthanolamin/Triäthanolamin-Hydrochlorid	4,5	
Collidin/Collidin-Hydrochlorid	7,2	schwache Base+Salz
Trishydroxymethylaminomethan/«Tris»-Hydrochlorid	8,1	

H. Das Löslichkeitsprodukt

Wie für «normale» Elektrolyte existiert auch für schwerlösliche Salze, Basen und Säuren ein Dissoziationsgleichgewicht:

$$AgCl \rightleftharpoons Ag^+ + Cl^- \qquad \frac{(Ag^+)(Cl^-)}{(AgCl)} = K$$

Bei gesättigten Lösungen mit Bodensatz ist bei gleichbleibender Temperatur die Konzentration des gelösten undissoziierten Salzes konstant. Sie ist durch die Löslichkeit des betreffenden Elektrolyten bestimmt. Die Massenwirkungsgleichung vereinfacht sich dadurch (analog wie bei der Wasserdissoziation, S. 114) zu

$$(Ag^+)(Cl^-) = K \cdot (AgCl) = \mathbf{L_p = konstant}$$

Für eine gesättigte Elektrolytlösung mit Bodensatz gilt:
Das Produkt aus den molaren Konzentrationen von Anionen und Kationen ist konstant und heisst **Löslichkeitsprodukt.**
Das Gesetz gilt in dieser Form nur für binäre (in 1 Kation und 1 Anion zerfallende) Elektrolyte.

Tabelle XX. Einige Löslichkeitsprodukte

$CaSO_4$	$6 \cdot 10^{-5}$	$CaCO_3$	$1{,}0 \cdot 10^{-8}$	AgCl	$1{,}6 \cdot 10^{-10}$	FeS	10^{-21}
$PbSO_4$	$1{,}7 \cdot 10^{-8}$	$BaCO_3$	$5{,}0 \cdot 10^{-9}$	AgBr	$5{,}0 \cdot 10^{-13}$	PbS	10^{-28}
AgOH	$1{,}2 \cdot 10^{-8}$	$BaSO_4$	$1{,}0 \cdot 10^{-10}$	AgJ	$1{,}0 \cdot 10^{-16}$	CuS	10^{-40}

Die Löslichkeitsprodukte werden elektrisch gemessen (Konzentrationspotentiale zwischen Ionenlösungen verschiedener Molarität).
Weil der Anteil des undissoziierten Elektrolyten in Lösung gegenüber den Ionen sehr klein ist, kann aus dem L_p die Löslichkeit eines Salzes berechnet werden. Beispiel:

CuS $\quad L_p = (Cu^{2+})(S^{2-}) = 10^{-40}$
Weil jedes CuS in je ein Cu^{2+} und ein S^{2-} zerfällt, gilt $(Cu^{2+})(S^{2-}) = x^2 = 10^{-40}$
$x = \sqrt{10^{-40}} = 10^{-20}$, also $(Cu^{2+}) = (S^{2-}) = 10^{-20}$ Mol/l.

Ein Liter Wasser mit Kupfer(II)-sulfid als Bodensatz enthält also je 10^{-20} Mol Cu^{2+}- und S^{2-}-Ionen, das sind je $6 \cdot 10^{23} \cdot 10^{-20} = 6 \cdot 10^3 = 6000$ Ionen, eine ausserordentlich kleine Zahl.
Wie jedes andere Gleichgewicht kann auch das Dissoziationsgleichgewicht schwerlöslicher Salze durch Zusatz oder Wegnahme von Gleichgewichtspartnern verschoben werden. Wird in einer gesättigten Lösung von $BaSO_4$ die Ba^{2+}-Ionenkonzentration erhöht (z.B. durch Zusatz von $BaCl_2$), so muss die Konzentration von SO_4^{2-} absinken. Wird dagegen H_2SO_4 zugesetzt, so fällt entsprechend die Bariumionenkonzentration ab (Analogie: Verschiebung des Gleichgewichtes $(H^+)(OH^-) = 10^{-14}$ bei Säure- oder Basenzusatz; S. 114).

Rechenbeispiel: Welche Ba^{2+}-Konzentration hat gesättigtes $BaSO_4$ a) in blossem Wasser, b) in 0,1 M Na_2SO_4?

a) $(Ba^{2+}) = (SO_4^{2-}) = \sqrt{10^{-10}} = \mathbf{10^{-5}}$ **Mol/l**

b) $(Ba^{2+})(0{,}1) = 10^{-10} \qquad (Ba^{2+}) = \frac{10^{-10}}{10^{-1}} = \mathbf{10^{-9}}$ **Mol/l**

In blossem Wasser ist die Bariumionenkonzentration 10000mal grösser als in 0,1 molarem Natriumsulfat.

Durch Zusatz von gleichen Anionen zur gesättigten Lösung eines Salzes lässt sich die Konzentration von dessen Kationen herabsetzen und umgekehrt.

Von dieser Tatsache macht man unter anderem Gebrauch, wenn ein bestimmtes Ion möglichst vollständig aus einer Lösung entfernt werden soll.

Wird anderseits ein Ion eines schwerlöslichen Salzes aus der Lösung entfernt, so erhöht sich die Konzentration des andern. Beispiel:

$CaCO_3 \rightleftharpoons Ca^{2+} + CO_3^{2-} \qquad (Ca^{2+})(CO_3^{2-}) = 10^{-8}$

Bei Zusatz von Säure bildet sich aus CO_3^{2-} und $2H^+$ Kohlensäure, welche als CO_2 die Lösung verlässt. (CO_3^{2-}) nimmt ab, also muss (Ca^{2+}) zunehmen, das bedeutet, dass sich $CaCO_3$ auflöst. Das neu entstandene CO_3^{2-} wird erneut von H^+ gebunden usw. So erklärt sich die Auflösung von «wasserunlöslichen» Carbonaten in Säuren.

I. Der Säure–Basen-Begriff von Brönsted

Das ganze Elektrolytgebäude des vorliegenden Buches basiert auf der klassischen Anschauung des Schweden **Arrhenius:**

Säure = Stoff, der in wässerigem Milieu in H^+-Ionen und Säurerest-Ionen dissoziiert

Base = Stoff, der in wässerigem Milieu in OH^--Ionen und Basenrest-Ionen zerfällt.

Der Däne **Brönsted** hat die Begriffe neu definiert:

Säure = Stoff, der Protonen (H^+-Ionen) abgeben kann (H^+-Donator)

Base = Stoff, der Protonen (H^+-Ionen) aufnehmen kann (H^+-Akzeptor)

Brönsted-Säuren sind alle Arrhenius-Säuren, aber zusätzlich auch gewisse zusammengesetzte Kationen, wie z. B. NH_4^+. (In Gegenwart von OH^--Ionen kann das NH_4^+ ein H^+ abgeben: $NH_4^+ + OH^- \rightarrow NH_3 + H_2O$.)

Brönsted-Basen sind alle Anionen, die sich mit H^+-Ionen zu undissoziierten Säuren vereinigen können ($A^- + H^+ \rightarrow HA$). Auch das OH^--Ion ist eine Brönsted-Base ($OH^- + H^+ \rightarrow H_2O$), ebenso Ammoniak und dessen organische Derivate, die Amine ($NH_3 + H^+ \rightarrow NH_4^+$).

Im Brönsted-System gilt die einfache Beziehung:

Base + $H^+ \rightleftharpoons$ Säure

Weil die Brönsted-Terminologie beim chemischen Neuling leicht Verwirrung stiftet, ist sie in den übrigen Kapiteln dieses Buches bewusst vermieden worden. Nach Arrhenius ist z. B. CN^- ein Säurerest-Ion, NH_4^+ ein Basenrest-Ion; nach Brönsted ist CN^- eine Base, NH_4^+ eine Säure. Die Brönstedsche Anschauung erleichtert indessen ein vertieftes Studium der Elektrolytchemie. Angehende Besucher höherer Fachschulen sollten sich deshalb mit ihr vertraut machen.

VII. Fragen zur Eigenkontrolle (Stoffgebiet S. 104–129)

1. Wie kann metallisches Kalium hergestellt werden?
2. Wie erklärt sich die elektrische Leitfähigkeit von reinem Wasser?
3. Wie viele Mikromol H^+ enthalten 3 ml Lösung mit pH 3?
4. Welches sind die ungefähren Konzentrationen der vier wichtigsten Kationen des Serums?
5. Zwei ungepufferte Lösungen von gleichem Volumen haben pH 4 bzw. 11. In beiden soll das pH durch Säurezusatz um 2 Einheiten verschoben werden. In welchem Fall braucht es mehr Säure und warum?
6. Aus Eisen, Silber und den Salzlösungen der beiden Metalle wird ein galvanisches Element gebaut. In welcher Richtung fliesst der Strom in der metallischen Verbindung zwischen den beiden Elektroden?
7. Warum hat destilliertes Wasser, das mit Luft Kontakt hatte, nie pH 7?
8. Eine Lösung bleibt bei Zusatz von Phenolphthalein farblos und wird mit Methylorange gelb. Zwischen welchen Zahlen muss ihr pH liegen?
9. Warum löst sich Zink in Salzsäure auf, Silber dagegen nicht?
10. Welcher Unterschied besteht zwischen den Begriffen «starke Säure» und «konzentrierte Säure»?
11. In einer Lösung von 0,002 M Natriumcarbonat ist die maximale Konzentration von Fe^{2+} 10^{-8} M. Welches ist das Löslichkeitsprodukt von $FeCO_3$?
12. Wie gross ist die OH^--Ionenkonzentration in Mol pro Liter in einer 0,001 N Säure vom Dissoziationsgrad 0,1?
13. Sind die Lösungen folgender Salze sauer, neutral oder alkalisch?
Na_2SO_4, NH_4Cl, $Cu(NO_3)_2$, Ammoniumacetat, Natriumborat, Dikaliumhydrogenphosphat?
14. Eine 0,1 N Säure hat pH 5. Welchen Dissoziationsgrad hat sie?
15. Phenolphthalein ist eine schwache organische Säure. Welche Farbe hat ihr Anion und welche das undissoziierte Molekül?
16. Eine Lösung von Salzsäure hat pH 1. Durch Zusatz von Natriumphosphat wird das pH auf 5 verschoben. Wie ist das Verschwinden der vielen H^+-Ionen zu erklären?
17. Zwischen welchen beiden ganzen Zahlen liegt das pH einer 0,03 N Lauge mit Dissoziationsgrad 1?
18. Eine Lösung aus Kaliumchlorid, Calciumchlorid, Salzsäure und Alkohol lässt man durch einen Kationenaustauscher in «H-Form» laufen. Wie ist die auslaufende Lösung zusammengesetzt?
19. Warum lässt sich in ungepufferter Lösung ein pH von 2 viel leichter auf 0,1 pH-Einheiten konstant halten als ein pH von 7?
20. Das Redoxpotential von $2Br^-/Br_2$ ist 1,06 V. Unter welchen Bedingungen wird diese Spannung registriert?
21. pK_s von Essigsäure ist etwa 5. Welches ungefähre pH hat a) eine Lösung von 0,1 Mol Essigsäure+0,01 Mol Natriumacetat pro Liter, b) eine 0,1 N Essigsäure?
22. Wie lässt sich erklären, dass eine Lösung von $KHSO_4$ sauer, eine solche von $KHCO_3$ alkalisch ist?
23. Welche Vorgänge spielen sich an den Elektroden eines Bleiakkumulators beim Aufladen ab?
24. Vollkommen reines, CO_2-freies Wasser hat pH 7. Bringt man einen Tropfen davon auf gelbes Bromthymolblaupapier, dann bleibt dieses gelb, obschon der Indikator bei pH 7 blaugrün sein sollte. Erklärung?

(Antworten S. 350)

XX. Acidimetrische Titration

«Titration» bedeutet Bestimmung, «acidimetrisch» heisst «mit Säuren messend».

1 Val Säure neutralisiert 1 Val Base

Lässt sich bei einer Neutralisation die Menge der beteiligten Säure messen, so kann daraus die Menge der beteiligten Base berechnet werden und umgekehrt.

Anzahl Val Säure = Anzahl Val Base

1. Technik der Titration

Das Prozedere wird für die Bestimmung einer Base mit einer Säure erläutert. Base und Säure können ihre Rollen vertauschen.
1. Eine abgemessene Menge Base (Gewicht oder Volumen) wird ins Titriergefäss (Kolben oder Becher) gegeben=**Titriervorlage.**
2. Ein paar Tropfen Säure-Basen-Indikator werden zugesetzt.
3. Aus einer Bürette lässt man **tropfenweise** Säure von bekannter Normalität in die Vorlage laufen. Durch Bewegen der Vorlage wird dafür gesorgt, dass sich die Säure augenblicklich mit der Base mischt.
4. Sobald der **Indikator umschlägt** (Äquivalenzpunkt), wird die Säurezufuhr gestoppt. Der Farbwechsel ist um so abrupter, je konzentrierter die sich neutralisierenden Lösungen sind.
5. An der Bürette wird das Volumen der verbrauchten Titriersäure abgelesen.

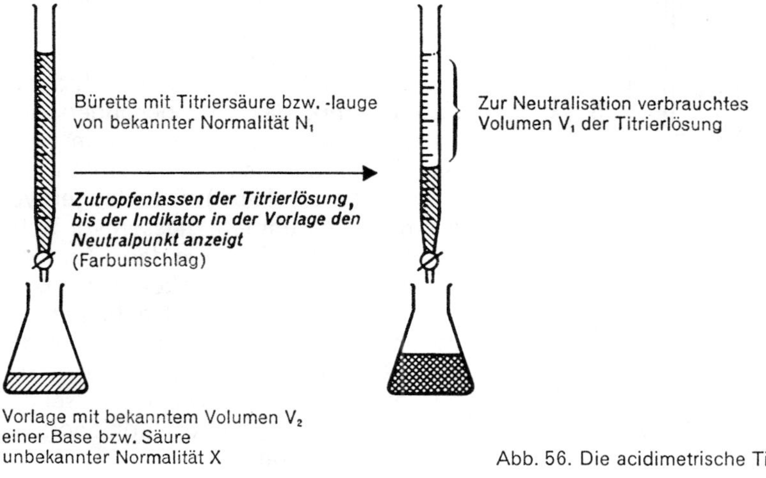

Abb. 56. Die acidimetrische Titration.

Ist die Normalität der Titriersäure N_s und das verbrauchte Volumen in Milliliter V_s, so ergibt sich für die umgesetzte Menge Säure bzw. Base: **Anzahl mVal = $V_s \cdot N_s$.**

Beispiel: Verbrauch 13,5 ml 0,2 N Säure.
Definitionsgemäss ist 1 ml 1 N Säure oder Base = 1 mVal. 13,5 ml 0,2 N Säure sind somit $13{,}5 \cdot 0{,}2 = 2{,}7$ mVal. Die Titriervorlage enthielt also vor der Neutralisation 2,7 mVal Base.

Aus dem Volumen der vorgelegten Base lässt sich auch deren Normalität berechnen:

$$\text{Normalität} = \frac{\text{Anzahl Val}}{\text{Anzahl Liter}} = \frac{\text{Anzahl mVal}}{\text{Anzahl Milliliter}}$$

Für obiges Beispiel sei das Basenvolumen 6 ml. Die Base ist dann $\frac{2{,}7}{6} = 0{,}45$ N.

$$\underbrace{\text{Anzahl mVal Base}}_{V_b \cdot N_b} = \underbrace{\text{Anzahl mVal Säure}}_{V_s \cdot N_s}$$

$$\mathbf{V_b \cdot N_b = V_s \cdot N_s} \qquad \mathbf{N_b = \frac{V_s \cdot N_s}{V_b}} \qquad \mathbf{N_s = \frac{V_b \cdot N_b}{V_s}}$$

2. Titrierlösungen

Als Titrierlösungen für die Acidimetrie dienen vor allem **Natronlauge, Salzsäure** und **Schwefelsäure.** Schwache Säuren und Basen eignen sich dafür nicht (Erklärung S. 134). Die Konzentration der Titriersäuren und -laugen, der sogenannte Titer, wird meist möglichst nahe an Dezimalwerten (1 N, 0,1 N, 0,01 N) gehalten. Kleine Abweichungen werden mit einem sogenannten **Titerfaktor** angegeben. «Natronlauge 0,1 N, Faktor 1,02» bedeutet, dass die so markierte Lauge 0,102 normal ist. Der Titerfaktor muss von Zeit zu Zeit überprüft werden. Dies geschieht mit Hilfe von **Urtitersubstanzen,** das sind besonders rein erhältliche und stabile Säuren oder auch Salze besonders schwacher Säuren, z.B. Na_2CO_3 (vgl. S. 135 f.). Titrierlaugen, vor allem die verdünnten, müssen vor Kohlendioxid geschützt werden. Zu ihrer Herstellung dient ausgekochtes destilliertes Wasser. Die Vorratsgefässe werden, falls nicht ganz verschlossen, mit einer CO_2-Falle aus Natronkalk (Gemisch aus CaO und NaOH) versehen. Der Natronkalk bindet Kohlendioxid durch Neutralisation.

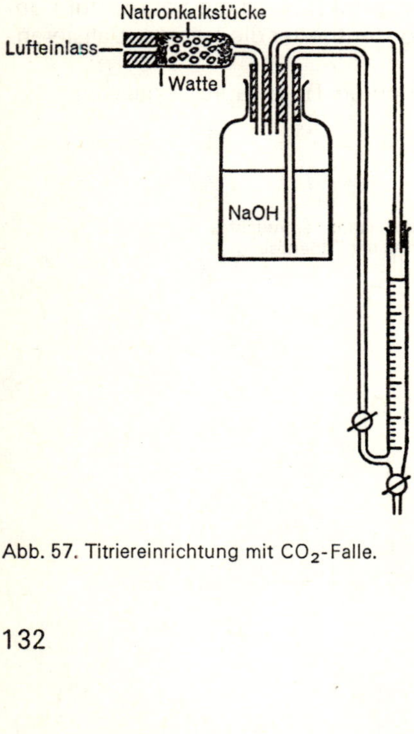

Abb. 57. Titriereinrichtung mit CO_2-Falle.

3. Analysenbeispiele

1. Vorlage: 10 ml Säure unbekannter Normalität; zur Titration verbraucht: 2,3 ml 0,01 N Lauge mit Faktor 1,02.

$x \cdot 10 = 0{,}0102 \cdot 2{,}3 \qquad x = \frac{0{,}0102 \cdot 2{,}3}{10} = 0{,}00235$ Die Säure ist **0,00235 N**

2. Wieviel normal, molar und %GV ist eine Phosphorsäurelösung, wenn 500 μl davon mit 18 ml 0,1 N Lauge neutralisiert werden?

500 μl = 0,5 ml

$x \cdot 0{,}5 = 0{,}1 \cdot 18 \qquad x = \frac{0{,}1 \cdot 18}{0{,}5} = 3{,}6$ Die Phosphorsäure ist **3,6 N**

1 molare Phosphorsäure (H_3PO_4) ist 3 normal. Die Lösung ist somit $\frac{3{,}6}{3}$ = **1,2 M**

1 Mol H_3PO_4 wiegt 98 g. 1,2 Mol/l sind $1{,}2 \cdot 98 = 118$ g/l = **11,8% GV**

3. 2 g festes Natriumhydroxid werden in etwas Wasser aufgelöst und mit 1,03 N Säure titriert. Welches ist die Reinheit des NaOH in Prozent, wenn 46,2 ml Säure verbraucht werden (die Verunreinigung soll keine Säure binden)?

46,2 ml 1,03 N Säure sind $46{,}2 \cdot 1{,}03 = 47{,}6$ mVal
47,6 mVal NaOH sind $47{,}6 \cdot 40 = 1903$ mg

Das eingewogene unreine Material (brutto) ist 100%

2000 mg = 100%, $\cdot$ 1903 mg = $\frac{1903}{2000} \cdot 100$ = **95,2%** Reinheit

4. 0,8 g reine organische Säure verbrauchen zur Titration 16,0 ml 0,103 N NaOH. Welches Äquivalentgewicht hat die Säure?

16,0 ml 0,103 N Lauge = 1,648 mVal → 800 mg Säure

1 mVal → $\frac{800}{1{,}648} = 485{,}4$ mg Säure
Das Äquivalentgewicht ist **485,4**

5. In einem kompliziert geformten Gefäss soll ein Wasservolumen bestimmt werden. Dem Inhalt werden 6 ml 98%G H_2SO_4 (d=1,83 g/ml) zugesetzt. Nach homogenem Durchmischen werden 10 ml Flüssigkeit entnommen und titriert. Verbrauch 7,25 ml 0,01 N Lauge. Wieviel Flüssigkeit fasst das Gefäss?

10 ml Lösung → 0,0725 mVal Säure Äquivalentgewicht von H_2SO_4 = 49

6 ml 98%G H_2SO_4 → $\frac{6 \cdot 1{,}83 \cdot 98}{100}$ g → $\frac{6 \cdot 1{,}83 \cdot 98}{100 \cdot 49} = 0{,}2196$ Val

1 l Lösung → 7,25 mVal

x l Lösung → 219,6 mVal $\qquad x = \frac{219{,}6}{7{,}25}$ = **30,3 l**

6. Bei einer Stickstoffbestimmung nach Kjehldahl (S. 266) wird in eine Vorlage von 10 ml 0,01 N Salzsäure Ammoniak eingeleitet. Dadurch wird ein Teil der Säure neutralisiert. Der Rest wird mit 0,01 N Lauge vom Faktor 1,01 titriert. Wieviel Milligramm NH_3 wurden eingeleitet, wenn zur Titration des Säureüberschusses 6,7 ml Lauge verbraucht werden?

10 ml 0,0100 N Säure = 10 · 0,01 = 0,1000 mVal (A)
6,7 ml 0,0101 N Lauge = 6,7 · 0,0101 = 0,0677 mVal (B)
Durch Ammoniak neutralisierte Säure 0,0323 mVal (A–B)

NH_3 bildet mit Wasser die einwertige Base NH_4OH
0,0323 mVal neutralisierte Säure entsprechen somit 0,0323 mVal NH_4OH oder 0,0323 mMol NH_3.
Molekulargewicht von NH_3=17
0,0323 mMol NH_3 sind 17 · 0,0323 = **0,549 mg**

4. Indikatorwahl

Auf Seite 119 wurde dargelegt, dass jeder Indikator seine spezifische Dissoziationskonstante und damit auch sein eigenes Umschlags-pH besitzt. Bei oberflächlicher Beurteilung müsste man fordern, dass ein Indikator für die acidimetrische Titration ein pK von 7 haben muss (Umschlag beim Neutralpunkt). Die durchgezogene Kurve in Abbildung 58 zeigt den pH-Verlauf bei der Neutralisation von 1 l 0,1 N Lauge mit 1 N Säure. Es ist zugleich die graphische Darstellung von Tabelle XVII, S. 117. Die Kurve und auch Tabelle XVII zeigen, dass in der Nähe des Äquivalenzpunktes (Anzahl mVal Base=Anzahl mVal Säure) das pH mit dem letzten Tropfen Säure (zirka 30 μl) über 5–6 Einheiten hinwegspringt. Vom Umschlags-pH von Methylorange (zirka 4) bis zum Umschlags-pH von Phenolphthalein (zirka 9) braucht es demnach nicht mehr als **einen** zusätzlichen Tropfen Säure, das sind auf 100 ml bezogen höchstens 0,05%, also weniger als der Pipetten- oder Bürettenfehler! Genau analog stehen die Verhältnisse bei der Titration einer starken Säure mit einer starken Base. Die S-Kurve wird dann spiegelbildlich zu der durchgezogenen in Abbildung 58. **Für die gegenseitige Titration starker Elektrolyte taugen alle Indikatoren mit Umschlag etwa zwischen pH 4 und 10.**

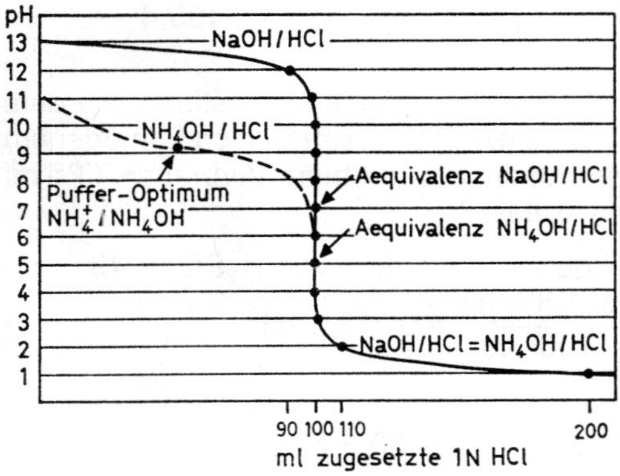

Abb. 58. pH-Verlauf bei der Titration von 1 l 0,1 N NaOH bzw. 1 l 0,1 N NH_4OH mit 1 N HCl.

Anders sieht es aus bei der Titration schwacher Basen und Säuren. Die gestrichelte Kurve in Abbildung 58 zeigt den pH-Verlauf bei der Neutralisation von 1 l 0,1 N Ammoniumhydroxid. Das anfängliche pH ist hier nicht 13 wie bei NaOH, sondern zirka 11.

$(NH_4^+)(OH^-) = K_b \cdot (NH_4OH) = 10^{-4,8} \cdot 0{,}1 \approx 10^{-6}$
$(OH^-) = (NH_4^+) \approx \sqrt{10^{-6}} \approx 10^{-3}$
(OH^-) wird also zirka 10^{-3} M, pOH zirka 3 und pH zirka 11.

Beim Neutralisieren des NH_4OH wird das Puffergebiet NH_4OH/NH_4^+ durchlaufen. Die pH-Änderung erfolgt daselbst schleppend. Bei Halbneutralisation (Puffer-Optimum) ist $pOH = pK_b = 4{,}8$; pH somit 9,2. Dieses pH entspricht etwa dem Umschlag des Phenolphthaleins. Bei Verwendung von Phenolphthalein als Indikator für die Ammoniaktitration würde man also Fehler von etwa 100% riskieren! Bei pH 7 sind etwa 99% der schwachen Base neutralisiert. Der eigentliche Äquivalenzpunkt liegt etwa bei pH 5 und entspricht dem Eigen-pH einer 0,1 molaren Lösung von Ammoniumchlorid (vgl. Kapitel «Hydrolyse», S. 121 ff.). Die Titrationskurve von NH_4OH/HCl hat ihren Steilabsturz zwischen 6,5 und 4. Dieser ist kaum halb so hoch wie bei NaOH/HCl. Für die Ammoniaktitration kommen somit nur Indikatoren mit Umschlag zwischen 4 und 6,5 in Frage (z. B. Methylrot).
Die Titrationskurve von Essigsäure mit NaOH verläuft fast genau spiegelbildlich zu derjenigen von NH_4OH/HCl, mit stärkster Pufferung bei pH 4,8 (pK_s von Essigsäure) und Äquivalenz bei zirka pH 9 (Eigen-pH von 0,1 M Natriumacetat). Geeigneter Indikator: Umschlagsgebiet zwischen pH 7,5 und 10 (z. B. Phenolphthalein).

Zusammenfassung
Titration starker Basen mit starken Säuren: Äquivalenzpunkt bei neutralem pH; grosser pH-Sprung; freie Indikatorwahl zwischen pK 4 und 10.
Titration schwacher Basen mit starken Säuren: Äquivalenzpunkt bei saurem pH; kleiner pH-Sprung; nur Indikatoren mit Umschlag im sauren Gebiet (je höher das pK_b der titrierten Base, d.h. je schwächer diese ist, desto tiefer muss das Umschlags-pH des Indikators sein).
Titration schwacher Säuren mit starken Basen: Äquivalenzpunkt bei alkalischem pH; kleiner pH-Sprung; nur Indikatoren mit Umschlag im alkalischen Gebiet (je höher das pK_s der titrierten Säure, desto höher muss das Umschlags-pH des Indikators sein).
Gegenseitige Titration von schwachen Säuren und Basen ist zu vermeiden, weil ihr Äquivalenzpunkt schwer zu erkennen ist (kein richtiger pH-Sprung).
Statt mit Hilfe von Indikatoren kann auch mit dem elektrischen pH-Meter titriert werden. Der Äquivalenzpunkt ist stets der Wendepunkt der pH-S-Kurve (Punkt mit grösster Kurvensteilheit).

5. Acidimetrische Titration von Salzen

Als H^+-Ionenfänger können in Salzlösungen die Anionen sehr schwacher Säuren titriert werden. Beispiel: Die Borsäure hat ein K_{s1} von etwa 10^{-7} (Tab. VIII, S. 51) d.h. eine 0,1 M Borsäure hat etwa pH 4 (Berechnung S. 351, Nr. 21). Die Dissoziationskonstanten für das 2. und 3. H^+-Ion K_{s2} und K_{s3} sind noch wesentlich kleiner und spielen für die folgende Betrachtung keine Rolle. Gibt man HCl zu einer Lösung von 0,1 M Na_3BO_3, so werden die H^+ solange gebunden, bis alle BO_3^{3-} in H_3BO_3 übergeführt sind. Dazu braucht es 0,3 Val HCl pro Liter der vorgelegten Boratlösung. Beim «Äquivalenzpunkt» ist das pH der Lösung etwa 4. Bei Zusatz von $^1/_{1000}$ Val weiterer Säure (0,3%) springt das pH auf 3. Bei Verwendung eines Indikators mit Umschlag um pH 4 kann somit 1 Mol Natriumborat titriert werden wie 3 Mol NaOH. Statt durch OH^--Ionen werden die H^+-Ionen durch BO_3^{3-} gebunden. Analog lässt sich auch Carbonat titrieren. Das pK_{s1} der Kohlensäure ist nur wenig unter dem der Borsäure.

$$CO_3^{2-} + 2H^+ \rightarrow H_2CO_3 \rightarrow H_2O + CO_2\uparrow.$$

Wegen der Flüchtigkeit des CO_2 ist die Konzentration der Kohlensäure bei Äquivalenz sehr klein, das pH deshalb nur etwa 5. Zur Titration von Borat und Carbonat lässt sich Methylorange gut brauchen. Natriumcarbonat dient als Urtitersubstanz für die Acidimetrie.

XXI. Die Halogene; Oxidimetrie

A. Die Halogengruppe

Die 5 Halogene bilden die Gruppe **VIIa** des Periodensystems. Alle sind **Nichtmetalle;** allen fehlt in der äussersten Schale ein Elektron zum vollständigen Edelgasoktett. Sie sind deshalb «Elektronensauger», also **Oxidationsmittel** (S. 74). Das Redoxpotential $2Hal^-/Hal_2$ nimmt vom Fluor zum Jod ab. Vom Astatin hat man bisher erst so wenig hergestellt (radioaktives Element), dass seine Eigenschaften noch mangelhaft bekannt sind. Alle Halogene bilden im Elementarzustand **zweiatomige Moleküle** mit einfacher Kovalenzbindung. Alle Halogene lassen sich durch Schmelzelektrolyse ihrer Alkalisalze gewinnen («elektrische» Oxidation der Halogenide durch Elektronenentzug). Chlor, Brom und Jod können auch durch «chemische» Oxidation, z. B. mit Kaliumpermanganat aus den entsprechenden Ionen erhalten werden.

Tabelle XXI. Eigenschaften der Halogene

	Smp. °C	Sdp. °C	Dichte, g/ml	Farbe	Oxidationszahlen
F_2	−223	−188	1,1 } verflüssigt	schwach gelbgrün	−I, 0
Cl_2	−163	−34	1,5 } verflüssigt	gelbgrün	−I, 0, +I, +III, +IV, +V, +VI, +VII
Br_2	−7	+59	3,2	braun	−I, 0, +I, +V
J_2	+113,7	+184	4,9	schwarzviolett	−I, 0, +I, +III, +V, +VII

Die **Wasserstoffverbindungen** der Halogene sind bei Zimmertemperatur farblose Gase mit stechendem Geruch, alle sehr gut wasserlöslich. In verflüssigter Form (unter Druck) sind sie praktisch nicht ionisiert, wohl aber in wässeriger Lösung. Alle werden durch doppelte Umsetzung der Halogenide mit konzentrierter Schwefelsäure hergestellt.

Die **Metallverbindungen** der Halogene sind typische Salze (Halogen bedeutet «Salzbildner»). Nicht- und Halbmetallhalogenide sind nicht dissoziierbar. Die meisten zerfallen in Wasser zu Säuren:

$PCl_5 + 4H_2O \rightarrow H_3PO_4 + 5HCl$ $\qquad$ $SiCl_4 + 3H_2O \rightarrow H_2SiO_3 + 4HCl$

Halogenoxide sind alle unbeständig und kaum von technischer Bedeutung. **Sauerstoffsäuren** existieren von Cl, Br und J in verschiedenen Oxidationsstufen.

1. Fluor (fluere = fliessen)

Das Mineral **Flussspat** (CaF_2) wurde schon im Altertum dazu verwendet, die bei der Gewinnung von Metallen anfallenden Schlacken zu verflüssigen. Ein anderes

Fluor-Mineral, der **Kryolith** (Na_3AlF_6) wird für die elektrolytische Aluminiumgewinnung gebraucht.
F_2 reagiert praktisch mit allen Materialien und bildet mit allen Elementen Verbindungen (Ausnahmen He, Ne, Ar). Mit Wasserstoff verbindet es sich schon bei Zimmertemperatur explosionsartig zu Fluorwasserstoff. Dieser unterscheidet sich wesentlich von den andern drei Halogenwasserstoffen. Sein relativ hoher Siedepunkt (+19,5°C) erklärt sich aus der Zusammenlagerung (Assoziation) von zwei HF-Molekülen zu H_2F_2. Nur bei höherer Temperatur existieren freie HF-Moleküle. Wässerige H_2F_2-Lösungen (Flussäure) reagieren mit Glas und Quarz.

$$SiO_2 + 2H_2F_2 \rightarrow SiF_4\uparrow + 2H_2O$$

Der Vorgang wird zum **Glasätzen** ausgenützt. (Bedecken der Glasoberfläche mit Paraffin, Ritzen von Figuren in die Paraffinschicht, Eintauchen des Glases in Flusssäure: die entblössten Stellen werden matt und vertieft, die geschützten bleiben blank.)
Viele Fluorverbindungen sind **Gifte** (Fluorschäden an Pflanzen und Haustieren in der Umgebung von fluorverarbeitenden Fabriken mit ungenügender Abgasreinigung). Das F^--Ion blockiert verschiedene Enzymreaktionen. Durch Zusatz von NaF zu frischen Blutproben wird der Zuckerabbau durch die Blutzellen verhindert (entscheidend für eine zuverlässige Blutzuckerbestimmung!). In sehr kleinen Dosen wird Fluorid zur **Zahnkariesbekämpfung** verwendet. Es wird als Fluorapatit in die Zähne eingebaut.

2. Chlor

a) Eigenschaften des Elementes

Wie alle andern Halogene kommt Chlor nicht elementar vor. Die Hauptmenge findet sich im Meer (zirka 20 g Cl^-/l). Weitere wichtige Cl-Vorkommen sind die **Steinsalzlager** (in der Schweiz bei Rheinfelden und Bex, in Norddeutschland bei Stassfurt mit bis zu 1000 m Mächtigkeit).

Cl_2-Gas lässt sich unter Druck (6 at) bei Zimmertemperatur **verflüssigen** und kommt so in Stahlflaschen in den Handel. Es ist ein **starkes Gift** (schon 0,01%V in der Atemluft sind schwer gesundheitsschädlich). Cl_2 ist nach dem Fluor das reaktionsfähigste Element. Feuchtes Chlor reagiert mit allen Metallen, selbst mit Gold, unter Salzbildung. Mit H_2 bildet Cl_2 ein Gemisch (Chlorknallgas), das bei Zündung explodiert wie H_2/O_2:

$$H_2 + Cl_2 \rightarrow 2HCl + 43{,}7\ \text{kcal}$$

Die beiden Gase können auch durch Licht zur Vereinigung gebracht werden. Bei schwacher Belichtung mit kurzwelligem Licht erfolgt die Synthese langsam, bei starker (Blitzlicht) explosionsartig. Durch das Licht werden einzelne Cl_2-Moleküle in Atome gespalten (Photolyse). Nur Cl-Atome reagieren mit H_2. Ist die Cl_2-Photolyse schnell genug, erwärmt sich das Gemisch als Folge der freiwerdenden Synthesewärme, so dass auch durch Thermolyse Cl-Atome entstehen. Die Reaktion «schaukelt sich auf» zur Explosion.

In Wasser ist Chlor ziemlich löslich (3 l Cl_2-Gas in 1 l H_2O). Die Lösung wird als **Chlorwasser** bezeichnet und ist ein **starkes Oxidationsmittel.** Dank seiner oxidativen Wirkung ist Chlorwasser desinfizierend (Schwimmbäder). Chlor reagiert auch mit Laugen:

$2NaOH + Cl_2 \rightarrow NaClO + NaCl + H_2O$ $\quad$ $Ca(OH)_2 + Cl_2 \rightarrow Cl^-Ca^{2+}OCl^-$
Chlorkalk

Im Cl_2 haben beide Atome die Oxidationszahl 0. Nach der Reaktion hat ein Atom +I (OCl^-), das andere −I (Cl^-). Man nennt einen solchen «internen» Redoxprozess **Disproportionierung** (mittlere Oxidationsstufe → höhere + tiefere Oxidationsstufe).
Lösungen von NaClO (Natriumhypochlorit) werden als **Javellewasser** zum Bleichen von Textilien und zur Desinfektion verwendet. Chlorkalk, ein Doppelsalz mit zwei Anionen dient ähnlichen Zwecken. NaClO braucht man im klinischen Labor zur Harnstoffbestimmung nach Berthelot (S. 254).

b) Chlorwasserstoff und Chloride

HCl wird grosstechnisch aus Kochsalz hergestellt:

$$2NaCl + H_2SO_4 \rightarrow 2HCl + Na_2SO_4$$

HCl-Gas ist stark hygroskopisch und bildet mit der Luftfeuchtigkeit Nebel. Trifft HCl-Gas mit Ammoniakgas zusammen, bildet sich Salz:
$HCl + NH_3 \rightarrow NH_4Cl$ (weisser Rauch; gegenseitiger Nachweis von HCl und NH_3)
1 l H_2O löst bei Zimmertemperatur 450 l HCl-Gas.

Nach dem Gesetz über die Fixpunktverschiebung ist der Siedepunkt von Salzsäure höher als der von reinem Wasser. 20,2% G Salzsäure siedet bei 111 °C. Setzt man mehr HCl zu, so nimmt der Dampfdruck des gelösten Gases derart zu, dass der Siedepunkt der Lösung wieder abnimmt. Kocht man eine Salzsäure von weniger als 20,2%, so destilliert Wasser ab; der Siedepunkt steigt, bis 20,2% erreicht sind. Siedet man konzentrierte Salzsäure, dann entweicht HCl-Gas; der Siedepunkt steigt ebenfalls, bis 20,2% erreicht sind. Beim Kochen von 20,2%iger HCl destilliert diese mit **gleichbleibendem Siedepunkt wie ein einheitlicher reiner Stoff.** Man nennt eine solche Lösung ein **azeotropes Gemisch.**

Salzsäure wird auch im **Magen der Warmblüter** produziert. Die HCl des menschlichen Magensaftes ist durchschnittlich 0,03 N (gemessene Höchstwerte zirka 0,15 N). Die Magensäure verwirklicht das optimale pH für den Abbau der Nahrungsproteine durch das Pepsin (vgl. S. 267 f.).

Alle Chloride mit Ausnahme von AgCl, Hg_2Cl_2, CuCl, $PbCl_2$ sind gut wasserlöslich.

Mercurimetrische Titration

Einen Sonderfall unter den Chloriden bildet $HgCl_2$ («Sublimat»). Das Salz ist wasserlöslich, aber undissoziiert (vgl. Kapitel «Komplexverbindungen», S. 168 ff.). Diese Sondereigenschaft des Quecksilber(II)-chlorids benützt man zur **titrimetrischen Bestimmung von Chlorid,** z. B. im Blut: Zur Cl^--haltigen Titriervorlage gibt man einen Indikator (Diphenylcarbazon), der mit Hg^{2+}-Ionen violett, bei Abwesenheit von Quecksilber(II)-Ionen gelb ist. Aus einer Bürette wird $Hg(NO_3)_2$-Lösung zugetropft. Die Hg^{2+}-Ionen werden vom Cl^- der Vorlage gebunden. Der gelbe Indikator schlägt nach violett um, sobald die ersten zugetropften Hg^{2+}-Ionen nicht mehr von Cl^- gebunden werden (Äquivalenzpunkt). 1 Val Cl^- bindet 1 Val (0,5 Mol) Hg^{2+}. Das Verfahren heisst **mercurimetrische Titration** (lat. mercurium = Quecksilber).

Analysenbeispiel
0,1 ml Serum verbraucht zur Titration 1,07 ml 0,01 N Quecksilber(II)-nitrat.
a) Welche Cl^--Konzentration in mVal pro Liter hat das Serum? b) Wie viele Milligramm $Hg(NO_3)_2$ braucht es für die Zubereitung von 200 ml der verwendeten Titrationslösung?

a) $V_{Cl} \cdot K_{Cl} = V_{Hg} \cdot K_{Hg}$ $\quad K_{Cl} = \frac{V_{Hg} \cdot K_{Hg}}{V_{Cl}} = \frac{1{,}07 \cdot 0{,}01}{0{,}1} = 0{,}107$ N

Das Serum ist in bezug auf Chlorid 0,107 normal und enthält somit **107 mVal Cl^-/l**

b) Molekulargewicht von $Hg(NO_3)_2$: 324,6
200 ml 0,01 N → 2 mVal → 1 mMol → **324,6 mg $Hg(NO_3)_2$**

c) Sauerstoffverbindungen des Chlors

Tabelle XXII. Eigenschaften der Sauerstoffsäuren des Chlors

Formel	Beständigkeit	Oxidations-wirkung	Säurestärke	Name
HClO $HClO_2$ $HClO_3$ $HClO_4$	$\wedge$	$\vee$	$\wedge$	unterchlorige Säure chlorige Säure Chlorsäure Perchlorsäure

Unterchlorige und **chlorige Säure** sind nur in stark verdünnter Lösung herstellbar. Sie zerfallen leicht in HCl und Sauerstoff. **Chlorsäure** ist bis zu 40%iger Lösung beständig, **Perchlorsäure** lässt sich in absoluter Form herstellen (Eigenschaften siehe S. 50). Alle vier Säuren und ihre Salze dienen als **Oxidationsmittel.** Chlorate finden in der Pyrotechnik (Feuerwerk) und leider auch als Unkrautvertilger Verwendung (Umweltvergiftung!).

3. Brom (bromos = Gestank)

Brom kommt in der Natur als **Begleiter des Chlors** vor. Das Konzentrationsverhältnis im Meerwasser $Br^-:Cl^-$ ist zirka 1:250. Br_2 ist neben Hg das einzige bei Zimmertemperatur flüssige Element. Sein Dampf ist noch giftiger als Chlor. Flüssiges Brom erzeugt auf der Haut schwer heilende Verätzungen. In Wasser ist Br_2 mässig löslich (gesättigte Lösung 3,5% GV). Besser ist die Löslichkeit in organischen Lösungsmitteln, z. B. Chloroform, Tetrachlorkohlenstoff, Schwefelkohlenstoff. Auch **Bromwasser** ist ein **kräftiges Oxidationsmittel.** Hauptabnehmer für Brom sind die Farbstoffindustrie (Beispiel eines Br-haltigen Farbstoffs: Eosin) und die Photoindustrie (vgl. S. 171).

Bromwasserstoff und die Bromide haben ähnliche Eigenschaften wie HCl und die Chloride. Im Gegensatz zu Chlor bildet Brom nur zwei O-haltige Säuren: Unterbromige Säure HBrO und Bromsäure $HBrO_3$. Mit Laugen reagiert Brom unter Bildung von Hypobromit, analog wie Chlor:

$Br_2 + 2NaOH \rightarrow NaBrO + NaBr$ (Disproportionierung)

4. Jod (joeides = veilchenfarbig)

a) Eigenschaften des Elementes

Das Jod wurde 1811 in der Asche von Seetang entdeckt. Meerwasser enthält 2–3 mg J^-/l. Rohmaterial für die industrielle Jodherstellung ist der **Chilesalpeter,** der zirka 0,1% Natriumjodat $NaJO_3$ enthält. Festes Jod lässt sich leicht verdampfen ohne zu schmelzen und wieder aus dem Dampfzustand kristallisieren. Durch derartige **Sublimation** kann Jod leicht gereinigt werden. Joddampf ist stark violett, riecht ähnlich wie die andern Halogene, wenn auch nicht so stechend, und ist wie diese giftig.
In Wasser ist J_2 schlecht löslich, viel besser in verschiedenen organischen Lösungsmitteln. In Alkohol und Äther (O-haltig) bildet es braune, in Chloroform und Tetrachlorkohlenstoff (O-frei) violettrote Lösungen. Der Farbunterschied wird zum Nachweis von Sauerstoff in organischen Verbindungen ausgenützt.
Mit verschiedenen Stoffen bildet Jod sogenannte **Additionsverbindungen.** (Es handelt sich dabei um ähnliche Verbindungstypen wie bei den kristallwasserhaltigen Salzen.)

$KJ \cdot J_2$	Additionsverbindung mit Kaliumjodid; braun
Stärke $\cdot J_2$	Additionsverbindung mit Stärke; blau

Die $KJ \cdot J_2$-Additionsverbindung ist sehr gut wasserlöslich. Eine Lösung von 1 g J_2 + 2g KJ auf 300 ml Wasser wird als **Lugolsche Lösung** bezeichnet.

Dank der intensiven Farbe der **Jod-Stärke-Additionsverbindung** lässt sich **Jod mit Stärke nachweisen und umgekehrt.** Anhand der Farbintensität kann sogar die Stärkekonzentration einer Lösung photometrisch ermittelt werden. Die schwache Jod-Stärke-Bindung wird durch Erwärmen gespalten, die Blaufärbung verschwindet zugunsten der Braunfärbung. Die Jodstärke bildet sich beim Abkühlen zurück.
Jod wird als alkoholische Lösung (Jodtinktur) zur **Wunddesinfektion** verwendet (oxidative Vernichtung von Mikroorganismen). Wegen möglicher Jodallergie ist es heute von weniger problematischen Mitteln weitgehend verdrängt.

Jod ist ein **lebenswichtiges Element.** Jodmangel in der Nahrung führt zu Erkrankung der **Schilddrüse** und damit Störung des Hormonhaushaltes. Dem Speisesalz werden daher 5–10 mg KJ/kg zugesetzt. Das Haupthormon der Schilddrüse, das Thyroxin, enthält 65 Gewichtsprozent J. Es steuert den Grundumsatz, d.h. den Energiestoffwechsel.

Jod ist das schwächste Oxidationsmittel unter den Halogenen. Jodid wird durch Fluor, Chlor und Brom zu Jod oxidiert (Elektronentransfer):
$Br_2 + 2J^- \rightarrow J_2 + 2Br^-$

Jodwasserstoff hat ähnliche Eigenschaften wie HCl und HBr (gasförmig, Nebelbildung in feuchter Luft, gute Wasserlöslichkeit, starke Säure). Er lässt sich in wässeriger Lösung durch eine grosse Zahl schwacher Oxidationsmittel zu Jod oxidieren, z. B.:

$$4HJ + 2Cu^{2+} \longrightarrow J_2 + \underset{\downarrow}{\underline{2CuJ}} + 4H^+$$

Die Jodide von Silber (AgJ, hellgelb), Quecksilber (HgJ_2, leuchtend rot), Kupfer (CuJ, bräunlichweiss) und Blei (PbJ_2, gelb) sind sehr schwer löslich.

b) Nachweis und Bestimmung kleinster Jodmengen

Die Jodkonzentration im Serum des gesunden Menschen ist etwa 50 μg/l. Biochemische Untersuchungen über den Jodhaushalt des Körpers und das Gebiet der Schilddrüsenhormone fordern eine hochempfindliche Methode zur Jodbestimmung. Folgender durch Jodidionen katalysierte Redoxvorgang wird analytisch ausgenützt:

$$\overset{III}{H_3AsO_3} + \overset{IV}{2Ce(SO_4)_2} + H_2O \longrightarrow \overset{V}{H_3AsO_4} + \overset{III}{Ce_2(SO_4)_3} + H_2SO_4$$

Arsenige Säure — **Cer(IV)-sulfat** — **Arsensäure** — **Cer(III)-sulfat**

Das **gelbe Cer(IV)-Ion** wird von der **arsenigen Säure** zum **farblosen Cer(III)-Ion** reduziert. Bei Abwesenheit von Jodid läuft die Reaktion sehr langsam. Je mehr J^- zugegen ist, desto schneller entfärbt sich die Lösung, was auf dem Photometer registriert wird. Unter geeigneten Bedingungen ist für den Beginn der Reaktion die Geschwindigkeitsvergrösserung (über den Leerwert ohne Jodid) proportional der Jodidkonzentration in der Messlösung. Ein Vergleich mit Jodlösungen bekannter Konzentration (Standard) gestattet die Berechnung der J^--Konzentration des Analysengutes. Die Nachweisgrenze der Methode liegt bei zirka 0,01 μg J^-/l, das entspricht 1 mg auf 100 m^3! Vor der Messung muss alles organisch gebundene Jod durch Veraschung (Mineralisierung) in Jodid übergeführt werden.

c) Die Landoltreaktion

Mischt man stark verdünnte angesäuerte Lösungen von Natriumsulfit, Kaliumjodat und Stärke, so bleibt das Gemisch vorerst farblos und wird dann, ohne weitere Beeinflussung von aussen, ganz plötzlich dunkelblau («blauer Knall»). Drei miteinander gekoppelte Reaktionen führen zu dieser Erscheinung:

I $JO_3^- + 3SO_3^{2-} \rightarrow J^- + 3SO_4^{2-}$
II $JO_3^- + 5J^- + 6H^+ \rightarrow 3J_2 + 3H_2O$
III $J_2 + SO_3^{2-} + H_2O \rightarrow 2J^- + SO_4^{2-} + 2H^+$

Reaktion I läuft in verdünnter Lösung langsam, II schneller und III sehr schnell. Solange die Lösung noch SO_3^{2-} enthält, wird deshalb alles bei II entstandene Jod sofort in III verbraucht. Erst wenn alles SO_3^{2-} verschwunden ist, hört III auf und das bei II gebildete Jod färbt die Stärke blau.

B. Oxidimetrische Titrationen; Jodometrie

Wie Säure-Basen-Neutralisationen werden auch Redoxvorgänge zur quantitativen Analyse herangezogen. Beliebige Oxidations- und Reduktionsmittel lassen sich gegenseitig titrieren, sofern der **Reaktionsendpunkt sichtbar** gemacht werden kann.
Auf Seite 74 wurde definiert: Ein Redoxvorgang ist ein Prozess mit Verschiebung von O, H oder Elektronen zwischen zwei oder mehr Stoffen. Wir definieren weiter:

1 Redoxäquivalent (1 Val Oxidations- oder Reduktionsmittel) **entspricht der Loschmidtschen Zahl verschiebbarer Elektronen.**

Weil der Übertritt von $6 \cdot 10^{23}$ Elektronen auch dem Übertritt von $6 \cdot 10^{23}$ H-Atomen oder $0{,}5 \cdot 6 \cdot 10^{23}$ O-Atomen (2 Elektronen pro O-Atom) entsprechen kann, gilt:

1 Val Oxidationsmittel kann 1 «Mol» Elektronen aufnehmen, 1 Mol H-Atome aufnehmen oder 0,5 Mol O-Atome abgeben.
1 Val Reduktionsmittel kann 1 «Mol» Elektronen abgeben, 1 Mol H-Atome abgeben oder 0,5 Mol O-Atome aufnehmen.

1 Val Oxidationsmittel setzt sich immer mit 1 Val Reduktionsmittel um.
1 normal (1 N) bedeutet wie für die Säuren und Basen 1 Val/l.

$$2J^- \underset{+2e^-}{\overset{-2e^-}{\rightleftharpoons}} J_2$$

Nebenstehender reversibler Redoxvorgang eignet sich aus zwei Gründen besonders gut für oxidimetrische Titrationen: 1. Das Redoxpotential $2J^-/J_2$ ist mit + 0,53 V so klein, dass für beide Richtungen der Reaktion eine grosse Zahl von Partnern in Frage kommt. 2. Das erste Auftreten bzw. «letzte Verschwinden» von Jod in einer Lösung kann mittels Stärke empfindlich registriert werden.

1. Titration von Jod mittels Thiosulfat

Das Reduktionsmittel der Wahl für die Titration von Jod ist das **Thiosulfation.** Lösungen von Natriumthiosulfat ($Na_2S_2O_3$) behalten auch in Gegenwart von Luft ihren Titer über Wochen bei.

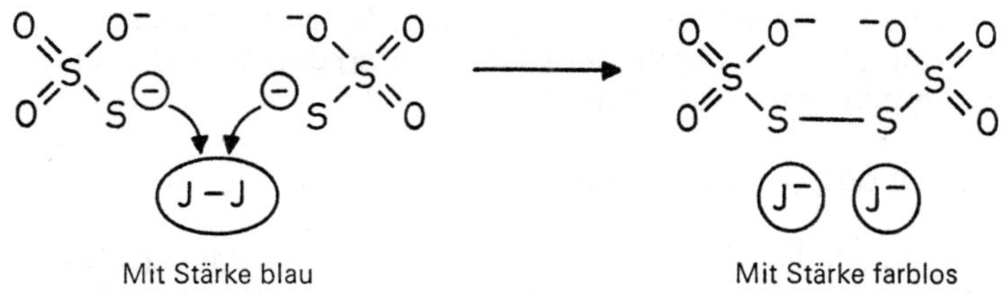

Abb. 59. Redoxreaktion Jod–Thiosulfat.

$J_2 + 2S_2O_3^{2-} \rightarrow 2J^- + S_4O_6^{2-}$

1 Mol J_2 nimmt 2 Mol Elektronen auf, 1 Mol Thiosulfat gibt 1 Mol Elektronen ab. 1 M J_2-Lösung ist 2 N; **1 M Natriumthiosulfat ist 1 N.**
Zur Herstellung von 1 l 0,1 N Thiosulfat braucht es 24,8 g $Na_2S_2O_3 \cdot 5H_2O$.

Technik der Jodtitration: die jodhaltige Vorlage vom Volumen V_J wird angesäuert und mit ein paar Tropfen Stärkelösung versehen. Aus einer Bürette wird solange Natriumthiosulfat bekannter Normalität (N_T) zugetropft, bis die blaue Farbe der Jodstärke eben verschwindet. Das Volumen der verbrauchten Thiosulfatlösung wird abgelesen (V_T):

$V_J \cdot N_J = V_T \cdot N_T \qquad N_J = \frac{V_T \cdot N_T}{V_J}$ = Normalität der titrierten Jodlösung

2. Titration von Oxidationsmitteln

Ein bekanntes Volumen V_{Ox} des zu bestimmenden Oxidationsmittels wird mit einem Überschuss von HJ (KJ+Säure) umgesetzt. Dabei wird eine dem Oxidationsmittel äquivalente Menge Jod gebildet. Dieses wird mit Thiosulfat titriert.

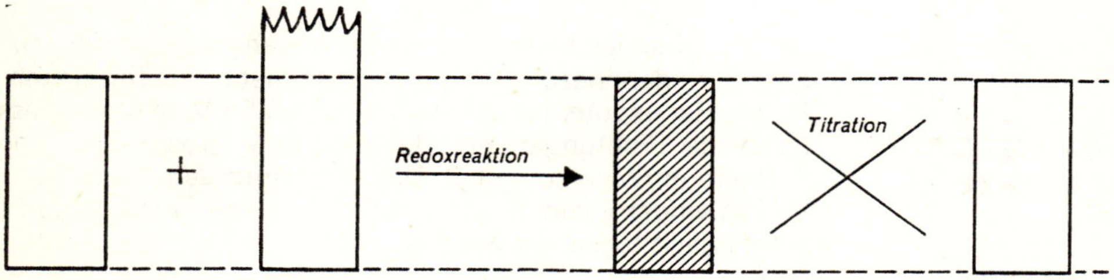

Oxidationsmittel vorgelegt: $N_{Ox} \cdot V_{Ox}$ mVal

HJ-Überschuss umgesetzt: $N_{Ox} \cdot V_{Ox}$ mVal

J_2 freigesetzt: $N_{Ox} \cdot V_{Ox}$ mVal

$Na_2S_2O_3$ verbraucht $N_T \cdot V_T = N_{Ox} \cdot V_{Ox}$ mVal

Abb. 60. Jodometrische Titration von Oxidationsmitteln.

Das Jod ist gewissermassen der Elektronenvermittler zwischen Oxidationsmittel und Thiosulfat. 1 Val verbrauchtes Thiosulfat entspricht 1 Val umgesetztes Oxidationsmittel. Für die Rechnung kann somit dieselbe Überlegung und auch die gleiche Formel gebraucht werden wie unter Abschnitt 1:

$$\mathbf{N_{Ox}} = \frac{\mathbf{V_T \cdot N_T}}{\mathbf{V_{Ox}}}$$ = Normalität des Oxidationsmittels

Hinweis: Es muss genügend Kaliumjodid und Säure zugesetzt werden (fünf- bis zehnmal der mutmassliche Verbrauch). Der Überschuss an KJ hält das gebildete Jod als Additionsverbindung in Lösung.

Analysenbeispiele

1. 0,2 ml Wasserstoffperoxidlösung wird mit $KJ+H_2SO_4$ umgesetzt. Das gebildete Jod braucht zur Titration 2,4 ml 1 N $Na_2S_2O_3$. Wieviel prozentig GV ist das H_2O_2?

$H_2O_2 + 2HJ \rightarrow J_2 + 2H_2O$ $\qquad N_{H_2O_2} = \frac{1 \cdot 2{,}4}{0{,}2} = 12$

Die Peroxidlösung ist 12 N oder 6 M (1 Molekül H_2O_2 nimmt 2 Atome H auf)
6 M $H_2O_2 \rightarrow 6 \cdot 34 = 204$ g/l = **20,4% GV**

2. Der Chlorgehalt eines Abgases soll bestimmt werden. 1 m^3 Gas (Normalbedingungen) wird durch eine Jodwasserstofflösung geleitet. Dabei wird eine dem Chlor äquivalente Menge Jod abgeschieden. Für dessen Titration werden 5,2 ml 0,1 N Thiosulfat verbraucht.

$Cl_2 + 2J^- \rightarrow J_2 + 2Cl^-$
1 Val Thiosulfat entspricht 1 Val Jod und auch 1 Val Chlor
5,2 ml 0,1 N $Na_2S_2O_3 \rightarrow$ 0,52 mVal
1 m^3 Abgas $\rightarrow$ 0,52 mVal $\rightarrow$ 0,26 mMol Cl_2
1 Mol $Cl_2 \rightarrow$ 22,4 l; 0,26 mMol $Cl_2 \rightarrow 0{,}26 \cdot 22{,}4$ ml = 5,82 ml
1 m^3 = 1 000 000 ml Abgas enthält **5,82 ml** Chlor, das sind **0,000582%V**

3. Titration von Reduktionsmitteln

Reduktionsmittel können grundsätzlich auf **zwei Arten** jodometrisch bestimmt werden:

1. Die Titriervorlage mit dem abgemessenen Volumen V_{Red} des Reduktionsmittels wird angesäuert und mit einem Tropfen Stärkelösung versehen. Aus einer Bürette wird so lange Jodlösung bekannter Normalität (N_J) zugetropft, bis der erste Blaustich erscheint. Das Volumen der verbrauchten Jodlösung V_J wird abgelesen.

$$\mathbf{N_{Red}} = \frac{\mathbf{N_J \cdot V_J}}{\mathbf{V_{Red}}} = \text{Normalität des Reduktionsmittels}$$

2. Zwei Gefässe werden mit der gleichen Menge Jodlösung, Säure und Stärke beschickt. Dem einen wird die abgemessene Menge Reduktionsmittel (V_{Red}) zugesetzt. Der Inhalt darf sich nicht entfärben, das Jod muss also im Überschuss vorhanden sein. Beide Vorlagen werden sodann mit Thiosulfat bekannter Normalität (N_T) titriert. Verbrauch: V_{T1} bzw. V_{T2}. Der Unterschied im Thiosulfatverbrauch zwischen «Leervorlage» und «Analysenvorlage» in mVal entspricht der Menge des Reduktionsmittels in mVal.

$N_{Red} \cdot V_{Red} = N_T(V_{T1} - V_{T2})$ $\qquad \mathbf{N_{Red}} = \frac{\mathbf{N_T(V_{T1} - V_{T2})}}{\mathbf{V_{Red}}}$ = Normalität des Reduktionsmittels

(vgl. dazu Aufgabe 6, S. 134)

Analysenbeispiele

1. Welche Konzentration in Gramm pro Liter hat eine Kaliumhydrogensulfitlösung, wenn 20 ml davon 7,3 ml 0,1 N Jodlösung vom Titerfaktor 1,02 verbrauchen?

$KHSO_3 + J_2 + H_2O \rightarrow KHSO_4 + 2HJ$

$$N_{Red} = \frac{0{,}1 \cdot 1{,}02 \cdot 7{,}3}{20} = 0{,}0372$$

Die Lösung ist 0,0372 N oder 0,0186 M (1 Mol $KHSO_3$ nimmt 1 Mol O = 2 Val auf). Das Molekulargewicht von $KHSO_3$ ist 120,2 0,0186 M $\rightarrow$ 0,0186 · 120,2 = **2,24 g/l**

2. Die bei einer Reaktion entstandene Menge Schwefelwasserstoff in Milligramm soll bestimmt werden. Zwei Vorlagen mit gleichviel Jodlösung werden bereitgestellt. In der einen wird der zu messende Schwefelwasserstoff absorbiert. Beide Vorlagen werden mit 0,01 N Thiosulfat titriert. V_{T1}: 22,2 ml; V_{T2}: 5,4 ml

$H_2S + J_2 \rightarrow 2HJ + S$

Menge H_2S in mVal = $N_T(V_{T1} - V_{T2}) = 0{,}01 \cdot 16{,}8 = 0{,}168$
1 Mol H_2S = 2 Val = 34 g
0,168 mVal $\rightarrow$ 0,084 mMol $\rightarrow$ 0,084 · 34 = **2,86 mg H_2S**

Urtitersubstanz für die Jodometrie ist **Kaliumjodat.** Daraus werden Jodlösungen von genau bekanntem Titer hergestellt:

$HJO_3 + 5HJ \rightarrow 3J_2 + 3H_2O$

Die genau eingewogene Menge KJO_3 zusammen mit einem genügenden Überschuss KJ wird **angesäuert.** Dabei findet obige Umsetzung statt. Aus 1 Mol KJO_3 entstehen somit 6 Val Jod. Für **1 l 0,1 N Jodlösung** braucht es 0,1 Val Jod oder 0,01667 Mol KJO_3, das sind 0,01667 · 214,0 = **3,567 g KJO_3**
3,567 g KJO_3+zirka 30 g KJ werden vollständig in H_2O gelöst; zirka 20 ml konz. HCl werden zugesetzt und die Lösung auf 1 l aufgefüllt. Das braune Jod bildet sich erst beim Säurezusatz. Der Redoxvorgang zwischen J^{+V} und J^{-I} kann erst ablaufen, wenn die für die Aufnahme des Sauerstoffs nötigen H^+-Ionen da sind.

VIII. Fragen zur Eigenkontrolle (Stoffgebiet S. 131–146)

1. Wieviel normal ist eine Lauge, wenn 20 μl davon zur Titration 18,4 ml 0,01 N Säure mit Titerfaktor 1,02 verbrauchen?
2. Wie wird eine genau 1 N Jodlösung hergestellt?
3. Drei gemeinsame Eigenschaften der vier Halogene sind zu nennen.
4. Es stehen 1, 0,1 und 0,01 N Titrierlaugen zur Verfügung. 0,1 ml einer zirka 20% GV Schwefelsäure soll zur Konzentrationskontrolle titriert werden.
a) Wieviel mVal enthält die Vorlage bei genau 20% GV? b) Welche der drei Laugen wird verwendet, wenn der Titrationsverbrauch zwischen 2 und 20 ml liegen soll?
5. Von zwei stark verdünnten Lösungen enthält die eine KCl, die andere KJ. Wie lässt sich mit einfachen Mitteln entscheiden, welche das Jodid enthält (mindestens zwei Methoden)?
6. $2FeCl_2 + Cl_2 \rightarrow 2FeCl_3$. Das Eisen(II)-chlorid ist in dieser Reaktion Reduktionsmittel. 10 mMol Chlor werden mit 20 mVal $FeCl_2$ zur Reaktion gebracht. Welcher der beiden Stoffe ist im Überschuss?
7. Wie viele Milliliter Natronlauge von 100 g/l braucht es zur Neutralisation von 100 ml Phosphorsäure von 100 g/l?
8. Welche Oxidationszahl (Wertigkeit) hat das Chlor in a) Perchlorsäure, b) Natriumchlorit, c) Chlorkalk?
9. 5 ml zirka hundertstelnormale Lauge sollen mit gewöhnlicher Bürette titriert werden. Warum ist dazu eine 1 N Titriersäure nicht zu empfehlen?
10. Welchen grundsätzlichen Fehler enthält folgende Gleichung? $2HBr + J_2 \rightarrow 2HJ + Br_2$
11. Zu 500 ml 1 mM NaOH werden 2 Tropfen (etwa 0,1 g) Salpetersäure von 65 g/100 g Gehalt gegeben. Ist die Lösung danach sauer, neutral oder alkalisch?
12. Was ist eine Urtitersubstanz und welche Forderungen muss sie erfüllen?
13. In einer Meerwasserprobe soll das Chlorid mercurimetrisch titriert werden. Wie wird dazu vorgegangen?
14. Warum darf Flussäure nicht in Glasgefässen aufbewahrt werden?
15. Vorlage: 50 ml Säure; zur Titration verbraucht: 23 ml 1 N Lauge. Welches Äquivalentgewicht hat die Säure, wenn sie eine Konzentration von 80 g/l hat?
16. Eine Säure hat $pK_s = 5$. Zu ihrer Titration steht eine Auswahl von drei Indikatoren zur Verfügung: a) pK 5, b) pK 7, c) pK 9. Alle Indikatoren sind Säuren. Welcher eignet sich am besten und warum?
17. Welche Bedeutung hat das Jod im menschlichen Organismus?
18. 0,1 g kristallisierte Oxalsäure von der Formel $C_2H_2O_4 \cdot 2H_2O$ wird in wenig Wasser aufgelöst und mit 0,1 N Lauge titriert. Verbrauch: 15,5 ml. Welches wäre der theoretische Laugenverbrauch und welches ist die Reinheit des Produktes in Prozenten?
19. Von drei Salzsäurelösungen mit einem Gehalt von 10,1, 20,2 und 30,3 g/100 g wird je ein kleiner Teil verdampft. Ist der prozentuale HCl-Gehalt der drei Dämpfe grösser, gleich oder kleiner als derjenige der zugehörigen Lösungen?
20. Vorlage: 5 ml 0,1 N Säure; Zusatz von 2 ml einer unbekannten Lauge; Titration der restlichen Säure mit 0,1 N Lauge; Verbrauch: 1,2 ml. Welche Normalität hat die unbekannte Lauge?
21. Der Gehalt eines Javellewassers soll jodometrisch bestimmt werden.
$NaClO + 2HJ \rightarrow NaCl + J_2 + H_2O$
5 ml Javellewasser verbrauchen nach Ablauf obiger Umsetzung 13,8 ml 0,1 N Thiosulfat. Welchen Gehalt an NaClO in Gramm pro Liter hat die Lösung?
22. Eine Vorratsflasche mit Trichloressigsäure (CCl_3COOH) trägt die Aufschrift 50 g/l. 2 ml davon brauchen zur Titration 6,40 ml 0,1 N Lauge. Wieviel Prozent weicht die tatsächliche Konzentration von der angegebenen ab?
23. Eine Lösung von Natriumhydrogencarbonat kann mit Säure titriert werden. Wie ist dies möglich, handelt es sich doch um ein «saures» Salz? In welchem pH-Gebiet muss der Umschlag des dazu verwendeten Indikators ungefähr liegen?
24. Was ist a) Jodtinktur, b) Lugolsche Lösung, c) Jodstärke?

(Antworten S. 351)

XXII. Stöchiometrie

Aus der **Molekülformel** lässt sich der **Massenanteil** jedes Elementes in einer Verbindung ermitteln. Umgekehrt kann aus den Ergebnissen der Elementaranalyse die Formel einer Verbindung bestimmt werden.
Mit Hilfe der Reaktionsgleichung lässt sich vorausbestimmen, wieviel Reaktionsprodukt aus einer gegebenen Menge Ausgangsstoff entsteht oder wieviel Material umgesetzt werden muss, um eine bestimmte Menge Produkt zu erhalten.
Solche und verwandte Rechnungen bezeichnet man als **stöchiometrische** Aufgaben (griech. stoicheion=Element). Die **Basis der Stöchiometrie** bilden die **Gesetze von der Erhaltung der Masse** und von den **konstanten Proportionen.**

A. Massen-(Gewichts-)Anteil von Elementen an einer Verbindung

Beispiele

1. Wie viele Gramm Na, C und O enthalten 15 g Natriumcarbonat (Na_2CO_3)?
Zur Erinnerung: Indizes der Bruttoformel → Anzahl der einzelnen Atomarten in einem Molekül; $6 \cdot 10^{23}$ Atome → Atomgewicht in Gramm.

1 Mol Na_2CO_3 ($6 \cdot 10^{23}$ Moleküle) → $2 \cdot 6 \cdot 10^{23}$ Atome Na → 46 g
$1 \cdot 6 \cdot 10^{23}$ Atome C → 12 g
$3 \cdot 6 \cdot 10^{23}$ Atome O → 48 g
106 g

106 g Natriumcarbonat enthalten 46 g Natrium
15 g Natriumcarbonat enthalten x g Natrium

Für alle Rechnungen dieses Typs gilt die lapidare Tatsache: **«Der Teil verhält sich zum Ganzen wie der TEIL zum GANZEN».**

$$\frac{\text{Teil}}{\text{Ganzes}} = \frac{\text{x g Natrium}}{\text{15 g Natriumcarbonat}} = \frac{\text{46 g Natrium}}{\text{106 g Natriumcarbonat}} = \frac{\text{TEIL}}{\text{GANZES}}$$

Dasselbe Gewichtsverhältnis zwischen Element und Verbindung wie in einem Mol Verbindung besteht auch in irgendeinem Quantum derselben.

$\frac{x}{15} = \frac{46}{106}$ Jede derartige Verhältnisgleichung wird nach x aufgelöst, indem man beide Seiten mit dem Nenner von x multipliziert.

$$x = \frac{46 \cdot 15}{106} = \mathbf{6{,}51\ g\ Na}$$

sinngemäss gilt für C und O:

$$\frac{y}{15} = \frac{12}{106} \qquad y = \frac{12 \cdot 15}{106} = \mathbf{1{,}70\ g\ C} \qquad \frac{z}{15} = \frac{48}{106} \qquad z = \frac{48 \cdot 15}{106} = \mathbf{6{,}79\ g\ O}$$

Kontrolle: Die drei Ergebnisse müssen die Summe 15,00 g ergeben.

2. Wieviel Prozent Eisen enthalten die beiden Erze Fe_2O_3 (Roteisenstein) und Fe_3O_4 (Magneteisenstein)?

2Fe	x g	111,7 g	2 Mol
↑	↑	↑	↑
Fe_2O_3	100 g	159,7 g	1 Mol

$$\frac{x}{100} = \frac{111{,}7}{159{,}7} \qquad x = \frac{111{,}7 \cdot 100}{159{,}7} = 69{,}94 \text{ g}$$

3Fe	y g	167,55 g	3 Mol
↑	↑	↑	↑
Fe_3O_4	100 g	231,55 g	1 Mol

$$y = \frac{167{,}55 \cdot 100}{231{,}55} = 72{,}36 \text{ g}$$

Fe_2O_3 enthält **69,94% Fe**, Fe_3O_4 **72,36% Fe**

Die allermeisten stöchiometrischen Probleme lassen sich mit dem in Beispiel 2 angewandten Vierzahlenschema lösen.

x	B
↕	↕
A	C

(x: gesucht; A, B, C: bekannt; B, C «molare» Mengen). Ersetzt man die Konversionspfeile durch Bruchstriche und verbindet die beiden Brüche mit einem Gleichheitszeichen, bekommt man die Verhältnisgleichung (Proportion), die dann nach x aufgelöst wird.

3. Der Schwefelgehalt einer organischen Verbindung wird bestimmt. 0,5 g davon wird mit Natriumperoxid vollständig oxidiert. Dabei wird aller Schwefel zu Na_2SO_4 umgesetzt. Das Sulfat wird mit Ba^{2+} als $BaSO_4$ gefällt. Der getrocknete Niederschlag wiegt 55 mg. Welches ist der S-Gehalt des organischen Materials in Prozenten?

100 g organ. Material → $200 \cdot 55$ mg = 11 g $BaSO_4$

S	x g	32 g	1 Mol
↓	↓	↓	↓
$BaSO_4$	11 g	233,3 g	1 Mol

$$x = \frac{32 \cdot 11}{233{,}3} = 1{,}51 \text{ g} \rightarrow \mathbf{1{,}51\%\ S}$$

4. Für die photometrische Kupferbestimmung soll eine Standardlösung mit 200 μg Cu/100 ml hergestellt werden. Wie viele Milligramm $CuSO_4 \cdot 5H_2O$ braucht es für 3 l dieser Lösung?

Für 3 l braucht es $30 \cdot 0{,}2 = 6$ mg Cu

$CuSO_4 \cdot 5H_2O$	x mg	249,67 g
↑	↑	↑
Cu	6 mg	63,54 g

$$x = \frac{249{,}67 \cdot 6}{63{,}54} = \mathbf{23{,}6\ mg\ CuSO_4 \cdot 5H_2O}$$

5. Die Elementaranalyse einer Verbindung aus C, H und O liefert folgendes Ergebnis: C 31,6%; H 5,25%; O 63,1%. Welches ist die einfachste Bruttoformel der Verbindung? Aus dem Massenverhältnis der drei Elemente wird zuerst das Zahlenverhältnis ihrer Atome berechnet:

$$100\text{ g Verbindung} \rightarrow 31{,}6\text{ g C} \rightarrow \frac{31{,}6}{12}\text{ Mol} = 2{,}63\text{ Mol}$$

$$\rightarrow 5{,}25\text{ g H} \rightarrow \frac{5{,}25}{1}\text{ Mol} = 5{,}25\text{ Mol}$$

$$\rightarrow 63{,}1\text{ g O} \rightarrow \frac{63{,}1}{16}\text{ Mol} = 3{,}94\text{ Mol}$$

Auf 2,63 Atome C entfallen 5,25 Atome H und 3,94 Atome O. Das Verhältnis C:H:O = 2,63:5,25:3,94 muss ganzzahlig gemacht werden; dazu werden vorerst alle Zahlen durch die kleinste dividiert (das zahlenmässig schwächste Element muss mindestens mit 1 Atom im Molekül vertreten sein).

$$C:H:O = \frac{2{,}63}{2{,}63} : \frac{5{,}25}{2{,}63} : \frac{3{,}94}{2{,}63} = 1:2:1{,}5 = \mathbf{2:4:3}$$

Die einfachste Formel ist somit $\mathbf{C_2H_4O_3}$. Möglich wäre auch jedes beliebige Vielfache der drei Indizes, also $C_4H_8O_6$, $C_6H_{12}O_9$ usw. Welche Alternative zutrifft, muss durch eine Molekulargewichtsbestimmung (z. B. durch Messung der Gefrierpunktserniedrigung der Lösung) ermittelt werden.

B. Berechnung von Reaktionsumsätzen

1. Rechnungen mit Gewichten (Massen)

Beispiele

1. Wie viele Gramm Calciumchlorid enthielt eine Lösung, wenn bei Zusatz von überschüssigem $AgNO_3$ ein Niederschlag von 2,35 g AgCl abfiltriert wird?

$$CaCl_2 + 2AgNO_3 \rightarrow Ca(NO_3)_2 + 2AgCl$$

1 Mol $CaCl_2$ → 2 Mol AgCl
110,9 g $CaCl_2$ → 286,6 g AgCl

$CaCl_2$ ↓	x g ↓	110,9 g ↓	1 Mol ↓
2AgCl	2,35 g	286,6 g	2 Mol

$$\frac{x}{2{,}35} = \frac{110{,}9}{286{,}6} \qquad x = \frac{110{,}9 \cdot 2{,}35}{286{,}6} = \mathbf{0{,}909\text{ g } CaCl_2}$$

Für Umsatzberechnungen gelten analoge Überlegungen wie für die Ermittlung von Massenanteilen. Die **«molaren» Mengen** der Reaktionsteilnehmer und -produkte **stehen im gleichen Verhältnis zueinander wie die tatsächlich umgesetzten Mengen.**

2. Wie viele Milligramm NaOH braucht es, um 100 mg $Fe_2(SO_4)_3$ vollständig in $Fe(OH)_3$ überzuführen? Wie viele Milligramm $Fe(OH)_3$ können abfiltriert werden und wie viele Milligramm Na_2SO_4 bilden den Rückstand nach Eindampfen des Filtrats?

$6NaOH + Fe_2(SO_4)_3 \rightarrow 2Fe(OH)_3 + 3Na_2SO_4$
6 Mol NaOH + 1 Mol $Fe_2(SO_4)_3 \rightarrow$ 2 Mol $Fe(OH)_3$ + 3 Mol Na_2SO_4
240,0 g + 399,8 g $\rightarrow$ 213,7 g + 426,1 g

x mg + 100 mg $\rightarrow$ y mg + z mg

$$\frac{NaOH}{Fe_2(SO_4)_3} \quad \frac{x}{100} = \frac{240{,}0}{399{,}8} \qquad x = \frac{240{,}0 \cdot 100}{399{,}8} = \mathbf{60{,}0\ mg\ NaOH}$$

$$\frac{Fe(OH)_3}{Fe_2(SO_4)_3} \quad \frac{y}{100} = \frac{213{,}7}{399{,}8} \qquad y = \frac{213{,}7 \cdot 100}{399{,}8} = \mathbf{53{,}4\ mg\ Fe(OH)_3}$$

$$\frac{Na_2SO_4}{Fe_2(SO_4)_3} \quad \frac{z}{100} = \frac{426{,}1}{399{,}8} \qquad z = \frac{426{,}1 \cdot 100}{399{,}8} = \mathbf{106{,}6\ mg\ Na_2SO_4}$$

Kontrolle: x + 100 = y + z $\rightarrow$ 60,0 + 100 = 53,4 + 106,6

3. Hämoglobin hat das Molekulargewicht 65 323. Wie viele Moleküle Sauerstoff bindet 1 Molekül Hämoglobin, wenn 400 g 0,783 g O_2 binden?

O_2 ↑	x g ↑	0,783 g ↑
H.gl.	65 323 g	400 g

$$x = \frac{0{,}783 \cdot 65\,323}{400} = 128\ g\ O_2$$

1 Mol Hämoglobin (65 323 g) bindet 128 g O_2, das sind $\frac{128}{32} = 4$ Mol O_2

1 Molekül Hämoglobin bindet somit **4 Moleküle O_2**

4. 3 l Traubensaft mit einem Glucosegehalt von 16% GV werden vergoren. Der entstandene Wein wird destilliert («gebrannt»). Wie viele Milliliter Branntwein von 30% GV Alkohol werden erhalten, wenn aller Alkohol ins Destillat übergeht?

$$C_6H_{12}O_6 \xrightarrow{\text{Hefe}} 2C_2H_5OH + 2CO_2\uparrow$$

3 l Saft enthalten 30 · 16 = 480 g Glucose

Alkohol ↑	x g ↑	92 g ↑	2 Mol ↑
Glucose	480 g	180 g	1 Mol

$$x = \frac{92 \cdot 480}{180} = 245{,}3\ \text{g absoluter Alkohol}$$

Mit 245,3 g Alkohol ergeben sich $\frac{245{,}3}{30} \cdot 100 =$ **817,7 ml 30% GV Alkohol**

5. Aus Benzol wird mit Salpetersäure Nitrobenzol hergestellt. Dieses wird mit Zink und Salzsäure zu Anilin reduziert, und das Anilin wird durch Erhitzen mit Schwefelsäure in Sulfanilsäure übergeführt. Aus 300 g Benzol werden 573 g Sulfanilsäure erhalten. Wie gross ist die Ausbeute in Prozenten?

$C_6H_6 + HNO_3 \rightarrow C_6H_5NO_2 + H_2O$
$C_6H_5NO_2 + 3Zn + 6H^+ \rightarrow C_6H_5NH_2 + 3Zn^{2+} + 2H_2O$
$C_6H_5NH_2 + H_2SO_4 \rightarrow C_6H_4(NH_2)(SO_3H) + H_2O$

Aus 1 Mol Benzol entsteht am Ende der Reaktionskette 1 Mol Sulfanilsäure. Die Zwischenprodukte können in der gestellten Aufgabe «übersprungen» werden.

Sulfanilsäure	x g	173 g	1 Mol
↑	↑	↑	↑
Benzol	300 g	78 g	1 Mol

$$x = \frac{173 \cdot 300}{78} = 665 \text{ g}$$

Die theoretisch gebildete Menge wäre 665 g Sulfanilsäure (100%)

573 g sind $\frac{573}{665} =$ **86%** der Theorie

6. Wie viele Milligramm CO_2 entstehen bei der vollständigen Umsetzung von 50 ml 0,2 M Na_2CO_3 mit HCl?
50 ml 0,2 M Lösung → 10 mMol

$Na_2CO_3 + 2H^+ \rightarrow 2Na^+ + H_2O + CO_2$

1 Mol Na_2CO_3 → 1 Mol CO_2
10 mMol Na_2CO_3 → 10 mMol CO_2 → 10 · 44 = **440 mg CO_2**

7. Wie viele Milliliter 0,1 M Silbernitrat braucht es zur vollständigen Ausfällung des Chlorids aus 40 ml 0,2 molarem Magnesiumchlorid?

$2AgNO_3 + MgCl_2 \rightarrow 2AgCl + Mg(NO_3)_2$

40 ml 0,2 M $MgCl_2$ → 8 mMol $MgCl_2$ → 16 mMol $AgNO_3$ → **160 ml 0,1 M $AgNO_3$**

Die Beispiele 6 und 7 (im Vergleich zu 1) zeigen den Vorteil der Molarlösungen. Wenn die Reaktionsteilnehmer als Lösungen mit bekannten Molaritäten vorliegen, kommt die stöchiometrische Rechnung ohne Molekulargewicht aus. Noch vorteilhafter sind Normallösungen. Bei deren Verwendung fallen auch noch die Gleichungskoeffizienten aus der Rechnung (vgl. Kapitel «Acidimetrische und oxidimetrische Titrationen», S. 131 ff. und 143 ff.).

2. Rechnungen mit Gasvolumen

a) Die allgemeine Gasgleichung; Temperatur- und Druckkorrektur von Gasvolumen

1 Mol Gas = 22,4 l bei Normalbedingungen

Für Temperaturen, die von 0 °C, und Drücke, die von 760 mm Quecksilbersäule verschieden sind, bedarf obige Gleichung einer Korrektur. **Druckerniedrigung und Temperaturerhöhung führen zur Volumenvergrösserung eines Gases.** Die mathematische Formulierung dieser Aussage ist die sogenannte **allgemeine Gasgleichung:**

$$\frac{V_o \cdot p_o}{T_o} = \frac{V_1 \cdot p_1}{T_1}$$

- T absolute Temperatur (°K = °C+273)
- p Druck in mm Quecksilbersäule (Torr)
- V_o Volumen bei T_o = 273 °K und p_o = 760 Torr
- V_1 Volumen bei beliebiger Temperatur T_1 und beliebigem Druck p_1

1. Wieviel wiegt 1 l CO_2 von 26°C bei 718 Torr?
Bei 0°C und 760 Torr würde der Liter Gas schrumpfen auf:

$$V_o = \frac{V_1 \cdot p_1 \cdot T_o}{T_1 \cdot p_o} = \frac{1 \cdot 718 \cdot 273}{299 \cdot 760} = 0{,}863 \text{ l}$$

x g	44 g	1 Mol
↑	↑	↑
0,863 l	22,4 l	1 Mol

$$\frac{x}{0{,}863} = \frac{44}{22{,}4} \qquad x = \frac{0{,}863 \cdot 44}{22{,}4} = \mathbf{1{,}695\ g}$$

b) Umsetzungen unter Beteiligung von Gasen

1. Wie viele Liter CO_2 bei Normalbedingungen entstehen im Organismus bei der vollständigen Oxidation von 100 g Rohrzucker?

$$C_{12}H_{22}O_{11} + 12\ O_2 \rightarrow 12\ CO_2 + 11\ H_2O$$

Kohlendioxid	x l	12 · 22,4 l	12 Mol
↑	↑	↑	↑
Zucker	100 g	343 g	1 Mol

$$\frac{x}{100} = \frac{12 \cdot 22{,}4}{342} \qquad x = \frac{12 \cdot 22{,}4 \cdot 100}{342} = \mathbf{78{,}6\ l\ CO_2}$$

2. Wie viele Kilogramm Wasser müssen elektrolysiert werden, wenn 200 Stahlflaschen von 30 l Inhalt mit Wasserstoff von 250 at gefüllt werden sollen (0°C)?
Gesamtvolumen $V_1 = 200 \cdot 30 = 6000$ l
1 at (technische Atmosphäre) = 735 Torr

$$V_o = \frac{6000 \cdot 250 \cdot 735}{760} = 1\,451\,000 \text{ l} = 1{,}451 \cdot 10^6 \text{ l}$$

$$2H_2O \rightarrow 2H_2 + O_2$$

H_2O	x g	36 g	2 Mol
↓	↓	↓	↓
H_2	$1{,}451 \cdot 10^6$ l	44,8 l	2 Mol

$$x = \frac{36 \cdot 1{,}451 \cdot 10^6}{44{,}8} = 1{,}166 \cdot 10^6 \text{ g} = \mathbf{1{,}166\ Tonnen\ H_2O}$$

3. Wie viele Liter Sauerstoff braucht man zur Verbrennung von 30 l CH_4 (alles Normalbedingungen)?

$$CH_4 + 2O_2 \rightarrow CO_2 + 2H_2O$$

O_2	x l	2 · 22,4 l	2 Mol
↑	↑	↑	↑
CH_4	30 l	22,4 l	1 Mol

$$x = \frac{2 \cdot 22{,}4 \cdot 30}{22{,}4} = \mathbf{60\ l\ O_2}$$

Merke: Bei allen Verhältnisgleichungen vom Typ $\frac{x}{A} = \frac{B}{C}$ müssen die vier Zahlen immer **paarweise gleiche Einheiten** haben, entweder die beiden nebeneinander oder die beiden untereinander, niemals übers Kreuz!

Zum Beispiel: $\frac{g}{g} = \frac{l}{l}$; $\frac{kg}{ml} = \frac{kg}{ml}$; $\frac{mg}{mg} = \frac{\mu g}{\mu g}$ usw.

IX. Fragen zur Eigenkontrolle (Stoffgebiet S. 148–153)

1. Um wie viele Gramm nimmt 1 kg Eisen zu, wenn es vollständig zu Fe_2O_3 verrostet?

2. Für die Serumphosphor-Bestimmung wird ein Vergleichsstandard hergestellt. Wie viele Milligramm Kaliumdihydrogenphosphat benötigt man für 250 ml Lösung mit 50 mg P/l?

3. 100 mg einer organischen Verbindung werden vollständig oxidiert. Das entstehende Kohlendioxid wird in einem Rohr durch festes NaOH absorbiert. Das Rohr wird dabei 150 mg schwerer. Wieviel Prozent C enthält die untersuchte Verbindung?

4. In einer Lösung hat es Natriumchlorid und Natriumphosphat. Die Analyse ergibt 106,5 mg Cl und 31 mg P pro 100 ml. Wie viele Milligramm Na enthalten 100 ml der Lösung?

5. Bei der Reaktion zwischen Harnstoff und salpetriger Säure entsteht Stickstoff und Kohlendioxid: $NH_2{-}CO{-}NH_2 + 2HNO_2 \rightarrow 2N_2 + CO_2 + 3H_2O$. Nach der Reaktion wird das CO_2 in Lauge absorbiert. Das Restgasvolumen (N_2) beträgt 15 ml (Normalbedingungen). Wie viele Milligramm Harnstoff wurden zur Reaktion gebracht?

6. $N_2 + 3H_2 \rightarrow 2NH_3$. Wie viele Liter NH_3-Gas entstehen, wenn das stöchiometrische Gemisch von Stickstoff und Wasserstoff total 100 l ist?

7. Wie viele Milligramm CO_2 entstehen bei der vollständigen Oxidation von 10 ml 2 N Essigsäure CH_3COOH (einwertig)?

8. 10 ml 0,75 M Zinksulfatlösung sollen mit 2 N NaOH vollständig in Zinkhydroxid übergeführt werden. Wie viele Milliliter Lauge sind erforderlich?

9. Der Phospholipidgehalt des Serums (P-haltige Fettstoffe) wird bestimmt. Aus 0,5 ml Serum wird das Fett mit organischem Lösungsmittel extrahiert und feucht verascht. Im Oxidationsrückstand werden 38,6 μg P gefunden. Wie viele Milligramm Phospholipide enthalten 100 ml Serum, wenn mit der Formel $C_{44}H_{86}NO_8P$ (Lecithin) gerechnet wird?

10. Welche Dichte hat die Luft bei 710 Torr und 15 °C, wenn mit 21% V O_2, 78% V N_2 und 1% V Argon gerechnet wird?

11. Durch Einleiten von 100 ml NH_3-Gas und der stöchiometrisch abgestimmten Menge CO_2 in Wasser erhält man 300 ml Ammoniumcarbonatlösung. a) Wieviel M ist die Salzlösung, b) wie viele Milliliter CO_2 werden benötigt (Normalbedingungen)?

12. Wie viele Liter CO_2 entstehen bei der Verbrennung von 100 l CO (Normalbedingungen)?

13. Eiweiss wird im Körper zu Harnstoff $(NH_2)_2CO$ abgebaut. Zur Kontrolle des Eiweiss-Stoffwechsels wird bei einem Patienten während 24 h Urin gesammelt (1650 ml). 3 ml dieses Mischurins enthalten 65 mg Harnstoff. Wieviel Eiweiss wurde während eines Tages abgebaut, wenn Eiweiss zu 16% aus Stickstoff besteht?

14. Wie viele Kubikmeter Luft mit einem Gehalt von 0,03% V CO_2 (Normalbedingungen) können mit 500 ml 1% GV NaOH von CO_2 befreit werden, wenn die Lauge vollständig in Hydrogencarbonat übergeführt wird?

15. In 350,7 mg reinem kristallisiertem Nickelsulfat findet man 72,6 mg Ni. Wie gross ist die Zahl n in der Salzformel $NiSO_4 \cdot nH_2O$?

16. Eine Aminosäure bestehend aus C, H, O und N enthält 40,6% C, 7,9% H und 15,7% N. Welches ist ihre Formel, wenn sie 1 Atom N pro Molekül enthält?

17. Aus Apfelsaft wird Essig hergestellt. Der Fruchtzucker ($C_6H_{12}O_6$) wird zu Alkohol vergoren und dieser mittels Essigbakterien und Luftsauerstoff zu Essigsäure oxidiert. $C_6H_{12}O_6 \rightarrow 2C_2H_5OH + 2CO_2$ $C_2H_5OH + O_2 \rightarrow CH_3COOH + H_2O$. 1 l Most enthält 60 g Zucker. Wie gross ist der Gehalt an Essigsäure in Gramm pro Liter, wenn aus 1 l Most 1 l Essig entsteht?

18. Wie viele Milliliter Brom (d = 3,12 g/ml) sind zur Bromierung von 300 ml Benzol (d = 0,88 g/ml) erforderlich? ($C_6H_6 + Br_2 \rightarrow C_6H_5Br + HBr$)

19. Ein Blasenstein besteht aus Magnesium-Ammoniumphosphat und Calciumoxalat. In 80 mg des Steinmaterials werden 13 mg P gefunden. Wieviel Prozent des Steins sind $MgNH_4PO_4$?

20. Eine Lösung enthält 30 mg KCl/100 ml. Wieviel K_2SO_4/100 ml muss eine Lösung mit gleicher Kaliumkonzentration enthalten?

21. Wie viele Milliliter a) 10 N Schwefelsäure, b) 10 N Salzsäure werden für die vollständige Auflösung von 20 g Zink benötigt?

22. Welchen Fehler hat folgende Rechnung? Aus MnO_2 und HCl wird Chlor hergestellt, nach der Gleichung $MnO_2 + 4HCl \rightarrow MnCl_2 + Cl_2 + 2H_2O$. Wie viele Liter Chlor (Normalbedingungen) können aus 2 l 10 N HCl hergestellt werden?

x l	22,4 l	1 Mol
↑	↑	↑
2 l	4 · 22,4 l	4 Mol

$$\frac{x}{2} = \frac{22{,}4}{4 \cdot 22{,}4} = \frac{1}{4} \qquad x = 0{,}5\ l$$

23. Warum ist folgendes Analysenergebnis unglaubwürdig? Aus 10 ml Lösung, die verschiedene N-Verbindungen enthält, wurden durch Zusatz von Lauge und Erhitzen 15 ml Ammoniakgas (Normalbedingungen) ausgetrieben. Im gleichen Volumen derselben Lösung fand man 6,7 mg N.

24. Wie viele Gasmoleküle hat es in einer Elektronenröhre von 20 ml Inhalt bei 20 °C und 0,00002 Torr?

(Antworten S. 352)

XXIII. Leichtmetalle

Abgesehen vom Aluminium finden sich die Leichtmetalle in den beiden ersten Hauptgruppen des Periodensystems, also der Alkali- und Erdalkaligruppe.

A. Alkalimetalle

Die sechs Elemente der 1. Hauptgruppe haben alle ein **Einzelelektron auf der äussersten Schale.** Dieses kreist in relativ grossem Abstand um den Kern und gibt damit dem Atom ein relativ grosses Volumen. Dieser Umstand ist schuld an der extrem **kleinen Dichte** und auch dem **tiefen Schmelzpunkt** der Alkalimetalle. Lithium, das leichteste Metall und leichteste feste Element überhaupt, schwimmt sogar auf Äther und Benzin. Das einsame Valenzelektron wird leicht abgegeben. Deshalb sind die Alkalimetalle die stärksten Reduktionsmittel (S. 76). Das Einzelelektron lässt sich nicht nur absprengen (Ionisation), es kann auch **«angeregt»** werden. Beim Erwärmen auf hohe Temperatur, auch bei Zufuhr elektrischer oder Licht-Energie, springen die Valenzelektronen auf eine grössere Umlaufbahn (mit höherem Energieniveau). Beim Zurückfallen auf die normale Bahn wird die aufgenommene Energie als **Licht ganz bestimmter Wellenlängen** abgestrahlt. Jedes Alkalimetall zeigt deshalb seine charakteristische **Flammenfarbe** (Tab. XXIII). Rb und Cs wurden 1861 von Bunsen im Flammenspektrum von Mineralwasser entdeckt. Die Lichtemission der angeregten Alkaliatome wird in der **Flammenphotometrie** analytisch ausgenützt (vgl. Anhang S. 343).
Alle Alkali- und auch Erdalkalimetalle werden durch **Elektrolyse von Salzschmelzen** gewonnen. Wegen ihrer ausserordentlichen **Reaktionsfreudigkeit** in Gegenwart von Wasser und Sauerstoff müssen die Alkalimetalle unter Petroleum oder in evakuierten Gefässen aufbewahrt werden.
Alle Alkalimetalle bilden **starke Basen** von der Formel MeOH. Das Cäsiumhydroxid ist die stärkste Base überhaupt (Kation mit dem grössten Durchmesser und damit der geringsten Anziehung auf das OH^--Ion). Die Alkalisalze sind sehr beständig und mit ganz wenig Ausnahmen, z. B. $KClO_4$, $Na[Sb(OH)_6]$ gut wasserlöslich.
Im menschlichen Organismus kommen Na und K nur als Ionen vor. **Im Blutplasma dominiert das Natrium, im Zellplasma das Kalium.**

1. Lithium

Li kommt als Silikat im Verein mit Al vor (lithos = Stein). Li_2CO_3 wird neuerdings als Psychopharmakon (den Gemütszustand beeinflussendes Medikament) für Manisch-depressive verwendet. Li-Salze können zur Ermittlung des Verlaufs unterirdischer Wasserläufe gebraucht werden, da sich das Metall in sehr hoher Verdünnung spektralanalytisch nachweisen lässt.

2. Natrium

Na hat seinen Namen von der altägyptischen Bezeichnung Neter für Soda (engl. u. franz.: Na=Sodium). Das **Hauptvorkommen** des Natriums liegt in den **Feldspäten** der Urgesteine und im **Meerwasser** (2,7% Salz im Weltmeer, 20–30% im Toten Meer). Zur Gewinnung von Kochsalz dienen vor allem die **Steinsalzlager,** die durch Eintrocknen von Binnenmeeren entstanden sind.
Metallisches Na wird als Reduktionsmittel und zum **Trocknen organischer Lösungsmittel,** mit denen es selbst nicht reagiert (Äther), gebraucht. Es bindet die letzten Spuren von Wasser unter Bildung von NaOH. Bei der Verbrennung von Na in Luft entsteht nicht das gewöhnliche Oxid Na_2O, sondern Peroxid Na_2O_2, das als kräftiges Oxidationsmittel verwendet wird.
Natronlauge wird grosstechnisch durch **Elektrolyse von Kochsalzlösung** gewonnen. Anode: $2Cl^- - 2e^- \rightarrow Cl_2$; Kathode: $2H_2O + 2e^- \rightarrow 2OH^- + H_2$. Die an der Anode abgeschiedenen Cl^--Ionen werden an der Kathode durch OH^--Ionen aus dem Wasser ersetzt.

3. Kalium

Kalium ist abgeleitet von Alkali, der arabischen Bezeichnung für Soda (Na_2CO_3!). Die Hauptmenge des irdischen Kaliums liegt im **Feldspat** und **Glimmer** des Urgesteins. Gewonnen wird das K aus den **Abraumsalzen** der Steinsalzlager. Hauptkonsument von Kalisalzen ist die Düngerindustrie. **Kaliumhydroxid** ist die stärkste technisch verwendete Base. Käufliches KOH enthält bis zu 20% Wasser (Vorsicht bei der Zubereitung von Normallösungen!).

Tabelle XXIII. Alkali- und Erdalkalimetalle.

	Li	Na	K	Rb	Cs	Be	Mg	Ca	Sr	Ba	Ra
Smp, °C	180	98	63	39	29	1278	650	845	771	710	700
d, g/cm³	0,53	0,97	0,86	1,53	1,90	1,86	1,74	1,54	2,7	3,7	6,0
Flammenfarbe	rot	gelb	violett	rot	blau	–	–	orange-rot	rot	gelb-grün	rot

B. Erdalkalimetalle

Die Metalle Be, Mg, Ca, Sr, Ba, Ra besitzen zwei Valenzelektronen und sind alle **ausschliesslich zweiwertig.** Auch die Erdalkaliatome lassen sich zum Strahlen anregen (Tab. XXIII). Wie bei den Alkalimetallen nimmt die Reaktionsfähigkeit in der Gruppe von oben nach unten zu.

1. Beryllium

Be ist Bestandteil des Halbedelsteins Beryll (Beryllium-aluminium-silikat). Grüner Beryll heisst Smaragd, blauer Aquamarin.

2. Magnesium

Mg kommt als Ion im **Meerwasser** und als Carbonat im Sedimentgestein vor. Das Doppelsalz $CaMg(CO_3)_2$ heisst **Dolomit** und findet sich in grossen Mengen in den Dolomiten (Norditalien). Talk und Asbest sind Mg-Silikate. Mg bildet das Zentrum des Chlorophyllmoleküls. Im Gegensatz zu den Alkalimetallen und den vier übrigen Erdalkalien sind Be und Mg **an der Luft beständig,** weil sie sich mit einer **schützenden Oxidhaut** bedecken. Magnesium ist Bestandteil vieler Aluminiumlegierungen und wird auch zu Blitzlicht und Feuerwerk verwendet (sehr leicht brennbar, weisses Licht). $Mg(OH)_2$ ist in H_2O schwerlöslich. $MgSO_4 \cdot 7H_2O$ heisst **Bittersalz** und kommt in zahlreichen Mineralquellen vor (Abführmittel). Das schwerlösliche **Tripelphosphat** $MgNH_4PO_4$ wird zum Nachweis und auch zur Abscheidung von Mg^{2+}-Ionen verwendet (Tab. XI, S. 65).

3. Calcium

Die Hauptmenge des Calciums liegt in den Sedimentgesteinen, vor allem als **Kalkstein** ($CaCO_3$). Besonders reiner Kalk ist der **Marmor.** Grobkristallines $CaCO_3$ heisst **Calcit** oder Kalkspat. Aus $CaCO_3$ bestehen auch die Kreidefelsen (z. B. in Südengland) und die Korallenriffe. $CaCO_3$ ist sehr wenig wasserlöslich. Wesentlich besser als in reinem H_2O löst es sich in CO_2-haltigem Regenwasser. Man spricht von **chemischer Verwitterung** der Kalkfelsen. Besonders eindrücklich ist diese chemische Erosion in den Karstgebieten oder Karrenfeldern:

$CaCO_3 + H_2O + CO_2 \rightarrow Ca(HCO_3)_2$ **Calciumhydrogencarbonat,** wasserlöslich.

Der Rhein führt pro Jahr eine Menge $Ca(HCO_3)_2$ von der Grösse eines Würfels mit über 100 m Kantenlänge zum Meer. Das Calciumhydrogencarbonat im Leitungswasser wird als **temporäre Härte** bezeichnet. Durch Erhitzen des Wassers wird das Hydrogencarbonat gespalten, $CaCO_3$ wird als Kesselstein ausgefällt:

$Ca(HCO_3)_2 \rightarrow CaCO_3 + CO_2 + H_2O$

Die Wasserhärte wird in Graden angegeben. 1° deutsche Härte: 1 mg CaO/100 ml; 1° franz. Härte: 1 mg $CaCO_3$/100 ml. Die Ca^{2+}-Ionen des Leitungswassers können durch Na_2CO_3 (Soda) ausgefällt oder mit Kationenaustauschern entfernt werden (vgl. S. 110ff.).
Beim Erhitzen auf 900°C wird $CaCO_3$ zu CaO und CO_2 gespalten (Kalkbrennen). Mit Wasser bildet sich $Ca(OH)_2$ aus CaO (Kalklöschen). Setzt man $Ca(OH)_2$ längere Zeit der Luft aus, so nimmt es CO_2 auf und geht wieder in $CaCO_3$ über (Abbinden).

$$CaCO_3 \xrightarrow[-CO_2]{900°C} CaO \xrightarrow{+H_2O} Ca(OH)_2 \xrightarrow[-H_2O]{+CO_2} CaCO_3$$

Kalkstein	gebrannter Kalk	gelöschter Kalk	Kalkmörtel

Ein weiteres wichtiges Ca-Mineral ist der **Gips** $CaSO_4 \cdot 2H_2O$. 1 l H_2O löst 2 g Gips. Er erscheint als **permanente Härte** im Quellwasser. Diese Sulfathärte ist im Gegensatz zur Carbonathärte durch Erwärmen nicht ausfällbar (temporär = zeitweilig;

permanent = immerwährend). **Gebrannter Gips** wird durch Erhitzen von natürlichem Gips erhalten. Mit Wasser zusammen bildet sich aus gebranntem Gips innert Minuten wieder das ursprüngliche kristalline Dihydrat. Durch Verfilzen der Kristallnadeln wird das Material hart (vgl. S. 101).
Calciumchlorid, ein Abfallprodukt der Grossindustrie ist sehr hygroskopisch (Trocknung von Gasen und organischen Flüssigkeiten, Staubbinder auf Strassen). Das Salz zerfliesst im aufgenommenen Wasser.

Calcium ist das mengenmässig bedeutendste Metall im menschlichen Organismus. Ein Komplexsalz, der Carbonat-Apatit $\{Ca[Ca_3(PO_4)_2]_3\}CO_3$ bildet das **Stützmaterial der Knochen und Zähne.** Ca^{2+}-Ionen sind unentbehrlich für die Blutgerinnung. Durch Binden des Calciums mit Oxalat oder Citrat kann Blut ungerinnbar gemacht werden. Im Serum liegt das Ca z.T. als Ion, z.T komplex an Eiweiss gebunden vor. Der Ca-Stoffwechsel ist eng mit dem P-Stoffwechsel gekoppelt. Er wird durch das Parathormon (aus der Nebenschilddrüse) und das Calcitonin (aus der Schilddrüse) sowie die Vitamine der D-Gruppe gesteuert. **Calciumoxalat** ist ein häufiges Harnsediment. Etwa zwei Drittel aller Nierensteine bestehen aus Ca-Oxalat.

4. Strontium

Strontium ist in jeder Beziehung dem Calcium ähnlich, aber sehr viel seltener. Bei der Explosion von Nuklearsprengkörpern entsteht unter anderem ein radioaktives Strontiumisotop (^{90}Sr) mit einer Halbwertszeit von 28 Jahren. Nach Kernexplosionen in der Atmosphäre gelangt das Sr mit den Niederschlägen auf die Erde und wird wegen seiner Calcium-Ähnlichkeit von den Pflanzen aufgenommen. Durch die Nahrungskette gelangt das Isotop auch in die menschlichen Knochen, wo seine β-Strahlung Zellschäden verursacht.

5. Barium

Ba kommt als Baryt (Schwerspat) $BaSO_4$ vor (barys = schwer). $BaSO_4$ findet als sogenanntes Blanc fixe in der Dekorationsmalerei Verwendung: weisser Anstrich mit guter Deckwirkung. Das Salz ist nicht nur in Wasser, sondern auch in wässerigen Lösungen starker Säuren sehr schwer löslich. In konzentrierter H_2SO_4 löst es sich. Es wird für Röntgenaufnahmen des Magen-Darm-Traktes als Füllmaterial benützt. Je grösser die Atommasse, desto stärker die Absorption von eingestrahltem Röntgenlicht. Das Ba-Atom ist schwerer als alle Bioelemente. (Über Verwendung und Eigenschaften von Bariumhydroxid siehe S. 17 und 53.)

C. Aluminium

Aluminium hat seinen Namen von dem seit dem Altertum bekannten Alaun $KAl(SO_4)_2 \cdot 12H_2O$, der lateinisch alumen heisst. Es ist nach O und Si das häufigste Element der Erdkruste, wurde aber erst 1828 als Metall hergestellt. Eine Reihe von

Al-Silikaten (Feldspäte, Glimmer, Tone) bilden das Hauptvorkommen. Zement und auch alles Keramikmaterial besteht zur Hauptsache aus Aluminiumsilikaten.
Zur **Al-Gewinnung** wird **Bauxit** O=Al−OH verwendet. Dieser wird zuerst in Al_2O_3 übergeführt. Das Aluminiumoxid (Tonerde) wird als Schmelze **elektrolytisch reduziert:** $2Al_2O_3 \rightarrow 4Al + 3O_2$. Zur Senkung des Schmelzpunktes und Verbesserung der Leitfähigkeit wird der Schmelze Kryolith (Na_3AlF_6) zugesetzt. Das Metall scheidet sich an der Kathode flüssig ab (Smp 658 °C). Trotz seines unedlen Charakters (vgl. Spannungsreihe, S. 107) ist Al **an der Luft gut beständig,** weil es sich wie Mg mit einer dichten, vor weiterem Angriff schützenden Oxidhaut überzieht. Durch elektrolytische Oxidation mit dem Al-Gegenstand als Anode (sog. Eloxierung) wird die Schutzschicht künstlich verstärkt.
Aus kristallisiertem Al_2O_3 bestehen die Edelsteine **Korund** (farblos), **Rubin** (rot, mit Spur Cr) und **Saphir** (blau, mit Spur Ti). Wegen ihrer grossen Härte werden diese Mineralien, die sich auch synthetisch machen lassen, als Lager (z. B. für Uhren) verwendet. Das in H_2O praktisch unlösliche **Aluminiumhydroxid** ist sowohl in Säuren als auch in Laugen löslich. Man spricht von einer **amphoteren** Substanz oder einem Ampholyten (vgl. S. 250).

$Al(OH)_3 \xrightarrow{+3H^+} Al^{3+} + 3H_2O$ $\quad$ $Al(OH)_3 \xrightarrow{+OH^-} [Al(OH)_4]^-$ (Komplexion, vgl. S. 169)

Essigsaure Tonerde ist basisches Aluminiumacetat $(CH_3COO)_2AlOH$. Es dient in der Medizin in wässeriger Lösung als Adstringens (Entschwellungsmittel).

XXIV. Stickstoff- und Sauerstoffgruppe

A. Die V. Hauptgruppe

Die Elemente N, P, As, Sb, Bi haben fünf Elektronen in der äussersten Schale. Sie können entweder durch Aufnahme von drei oder Abgabe von fünf Elektronen zu einem Edelgasoktett gelangen. Alle fünf Elemente treten deshalb drei- und fünfwertig auf. Von allen existiert die Wasserstoffverbindung XH_3. Deren Beständigkeit nimmt vom NH_3 zum BiH_3 ab. Im Gegensatz zu den Halogenen (S. 51) sind die H-Verbindungen der Nichtmetalle aus der V. Gruppe keine Säuren. Alle fünf Elemente bilden dagegen Sauerstoffsäuren mit der Oxidationszahl 5: HNO_3, H_3PO_4, H_3AsO_4, H_3SbO_4, $HBiO_3$.

1. Stickstoff

Das Hauptvorkommen des irdischen Stickstoffs beschränkt sich auf die **Atmosphäre** (78%V). Gebundener N findet sich im Chilesalpeter (Anden), in Nitraten und Ammoniumsalzen des Humus und im Protein der Lebewesen. Zur Reindarstellung wird flüssige Luft destilliert. Der käufliche komprimierte Stickstoff enthält noch Edelgase, die für die meisten Verwendungszwecke nicht stören. N_2 ist nach den Edelgasen das reaktionsträgste Gas, weil zur Spaltung der N≡N-Moleküle sehr viel Energie nötig ist. Nur N-Atome reagieren.

a) Ammoniak

Ammoniak NH_3 (Salmiakgeist) lässt sich **bei Zimmertemperatur unter Druck verflüssigen** (Sdp –33°C). Es kommt denn auch flüssig, in Stahlflaschen, in den Handel. NH_3 entsteht in der Natur bei Fäulnis von Eiweiss und anderen organischen N-Substanzen. Grosstechnisch wird Ammoniak **aus den Elementen synthetisiert** (Haber-Bosch-Verfahren, S. 85). 1 l H_2O löst 727 l NH_3-Gas! Konzentrierte Ammoniaklösungen enthalten neben NH_4OH-Base auch physikalisch gelöstes NH_3. Ammoniumsalze lassen sich **sublimieren,** NH_4Cl schon bei 350°C (Salmiakrauch). Starke Laugen setzen aus Ammoniumverbindungen NH_3 frei, das mit saurem Indikatorpapier nachgewiesen wird.

Zum **empfindlichen Nachweis** von NH_3 kann man Nessler-Reagens $K_2[HgJ_4]$ verwenden. Das Komplexsalz bildet mit NH_3 gelbe Trübungen oder Niederschläge.

Zur **acidimetrischen Bestimmung** von NH_3 leitet man das Gas in Säure ein und titriert den Säureüberschuss mit Lauge zurück (vgl. S. 134).

Die photometrische Ammoniakbestimmung wird auf Seite 254 besprochen.

b) Hydroxylamin und Hydrazin

Hydroxylamin NH_2OH bildet sich bei elektrolytischer Reduktion von HNO_3. In reiner Form ist es schlecht, als Salz $[NH_3OH]Cl$ gut beständig.
Hydrazin $NH_2{-}NH_2$ und Hydroxylamin sind als Reduktionsmittel beliebt, weil bei ihrer «Arbeit» nur Wasser und Stickstoff als Oxidationsprodukte entstehen.

$$\left.\begin{array}{l} 2NH_2OH \rightarrow N_2 + 2H_2O + (2H) \\ NH_2{-}NH_2 \rightarrow N_2 \qquad\qquad + (4H) \end{array}\right\} \text{zur Reduktion}$$

(Redoxpotential von $NH_2{-}NH_3^+$ siehe S. 108)

c) Stickstoffwasserstoffsäure; Azide

HN_3 ($H{-}N{=}N{\equiv}N$), die Stickstoffwasserstoffsäure ist eine sehr unbeständige Säure, die bei Erwärmung oder Erschütterung mit ungeheurer Brisanz explodiert und in die Elemente zerfällt. Die Salze der schwachen Säure sind die **Azide.** Alkalimetallazide sind beständig, $Pb(N_3)_2$, HgN_3 und AgN_3 werden in der Schiess- und Sprengtechnik als Initialzünder gebraucht. Sie explodieren heftig auf Schlag. Die scharfe Erschütterung beim Zerfall des Zünders startet die Reaktion des Sprengsatzes oder der Geschosstreibladung.

Tabelle XXIV. Sauerstoffverbindungen des Stickstoffs

Distickstoffmonoxid	N_2O	$N{\equiv}N{=}O$	Lachgas, Narkotikum, Oxidationsgas für die Flammenphotometrie
Stickstoffmonoxid	NO	$N{=}O$	farbloses Gas, bildet sich bei elektrischen Funken in Luft, in Benzinmotoren und beim Auflösen von Metallen in HNO_3
Distickstofftrioxid	N_2O_3	$O{=}N{-}O{-}N{=}O$	Anhydrid der salpetrigen Säure, nur als Flüssigkeit unter Druck beständig (Sdp –10 °C)
Stickstoffdioxid	NO_2	$O{=}N{=}O$	«nitroses Gas», dunkelbraun, giftig, entsteht bei der Reduktion von HNO_3 durch Metalle oder organische Substanzen
Distickstoffpentoxid	N_2O_5	$O_2N{-}O{-}NO_2$	fest, Anhydrid der Salpetersäure
Salpetrige Säure	HNO_2	$H{-}O{-}N{=}O$	siehe Seite 50 ff.
Salpetersäure	HNO_3	$H{-}O{-}NO_2$	

d) Salpetersäure

HNO_3 wird heute grosstechnisch durch Oxidation von Ammoniak hergestellt.

$$2NH_3 + 4O_2 \xrightarrow[500\,°C]{\text{Platin}} 2HNO_3 + 2H_2O$$

Alle Salze der Salpetersäure, die Nitrate, sind gut wasserlöslich. Zum Nachweis von NO_3^- dient die Ringprobe: Die zu prüfende Lösung wird im Reagensglas mit $FeSO_4$ und verdünnter H_2SO_4 gemischt und dann mit konzentrierter H_2SO_4 unterschichtet. An der Berührungsfläche zwischen H_2SO_4 und Lösung bildet sich in Gegenwart von NO_3^- eine braune Zone von $[Fe(NO)]^{2+}$.

Tabelle XXV. C–N-Säuren des Stickstoffs

Name	Formel		Salz	
Blausäure	HCN	H−C≡N	Cyanid	
Cyansäure	HOCN	H−O−C≡N	Cyanat	isomere Verbindungen (gleiche Bruttoformel)
Isocyansäure	HNCO	H−N=C=O	Isocyanat	
Knallsäure	HONC	H−O−N=C	Fulminat	
Rhodanwasserstoff	HSCN	H−S−C≡N	Rhodanid	

e) Rhodanwasserstoff (Thiocyansäure)

HSCN ist nur bei tiefer Temperatur beständig. Wie bei zahlreichen anderen unbeständigen Säuren sind auch beim Rhodanwasserstoff die Salze gut haltbar. Silberrhodanid ist schwerlöslich, Eisen(III)-rhodanid intensiv rot gefärbt, löslich, aber undissoziiert (vgl. Kapitel «Komplexsalze», S. 168 ff.). Die Eigenschaften der beiden Rhodanide werden zur **Fällungstitration** von Ag^+ ausgenützt: Zur Ag-haltigen Lösung wird wenig Fe(III)-Salz zugesetzt. Durch Zutropfen von KSCN bekannter Molarität werden alle Ag^+-Ionen ausgefällt. Die ersten SCN^--Ionen, die nicht mehr von Silber gebunden werden, vereinigen sich mit den Fe^{3+}-Ionen zu $Fe(SCN)_3$. Die Titriervorlage schlägt nach rot um (Endpunkt!). Die Bildung des roten Eisenrhodanids bei Zusatz von KSCN zu einer Lösung mit Fe^{3+} wird zum Eisennachweis benützt.

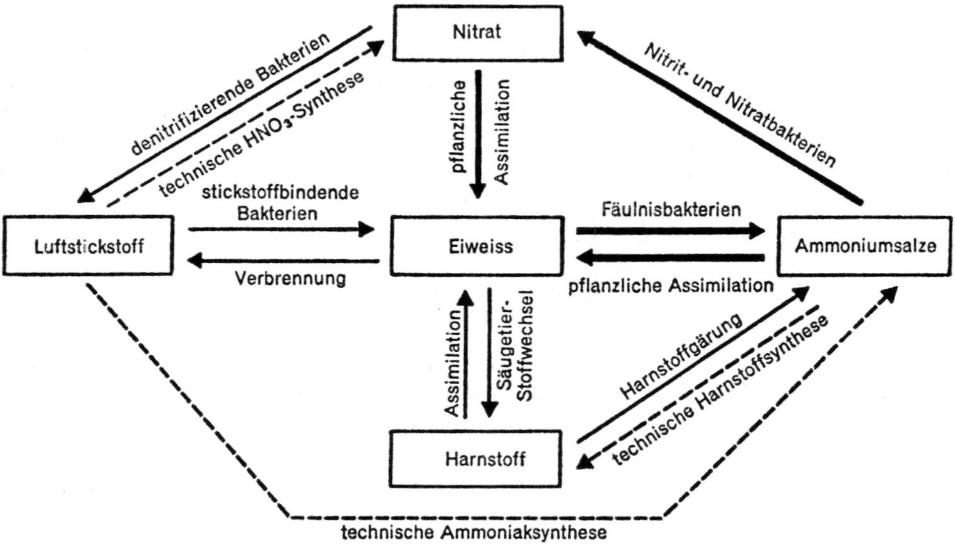

Abb. 61. Der Stickstoffkreislauf. Die dicken Pfeile markieren den Hauptkreislauf.

f) Stoffwechsel und natürlicher Kreislauf des Stickstoffs

Der Stickstoff ist nach C, H und O das wichtigste Element im Biokosmos (Tab. III, S. 12). Sämtliche Eiweissarten inklusive Enzyme enthalten zirka 16% N. Die Träger der Erbmasse, die Nucleinsäuren sind ebenfalls stickstoffreich. Zahlreiche pflanzliche Gifte (Alkaloide) sowie auch gewisse Hormone sind basisch wirkende Ammoniakderivate (vgl. S. 247, 294, 318). **Der organisch gebundene Stickstoff in Lebewesen ist dreiwertig.** Der Stickstoff im Körper von Tieren und Mensch stammt letztlich praktisch vollständig aus pflanzlichem Eiweiss. Beim Abbau der Proteine im menschlichen Körper bildet sich **Harnstoff.** Gut 90% des gesamten N werden als Harnstoff, der Rest in Form anderer organischer Verbindungen (Harnsäure, Kreatinin, Aminosäuren) und als Ammoniumion ausgeschieden.

Der organisch gebundene Stickstoff der Abwässer und der abgestorbenen Organismen wird durch Bakterien in Ammoniumsalze und Nitrate übergeführt. Diese werden von den grünen Pflanzen aufgenommen und für den Aufbau von neuem Eiweiss verwertet. Der Stickstoff beschreibt somit einen Kreislauf (Abb. 61).

2. Phosphor

Die Hauptmenge P in der Erdrinde findet sich in verschiedenen Ca-Phosphaten, den Apatiten und dem Phosphorit $Ca_3(PO_4)_2$. Zur Herstellung von elementarem P wird Calciumphosphat mit Kohle und Quarzsand erhitzt. Dabei entsteht Ca-Silikat, CO und Phosphordampf. Das Element P existiert in drei **allotropen Modifikationen** mit verschiedenen spezifischen Eigenschaften (weisser, roter und schwarzer Phosphor). Der weisse P ist am reaktionsfreudigsten, der schwarze am trägsten. Weisser P ist an der Luft selbstentzündlich und sehr giftig. Unter O_2-Ausschluss verwandelt sich weisser P in der Wärme in roten P. Schwarzer P entsteht unter sehr hohem Druck. Die drei Modifikationen kristallisieren in verschiedenen Kristallsystemen. Bei der langsamen Oxidation in Luft leuchtet der weisse Phosphor mit weissgelbem Licht (phosphoros = Lichtträger). Das Leuchten von oxidierendem Phosphor ist Chemilumineszenz (S. 78) und nicht Phosphoreszenz.
Der grösste Teil des industriell gewonnenen Phosphors wird zu Phosphorsäure und von dieser das meiste zu Phosphatdüngern verarbeitet.

a) Phosphorwasserstoff (Phosphin)

PH_3 ist ein übelriechendes Gas, im Gegensatz zu NH_3 wasserunlöslich und auch nicht basisch. Das aus technischem Calciumcarbid durch Umsetzung mit Wasser gewonnene Acetylen verdankt seinen Geruch dem beigemengten PH_3, entstanden aus der Verunreinigung Calciumphosphid (vgl. S. 194).

b) O-Verbindungen des Phosphors

Phosphorpentoxid ist das stärkste bekannte Trocknungsmittel. Es vermag in der Wärme sogar Schwefelsäure in ihr Anhydrid SO_3 zu verwandeln. Man kennt eine ganze Reihe verschiedener Säuren des Phosphors. Die wichtigsten sind die phosphorige Säure H_3PO_3, die gewöhnliche Phosphorsäure oder Orthophosphorsäure H_3PO_4, die Metaphosphorsäure HPO_3 und die Pyrophosphorsäure $H_4P_2O_7$. Die phosphorige Säure ist ein Reduktionsmittel (Redoxpotential, S. 108). Zwischen Ortho-, Meta- und Pyrophosphorsäure besteht folgende Beziehung:

$$2H_3PO_4 \xrightarrow{-H_2O} H_4P_2O_7 \xrightarrow{-H_2O} 2HPO_3 \xleftarrow{+H_2O} P_2O_5$$

Meta- und Pyrophosphorsäure sind fest und glasartig und haben ähnliche Säurestärken wie die gewöhnliche H_3PO_4. HPO_3 kann zum Enteiweissen von Lösungen verwendet werden (ähnlich wie Perchlorsäure).

c) Chlorverbindungen des Phosphors

PCl_3 Phosphortrichlorid (flüssig), PCl_5 Phosphorpentachlorid (fest) und $POCl_3$ Phosphoroxychlorid (flüssig) sind Säurechloride (S. 219f.). Sie sind nicht dissoziierbar und zerfallen in Gegenwart von Wasser in HCl und die entsprechende Säure des Phosphors, z. B.

$$PCl_5 + 4H_2O \rightarrow 5HCl + H_3PO_4.$$

Als sehr reaktionsfähige Verbindungen werden die P-Chloride zur Synthese von Phosphorsäure-Estern verwendet (vgl. S. 276).

d) Nachweis und Bestimmung von Phosphat

Mit Ammoniummolybdat in salpetersaurer Lösung bildet PO_4^{3-} einen intensiv gelben Niederschlag von komplexer Zusammensetzung (Nachweis von Phosphat z. B. in Harnsteinen). In Gegenwart von Reduktionsmitteln entsteht aus Ammoniummolybdat und Phosphat eine blaue, wasserlösliche Verbindung, die zur photometrischen Bestimmung des PO_4^{3-}-Gehaltes von Lösungen ausgenützt wird.

e) Bedeutung des Phosphors für den menschlichen Körper

Phosphate spielen eine grosse Rolle als **Baustoffe** und auch als wichtige Bestandteile von **Wirkstoffen**. Haare, Nägel und besonders Zähne und Knochen sind reich an einem Komplexsalz aus Calciumphosphat und Calciumcarbonat (S. 158). Im Blut bilden Phosphationen einen Teil des Puffersystems. Gewisse Eiweissarten, z. B. Casein, enthalten organisch gebundenes Phosphat (S. 262). Grössere Mengen von organischem P finden sich in den **Phospholipiden** der Nerven- und Gehirnsubstanz (S. 231) und in den **Nucleinsäuren** der Zellkerne und des Zellplasmas. Bei zahlreichen Reaktionen des **Energiestoffwechsels** (Nährstoffabbau) sind organische Phosphate massgeblich beteiligt. Der tägliche P-Bedarf des Menschen ist 1–2 g. Alle in Lebewesen vorkommenden P-Verbindungen sind Salze oder Ester der Phosphorsäure. Die P-Ausscheidung erfolgt in Form von HPO_4^{2-} und $H_2PO_4^-$ im Urin. Mit Ca^{2+} oder Mg^{2+} und NH_4^+ zusammen können unlösliche Sedimente oder auch Steine entstehen. Der grösste beschriebene Phosphat-Blasenstein wog über 1 kg!

3. Arsen

Die wichtigsten As-Mineralien sind Arsenkies FeAsS, Auripigment As_2S_3 und Realgar As_2S_2. Arsen bildet zwei Element-Modifikationen (metallisch-grau und nichtmetallisch-hellgelb).

a) Arsenwasserstoff (Arsin)

AsH_3 bildet sich aus As-Verbindungen in Gegenwart von naszierendem Wasserstoff. In der Wärme zerfällt Arsin in die Elemente. Die Reaktionsfolge:

As-Verbindung + H $\rightarrow$ AsH_3 $\xrightarrow{\text{Hitze}}$ $\underline{As}\downarrow$ wird zum empfindlichen As-Nachweis benützt. Die auf As zu prüfende Substanz wird mit Zn-Pulver + H_2SO_4 gemischt. Der entweichende evtl. AsH_3-haltige Wasserstoff wird durch ein dünnes Glasrohr geleitet, das an einer Stelle mit kleiner Flamme erhitzt wird. Das Arsen schlägt sich daselbst als feiner Spiegel nieder (Nachweisgrenze 0,1 μg).

b) O-Verbindungen des Arsens
Arsentrioxid (Arsenik) As_2O_3 ist stark giftig (tödliche Dosis für den Menschen etwa 0,1 g). Ganz kleine Dosen werden als Heilmittel gegen Blutarmut angewandt.
Arsenige Säure H_3AsO_3 ist ein Ampholyt. Sie bildet sowohl mit Basen als auch mit Säuren Salze, was den Halbmetallcharakter des Arsens zum Ausdruck bringt.

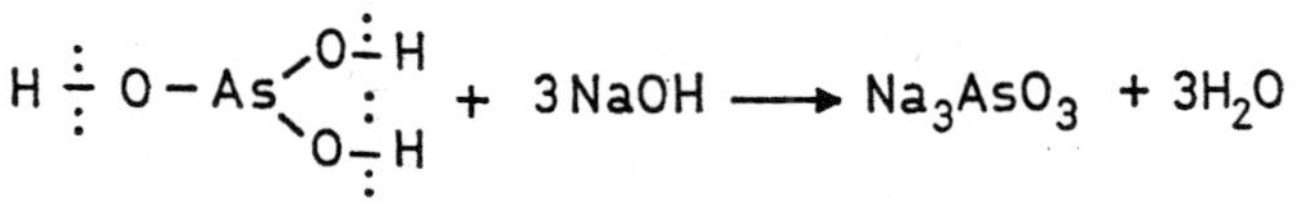

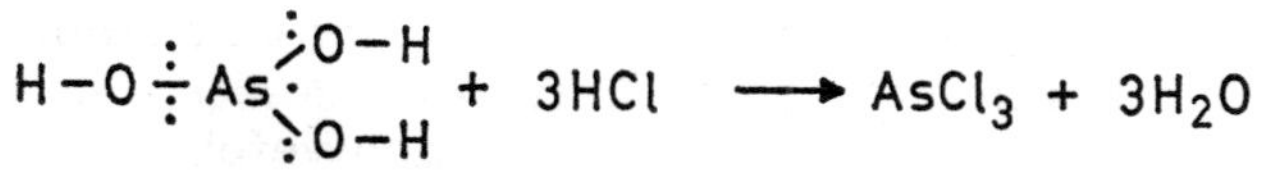

Über die Verwendung der arsenigen Säure zur Jodbestimmung siehe Seite 142.
Auch Arsenpentoxid As_2O_5 und die Arsensäure H_3AsO_4 sind bekannt (ähnliche Eigenschaften wie Phosphorpentoxid und Phosphorsäure).

4. Antimon

Antimonmineralien sind der Grauspiessglanz Sb_2S_3 und das Rotgiltigerz Ag_3SbS_3. Das silberweisse, spröde Metall lässt sich pulverisieren (Smp 630 °C, d = 6,7 g/cm³). Das Element wird für Legierungen verwendet (Letternmetall, Hartblei). Sb-Verbindungen sind nicht giftig, erregen aber Brechreiz. Ein seit altersher verwendetes Medikament ist der Brechweinstein, ein Antimonsalz der Weinsäure. $SbCl_3$ («Antimonbutter») hat, verglichen mit andern Salzen, einen extrem niedrigen Schmelzpunkt (73 °C). Es wird zum sogenannten Brünieren von Eisen verwendet. Beim Eintauchen von Fe in $SbCl_3$-Schmelzen schlägt sich auf dem Eisen eine zusammenhängende schwarze, das Eisen vor Rost schützende Antimonschicht nieder.

$$2Sb^{3+} + 3Fe \rightarrow 3Fe^{2+} + \underline{2Sb}\downarrow$$

5. Wismut

Bi kommt als Wismutglanz Bi_2S_3 und auch gediegen vor. Es ist ein rötlich glänzendes Schwermetall (d = 9,8 g/cm³). Eine Wismutlegierung (Bi : Pb : Cd : Sn = 4 : 2 : 1 : 1) ist das Woodsche Metall mit Schmelzpunkt 71 °C! Bi-Salze werden in Kosmetik und Hautmedizin verwendet.

B. Die VI. Hauptgruppe

Die Elemente O, S, Se, Te, Po haben sechs Elektronen auf der äussersten Schale. Alle treten daher minus zweiwertig auf (Aufnahme von zwei Elektronen zur Komplettierung des Oktetts). O ist ausschliesslich zweiwertig. In Sauerstoffverbindungen sind die übrigen Elemente der Gruppe auch +IV- und +VIwertig (polarisierte Kovalenzbindungen, weitgehendes Abtreten von 4 oder 6 Elektronen an Sauerstoff; O ist ein starker «Elektronensauger»).
Die Eigenschaften des Sauerstoffs sind früher besprochen worden (S. 18, 72).

1. Schwefel (lat. sulfur, griech. theion)

S ist das am längsten bekannte Nichtmetall. In der Erdrinde liegt die Hauptmenge als **Pyrit** FeS_2 (Schwefelkies oder Katzengold) vor. Weitere sulfidische Mineralien sind Bleiglanz PbS, Kupferkies $CuFeS_2$, Zinkblende ZnS, Zinnober HgS. Auch die Gips- und Barytlager bergen grosse Mengen Schwefel. In Sizilien und Nordamerika wird elementarer («gediegener») Schwefel abgebaut.
Elementarer S bildet **zwei kristalline** (rhombisch und monoklin) und **eine amorphe** (nicht kristallisierende) **Modifikation.** Das Element ist wasserunlöslich, löslich in Äther, Toluol und besonders gut in Schwefelkohlenstoff CS_2. **Schwefelblumen** sind ein Pulver aus amorphem S, das beim Abschrecken von Schwefeldampf entsteht. Bei Zimmertemperatur ist Schwefel reaktionsträg, bei 250 °C entzündet er sich von selbst an der Luft. Etwa dreiviertel der S-Weltproduktion werden zur Schwefelsäuresynthese verwendet, eine grössere Menge auch zur Kautschukfabrikation (Pneus).

a) Schwefelwasserstoff

H_2S ist ein sehr giftiges, brennbares Gas (Sdp −60 °C). Es wird durch direkte Synthese aus H_2 und geschmolzenem Schwefel oder durch doppelte Umsetzung aus Eisensulfid und Salzsäure gewonnen: $FeS + 2HCl \rightarrow H_2S + FeCl_2$. Zum Nachweis verwendet man feuchtes Bleiacetatpapier, das sich mit H_2S schwarz färbt.

$$Pb^{2+} + H_2S \rightarrow \underset{\downarrow}{\underline{PbS}} + 2H^+$$

Das Nachdunkeln alter Ölgemälde beruht auf der Umwandlung von Bleiweiss (bas. Bleicarbonat) in Bleisulfid durch Spuren H_2S aus der Atmosphäre. Alle Schwermetallsulfide sind schwerlöslich. Für die Sulfide von Ag, Hg, Pb, Bi, Cd, As, Sb, Sn wird das Löslichkeitsprodukt schon in saurer H_2S-Lösung erreicht (vgl. S. 128). Die geringe S^{2-}-Konzentration von H_2S (sehr schwache Säure) genügt zur Ausfällung der Ionen dieser Metalle. Für Fe, Ni, Co, Zn, Mn muss dagegen ein vollständig dissoziiertes Alkalisulfid, z. B. $(NH_4)_2S$ verwendet werden. Dieses unterschiedliche Verhalten wird zur Trennung der beiden Metallgruppen ausgenützt.

b) Schwefeldioxid und schweflige Säure

SO_2 wird grosstechnisch durch Verbrennen von Schwefel und durch «Abrösten» (Erhitzen unter Luftzutritt) sulfidischer Erze gewonnen (Aufgabe 20, S. 30). Das Gas bildet sich in kleinen Mengen bei der Verbrennung von Kohle und Heizöl (Umweltbelastung durch Industrie und Wohnungsheizung, saurer Regen, Schäden an Vegetation und Gebäuden). SO_2-Gas ist farblos, riecht stechend und kondensiert bei −10 °C. H_2SO_3, die schweflige Säure existiert nur in verdünnter Lösung und zerfällt leicht in Anhydrid und Wasser, wie die strukturell verwandte Kohlensäure H_2CO_3. Sie ist aber stärker dissoziiert als diese. Im Gegensatz zu den Hydrogencarbonaten sind die Hydrogensulfite der Alkalimetalle leicht sauer.

c) Natriumdithionit

Durch Reduktion von Alkalisulfiten erhält man Dithionite. Natriumdithionit ist ein kräftiges, oft verwendetes **Reduktionsmittel** (z. B. für die Reduktion von Fe^{3+} zu Fe^{2+} bei der photometrischen Bestimmung des Serum-Eisens).

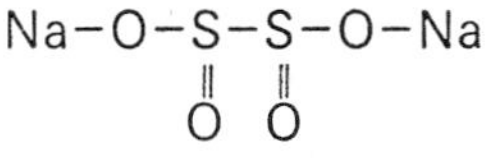

d) Schwefeltrioxid und Schwefelsäure

Der grösste Teil des industriell produzierten SO_2 wird zu H_2SO_4 verarbeitet. SO_2 lässt sich nur katalytisch (z. B. mit V_2O_5) in guter Ausbeute mit Sauerstoff weiter oxidieren.

Die SO_3-Synthese ist ein Beispiel von **Kontaktkatalyse.** Die gasförmigen Reaktionspartner werden an der Oberfläche des festen Katalysators adsorbiert (von schwachen elektrischen Kräften angezogen und zeitweilig festgehalten). Dies kommt einer enormen Konzentrationserhöhung in dieser dünnen Oberflächenschicht gleich, so dass die erfolgreichen Zusammenstösse der Partner viel häufiger erfolgen als in der freien Gasphase (vgl. S. 81).

Durch Einleiten von SO_3 in verdünnte H_2SO_4 erhält man konzentrierte H_2SO_4. In reinem Wasser ist SO_3 schlecht löslich. Absolute Schwefelsäure kann grössere Mengen SO_3 lösen. Dabei entsteht rauchende Schwefelsäure oder **Oleum** (grösstenteils $H_2S_2O_7$ = Pyroschwefelsäure). Oleum findet für die Synthese von organischen Schwefelsäurederivaten Verwendung.

2. Selen

Se kommt als Begleiter des Schwefels vor (zirka 20000mal seltener als dieser). Ähnlich dem Arsen hat Selen eine nichtmetallische (rote) und eine metallische (graue) Modifikation. Bei Belichtung nimmt die elektrische Leitfähigkeit des grauen Selens zu, in der Dunkelheit wieder ab. Das Phänomen wird für Schaltvorrichtungen, die auf Licht ansprechen sollen, und für die Belichtungsmessung ausgenützt (Selenzelle).

XXV. Komplexverbindungen

Gewisse Elektrolyte gehen Reaktionen ein, die mit den herkömmlichen Theorien der doppelten Umsetzungen und Redoxvorgänge nicht zu erklären sind. Einige Beispiele:

1. Gibt man zu einer Kupfer(II)-salzlösung Ammoniaklösung, entsteht zuerst ein gallertiger Niederschlag von $Cu(OH)_2$. Setzt man mehr Ammoniak zu, löst sich der Niederschlag wieder auf; die Lösung wird tief dunkelblau.
2. Mischt man Kaliumjodid zu einer Lösung von Quecksilber(II)-nitrat, entsteht eine zinnoberrote Fällung von HgJ_2, die bei Zusatz von mehr Jodid wieder vollständig verschwindet. Lässt man diese Lösung eine Anionenaustauschersäule passieren, so lässt sich das Hg im «Auslauf» nicht mehr nachweisen.
3. Setzt man einer Silbernitratlösung Kaliumcyanid und dann Natriumchlorid zu, so bleibt die erwartete Fällung von AgCl aus.

(Die Erklärung dieser Erscheinungen folgt weiter unten.)

1. Zentralatom und Liganden

Solch «unorthodoxes» Verhalten von Ionen, wie in obigen Beispielen beschrieben, findet man vorzugsweise bei den Metallen der Nebengruppen, mit unvollständiger zweitäusserster Elektronenschale. Diese Metalle (weniger ausgeprägt auch einige der Hauptgruppen) besitzen die Fähigkeit zur Bildung von **Komplexen** oder **Koordinationsverbindungen.** Ihre Ionen haben das Bestreben, eine für jedes Element charakteristische Zahl von Bindungspartnern um sich zu gruppieren. Dabei können diese Partner Anionen oder auch neutrale Moleküle sein. Die Anzahl gebundener Teilchen steht in keinem direkten Zusammenhang mit der Zahl der Ladungen des Metallions. Das komplexbildende Metallion heisst **Zentralatom,** die gebundenen Partnerteilchen sind die **Liganden** (ligare = binden). Die Anzahl von einem Zentralatom gebundener Teilchen heisst **Koordinationszahl.** Die Theorien zur Erklärung der Koordinationsverbindungen sind erst in den letzten Jahrzehnten vervollständigt worden. Für deren Erläuterung muss auf die Lehrbücher für höhere Schulen verwiesen werden.

2. Formeln und Nomenklatur der Komplexe

Ist die Summe der Ligandenladungen gleich der Ladung des Zentralatoms, so entsteht ein **neutraler Komplex.** Ein Beispiel dafür bietet $HgCl_2$. Die beiden Chloratome sind nicht wie in normalen Salzen nur durch elektrische Anziehung (Ionenbindung), sondern auch koordinativ ans Quecksilber gebunden. Das Molekül dissoziiert denn auch praktisch nicht (vgl. S. 139: Mercurimetrische Titration). Auch das intensiv rote Eisen(III)-rhodanid ist ein neutraler Komplex.

Ist die Summe der Ligandenladungen null oder doch kleiner als die Ladung des Zentralatoms, so liegt ein **komplexes Kation** vor. Beispiel: $[Co(NH_3)_6]^{2+}$. Die sechs Ammoniakliganden bringen keine Ladung mit, deshalb hat das Komplexion die gleiche Ladung wie das Zentralatom selbst (+2).
Wird die Ladung des Zentralatoms durch die Ligandenladungen überkompensiert, so entsteht ein **komplexes Anion.** In Beispiel 2 (Einleitung des Kapitels) entsteht aus dem unlöslichen HgJ_2 und Jodidionen das lösliche $[HgJ_4]^{2-}$, also ein quecksilberhaltiges Anion, das im Anionenaustauscher festgehalten wird.
Komplexe Ionen werden in eckige Klammern gesetzt. Salze, die mindestens ein Komplexion haben, heissen **Komplexsalze,** z. B. $[Cu(NH_3)_4]SO_4$; $K_3[Fe(CN)_6]$. Für die Nomenklatur der Komplexsalze gelten folgende Richtlinien: Die Reihenfolge Kation–Anion ist gleich wie bei normalen Salzen. Zahl und Namen der Liganden werden dem Namen des Zentralatoms vorangestellt. In Analogie zu den gewöhnlichen Anionen enthalten die komplexen Anionen die lateinische Bezeichnung des zentralen Elementes. Obige zwei Beispiele heissen somit Tetrammin-kupfer(II)-sulfat und Kalium-hexacyanoferrat(III) (siehe auch Tabelle XXVI).

3. Komplexzerfallskonstanten

Die Komplexsalze dissoziieren wie normale Salze praktisch vollständig in normale und komplexe Ionen. Die komplexen Ionen ihrerseits können geringfügig in Zentralatom und Liganden zerfallen:

$$[Fe(CN)_6]^{4-} \rightleftharpoons Fe^{2+} + 6CN^- \qquad [Ag(NH_3)_2]^+ \rightleftharpoons Ag^+ + 2NH_3$$

Wie für andere Gleichgewichte gilt auch hier das Massenwirkungsgesetz (S. 82 f.).

$$\frac{(Ag^+)(NH_3)^2}{([Ag(NH_3)_2]^+)} = K = \textbf{Komplexzerfallskonstante} \text{ oder Stabilitätskonstante}$$

Beispiele von Stabilitätskonstanten: $[Ag(NH_3)_2]^+$: 10^{-7}; $[Ag(S_2O_3)_2]^{3-}$: 10^{-13}; $[Ag(CN)_2]^-$: 10^{-21}. Je kleiner die Konstante, desto beständiger ist der Komplex.

4. Auflösung schwerlöslicher Salze und Hydroxide unter Komplexbildung

In Beispiel 1 auf S. 168 wird $Cu(OH)_2$ durch Ammoniak aufgelöst. Das Phänomen erklärt sich wie folgt: Die Cu^{2+}-Ionen sind an zwei Gleichgewichten beteiligt:

I $Cu^{2+} + 2OH^- \rightleftharpoons Cu(OH)_2$
II $Cu^{2+} + 4NH_3 \rightleftharpoons [Cu(NH_3)_4]^{2+}$

Die Cu^{2+}-Konzentration von Gleichgewicht I wird durch das Löslichkeitsprodukt und die OH^--Ionenkonzentration bestimmt. Für die Cu^{2+}-Konzentration in II sind die Komplexzerfallskonstante und die NH_3-Konzentration massgebend.
Die Lösung kann naturgemäss nur **eine** Cu^{2+}-Konzentration haben. Deshalb sind die beiden Gleichgewichte nur nebeneinander möglich, wenn (Cu^{2+}) für beide

gleich ist. Wird die NH_3-Konzentration erhöht, so sinkt für II die Cu^{2+}-Konzentration. Dadurch wird Gleichgewicht I gestört; $Cu(OH)_2$ dissoziiert nach; die neuen Cu^{2+}-Ionen werden laufend von NH_3 «komplexiert»; neues $Cu(OH)_2$ muss zerfallen usw.

$$Cu^{2+} + 2OH^- \leftarrow Cu(OH)_2$$
$$\downarrow$$
$$Cu^{2+} + 4NH_3 \rightarrow [Cu(NH_3)_4]^{2+}$$

Zusammengefasst ergibt sich: $\underset{\text{fest}}{Cu(OH)_2} + 4NH_3 \rightarrow \underset{\text{gelöst}}{[Cu(NH_3)_4](OH)_2}$

Ein analoger Vorgang spielt sich im 2. Beispiel auf Seite 168 ab:

$$\underset{\text{fest}}{HgJ_2 + 2KJ} \rightarrow \underset{\text{gelöst}}{K_2[HgJ_4]}$$

Eine Fällung von AgCl lässt sich mit Ammoniak auflösen, eine solche von AgJ dagegen nicht. Mit KCN löst sich auch AgJ spielend auf. Erklärung:

$AgCl \rightleftharpoons Ag^+ + Cl^-$ I
$[Ag(NH_3)_2]^+ \rightleftharpoons Ag^+ + 2NH_3$ II
$AgJ \rightleftharpoons Ag^+ + J^-$ III
$[Ag(CN)_2]^- \rightleftharpoons Ag^+ + 2CN^-$ IV

Misst man die Ag^+-Konzentration in den vier Gleichgewichten (I und III in Lösungen mit Bodensatz von AgCl bzw. AgJ; II und IV in etwa 1 M Lösungen von NH_3 bzw. KCN), so findet man I>II>III>IV.

Jedes der vier Gleichgewichte ist also «fähig», alle über ihm stehenden Gleichgewichte durch Entzug von Ag^+-Ionen zu stören, d.h. dessen Kristalle oder Komplexionen aufzuspalten. In Gegenwart von viel Cyanidionen sind also weder AgJ-Kristalle noch $[Ag(NH_3)_2]^+$-Ionen noch AgCl-Kristalle haltbar. KJ kann $[Ag(NH_3)_2]^+$ und AgCl zerstören, während NH_3 nur AgCl aufzulösen vermag. Damit findet auch Beispiel 3 auf Seite 168 seine Erklärung.

5. Einige Komplexsalze

Tabelle XXVI. Gebräuchliche Komplexsalze

Formel	Moderner Name	Alter Name, Trivialname
$K_3[Fe(CN)_6]$	Kalium-hexacyanoferrat(III)	Kaliumferricyanid
$K_4[Fe(CN)_6]$	Kalium-hexacyanoferrat(II)	Kaliumferrocyanid
$Na_2[Fe(CN)_5NO]$	Natrium-pentacyano-mononitrosoferrat(III)	Natriumnitroprussiat
$K_2[HgJ_4]$	Kalium-tetrajodomercurat	Nessler-Reagens (S. 160)
$K[AuCl_4]$	Kalium-tetrachloroaurat	
$K_2[PtCl_6]$	Kalium-hexachloroplatinat	
$Na_3[Ag(S_2O_3)_2]$	Natrium-dithiosulfatoargentat	

$K_3[Fe(CN)_6]$, auch rotes Blutlaugensalz genannt, ist ein oft verwendetes mildes Oxidationsmittel. $K_4[Fe(CN)_6]$ (gelbes Blutlaugensalz) bildet mit verschiedenen Schwermetallen schwerlösliche Niederschläge; mit Fe^{3+}-Ionen entsteht das intensiv gefärbte Berliner Blau $KFe[Fe(CN)_6]$. Die Reaktion wird zum Nachweis von Eisen(III)-Ionen ausgenützt. Mit Natriumnitroprussiat können lösliche Sulfide und auch Aceton nachgewiesen werden (Rotfärbung). Chloroaurat und Chloroplatinat gehören zu den wenigen stabilen Edelmetall-Verbindungen. Sie bilden sich beim Auflösen von Au und Pt in Königswasser (konz. HCl/konz. HNO_3 3:1). Von der Tatsache, dass Thiosulfationen Silberhalogenide auflösen, wird im photographischen Fixierprozess Gebrauch gemacht. Deshalb soll die Theorie der Schwarzweiss-Photographie hier kurz besprochen werden.

6. Schwarzweiss-Photographie

AgCl, AgBr und AgJ sind instabile Verbindungen, die durch kurzwelliges Licht in die Elemente zerlegt werden können (Photolyse). **Silberhalogenide,** vor allem das **Bromid,** werden deshalb für **photographische Schichten** verwendet. Der Werdegang einer Photographie gliedert sich in folgende Teilprozesse:

a) Belichtung

In der Photokamera wird die lichtempfindliche Schicht durch ein Objektiv **belichtet.** In allen Silberbromidkristallen, welche von Lichtquanten mit genügender Energie getroffen werden, entstehen dabei einzelne Ag-Atome, sogenannte **Silberkeime.** Das Ergebnis der Belichtung ist das **latente Bild.** An Stellen mit starkem Lichteinfall sind viele, an schwach belichteten Partien wenig Silberkeime entstanden.

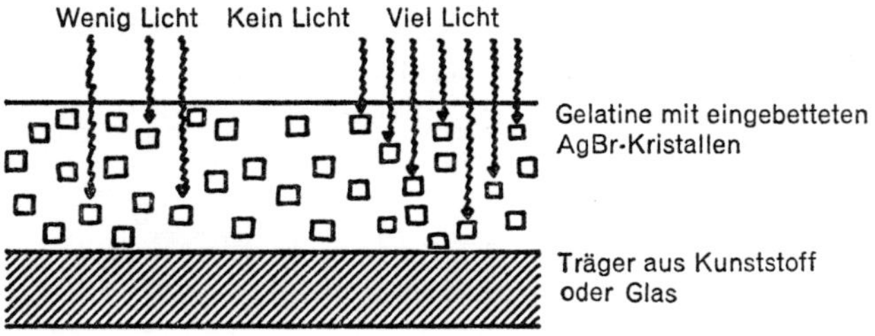

Abb. 62. Belichtung der photographischen Schicht.

b) Entwicklung

Die belichtete Schicht wird im Dunkeln mit einem milden organischen **Reduktionsmittel** in schwach alkalischer Lösung, dem **Entwickler,** behandelt. Alle AgBr-Kristalle, welche Silberkeime enthalten, werden dabei zu **metallischem Silber** reduziert.

$AgBr + «H»$ (Reduktionsmittel) $\rightarrow HBr + \underline{Ag}\downarrow$

Die **unbeschädigten** (unbelichteten) **Kristalle werden vom Entwickler nicht angegriffen.**

c) Fixierung

Die nicht reduzierten AgBr-Kristalle müssen aus der photographischen Schicht entfernt werden, damit diese gegen weitere Belichtung unempfindlich wird. Durch Behandlung mit **Natriumthiosulfat** im **Fixierbad** wird dem unlöslichen Halogenid das Silber entzogen und in das lösliche Dithiosulfatoargentat übergeführt:

$$AgBr + 2Na_2S_2O_3 \rightarrow NaBr + Na_3[Ag(S_2O_3)_2].$$

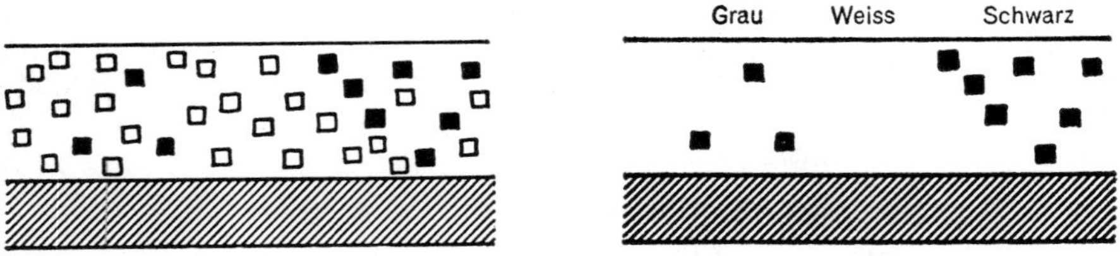

Abb. 63. Entwicklung und Fixierung der photographischen Schicht.

Durch längeres **Wässern** wird die Gelatineschicht von allen löslichen Produkten befreit. Zurück bleibt das eingebettete metallische Silber. Die **Schwärzung des Bildes ist proportional der eingestrahlten Lichtmenge.** Helle Stellen des photographierten Objektes erscheinen auf dem Bild dunkel und umgekehrt **(Negativbild).**

d) Herstellung des Positivbildes

Eine neue lichtempfindliche Schicht wird durch das Negativ hindurch belichtet, entweder direkt (Kontaktkopie) oder mit Hilfe eines Objektivs (Vergrösserung oder Verkleinerung). Entwickelt und fixiert wird das Positivbild gleich wie das Negativ. Ist die Trägerschicht durchsichtig wie beim Negativ, spricht man von einem Diapositiv. Helle Stellen der Kopie entsprechen dunkeln Stellen des Negativs und umgekehrt. Die Lichtwerte der Kopie entsprechen den Lichtwerten des abgebildeten Objektes.

XXVI. Säurebildende Metalle

Entgegen der alten Regel – Nichtmetalloxid + Wasser = Säure; Metalloxid + Wasser = Base – bilden die **Metalle der VI. und VII. Nebengruppe** beständige, wasserlösliche **Säuren.** Alle Elemente der beiden Gruppen haben mehrere Wertigkeiten. Nur in den höheren Oxidationsstufen bilden sie Säuren, in den tieferen verhalten sie sich wie «normale» Schwermetalle.

1. Chrom (chroma = Farbe)

Wichtigstes Chromerz ist der Chromeisenstein Cr_2FeO_4. Das Metall wird zur Hauptsache für korrosionsbeständige Stahllegierungen (Chromnickelstahl), für die Oberflächenveredlung (Verchromen) und für die Farbenindustrie verwendet (Chromoxidgrün, Chromgelb). Auch die Gerbereien brauchen grössere Mengen Chromsalze (Chromleder). Die Hauptwertigkeiten von Cr sind III und VI.

Chrom(III)-oxid. Das dunkelgrüne Cr_2O_3 ist eine sehr beständige Verbindung. Es bildet sich beim Glühen der meisten Chromverbindungen und wird im Malergewerbe als Pigmentfarbe verwendet (Eisenbahnwagen). Smaragd und auch grünes Glas haben ihre Farbe von geringen Mengen Cr_2O_3. Das Oxid ist in Säuren und Laugen unlöslich.

Chrom(III)-Salze, Chrom(III)-hydroxid. Die Cr(III)-Salze, z. B. $CrCl_3$, geben dunkelgrüne bis violette Lösungen. Chromalaun $KCr(SO_4)_2 \cdot 12H_2O$ kristallisiert in schönen violetten Oktaedern. $Cr(OH)_3$ fällt als graugrüner Niederschlag aus, wenn eine Cr(III)-Salzlösung schwach alkalisch gemacht wird. In stark alkalischem Milieu löst sich der Niederschlag unter Bildung von $[Cr(OH)_4]^-$-Komplexionen (analog dem Aluminium, vgl. S. 159).

Chrom(VI)-oxid, Chromsäure und Chromate. Das sechswertige Cr bildet ein **saures Oxid.** Die dunkelroten CrO_3-Kristalle lösen sich in Wasser in grosser Verdünnung unter Bildung von gelber **Chromsäure** H_2CrO_4. In konzentrierter Lösung entsteht **Dichromsäure** $H_2Cr_2O_7$ (eine Pyrosäure; vgl. S. 49). Die Alkalisalze der Chromsäure (Chromate) sind gelb, diejenigen der Dichromsäure (Dichromate) orange. Alle Cr(VI)-Verbindungen sind **starke Oxidationsmittel.** Chromsäure wird denn auch in der synthetischen Chemie vielfach für Oxidationen gebraucht (z. B. Alkohole $\rightarrow$ Aldehyde, Ketone, Carbonsäuren; vgl. S. 210). Ein Gemisch aus Chromsäure und Schwefelsäure, hergestellt aus Kaliumdichromat und konzentrierter H_2SO_4, ist in heissem Zustand eines der wirksamsten Reinigungsmittel für mit organischem Material verschmutzte Glaswaren. Diese «Chromschwefelsäure» ist aber auch äusserst aggressiv auf Textilien und die Haut (Vorsicht mit Spritzern!). Alle löslichen Chromverbindungen sind giftig.

2. Molybdän

Mo ist ein hartes, silberweisses Metall (Smp 2500 °C) und kommt als Molybdänglanz MoS_2 vor. Als Element wird es für Spezialstähle gebraucht. Seine Wertigkeiten sind II, III, IV, V und VI. Nur in der sechswertigen Stufe bildet es beständige Verbindungen. **Molybdänsäure** H_2MoO_4 kann unter Wasseraustritt Dimolybdänsäure und verschiedene Polymolybdänsäuren bilden. Das in der analytischen Chemie für den **Phosphornachweis** und die photometrische **Phosphorbestimmung** verwendete Ammoniummolybdat ist ein Salz der Heptamolybdänsäure $(NH_4)_6Mo_7O_{24} \cdot 4H_2O$. Verbindungen des fünfwertigen Mo sind tiefblau.

3. Wolfram

W wird aus Wolframit $FeWO_4$ gewonnen. Das Metall ist silberweiss, hart und sehr hoch schmelzend (3380 °C). Es eignet sich besonders für **Glühlampendrähte.** Wolframlampen sind mit Edelgas gefüllt – zur Verhinderung der Verdampfung des Glühfadens. Zusatz von wenig Jod zur Gasfüllung erhöht die Lebensdauer des Drahtes (Halogenlampen). Wie bei Mo sind auch bei W mit wenig Ausnahmen nur die sechswertigen Verbindungen beständig. Es bildet Polysäuren wie Molybdän.

Wolframsäure H_2WO_4 wird in der klinischen Chemie zum Ausfällen von Eiweiss gebraucht (S. 263). Wolframcarbid (WC) ist fast so hart wie Diamant. Bohrerschneiden werden deshalb oft mit WC versehen.

4. Mangan, Manganometrie

Häufigstes Manganerz ist der Braunstein MnO_2. Die Hauptmenge des harten und spröden Metalls wird für Stahllegierungen gebraucht. Die wichtigsten Wertigkeiten von Mn sind II, IV und VII.

Mangan(II)-Salze. Nur in der zweiwertigen Stufe bildet Mn beständige Kationen. Die Mn(II)-Salze sind meist schwach rosa gefärbt. MnS fällt als hautfarbener Niederschlag bei Zusatz von $(NH_4)_2S$ zu Mn^{2+}-Lösungen aus. Mn(II)-Ionen bilden sich immer, wenn Permanganat in saurer Lösung reduziert wird (siehe unten).

Mangan(IV)-oxid *(Braunstein)*. MnO_2, ein schwarzes Pulver, ist ein starkes Oxidationsmittel; es oxidiert z. B. Wasserstoffperoxid zu Sauerstoff und Wasser, und Salzsäure zu Chlor:

$$MnO_2 + H_2O_2 \rightarrow MnO + H_2O + O_2 \qquad MnO_2 + 2Cl^- + 4H^+ \rightarrow Mn^{2+} + 2H_2O + Cl_2\uparrow$$

Braunstein findet bei der Herstellung von Trockenbatterien Verwendung.

Mangan(VI)-Verbindungen. Schmilzt man Mn-Verbindungen mit K_2CO_3 und $KClO_3$, bildet sich intensiv grünes Kaliummanganat K_2MnO_4 (empfindlicher Mn-Nachweis). MnO_4^{2-} entsteht auch als Zwischenstufe bei der Reduktion von Permanganat in alkalischem Milieu.

Mangan(VII)-Verbindungen. Manganheptoxid Mn_2O_7, das Anhydrid der Permangansäure ($HMnO_4$) ist eine schwarze, unbeständige Flüssigkeit. Die **intensiv rotviolette Permangansäure** ist eines der stärksten Oxidationsmittel und nur in verdünnter Lösung einigermassen beständig. **Kaliumpermanganat** $KMnO_4$ kristallisiert in metallglänzenden schwarzvioletten Prismen. Es wird durch elektrolytische Oxidation von Kaliummanganat gewonnen. $AgMnO_4$ wird in Gasmaskenfiltern zur Zerstörung von CO verwendet (Oxidation des giftigen CO zu CO_2). Von den gewöhnlichen Kohlefiltern der Gasmasken wird CO nicht zurückgehalten. Die Adsorption von Gasen und Dämpfen an Kohle ist von deren Molekulargewicht abhängig. Je grösser dieses, desto intensiver die Adsorption. CO hat gleiches Molekulargewicht wie N_2 und kleineres als O_2. Es wird deshalb durch Luft von der Kohleoberfläche verdrängt.

Manganometrie

Die Manganometrie gehört wie die Jodometrie zu den **oxidimetrischen** Titrationsanalysen (S. 143). Wegen ihres hohen Oxidationspotentials kann Permangansäure auf zahlreiche Stoffe «losgelassen werden», die sich mit Jod nicht oxidieren lassen. Das oxidierbare Analysenmaterial wird mit H_2SO_4 (nicht mit HCl!) angesäuert. Aus einer Bürette wird $KMnO_4$ bekannter Konzentration zugetropft, bis in der Vorlage der erste Rosastich bestehen bleibt. Dank seiner intensiven Farbe ist Permanganat **sein eigener Indikator.**

In saurer Lösung wird das Mn von der Oxidationszahl +VII zur Oxidationszahl +II reduziert. Ein Mn-Atom nimmt somit 5 Elektronen auf. Beispiel:

$$MnO_4^- + 5Fe^{2+} + 8H^+ \rightarrow Mn^{2+} + 5Fe^{3+} + 4H_2O$$

$$Mn^{+VII} + 5e^- \rightarrow Mn^{+II} \qquad 5Fe^{+II} - 5e^- \rightarrow 5Fe^{+III}$$

Gemäss Definition ist 1 Val Oxidationsmittel zur Aufnahme von 1 «Mol» ($6 \cdot 10^{23}$) Elektronen befähigt (vgl. S. 143). 1 Mol $KMnO_4$ verkörpert somit 5 oxidimetrische Äquivalente und eine **1 normale Permanganatlösung ist $^1/_5$ molar.**
In alkalischem Milieu geht die Reduktion von Permanganat nur bis zum MnO_2.
1 M Permanganat ist dann nur 3 N und nicht 5 N ($Mn^{+VII} + 3e^- \rightarrow Mn^{+IV}$).

Als **Urtitersubstanz** für die genaue Einstellung von Permanganat-Titrierlösungen dient Natriumoxalat $Na_2C_2O_4$. Vor der Titration wird die Oxalatlösung angesäuert.

$$2MnO_4^- + 5C_2O_4^{2-} + 16H^+ \rightarrow 2Mn^{2+} + 10CO_2 + 8H_2O$$

Die Oxidation von Oxalsäure mit MnO_4^- ist Beispiel einer **Autokatalyse.** Die ersten zugesetzten Permanganattropfen entfärben sich nur sehr langsam. Je weiter die Oxidation fortschreitet, desto grösser wird die Reaktionsgeschwindigkeit. Der Redoxvorgang wird durch Mn^{2+}-Ionen katalysiert, die aber erst im Verlauf der Reaktion gebildet werden.

Rechenbeispiele

1. Wieviel $KMnO_4$ benötigt man für 800 ml einer 0,2 N Lösung?
800 ml 0,2 N Lösung → $800 \cdot 0{,}2 = 160$ mVal
1 mVal = 0,2 mMol
160 mVal = 32 mMol → $32 \cdot 158 =$ **5056 mg**

2. Von einer ungefähr 0,1 N Permanganatlösung wird mittels $Na_2C_2O_4$ der Titerfaktor bestimmt. 246,9 mg des Salzes brauchen zur Oxidation 36,61 ml Permanganatlösung.

1 mMol $Na_2C_2O_4$ → 2 mVal → 134,0 mg

246,9 mg x mVal
↑ ↑
134,0 mg 2 mVal

$$x = \frac{2 \cdot 246{,}9}{134{,}0} = 3{,}685 \text{ mVal}$$

36,61 ml → 3,685 mVal

$$1 \text{ ml} \rightarrow \frac{3{,}685}{36{,}61} = 0{,}1007 \text{ mVal}$$

Der Titerfaktor ist somit **1,007**

3. 6 ml Wasserstoffperoxidlösung verbrauchen 13,7 ml 0,1 N $KMnO_4$ (Faktor 1,025). Wieviel % GV ist das H_2O_2?

$$2MnO_4^- + 5H_2O_2 + 6H^+ \rightarrow 2Mn^{2+} + 5O_2 + 8H_2O$$

$$V_1 \cdot N_1 = V_2 \cdot N_2$$

$$N_{H_2O_2} = \frac{V_{KMnO_4} \cdot N_{KMnO_4}}{V_{H_2O_2}} = \frac{13{,}7 \cdot 0{,}1025}{6} = 0{,}234$$

0,234 N = 0,234 Val/l → 0,117 Mol/l (jedes Molekül H_2O_2 gibt 2 Atome H ab)

$$0{,}117 \text{ Mol/l} \rightarrow \frac{0{,}117 \cdot 34{,}01}{10} = \mathbf{0{,}398\ \%\ GV}$$

XXVII. Einige Schwermetalle

1. Eisen

a) Eisen als Element

Fe ist das vierthäufigste Element der Erdrinde (nach O, Si, Al), aber nur selten abbauwürdig. Die wichtigsten Eisenerze sind Roteisenstein Fe_2O_3 (Hämatit), Brauneisenstein $Fe(OH)_3$ und Magneteisenstein Fe_3O_4 (Magnetit). Aus allen diesen oxidischen Erzen wird das Metall im **Hochofen** gewonnen. Das gemahlene Erz wird mit Koks vermischt in einen gemauerten Turm gefüllt. Von unten wird etwa 800°C heisse Luft eingeblasen. Der Koks verbrennt zu CO. Dieses reduziert dann die Eisenoxide zu flüssigem Eisen (in der Hitze verwandeln sich auch Hydroxide in Oxide). Das Eisen sammelt sich unten im Ofen und wird von Zeit zu Zeit «abgestochen» und in Gussformen aufgefangen (Roheisen). In dem Mass, wie Kohle verbrannt und Eisen abgestochen wird, muss oben Koks-Erz-Gemisch nachgeschüttet werden. Der Hochofen arbeitet kontinuierlich (Leistung etwa 1000 t Roheisen/24 h). Das Roheisen enthält noch S, P, Si und bis 4% C und ist wegen seiner Sprödigkeit ein schlechter Werkstoff.

Stahl erhält man im Stahlofen, wo längere Zeit Luft durch das flüssige Roheisen geblasen wird. Dadurch werden die Beimengungen oxidiert und als Gas (SO_2, CO_2) oder als Schlacke (SiO_2, P_2O_5) abgeschieden. Stahl enthält noch 0,4–1,7% C. Kohlenstoff-freies Eisen heisst **Weicheisen,** ist unelastisch und leicht schmiedbar.

b) Fe-Verbindungen

Eine Anzahl Eisenverbindungen sind in früheren Kapiteln besprochen worden (S. 13, 53, 75, 166). Das hellgrüne **Eisen(II)-sulfat** $FeSO_4$ und das dunkelgrüne **Eisen(II)-hydroxid** $Fe(OH)_2$ werden als milde Reduktionsmittel oft verwendet, z. B. zur Zerstörung der gefährlichen Ätherperoxide vor der Destillation von Äther (S. 203). Ein an der Luft gut beständiges Salz des zweiwertigen Fe ist das **Mohrsche Salz** $(NH_4)_2Fe(SO_4)_2 \cdot 6H_2O$. Es wird zur Herstellung von Standardlösungen für die Eisenbestimmung verwendet. Das gebräuchlichste Eisen(III)-Salz ist $FeCl_3$. Es ist gelbbraun, stark hygroskopisch und in Lösung sauer (Hydrolyse). Fe kann jodometrisch oder manganometrisch titriert, als gefärbter organischer Komplex photometriert oder mittels Atomabsorption bestimmt werden.

c) Biologische Bedeutung des Eisens

Organische Eisenkomplexe besorgen den O_2-Transport im Blut (Hämoglobin) und auch dessen Übertragung auf den beim Nährstoffabbau in den Zellen anfallenden Wasserstoff (Cytochrome). Das Fe nimmt damit eine Schlüsselstellung im ganzen Atmungsprozess ein (S. 314f.). Die gesamte Eisenmenge eines Erwachsenen ist etwa 3–5 g, der tägliche Bedarf etwa 12 mg. Praktisch nur zweiwertiges Fe wird aus dem Darm aufgenommen. Trotz der «Allgegenwart» von Eisenverbindungen und des geringen Bedarfs ist Eisenmangel mit Blutarmut als Folge nicht selten – weil ein

Grossteil des Eisens in der Nahrung nicht verwertbar ist. Im Blut wird das aufgenommene Eisen nicht als Ion, sondern als Serumeiweisskomplex (Siderophilin oder Transferrin) zu den blutbildenden Organen (Knochenmark) geführt. Eine Blutarmut spiegelt sich in einem anormal niedrigen Gehalt an Serumeisen wieder (normal etwa 1 mg/l Serum).

2. Kupfer

Die wichtigsten Cu-Mineralien sind Kupferglanz CuS_2, Kupferkies $CuFeS_2$ und gediegenes Kupfer. Das Metall wird durch «Rösten» der Sulfide und Reduzieren der Oxide mit Kohle gewonnen. Legierungen von Cu und Zn heissen Messing, von Cu und Sn Bronze und von Cu, Ni und Zn Neusilber (Münzenmetall). Cu hat nach Ag die beste elektrische Leitfähigkeit.

a) Cu-Verbindungen

Wässerige Lösungen von Cu(II)-Verbindungen (auch z.T. die Festsubstanzen selbst) sind blau. Das gebräuchlichste Kupfersalz ist $CuSO_4 \cdot 5H_2O$ (alte Bezeichnung: Kupfervitriol). Die dunkelblauen, leicht zu züchtenden Kristalle verwittern an der Luft unter Abgabe von Kristallwasser. Cu(II)-Ionen sind sehr «komplexfreudig». Nicht nur mit anorganischen Liganden, auch mit organischen Molekülen bildet Cu leicht Komplexe. Fehlingsche und Benediktsche Lösung sind Cu(II)-Komplexe der Weinsäure bzw. Citronensäure. Sie werden in alkalischer Lösung zum Nachweis von Zuckern gebraucht (vgl. S. 235). Auch Biuret-Reagens zur Bestimmung von Eiweiss ist ein Cu-Weinsäure-Komplex (vgl. S. 323). Über Eigenschaften weiterer Cu-Verbindungen siehe Seiten 64, 73 und 168.

b) Nachweis und Bestimmung von Cu

Cu(II)-Ionen können mit NH_3 empfindlich nachgewiesen werden (Bildung des dunkelblauen $[Cu(NH_3)_4]^{2+}$). Verschiedene organische Substanzen liefern noch stärker gefärbte Komplexe. Cu^{2+}-Konzentrationen können jodometrisch, photometrisch (als organischer Komplex) oder mit Atomabsorption (vgl. S. 344) bestimmt werden. Für die Jodometrie wird folgende Reaktion ausgenützt:

$2Cu^{2+} + 4J^- \rightarrow \underset{\downarrow}{\underline{2CuJ}} + J_2$ 1 Mol Cu^{2+} produziert 1 Val Jod (vgl. S. 144).

c) Biologische Bedeutung des Kupfers

Cu gehört zu den für den Menschen lebenswichtigen Spurenelementen. Es ist Bestandteil verschiedener Enzyme, die an Redoxprozessen beteiligt sind. Im Blutserum findet sich Cu, etwa in gleicher Konzentration wie Fe, als blauer Eiweisskomplex (Cäruloplasmin). Cu spielt auch bei der Bildung der roten Blutkörperchen mit. Cu-Mangel führt daher zu Anämie.

3. Zink

Hauptmineral des Zinks ist die Zinkblende ZnS, so benannt, weil es bis ins 17. Jahrhundert nicht gelang, aus dem Sulfid das Metall zu gewinnen (Blendwerk der Erd-

geister). Zn ist **eines der unedelsten Schwermetalle** und an der Luft nur beständig, weil es sich wie Al und Mg mit einer schützenden Oxidschicht überzieht. Dank dieser Eigenschaft wird es für **Schutzüberzüge** von Fe-Gegenständen verwendet (Verzinken). Wegen seiner stürmischen Reaktion mit Säuren braucht man Zink für die **Herstellung von naszierendem Wasserstoff,** unter anderem zur Reduktion von organischen Verbindungen (vgl. Aufgabe 5, S. 151). Das meistgebrauchte Salz ist das Sulfat $ZnSO_4 \cdot 7H_2O$. Das weisse $Zn(OH)_2$ kann zum Ausfällen von Eiweiss aus Lösungen verwendet werden. Das Zinkweiss des Malerhandwerks ist ZnO.
Der Körper eines Erwachsenen enthält 2–4 g Zn, die Augen bis 0,5%. Einige Enzyme sind für ihre katalytische Aktivität auf Zink angewiesen, z. B. die für den Alkoholabbau verantwortliche Alkoholdehydrogenase.

4. Quecksilber

Wichtigstes Hg-Mineral ist der Zinnober HgS. Hg ist das einzige bei Zimmertemperatur flüssige Metall. Weil das Element **chemisch inert** ist (Halbedelmetall), eine **hohe Dichte** und relativ gute **elektrische Leitfähigkeit** besitzt, findet es mannigfache Verwendung als Barometer-, Manometer- und Thermometerfüllung sowie als Bestandteil elektrischer Apparate (Gleichrichter, Schalter usw.). Schmelzpunkt (−39 °C) und Siedepunkt (357 °C) begrenzen den Anwendungsbereich als Thermometerflüssigkeit. Nach oben kann die Grenze bis gegen 700 °C erweitert werden, indem man die Thermometerkapillare unter hohem Druck mit Stickstoff füllt («Stickstoffthermometer»). Hg-Legierungen heissen **Amalgame.** Das Silberamalgam wird für Zahnfüllungen verwendet.
Die wichtigsten Hg-Salze sind das **Quecksilber(II)-chlorid** $HgCl_2$ («Sublimat»), das praktisch wasserunlösliche **Quecksilber(I)-chlorid** Hg_2Cl_2 (Kalomel) und das **Quecksilber(II)-nitrat.** Alle löslichen Hg-Salze sind **sehr giftig** (tödliche Dosis für den Erwachsenen etwa 0,2 g). Das Hg schädigt vor allem die Nieren. Chronische Hg-Vergiftung (tägliche Aufnahme von wenigen Milligramm) führt zu Störungen des Zentralnervensystems. Wegen der ausgedehnten Verwendung von Hg-Verbindungen in verschiedenen Industrien (z. B. Holzkonservierung) und in der Landwirtschaft (Desinfizieren von Saatgut) bildet Hg eine Gefahr für die Umwelt (schwere chronische Vergiftungen von Menschen in Japan wegen Genuss verseuchter Fische).

5. Blei

«Führendes» Pb-Mineral ist der Bleiglanz PbS. Das Element ist **sehr weich** und zäh. Die Hauptmenge wird für Akkumulatoren und Letternmetall verwendet. Auch die Motortreibstoffindustrie verbraucht grosse Mengen.
Die wichtigsten Bleisalze für Laborzwecke sind **Blei(II)-nitrat** $Pb(NO_3)_2$ und **Bleiacetat** $Pb(CH_3COO)_2$ («Bleizucker»). Beide sind farblos und gut wasserlöslich. Bleiacetat wird zum Nachweis von H_2S und zur Enteiweissung von Urinproben für die Zuckerpolarimetrie verwendet (vgl. S. 219). Bleiweiss ist basisches Bleicarbonat. Chromgelb ist Bleichromat. Beide Pigmentfarben sind schwer löslich.

Tabelle XXVII. Bleioxide

Name	Formel		Farbe	Verwendung
Blei(II)-oxid (Bleiglätte)	PbO	$Pb{=}O$	braungelb bis rot	Herstellung von Bleiglas
Blei(IV)-oxid	PbO_2	$O{=}Pb{=}O$	schwarz	Bleiakkumulatoren
Blei(II, IV)-oxid (Mennige)	Pb_3O_4	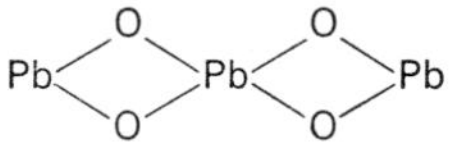	orangerot	Schutzanstrich für Eisen

Ein Zusatz von **Tetraäthylblei** zum Benzin erhöht dessen Klopffestigkeit, d.h. die Selbstentzündungstemperatur des Benzindampfes wird heraufgesetzt. Mit den Auspuffgasen der Motorfahrzeuge gerät das Blei als Oxidrauch in die Atmosphäre und belastet die Umwelt. Blei ist in allen Verbindungen giftig. Chronische Pb-Vergiftung führt unter anderem zu Anämie wegen Störung der Hämoglobinsynthese. Die Diagnose der Vergiftung lässt sich durch eine Blut-Pb-Bestimmung sichern (Photometrie des roten Bleidithizonkomplexes; vgl. S. 324 oder Atomabsorption; vgl. S. 344). Das Blut des Gesunden enthält bis 0,3 mg Pb/l.

XXVIII. Glas

Als Gläser im weiteren Sinn bezeichnet man alle amorphen (nichtkristallinen) Stoffe, die durch Unterkühlen von Schmelzen entstanden sind. Es sind **Flüssigkeiten von extrem hoher Viskosität.** Wegen der grossen Zähigkeit ist die Bewegung der Moleküle derart behindert, dass sie sich nur äusserst schwer zu Kristallen ordnen können. Bei alten Silikatgläsern kann – vor allem beim Erwärmen – eine Teilkristallisation oder «Entglasung» eintreten (Trübungsbildung, Erhöhung der Sprödigkeit).

1. Zusammensetzung der Silikatgläser (Glas im engeren Sinn)

Fensterglas		Hitzebeständiges Geräteglas	
Bestandteil	%	Bestandteil	%
SiO_2	73	SiO_2	81
Al_2O_3	1	Al_2O_3	2,2
Na_2O	12	Na_2O	3,2
CaO	10	K_2O	1,4
MgO	3,5	B_2O_3	12,2
SO_3	0,5		

Die Gläser sind nicht etwa Gemische der aufgezählten Oxide, sondern immer Riesenmoleküle (lange Ketten und Netze) aus den verschiedensten Polysilikaten (Abb. 64).

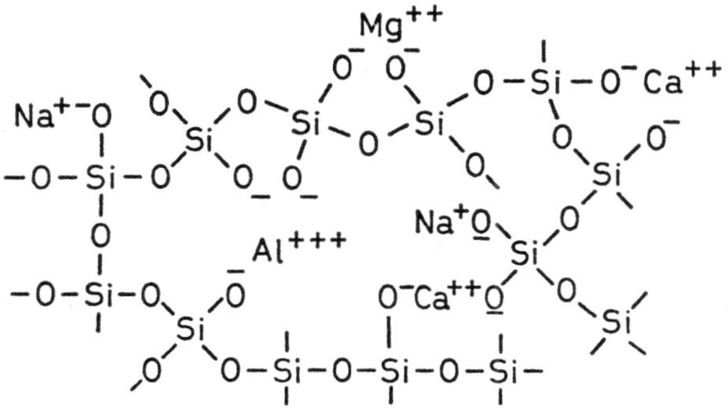

Abb. 64. Struktur eines Silikatglases.

Obligatorischer Bestandteil der Gläser im engeren Sinn ist SiO_2. Quarzglas besteht aus reinem SiO_2, das im Gegensatz zum Bergkristall amorph ist wie andere Gläser.

Hauptbestandteile der meisten technischen Gläser sind SiO_2, Na_2O (oder K_2O) und CaO. Zusätzliche Komponenten von **Spezialgläsern** sind B_2O_3, Al_2O_3, PbO, BaO, La_2O_3, ZrO_2, SnO_2, anorganische Farbstoffe.

2. Glasherstellung

Ausgangsmaterialien für gewöhnliches Glas sind Quarzsand, Soda oder Natriumsulfat und Kalkstein. Für die Herstellung von Spezialgläsern werden die oben aufgezählten Oxide in gewünschter Menge der Grundmasse zugesetzt. Das fein gemahlene Gemisch der Rohprodukte wird im Glasofen bei 1000–1600°C «erschmolzen». Die Carbonate geben dabei CO_2 ab, das für eine gründliche Durchmischung der Schmelze sorgt.

3. Eigenschaften der Gläser

a) Chemische Beständigkeit

Alle Silikatgläser einschliesslich reiner Quarz werden von Flussäure und Alkalischmelzen angegriffen. Je nach Beständigkeit gegenüber Wasser, Säuren und Laugen werden die Gläser in Qualitätsklassen eingeteilt. Gutes Geräteglas wird durch kochendes Wasser und auch kochende konzentrierte Säuren nur minim angegriffen. Bei der Säureklasse I (beste Qualität) lösen sich aus 100 cm^2 Glasoberfläche weniger als 1 mg Material, wenn sie 1 h mit kochender 20%iger Salzsäure behandelt wird.

b) Thermisches Verhalten

Für die Beständigkeit der Gläser gegen thermische Wechselbelastung ist der **Ausdehnungskoeffizient** entscheidend. Dieser ist in der Regel um so kleiner, je grösser der SiO_2-Gehalt. Quarzglas (Ausdehnungskoeffizient $6 \cdot 10^{-7}$) kann ohne Bruchgefahr bei Rotglut mit kaltem Wasser abgeschreckt werden. Duran- und Pyrexglas ($32 \cdot 10^{-7}$) sind relativ feuerfest und werden für die meisten Laborgeräte verwendet, die raschen Temperaturwechseln ausgesetzt sind. Gewöhnliches Geräteglas ($87 \cdot 10^{-7}$) ist gegen Temperatursprünge wenig resistent.

Es gilt die Regel: Je kleiner der Ausdehnungskoeffizient, desto höher die Erweichungstemperatur. Die hochschmelzenden werden als **harte,** die niedrigschmelzenden als **weiche Gläser** bezeichnet.
Sicherheitsglas wird erhalten, wenn eine heisse Glasplatte unter kontrollierten Bedingungen abgeschreckt wird. Das Glas erhält so eine «überspannte» Oberfläche. Wird diese verletzt, zerspringt das ganze Stück in kleine Brocken und nicht in die üblichen schneidenden Scherben.

c) Optische Eigenschaften

Der **Brechungsindex** variiert je nach Zusammensetzung zwischen 1,5 und 2,5. Gläser mit besonders hohem Brechungsindex sind die Blei- oder Kristallgläser mit 20–30% PbO. Glas mit bis zu 80% PbO wird als durchsichtiges Strahlenschutzmaterial gebraucht.
Die **Lichtdurchlässigkeit** ist bei Quarzglas am besten (etwa 200–2000 nm). Fensterglas absorbiert dagegen das kurz- und mittelwellige Ultraviolett und ist erst oberhalb etwa 350 nm durchlässig. Durch geeignete Zusätze (vor allem verschiedener Schwermetalle) werden Filtergläser hergestellt, die gewünschte Teile des sichtbaren und infraroten Spektrums absorbieren.

	Glasfarbe
Fe	grün oder braun
Mn	violett oder braun
Cr	gelb oder grün
Cu	blaugrün
Au	rot

Der Grünstich des gewöhnlichen Fensterglases kommt von Eisenspuren im Rohmaterial des Glassatzes. Milchglas entsteht bei Zusatz von SnO_2, TiO_2 oder Ca-phosphat.

X. Fragen zur Eigenkontrolle (Stoffgebiet S. 155–183)

1. Was versteht man unter der temporären und der permanenten Wasserhärte, und wie kommt Kesselstein zustande?
2. Welchen Hauptkreislauf beschreibt der Stickstoff in der Natur?
3. Drei säurebildende Metalle und deren Wertigkeiten in ihren Säuren sind zu nennen.
4. In welcher Form wird der Schwefel vom Organismus aufgenommen und in welcher ausgeschieden?
5. Wo findet sich die Hauptmenge des im menschlichen Körper gebundenen Phosphors?
6. Wie entsteht die Flammenfärbung durch Alkali- und Erdalkalimetalle?
7. Beim Zusatz von NaOH zu einer $FeCl_3$-Lösung bildet sich ein Niederschlag von $Fe(OH)_3$. Warum bildet sich keine Fällung beim Mischen von NaOH mit $K_3[Fe(CN)_6]$?
8. Wie heissen folgende Stoffe? NH_2OH, $HO{-}C{\equiv}N$, H_3PO_3, NaN_3, KSCN, $POCl_3$.
9. Welche Eigenschaften hat Quarzglas?
10. Wie lässt sich Eisen nachweisen?
11. Was versteht man unter allotropen Modifikationen?
12. Was ist ein amphoterer Stoff (Beispiel)?
13. Beim Einleiten von H_2S in eine saure Lösung entsteht keine Fällung. Welche Ionen kann die Lösung sicher nicht enthalten?
14. Was sind Natriumdithionit, Oleum, Pyrit, Schwefelblumen?
15. Warum löst sich Silberbromid in Natriumthiosulfatlösung auf (Gleichung des Vorgangs)?
16. Wie heissen folgende Komplexsalze und welche Ladung hat das Zentralatom des Komplexions? $K_4[Fe(CN)_6]$, $[Ag(NH_3)_2]_2SO_4$.
17. Was ist Braunstein, Zinkweiss, Bleiglanz, Zinnober?
18. Was geschieht bei der photographischen Schwarzweissentwicklung?
19. Die Komplexzerfallskonstante von $[Ag(CN)_2]^-$ ist 10^{-21}, diejenige von $[Ag(SCN)_2]^-$ ist 10^{-10}. 0,1 M Lösungen der beiden Komplexionen werden verglichen. In welcher ist die Konzentration freier Ag^+-Ionen grösser?
20. Was ist der Unterschied zwischen Roheisen, Weicheisen und Stahl?
21. Welchen Indikator verwendet man bei der manganometrischen Titration?
22. Welche Bedeutung hat das Eisen für den menschlichen Organismus?
23. Warum darf für die manganometrische Titration die Vorlage nicht mit HCl angesäuert werden?
24. In einem Stahl wird der Fe-Gehalt manganometrisch bestimmt. 150 mg des Metalls werden unter Luftausschluss in Schwefelsäure aufgelöst ($Fe \rightarrow Fe^{2+}$). Zur Titration der Lösung ($Fe^{2+} \rightarrow Fe^{3+}$) werden 25,87 ml 0,1 N $KMnO_4$ verbraucht. Wieviel Prozent Fe enthält der Stahl?

(Antworten S. 352)

Organische Chemie und Biochemie

Einleitung

Bis zum Anfang des letzten Jahrhunderts hat man streng unterschieden zwischen mineralischen=«anorganischen» und «organischen», d.h. von lebenden Organismen erzeugten Substanzen. Man glaubte, dass zur Synthese der «organischen» Stoffe eine besondere Lebenskraft nötig sei, die nur dem lebenden Organismus innewohne. Um die Mitte des 18. Jahrhunderts erkannte Lavoisier, dass die **organische Materie grösstenteils aus den 4 Elementen C, H, O und N** besteht. 1828 gelang Wöhler die erste Synthese einer organischen Verbindung. Er verwandelte durch Erhitzen Ammoniumcyanat (in Lebewesen nicht vorkommend) in Harnstoff (tierisches Stoffwechselendprodukt).

$NH_4OCN \rightarrow NH_2{-}CO{-}NH_2$

Durch diese Synthese wurde die Hypothese von der obligatorischen Lebenskraft widerlegt. Die Grenze zwischen «anorganischen» und «organischen» Stoffen wurde durch weitere Laborsynthesen mehr und mehr verwischt. Man hat die beiden Begriffe aber später wieder aufgenommen und neu definiert:

Anorganische Stoffe = Substanzen ohne C; organische Stoffe = Verbindungen mit C.

CO, CO_2, H_2CO_3, Carbonate und Carbide rechnet man als Ausnahmen zu den anorganischen Substanzen.
Seit Wöhlers Harnstoffsynthese hat man Hunderttausende von organischen Verbindungen im Labor hergestellt, darunter viele nicht in der Natur vorkommende (Medikamente, Farbstoffe, Kunstfasern, Kunstharze, Sprengstoffe usw.). Man kennt heute über eine Million organische Verbindungen mit Formel und Eigenschaften (anorganische etwa 100000).
Die Mannigfaltigkeit der organischen Chemie beruht auf der Fähigkeit des Kohlenstoffs, **Kettenmoleküle** zu bilden. C-Atome können sich unter gewissen Bedingungen zu Ketten, Ringen und Netzen mit praktisch unbegrenzter Gliederzahl aneinanderreihen. Bei einzelnen andern Nichtmetallen finden sich nur beschränkte Anlagen zu diesem Kettenbildungsvermögen (Si, S, N, P, O).
Je nach Art der C-Ketten werden die Kohlenstoff-Verbindungen in folgende Klassen eingeteilt:
Offene Ketten: aliphatische Verbindungen
Ringförmige Ketten; nur C-Atome als Ringglieder: isozyklische Verbindungen
Ringförmige Ketten; neben C andere Elemente als Ringglieder: heterozyklische Stoffe
In allen organischen Verbindungen mit ganz wenig Ausnahmen ist der Kohlenstoff **vierwertig.**

I. Aliphatische Verbindungen

Der Sammelname «aliphatische Verbindungen» für alle organischen Stoffe mit offenen Kettenmolekülen ist vom griechischen Wort «aleiphar» = Salbe, Fett, Öl abgeleitet. Die Fette sind denn auch typische Vertreter der aliphatischen Stoffklasse.

A. Kohlenwasserstoffe

Neben dem Kohlenstoff kommt Wasserstoff in fast allen organischen Verbindungen vor. Als **Kohlenwasserstoffe** (abgekürzt KW) gelten **Verbindungen, die nur C und H enthalten.** Könnten sich die C-Atome nicht mit ihresgleichen verbinden, gäbe es nur einen Kohlenwasserstoff mit vierwertigem C, das Methan CH_4. Wegen der Kettenbildung sind aber theoretisch unendlich viele KW möglich.
Die aliphatischen Kohlenwasserstoffe werden in zwei grosse Gruppen eingeteilt:

Kohlenwasserstoffe mit lauter **Einfachbindungen** zwischen den C-Atomen= **gesättigte Kohlenwasserstoffe**

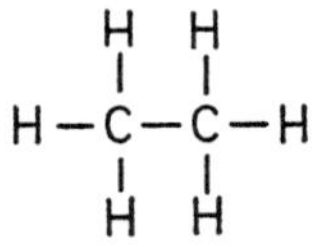

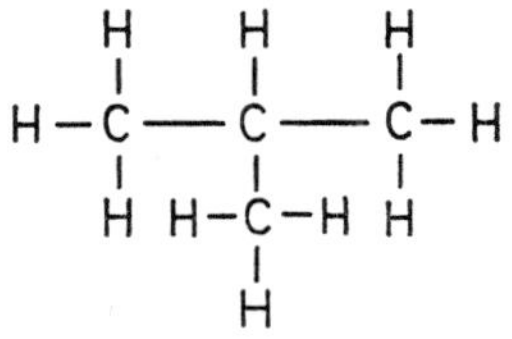

Maximaler Wasserstoffgehalt (mit Wasserstoff gesättigt)

Kohlenwasserstoffe mit ein oder mehr **Doppel-** oder **Dreifachbindungen** = **ungesättigte Kohlenwasserstoffe**

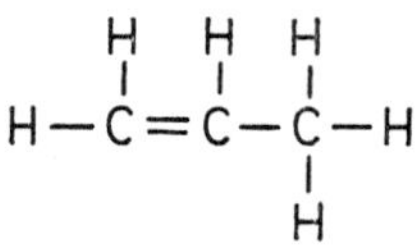

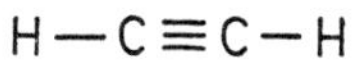

Kleinerer prozentualer Wasserstoffgehalt als bei den gesättigten KW

Sowohl gesättigte wie ungesättigte KW bilden **verzweigte und unverzweigte Moleküle.** Die C–C- und C–H-Bindungen sind kovalent und kaum polarisiert (Elektronenpaarbindung; S. 68). Die H-Atome der KW sind nicht ionisierbar. **Kohlenwasserstoffe sind Nichtelektrolyte und praktisch wasserunlöslich.**

1. Gesättigte Kohlenwasserstoffe = Alkane (Paraffine)

a) Unverzweigte Alkane

Die in Tabelle XXVIII aufgeführten KW bilden eine homologe Reihe. **Verbindungen, die sich nur durch eine oder mehr CH_2-Gruppen unterscheiden, gehören zur gleichen homologen Reihe.** Dies gilt nicht nur für Kohlenwasserstoffe, sondern für beliebige aliphatische Verbindungsklassen (Alkohole, Carbonsäuren, Amine usw.). Die Angehörigen einer homologen Reihe sind in allen Eigenschaften miteinander verwandt. Die Ähnlichkeit ist um so grösser, je weniger $-CH_2-$-Gruppen den Unterschied ausmachen. Beim Durchlaufen einer homologen Reihe ändert sich eine bestimmte Eigenschaft meist stetig in kleinen Schritten (Tab. XXVIII, Kolonne Sdp).

Die Alkane CH_4 bis C_4H_{10} haben **Trivialnamen** («allgemein gebräuchliche» Namen), die nichts über die Zusammensetzung des Stoffes aussagen. Vom Pentan weg aufwärts haben die KW **rationelle Namen** (die griechischen Zahlwörter geben die Kettengliederzahl an).

Tabelle XXVIII. Unverzweigte Alkane

Name	Bruttoformel	Strukturformel	Halbstrukturformel	Sdp, °C	Smp, °C
Methan	CH_4	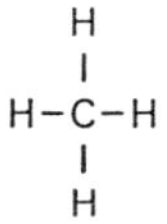	CH_4	−164	−184
Äthan	C_2H_6	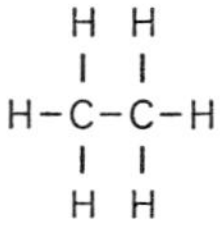	CH_3-CH_3	− 89	−172
Propan	C_3H_8	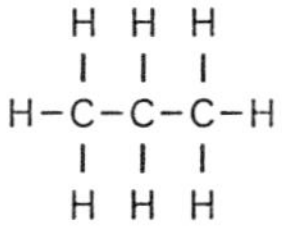	$CH_3-CH_2-CH_3$	− 45	−190
Butan	C_4H_{10}	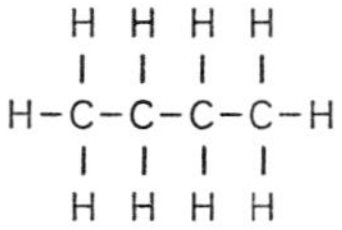	$CH_3-(CH_2)_2-CH_3$	+ 1	−135
Pentan	C_5H_{12}		$CH_3-(CH_2)_3-CH_3$	36	−130
Hexan	C_6H_{14}		$CH_3-(CH_2)_4-CH_3$	69	− 94
Heptan	C_7H_{16}		$CH_3-(CH_2)_5-CH_3$	98	− 91
Octan	C_8H_{18}		$CH_3-(CH_2)_6-CH_3$	126	− 57
Nonan	C_9H_{20}		$CH_3-(CH_2)_7-CH_3$	151	− 54
Decan	$C_{10}H_{22}$		$CH_3-(CH_2)_8-CH_3$	173	− 30
Undecan	$C_{11}H_{24}$		$CH_3-(CH_2)_9-CH_3$	195	− 26
⋮	⋮		⋮		
Eicosan	$C_{20}H_{42}$		$CH_3-(CH_2)_{18}-CH_3$		+ 37
⋮	⋮		⋮		
Alkan	C_nH_{2n+2}		$CH_3-(CH_2)_{n-2}-CH_3$		

b) Verzweigte Alkane

Mit 2 und 3 C-Atomen sind keine verzweigten Ketten möglich. Der Bruttoformel C_4H_{10} lassen sich aber zwei Strukturbilder zuordnen:

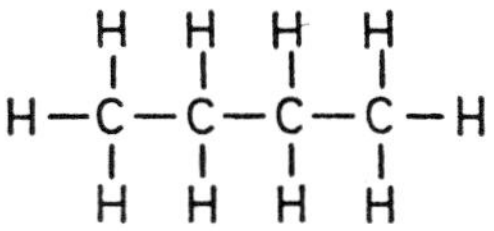

normal-Butan (n-Butan)

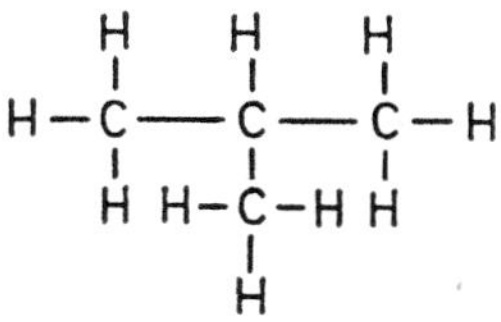

iso-Butan

Das unverzweigte und das verzweigte Butan sind **isomer** (iso = gleich; meros = Teil).

Isomere Verbindungen besitzen gleiche prozentuale Elementarzusammensetzung und auch gleiches Molekulargewicht; ihre Atome haben aber verschiedene Anordnung innerhalb des Moleküls (gleiche Brutto-, verschiedene Strukturformel). Wir sprechen von **Strukturisomerie** (vgl. «cis-trans-Isomerie», S. 192 und «optische Isomerie», S. 218).

Das Pentan besitzt drei Isomere:

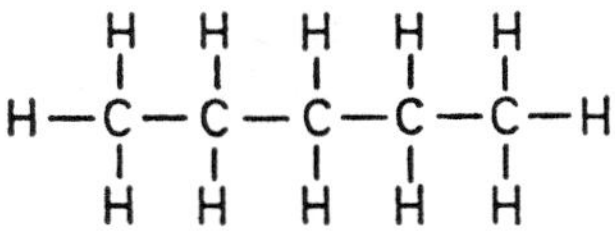

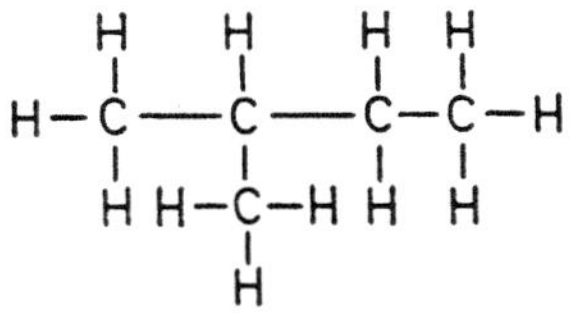

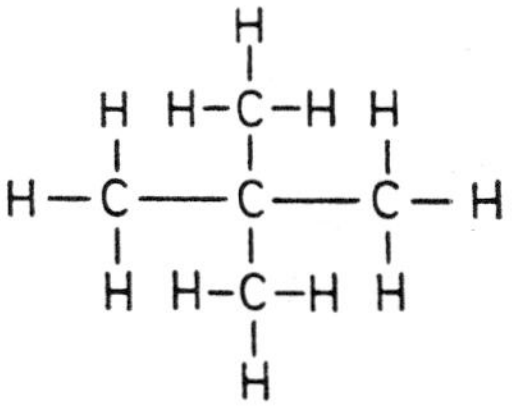

Die Zahl der Isomeren nimmt mit steigender C-Zahl lawinenartig zu. Vom Octan sind 18, vom Eicosan ($C_{20}H_{42}$) 366 319, vom Tetracontan ($C_{40}H_{82}$) 62 491 178 805 831 Isomere möglich.

c) Halbstrukturformeln, Alkylgruppen

In der organischen Chemie finden Bruttoformeln seltener Verwendung als in der anorganischen, weil sie meistens vieldeutig sind. Strukturformeln anderseits brauchen viel Platz. Man bedient sich deshalb oft der **Halbstrukturformeln,** die ebenso eindeutig sind wie die Vollstrukturformeln (Tab. XXVIII). Das Hexan präsentiert sich wie folgt in seinen fünf möglichen Halbstrukturformeln:

$CH_3{-}CH_2{-}CH_2{-}CH_2{-}CH_2{-}CH_3$ **oder** $CH_3(CH_2)_4CH_3$

$CH_3{-}CH{-}CH_2{-}CH_2{-}CH_3$ **oder** $(CH_3)_2CH(CH_2)_2CH_3$
$\quad\quad\;\, |$
$\quad\quad\; CH_3$

$CH_3{-}CH_2{-}CH{-}CH_2{-}CH_3$ **oder** $CH_3CH_2CH(CH_3)CH_2CH_3$
$\quad\quad\quad\quad\;\, |$
$\quad\quad\quad\quad\; CH_3$

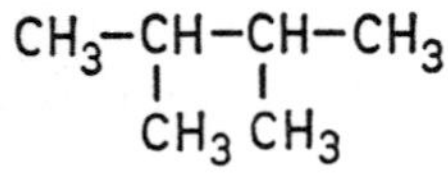 oder $(CH_3)_2CHCH(CH_3)_2$

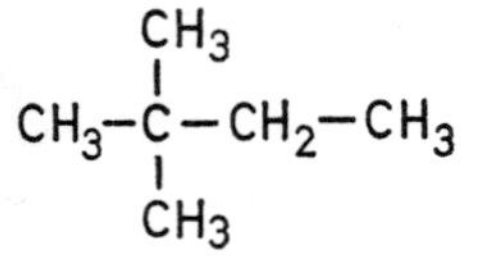 oder $(CH_3)_3CCH_2CH_3$

Um auch die verzweigten Kohlenwasserstoffe eindeutig benennen zu können, hat man für KW-Kettenstücke folgende Bezeichnungen gewählt:

CH_3-	**Methylgruppe**	$-CH_2-$	**Methylengruppe**
C_2H_5-	**Äthylgruppe**	$-C_2H_4-$	**Äthylengruppe**
C_3H_7-	**Propylgruppe**	$C_nH_{2n+1}-$	**Alkylgruppe**

d) Genfer Nomenklatur

Die ungeheure Fülle von Isomeren bei den höheren Kohlenwasserstoffen fordert eine eindeutige Namengebung. Der «Vorname» iso- ist nur brauchbar, wenn eine Verbindung bloss 2 Strukturisomere hat (Butan). Die Basis zu einer allgemein gültigen rationellen Nomenklatur ist 1892 in Genf gelegt worden. Diese **Genfer Nomenklatur** ist seither für die gesamte organische Chemie ausgebaut worden. Ein internationales Gremium, die IUPAC (International Union of Pure and Applied Chemistry) ist heute für alle Nomenklaturfragen zuständig.

Verzweigte KW werden nach folgendem Prinzip benannt: **Die längste durchgehende Kette gibt der Verbindung den Hauptnamen. Die Glieder dieser Kette werden numeriert,** und zwar so, dass die erste Verzweigungsstelle eine möglichst niedrige Ziffer erhält. **Die Alkylgruppen der Seitenketten mit ihren Positionsnummern werden** (in alphabetischer Reihenfolge) **dem Hauptnamen vorangestellt.** Obige vier iso-Hexane heissen somit: 2-Methyl-pentan, 3-Methyl-pentan, 2,3-Dimethyl-butan, 2,2-Dimethyl-butan. Weitere Beispiele:

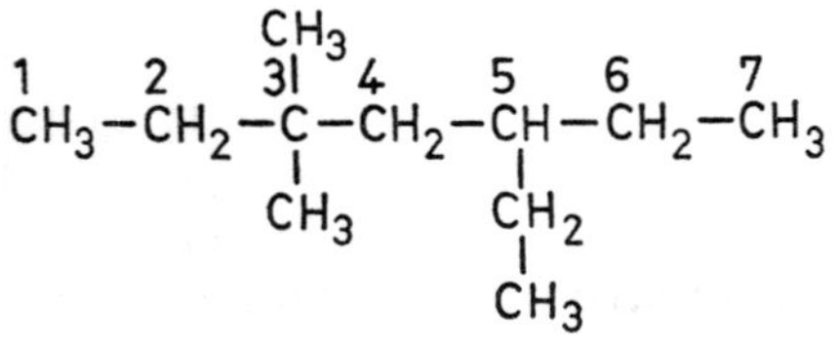

5-Äthyl-3,3-dimethyl-heptan (ein verzweigtes Undecan)

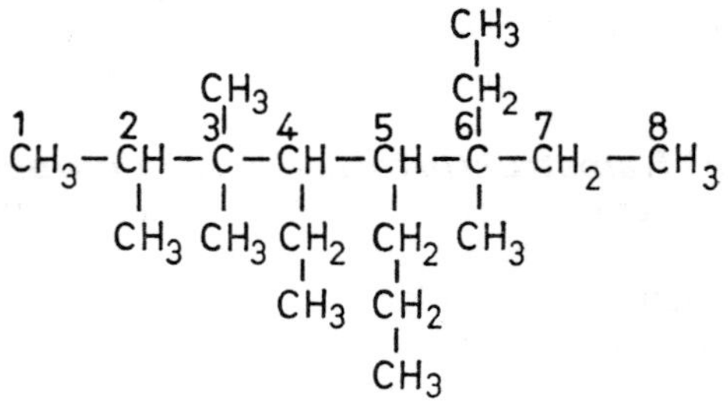

4,6-Diäthyl-5-propyl-2,3,3,6-tetramethyl-octan (ein verzweigtes Nonadecan)

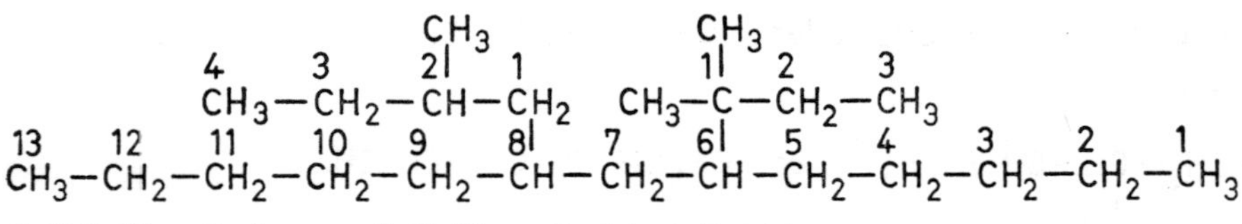

6-(1,1-Dimethyl-propyl)-8-(2-methyl-butyl)-tridecan

e) Das Kohlenstofftetraeder

Die Strukturformeln sind ebene Abbilder der **dreidimensionalen Moleküle.** Die vier Valenzen des Kohlenstoffs liegen nicht in einer Ebene, also nicht in den Diagonalen eines Quadrats. Sie strahlen vom Schwerpunkt eines **Tetraeders** nach dessen vier Ecken aus. Bei den gesättigten KW mit zwei und mehr C stehen immer zwei solche C-Tetraeder Spitze an Spitze. Je zwei von einem C ausgehende Einfach-Valenzen bilden einen Winkel von 109,5°. Das Kohlenstoff-«Rückgrat» eines Kohlenwasserstoffs liegt deshalb nicht in einer Geraden, sondern in einer Zickzacklinie. Die üblichen Strukturformeln (z. B. in Tab. XXVIII) sind ebene Projektionen dieser Zickzacklinien.

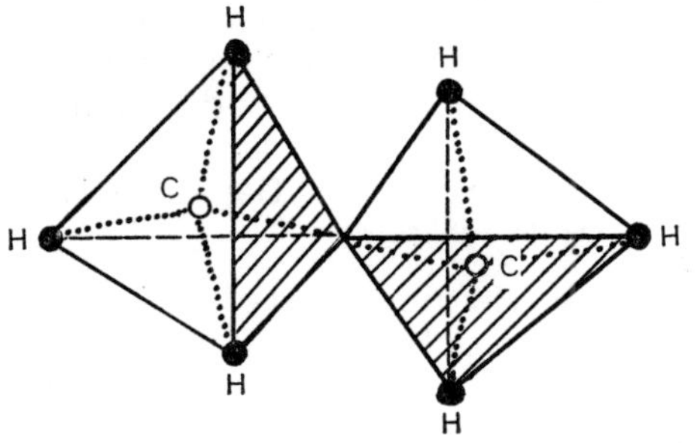

Abb. 65. Die Kohlenstofftetraeder des Äthans.

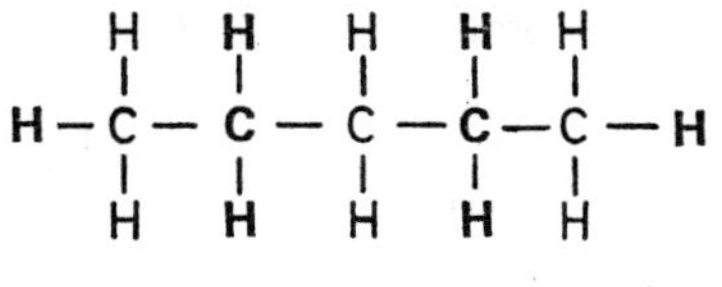

I

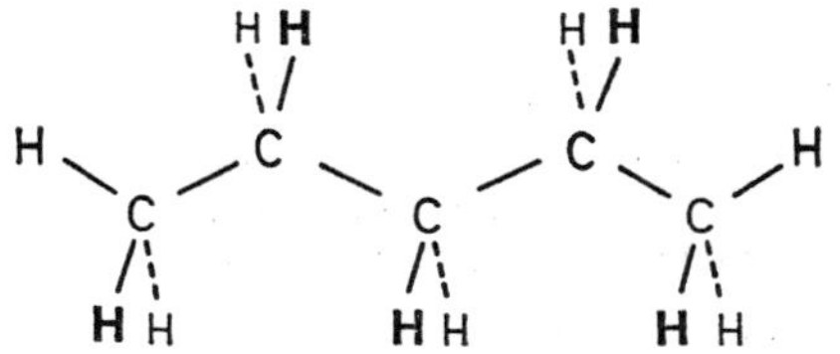

II

Abb. 66. Zwei Projektionsarten für das Molekül des n-Pentans.

Bei Formel I in Abbildung 66 sieht man die Zickzacklinie «von der Seite»; die fetten C und H liegen vor, die übrigen Atome hinter der Zeichenebene. Bei Formel II ist die ganze Kette gegenüber I um 90° gedreht; alle C liegen in der Zeichenebene; die beiden H der $-CH_2$-Gruppen liegen senkrecht übereinander, gleich weit über und unter der Zeichenebene.

Die C–C-Einfachbindungen sind Achsen innerhalb der Moleküle, um die sich ganze Atomgruppen frei drehen können. Dreht sich z. B. in Abbildung 66, Formel I die Äthylgruppe links der Mitte um 120° und die Äthylgruppe rechts der Mitte um denselben Betrag in der Gegenrichtung, entsteht folgendes Bild:

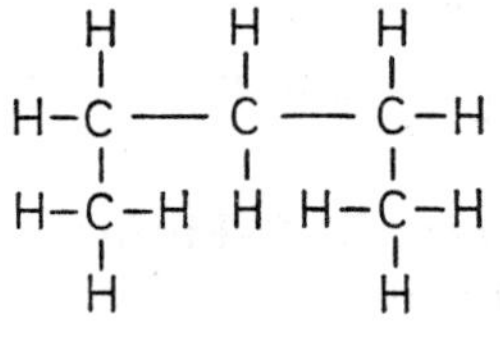

Nebenstehende Formel und Formel I in Abbildung 66 sind somit nicht verschiedene Isomere, sondern nur verschiedene Momentaufnahmen desselben Moleküls.

In Wirklichkeit liegen die Atome eines Kohlenwasserstoffs nicht an langen «Stielen» weit auseinander wie in den Strukturformeln dargestellt. Dank der Elektronenpaarbildung durchdringen sich die äussersten Elektronenschalen gegenseitig (Abb. 67). Trotz dieser Erkenntnis werden die «gestielten» Formeln wegen ihrer Übersichtlichkeit beibehalten.

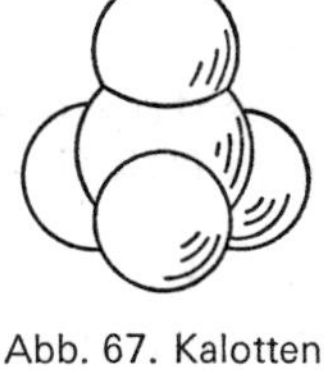

Abb. 67. Kalottenmodell des Methanmoleküls.

f) Herstellung und chemische Eigenschaften der Alkane

Die überwiegende Menge aller industriell verarbeiteten Kohlenwasserstoffe stammt aus **Erdöl-** und **Erdgaslagern.** Erdgas ist ein Gemisch aus Methan, Äthan, Propan und Butan (alle bei Raumtemperatur gasförmig). Erdöl besteht aus einer Grosszahl flüssiger und darin gelöster fester KW. Es enthält je nach Herkunft wechselnde Mengen ungesättigter und zyklischer KW. Einzelne KW oder Gruppen davon gewinnt man durch fraktionierte Destillation von Erdöl und verflüssigtem Erdgas. Die Siedepunkte der nah verwandten höheren Homologen und erst recht der Isomeren liegen oft dicht beisammen, so dass die Isolierung einzelner Reinsubstanzen sehr aufwendig ist. Die flüssigen Erdölraffinate sind deshalb fast stets Gemische. Nach ihrem Siedebereich (°C) unterscheidet man folgende Fraktionen:

Tiefsiedender Petroläther	30– 50	Mittelöl (Heizöl, Leucht-petrol, Dieselöl)	180–250
Hochsiedender Petroläther	50– 80	Schweröl, Schmieröl	über 250
Leichtbenzin	60–110	Hartparaffin = n-KW C_{24} bis C_{40}	Smp 50– 60
Schwerbenzin	100–150	Paraffinöl = iso-KW C_{20} bis C_{40}	
Ligroin oder Lackbenzin	150–180		

Sowohl gasförmige, flüssige als auch feste KW werden in erster Linie als **Brennstoffe** verwendet (Kochgas, Heizöl, Motortreibstoffe, Leuchtpetrol, Kerzenparaffin). Die flüssigen Fraktionen, vor allem Petroläther und Benzine sind gute **Lösungsmittel** für alle lipophilen («fettfreundlichen») Stoffe (vgl. S. 198).

Kohlenwasserstoffe lassen sich auch synthetisch herstellen:

Synthese nach Fischer-Tropsch: $CO + H_2 \xrightarrow{\text{Katalysator}}$ Gemisch von KW

Synthese nach Bergius: Kohlepulver in Öl suspendiert $+ H_2 \xrightarrow[\text{400–500 °C}]{\text{200–700 at}}$ Gemisch von KW

Nach dem Bergius-Verfahren lässt sich aus Kohle Benzin herstellen.

Einzelne bestimmte KW erhält man nach dem Verfahren von Wurtz:

Beispiel:

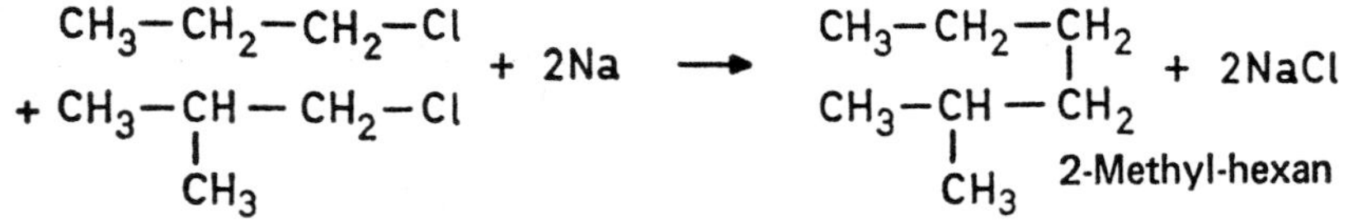

Die gesättigten Kohlenwasserstoffe sind alle sehr **reaktionsträg. C–C-Einfachbindungen zwischen Alkylgruppen sind schwer angreifbar.**

2. Ungesättigte Kohlenwasserstoffe mit Doppelbindungen = Alkene oder Alkylene (Olefine)

Der einfachste Kohlenwasserstoff mit Doppelbindung (abgekürzt DB) ist das **Äthen** oder **Äthylen** C_2H_4. Die Namen aller KW mit Doppelbindungen enden auf **-en.** Da bei den höheren Alkenen (vom Buten an aufwärts) die DB an verschiedenen Stellen des Moleküls sitzen kann, sind die Isomeriemöglichkeiten noch viel zahlreicher als bei den Alkanen. Im Genfer Namen muss daher die Stellung der Doppelbindung angegeben werden: Die kleinere der beiden Positionsziffern der an der DB beteiligten C-Atome wird dem Namen angehängt (Tab. XXIX).

Tabelle XXIX. Unverzweigte Alkene und Alkadiene

Name	Bruttoformel	Strukturformel	Halbstrukturformel
Äthen (Äthylen)	C_2H_4	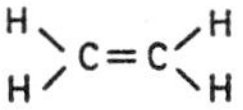	$CH_2{=}CH_2$
Propen (Propylen)	C_3H_6	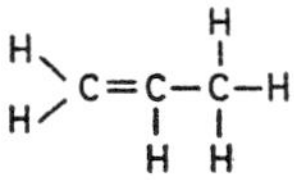	$CH_2{=}CH{-}CH_3$
Buten-1 (Butylen-1)	C_4H_8	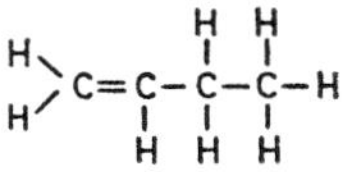	$CH_2{=}CH{-}CH_2{-}CH_3$
Buten-2 (Butylen-2)	C_4H_8	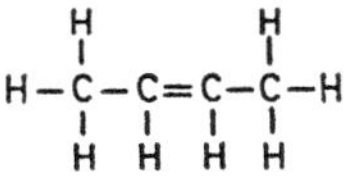	$CH_3{-}CH{=}CH{-}CH_3$
Butadien-1,2 (spr. Butadiën)	C_4H_6	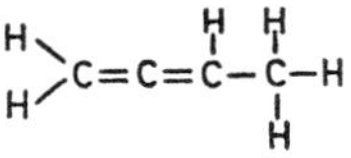	$CH_2{=}C{=}CH{-}CH_3$
Butadien-1,3	C_4H_6	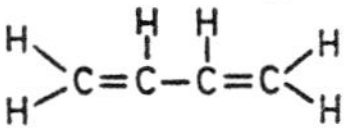	$CH_2{=}CH{-}CH{=}CH_2$

Bei den ungesättigten KW mit mehr als einer DB (Polyolefine oder **Polyene)** unterscheidet man drei Typen, je nach dem gegenseitigen Abstand der Doppelbindungen:

kumulierte oder **vicinale** Doppelbindungen (benachbart)

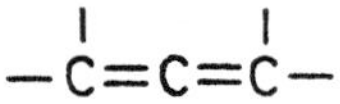

konjugierte Doppelbindungen (eine Einfachbindung zwischen zwei DB)

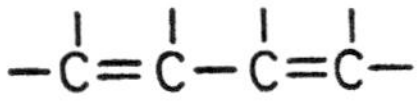

isolierte Doppelbindungen (mindestens zwei Einfachbindungen zwischen zwei DB)

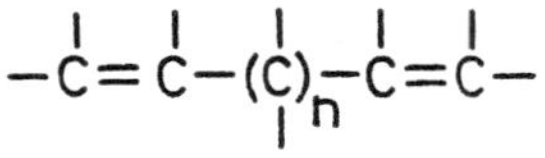

Wichtigste der drei Arten sind die konjugierten DB. Sie sind in Naturstoffen sehr verbreitet und spielen eine grosse Rolle in der Farbstoffchemie. Kumulierte DB sind selten und unbeständig.

Aus der Bruttoformel eines Polyens lässt sich die Anzahl seiner Doppelbindungen ablesen: C_nH_{2n+2} = Alkan; C_nH_{2n} = Alken; C_nH_{2n-2} = Alkadien; C_nH_{2n-4} = Alkatrien, usw. Die Gruppe $CH_2{=}CH{-}$ heisst **Vinylgruppe** (vgl. S. 194).

a) cis-trans-Isomerie (cis = diesseits, trans = jenseits)
Sind zwei Molekülteile durch Doppelbindungen verknüpft, so ist deren wechselseitige freie Drehbarkeit aufgehoben (vgl. S. 189). Folgende zwei Bilder stellen deshalb zwei verschiedene Buten-2-Isomere dar:

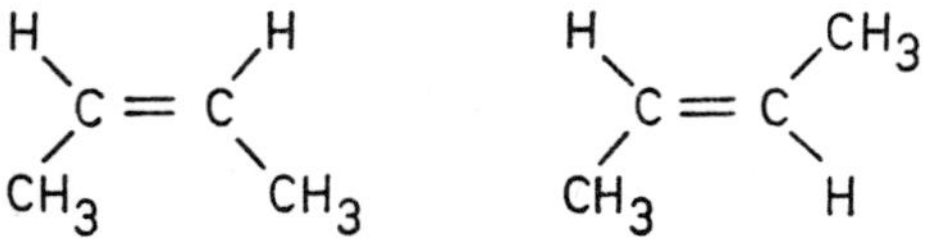

cis-Form **trans-Form**

Die **cis-** und die **trans-Form** eines Alkens oder Alkenderivates haben unterschiedliche Eigenschaften und lassen sich voneinander trennen. Im Gegensatz zur Strukturisomerie bei unterschiedlicher Verzweigung spricht man hier von geometrischer Isomerie. Die Verwandtschaft der cis-trans-Isomeren ist enger als die von Strukturisomeren. cis-trans-Isomerie tritt dann auf, wenn an beiden C einer DB je zwei verschiedene Gruppen sitzen.

b) Chemisches Verhalten der Olefine
Bei einer Doppelbindung liegen zwei C-Tetraeder Kante an Kante. Die C-Valenzen werden «deformiert», d.h. sie liegen nicht mehr in der natürlichen Winkellage.

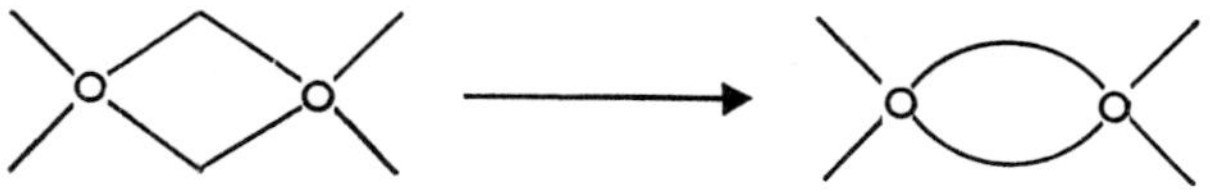

Abb. 68. Deformation der Valenzlinien im Äthylen.

Die Doppelbindungen stehen unter einer gewissen Spannung. Sie bilden deshalb keineswegs eine Verstärkung der Molekülstruktur, sondern im Gegenteil **besonders leicht angreifbare Stellen.**

Bei Gegenwart von Katalysatoren (z. B. Ni oder Pt) lassen sich die Olefine **hydrieren,** d.h. **mit Wasserstoff sättigen:**

$$CH_2 = CH_2 + H_2 \xrightarrow{\text{Katalysator}} CH_3-CH_3$$

Halogene und auch **Halogenwasserstoffe** werden ohne Katalysatoren an DB **addiert:**

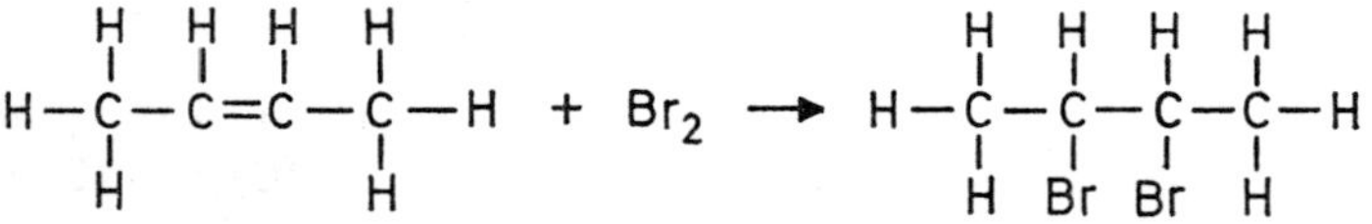

$$CH_3-CH=CH_2 + HCl \rightarrow CH_3-CHCl-CH_3$$

Für die Addition von Halogenwasserstoffen an Doppelbindungen gilt die Regel von Markownikow: Der Wasserstoff geht nach Möglichkeit an das H-reichere C-Atom, das Halogen an das H-ärmere C. Die Halogenanlagerung wird zur analytischen Bestimmung des Sättigungsgrades benützt (vgl. «Jodzahl», S. 226).
Durch starke **Oxidationsmittel** (Permanganat, Ozon) werden **DB gesprengt.** Dabei bilden sich Aldehyde, Ketone und Carbonsäuren.

c) Polymerisation

C=C-Doppelbindungen können bei Gegenwart geeigneter Katalysatoren (organische Peroxide oder organische Metallverbindungen) mit ihresgleichen in Wechselwirkung treten:

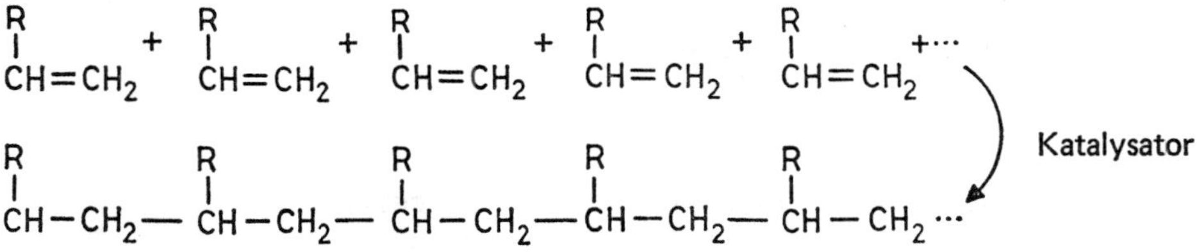

Viele kleine Alkenmoleküle vereinigen sich zu einem riesigen Alkanmolekül. Man spricht von **Polymerisation** («Vervielfachung der Teile»). Aus Äthylen wird **Polyäthylen,** aus Propylen Polypropylen, zwei Kunststoffe mit mannigfachem Verwendungsbereich (Weichplastik). Weil die Polyalkylene praktisch keine Doppelbindungen mehr besitzen, haben sie dieselbe chemische Trägheit wie die natürlichen Paraffine (unangreifbar für starke Säuren, Basen und Oxidationsmittel, geeignet für Chemikalienbehälter).
Ein Polymeres von Methyl-butadien-1,3 ist der **natürliche Kautschuk.** Polymerisiertes Butadien-1,3 ist der synthetische Kautschuk «BUNA».

Nur Olefine mit endständigen DB können polymerisieren.

d) Äthylen

$CH_2{=}CH_2$ ist eines der wichtigsten Ausgangsprodukte der ganzen organischen Chemie. Es wird aus Erdöl gewonnen. Zur Herstellung von Benzin aus hochsiedenden Erdölfraktionen werden diese unter Druck und Luftausschluss auf 500°C erhitzt. Dabei brechen einzelne C–C-Bindungen auseinander. Man spricht von Pyrolyse (pyros = Feuer) oder Cracking. Das Ergebnis ist ein Gemisch tiefsiedender Alkane und Alkene, inklusive etwa 2% Äthylen. Neben dem in Massen konsumierten Polyäthylen werden aus dem Gas unter anderem Äthylalkohol, Acetaldehyd, Essigsäure, Aceton und Glycol und aus diesen wiederum ungezählte Syntheseprodukte gewonnen. Ein Grossteil der Erzeugnisse der chemischen Industrie (Farbstoffe, Kunstfasern, Medikamente, Kosmetika, Reinigungsmittel) basiert somit auf dem Erdöl. Verschwendung dieses nicht unerschöpflichen Rohstoffs ist deshalb Vogel-Strauss-Politik!

3. Ungesättigte Kohlenwasserstoffe mit Dreifachbindung = Alkine

Die **Alkine** bilden die **homologe Reihe der KW mit einer Dreifachbindung.** Sie haben dieselbe allgemeine Bruttoformel wie die Alkadiene C_nH_{2n-2}. Nach dem einfachsten und mit Abstand wichtigsten Vertreter werden die Angehörigen der Familie auch als **Acetylene** bezeichnet.

$CH{\equiv}CH$	$CH{\equiv}C{-}CH_3$	$CH_3{-}C{\equiv}C{-}CH_2{-}CH_3$
Äthin oder Acetylen	Propin oder Methyl-acetylen	Pentin-2 oder Äthyl-methyl-acetylen

Bei der Dreifachbindung ist die Deformation des C-Tetraeders noch extremer als bei der Doppelbindung. Die Alkine sind deshalb noch reaktionsfreudiger als die Alkene. Die **Addition von Wasserstoff, Halogenen und Halogenwasserstoff** vollzieht sich ähnlich wie bei den Alkenen. Neben Alkanen und Halogenalkanen kann man auch Alkene und Halogenalkene erhalten, z. B.:

$CH\equiv CH + HCl \rightarrow CH_2{=}CHCl$ Vinylchlorid (vgl. S. 196)

Bei Gegenwart von Hg(II)-Salzen als Katalysatoren lagert Acetylen Wasser an:

$$CH\equiv CH + H_2O \rightarrow CH_2{=}CHOH \rightarrow CH_3-C{\genfrac{}{}{0pt}{}{\diagup O}{\diagdown H}} \quad \text{Acetaldehyd}$$

Beim hohen Erhitzen von Acetylen lagern sich 3 Moleküle zu einem Ring zusammen.

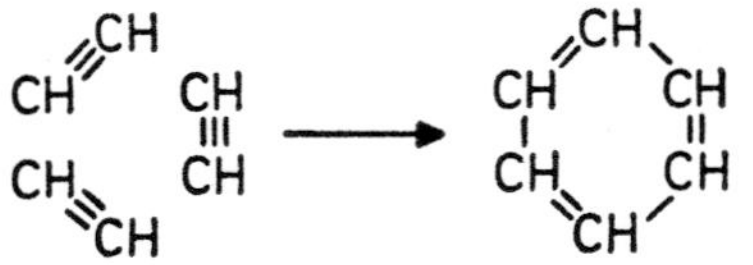

Benzol

Acetylen ist wie Äthylen ein wichtiges Schlüsselprodukt der organischen Chemie. Es wird aus Kohle und Kalk gewonnen; neuerdings auch aus Erdgas:

$3C + CaO \rightarrow CaC_2 + CO$ (CaO: gebrannter Kalk) $\quad CaC_2 + 2H_2O \rightarrow Ca(OH)_2 + CH\equiv CH$ (CaC_2: Calciumcarbid; $CH\equiv CH$: Acetylen)

Acetylen wirkt narkotisierend und liefert mit Sauerstoff eine sehr **heisse Flamme** (3100 °C). Es wird zum Schweissen und Schneidbrennen, aber auch für die Flammenphotometrie (vgl. S. 343) verwendet. Verflüssigtes Acetylen ist explosionsgefährlich. Das Gas kommt unter schwachem Druck gelöst in Aceton, als Acetylen-Dissous in den Handel.

B. Halogen-kohlenwasserstoffe

Kohlenwasserstoffe, in deren Molekülen ein oder mehr Wasserstoffatome durch Halogenatome ersetzt sind, werden als Halogenkohlenwasserstoffe bezeichnet.

Die C-Halogenbindung ist kovalent und nicht dissoziierbar (vgl. S. 68 ff). Die Halogen-KW sind, wie die Kohlenwasserstoffe selbst, **Nichtelektrolyte** und praktisch H_2O-unlöslich. Für die **Nomenklatur** der Halogen-KW sind zwei Systeme im Gebrauch: **Halogen-alkan** und **Alkyl-halogenid.** Beispiele:

CH_3CH_2Br	Brom-äthan oder Äthylbromid
CH_2J_2	Dijod-methan oder Methylenjodid
$CH_2{=}CHCl$	Chlor-äthen (Chlor-äthylen) oder Vinylchlorid

Die Namen mit dem Halogen am Anfang folgen dem Genfer Prinzip und sind vorzuziehen. «Methylchlorid» erweckt die falsche Vorstellung von einem Salz. Die Positionsziffern werden nur angegeben, wenn der Name sonst mehrdeutig wäre. «Tribrom-äthen» oder «Pentachlor-äthan» sind eindeutig, «Dichlor-äthan» ist zweideutig (CH_3CHCl_2 = 1,1-Dichlor-äthan; CH_2ClCH_2Cl = 1,2-Dichlor-äthan).

Tabelle XXX. Chlorderivate des Methans, Äthans und Äthylens

Namen	Formel	Sdp, °C	Dichte, g/ml
Chlor-methan oder Methylchlorid	CH_3Cl	−24	0,92 (fl.)
Dichlor-methan oder Methylenchlorid	CH_2Cl_2	41	1,34
Trichlor-methan oder Chloroform	$CHCl_3$	61	1,49
Tetrachlor-methan oder Tetrachlorkohlenstoff	CCl_4	77	1,57
Chlor-äthan oder Äthylchlorid	CH_3CH_2Cl	13	0,91
1,2-Dichlor-äthan oder Äthylenchlorid	CH_2ClCH_2Cl	84	1,24
Trichlor-äthylen	$CCl_2{=}CHCl$	87	1,48
Hexachlor-äthan	CCl_3CCl_3	185	2,09

1. Synthese der Halogen-kohlenwasserstoffe

Halogen-KW kommen in der Natur nicht vor. Sie können auf zahlreiche Arten synthetisiert werden, z.B. durch Anlagerung von Halogen oder Halogenwasserstoff an Alkene und Alkine, Ersatz von Wasserstoff durch Halogen in Alkanen (geht nur mit Cl und F), Umsetzung von Alkoholen mit Halogenwasserstoff.

$$CH_2{=}CH_2 + Br_2 \rightarrow CH_2BrCH_2Br \qquad CH_3{-}CH(OH){-}CH_3 + HCl \rightarrow CH_3{-}CHCl{-}CH_3 + H_2O$$

$$CH_4 + 4F_2 \rightarrow CF_4 + 4HF \qquad CH_3Cl + NaJ \rightarrow CH_3J + NaCl$$

Die Jod-alkane werden meist durch Umsetzung der entsprechenden Chlorverbindungen mit Natriumjodid gewonnen.

2. Eigenschaften und Verwendung der Halogen-KW

Die an C gebundenen Halogenatome lassen sich durch mannigfache Atomgruppen ersetzen. Die Halogen-KW sind deshalb Ausgangsstoffe für viele Synthesen (vgl. KW-Herstellung nach Wurtz, S. 190). Beispiele:

$CH_3Br + Na{-}O{-}CH_2{-}CH_3 \rightarrow CH_3{-}O{-}CH_2{-}CH_3 + NaBr$
Na-alkoholat — Äthyl-methyl-äther (vgl. S. 202)

$CH_3CH_2J + NH_3 \rightarrow CH_3CH_2NH_2 + HJ$
Äthyl-amin (vgl. S. 245)

In ätherischer Lösung reagieren die Brom- und Jod-alkane mit Magnesium und bilden **Grignardsche Verbindungen** (vgl. S. 207).

$CH_3CH_2CH_2CH_2J + Mg \rightarrow CH_3CH_2CH_2CH_2{-}Mg{-}J$ Butyl-magnesium-jodid

Die verschiedenen Chlor-Derivate von Methan und Äthan, vor allem Dichlormethan, Chloroform und Tetrachlorkohlenstoff (Tab. XXX) sind oft verwendete Lösungs- und **Extraktionsmittel** für Fette und fettartige (lipophile) Substanzen. Sie sind im Gegensatz zu Äther, Petroläther und den zyklischen KW **nicht feuergefährlich.** CCl_4 ist sogar ein Feuerlöschmittel. Auffällig ist die **hohe Dichte** der meisten Halogen-alkane (Vorsicht beim Ausschütteln im Scheidetrichter, organische Schicht ist unten, Wasser oben!). Jodoform ist die organische Substanz mit der höchsten Dichte (4,1).
Chloroform wurde früher als **Inhalationsnarkotikum** verwendet. Wegen der Bildung von geringen Mengen des hochgiftigen Phosgens aus $CHCl_3$ in der Lunge ist es heute kaum mehr im Gebrauch.
Jodoform CHJ_3 (fest und praktisch wasserunlöslich) ist ein mildes Desinfektionsmittel.

3. Polymere Halogen-kohlenwasserstoffe

Chlor-äthylen oder Vinylchlorid $CH_2{=}CHCl$ kann wie das Äthylen zu Riesenmolekülen polymerisiert werden. Das so gewonnene **Polyvinylchlorid** findet als PVC-Plastik verbreitete Verwendung (Regenmäntel, Tischtücher, Klebfolien, Schläuche usw.).

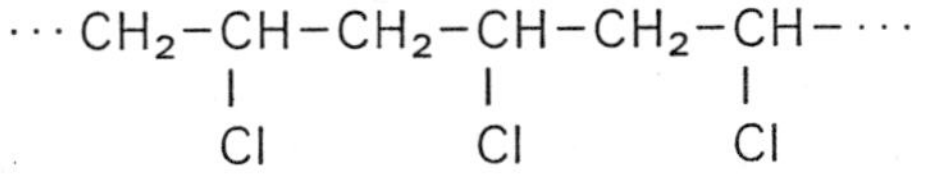

Bei der Verbrennung von PVC entsteht Salzsäure (Umweltbelastung bei der Abfallbeseitigung!).
Durch Polymerisation von $CF_2{=}CF_2$ erhält man Polytetrafluoräthylen oder **Teflon.**

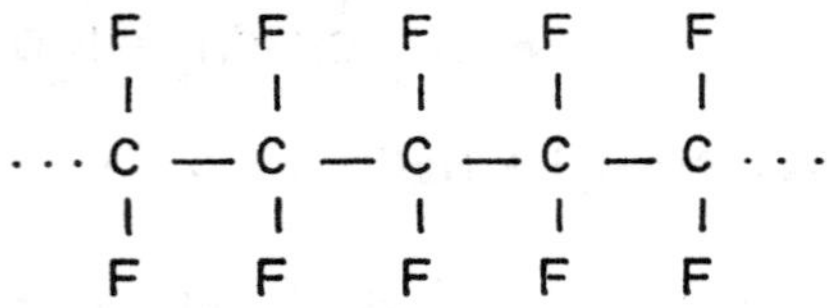

Teflon hat von allen Kunststoffen die beste Chemikalienbeständigkeit (resistent selbst gegen kochendes Königswasser; vgl. S. 50), einen hohen Erweichungspunkt, etwa 300 °C, und ist ein ausgezeichneter elektrischer Isolator. Sein einziger Nachteil ist der hohe Preis (aufwendiges Herstellungsverfahren).

C. Alkohole

1. Einteilung und Nomenklatur

Alkohole sind Kohlenwasserstoffe, in deren Molekül ein oder mehr H-Atome durch Hydroxylgruppen ersetzt sind. Der Name «Alkohol» stammt aus dem Arabischen und bedeutet «das Feine».

a) Einwertige und mehrwertige Alkohole
Je nach der Zahl der OH-Gruppen pro Molekül spricht man von **ein-, zwei- und mehrwertigen Alkoholen.** Enthält eine organische Verbindung mehr als eine Hydroxylgruppe, dann müssen diese an verschiedenen C-Atomen sitzen. **Zwei oder drei Hydroxylgruppen am gleichen C sind mit ganz wenig Ausnahmen nicht beständig.**

b) Primäre, sekundäre und tertiäre Alkohole

Ein C-Atom, das **am Ende einer Kohlenstoffkette** sitzt, wird als **primäres C** bezeichnet. Sitzt es **zwischen zwei andern C,** dann ist es ein **sekundäres C-Atom, Kettenverzweigungsstellen** werden von **tertiären, Kettenkreuzungen** von **quartären C-Atomen** gebildet.

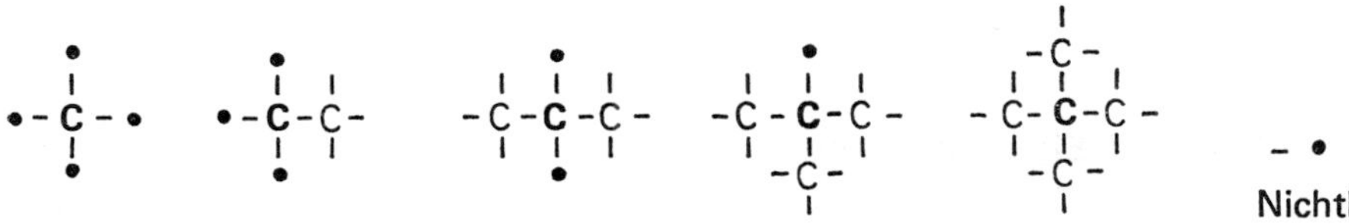

Nulläres C (Einzel-C) | Primäres C | Sekundäres C | Tertiäres C | Quartäres C | Nichtkohlenstoffatom

Je nachdem, ob die OH-Gruppe eines einwertigen Alkohols an einem primären, sekundären oder tertiären C sitzt, spricht man auch von primären, sekundären und tertiären Alkoholen. Mehrwertige Alkohole können gleichzeitig primäre, sekundäre und tertiäre OH-Gruppen besitzen (vgl. die Beispiele im folgenden Abschnitt).

c) Namen der einzelnen Alkohole

$CH_3CH_2CH_2CH_2CH_2CH_2CH_2CH_2OH$	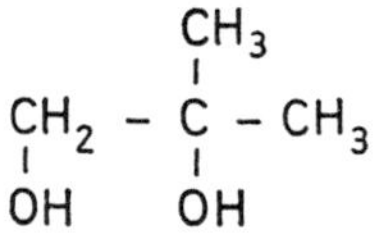	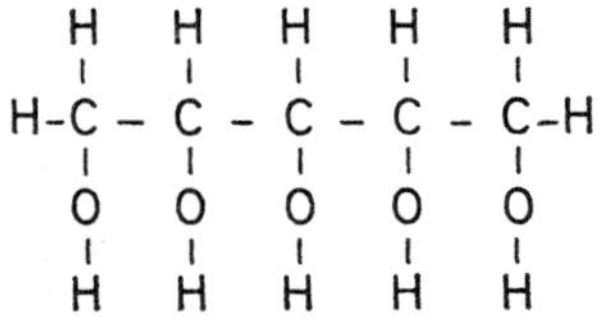
n-Octylalkohol oder Octanol-1 oder 1-Hydroxy-octan	Methyl-propandiol-1,2 oder 1,2-Dihydroxymethylpropan	Pentanpentol oder Pentahydroxy-pentan
ein primärer, einwertiger Alkohol	ein zweiwertiger Alkohol mit primärer und tertiärer OH-Gruppe	ein fünfwertiger Alkohol mit primären und sekundären OH-Gruppen

Für die Nomenklatur der Hydroxyverbindungen gibt es drei verschiedene Systeme:

a) Einwertige OH-Verbindungen sind «Alkylalkohole», z. B. Methylalkohol, Äthylalkohol usw. Vom Propylalkohol gibt es zwei Isomere, den normal-Propylalkohol oder n-Propylalkohol und den sekundären oder iso-Propylalkohol. Butylalkohol hat vier Isomere, zwei primäre, ein sekundäres und ein tertiäres. Mit den nötigen «Vornamen» lassen sie sich auseinanderhalten (Tab. XXXII). Bei den Alkoholen mit 5 und mehr C ist das System der «Alkylalkohole» – auch mit Vornamen – nicht mehr eindeutig.

b) Nach dem Genfer Prinzip wird der **Name des OH-tragenden Kohlenwasserstoffs mit der Endung -ol** (bzw. -diol, -triol usw.) und falls nötig mit den Positionsnummern der OH-Gruppen versehen (z. B. Pentantetrol-1,2,3,5). Diese Nomenklatur ist immer eindeutig und deshalb vorzuziehen.

c) In Analogie zur Nomenklatur der KW mit Verzweigungen (vgl. S. 188) kann dem Namen des KW die Bezeichnung «Hydroxy-» (bzw. «Dihydroxy-» usw.) mit allfälligen Positionsnummern vorangestellt werden (z. B. 2-Hydroxy-3-methyl-butan). Das System wird vor allem dann verwendet, wenn das zu bezeichnende Molekül noch andere, die Eigenschaften des Stoffes prägende, funktionelle Gruppen besitzt (vgl. S. 215 ff.).

2. Herstellung und Eigenschaften

Alkohole können auf zahlreiche Arten gewonnen werden. Beispiele:

Katalytische Addition von Wasser an Olefine: $CH_2{=}CH_2 + H_2O \rightarrow CH_3CH_2OH$

Kochen von Halogenalkanen mit Lauge:
$CH_2Br{-}CH_2{-}CH_2Br + 2NaOH \rightarrow CH_2OH{-}CH_2{-}CH_2OH + 2NaBr$

Weitere Methoden kommen in späteren Kapiteln zur Sprache (S. 200, 205, 207).

Die Alkohole können als Alkylderivate des Wassers aufgefasst werden. Ein Wasserstoffatom des Wassers ist durch eine Alkylgruppe ersetzt.

$H{-}O{-}H$	$C_nH_{2n+1}{-}O{-}H$
Wasser	Alkohol

Die Alkohole zeigen deshalb auch eine gewisse **Verwandtschaft mit dem Wasser.** Diese ist um so enger, je kürzer die Alkylkette. Experiment: Zu je einer Probe Wasser, Methanol, Octanol und Hexan (Petroläther) wird je ein Stücklein Natrium gegeben:

$2H{-}O{-}H + 2Na \rightarrow 2Na{-}O{-}H + H_2\uparrow$
Stürmische Reaktion, das Natrium schmilzt in der Reaktionswärme.

$2H{-}O{-}CH_3 + 2Na \rightarrow 2Na{-}O{-}CH_3 + H_2\uparrow$
Relativ schnelle Reaktion, das reagierende Natrium bleibt fest.

$2H{-}O{-}CH_2CH_2CH_2CH_2CH_2CH_2CH_2CH_3 + 2Na \rightarrow 2Na{-}O{-}(CH_2)_7CH_3 + H_2\uparrow$
Träge Reaktion, langsame Wasserstoffblasenbildung.

$CH_3CH_2CH_2CH_2CH_2CH_3 + Na \rightarrow$ keine Reaktion

Je länger die Alkylkette, desto kohlenwasserstoffähnlicher, je kürzer die Alkylkette, desto wasserähnlicher ist ein Alkohol. Die vier einfachsten einwertigen Alkohole Methanol, Äthanol, Propanol-1 und Propanol-2, sind in jedem Verhältnis mit Wasser mischbar. Die einfachsten mehrwertigen Alkohole sind zum Teil sogar hygroskopisch. Die höheren einwertigen Alkohole sind wohl noch wasserlöslich, die Löslichkeit nimmt aber mit steigender Gliederzahl rasch ab. Alle einwertigen Alkohole sind anderseits in jedem Verhältnis mit flüssigen Kohlenwasserstoffen (Benzin, Petroläther) mischbar – nicht so die mehrwertigen Alkohole.

Die Hydroxylgruppe ist eine sogenannte hydrophile («wasserliebende») Gruppe. Die Kettenglieder der Kohlenwasserstoffe ($CH_3{-}$; $-CH_2{-}$; $-CH{<}$ und ${>}C{<}$) sind dagegen hydrophob (wasserabstossend) oder **lipophil** («fettliebend»).

Je weniger lipophile Gruppen auf eine hydrophile Gruppe entfallen, um so besser wasserlöslich ist ein organisches Molekül und desto schlechter verträgt es sich mit Kohlenwasserstoffen. Die **Polarisierung** organischer Moleküle in hydrophile und lipophile Bezirke ist für die Biochemie eminent wichtig. Es wird in späteren Kapiteln noch öfters davon die Rede sein.

Tabelle XXXI. Homologe Reihe der primären einwertigen Alkohole

		Smp. °C	Sdp. °C
Methanol, Methylalkohol	CH_3OH	−97	65
Äthanol, Äthylalkohol	C_2H_5OH	−114	78
Propanol-1, n-Propylalkohol	C_3H_7OH	−126	97
Butanol-1, n-Butylalkohol	C_4H_9OH	−80	117
Pentanol-1, n-Amylalkohol	$C_5H_{11}OH$	−79	137
Hexanol-1, n-Hexylalkohol	$C_6H_{13}OH$	−52	157
Heptanol-1, n-Heptylalkohol	$C_7H_{15}OH$	−34	176
Octanol-1, n-Octylalkohol	$C_8H_{17}OH$	−16	194
Dodecanol-1, Laurylalkohol	$C_{12}H_{25}OH$	+24	259
Hexadecanol-1, Cetylalkohol	$C_{16}H_{33}OH$	+49	344
Octadecanol-1, Stearylalkohol	$C_{18}H_{37}OH$	+58	

Die Dichte aller in Tabelle XXXI aufgeführten Alkohole liegt zwischen 0,79 und 0,83 g/ml.

Tabelle XXXII. Isomere von Propanol und Butanol

3 2 1 $CH_3-CH_2-CH_2-OH$	Propanol-1	normal-Propylalkohol (n-Propylalkohol)
3 2 1 $CH_3-CH-CH_3$ I OH	Propanol-2	Isopropylalkohol (i-Propylalkohol)
4 3 2 1 $CH_3-CH_2-CH_2-CH_2-OH$	Butanol-1	normal-Butylalkohol (n-Butylalkohol)
3 2 1 $CH_3-CH-CH_2-OH$ I CH_3	Methyl-propanol-1	Isobutylalkohol (i-Butylalkohol)
4 3 2 1 $CH_3-CH_2-CH-CH_3$ I OH	Butanol-2	sekundärer Butylalkohol (sec-Butylalkohol)
CH_3 3 2 I 1 CH_3-C-CH_3 I OH	Methyl-propanol-2	tertiärer Butylalkohol (t-Butylalkohol)

Obschon das H-Atom der alkoholischen OH-Gruppe durch Leichtmetall ersetzt werden kann (s. oben), sind die Alkohole keine Säuren. **Alkohole sind Nichtelektrolyte.** Die aus Alkalimetall und Alkohol entstandenen **Alkoholate** haben denn auch nicht Salzcharakter. Bei Kontakt mit Wasser zerfallen sie sofort in Alkohol und Alkalilauge: $CH_3ONa + H_2O \rightarrow CH_3OH + NaOH$.

Alle Alkohole sind bei Zimmertemperatur **flüssig oder fest.** Wegen der Assoziation durch **Wasserstoffbrückenbildung** zwischen den OH-Gruppen ist der Übergang in den Gaszustand erschwert. Alkohole haben stets beträchtlich höhere Siedepunkte als Kohlenwasserstoffe mit gleicher Molekülgrösse (vgl. S. 202).
Alle einwertigen Alkohole sind relativ gut, die mehrwertigen schlecht brennbar.

3. Einzelne Alkohole

a) Methanol

CH_3OH verdankt seinen Namen der alten Herstellungsmethode:
Erhitzen von Holz unter Luftabschluss → Essigsäure + Methylalkohol (methy = Wein, xylon = Holz).
Heute wird Methanol grosstechnisch wie folgt gewonnen:

$$CO + 2H_2 \xrightarrow[(ZnO + Cr_2O_3)]{\text{Katalysator}} CH_3OH$$

Methanol hat einen leicht widerlichen Geruch und ist bedeutend **giftiger als Äthanol** (tödliche Dosis zirka 25 g). Chronischer Genuss kleiner Mengen kann zu Erblindung führen. Der Alkohol wird als Lösungsmittel und für zahlreiche Synthesen (Methylierungen) verwendet.

b) Äthanol

Äthylalkohol heisst auch gewöhnlicher Alkohol oder ganz einfach Alkohol. Von allen flüssigen einwertigen Alkoholen ist er der am wenigsten giftige und auch der am angenehmsten schmeckende. Ein Alkoholgehalt von 5 Promille im Blut wirkt tödlich (Lähmung des Atemzentrums).
Äthylalkohol kommt da vor, wo Kohlenhydrate durch Hefepilze vergoren werden.

$$C_6H_{12}O_6 \xrightarrow{\text{Hefe}} 2CH_3CH_2OH + 2CO_2$$

Die alkoholische Gärung ist ein Prozess mit 11 Stufen und ebenso vielen Enzymen (vgl. S. 240). Die Gärprodukte **Bier, Most, Wein** usw. enthalten 4–15% Alkohol. Höhere Konzentrationen sind mit dem Leben der Hefe unvereinbar.
Spirituosen erhält man durch Destillation von Gärprodukten «(Schnapsbrennen»). Sie können bis 60% Alkohol enthalten. **Liköre** werden künstlich aus Feinsprit, Wasser, Zucker und diversen Geschmacks- und Duftessenzen zusammengemischt.
Feinsprit ist 96%iger Alkohol. **Absoluter Alkohol** lässt sich nicht durch Destillation von wasserhaltigem Alkohol gewinnen. 96 ml Alkohol + 4 ml Wasser sieden als azeotropes Gemisch (vgl. S. 139). Aus dem Feinsprit muss das Restwasser chemisch entfernt werden, z. B. durch Kochen mit Calciumoxid: $CaO + H_2O \rightarrow Ca(OH)_2$.
Brennsprit (Industriesprit) ist Äthanol mit Zusätzen von Methanol, Äthyl-methylketon, Benzol oder Pyridin zur Ungeniessbarmachung («Vergällung», «Denaturierung») und damit Befreiung von der Alkoholsteuer.

Ausser Genussmittel ist Äthylalkohol vor allem Lösungsmittel, Brennstoff und Konservierungsmittel. Er ist auch Schlüsselprodukt für viele Synthesen (Acetaldehyd, Essigsäure, Ester, Äther usw.). Für die Industrie liefert die Wasseraddition an Äthylen die Hauptmenge Äthanol.

c) Propanol, Butanol, Pentanol

Verschiedene Isomere von Propyl- und Butylalkohol (Tab. XXXII) finden als Lösungsmittel verbreitete Verwendung, u.a. in der Chromatographie (S. 331). Pentanol existiert in 8 Isomeren. Eines davon, 3-Methyl-butanol-1 oder Gärungsamylalkohol entsteht bei der Vergärung von eiweisshaltigen Kohlenhydraten (z.B. Kartoffelstärke) aus der Aminosäure Leucin (S. 251). Der Amylalkohol (amylum = Stärke) ist Hauptbestandteil des sogenannten Fuselöls (Rückstand beim Destillieren von Schnaps).

d) Octanol

Beim Schütteln oder Sieden von eiweiss- oder seifenhaltigen Lösungen bildet sich Schaum. Das Schäumen kann durch Zusatz von ein paar Tropfen Octylalkohol verhindert werden (Antischaummittel).

e) Höhere einwertige Alkohole

Alkohole mit Ketten bis zu 30 C kommen mit Fettsäuren verestert in Pflanzenwachsen vor (vgl. S. 222). Cetylalkohol ($C_{16}H_{33}OH$) ist Bestandteil des Walrats, eines von Walen produzierten Wachses (cetus = Wal). Die langkettigen einwertigen Alkohole werden auch als Fettalkohole bezeichnet und nach den Fettsäuren mit gleicher C-Zahl benannt (Stearylalkohol von Stearinsäure, Laurylalkohol von Laurinsäure). Aus den Fettalkoholen, die man aus natürlichen Fettsäuren, aber auch aus Erdöl gewinnt, werden synthetische Waschmittel hergestellt (vgl. S. 229).

f) Mehrwertige Alkohole (Polyalkohole)

Alle Alkohole mit zwei und mehr C und maximal möglicher Zahl OH-Gruppen (allgemeine Formel $CH_2OH(CHOH)_nCH_2OH$) sind ausserordentlich hydrophil und anderseits in Fettlösungsmitteln wie Äther sehr schlecht löslich. Ihr Siedepunkt ist sehr hoch (starke zwischenmolekulare Anziehung durch Wasserstoffbrücken). Die meisten schmekken mehr oder weniger süss. Die einfachsten Vertreter der Polyalkohole sind das Äthylenglycol oder kurz **Glycol** (Äthandiol) und das **Glycerin** oder Glycerol (Propantriol). Glycol (Smp −17 °C, Sdp 197 °C) wird als Gefrierschutzzusatz zu Kühlwasser eingesetzt (vgl. «Gefrierpunktserniedrigung von Lösungen», S. 97). Es ist Ausgangsmaterial für verschiedene Kunststoffe (Polyester, S. 298).

$HO-CH_2-CH_2-OH$

Glycol

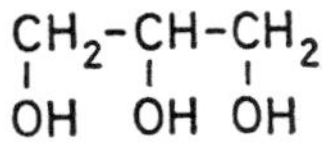

Glycerin

Glycerin (Smp 18 °C, Sdp 290 °C) ist eine sirupartige, hygroskopische Flüssigkeit. Es ist, mit Fettsäuren verestert, Bestandteil der Fette (vgl. S. 226) und wird vom menschlichen Organismus verwertet wie ein Zucker (vgl. S. 240). Synthetisch wird Glycerin aus Propen gewonnen. Grosse Mengen werden für die Dynamitherstellung gebraucht (vgl. S. 223). Eine Grosszahl von Salben wird auf Glycerinbasis hergestellt. Im Labor benutzt man Glycerin als Gleitmittel (Gummi/Glas).

Fünf- und sechswertige Alkohole sind im Pflanzenreich weit verbreitet. Ihre Trivialnamen enden auf -it (nicht zu verwechseln mit den niedrigen Oxidationsstufen von Salzen; vgl. S. 60). Beispiele: Erythrit (4 OH), Ribit (5 OH), Mannit (6 OH). Die Namen sind von den entsprechenden, nah verwandten, Zuckern abgeleitet (vgl. S. 232 ff.).

D. Äther

1. Definition und Nomenklatur

Zwei durch eine Sauerstoffbrücke verbundene Alkylgruppen werden als Äther bezeichnet.

$CH_3-(CH_2)_n-CH_2-O-CH_2-(CH_2)_m-CH_3$.

Kann der Alkohol als Monoalkylderivat des Wassers aufgefasst werden, so ist konsequenterweise der Äther ein Dialkylderivat von H_2O.

$H-O-H$	Wasser	H–O–H
$C_nH_{2n+1}-O-H$	Alkohol	Alkyl–O–H
$C_nH_{2n+1}-O-C_mH_{2m+1}$	Äther	Alkyl–O–Alkyl

Sind beide Alkylgruppen gleich, spricht man von symmetrischen oder einfachen Äthern, andernfalls von unsymmetrischen oder gemischten Äthern. Der Name eines Äthers wird aus den **beiden Alkylgruppen, gefolgt von «-äther»,** gebildet. Beispiele:

CH_3-O-CH_3 Dimethyläther

$CH_3-CH_2-CH_2-O-CH_2-CH_3$

Äthyl-propyläther

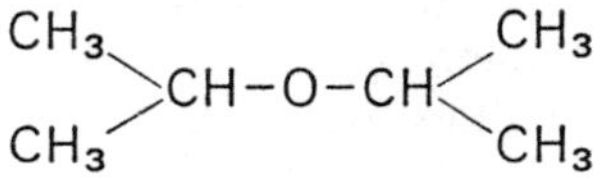

Diisopropyläther

Die Gruppe Alkyl–O– wird auch als **Alkoxygruppe** bezeichnet. Kompliziert gebaute Äther werden nach dem Genfer Prinzip wie verzweigte Kohlenwasserstoffe benannt.

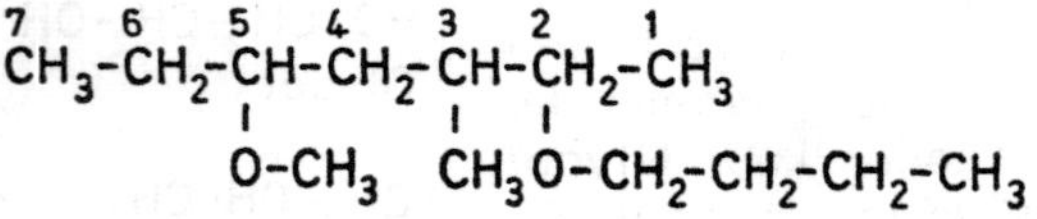

2-Butoxy-5-methoxy-3-methyl-heptan

2. Eigenschaften und Herstellung

Die Äther sind in ihren physikalischen und auch chemischen Eigenschaften **kohlenwasserstoffähnlich.** Sie haben z. B. einen ähnlichen Siedepunkt wie die Alkane mit ähnlichem Molekulargewicht. Beispiel: Diäthyläther: Mol.gew. 74, Sdp 34,5 °C; Pentan: Mol.gew. 72, Sdp 36 °C (zum Vergleich: Butanol: Mol.gew. 74, Sdp 117 °C).

Das Äthermolekül ist weniger polar als das Alkoholmolekül. Die Äther sind deshalb lipophiler (und entsprechend weniger hydrophil) als die Alkohole mit vergleichbarer Molekülgrösse. Eine gesättigte Lösung von Diäthyläther in Wasser ist immerhin noch 7,5%ig, und Äther löst seinerseits ca. 1,5% Wasser. Für Pentan und H_2O ist die gegenseitige Löslichkeit fast null. Die Äther sind ähnlich den Kohlenwasserstoffen reaktionsträg und gut brennbar.

Für die **Herstellung** von Äthern sind vor allem zwei Methoden im Gebrauch: Einfache, symmetrische Äther gewinnt man durch **Wasserabspaltung aus zwei Molekülen Alkohol:**

$$\underset{\text{Äthanol}}{CH_3CH_2{-}OH + HO{-}CH_2CH_3} \xrightarrow{H_2SO_4} \underset{\text{Diäthyläther}}{CH_3CH_2{-}O{-}CH_2CH_3} + H_2O$$

Die Vereinigung von zwei oder mehr Molekülen irgendwelcher Stoffe unter Wasserabspaltung wird allgemein als Kondensation bezeichnet (vgl. die Kapitel «Ester», S. 221 ff. und «Amide», S. 252 ff.).

Komplizierte Äther erhält man aus Alkoholen und Halogen-alkanen in Gegenwart von Silberoxid oder aus Alkoholaten und Halogen-alkanen:

$$2C_nH_{2n+1}OH + 2BrC_mH_{2m+1} + Ag_2O \rightarrow 2C_nH_{2n+1}{-}O{-}C_mH_{2m+1} + 2AgBr + H_2O$$

$$\text{Alkyl}{-}ONa + J{-}\text{Alkyl} \rightarrow \text{Alkyl}{-}O{-}\text{Alkyl} + NaJ$$

3. Diäthyläther

Wenn von Äther ohne nähere Bezeichnung gesprochen wird, ist immer Diäthyläther $C_2H_5{-}O{-}C_2H_5$ gemeint. Wegen seines niedrigen Siedepunktes (34,5 °C) ist er ein populäres **Lösungs- und Extraktionsmittel für Fette** und sonstige lipophile Stoffe. **Ätherdampf bildet mit Luft explosive Gemische.** Jegliches Feuer und auch elektrische Wackelkontakte sind aus der Nachbarschaft von Äther zu verbannen! Diäthyläther ist ein **Inhalationsnarkotikum** (ähnliche Wirkung wie Chloroform). Wegen seiner guten Fettlöslichkeit dringt er in die lipidreichen Nervenzellen ein, verändert deren elektrische Eigenschaften und bewirkt Bewusstlosigkeit. Dank seiner Flüchtigkeit wird er relativ rasch via Blut durch die Lunge ausgeschieden.
Beim längeren Stehen von Äther in Kontakt mit Luft bilden sich – vor allem bei Lichtzutritt – **Ätherperoxide** und andere Verbindungen mit $-O-O-$Gruppen. Destilliert man alten Äther, so reichern sich diese schwerer flüchtigen Peroxide im Rückstand an und können dann äusserst heftig explodieren. Zur Verhinderung solcher Zwischenfälle wird Äther vor dem Destillieren mit einem Reduktionsmittel, z. B. $Fe(OH)_2$ geschüttelt.

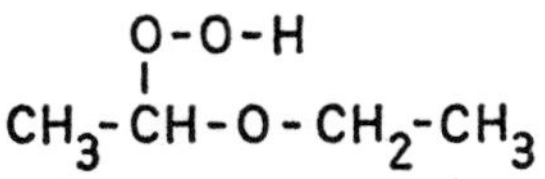

Ätherperoxid

Trotz seiner Lipophilie hält Äther beim Destillieren kleine Mengen Wasser hartnäckig fest. Dieses Rest-H_2O wird mit metallischem Natrium gebunden. Mit dem Äther selbst reagiert Na nicht (kein ersetzbarer H wie bei den Alkoholen).
Wegen der nachteiligen Eigenschaften von Diäthyläther ersetzt man ihn in der Laborpraxis oft durch Diisopropyläther (Sdp 68,5 °C) oder das unbrennbare Methylenchlorid CH_2Cl_2 (vgl. S. 195).

XI. Fragen zur Eigenkontrolle (Stoffgebiet S. 184–203)

1. Wie heissen die 8 ersten gesättigten Kohlenwasserstoffe? Woher rührt der Ausdruck «gesättigt»?
2. Was versteht man unter Polymerisation, was unter Kondensation?
3. Warum lässt sich eine wässerige Lösung mit Amylalkohol, nicht aber mit Äthylalkohol extrahieren?
4. Was versteht man unter einer hydrophilen und einer lipophilen Atomgruppe?
5. Welche Strukturformeln lassen sich der Bruttoformel C_4H_6 zuordnen?
6. Wie unterscheiden sich folgende drei Verbindungen in bezug auf das Verhalten ihrer OH-Gruppen beim Auflösen in Wasser: Cl–O–H, CH_3–O–H, K–O–H?
7. Wie ist in der organischen Chemie eine homologe Reihe definiert?
8. Wie heisst folgender Kohlenwasserstoff nach der Genfer Nomenklatur?

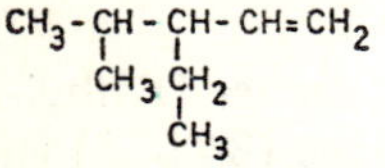

9. Warum stellen die beiden Strukturformeln

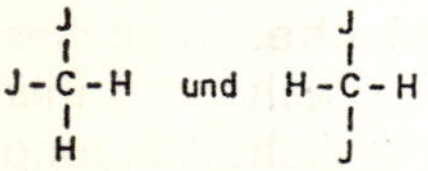

nicht isomere, sondern identische Moleküle dar?
10. Mit HCl bilden Silberionen einen Niederschlag von AgCl, mit CCl_4 dagegen nicht. Worauf beruht das unterschiedliche Verhalten der beiden Chlorverbindungen?
11. a) Was ist ein primärer, ein sekundärer, ein tertiärer Alkohol? b) Was ist ein einwertiger, was ein mehrwertiger Alkohol? c) Wie heisst der einfachste dreiwertige Alkohol?
12. Wie lässt sich ein ungesättigter in einen gesättigten Kohlenwasserstoff überführen?
13. Welcher Alkohol ist besser wasserlöslich, Butanol oder Hexanol? Erklärung?
14. Aus einem Gewebehomogenat wird mit 40 ml Äther das Fett extrahiert. Der Ätherextrakt wird durch ein Papierfilter filtriert und das Filter zweimal mit 5 ml Äther nachgewaschen (total 50 ml Äther). In 10 ml des Filtrates wird das Fett bestimmt. Das Resultat wird mit 5 multipliziert. Warum ist der so erhaltene Wert sicher zu hoch?
15. Wie heissen C–C-Doppelbindungen, die mit Einfachbindungen abwechseln, und DB, die dicht aufeinanderfolgen?
16. Wie lautet die Gleichung für die Ätherbildung aus Methylbromid und Propanol?
17. Was versteht man unter Strukturisomerie und was unter cis-trans-Isomerie?
18. Wie heissen die Verbindungen $CHCl_3$, CCl_4, CH_2Cl_2, CCl_3CCl_3?
19. Eine wässerige Fettemulsion wird im Scheidetrichter mit Chloroform, eine andere mit Petroläther extrahiert. In beiden Fällen wird die untere Schicht abgelassen. Was bleibt in den beiden Trichtern zurück?
20. Die Halbstrukturformel von 3-Äthyl-5-propyl-2,2,3,4-tetramethyl-octadien-5,7 ist aufzustellen.
21. Was ist a) Paraffin, b) Erdgas, c) Benzin?
22. Wie kann aus Acetylen 1,1,2,2-Tetrachlor-äthan gewonnen werden?
23. Was ist a) eine Methylengruppe, b) eine Isopropylgruppe, c) eine Äthoxygruppe?
24. a) Was ist Brennsprit und was ist Feinsprit? b) Wie wird absoluter Alkohol gewonnen?

(Antworten S. 353)

E. Aldehyde und Ketone (Oxoverbindungen)

1. Definition und Nomenklatur

Durch Oxidationsmittel können Alkohole dehydriert werden (Abspaltung von zwei H-Atomen). Dabei entstehen Oxoverbindungen, die **Aldehyde** und **Ketone.**

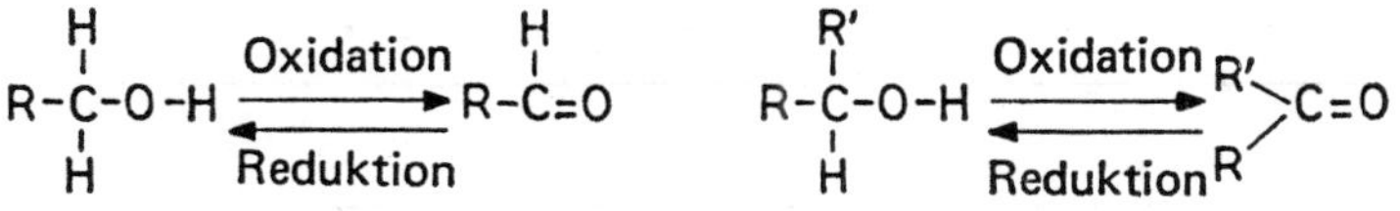

(R.R'= Alkylgruppen)

Primärer Alkohol — Aldehyd — Sekundärer Alkohol — Keton

Dehydrierung von primären Alkoholen führt zu Aldehyden, von sekundären zu Ketonen (tertiäre Alkohole lassen sich nicht dehydrieren). Die **Dehydrierung ist reversibel** (umkehrbar), d.h. die Oxoverbindungen lassen sich zu Alkoholen hydrieren (reduzieren).

Alle Aldehyde und Ketone besitzen mindestens eine >C=O-Gruppe oder **Carbonylgruppe.**
Beim Keton sind die beiden Valenzen der Carbonylgruppe von C-Atomen, beim Aldehyd von einem C und einem H besetzt. Sonderfall: Formaldehyd:

$H_2C{=}O$

Aldehyde sind Verbindungen mit mindestens einer Ketten-endständigen (primären) **Carbonylgruppe: R–CHO. Ketone sind Verbindungen mit mindestens einer zwischenständigen** (sekundären) **Carbonylgruppe: R–CO–R'.**

Der Name **«Aldehyd»** ist aus **Al**kohol **dehyd**rogenatus konstruiert worden. Nach dem Genfer Prinzip werden die Aldehyde analog den Alkoholen benannt. Anstelle von -ol für die Alkohole tritt **-al** für die Aldehyde. Beispiele:

```
CH3-CH2-CH2-C=O   Butanal     O=C-CH2-CH-CH2-C=O   3-Methyl-
            |                   |      |      |     pentandial
            H                   H      CH3    H
```

Für die homologe Reihe der unverzweigten einwertigen Aldehyde sind indessen die Trivialnamen, die sich von den analogen Carbonsäuren ableiten (vgl. S. 211), gebräuchlicher (Tab. XXXIII).

Für die Benennung der Ketone sind zwei Systeme in Gebrauch:

a) In Analogie zu den Äthern werden die Namen der am Carbonyl sitzenden Alkylgruppen dem Wort -keton vorangestellt. Beispiele:

```
CH3-CO-CH3 Dimethyl-keton   CH3-CH-C-CH2-CH2-CH2-CH3
                                |  ||
                                CH3 O
                            Butyl-isopropyl-keton
```

b) Nach dem Genfer System sind die Ketone **«Alkanone»**. Die beiden Beispiele unter a) heissen Propanon bzw. 2-Methyl-heptanon-3. Wie bei den Äthern und vielen anderen Verbindungen taugt auch hier bei komplizierten Molekülen nur die Genfer Nomenklatur. Einen eigentlichen Trivialnamen hat nur das **Aceton.** Es ist nach der Essigsäure (Acidum aceticum) benannt, weil es aus deren Calciumsalz hergestellt wird. Vom Aceton stammt auch der Familienname «Keton».

Tabelle XXXIII. Homologe Reihe der Monoaldehyde und Monoketone

			Sdp, °C				Sdp, °C
$HCHO$	Methanal	Formaldehyd	−21	CH_3COCH_3	Propanon	Dimethyl-keton, Aceton	56
CH_3CHO	Äthanal	Acetaldehyd	+21	$CH_3COC_2H_5$	Butanon	Äthyl-methyl-keton	80
C_2H_5CHO	Propanal	Propionaldehyd	49	$CH_3COC_3H_7$	Pentanon-2	Methyl-propyl-keton	102
C_3H_7CHO	Butanal	Butyraldehyd	73	$C_2H_5COC_2H_5$	Pentanon-3	Diäthyl-keton	103
C_4H_9CHO	Pentanal	Valeraldehyd	102	$CH_3COC_4H_9$	Hexanon-2	Butyl-methyl-keton	127
$C_5H_{11}CHO$	Hexanal	Capronaldehyd	128	$C_2H_5COC_3H_7$	Hexanon-3	Äthyl-propyl-keton	124
$C_7H_{15}CHO$	Octanal	Caprylaldehyd	163				
$C_9H_{19}CHO$	Decanal	Caprinaldehyd	208				

2. Herstellung und Eigenschaften

Statt, wie oben dargelegt, Alkohole zu Aldehyden zu oxidieren (dehydrieren), kann man auch Carbonsäuren oder deren Derivate zu Aldehyden reduzieren. Weil die Aldehyde eine Zwischenstufe zwischen Alkoholen und Säuren darstellen (vgl. S. 210), muss man bei beiden Verfahren durch rasche Entfernung des Aldehyds aus dem Reaktionsraum dafür sorgen, dass nicht über das Ziel hinausgeschossen wird.

$$\underset{\text{Alkohol}}{R-CH_2-OH} \rightleftarrows \underset{\text{Aldehyd}}{R-CHO} \rightleftarrows \underset{\text{Säure}}{R-COOH}$$

Die Ketonherstellung ist diesbezüglich einfacher; die Oxidation der sekundären Alkohole macht beim Keton halt.

Die einfachen symmetrischen Ketone können durch Erhitzen der Ca-Salze von Carbonsäuren gewonnen werden.

$$\underset{\text{Calciumacetat}}{CH_3-\underset{\underset{O}{\|}}{C}-O-Ca-O-\underset{\underset{O}{\|}}{C}-CH_3} \xrightarrow{\text{erhitzen}} \underset{\text{Aceton}}{CH_3-\underset{\underset{O}{\|}}{C}-CH_3} + CaCO_3$$

Ketone und vor allem Aldehyde haben starken Geruch. **Die Carbonylgruppe ist polar:** $>C^+=O^-$. Deshalb ist sie auch **hydrophil** wie die Alkohol-Hydroxylgruppe, aber wie diese **nicht dissoziierbar.** Alle C_3-Oxoverbindungen sind ohne Phasentrennung mit Wasser in jedem Verhältnis mischbar. Die Carbonylgruppe ist sehr reaktionsfreudig. **Das Aldehyd-Carbonyl ist reaktionsfähiger als das Keton-Carbonyl.** Dank seiner Polarität (der Sauerstoff zieht Elektronen an) macht das Carbonyl auch benachbarte C-Atome reaktionsfähiger.

a) Oxidation von Aldehyden zu Carbonsäuren; Nachweis von Aldehydgruppen

Gibt man einen Aldehyd zu ammoniakalischer Silbersalzlösung, so bildet sich bei leichtem Erwärmen an der Gefässwand ein **Silberspiegel.** Mit Fehlingscher Lösung (vgl. S. 235) entsteht rotes Kupfer(I)-oxid.

$$\underset{\text{Aldehyd}}{R-CHO} + 2[Ag(NH_3)_2]^+ + 2OH^- \rightarrow \underset{\text{Säure}}{R\text{-}COOH} + 2Ag\downarrow + 4NH_3 + H_2O$$

Die entstandene Carbonsäure bildet mit dem NH_3 ein Ammoniumsalz.

$$R-CHO + 2Cu^{2+} + 4OH^- \rightarrow R-COOH + Cu_2O\downarrow + 2H_2O$$

Aldehyde werden schon durch Luftsauerstoff oxidiert; sie sind also an der Luft auf längere Zeit nicht beständig. Die Reaktion organischer Verbindungen mit Luft-O_2 bei Raumtemperatur heisst **Autoxidation** («Selbstoxidation»). Für die Herstellung von Säuren aus Aldehyden im grossen Stil verwendet man HNO_3 oder CrO_3 als Oxidationsmittel.

b) Polymerisation der Aldehyde

Dank ihrer endständigen Doppelbindung können Aldehyde polymerisieren (ähnlich wie die Olefine). Die Vereinigung wird durch Säuren katalysiert. Der Brennstoff Meta ist polymerisierter Acetaldehyd.

c) Additionsreaktionen der Aldehyde und Ketone

Die C=O-Doppelbindung kann ausser Wasserstoff eine ganze Anzahl anderer Atome und Atomgruppen anlagern:

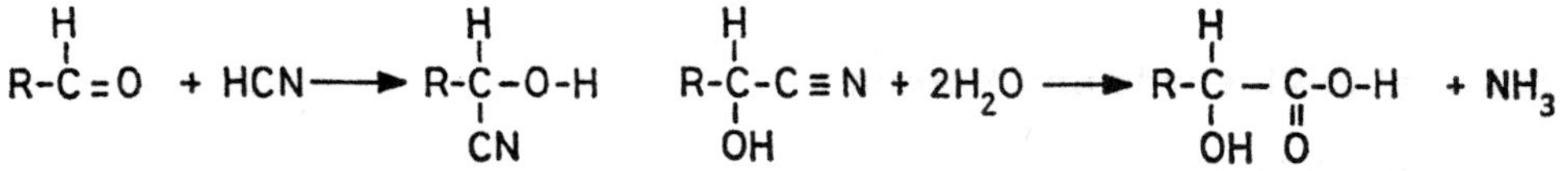

Die Anlagerung von Blausäure an Aldehyde und Ketone nennt man Cyanhydrinsynthese. Man benützt sie zur Herstellung von Hydroxy-carbonsäuren (vgl. S. 215).

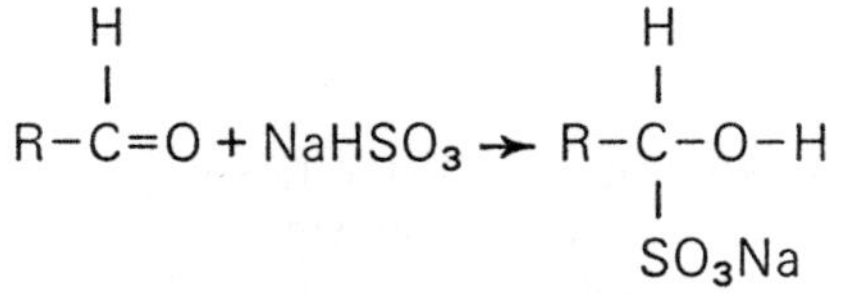

Die Aldehyd-Hydrogensulfit-Verbindungen kristallisieren leicht und werden daher zur Isolierung und Reinigung von Aldehyden verwendet. Durch verdünnte Säure oder Lauge wird der Aldehyd wieder freigesetzt.

d) Grignardsche Synthesen

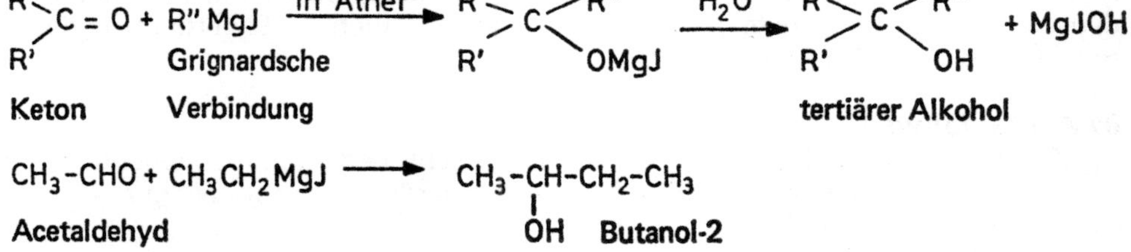

e) Kondensation mit Hydroxylamin und Hydrazin

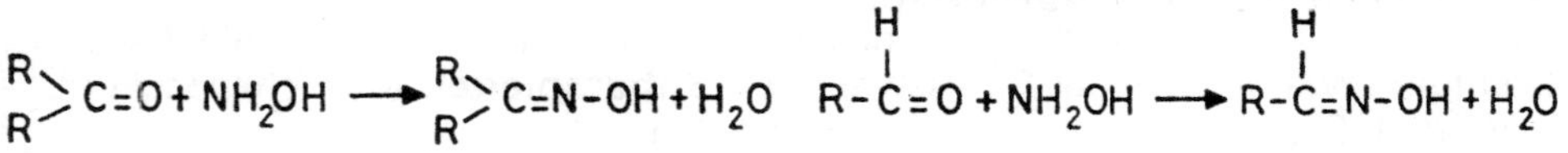

Keton **Ketoxim** **Aldehyd** **Aldoxim**

Hydrazon

Oxime und Hydrazone werden unter anderem als gut kristallisierende Stoffe zur Isolierung von Carbonylverbindungen ausgenützt.

f) Acetale

Beim Kochen von Aldehyden mit Alkoholen in saurem Milieu können sich sogenannte **Acetale** bilden:

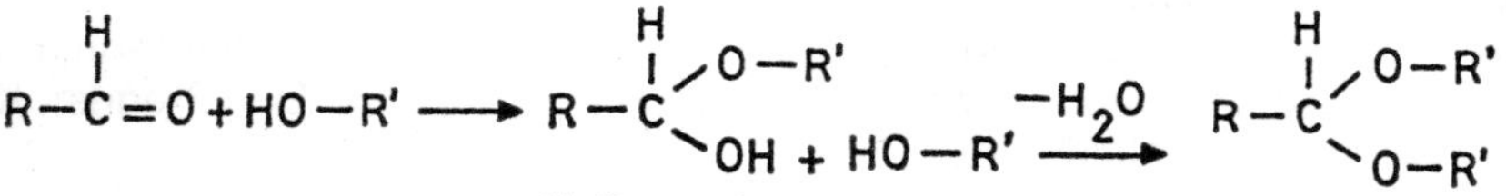

Halbacetal **Acetal**

Die Acetale können als Äther der Aldehydhydrate aufgefasst werden. Sie haben denn auch ähnliche Eigenschaften wie die Äther (vgl. S. 202).

3. Einzelne Aldehyde und Ketone

a) Formaldehyd

$H_2C{=}O$ wird durch katalytische Oxidation von Methanol mit Luftsauerstoff gewonnen.

$$2CH_3OH + O_2 \xrightarrow[\text{Rotglut}]{\text{Cu}} 2H_2C{=}O + 2H_2O$$

Formaldehyd ist ein stechend riechendes Gas. Er kommt als 40%ige Lösung unter dem Namen **Formalin** in den Handel. Formalinpulver ist polymerisierter Formaldehyd. Dank seiner Giftwirkung auf Mikroorganismen wird Formalin zur Konservierung biologischer Präparate verwendet. Formaldehyd hat von allen Monoaldehyden die reaktionsfähigste Carbonylgruppe. Er bildet deshalb eine grosse Zahl von Kondensationsverbindungen (Vereinigung unter Wasseraustritt). Mit Phenol kondensiert er zu Bakelit, einem der ältesten Kunstharze. Auch mit Eiweiss verbindet er sich (Gerbung der Haut mit Formalin).

b) Acetaldehyd

CH_3CHO siedet bei Zimmertemperatur und riecht bedeutend angenehmer als Formaldehyd. Acetaldehyd wird aus Acetylen, neuerdings aber vor allem aus Äthylen (Erdölprodukt) gewonnen:

$$CH{\equiv}CH + H_2O \xrightarrow{\text{Katalysator}} CH_2{=}CH{-}OH \rightarrow CH_3CHO$$
Acetylen

$$CH_2{=}CH_2 \xrightarrow{H_2O, O_2} CH_3{-}CH_2OH \rightarrow CH_3{-}CHO$$
Äthylen

Acetaldehyd ist das letzte Zwischenprodukt bei der Vergärung von Zucker zu Äthylalkohol (vgl. S. 240).

Höhere Aldehyde der homologen Reihe treten beim Ranzigwerden der Fette auf (vgl. S. 227).
Der einfachste Dialdehyd ist das **Glyoxal** $O{=}CH{-}CH{=}O$ (Name aus Glycol und Oxalsäure zusammengesetzt). Er ist grünlich gefärbt und polymerisiert noch leichter als Formaldehyd.

c) Acrolein
Der einfachste ungesättigte Aldehyd, das Acrolein (Propenal) $CH_2{=}CH{-}CHO$ bildet sich aus Glycerin beim hohen Erhitzen von Fett. Es ist auch für das Beissen von Holzrauch in den Augen hauptverantwortlich.

d) Chloral
Trichlor-acetaldehyd oder Chloral CCl_3CHO erhält man leicht durch Behandeln von Acetaldehyd (oder Äthanol) mit Chlor. Die Verbindung addiert leicht Wasser ans Carbonyl. Das so gebildete **Chloralhydrat** ist einer der ganz wenigen beständigen Stoffe mit zwei Hydroxylgruppen am gleichen C. Es ist ein wirksames Schlafmittel.

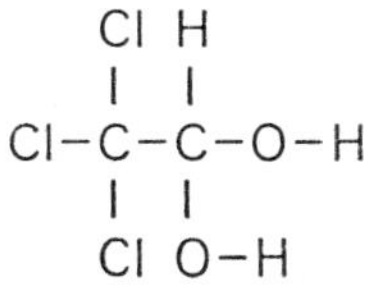

e) Aceton
Das einfachste und wichtigste Keton CH_3COCH_3 wird heute zur Hauptsache aus Propen (Erdölprodukt) gewonnen:

$$CH_3{-}CH{=}CH_2 + H_2O \xrightarrow{\text{Katalysator}} CH_3{-}CHOH{-}CH_3 \xrightarrow{\text{Oxidation}} CH_3COCH_3$$

Eine ältere Synthese geht von Calciumacetat aus (vgl. S. 206). Aceton hat hervorragende Löseeigenschaften für viele organische Stoffe (Lacke, Harze, Kunstfasern usw.) und ist gleichzeitig mit Wasser in jedem Verhältnis mischbar. Es siedet bei 56 °C und hat einen erfrischenden Geruch. Der Zuckerkranke scheidet Aceton im Harn aus – als Endprodukt eines fehlgesteuerten Fettabbaus (vgl. S. 217).

f) Höhere Ketone
Äthyl-methyl-keton dient unter anderem zur Vergällung von Alkohol (Ketonsprit). Weil es praktisch den gleichen Siedepunkt hat wie Äthanol, lässt es sich nicht durch gewöhnliche Destillation von diesem trennen. Für Lösungs- und Extraktionszwecke wird oft das mit Wasser nicht mischbare **Isobutyl-methyl-keton** verwendet.
Das einfachste Diketon ist das **Diacetyl** $CH_3{-}CO{-}CO{-}CH_3$ ($CH_3{-}CO{-}$ ist die Acetylgruppe). Es ist gelb und hauptverantwortlich für Farbe und Duft der Kuhbutter. Diacetyl-monoxim ist ein Reagens für die Harnstoffbestimmung (vgl. S. 253).

Das Dioxim des Diketons, auch Dimethyl-glyoxim genannt, dient zum Nachweis und zur gravimetrischen Bestimmung von Nickel.

$CH_3-C{=}N-O-H$
$\quad\;\;|$
$CH_3-C{=}N-O-H$

$CH_3-CO-CH_2-CO-CH_3$ heisst **Acetyl-aceton.** Es bildet mit Formaldehyd und Ammoniak eine intensiv gelb gefärbte heterozyklische Verbindung und dient deshalb zur empfindlichen photometrischen Bestimmung von Formaldehyd.

F. Carbonsäuren

1. Einteilung und Nomenklatur

In die Aldehydgruppe kann noch ein zweites O-Atom eingeführt werden. Bei einer solchen Oxidation entsteht eine **Carbonsäure.**

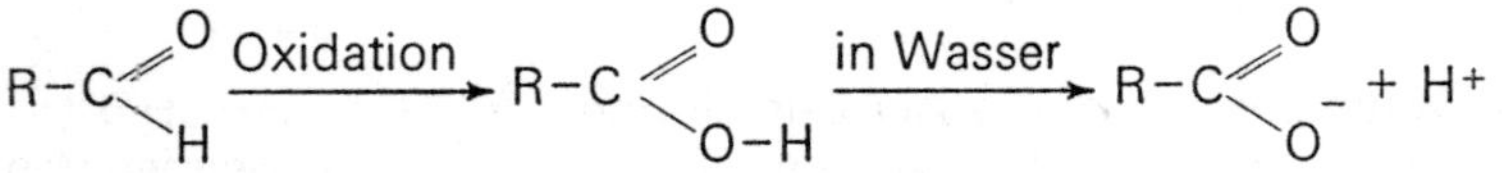

Die charakteristische Gruppe aller Carbonsäuren ist das **Carboxyl** $-\overset{\overset{\displaystyle O}{\|}}{C}-OH$, in der Halbstrukturformel $-COOH$ geschrieben.
Die Carboxylgruppe kann nur aus primären (und einzelnen) C-Atomen hervorgehen. Ketone lassen sich ohne Bruch der C-Kette nicht weiter oxidieren.

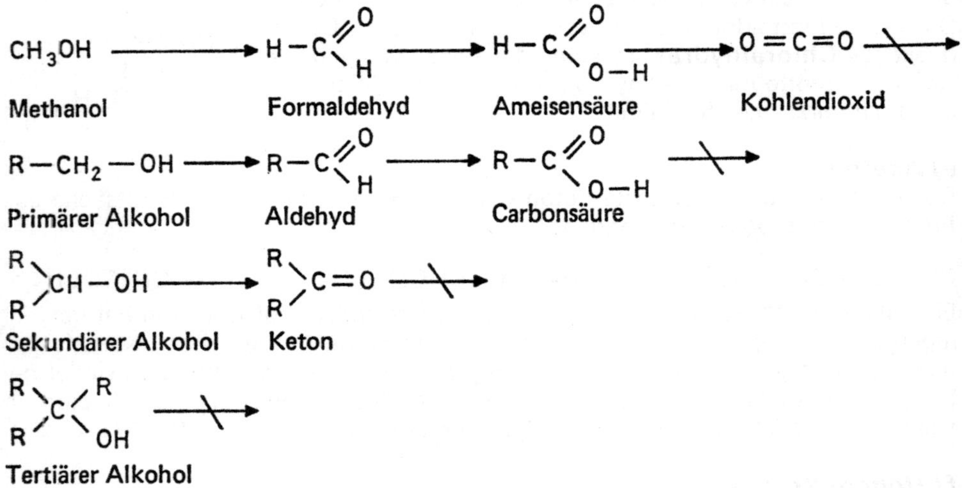

Je nach der Anzahl Carboxylgruppen pro Molekül spricht man von ein- und mehrwertigen Carbonsäuren oder **Monocarbonsäuren, Dicarbonsäuren, Tricarbonsäuren** usw.

$H-(CH_2)_n-COOH$;
$HOOC-(CH_2)_n-COOH$;

$HOOC-(CH_2)_n-\underset{\underset{\displaystyle COOH}{|}}{CH}-(CH_2)_m-COOH$

n und m können auch null sein.

Nach dem Genfer Prinzip wird der Name einer Mono- bzw. Dicarbonsäure aus dem des Kohlenwasserstoffs mit gleicher C-Zahl und dem Wort -säure bzw. -disäure gebildet. Beispiele: CH_3COOH = Äthansäure: $HOOC-(CH_2)_2-COOH$ = Butan-disäure. Die Genfer Nomenklatur ist aber bei den Säuren weniger im Gebrauch als die Trivialnamen, die meist vom Vorkommen abgeleitet sind (Tab. XXXIV, XXXV). Die Monocarbonsäuren mit vier und mehr C heissen **Fettsäuren.**

Tabelle XXXIV. Monocarbonsäuren

Formel	Name der Säure	Name des Salzes	Herkunft des Namens	Smp. °C	Sdp. °C	d. g/ml	pK
$HCOOH$	Ameisensäure	Formiat	Formica=Ameise	8	100	1,22	3,77
CH_3COOH	Essigsäure	Acetat	Acetum=Essig	17	118	1,05	4,76
CH_3CH_2COOH	Propionsäure	Propionat	Pro=vor, pion=Fett	−21	141	0,99	4,88
$CH_3(CH_2)_2COOH$	Buttersäure	Butyrat	Butyron=Butter	− 7	163	0,96	4,82
$CH_3(CH_2)_3COOH$	Valeriansäure	Valerat	Valeriana=Baldrian	−35	186	0,94	4,81
$CH_3(CH_2)_4COOH$	Capronsäure	Capronat	Capra=Ziege	− 4	205	0,93	4,85
$CH_3(CH_2)_6COOH$	Caprylsäure	Caprylat	Capra=Ziege	17	240	0,91	4,85
$CH_3(CH_2)_8COOH$	Caprinsäure	Caprinat	Capra=Ziege	31	270	0,88	
$CH_3(CH_2)_{10}COOH$	Laurinsäure	Laurat	Laurus=Lorbeer	44		0,87	
$CH_3(CH_2)_{12}COOH$	Myristinsäure	Myristat	Myristica=Muskat	58		0,86	
$CH_3(CH_2)_{14}COOH$	Palmitinsäure	Palmitat	Palma=Palme	63		0,85	
$CH_3(CH_2)_{16}COOH$	Stearinsäure	Stearat	Stear=Talg, Fett	69		0,85	

Tabelle XXXV. Dicarbonsäuren

Formel	Säure	Salz	Herkunft des Namens	Smp. °C	d. g/ml	pK_1	pK_2
$HOOC-COOH$	Oxalsäure	Oxalat	Oxalis=Sauerklee	189	1,90	1,23	4,19
$HOOC-CH_2-COOH$	Malonsäure	Malonat	Malus=Apfel	136	1,63	2,85	5,36
$HOOC(CH_2)_2COOH$	Bernsteinsäure	Succinat	Succinum=Bernstein	185	1,56	4,19	5,35
$HOOC(CH_2)_3COOH$	Glutarsäure	Glutarat	Gluten=Leim	98	1,43	4,36	5,28
$HOOC(CH_2)_4COOH$	Adipinsäure	Adipat	Adeps=Fett	151	1,36	4,41	5,28

2. Eigenschaften und Herstellung

Das Carboxyl ist Träger eines sauren H-Atoms. Durch die beiden elektronensaugenden O-Atome am Carboxyl-C wird die Bindung zwischen H und O so stark polarisiert, dass der Wasserstoff in wässeriger Lösung abdissoziieren kann. Mit Ausnahme der einfachsten Dicarbonsäure, der Oxalsäure, sind die Carbonsäuren schwache Elektrolyte. Über die Säurestärke gibt die Dissoziationskonstante oder deren negativer Logarithmus pK Aufschluss (vgl. S. 118). In einer 1 N Monocarbonsäure (Ausnahme: Ameisensäure) ist nur etwa jedes 300. Molekül dissoziiert. Wie die mehrwertigen anorganischen Säuren dissoziieren auch die Dicarbonsäuren stufenweise (vgl. S. 54 f.). Je länger die Alkylkette zwischen den beiden Carboxylen, desto weniger beeinflussen sich diese gegenseitig, desto näher beisammen liegen die beiden pK-Werte.

Die Carbonsäuren lassen sich wie anorganische Säuren mit Laugen zu praktisch vollständig dissoziierenden Salzen neutralisieren. Die Salze der Fettsäuren (Seifen) werden später besprochen (S. 227 f.).

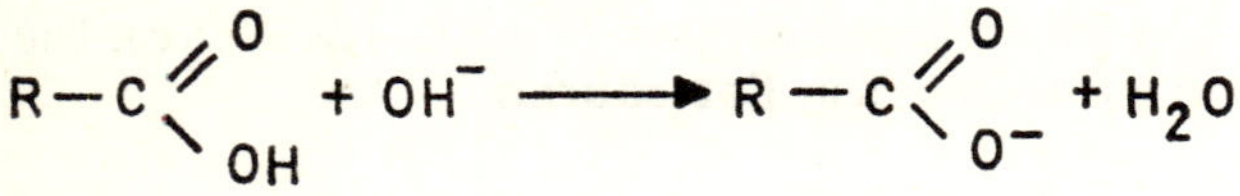

Im Säureanion lässt sich nicht mehr entscheiden, welches O-Atom einfach und welches doppelt gebunden ist. Das vom Wasserstoff abgegebene Elektron schwingt zwischen den beiden O hin und her. Die beiden obenstehenden Formen bezeichnet man als **mesomer.**

Die Moleküle der Carbonsäuren **assoziieren** dank ihrer grossen Polarität stärker als die der Alkohole und haben deshalb bei gleichem Molekulargewicht noch höhere Siedepunkte als diese. Die **4 ersten Monocarbonsäuren sind mit H_2O ohne Phasentrennung in jedem Verhältnis mischbar.** Sie sind wie die niederen Alkohole Lösungsvermittler zwischen lipophilen Stoffen und Wasser. Die Wasserlöslichkeit nimmt mit steigender C-Zahl rasch ab. Wie die langkettigen Alkohole sind auch die höheren Carbonsäuren paraffinähnlich. Die niederen Homologen haben stechenden, mehr oder weniger widerlichen Geruch. Die **9 ersten Monocarbonsäuren sind bei Zimmertemperatur flüssig,** die übrigen fest. Der Schmelzpunkt ist ausser von der Kettenlänge auch von der Molekülsymmetrie abhängig. Deshalb steigt er im Gegensatz zum Siedepunkt in der homologen Reihe nicht stetig an. Alle Dicarbonsäuren sind fest.

Die Reaktionsfähigkeit der Carbonylgruppe ist bei den Säuren viel schlechter als bei den Aldehyden. Die Kondensationsreaktionen der Carboxylgruppe werden weiter unten behandelt (S. 221, 253).

Für die **Herstellung** von Carbonsäuren stehen, neben zahlreichen Spezialmethoden für einzelne Verbindungen, folgende Möglichkeiten zur Verfügung:

Oxidation von primären Alkoholen und Aldehyden.

Reaktion von Halogenalkanen mit KCN und nachfolgende Umsetzung mit Wasser:

$$BrCH_2CH_2Br + 2KCN \rightarrow N{\equiv}C{-}CH_2{-}CH_2{-}C{\equiv}N + 2KBr$$

$$N{\equiv}C{-}CH_2{-}CH_2{-}C{\equiv}N + 4H_2O \rightarrow {}^{-}OOC{-}CH_2{-}CH_2{-}COO^{-} + 2NH_4^{+}$$

Ammonium-succinat (Salz der Bernsteinsäure)

Grignardsynthese mit CO_2

$$CH_3CH_2MgBr + O{=}C{=}O \rightarrow CH_3{-}CH_2{-}\underset{\underset{O}{\|}}{C}{-}OMgBr \xrightarrow{H_2O} CH_3{-}CH_2{-}COOH + MgBrOH$$

Propionsäure

Behandlung von Olefinen mit starken Oxidationsmitteln

$$CH_3{-}CH{=}CH_2 \xrightarrow{H_2CrO_4} CH_3COOH + CO_2$$

3. Einzelne Carbonsäuren

a) Ameisensäure (Acidum formicicum)

Die Ameisensäure ist in der Natur nicht selten (Ameisen, Brennesseln, Quallen, Honig). Sie riecht stechend und erzeugt auf der Haut Verbrennungen. Grosstechnisch wird die Säure aus Natriumformiat gewonnen, welches aus Kohlenmonoxid und Natriumhydroxid erhalten wird:

$$NaOH + CO \xrightarrow[7\ at]{120–150\,°C} HCOONa.$$

Umgekehrt kann aus Ameisensäure mit konzentrierter Schwefelsäure CO-Gas gewonnen werden:

$$HCOOH \xrightarrow{H_2SO_4} CO\uparrow + H_2O$$

HCOOH kann zum Entkalken von Metallgegenständen verwendet werden. Die Säure löst wohl das Calciumcarbonat, nicht aber das Metall. In der Landwirtschaft dient Ameisensäure als Konserviermittel in Futtersilos.

HCOOH ist **Säure und Aldehyd zugleich** («Hydroxy-formaldehyd»). Die Verbindung zeigt deshalb auch typische Aldehydreaktionen, z.B. Schwärzung einer Lösung von Silber-Ammoniakkomplex (vgl. S. 207).

b) Essigsäure (Acidum aceticum)

Die Essigsäure ist die am längsten bekannte organische Säure. Sie ist in der Natur verbreitet und entsteht unter anderem bei der Essiggärung aus Äthylalkohol:

$$CH_3CH_2OH \xrightarrow[Luftsauerstoff]{Essigbakterien} CH_3COOH$$

Alkohol (Wein) Essigsäure (Weinessig)

Wein- oder Fruchtessig enthält 4–7% Essigsäure. Absolute Essigsäure wird als **Eisessig** bezeichnet. Sie erstarrt bei 16,7 °C zu eisähnlichen Kristallen und siedet bei 118 °C. Technisch wird Essigsäure heute vor allem aus Acetylen und Äthylen über Acetaldehyd gewonnen.

Zusammen mit ihren Alkalisalzen (Acetaten) wird Essigsäure oft für **Pufferzwecke** verwendet (S. 124). Über Al- und Pb-Salze der Essigsäure siehe Seite 159 und 179.

c) Propionsäure, Buttersäure (Acidum propionicum, Acidum butyricum)

Die Propionsäure (C_3) hat wenig praktische Bedeutung (z.B. Fliessmittel für die Chromatographie). Buttersäure (C_4) ist die kürzeste in natürlichen Fetten verestert vorkommende Carbonsäure. Sie findet sich auch frei in der Natur, z.B. im Schweiss. Der Geruch ranziger Butter rührt z.T. von freier $CH_3CH_2CH_2COOH$ her. Im Gegensatz zu den Butylalkoholen ist Buttersäure bei Zimmertemperatur in jedem Verhältnis mit Wasser mischbar.

d) Höhere Monocarbonsäuren

Von C_4 bis C_{24} kommen alle Monocarbonsäuren **mit gerader Anzahl C** in verschiedenen Fetten vor, und zwar mit Glycerin verestert (vgl. S. 226). Die niederen Homologen finden sich vor allem im Milchfett. Die häufigsten gesättigten Fettsäuren sind Palmitin- und Stearinsäure (Tab. XXXIV). Sie haben wachsartige

Konsistenz und sind praktisch H_2O-unlöslich. Die in Pflanzenölen dominierende ungesättigte Carbonsäure ist die Ölsäure $CH_3(CH_2)_7CH{=}CH(CH_2)_7COOH$, eine C_{18}-Säure mit einer DB in der Mitte des Moleküls.

e) Acrylsäure

Die einfachste ungesättigte Carbonsäure ist die Acrylsäure oder Propensäure $CH_2{=}CH{-}COOH$. Dank ihrer leichten Polymerisierbarkeit spielen ihre Derivate eine wichtige Rolle in der Kunstharzindustrie. Das Polymerisat des Methylesters der Methacrylsäure $CH_2{=}C(CH_3){-}COOCH_3$ ist das bekannte Plexiglas.

f) Oxalsäure

Die Oxalsäure HOOC−COOH ist eine mittelstarke Säure, etwa mit der Phosphorsäure vergleichbar. Sie kommt in zahlreichen Pflanzen vor, z. B. im Sauerklee (Oxalis), Sauerampfer, Rhabarber und Spinat. In grösserer Menge ist sie giftig. Ihr Calciumsalz ist sehr schwer löslich. Die Säure wird in unserem Körper kaum abgebaut. Sie erscheint im Harnsediment als Calciumoxalat, in Form von «Briefcouvertkristallen» (Octaeder). Unter ungünstigen Kristallisationsbedingungen bildet das Calciumoxalat Nierensteine, die heftige Schmerzen verursachen können. Die Fällung von Ca^{2+} als Oxalat wird zur Isolierung und Bestimmung des Metalls verwendet (Löslichkeitsprodukt $1{,}8 \cdot 10^{-9}$; vgl. S. 128). Beim Erhitzen zerfällt das Salz: $CaC_2O_4 \rightarrow CaCO_3 + CO$. Auf dieser Reaktion beruht ein Nachweis von Oxalat. Zur Blutgerinnung braucht es Calciumionen. Durch Zusatz von Na-oxalat zu einer Blutprobe kann deshalb deren Gerinnung verhindert werden.

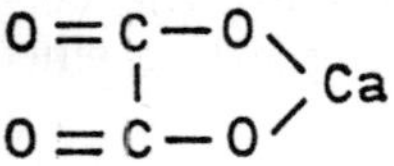

Herstellung der Oxalsäure:

$$\begin{matrix} HCOONa \\ HCOONa \end{matrix} \xrightarrow[360\,°C]{NaOH} H_2\uparrow + \begin{matrix} COONa \\ | \\ COONa \end{matrix} \xrightarrow{2HCl} \begin{matrix} COOH \\ | \\ COOH \end{matrix} + 2NaCl$$

Aus wässeriger Lösung kristallisiert Oxalsäure als **Dihydrat:** $C_2H_2O_4 \cdot 2H_2O$

g) Malonsäure, Bernsteinsäure, Fumarsäure, Adipinsäure

Malonsäure $HOOC{-}CH_2{-}COOH$ besitzt eine besonders reaktionsfreudige Methylengruppe. Deren H-Atome sind leicht durch verschiedene Gruppen ersetzbar. Die Säure und ihre Ester werden deshalb für zahlreiche Synthesen verwendet. Malonsäurederivate sind z. B. alle Barbiturate (Schlafmittel).

Die **Bernsteinsäure** $HOOC{-}CH_2{-}CH_2{-}COOH$ sowie auch die **Fumarsäure** $HOOC{-}CH{=}CH{-}COOH$ sind Zwischenprodukte beim Abbau von Fetten, Zuckern und Aminosäuren in unserem Körper (vgl. S. 230).

Adipinsäure $HOOC{-}(CH_2)_4{-}COOH$ ist ein Ausgangsstoff für die Herstellung von **Nylon** (vgl. S. 254).

G. Halogen-carbonsäuren

Carbonsäuren, in deren Alkylrest ein oder mehr H-Atome durch Halogen ersetzt sind, heissen Halogen-carbonsäuren. Beispiel: $CH_3CHClCOOH$.

Statt der für die Genfer Nomenklatur üblichen Ziffern verwendet man bei den Carbonsäuren zur Positionsangabe von Substituenten vorzugsweise griechische Buchstaben. Die C-Atome der Alkylkette werden vom Carboxyl ausgehend (aber ohne dieses) mit α, β, γ usw. angeschrieben. Das Ende einer längeren Alkylkette wird oft mit ω (omega) bezeichnet, unabhängig von der Kettenlänge:

$CH_3-CHCl-CH_2-COOH$	CH_3-CBr_2-COOH	$CH_2F-CH_2-\ldots CH_2-COOH$
β-Chlor-buttersäure	α-Dibrom-propionsäure	ω-Fluor-carbonsäure

1. Chlor-essigsäuren

Unter Einwirkung von starkem Licht kann Essigsäure stufenweise chloriert werden:

$CH_3COOH + Cl_2 \rightarrow HCl + CH_2Cl-COOH$ Monochlor-essigsäure
$CH_2Cl-COOH + Cl_2 \rightarrow HCl + CHCl_2-COOH$ Dichlor-essigsäure
$CHCl_2-COOH + Cl_2 \rightarrow HCl + CCl_3-COOH$ Trichlor-essigsäure

Jede Stufe erfordert eine höhere Temperatur als die vorhergehende. Durch das Licht werden die Chlormoleküle in freie Atome gespalten (Photolyse, vgl. S. 171). Nur die freien Cl-Atome reagieren mit der Methylgruppe der Essigsäure.
Durch die **starke Elektronenaffinität des Chlors** wird die **Polarität der Essigsäure kräftig verstärkt.** Die Chlor-essigsäuren dissoziieren deshalb wesentlich leichter als das unsubstituierte Molekül. Trichlor-essigsäure ist etwa 100mal stärker dissoziiert als Essigsäure und zählt zu den starken Säuren. Sie ist bei Zimmertemperatur fest (Smp 57 °C) und ätzt die Haut. Im biochemischen Labor wird sie wie die Perchlorsäure zum Nachweis und Ausfällen von Eiweiss verwendet.

	pK
CH_3COOH	4,8
$CH_2ClCOOH$	2,8
$CHCl_2COOH$	1,3
CCl_3COOH	0,7
CF_3COOH	0

Halogen-carbonsäuren sind Ausgangsstoffe für die Synthese anderer Säurederivate:

$$R-\underset{\underset{\displaystyle Cl}{|}}{CH}-COOH + KOH \rightarrow KCl + R-\underset{\underset{\displaystyle OH}{|}}{CH}-COOH$$ α-Hydroxy-carbonsäure

$$R-\underset{\underset{\displaystyle Cl}{|}}{CH}-COOH + KCN \rightarrow KCl + R-\underset{\underset{\displaystyle CN}{|}}{CH}-COOH \xrightarrow{+\,2H_2O} R-\underset{\underset{\displaystyle COONH_4}{|}}{CH}-COOH$$

Dicarbonsäure (Ammoniumsalz)

$$R-\underset{\underset{\displaystyle Cl}{|}}{CH}-COOH + 2NH_3 \rightarrow NH_4Cl + R-\underset{\underset{\displaystyle NH_2}{|}}{CH}-COOH$$ α-Aminosäure

H. Hydroxy-carbonsäuren und Keto-carbonsäuren

1. Allgemeine Eigenschaften

Hydroxy-carbonsäuren sind Alkohol und Säure in einem Molekül, Keto-carbonsäuren sind gleichzeitig Keton und Säure. Beispiele:

$CH_2OH-(CH_2)_2COOH$	$CH_2OH-CHOH-COOH$	$HOOC-(CH_2)_2-CO-COOH$
γ-Hydroxy-buttersäure	α, β-Dihydroxy-propion-säure = Glycerinsäure	α-Keto-glutarsäure

Hydroxy- und Ketosäuren lassen sich leicht ineinander umwandeln:

$$CH_3-CHOH-CH_2-COOH \underset{\text{Reduktion}}{\overset{\text{Oxidation}}{\rightleftharpoons}} CH_3-CO-CH_2-COOH$$

Der zusätzliche Sauerstoff der Hydroxyl- bzw. Ketogruppe **verstärkt die Polarität der Carboxylgruppe,** und zwar am meisten bei α-Stellung. Die α-Hydroxy-propionsäure (Milchsäure) hat pK 3,1, die Propionsäure selbst 4,9. α-Hydroxy-carbonsäuren erhält man nach der Cyanhydrinsynthese ausAldehyden (vgl. S. 207) und durch Reaktion von starkem Alkali mit α-Halogen-carbonsäuren (s. oben).

2. Einzelne Hydroxy- und Keto-carbonsäuren

a) Kohlensäure und Glycolsäure

Die Hydroxy-ameisensäure $HO-C(=O)-OH$ ist die unbeständige **Kohlensäure** (2 OH am gleichen C).

Die Hydroxy-essigsäure heisst auch **Glycolsäure:** $HO-CH_2-COOH$.

b) Milchsäure (Acidum lacticum) und Brenztraubensäure (Acidum pyruvicum)

$CH_3-CH(OH)-COOH$	α-Hydroxy-propionsäure = **Milchsäure** Salz = **Lactat**	$CH_3-C(=O)-COOH$	Keto-propion-säure = **Brenz-traubensäure** Salz = **Pyruvat**

Milchsäure ist in Nahrungsmitteln weit verbreitet (saure Milch, Joghurt, Sauerkraut, Muskelfleisch). Sie wird auch in der Getränkeherstellung als Zusatz verwendet. Konzentrierte Milchsäure ist sirupartig. Sie lässt sich nur im Vakuum ohne Zersetzung destillieren.

Die Brenztraubensäure verdankt ihren Namen der Entstehung beim Erhitzen von Weinsäure (pyros = Feuer, uva = Traube).

Milchsäure und Brenztraubensäure sind wichtige Stoffwechselzwischenprodukte beim Menschen und auch bei Mikroorganismen.

Hefe: Glucose → Brenztraubensäure → Acetaldehyd + CO_2
↓
Äthylalkohol

Mensch: Stärke → Glucose
Eiweiss ⇄ Aminosäuren } ⇄ Brenztraubensäure $\underset{\text{Oxidation}}{\overset{\text{Reduktion}}{\rightleftharpoons}}$ Milchsäure
↓
Essigsäure → $CO_2 + H_2O$

(mehr über diese biochemischen Prozesse S. 241, 269).

c) β-Hydroxy-buttersäure und Acetessigsäure

Ein ähnliches Redoxpaar wie Milch- und Brenztraubensäure bilden im menschlichen Organismus β-**Hydroxy-buttersäure** und β-Keto-buttersäure=**Acetessigsäure.**

$$CH_3-CHOH-CH_2-COOH \underset{\text{Reduktion}}{\overset{\text{Oxidation}}{\rightleftharpoons}} CH_3-CO-CH_2-COOH$$

CH_3-CO- wird als **Acetylgruppe** bezeichnet ($CH_3-CO-CH_2-COOH$ = Acetylessigsäure, abgekürzt Acetessigsäure).

Die beiden Säuren können sich bei Zucker-, Fett- und Eiweissabbau im Körper bilden, erreichen aber beim Gesunden nie höhere Konzentrationen, weil sie sehr rasch weiterverarbeitet werden. Im gestörten Stoffwechsel des Zuckerkranken können sie in grossen Mengen ins Blut und von da in den Urin geraten. Sie verursachen eine Acidose (Blut-pH saurer als normal). Die Acetessigsäure zerfällt leicht in **Aceton** und **CO_2.** Der Diabetiker kann deshalb auch Aceton im Urin ausscheiden.

$$CH_3-CO-CH_2-\mathbf{COO}H \rightarrow CH_3-CO-CH_3 + \mathbf{CO_2}$$

Ein solcher Vorgang wird als **Decarboxylierung** bezeichnet.

β-Hydroxy-buttersäure, Acetessigsäure und Aceton werden vom Biochemiker unter dem Sammelnamen **«Ketonkörper»** vereinigt.

d) Äpfelsäure (Acidum malicum), Weinsäure (Acidum tartaricum), Citronensäure (Acidum citricum)

COOH I CH_2 I CHOH I COOH	COOH I CHOH I CHOH I COOH	CH_2-COOH I HO−C−COOH I CH_2-COOH
Hydroxy-bernsteinsäure = **Äpfelsäure** Salz = **Malat**	Dihydroxy-bernsteinsäure = **Weinsäure** Salz = **Tartrat**	**Citronensäure,** eine Hydroxy-**tricarbonsäure** Salz = **Citrat**

Alle drei Säuren kommen in Früchten vor (Namen), Äpfel- und Citronensäure aber auch als Salze in unseren Körperzellen, als Zwischenprodukte des Energiestoffwechsels (Citronensäurezyklus; vgl. S. 230).

Das saure Kaliumsalz der Weinsäure (Kaliumhydrogentartrat) heisst Weinstein, das Kalium-natrium-tartrat ist das Seignettesalz. Kupferkomplexe der Weinsäure werden zur Analyse von Zuckern und Eiweiss verwendet (Fehlingsche Lösung, Biuretreagens; vgl. S. 239, 267). Citronensäure und Citrate werden oft als Puffer verwendet. Die drei pK-Werte der Säure liegen näher beisammen (3,1; 4,7; 5,4) als bei der ebenfalls dreiwertigen Phosphorsäure. Die drei Puffergebiete des Citratpuffers überlappen sich deshalb (vgl. S. 124 ff.).

3. Optische Aktivität

Milchsäure, Äpfelsäure, Weinsäure und β-Hydroxy-buttersäure sind optisch aktive Verbindungen. **Optisch aktive Stoffe drehen die Schwingungsebene von polarisiertem Licht** (Erzeugung und Charakterisierung von polarisiertem Licht; siehe Lehrbuch der Physik). Alle optisch aktiven Verbindungen besitzen ein oder mehr **asymmetrische Kohlenstoffatome,** d.h. C-Atome deren **vier Valenzen durch vier verschiedene Atome oder Atomgruppen besetzt sind.**

Alle optisch aktiven Stoffe kommen in **2 Isomeren, sogenannten optischen Antipoden** vor, welche sich in ihrem räumlichen Bau unterscheiden wie Gegenstand und Spiegelbild. Die beiden Antipoden drehen die Schwingungsebene des polarisierten Lichtes gleich stark, aber in entgegengesetztem Sinn.

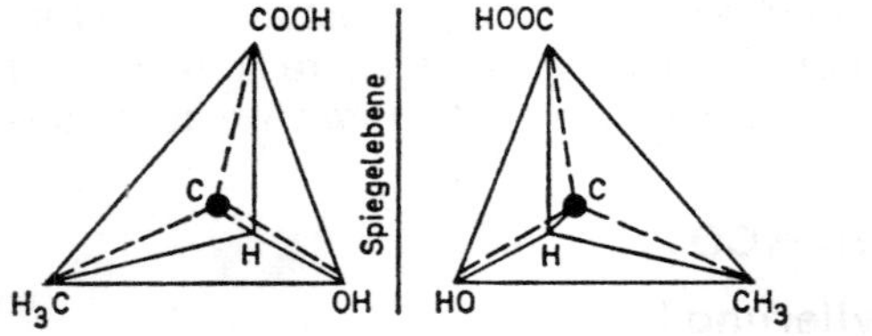

Abb. 69. Optische Antipoden der Milchsäure.

Die beiden Moleküle sind **nicht identisch,** weil sie im Raum nicht zur Deckung gebracht werden können. Zur Unterscheidung der Antipoden werden dem Namen der Verbindung die Buchstaben **D** bzw. **L** vorangestellt (dexter = rechts, laevus = links). Die Bezeichnungen beziehen sich auf den absoluten räumlichen Bau und nicht unbedingt auf den Drehsinn. Aus der D-α-Chlor-propionsäure erhält man z.B. die D-Milchsäure oder die D-α-Amino-propionsäure. Als Bezugssubstanz hat man den Glycerinaldehyd (Dihydroxy-propionaldehyd) $CH_2OH-CHOH-CHO$ gewählt. Alle Stoffe mit gleicher räumlicher Anordnung der Atomgruppen am asymmetrischen C wie der rechtsdrehende Glycerinaldehyd sind D-Substanzen. In welcher Richtung die Schwingungsebene des polarisierten Lichtes gedreht wird, lässt sich aus den Vorbuchstaben nicht ersehen. So dreht z.B. die D-Glucose nach rechts, die aus dieser gebildete D-Fructose nach links. Will man im Namen auch den Drehsinn angeben, schreibt man D(+)-Glucose bzw. D(−)-Fructose.

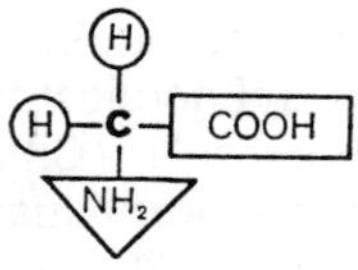

Glycocoll, optisch inaktiv

kein asymmetrisches C

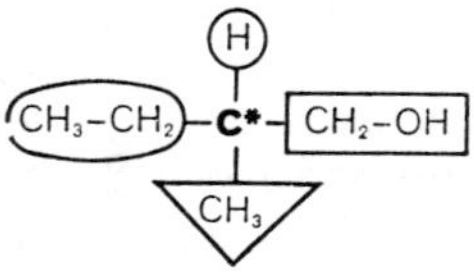

2-Methyl-butanol-1, optisch aktiv

1 asymmetrisches C

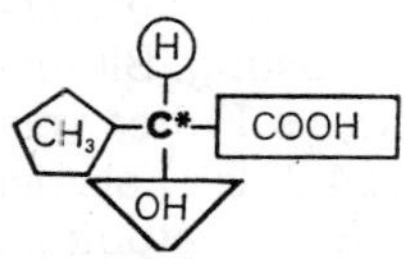

Milchsäure, optisch aktiv

1 asymmetrisches C

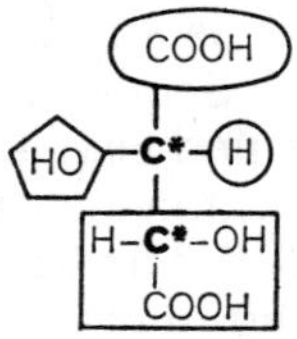

Weinsäure, optisch aktiv

2 asymmetrische C

Abb. 70. Asymmetrische C-Atome.

Gemische, die beide optischen Antipoden eines Stoffes in gleicher Konzentration enthalten, sind optisch inaktiv. Sie werden als **Racemate** bezeichnet und durch die Buchstaben DL charakterisiert, z. B. DL-Milchsäure. Bei der Synthese optisch aktiver Verbindungen aus inaktiven Vorstufen **ohne Mitwirkung von Enzymen,** entstehen immer Racemate. Beispiel:

$$CH_3{-}CH_2{-}COOH + Cl_2 \xrightarrow{-HCl} CH_3{-}CHCl{-}COOH \quad \text{DL-}\alpha\text{-Chlor-propionsäure}$$

In der Natur kommen optisch aktive Stoffe oft ausschliesslich in einer Isomerenform vor. Dies rührt daher, dass die Enzyme, welche deren Synthese katalysieren, selbst optisch aktiv sind. Das Enzym bildet mit dem Stoff, den es aufbauen (oder abbauen) hilft, einen Komplex und macht ihn dadurch reaktionsfähiger (vgl. S. 272). Die Komplexbildung ist aber nur möglich, wenn Enzym und Reaktionspartner räumlich zusammenpassen. Modellvorstellung: Ein bestimmter Schlüssel mit asymmetrischem Bart passt in das dafür bestimmte Schlüsselloch, das Schloss lässt sich öffnen. Das Spiegelbild des gleichen Schlüssels passt nicht, das Schloss bleibt zu. Die Hefe kann z. B. nur D-Glucose vergären. Diese Tatsache lässt sich zur Gewinnung von L-Glucose aus einem synthetisch hergestellten Racement der beiden Zucker-Antipoden ausnützen (im Gärprodukt bleibt L-Glucose übrig). Durch gewöhnliche Trennverfahren (Destillation, Extraktion, Chromatographie usw.) lassen sich Racemate nicht auftrennen, weil die physikalischen Eigenschaften der beiden Isomeren (mit Ausnahme der genannten optischen) identisch sind.

Die optische Aktivität eines Stoffes kann für dessen analytische Bestimmung ausgenützt werden. Ist man sicher, dass sich in einer Lösung nur ein optisch aktiver Stoff und dieser nur in einer Isomerieform befindet, kann dessen Konzentration durch Messung der optischen Drehung im **Polarimeter** bestimmt werden (z. B. Glucose im Urin). Der Betrag der Drehung ist abhängig von:

1. der Natur des optisch aktiven Stoffes
2. der Konzentration des aktiven Stoffes
3. der Schichtdicke der Lösung
4. dem Lösungsmittel
5. der Temperatur
6. der Wellenlänge des Lichts

Die Drehung einer Lösung mit Konzentration 1 g/ml und Schichtdicke 1 dm wird als **spezifische Drehung** $[\alpha]$ bezeichnet. Für gegebene Temperatur, Wellenlänge und Lösungsmittel ist $[\alpha]$ für jeden optisch aktiven Stoff eine Konstante. Ist auch die Schichtdicke gegeben, so ist die **Drehung proportional der Konzentration.**
Beispiel:
Eine Glucoselösung von 10 g/l (Standard) dreht 7°, ein pathologischer Urin bei gleicher Schichtdicke 2,5°. Welche Zuckerkonzentration hat der Urin?

$$K_x : K_{st} = D_x : D_{st} \quad K_x = \frac{2{,}5 \cdot 10}{7} = \mathbf{3{,}57\ g/l}$$

I. Carbonsäure-halogenide (Acyl-halogenide)

Wird in einem Carboxyl die OH-Gruppe durch Halogen ersetzt, entsteht ein **Säurehalogenid** (vgl. S. 164). Der Rest $CH_3(CH_2)_n{-}CO{-}$ (Carbonsäure ohne OH) wird allgemein als Acylgruppe bezeichnet.

$$3R{-}\underset{\underset{O}{\|}}{C}{-}OH + PCl_3 \rightarrow 3R{-}\underset{\underset{O}{\|}}{C}{-}Cl + H_3PO_3$$

Carbonsäure — Phosphor-trichlorid — Carbonsäure-chlorid — phosphorige Säure

Die Carbonsäure-halogenide sind wie die anorganischen Verwandten **nicht dissoziierbar.** In Wasser zerfallen sie schnell in Carbonsäure und Halogenwasserstoff. Die Acylchloride sind viel reaktionsfreudiger als die Säuren selbst. Sie werden deshalb für die Herstellung zahlreicher Säurederivate (Ester, Amide usw.) benützt (S. 222). Die Moleküle der Säurehalogenide assoziieren praktisch nicht und haben deshalb trotz höherer Molekulargewichte tiefere Siedepunkte als die entsprechenden Säuren: CH_3COOH 118 °C; CH_3COCl 52 °C. Alle Acylhalogenide riechen stechend und ihr Dampf reizt zu Tränen.
Die Namen leiten sich von der lateinischen Bezeichnung der Säuren ab. Beispiele:

CH_3COJ: Acetyljodid; $CH_3CH_2CH_2COCl$: Butyrylchlorid;
$Cl{-}CO{-}CH_2{-}CH_2{-}CO{-}Cl$: Succinyldichlorid.

Das Dichlorid der Kohlensäure $Cl{-}CO{-}Cl$ heisst **Phosgen.** Es ist ein ausserordentlich giftiges Gas (Sdp 8 °C). Eingeatmetes Phosgen gelangt via Blut in die Körperzellen, wo es zu HCl und CO_2 hydrolysiert wird. Das Gas wurde im ersten Weltkrieg als Kampfstoff eingesetzt. Es bildet sich bei der Oxidation von Chloroform und Tetrachlorkohlenstoff. CCl_4 soll deshalb in geschlossenen Räumen nicht für Feuerlöschzwecke verwendet werden.

J. Carbonsäure-anhydride

Wie aus anorganischen Säuren lassen sich auch aus Carbonsäuren Anhydride herstellen, allerdings kaum durch direkte Wasserabspaltung aus zwei Carboxylgruppen.

$$R{-}CO{-}Cl + NaO{-}CO{-}R \rightarrow R{-}\overset{\overset{O}{\|}}{C}{-}O{-}\overset{\overset{O}{\|}}{C}{-}R + NaCl$$

Säurechlorid — Salz — Säureanhydrid

Nach obiger Gleichung lassen sich auch gemischte oder unsymmetrische Anhydride herstellen (analog den gemischten Äthern). Dicarbonsäuren bilden zyklische Anhydride.

Essigsäure-anhydrid oder **Acetanhydrid** ist eine stechend riechende Flüssigkeit (Sdp 136 °C). Es ist mit kaltem Wasser nicht mischbar. In heissem Wasser geht es unter H_2O-Aufnahme rasch in Essigsäure über. Die Anhydride der Alkohole, die Äther, sind im Gegensatz zu den Carbonsäure-anhydriden sehr schwer zu spalten. Im medizinischen Labor wird Acetanhydrid zusammen mit Schwefelsäure zur Cholesterinbestimmung verwendet (Liebermann-Burchard-Reaktion, vgl. S. 307).

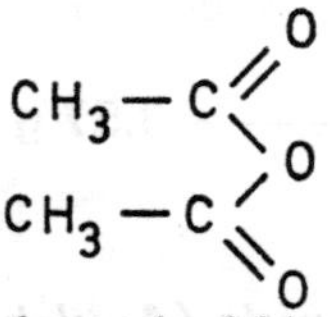

Acetanhydrid

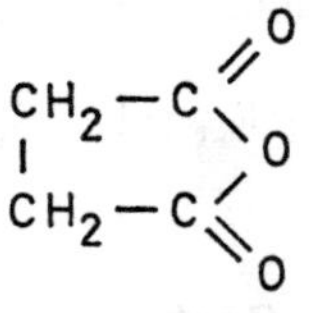

Bernsteinsäure-anhydrid

K. Ester

1. Definition und Nomenklatur

Ein Ester ist das Kondensationsprodukt aus einem Alkohol und einer Säure (zum Vergleich: Äther = Kondensationsprodukt aus zwei Alkoholen; Säureanhydrid = Kondensationsprodukt aus zwei Säuren).

$$\underset{\text{Säure}}{CH_3-\overset{\overset{O}{\|}}{C}-O-H} + \underset{\text{Alkohol}}{H-O-CH_2-CH_3} \longrightarrow \underset{\text{Ester}}{CH_3-\overset{\overset{O}{\|}}{C}-O-CH_2-CH_3} + H_2O$$

$$\underset{\text{Alkohol}}{CH_3-OH} + \underset{\text{Säure}}{HO-\overset{\overset{O}{\|}}{C}-\overset{\overset{O}{\|}}{C}-OH} + \underset{\text{Alkohol}}{HO-CH_3} \longrightarrow \underset{\text{Ester}}{CH_3-O-\overset{\overset{O}{\|}}{C}-\overset{\overset{O}{\|}}{C}-O-CH_3} + 2H_2O$$

Früher wurden auch die Ester als Äther bezeichnet. Das Kondensat aus Äthanol und Essigsäure hiess Essigäther. Aus diesem Namen wurde durch Zusammenziehung «Es-ter». Die Bezeichnung wurde später zum Sammelnamen aller Säure-Alkohol-Kondensate. Für die Bezeichnung einzelner Ester gibt es zwei **Nomenklaturen:**

1. Name der Säure – Name der Alkylgruppe des Alkohols – ester. Die Produkte obiger zwei Reaktionen heissen somit Essigsäure-äthylester und Oxalsäure-dimethylester. Bei Alkoholen mit Trivialnamen erscheint dieser als ganzer im Esternamen. Beispiel: Monophosphorsäure-glycerinester.

2. Die Ester werden (weniger glücklich) wie Salze benannt. Der Alkoholteil vertritt die Stelle des Basenrests. Obige drei Beispiele heissen dann Äthylacetat, Dimethyloxalat und Glycerin-monophosphat (vgl. Namen der Halogen-alkane, S. 194).

2. Herstellung und Eigenschaften

Die Kondensation von Alkohol und Säure wird als Veresterung bezeichnet. Die an Salze erinnernden Esternamen und die Bildung von Wasser bei der Veresterung wecken die Vorstellung, der Vorgang sei mit der Säure-Basen-Neutralisation vergleichbar. Die folgende Gegenüberstellung zeigt, dass dies nicht zutrifft.

Neutralisation	***Veresterung***
Spontane Vereinigung von H^+- und OH^--Ionen zu Wasser.	Wasserbildung durch Abspaltung von H und OH aus Säure und Alkohol.
Reaktionsablauf sehr schnell (Momentanreaktion zwischen Ionen).	**Langsamer und unvollständiger Reaktionsablauf:** Beschleunigung durch wasserentziehende Mittel und Katalysatoren.
Säureanion und Basenkation bleiben in Lösung dissoziiert.	**Säurerest und Alkoholrest vereinigen sich zum nicht dissoziierbaren Estermolekül.**

Beim Erhitzen der Reaktionspartner Alkohol und Säure stellt sich ein Gleichgewicht ein:

$$R{-}COOH + R'OH \rightleftarrows R{-}COO{-}R' + H_2O$$

Das Gleichgewicht lässt sich durch laufendes Entfernen des H_2O (z.B. durch H_2SO_4) nach rechts verschieben.
Wesentlich leichter und rascher als zwischen Alkohol und Säure geht die Reaktion zwischen Säurechlorid und Natriumalkoholat:

$$CH_3CH_2CH_2COCl + NaOCH(CH_3)_2 \rightarrow CH_3-CH_2-CH_2-\overset{\overset{\displaystyle O}{\|}}{C}-O-\underset{\underset{\displaystyle CH_3}{|}}{\overset{\overset{\displaystyle CH_3}{|}}{CH}} + NaCl$$

Butyrylchlorid   Na-isopropylat   Buttersäure-isopropylester

Die Ester sind ähnlich **schwach polar** wie die Äther und entsprechend **wenig hydrophil** (schlecht H_2O-löslich). Sie sind auch kaum assoziiert und haben tiefere Siedepunkte als die freien Säuren gleichen Molekulargewichts. Zur Reinigung schwerflüchtiger Säuren stellt man oft deren Ester her, destilliert diese und spaltet wieder in Säure und Alkohol. Die Ester der einfachen (festen) Dicarbonsäuren mit niederen Alkoholen sind flüssig.
Ester mannigfacher Art sind in der Natur weit verbreitet. Der Duft vieler Früchte und Blumen ist auf Ester zurückzuführen. Verschiedene synthetische Ester werden als Fruchtessenzen für Nahrungs- und Genussmittel verwendet, z. B. Essigsäure-amylester = Birnenaroma.
Pflanzliche und tierische **Wachse** sind Ester aus langkettigen Monocarbonsäuren und langkettigen einwertigen Alkoholen. Ester besonderer Art sind die **Fette** (s. Kapitel L, S. 226). Hydroxy-carbonsäuren können ringförmige innere Ester, sogenannte **Lactone,** bilden (vgl. S. 239).

3. Esterhydrolyse oder Verseifung

Wie obiges Gleichgewicht zeigt, ist die Veresterung umkehrbar. Durch Kochen mit verdünnten Säuren oder Laugen oder auch durch Einwirkung von Enzymen (Esterasen) werden Ester unter Wasseraufnahme in Alkohol und Säure gespalten. Die Spaltung von Kondensationsprodukten unter Wasseraufnahme wird ganz allgemein als **Hydrolyse** oder **Verseifung** bezeichnet (vgl. Hydrolyse der Salze, S. 121 ff.).

$$\text{Ester} + H_2O \overset{\text{Katalysator}}{\rightleftarrows} \text{Alkohol} + \text{Säure}$$

Bei hoher Wasserkonzentration bleibt die Rückreaktion praktisch aus.

4. Einzelne Ester

a) Salpetersäure-ester

Durch Eintropfen von wasserfreiem Glycerin in ein Gemisch von konzentrierter HNO_3 und rauchender H_2SO_4 (Nitriersäure) erhält man den Trisalpetersäureglycerinester, kurz als **Nitroglycerin** bezeichnet. Das Produkt ist flüssig und ein hochbrisanter **Sprengstoff,** der bei geringer Erschütterung explodieren kann. **Dynamit** ist Kieselgur (feinporige Kieselalgenskelette), getränkt mit Nitroglycerin. In dieser vom Schweden Nobel entwickelten Form ist der Sprengstoff stabil und detoniert nur nach Initialzündung (vgl. S. 161). Sprengstoffe sind Substanzen, die «im eigenen Sauerstoff verbrennen» können. Wird das Nitroglycerinmolekül erschüttert, springt der Nitratsauerstoff auf die C-Kette über. Diese sehr schnell ablaufende intramolekulare Oxidation ist stark exotherm. Die entstehenden heissen Gase (CO_2, N_2 H_2O) erzeugen hohen Druck und damit die Sprengwirkung.

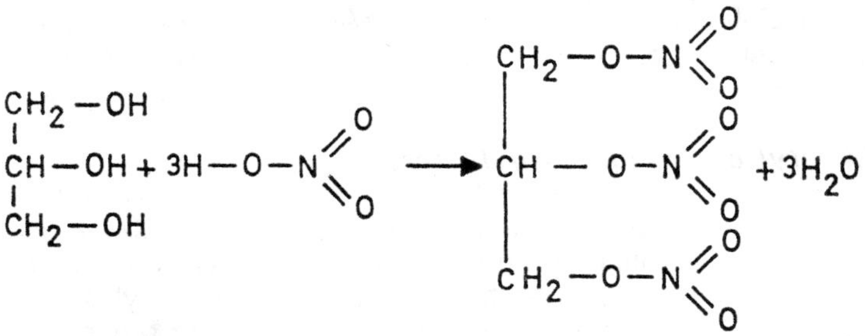

Nitrozellulose oder Schiessbaumwolle erhält man durch Verestern der OH-Gruppen der Zellulose (vgl. S. 238) mit Salpetersäure. Die Nitrozellulose «brennt» langsamer ab als Nitroglycerin und eignet sich als Treibladung für Geschosse.

b) Schwefelsäure-ester

Als zweiwertige Säure lässt sich H_2SO_4 ganz oder nur halb verestern:

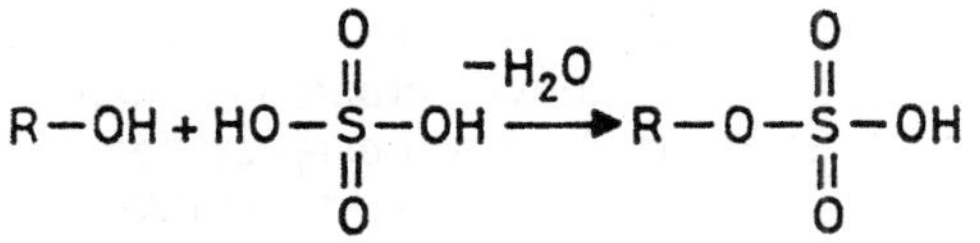

Alkylschwefelsäure oder Schwefelsäure-monoalkylester

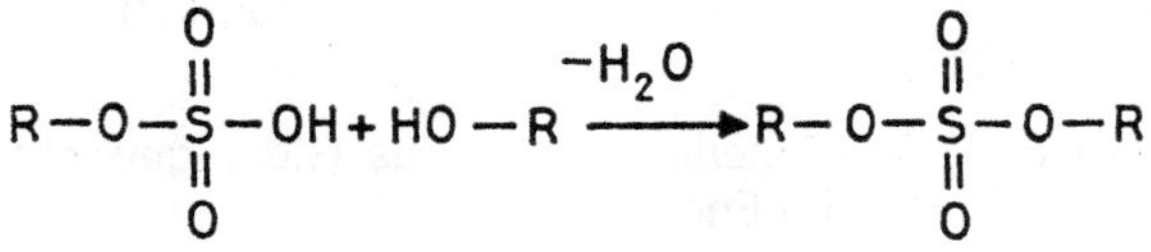

Dialkyl-sulfat oder Schwefelsäure-dialkylester

Die Monoester der Schwefelsäure sind einwertige starke Säuren und lassen sich zu Salzen neutralisieren: $R{-}O{-}SO_3H + NaOH \rightarrow R{-}O{-}SO_3Na + H_2O$.
Von grosser technischer Bedeutung sind die Salze der Schwefelsäure-monoester höherer Alkohole. Es sind **Netzmittel** oder **Emulgatoren** (vgl. Abschnitt «Seifen», S. 228). Dialkylester der Schwefelsäure werden zur Übertragung von Alkylgruppen auf andere Stoffe benützt. Sie sind sehr giftig, weil sie im Körper zu Schwefelsäure hydrolysiert werden.

c) Phosphorsäure-ester

Mit H_3PO_4 lassen sich Mono-, Di- und Trialkyl-ester herstellen. Die Phosphorsäure-monoester einer grossen Zahl von Hydroxyverbindungen sind Schlüsselprodukte unseres Stoffwechsels (vgl. S. 322).

d) Kohlensäure-ester

Im Gegensatz zur freien Kohlensäure sind deren Ester gut beständig.

$$Cl{-}CO{-}Cl + 2CH_3CH_2OH \rightarrow CH_3{-}CH_2{-}O{-}CO{-}O{-}CH_2{-}CH_3 + 2HCl$$

Phosgen — Kohlensäure-diäthylester oder Diäthylcarbonat

e) Essigsäure-ester

Essigsäure-äthylester $CH_3{-}CO{-}O{-}CH_2CH_3$, auch kurz Essigester genannt, sowie Butyl- und Amyl-ester werden vielfach als Lösungsmittel eingesetzt. Sie sind wenig giftig und haben einen angenehmen Geruch.

Der Essigsäure-ester der Zellulose (Zelluloseacetat, «Acetylzellulose») ist ein «Halbkunststoff», der sich verspinnen (Acetatseide) und zu dünnen Häuten (Acetatfolien) verarbeiten lässt.

f) Acetessigester (Acetyl-essigsäure-äthylester)

Acetessigester $CH_3{-}CO{-}CH_2{-}CO{-}O{-}CH_2{-}CH_2$ ist viel beständiger als die freie Acetessigsäure (vgl. S. 217). Die beiden H-Atome des α-C (zwischen Keto- und Carboxylgruppe) sind wegen der Polarisierung durch die benachbarten O-Atome leicht durch verschiedene Atomgruppen ersetzbar, ähnlich wie bei Acetyl-aceton und Malonsäure (s. S. 214). Der Ester ist deshalb Schlüsselprodukt für organische Synthesen. Acetessigester ist das klassische Beispiel einer Verbindung mit **Tautomerie.**

$$\underset{\underset{\displaystyle O}{\|}}{CH_3{-}C}{-}CH_2{-}COOC_2H_5 \rightleftharpoons \underset{\underset{\displaystyle OH}{|}}{CH_3{-}C}{=}CH{-}COOC_2H_5$$

Ketoform — Enolform

Die beiden tautomeren (tauto-: gleich, meros: Teil) Formen stehen miteinander im Gleichgewicht. Wir haben es mit einem besonders leicht konvertierbaren Isomerenpaar zu tun (vgl. auch «Mesomerie», S. 212, 280). Im Acetessigester stehen 7% Enolform mit 93% Ketoform im Gleichgewicht. Er zeigt deshalb Reaktionen wie sie für Ketone, aber auch solche, die für α,β-ungesättigte Hydroxyverbindungen typisch sind (vgl. Kapitel «Phenole», S. 291).

Alle Ketoverbindungen zeigen Keto-Enol-Tautomerie, nur ist das Gleichgewicht sehr unterschiedlich gelagert (Aceton: 0,00025% Enolform).

XII. Fragen zur Eigenkontrolle (Stoffgebiet S. 205–224)

1. Wie heissen die vier einfachsten Aldehyde sowie deren Reduktions- und Oxidationsprodukte (Genfer Nomenklatur und Trivialnamen)?
2. Wie heissen folgende Stoffe? a) $CH_3COCOCH_3$. b) CH_3COCH_2COOH. c) $CH_2OHCOCH_2OH$.
3. Formaldehyd wird mit Butyl-magnesium-jodid (Grignardsche Verbindung) umgesetzt. Welcher Stoff entsteht nach Reaktion des gebildeten Produktes mit Wasser?
4. Mit $C_3H_6O_2$ sind vier Strukturformeln zu bilden und die Stoffe sind zu benennen.
5. Eine Lösung enthält eine Oxoverbindung. Wie lässt sich entscheiden, ob es sich um einen Aldehyd oder ein Keton handelt?
6. Was ist a) ein Aldoxim, b) eine Cyanhydrinsynthese?
7. Welche Eigenschaften haben a) Chloral, b) Trichloressigsäure?
8. Was ist a) die Carbonylgruppe, b) die Carboxylgruppe, c) die Acetylgruppe?
9. Folgende drei Säuren sind nach zunehmender Stärke zu ordnen; der Entscheid ist zu begründen: HOOC–COOH; CCl_3COOH; CH_3COOH.
10. Wie erklärt es sich, dass $CH_3{-}CO{-}CH_3$ mit Wasser mischbar, $CH_3{-}CH_2{-}CH_3$ dagegen praktisch wasserunlöslich ist?
11. Aus welchen Säuren entstehen folgende Salze? a) Lactat, b) Succinat, c) Malat, d) Malonat, e) Pyruvat, f) Tartrat.
12. a) Wie heissen folgende Verbindungen? b) Welche Stoffe entstehen bei ihrer Hydrolyse mit Lauge als Katalysator?

I: 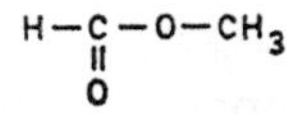

II: 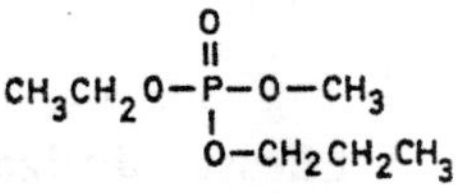

III: 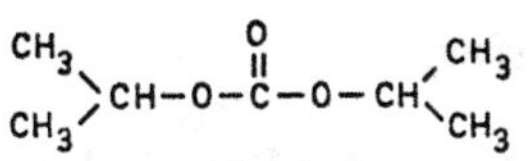

13. Unter welchen Bedingungen ist eine Verbindung optisch aktiv?
14. Welche Unterschiede bestehen zwischen Verestern und Neutralisieren?
15. Eine 1 M Milchsäure dreht bei einer durchstrahlten Schicht von 10 cm das polarisierte Licht um 3,4°. Wieviel %GV Milchsäure enthält eine Lösung mit 3,9° Drehung (gleiche Schicht)?
16. Was versteht man unter a) Autoxidation, b) Decarboxylierung?
17. Was lässt sich über folgende beide Stoffe aussagen? a) L(−)-α-Hydroxy-carbonsäure, b) DL-α-Methyl-β-hydroxy-carbonsäure.
18. Was ist Acetylchlorid und was ist Phosgen?
19. Welche Lösung hat ein höheres pH, 1 M Na-Formiat oder 1 M Na-Acetat? Begründung des Entscheids!
20. Die Gleichung für die vollständige Veresterung von Glutarsäure mit Isopropanol ist aufzustellen.
21. Eine klare wässerige Lösung wird mit Chromsäure erhitzt. Danach lassen sich in der Lösung Essigsäure und Aceton nachweisen. Welche Substanzen kann die Lösung vor dem Chromsäurezusatz enthalten haben?
22. Wie lässt sich Milchsäure gewinnen?
23. Was ist Acetanhydrid und wie verhält es sich in Gegenwart von heissem Wasser?
24. Welchen Aggregatzustand haben folgende Stoffe bei Zimmertemperatur?
a) Methanal, b) Oxalsäure, c) Milchsäure, d) Stearinsäure, e) Äthyl-methyl-keton, f) Natriumacetat.

Antworten S. 353.

L. Fette

1. Zusammenfassung

Alle tierischen und pflanzlichen Fette sind Ester aus Glycerin und verschiedenen gesättigten und ungesättigten Monocarbonsäuren mit der Kettenlänge 4–24 C. In den **Warmblüterfetten** stellen **Stearinsäure, Palmitinsäure** und **Ölsäure** den Hauptanteil. Im **Fischtran** überwiegen die **mehrfach ungesättigten Säuren** mit 18, 20 und 22 C. Auch die meisten **Pflanzenöle** enthalten vornehmlich ungesättigte Säuren, vorab die **Ölsäure.** Die **kurzkettigen Fettsäuren** C_4 bis C_{14} finden sich vor allem im **Milchfett,** aber auch in der Kokosnuss. Charakteristisch für alle natürlichen Fette sind die **geradzahligen** C-Ketten ihrer Säurereste. Dies ist auf den Synthesemechanismus zurückzuführen (S. 231). Neben Molekülen mit drei identischen Fettsäureresten enthalten die Fette vor allem gemischte Ester.

2. Physikalische Eigenschaften und chemisches Verhalten

a) Löslichkeit und Schmelzpunkt

Die Fette sind Inbegriff des **wasserunlöslichen, wasserabstossenden** Materials. Sie sind dagegen gut löslich in allen lipophilen (fettfreundlichen) Lösungsmitteln wie Petroläther, Diäthyläther, Chloroform, Methylenchlorid.

Die **Schmelztemperatur** ist von der Fettsäurekombination der einzelnen Estermoleküle, in erster Linie aber von der Zahl der Doppelbindungen pro Molekül abhängig.

Regel: **Je mehr ungesättigte Säuren ein Fett enthält, desto tiefer liegt sein Schmelzpunkt.** Beispiele: siehe weiter unten.

b) Jodzahl

Ein Mass für den Sättigungsgrad eines Fettes ist dessen **Jodzahl.** Doppelbindungen können Halogen anlagern (vgl. S. 192).

$$CH_3(CH_2)_7-\overset{H}{\overset{|}{C}}=\overset{H}{\overset{|}{C}}-(CH_2)_7COOH + J_2 \longrightarrow CH_3(CH_2)_7-\underset{J}{\underset{|}{\overset{H}{\overset{|}{C}}}}-\underset{J}{\underset{|}{\overset{H}{\overset{|}{C}}}}-(CH_2)_7COOH$$

Ölsäure　　　　　　　　　　　　　Dijod-stearinsäure

Die Jodzahl eines Fettes gibt an, wie viele Milligramm Jod von 100 mg Fett gebunden werden. Bei der Jodzahlbestimmung wird meist Brom verwendet, weil dieses viel rascher mit Doppelbindungen reagiert als Jod. Der Bromverbrauch einer Fettprobe wird jodometrisch ermittelt und auf die äquivalente Menge Jod umgerechnet:

In zwei Gefässe wird je gleichviel Brom, gelöst in Chloroform, gegeben. Im einen Gefäss werden 100 mg Fett aufgelöst. Die Probe darf sich nicht vollständig entfärben, d.h. das Brom muss im Überschuss sein. Nach ein paar Minuten werden Fett- und Leerprobe mit angesäuerter KJ-Lösung geschüttelt. Das freigesetzte Jod wird mit Thiosulfat titriert (vgl. S. 143). Rechenbeispiel:

Leerprobe	15,3 ml 0,1 N $Na_2S_2O_3$	
Fettprobe	7,6 ml	
Differenz	7,7 ml → 0,77 mVal	

100 mg Fett haben somit 0,77 mVal Brom aufgenommen; dies entspricht auch 0,77 mVal Jod oder 0,77 · 127= 98 mg Jod. Die Jodzahl des untersuchten Fettes ist also **98.**

Regel: **Je höher die Jodzahl, desto tiefer der Schmelzpunkt.**

Kokosfett: zirka 10% ungesättigte Fettsäuren, Jodzahl 7–10, Schmelzpunkt 24 bis 27°C
Sonnenblumenöl: zirka 90% ungesättigte Fettsäuren, Jodzahl 125–136, Schmelzpunkt −18 bis −16°C.

c) Fetthärtung (Hydrierung)

Doppelbindungen können nicht nur Halogene, sondern auch **Wasserstoff** anlagern, allerdings nur in Gegenwart eines Katalysators.

$$\underset{\text{Ölsäure}}{CH_3-(CH_2)_7-CH=CH-(CH_2)_7-COOH} + H_2 \xrightarrow{\text{Kat.}} \underset{\text{Stearinsäure}}{CH_3-(CH_2)_{16}-COOH}$$

Wird ein Öl mit einem Katalysator, z. B. Ni-Pulver in einer H_2-Atmosphäre geschüttelt, verschwinden seine Doppelbindungen. Weil dabei der Schmelzpunkt des Fettes steigt, wird von **Fetthärtung** gesprochen. Auf diese Weise können aus natürlichen Pflanzenölen, z. B Erdnussöl, feste Speisefette hergestellt werden. Gehärtete Fette sind leichter zu lagern und besser haltbar als flüssige ungesättigte. Die DB sind die Angriffsstellen für Luftsauerstoff und auch die Enzyme von Mikroorganismen. In der Praxis werden die Öle nicht «erschöpfend» hydriert. Ein Rest von Doppelbindungen wird übriggelassen, weil sonst der Schmelzpunkt des gehärteten Fettes über 37°C steigt, was die Verdaulichkeit beeinträchtigt. Die technische Fetthärtung hat einen grossen Nachteil: Im Fett gelöste Vitamine werden mithydriert und so inaktiviert. Sie müssen nach der Härtung erneut zugesetzt werden. Auch die essentiellen Fettsäuren (vgl. S. 231) werden zerstört. An die Stelle der Härtung tritt deshalb heute mehr und mehr die sogenannte **Umesterung.** Durch Austausch gewisser Fettsäuren im natürlichen Fett lässt sich dessen Qualität (Schmelztemperatur, Haltbarkeit) ohne Zerstörung kostbarer Wirkstoffe verbessern.

d) Ranzigkeit

Unter dem Einfluss von Licht, Luftsauerstoff und Feuchtigkeit können aus ungesättigten Fettsäuren durch Sprengung der DB Aldehyde entstehen. Durch Einwirkung von Mikroorganismen bilden sich auch freie Fettsäuren. Diese Abbauprodukte erzeugen den für ranziges Fett typischen unangenehmen Geruch.

3. Fettverseifung, Seifen

Als Ester lassen sich Fette hydrolysieren. Bei der Spaltung unter Mitwirkung von Laugen entstehen **Seifen.** Esterhydrolysen und auch andere hydrolytische Spaltungen werden deshalb ganz allgemein als **Verseifungen** bezeichnet.

$$\begin{array}{lll} CH_2-O-CO-(CH_2)_n-CH_3 & & CH_2-OH \\ \vert & & \vert \\ CH-O-CO-(CH_2)_n-CH_3 + 3NaOH & \longrightarrow & CH-OH + 3CH_3-(CH_2)_n-COO^- + 3Na^+ \\ \vert & & \vert \\ CH_2-O-CO-(CH_2)_n-CH_3 & & CH_2-OH \end{array}$$

Die Natriumsalze der Fettsäuren sind mehr oder weniger hart und werden als **Kernseifen** bezeichnet. Die Kaliumsalze sind weich und heissen **Schmierseifen.** Als Salze schwacher Säuren mit starken Basen reagieren die Seifen in Lösung **alkalisch.** Das **ionisierte** Carboxyl ist stark **hydratisiert.** Die Seifen haben somit einen hydrophilen «Kopf» (Carboxyl) und einen lipophilen «Schwanz» (Alkylkette).

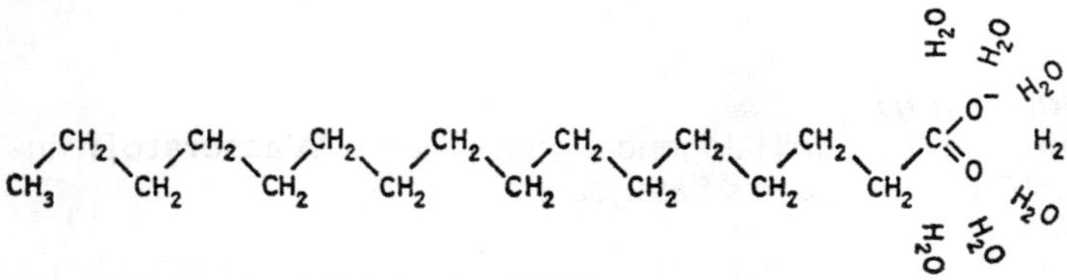

Abb. 71. Hydratisiertes Palmitat-Ion (Seife).

Die Seifen sind ausgezeichnete Vermittler zwischen Wasser und Fett, zwischen hydrophilen und hydrophoben Medien. Sie wirken als **Emulgatoren** und **Netzmittel.** Beim Kontakt einer verschmutzten Oberfläche (Textilfaser, Haut, Geschirr) mit einer Seifenlösung werden die wasserunlöslichen Schmutzpartikel von Seifenionen eingehüllt, und zwar so, dass sich der lipophile Schwanz an das lipophile Schmutzteilchen heftet, während der hydrophile Carboxylkopf ins Wasser ragt. Damit wird der Schmutz «hydrophilisiert». Durch Bewegen der Waschflüssigkeit wird er emulgiert, d.h. im Wasser fein verteilt und in Schwebe gehalten. An der Wasseroberfläche orientieren sich die Seifenionen wie ein feiner Plüschrasen (Köpfchen ins Wasser, Schwänzchen in die Luft). Dadurch wird die Oberflächenspannung des Wassers verringert und die Schaumbildung begünstigt.

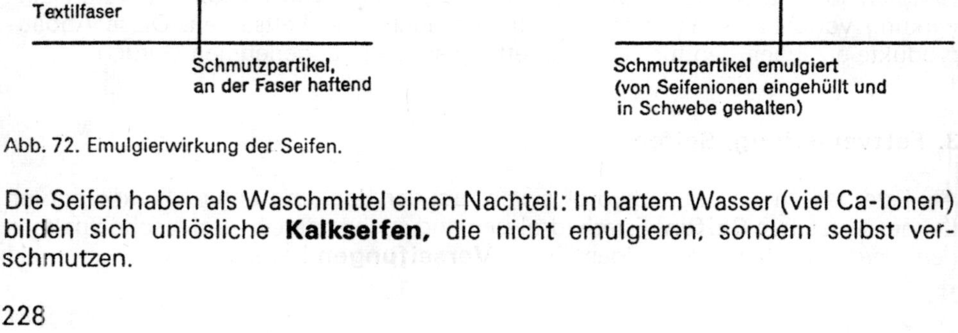

Abb. 72. Emulgierwirkung der Seifen.

Die Seifen haben als Waschmittel einen Nachteil: In hartem Wasser (viel Ca-Ionen) bilden sich unlösliche **Kalkseifen,** die nicht emulgieren, sondern selbst verschmutzen.

$$2CH_3(CH_2)_nCOO^- + Ca^{2+} \rightarrow \underset{\text{Kalkseife}}{CH_3-(CH_2)_n-CO-O-Ca-O-CO-(CH_2)_n-CH_3}$$

Für die Textilwäsche braucht man statt der gewöhnlichen Seifen vermehrt synthetische Produkte, die mit Ca-Ionen keine Niederschläge bilden. Oft verwendet sind die **Na-Salze der Schwefelsäure-monoester langkettiger Alkohole,** z.B. Laurylsulfat. Neben **anionischen Netzmitteln** (die gewöhnlichen Seifen gehören auch dazu) gibt es auch **kationische Emulgatoren,** sogenannte **Invertseifen** (invertieren=umkehren). Es sind organische Ammoniakderivate mit langer Alkylkette und positiv geladenem hydrophilem «Kopf». Anionische Netzmittel sind in neutralem und alkalischem Milieu wirksam, die kationischen in neutraler und saurer Umgebung. In saurer Lösung gehen Seifen in undissoziierte Fettsäuren über und fallen aus. Analog verhalten sich die Invertseifen in alkalischem Milieu. Auch nichtionogene, vom pH des Milieus unabhängige Netzmittel werden gebraucht (Polyhydroxy-Verbindungen). Viele synthetische Waschmittel haben den grossen Nachteil, dass sie im Gegensatz zu den gewöhnlichen Seifen von der Mikroflora nicht abgebaut werden (schwere Belastung der Gewässer).

4. Physiologische Bedeutung der Fette

a) Aufgabe im Warmblüterorganismus

Die Hauptfunktion der Fette im Organismus besteht in der Energieproduktion. 1 g Fett liefert bei vollständiger Oxidation zirka 9 kcal (1 g Glucose oder Eiweiss zirka 4 kcal). Wegen seiner hohen Energiekonzentration ist das Fett der Energiespeicher «par excellence». Je nach Körpergegend ist die Zusammensetzung des Depotfettes etwas unterschiedlich. Das Unterhautfett hat einen wesentlich tieferen Schmelzpunkt als das «Nierenfett».

Nebenfunktionen des Körperfettes: **Gleitmittel** (Haut auf Muskel und Gelenken); **Schutz gegen Wärmeverlust; Stützmaterial** für die Nieren; **Trägermaterial für die wasserunlöslichen Vitamine** A, D, E und K.

b) Verdauung, Resorption und Verteilung im Körper

Im Magen findet nur eine ganz geringfügige Hydrolyse statt, die sich auf fein verteiltes Fett (z.B. Milch) beschränkt. Im **Zwölffingerdarm** mischen sich **Galle** und Pankreassaft (Bauchspeichel) mit der Nahrung. Das Pankreassekret enthält das Enzym **Lipase,** welches die Fetthydrolyse katalysiert (vgl. S. 274). Die Salze der Gallensäuren im Gallensekret emulgieren das Fett und aktivieren die Pankreaslipase. Diese ist nicht fettlöslich und kann daher nur an der Oberfläche der Fetttröpfchen wirken. Aus diesem Grund geht die Fettverdauung um so speditiver vor sich, je feiner das Nahrungsfett verteilt ist. Durch die Lipase wird das Fett grösstenteils zu **Fettsäuren** (bzw. deren Salzen) und **Glycerin-monoestern** hydrolysiert. Die Spaltprodukte werden vom Darmepithel aufgenommen. Bereits in den Darmwandzellen werden sie grossenteils enzymatisch wieder zu Fett kondensiert. Dieses gelangt in Form feinster, von einem Proteinhäutchen umschlossenen, Tröpfchen, sogenannten **Chylomikronen,** in die Lymphgefässe und von da in die Blutbahn. Nach einer fettreichen Mahlzeit erscheint das Blutserum wegen der Chylomikronen milchig trüb, es ist **lipämisch.** Ein paar Stunden nach Beendigung der Fettresorption verschwindet die Lipämie. Das Fett wird in den Speichergeweben abgelagert, vorgängig aber grösstenteils von der Leber aufgenommen. Kurzkettige Fettsäuren (aus der Milch) gelangen unverestert via Pfortader dorthin. In der Leber werden die Fette mit Globulinen (Eiweiss) zu **Lipoproteiden** (oder Lipoproteinen) gekoppelt (vgl. S. 262). Diese sind dank der Hydrophilie des Eiweissteils wasserlöslich und können vom Blut leicht in irgendwelche Körpergegend verfrachtet werden.

c) Fettabbau

Wenn die Muskeln Energie benötigen, werden neben den Kohlenhydratreserven auch Depotfette mobilisiert. Durch Hormone induziert, werden in den Speicherzellen Fettmoleküle hydrolysiert (Lipolyse). Die Spaltprodukte diffundieren ins Blut. Das Glycerin wird in der Leber umgebaut und in den Glucosestoffwechsel eingeschleust. Die Fettsäuren werden, an Serumalbumin gebunden, in die Muskelzellen gebracht. Hier werden sie mit Coenzym A, einem komplizierten schwefelhaltigen Wirkstoff kondensiert und dadurch **aktiviert.** In einer mehrstufigen Reaktionskette wird das Säuremolekül am β-C oxidiert. Dann wird unter Eintritt eines weiteren Moleküls Coenzym A ein Molekül aktivierte Essigsäure (Acetyl-Coenzym A) abgespalten.

Acyl-Coenzym A

$$R{-}CH_2{-}CH_2{-}\underset{\underset{O}{\|}}{C}{-}CoA \xrightarrow{-2H} R{-}CH{=}CH{-}\underset{\underset{O}{\|}}{C}{-}CoA \xrightarrow{+\,H_2O}$$

$$\rightarrow R{-}\underset{\underset{OH}{|}}{CH}{-}CH_2{-}\underset{\underset{O}{\|}}{C}{-}CoA \xrightarrow{-2H} R{-}\underset{\underset{O}{\|}}{C}{-}CH_2{-}\underset{\underset{O}{\|}}{C}{-}CoA \xrightarrow{+CoA}$$

$$\rightarrow R{-}\underset{\underset{O}{\|}}{C}{-}CoA + CH_3{-}\underset{\underset{O}{\|}}{C}{-}CoA$$

Acyl-Coenzym A Acetyl-Coenzym A

Mit der um zwei C verkürzten Fettsäure (Acyl-Coenzym A) wiederholt sich das gleiche Spiel, bis die ganze Fettsäure in lauter Acetyl-CoA aufgespalten ist.
Das Acetyl-CoA wird im **Citronensäure- oder Tricarbonsäurezyklus** (nach dem Entdecker auch Krebs-Zyklus genannt) vollständig zu CO_2 oxidiert.

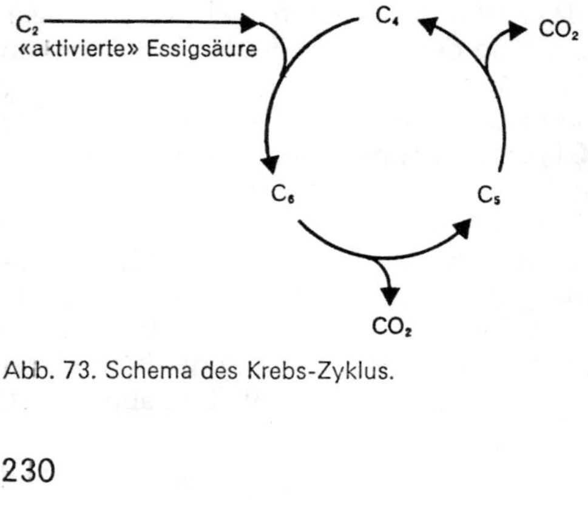

Abb. 73. Schema des Krebs-Zyklus.

Das Acetyl-CoA verbindet sich mit **Oxalessigsäure** (Keto-Bernsteinsäure) $HOOC{-}CO{-}CH_2{-}COOH$ zu Citronensäure ($C_2 + C_4 \rightarrow C_6$). Über acht Reaktionsschritte mit acht verschiedenen Enzymen wird die Citronensäure wieder zu Oxalessigsäure abgebaut, welche erneut eine Acetylgruppe aufnimmt usw. Die entscheidenden Schritte des Zyklus sind Dehydrierungen (Oxidationen) und Decarboxylierungen (CO_2-Abspaltungen). Zwischenprodukte sind u.a. α-Ketoglutarsäure, Bernsteinsäure, Fumarsäure und Äpfelsäure. Der bei der β-Oxidation der Fettsäuren und im Krebs-Zyklus anfallende Wasserstoff wird in der Atmungskette mit dem aus dem Blut in die Zellen diffundierenden Sauerstoff zu Wasser vereinigt. Der Hauptanteil der in den Fettsäuren gespeicherten chemischen Energie wird nicht in der β-Oxidation und nicht im Citronensäure-Zyklus, sondern in der Atmungskette gewonnen (vgl. S. 314f.).

d) Essentielle Fettsäuren

Die gesättigten Fettsäuren und die Ölsäure (eine DB) können vom Warmblüter synthetisiert werden. Zum Aufbau von **doppelt und mehrfach ungesättigten** Fettsäuren ist er nicht fähig. Solche «hochungesättigte» Fettsäuren sind aber lebensnotwendig und müssen dem Organismus mit der Nahrung zugeführt werden. Sie heissen **essentielle** (unentbehrliche) Fettsäuren (früher Vitamin F). Die drei essentiellen Fettsäuren sind: Linolsäure (C_{18} mit 2 DB), Linolensäure (C_{18} mit 3 DB) und Arachidonsäure (C_{20} mit 4 DB). Bei allen drei Verbindungen liegen immer zwei Einfachbindungen zwischen den Doppelbindungen. Die hochungesättigten Fischlebertrane bestehen nur zu einem geringen Teil aus essentiellen Fettsäuren. Der tägliche Bedarf an essentiellen Fettsäuren ist 4–7 g. Ungenügende Zufuhr begünstigt u.a. die Arteriosklerose.

e) Fettsäuresynthese

Die mit der Nahrung aufgenommenen Fettsäuren werden grossenteils unverändert im Körperfett eingebaut. Unser Organismus kann aber auch kurzkettige Fettsäuren verlängern und aus **Acetyl-Coenzym A neue Fettsäuren aufbauen.** Der dabei beschrittene Weg ist ein Stück weit die Umkehrung des oxidativen Abbaus, allerdings unter Mitwirkung anderer Enzyme. Die Synthese der Fettsäuren aus Essigsäure-Bausteinen erklärt die stets **gerade C-Zahl** der Endprodukte. Dank der Fettsäure-Neusynthese hat jede Tierart bei einigermassen normaler Kost ihr eigenes spezifisches Körperfett. Die für den Fettsäureaufbau benötigte aktivierte Essigsäure kann aus abgebautem Nahrungsfett, aber auch aus **Glucose** oder **Eiweiss** stammen (vgl. S. 240, 268). Dass Kohlenhydrate zu Fett umgebaut werden können, ist seit langem bekannt (Mästung von Haustieren mit Stärkekost; schlechte Verträglichkeit von Süssigkeiten mit schlanker Linie).

5. Phospholipide

Alle Fette und fettähnlichen Stoffe, d.h. Verbindungen, die in ihrem Bau oder physiologischen Verhalten mit den Fetten verwandt sind, werden als **Lipide** bezeichnet. Oft werden überhaupt alle im Pflanzen- und Tierreich vorkommenden, mit organischen Lösungsmitteln extrahierbaren, schlecht wasserlöslichen Stoffe zu den Lipiden gerechnet (also auch die Steroide und Carotinoide, vgl. S. 305ff.).
Eine wichtige Gruppe von Lipiden sind die Phosphatide oder **Phospholipide.** Es sind fettartige Stoffe, die veresterte Phosphorsäure und zudem noch **Stickstoff** enthalten. Die häufigsten Phospholipide haben wie die Fette Fettsäuren und Glycerin als Bausteine. Es sind die **Lecithine** und **Kephaline.** Die Kephaline unterscheiden sich von den Lecithinen (Abb.74) in der N-haltigen Komponente. Sie enthalten statt Cholin das Colamin (vgl. S. 249). Phospholipide sind Bestandteile der meisten Zellen. Besonders reich daran ist das ganze **Nervensystem.** Die

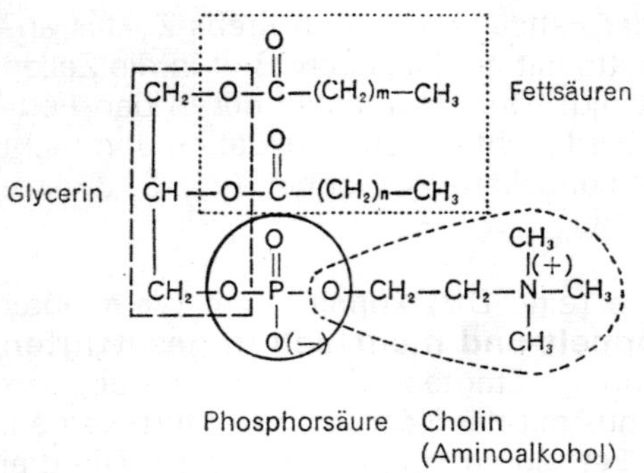

Abb. 74. Strukturformel von Lecithin.

Trockensubstanz des Gehirns besteht zu 30% aus Phospholipiden. Auch das Serum enthält 1–3 g/l. Zur analytischen Erfassung genügt eine Phosphorbestimmung in den von anorganischen Salzen befreiten Gesamtlipiden. Da der P-Gehalt der Serumphospholipide ziemlich konstant ist, lässt sich deren Konzentration aus dem Phosphor berechnen.

M. Kohlenhydrate

1. Aufbau, Einteilung und Nomenklatur

Die grosse Zahl von KH wird nach verschiedenen Kriterien in Gruppen eingeteilt:

Tabelle XXXVI. Einteilung der Kohlenhydrate

Einfache Zucker → **Monosaccharide** $C_nH_{2n}O_n$
- Aldosen = Polyhydroxy-aldehyde
- Ketosen = Polyhydroxy-ketone

Zusammengesetzte Kohlenhydrate
- **Disaccharide** $C_nH_{2n-2}O_{n-1}$ Kondensate aus zwei Monosacchariden
- **Polysaccharide** Kondensate aus vielen Monosacchariden

zu Monosacchariden hydrolisierbar

Triosen C_3	**Tetrosen** C_4	**Pentosen** C_5	**Hexosen** C_6
z. B.			
CHO |* H–C–OH | CH_2OH	CHO |* H–C–OH |* H–C–OH | CH_2OH	CH_2OH | C=O |* H–C–OH |* HO–C–H | CH_2OH	CH_2OH | C=O |* HO–C–H |* H–C–OH |* H–C–OH | CH_2OH
Glycerin-aldehyd, Dihydroxy-propanal, Aldotriose	Erythrose, ein Trihydroxy-butanal, eine Aldotetrose	Xylulose, ein Tetrahydroxy-pentanon-2, eine Ketopentose	Fructose, ein Pentahydroxy-hexanon-2, eine Ketohexose

Alle Kohlenhydrate sind Monooxo-polyhydroxy-Verbindungen (Aldehyd-alkohole oder Keton-alkohole) oder acetalische Kondensate von solchen. Mit wenig Ausnahmen haben sie die allgemeine Bruttoformel $C_n(H_2O)_m$, was ihnen den Sammelnamen «Kohlenhydrat» eingetragen hat. Obschon man längst weiss, dass von einem Kohlenstoff-hydrat keine Rede sein kann, hat man den alten Namen (fortan mit KH abgekürzt) beibehalten. Es sei betont, dass nicht jeder Stoff mit obiger Formel ein Kohlenhydrat sein muss (Beispiel: Milchsäure $C_3H_6O_3$).
Die KH umfassen sämtliche **Zuckerarten,** die **Stärke,** das **Glycogen** (tierische Stärke), die **Zellulose** und eine Reihe anderer Naturprodukte.
Das Genfer Prinzip wird für die Nomenklatur der einzelnen Zucker kaum verwendet, weil es der grossen Zahl von Isomeren (asymmetrische C-Atome; C* in Tab. XXXVI) nicht gerecht wird. Alle KH haben gebräuchliche Trivialnamen. Die der Zucker enden alle auf **-ose:** über den Molekülbau sagen sie sonst nichts aus.

2. Räumlicher Bau der Kohlenhydratmoleküle

Alle Zucker, mit Ausnahme der einfachsten Ketose $HO-CH_2-CO-CH_2-OH$. (Dihydroxy-aceton), besitzen **ein bis mehrere asymmetrische C-Atome** (Tab. XXXVI). Verbindungen mit 1 C* existieren in zwei Isomeren (optische Antipoden). Bei 2 C* ergeben sich zwei Antipodenpaare mit von Paar zu Paar verschiedenen Eigenschaften und deshalb auch Namen. Mit 3 C* gibt es 4 Isomerenpaare und mit 4 C* deren acht. Es existieren somit 8 verschiedene Aldohexosen mit eigenen Namen und je einem rechts- und einem linksdrehenden Antipoden. In der Strukturformel werden die Isomeren durch verschiedene Anordnung der OH-Gruppen rechts und links (bzw. ober- und unterhalb) der C-Kette auseinandergehalten.

Beispiele von Aldohexosen:

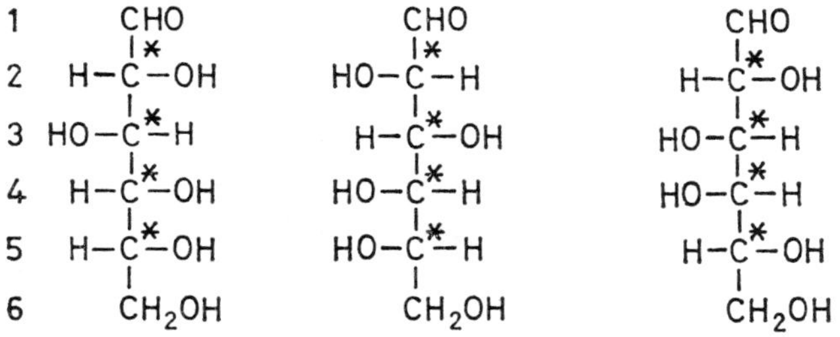

D-Glucose L-Glucose D-Galactose

Alle Formeln mit der zweitletzten OH-Gruppe (vom Carbonyl aus gezählt; bei den Hexosen Nr. 5) auf der **rechten** Seite verkörpern **D**-Zucker. Bei allen D-Zuckern lässt sich das zweitletzte C-Tetraeder mit seinen «Anhängern» zur Deckung bringen.
Bei Pentosen und Hexosen besteht der Hauptanteil der Moleküle nicht aus offenen Ketten, sondern aus **Halbacetalringen** (innermolekulare Vereinigung der Carbonylgruppe mit einer OH-Gruppe (vgl. S. 208).

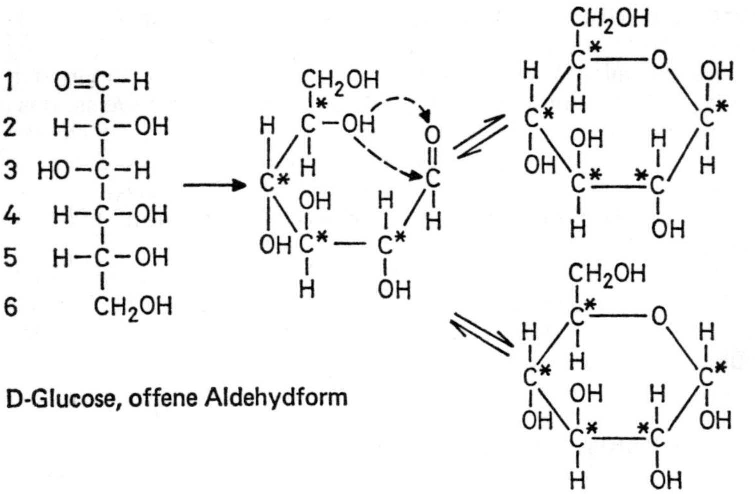

D-Glucose, offene Aldehydform

β-D-Glucose (Cyclohalbacetal)

α-D-Glucose (Cyclohalbacetal)

Durch den Halbacetal-Ringschluss erhält die Glucose ein fünftes asymmetrisches C. Sowohl die D- als auch die L-Glucose haben somit wieder je zwei Isomere, die *α*- und die *β*-Form. In wässeriger Lösung stehen die beiden Ringformen über die offene Form miteinander im Gleichgewicht.

Bei der **Kondensation der Monosaccharide** zu Disacchariden vereinigt sich die OH-Gruppe eines Cyclohalbacetals unter Wasserabspaltung entweder mit der gleichen Gruppe des Partnermoleküls oder mit einem alkoholischen OH desselben. Man spricht von der **Glycosidbindung.**

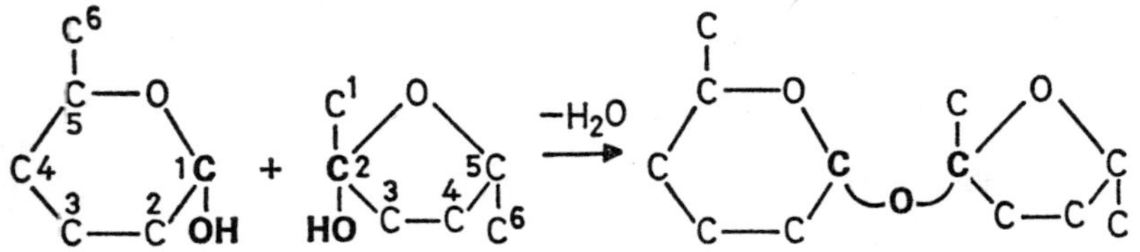

α-Glucose **β-Fructose**

Saccharose = Rohrzucker, ein Disaccharid ohne freie acetalische OH-Gruppe, beide Carbonyle voll acetalisiert.

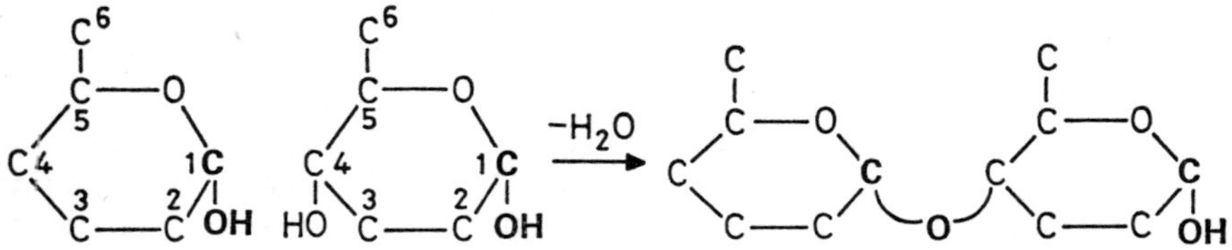

α-Glucose α-Glucose

Maltose=Malzzucker, ein Disaccharid mit einer freien Halbacetal-OH-Gruppe, nur ein Carbonyl voll acetalisiert.

In den Vollacetalen sind die α- bzw. β-Stellungen fixiert (keine Ringöffnung mit Isomerisierung wie bei den Halbacetalen). Das Halbacetal der Maltose kann weiter kondensieren (Bildung von Polysacchariden).

3. Physikalische und chemische Eigenschaften der Zucker (Mono- und Disaccharide)

Dank der **Vielzahl von hydrophilen Gruppen** bei relativ kleinem Molekül sind alle Zucker **gut wasserlöslich.** Sie lassen sich nicht ohne Zersetzung verdampfen.

Der süsse Geschmack der Zucker ist der Häufung von OH-Gruppen zuzuschreiben (auch mehrwertige Alkohole schmecken süss).

a) Kohlenhydratnachweis nach Molisch

Beim Kochen mit konzentrierten Mineralsäuren bilden Pentosen und Hexosen (auch Di- und Polysaccharide aus solchen) unter Wasserabspaltung ungesättigte Ringverbindungen (Furfurale, vgl. S. 311). Diese lassen sich mit Phenolen zu Farbstoffen kondensieren. Die Reaktionsfolge wird zum **empfindlichen Nachweis von KH** benützt.

b) Reduktionsproben

In heisser alkalischer Lösung werden **alle Monosaccharide** und die **Disaccharide mit freiem Halbacetal-OH** in verschiedene Bruchstücke, sogenannte Reduktone gespalten. Diese «Zuckertrümmer» wirken **in alkalischem Milieu reduzierend.** Aus blauen Kupfer(II)-Komplexen (Fehlingsche oder Benediktsche Lösung) wird rotes Cu_2O ausgefällt; gelbe Kaliumhexacyanoferrat(III)-Lösung wird zu Hexacyanoferrat(II) entfärbt; aus gelber Pikrinsäure entsteht orange Pikraminsäure und aus dem Silber-Ammoniak-Komplex bildet sich ein Silberspiegel. Diese Redoxreaktionen werden zum **Nachweis** (früher auch quant. Analyse) von Mono- und Disacchariden verwendet. Mit **Rohrzucker** fällt der Test **negativ** aus (kein Halbacetal). Die Reduktionsproben auf Zucker sind unspezifisch und werden von anderen reduzierenden Stoffen verfälscht.

Mit den Zuckern lassen sich die meisten Carbonyl- und Alkoholreaktionen durchführen (Oxim- und Hydrazonbildung, Cyanhydrinsynthese zur Kettenverlängerung, Veresterung, Verätherung usw.).

4. Einzelne Zucker

a) Triosen und Tetrosen

Die beiden möglichen Triosen, **Glycerin aldehyd** und **Dihydroxy-aceton** treten als Phosphorsäure-ester beim Glucoseabbau (Glycolyse) auf (vgl. S. 240). Die **Erythrose** (Formel S. 232) ist Zwischenprodukt bei der Photosynthese von KH aus CO_2 und H_2O in der grünen Pflanze.

b) Pentosen

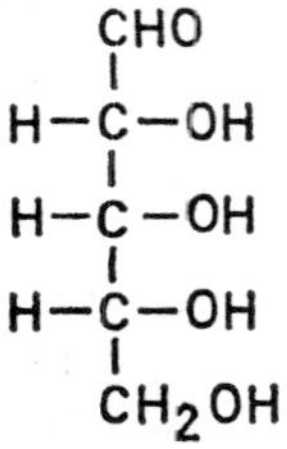

D-Ribose

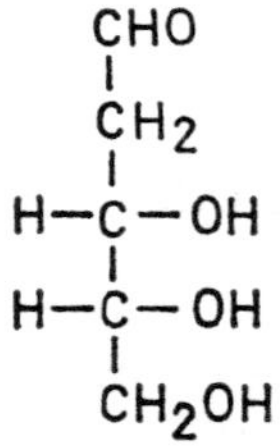

D-2-Desoxy-ribose

Die beiden Pentosen **Ribose** und **Desoxy-ribose** sind wichtige Bestandteile von **Nucleinsäuren,** die Ribose auch von verschiedenen Coenzymen und energiereichen Phosphaten (vgl. Seite 319 ff).

«Desoxy-» bedeutet «ein Sauerstoff (Hydroxylgruppe) weniger». Desoxyribose ist am Aufbau der Desoxy-ribonucleinsäuren beteiligt. Aus diesen setzen sich die im Zellkern lokalisierten Gene (Erbfaktoren) der Chromosomen zusammen.

c) Glucose und Maltose

Traubenzucker oder **D-Glucose** ist der physiologisch wichtigste Zucker (Formel S. 234). Wegen seiner Rechtsdrehung wurde er auch Dextrose genannt (spez. Drehung in Lösung +52,5°). In freier Form tritt die Glucose vor allem in den süssen Früchten auf. Das **Blut des Menschen** enthält im Nüchternzustand 0,6–0,9 g/l. Bei der **Zuckerkrankheit** (Diabetes mellitus) sind schon Konzentrationen bis zum Zwanzigfachen des Normwertes gemessen worden. Der Gesunde scheidet praktisch keine Glucose im Urin aus, wohl aber der nicht behandelte Diabetiker. Glucose ist Baustein von **Rohrzucker, Stärke** und auch von **Zellulose,** der mengenmässig wichtigsten organischen Verbindung auf der Erde. Ohne Übertreibung können wir sagen, dass die durch Photosynthese in der grünen Pflanze erzeugte Glucose die Grundlage für den Lebensunterhalt der gesamten Pflanzen- und Tierwelt bildet. Ihre Bedeutung für den menschlichen Stoffwechsel wird weiter unten besprochen. Für die **Bestimmung** der Glucose in biologischen Medien gibt es eine Vielzahl von Methoden. Wegen ihrer Spezifität gibt man heute meist den enzymatischen Verfahren den Vorzug (vgl. S. 275).

Das 1–4-Kondensat zweier Glucosemoleküle ist die **Maltose** oder der **Malzzucker.** Das Disaccharid bildet sich beim enzymatischen Abbau von Stärke, sowohl in unserer Verdauung als auch beim Keimen von Samen (z. B. von Gerstenkörnern). Die Maltose bildet den Nährboden für die Hefe bei der Bierbrauerei.

d) Galactose und Lactose

Eine Aldohexose wie die Glucose ist die **Galactose** (Formel S. 233). Mit Glucose in 1–4-Stellung kondensiert, bildet sie das Disaccharid **Lactose** oder **Milchzucker.** Beim Gesunden wird die mit dem Milchzucker aufgenommene Galactose von der Leber in Glucose umgewandelt. Bei einer seltenen, angeborenen Krankheit, der Galactosämie, fehlt ein Enzym für diese Umwandlung. Werden Kinder mit dieser Stoffwechselanomalie nicht milchzuckerfrei ernährt, häuft sich die Galactose in ihrem Körper bis zur tödlichen Vergiftung an. Lactose wird von Hefe nicht vergoren.

e) Fructose und Saccharose

Fructose oder **Fruchtzucker** ist die bekannteste **Ketohexose** (Formel S. 232). Mit Ausnahme des auf Platz 2 verschobenen Carbonyls haben D-Glucose und

D-Fructose dieselbe Raumstruktur. Trotzdem ist die D-Fructose linksdrehend; [α]= −92°. Als Gegenstück zur Dextrose wurde der Fruchtzucker auch Lävulose genannt. Er kommt in freier Form in den süssen Früchten und im Honig vor und schmeckt wesentlich süsser als der Traubenzucker. Das Vollacetalkondensat von Fructose mit Glucose (1–2-Bindung) ist die **Saccharose** oder der **Rohrzucker** (Formelgerüst S. 234). Das Disaccharid ist **nicht reduzierend.** Es ist der wirtschaftlich wichtigste Zucker und kommt in zahlreichen Pflanzen vor, in besonders hoher Konzentration in Zuckerrübe und Zuckerrohr, aber auch im Blütennektar. Die Saccharose ist rechtsdrehend: [α]=+66,5°. Das Gemisch aus Fructose und Glucose, das bei der hydrolytischen Spaltung des Rohrzuckers entsteht, ist linksdrehend, weil der Drehbetrag der linksdrehenden Fructose grösser ist als derjenige der rechtsdrehenden Glucose. Wegen dieser Umkehrung des Drehsinns bei der Spaltung wird das Rohrzuckerhydrolysat **Invertzucker** genannt. Ein natürlicher Invertzucker ist Honig. Der Bienenspeichel enthält eine Saccharase, welche die Nektar-Saccharose hydrolysiert.
Neben den hier besprochenen kommen in der Natur zahlreiche andere Zucker vor, u.a. auch verschiedene Tri- und Tetrasaccharide. Alle glucosidischen Kondensate lassen sich leicht durch Kochen mit Säuren (nicht mit Laugen!) hydrolysieren.

5. Polysaccharide

In den Polysacchariden sind einige Dutzend bis mehrere Tausend Monosaccharid-Einheiten glucosidisch zu **Riesenmolekülen** kondensiert. Obschon stark hydrophil, sind die hochmolekularen Polysaccharide entweder wasserunlöslich oder bestenfalls kolloidal löslich (vgl. S. 257). Sie sind bedeutend reaktionsträger als die Mono- und Disaccharide, aus denen sie aufgebaut sind.

a) Stärke (Amylum)

Die Stärke ist ein Polykondensat aus einigen Hundert bis etwa 5000 **α-Glucose**-Einheiten in 1–4-Bindung. Man unterscheidet zwei Fraktionen, die unverzweigte **Amylose** und das verzweigte Amylopektin (Verzweigungen=1–6-Bindung). Stärke lässt sich in heissem Wasser mehr oder weniger gut zu kolloidalen Lösungen (Kleister) verarbeiten. Mit Jod wird sie violettblau (gegenseitiger Nachweis der beiden Stoffe). Als wichtigster pflanzlicher Reservestoff kommt sie besonders reichlich in Getreidesamen, Kartoffeln, Hülsenfrüchten und Wurzeln verschiedener tropischer Nutzpflanzen (Maniok, Yams) vor. Das Polysaccharid ist, weltweit gesehen, der Hauptenergielieferant des menschlichen Organismus.

b) Glycogen

Das **tierische Reservekohlenhydrat Glycogen** ist der pflanzlichen Stärke sehr ähnlich. Wie diese ist es ein Polykondensat aus **α-Glucose.** Die Glycogenmoleküle sind durchschnittlich etwa zehnmal grösser als die der Stärke und reicher verzweigt. Es findet sich nach KH-reicher Mahlzeit in hoher Konzentration in der Leber. Auch die Muskelzellen speichern Glycogen. Die KH-Reserven lassen sich wesentlich rascher mobilisieren als das Speicherfett. Der gesamte Glycogenvorrat eines Erwachsenen (satt und in Ruhe) entspricht etwa 400 g Glucose oder 1600 kcal (täglicher Gesamtbedarf zirka 2500 kcal).

c) Zellulose

Die **Zellulose** (Zellstoff) ist die **Gerüstsubstanz** aller höheren Pflanzen. Sie macht etwa zwei Drittel des trockenen Holzes aus. Fast reine Zellulose sind die Samenhaare der Baumwolle. Das Monomere (Baustein) der Zellulose ist der **β-Glucosering.** Obschon der strukturelle Unterschied gegenüber der Stärke geringfügig erscheint (spiegelbildliche Ordnung am C_1), haben die beiden Polyglucosen ganz verschiedene Eigenschaften. Zellulose hat **Faserstruktur,** ist sehr zäh, vollkommen wasserunlöslich und für den Menschen **unverdaulich.** Wie alle anderen Polysaccharide lässt sich auch die Zellulose durch Kochen mit Säure «verzuckern» (Holzzucker).

d) Dextrin und Dextran

Bei der Hydrolyse von Stärke durch Säure oder Enzyme entstehen als Zwischenprodukte kurzkettige Polyglucosen, die **Dextrine.** Sie bilden sich auch beim Rösten und Backen von Mehl. Je nach Kettenlänge sind sie mehr oder weniger gut wasserlöslich und färben sich mit Jod blau, rot oder gar nicht.
Dextran ist wie Stärke ein Polykondensat der α-Glucose, aber im Gegensatz zu dieser vornehmlich mit 1–6-Bindung. Es wird aus Bakterien gewonnen und ist der Rohstoff für das Trägermaterial bei verschiedenen Chromatographieverfahren (vgl. S. 334). Dextranlösungen dienen auch als Blutplasmaersatz bei Mangel an Blutkonserven (Katastrophen).

e) Inulin

Ein Kondensat von weniger als 100 Molekülen **Fructose** ist das in Korbblütlern vorkommende **Inulin** (Inula=Alant). Es wird in der Medizin als völlig ungiftige, im Körper nicht abbaubare Substanz für Nierenfunktionsprüfungen verwendet (Inulin-Clearance).

6. Derivate von Kohlenhydraten

Verbindungen irgendwelcher Stoffe mit beliebigen Zuckern werden als **Glycoside,** solche mit Glucose als **Glucoside** bezeichnet. Glucoside sind im Pflanzenreich sehr häufig (Farbstoffe, Gifte, Wirkstoffe, Aromastoffe usw.).

a) Gluconsäure und Glucuronsäure

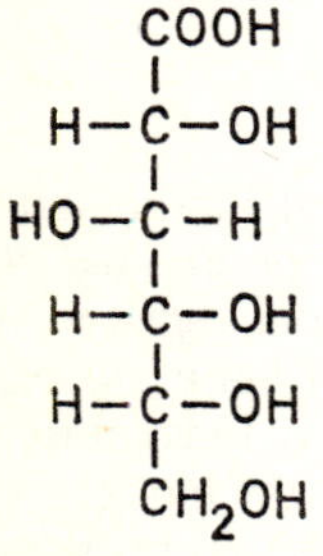

Gluconsäure

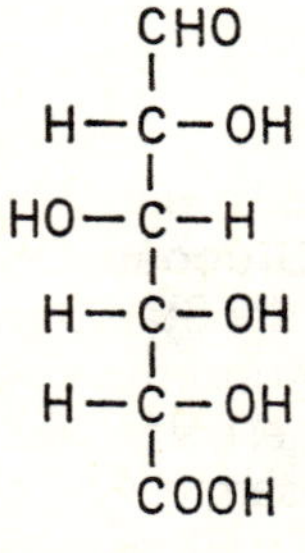

Glucuronsäure

Wird die Aldehydgruppe der Glucose oxidiert, entsteht die **Gluconsäure.** Sie bildet sich aus Traubenzucker und Luftsauerstoff in Gegenwart von Glucose-oxidase (vgl. S. 275, enzymatische Glucosebestimmung). Oxidiert man das 6. C-Atom der Glucose zum Carboxyl, erhält man die **Glucuronsäure.** (Eselsbrücke: Gluc**on** = oben; Gluc**u**ron = unten.) Die in unserem Körper aus Glucose gebildete Glucuronsäure spielt bei Entgiftungsprozessen eine wichtige

Rolle. Verschiedene Hormone und deren Abbauprodukte, der teilweise abgebaute Blutfarbstoff (Bilirubin), aber auch Medikamente und Gifte werden ester- und ätherartig an die Säure gebunden. Dadurch werden diese physiologisch aktiven Stoffe für die Ausscheidung im Urin bzw. in der Galle gut wasserlöslich gemacht.

b) Ascorbinsäure (Vitamin C)

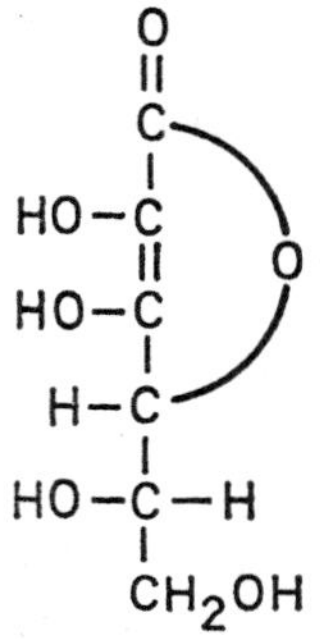

L-Ascorbinsäure

Auch die **Ascorbinsäure** ist ein Hexosederivat. Sie bildet wie die Zucker ein zyklisches Molekül (Fünfring), und zwar einen inneren Ester, ein sogenanntes Lacton (vgl. S. 222). Im Gegensatz zu den meisten anderen Warmblütern ist der menschliche Körper nicht fähig, Glucose zu Ascorbinsäure umzubauen. Die Verbindung ist aber für uns lebenswichtig und muss als Vitamin C mit der Nahrung aufgenommen werden. **Vitamine sind organische Stoffe, die für den Organismus lebensnotwendig sind, von diesem nicht oder in ungenügendem Mass synthetisiert und in Mengen unter 100 mg pro Tag benötigt werden.** Fehlt ein Vitamin in der Nahrung, kommt es zu Mangelerscheinungen, sogenannten **Avitaminosen.** Vitamin-C-Mangel führt zu **Skorbut,** der Krankheit der Langstrecken-Seefahrer früherer Jahrhunderte.

Dank den zwei Hydroxylgruppen an einer Doppelbindung (En-diol-Struktur) ist die Ascorbinsäure ein starkes Reduktionsmittel. Durch Abgabe von 2H geht sie in die Dehydro-ascorbinsäure über:

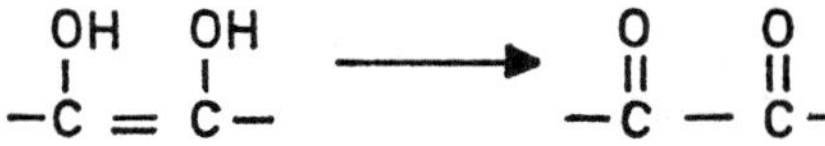

Fehlingsche Lösung oder Eisen(III)-Salze werden von Ascorbinsäure schon **in der Kälte** leicht **reduziert.** (Unterscheidung von den erst nach Kochen in alkalischer Lösung reduzierenden Zuckern beim Nachweis im Urin!)

c) Chitin

Der Panzer der Insekten und auch die Gerüstsubstanz der meisten höheren Pilze, das Chitin, besteht aus einem Polysaccharidderivat mit Glucosamin als Baustein (Glucose, deren OH am 2. C durch NH_2 ersetzt ist). Chitin ist sehr zäh und wie die Zellulose unverdaulich für uns.

7. Physiologie der Kohlenhydrate

a) Verdauung, Resorption und Speicherung

Die mit der Nahrung aufgenommenen Polysaccharide (Stärke und Glycogen) wie auch die Disaccharide Maltose, Saccharose und Lactose werden im Verdauungstrakt durch Enzyme **zu Monosacchariden hydrolysiert.** Die Spaltung der **Stärke** besorgt die **Amylase,** die im Mundspeichel, besonders reichlich aber im Bauchspeichel (Pankreassekret) auftritt. Das Enzym, früher Diastase genannt, hydrolysiert die Polysaccharidketten zu **Maltose.** Der Warmblüter besitzt **keine**

Zellulase. Dass viele Pflanzenfresser Zellulose trotzdem weitgehend verdauen, beruht auf einer Symbiose mit Mikroorganismen, die ihren Magen-Darm-Trakt bevölkern. Die Disaccharid-spaltenden Enzyme Maltase, Saccharase und Lactase werden vom Darm sezerniert. Lactase erzeugt nur der Säugling in grösserer Menge.

Vom Darm werden nur Monosaccharide resorbiert. Diese gelangen mit dem Pfortaderblut in die **Leber.** Hier wird die Galactose in Glucose umgewandelt. Ein Teil der Glucose und auch der Fructose wird in die Muskeln und alle übrigen Gewebe abtransportiert und daselbst zur Energiegewinnung abgebaut. Der nicht direkt «verheizte» Zuckerüberschuss wird in der Leber und im Muskel zu **Glycogen** kondensiert. Die Glycogensynthese wird durch das **Insulin,** ein Hormon aus dem Inselgewebe der Pankreasdrüse gesteuert. Bei Insulinmangel (Diabetes) kommt es zu Hyperglykämie (zu hoher Blutzuckergehalt) und damit zur Glucoseausscheidung im Urin. Fructose kann in Glucose und Glycogen verwandelt werden; sie wird aber grossenteils direkt abgebaut, in der Leber sogar rascher als die Glucose. Der Fructosestoffwechsel ist beim Zuckerkranken nicht gestört.

Überschüssige Glucose, die weder direkt abgebaut noch als Glycogen gespeichert werden kann, wird **in Fett umgewandelt** und als solches gespeichert. Vor dem Aufbau zu Fettsäuren muss der Zucker zu Acetyl-Coenzym A abgebaut werden (vgl. «Synthese der Fettsäuren», S. 231).

b) Glycolyse und Gärung

In den meisten lebenden Zellen wird zur Energiegewinnung ständig Glucose abgebaut. Endprodukte des KH-Stoffwechsels sind CO_2 und H_2O. Zur vollständigen «Verbrennung» des Zuckers braucht es Sauerstoff. Aus der Glucose kann aber auch ohne Gegenwart von elementarem Sauerstoff (anaerob) Energie gewonnen werden. Im tierischen Gewebe entsteht dabei **Milchsäure,** in der Hefe **Äthylalkohol.** Im ersten Fall spricht man von **Glycolyse,** im zweiten von **Gärung.**

$C_6H_{12}O_6 \rightarrow 2C_3H_6O_3$ Milchsäure $\quad C_6H_{12}O_6 \rightarrow 2CO_2 + 2C_2H_5OH$ Alkohol

Obige Gleichungen sind die Summation einer komplizierten Reaktionskette. Die Bildung von Milchsäure aus Glucose umfasst 10 Reaktionsstufen, die Vergärung zu Alkohol deren 11. Jeder Schritt hat sein eigenes Enzym. Die ersten 9 Stufen sind für Glycolyse und Gärung dieselben. Die Glucose wird in drei Schritten zu einem Diphosphorsäure-ester der Fructose (Fructose-1,6-diphosphat) umgebaut. Dieser wird in zwei Triosephosphate gespalten, welche sukzessive in **Brenztraubensäure** übergeführt werden. Die Ketosäure kann im Muskel zu **Milchsäure** reduziert, in der Hefezelle zu **Acetaldehyd** decarboxyliert werden. Der letzte Schritt der Gärung ist schliesslich die Reduktion des Aldehyds zum Alkohol. Eine der Enzymreaktionen, welche von Triosephosphat zu Brenztraubensäure führen, ist eine Dehydrierung. Der dabei von einem Coenzym aufgenommene Wasserstoff wird bei der Milchsäure- bzw. Alkoholbildung wieder abgegeben. Die Redoxbilanz ist somit gleich null, wie obige Summengleichungen zeigen.

Glycolyse und Gärung sind **exotherme Vorgänge.** Sie setzen aber weniger als ein Zehntel der in der Glucose gespeicherten Energie frei, haben anderseits den grossen Vorteil, völlig sauerstoffunabhängig zu sein.

c) Biosynthese der Glucose beim Menschen (Gluconeogenese)

Glucose ist praktisch ausschliesslicher Energielieferant für Zentralnervensystem und rote Blutzellen (im Gegensatz zum Muskel, der auch grosse Mengen von Fettsäuren verarbeitet). Bei KH-armer Ernährung oder im Hungerzustand müssen wir deshalb anderes organisches Material in Glucose umwandeln. Die Leber vermag die vom Muskel ans Blut abgegebene Milchsäure (unter Energieaufwand) wieder in Glucose überzuführen. Mit Ausnahme zweier Reaktionsschritte ist die Synthese die genaue Umkehrung der Glycolyse. Hauptrohstoff für die Zuckerneubildung sind verschiedene Eiweiss-Aminosäuren (vgl. S. 251). Fettsäuren lassen sich nicht in Glucose verwandeln!

d) Die biologische Oxidation, Energiestoffwechsel

In der Zelle schliesst sich an die Glycolyse die **Zellatmung** an. Bei genügender Sauerstoffzufuhr geht die Glycolyse nur bis zur Brenztraubensäure. Diese wird wie folgt weiterverarbeitet:

$$CH_3{-}CO{-}COOH + \text{Coenzym A} \xrightarrow{-2H} CH_3{-}CO{-}CoA + CO_2$$

Brenztraubensäure — Acetyl-Coenzym A (aktivierte Essigsäure)

Die aktivierte Essigsäure wird in Krebs-Zyklus und Atmungskette zu CO_2 und H_2O oxidiert. Fettsäuren und Zucker erfahren also vom Acetyl-CoA weg dasselbe Schicksal (vgl. S. 230). Die vollständige «Verbrennung» der Brenztraubensäure geht bedeutend langsamer als deren Bildung aus Glucose. **Der Antransport von O_2 in die Zelle ist der begrenzende Faktor** («Flaschenhals») **für die Geschwindigkeit der biologischen Oxidation.**

Gegenüberstellung von Glycolyse und Atmung:

Glycolyse	**Atmung**
Anaerober Prozess	Aerober Prozess
Rasche Energieproduktion	**Langsame Energieproduktion**
Kurzfristige Muskelhöchstleistung («Sprint»)	Muskel in Ruhe oder im Zustand der Dauerleistung (Dauerlauf)
Geschwindigkeit der Energieerzeugung durch Enzymaktivitäten und Glucose- bzw. Glycogenvorrat der Zelle bestimmt	Geschwindigkeit der Energieerzeugung durch die Sauerstoffdiffusion in die Zellen begrenzt
Schlechte Ausnützung der Nährstoffenergie	**Optimale Ausnützung der Nährstoffenergie**

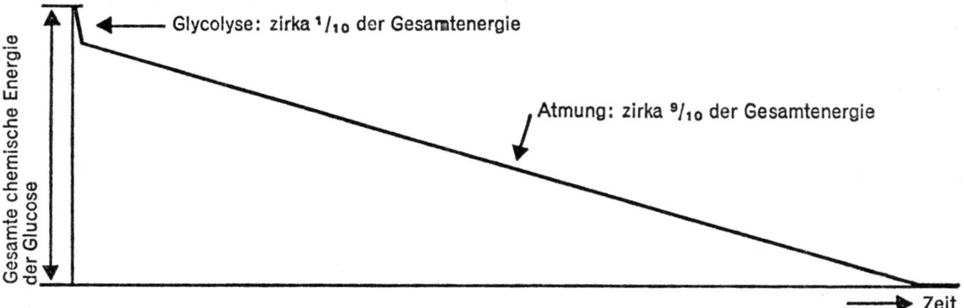

Abb. 75. Geschwindigkeit und Ausmass der Energiefreisetzung aus Glucose.

Die Glycogenvorräte des Muskels sind bei Höchstleistung innert weniger Minuten aufgebraucht, d.h. zu Milchsäure abgebaut. Der Muskel ermüdet. Zur weiteren Arbeitsleistung ist er auf den Antransport von Sauerstoff angewiesen; Herz- und Lungentätigkeit werden gesteigert. Bei länger andauernder Anstrengung werden auch die Glycogenvorräte der Leber, schliesslich die Fettvorräte und im Notfall (Hungerzustand) auch Muskeleiweiss mobilisiert und zur Energieproduktion abgebaut.
Der Mechanismus der Energieübertragung vom abgebauten Nährstoff auf die arbeitende Muskelfaser ist ziemlich kompliziert. Der Grossteil der bei Stoffwechselvorgängen umgesetzten Energie wird als **Wärme** frei. Etwa ein Drittel wird aber zum Aufbau von **energiereichen Phosphorverbindungen** verwendet. Wichtigster Vertreter dieser Stoffgruppe ist das **Adenosin-triphosphat** oder ATP: (s. S. 322).

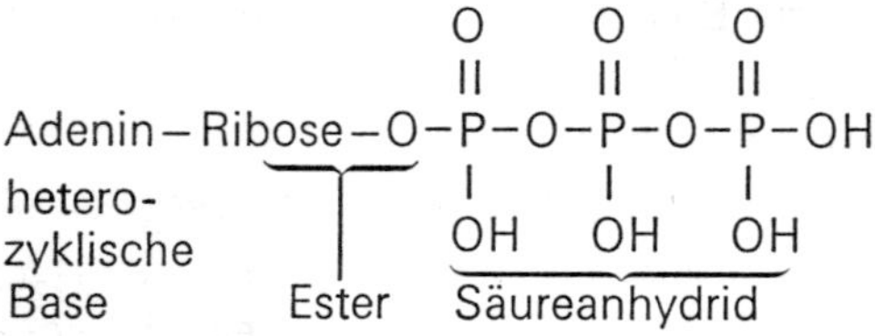

Das ATP kann seine chemische Energie bei Bedarf sehr leicht abgeben – unter gleichzeitiger Abspaltung von Phosphorsäure. Bei den meisten energieverbrauchenden Syntheseprozessen und auch bei der Muskelkontraktion ist ATP der unmittelbare Energiespender.

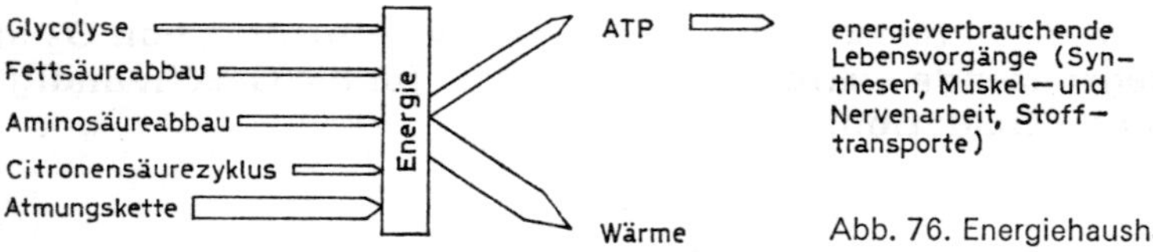

Abb. 76. Energiehaushalt.

Zusammenfassende Regeln der biologischen Oxidation:
1. Der eingeatmete Sauerstoff reagiert nie direkt mit den abzubauenden Nährstoffen.
2. Die organischen Verbindungen werden immer durch Wasserstoffabspaltung (Dehydrierung) oxidiert.
3. Der abgespaltene Wasserstoff wird von Hilfsenzymen aufgenommen und am Ende einer Redoxreihe (Atmungskette) mit dem aus dem Blut in die Zelle diffundierenden Sauerstoff zu Wasser vereinigt.
4. Der Sauerstoff der Hydroxyverbindungen stammt aus Wasser, das an Doppelbindungen addiert wurde.
5. Kohlendioxid entsteht durch Decarboxylierung von Carbonsäuren, meist von Ketosäuren.

N. Organische Schwefelverbindungen

Die nahe chemische Verwandtschaft von O und S (benachbarte Elemente in der gleichen Hauptgruppe) erklärt, dass der Sauerstoff in zahlreichen organischen Molekülen durch zweiwertigen Schwefel ersetzt werden kann.
Einfachste organische S-Verbindung ist der **Schwefelkohlenstoff** CS_2, S=C=S. Er ist ein gutes, aber giftiges Lösungsmittel für Fette, Harze und Schwefel, hat einen hohen Brechungsindex und niedrigen Siedepunkt (46 °C). Auffallend ist sein tiefer

Flammpunkt; CS_2-Dampf kann sich schon wenig oberhalb 100°C an der Luft selbstentzünden. Er verbrennt mit blauer Flamme zu SO_2 und CO_2.
Für die Benennung der organischen Verbindungen des zweiwertigen Schwefels verwendet man oft die Namen der entsprechenden O-Verbindungen mit dem «Vorspann» «Thio-» (vgl. «Thiosulfat», S. 143). Beispiele:

$R-CH_2-OH$	**Alkohol**	$R-CH_2-SH$	**Thioalkohol (Mercaptan)**
$R-CH_2-O-CH_2-R'$	**Äther**	$R-CH_2-S-CH_2-R'$	**Thioäther (Dialkylsulfid)**
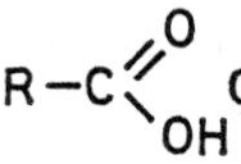	**Carbonsäure**	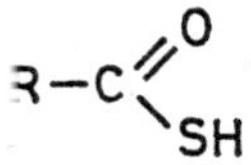	**Thiocarbonsäure**

So wie Alkohol und Äther als Mono- bzw. Dialkylderivate des Wassers aufgefasst werden können, lassen sich Thioalkohol und Thioäther von H_2S ableiten. Die SH-Gruppe wird als **Thiol-** oder **Sulfhydrylgruppe** bezeichnet. Sie lässt sich leicht oxidieren. Dabei entstehen aber nicht Thioaldehyde und Thioketone, sondern **Disulfide,** die sich leicht wieder zu Thiolen reduzieren lassen (vgl. S. 251):

$$2R-SH \underset{+2H}{\overset{-2H}{\rightleftharpoons}} R-S-S-R$$

Thiol/Disulfid-Redoxsysteme spielen in der Eiweisschemie eine wichtige Rolle (vgl. S. 256).
Thioalkohole oder Mercaptane sind sehr übelriechende Flüssigkeiten. Sie werden aus Halogenalkanen und Kaliumhydrogensulfid hergestellt:

$$CH_3CH_2Cl + KHS \rightarrow CH_3CH_3SH + KCl$$

Ein chlorierter Thioäther, das Senfgas oder Yperit $Cl-CH_2-CH_2-S-CH_2-CH_2-Cl$ wurde im ersten Weltkrieg als Kampfstoff eingesetzt. Es erzeugt als Flüssigkeit auf der Haut und als Dampf in der Lunge schwere Verätzungen.
Durch starke Oxidationsmittel wird der zweiwertige Schwefel der Thioverbindungen in vier- oder sechswertigen übergeführt. Aus Thioalkoholen entstehen **Sulfinsäuren** und **Sulfonsäuren,** aus Thioäthern **Sulfoxide** und **Sulfone.**

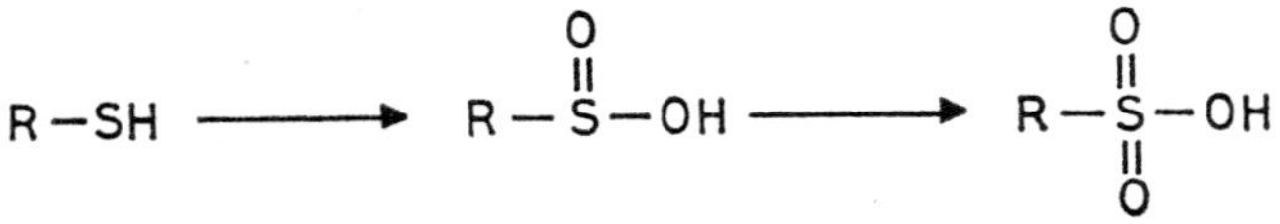

Thioalkohol **Alkyl-sulfinsäure** **Alkyl-sulfonsäure (starke Säure)**

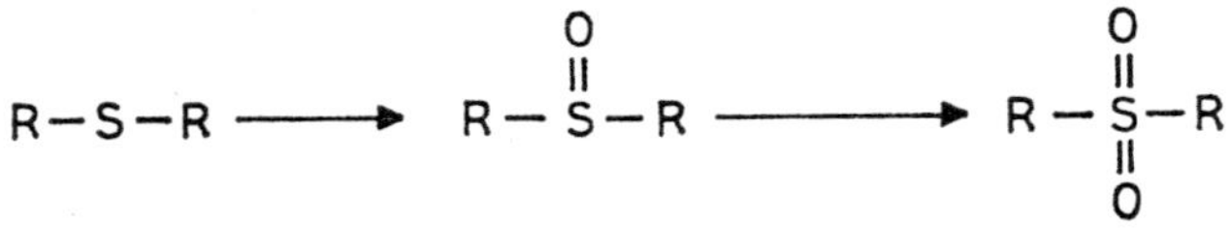

Thioäther **Dialkyl-sulfoxid** **Dialkyl-sulfon**

Die Alkyl-sulfonsäuren sind nicht zu verwechseln mit den Schwefelsäure-alkylestern (vgl. S. 223), die keine C–S-Bindung haben und hydrolysierbar sind. Eine Sulfonsäure mit physiologischer Bedeutung ist das **Taurin** $NH_2-CH_2-CH_2-SO_3H$.

XIII. Fragen zur Eigenkontrolle (Stoffgebiet S. 226–243)

1. Welche Beziehung besteht zwischen dem Sättigungsgrad und dem Schmelzpunkt eines Fettes?
2. Wie unterscheiden sich Fructose und Glucose?
3. Was versteht man unter Fetthärtung?
4. Eine gut wasserlösliche Substanz zeigt positive Molisch-Probe, aber negative Fehling-Probe. Um welchen Stoff kann es sich handeln?
5. Warum bezeichnet man die Ascorbinsäure als Vitamin?
6. Was ist Acetyl-Coenzym A und woraus entsteht dessen Acetylgruppe im menschlichen Organismus?
7. Wie heissen folgende Stoffe?
a) CS_2; b) $CH_3{-}SO_3H$; c) $CH_3{-}S{-}CH_2CH_3$; d) CH_3CH_2SH; e) $CH_3CH_2{-}S{-}S{-}CH_2CH_3$.
Wie kann e) in d) umgewandelt werden?
8. Was versteht man unter essentiellen Fettsäuren? Zwei Beispiele sind zu nennen!
9. Eine Lösung von Natriumstearat wird in zwei Teile geteilt. Ein Teil wird unverändert, der andere nach Ansäuern auf pH 2 mit Äther geschüttelt. Die beiden Ätherextrakte werden eingedampft. Woraus bestehen die beiden Rückstände?
10. Welchen Vor- und welchen Nachteil haben synthetische Waschmittel?
11. Wieviel Milliliter Sauerstoffgas braucht es zum Abbau von 10 g Glucose zu Milchsäure?
12. Wie entsteht das CO_2, das wir ausatmen?
13. Welche Jodzahl hat Ölsäure (ausrechnen!)?
14. Welche Möglichkeiten der Energiespeicherung stehen dem menschlichen Körper zur Verfügung?
15. In welcher Form wird das Fett von der Darmwand aufgenommen?
16. Welcher strukturelle Unterschied besteht zwischen Zellulose und Stärke?
17. Essigsäure und Palmitinsäure haben praktisch denselben pK-Wert. Warum ist Natriumpalmitat ein guter Emulgator, Na-acetat nicht?
18. Je eine Triose, Pentose und Aldohexose sind zu nennen.
19. Was versteht man a) unter einem Cyclohalbacetal, b) unter einer Glucosidbindung?
20. Warum werden Seifen in hartem Wasser unwirksam?
21. Welche Rolle spielt die Galle und welche die Lipase bei der Fettverdauung?
22. Was ist a) Invertzucker, b) Glucuronsäure, c) Inulin, d) Lactose?
23. Warum können wir uns nicht von Zellulose ernähren, obschon bei deren hydrolytischem Abbau Glucose entsteht?
24. In welche vier Stoffarten zerfällt ein Phospholipid bei der Hydrolyse?

(Antworten S. 354)

O. Amine und andere aliphatische N-Verbindungen

1. Bau, Einteilung und Nomenklatur der Amine

Amine sind Alkylderivate des Ammoniaks

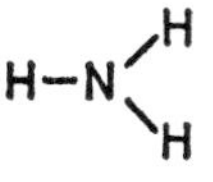

Ammoniak

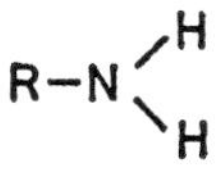

Primäres Amin
1 H durch Alkylgruppe ersetzt

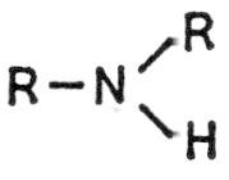

Sekundäres Amin
2 H durch Alkylgruppen ersetzt

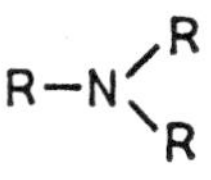

Tertiäres Amin
3 H durch Alkylgruppen ersetzt

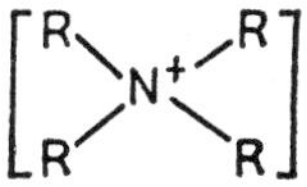

Quartäres Ammoniumion

$-NH_2$	primäre Aminogruppe
$-NH-$	sekundäre Aminogruppe
$-N<$	tertiäre Aminogruppe

Der Stickstoff ist in allen Aminen, auch im quartären Ammonium-Komplex-Ion, **dreiwertig** wie im Ammoniak und den Ammoniumsalzen.

Achtung! Die Einteilung in primär, sekundär usw. folgt bei den N-Alkylverbindungen nicht dem gleichen Prinzip wie bei den O-Alkylverbindungen (vgl. S. 197):

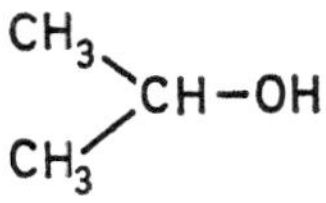

Sekundärer Alkohol

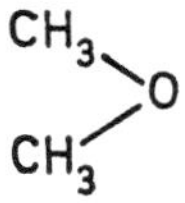

Äther

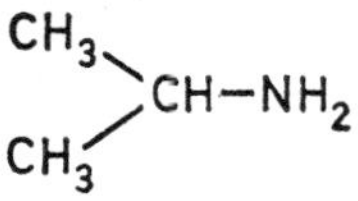

Primäres Amin

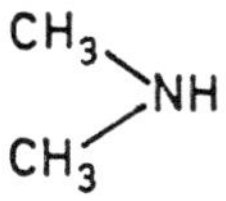

Sekundäres Amin

Verbindungen mit zwei bzw. drei Aminogruppen sind **Diamine** bzw. **Triamine.**

Für die Benennung der einzelnen Amine gibt es grundsätzlich zwei Möglichkeiten:

a) Dem Ausdruck «-amin» werden die Namen der am N sitzenden Alkylgruppen vorangestellt:

CH_3-NH_2

Methyl-amin

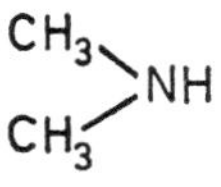

Dimethyl-amin

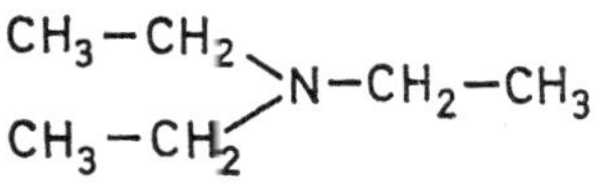

Triäthyl-amin

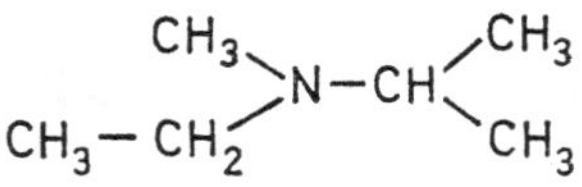

Äthyl-isopropyl-methyl-amin

Diese Nomenklatur ist vor allem für Monoamine mit unsubstituierten Alkylgruppen im Gebrauch.

b) Verbindungen mit mehr als einer Aminogruppe und noch andern als Alkylgruppen im Molekül werden nach dem rationellen Genfer System benannt. Beispiele:

$NH_2-CH_2-CH_2-CH_2-NH_2$ 1,3-Diamino-propan

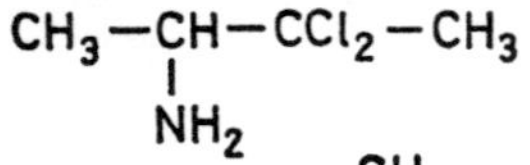

2-Amino-3-dichlor-butan

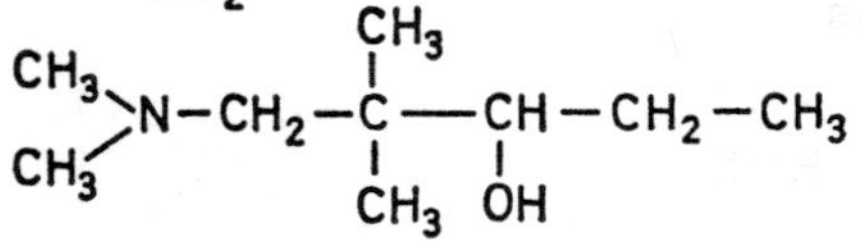

N-Dimethyl-1-amino-2-dimethyl-3-hydroxy-pentan

2. Eigenschaften und Herstellung der Amine

Alle Amine sind **Basen** (bzw. Anhydride von solchen). Wie das Ammoniak selbst haben sie die Tendenz, ein Wasserstoffion zu binden und in positive Komplex-Ionen überzugehen. Stammt das aufgenommene H^+-Ion aus dem Wasser, resultiert eine **alkalische Lösung.** Ist eine Säure der H^+-Ionen-Donator, erhält man ein **Salz.**

$CH_3NH_2 + HOH \rightarrow CH_3{-}NH_3^+ + OH^-$ Methyl-ammoniumbase
$R{-}NH_2 + HCl \rightarrow R{-}NH_3^+ + Cl^-$ Alkyl-ammoniumchlorid

Einige Amine (z. B. Dimethyl-amin) sind bedeutend stärkere Basen als Ammoniak. Nach einer alten, unkorrekten Nomenklatur werden die Salze aus Chlorwasserstoff und Aminen statt als Ammoniumsalze als Hydrochloride bezeichnet (z. B. Äthyl-amin-hydrochlorid: $CH_3CH_2NH_2 \cdot HCl$), als ob zwischen dem Molekül des Amins und der Säure eine lose Additionsverbindung bestünde.
Wie aus den anorganischen Salzen des Ammoniaks lassen sich auch aus den Alkyl-ammoniumsalzen durch Laugen die Basenanhydride, also die Amine freisetzen.
Die folgenden Gleichungen stellen organische Säuren und Basen einander gegenüber:

$R{-}COO^- + H^+ \rightarrow$	$RCOOH$	$R{-}NH_3^+ + OH^- \rightarrow$	$R{-}NH_2 + H_2O$
Carbonsäure-anion	undissoziierte Carbonsäure	Alkyl-ammonium-kation	undissoziiertes Alkyl-amin

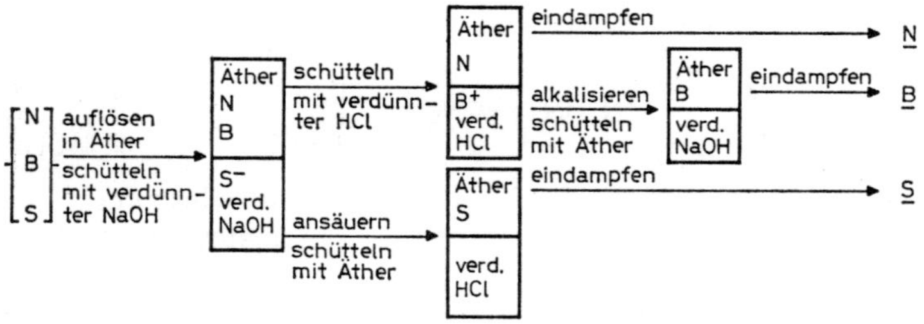

N=Nichtelektrolyt; B, B^+=Base bzw. deren Kation; S, S^-=Säure bzw. deren Anion. Die Rechtecke symbolisieren Scheidetrichter mit Äther- und Wasserphase.

Abb. 77. Trennung von organischen Nichtelektrolyten, Aminen und Carbonsäuren.

Alkyl-ammonium-kationen (saure Lösung) und Carbonsäure-anionen (alkalische Lösung) sind beide stark hydrophil und mit organischen Lösungsmitteln nicht aus wässeriger Lösung extrahierbar. Undissoziierte Amine (alkalische Lösung) und undissoziierte Carbonsäuren (saure Lösung) sind nur schwach hydrophil und lassen sich ausschütteln. Die Beeinflussung der Hydrophilie organischer Elektrolyte durch das pH wird zur Auftrennung von Stoffgemischen ausgenützt (Abb. 77).
Zur **Herstellung** von Aminen gibt es eine grosse Zahl von Methoden. Meist geht man von anderen N-Verbindungen aus (Nitrile, Amide, Hydrazone, Nitro- und Azoverbindungen usw.). Ammoniak lässt sich mit Halogenverbindungen direkt umsetzen; dabei erhält man aber meist Gemische verschieden alkylierter Amine:

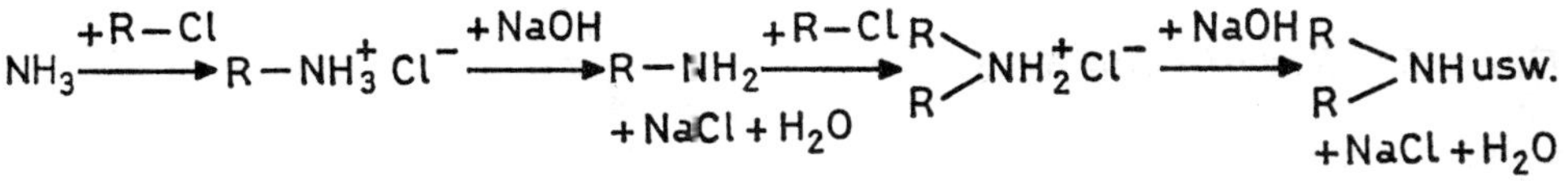

Die Amine mit kurzen Alkylketten sind **flüssig,** mit Ausnahme von Methyl-amin (Sdp −6 °C). Sie riechen widerlich, das Trimethyl-amin z. B. nach faulem Fisch. Ihre Salze sind fest und geruchlos. Die Wasserlöslichkeit nimmt mit zunehmender Länge der Alkylketten ab wie bei anderen homologen Reihen.
Salze von Aminen mit langen Alkylketten sind die sogenannten **Invertseifen.** Im Gegensatz zu den gewöhnlichen Seifen (vgl. S. 228) haben die Invertseifen **Kationen** mit hydrophilem «Kopf» und lipophilem «Schwanz».
Alle Amine sind **giftig.** Einfache Amine bilden sich beim Abbau von Proteinen durch Mikroorganismen (Verwesung). Das Leichengift Cadaverin (1,5-Diaminopentan) entsteht z. B. durch Decarboxylierung der Aminosäure Lysin (vgl. S. 251). Eine Grosszahl von Pflanzengiften, die Gruppe der **Alkaloide,** einschliesslich der berüchtigten Rauschgifte, sind Amine, allerdings meist mit zyklischen Gruppen am N. Beispiele: Atropin, Cocain, Mescalin, Nicotin, Strychnin, Morphin, Heroin. Auch einzelne Hormone und Vitamine (Name!) sind Aminoderivate. Die synthetischen Lokalbetäubungsmittel sind ebenfalls Salze organischer Basen.

3. Imine, Schiffsche Basen und Nitrile

Alle Amine (primäre, sekundäre usw.) haben C−N-Einfachbindungen. Der Stickstoff kann sich aber auch doppelt oder dreifach mit Kohlenstoff verbinden:

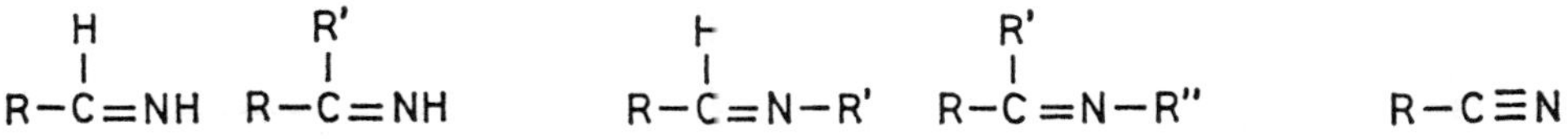

Imine **Schiffsche Basen** **Nitril**

Wie die C−C-Doppel- und Dreifachbindungen lassen sich auch C−N-Doppel- und Dreifachbindungen **hydrieren.** Aus Iminen und Nitrilen entstehen dabei primäre, aus Schiffschen Basen sekundäre Amine.

Beispiel: $R{-}C{\equiv}N + 2H_2 \rightarrow R{-}CH_2{-}NH_2$.

Die C–N-Doppel- und -Dreifachbindung ist leicht **hydrolysierbar:**

$$\underset{\text{Imin}}{R{-}CH{=}NH} \xrightarrow[H_2O]{HCl} \underset{\text{Aldehyd}}{R{-}CH{=}O} + NH_4Cl \qquad \underset{\text{Nitril}}{R{-}C{\equiv}N} \xrightarrow[2H_2O]{HCl} \underset{\text{Carbonsäure}}{R{-}COOH} + NH_4Cl$$

Die Nitrile werden nach den Carbonsäuren benannt, zu denen sie sich hydrolysieren lassen. Beispiel: $CH_3{-}C{\equiv}N$ Essigsäure-nitril. Das Nitril der Ameisensäure ist die **Blausäure** $H{-}C{\equiv}N$. Als grosse Ausnahme ist bei dieser die C–H-Bindung dissoziierbar.

Guanidin, Kreatin und Kreatinin

Ein biochemisch bedeutendes Imin ist das **Guanidin.** Es hat seinen Namen vom Guano, dem Dünger aus den Exkrementen südamerikanischer Seevögel. Es ist strukturell dem Harnstoff verwandt und heisst auch Iminoharnstoff (vgl. S. 253).

$$\underset{\text{Guanidin}}{NH_2{-}\overset{\overset{\displaystyle NH}{\|}}{C}{-}NH_2}$$

Ein Derivat des Guanidins ist das **Kreatin,** ein wichtiger Bestandteil der Muskelzellen. Seine Verbindung mit Phosphorsäure ist wie das Adenosin-triphosphat eine energiereiche Verbindung (vgl. S. 322), die bei Zerfall ihre Energie für die Muskelkontraktion abgibt. Bei normalem Stoffwechsel wird das Kreatin vor der Ausscheidung in sein ringförmiges Anhydrid, das **Kreatinin** übergeführt.

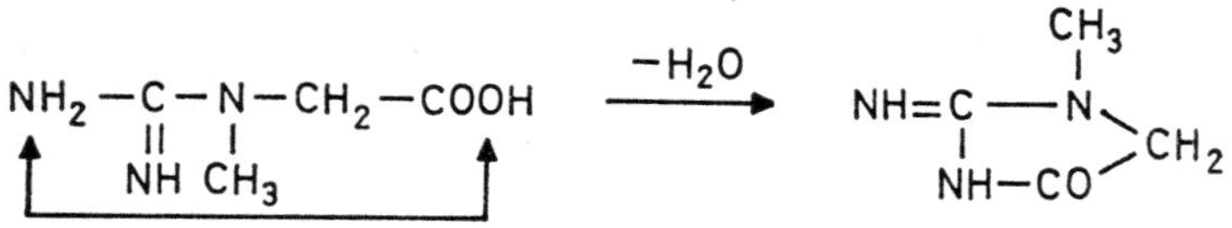

Kreatin Kreatinin

Der Mensch scheidet pro Tag 1–2 g Kreatinin im Urin aus. Bei ein und derselben Person ist diese Menge über längere Zeiträume konstant, ganz unabhängig von der Kost. Ein Nierenschaden äussert sich in einem Anstieg des Kreatinins im Blut und einer verminderten Ausscheidung. Aus dem Kreatininspiegel des Blutserums und der pro Minute im Urin ausgeschiedenen Menge lässt sich die **Kreatinin-Clearance** berechnen; das ist das Volumen Serum, das in der Minute von den Nieren vollständig von Kreatinin befreit wird:

$$\text{Clearance in ml} = \frac{\text{mg Kreatinin in dem pro Minute ausgeschiedenen Urin}}{\text{mg Kreatinin in 1 ml Serum}}$$

Die Minutenmenge im Urin berechnet man aus der gemessenen Tagesmenge.

Die Clearance des Gesunden liegt um 100 ml/min. Sie ist ein Mass für die Funktionstüchtigkeit der Nieren. Zur Bestimmung des Kreatinins in Blut und Urin benützt man dessen Reaktion mit Pikrinsäure in alkalischem Milieu (Bildung eines roten Farbstoffs).

4. Amino-alkohole

Amine, deren Alkylreste eine bis mehrere Hydroxylgruppen tragen, nennt man **Amino-alkohole.** Hydroxy-säuren sind wegen der elektronenanziehenden Wirkung des Sauerstoffs stärker sauer als die entsprechenden gewöhnlichen Carbonsäuren (vgl. S. 216). Hydroxy-amine sind aus dem gleichen Grund **schwächer basisch** als die entsprechenden gewöhnlichen Amine; die Anziehung des H^+ durch den Stickstoff ist schwächer. Einige Amino-alkohole werden denn auch als Puffersubstanzen gebraucht. Sie sind im Gegensatz zu den Aminen kaum flüchtig und geruchlos. Beispiele:

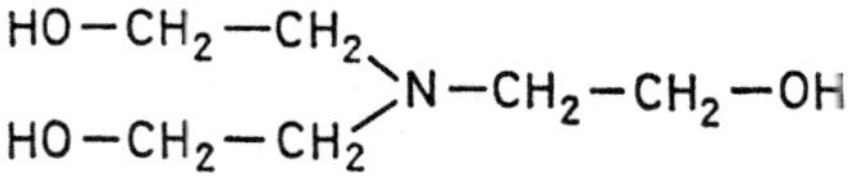

Triäthanol-amin pK_b 9,5

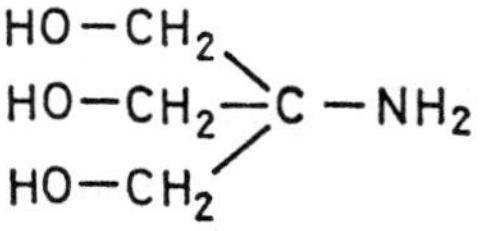

Tris(hydroxymethyl)-amino-methan pK_b 5,9

zum Vergleich:
Dimethylamin pk_b 3,3
Ammoniak pk_b 4,7

Zwei Amino-alkohole, das **Colamin** und das **Cholin** sind Bestandteile von Phospholipiden. Der Essigsäureester des Cholins, das **Acetyl-cholin,** ist an der Reizleitung im Nervensystem massgebend beteiligt.

$HO-CH_2-CH_2-NH_3^+$ Colamin (Kation)

$HO-CH_2-CH_2-\overset{+}{N}(CH_3)_3$ Cholin (Kation)

$CH_3-\overset{O}{\overset{\|}{C}}-O-CH_2-CH_2-N^+(CH_3)_3$ Acetyl-cholin (Kation)

P. Aminosäuren (Amino-carbonsäuren)

1. Bau, Einteilung und Nomenklatur

Carbonsäuren, an deren Alkylrest eine oder mehrere Aminogruppen sitzen, heissen Amino-carbonsäuren oder kurz **Aminosäuren** (abgekürzt AS). Je nach Stellung der Aminogruppen (Abstand vom Carboxyl) unterscheidet man α-, β-, γ-, usw. und ω-Aminosäuren (vgl. S. 215).

$R-CH(NH_2)-COOH$ α-AS

$R-CH(NH_2)-CH_2-COOH$ β-AS

$NH_2-CH_2 \ldots CH_2-COOH$ ω-AS

Je nach Zahl der Amino- und Carboxylgruppen pro Molekül teilt man ein in **Mono-amino-monocarbonsäuren, Diamino-monocarbonsäuren, Monoamino-dicarbonsäuren** usw. Für die Bezeichnung einzelner AS lässt sich das Genfer System anwenden. Beispiel:

$CH_2(NH_2)-CH_2-CH_2-CH_2-CH(NH_2)-COOH$

α,ω-Diamino-capronsäure oder
2,6-Diamino-hexansäure

Die meisten natürlich vorkommenden AS «hören» jedoch auf Trivialnamen (s. u.).

2. Eigenschaften

Aminosäuren haben grundsätzlich alle Eigenschaften von Carbonsäuren und von Aminen. Sie sind somit gleichzeitig Säuren und Basen und können sowohl mit Basen als auch mit Säuren Salze bilden. Man spricht von **amphoteren Verbindungen** oder **Ampholyten.**

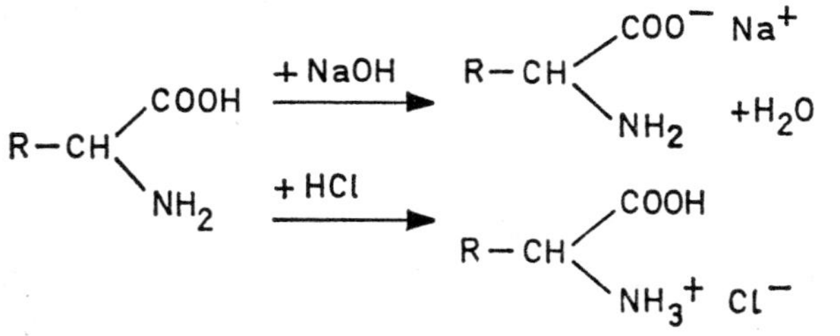

Natriumsalz der Aminosäure

«Hydrochlorid» (Ammoniumsalz) der Aminosäure

Im neutralen Zustand tritt das Carboxyl seinen Wasserstoff an die Aminogruppe ab. Es entsteht so ein **inneres Salz** oder **Zwitterion:**

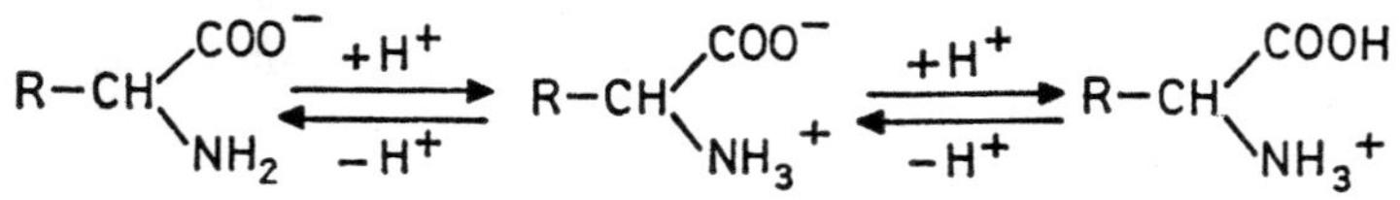

Anion
alkalisches Milieu

Zwitterion
neutrales Milieu

Kation
saures Milieu

Eselsbrücke:
Alkalisch,
Aminosäure
Anion
(3A-Regel)

Für jede einzelne AS haben Carboxyl- und Aminogruppe ihre spezifischen Dissoziationskonstanten. Wegen der Dissoziationsgleichgewichte (vgl. S. 118) existieren immer alle drei der oben symbolisierten Zustände nebeneinander. In alkalischem Milieu dominieren aber die Anionen, in neutralem die Zwitterionen und in saurem die Kationen. Bei den α-AS ist das pK_s der Carboxylgruppe etwas kleiner als das pK_b der Ammoniumgruppe. Der statistisch ausgewogene Zwitterzustand (isoionischer Zustand, gleich viel Plus- und Minusladungen auf AS) herrscht deshalb in der Nähe von pH 6. Bei den AS mit mehr als einer NH_2- bzw. COOH-Gruppe sind entsprechend mehr pH-abhängige Dissoziationszustände möglich.
Als schwache Säuren und schwache Basen eignen sich AS für **Puffer.** Jede Amino- und jede Carboxylgruppe regiert ihr eigenes Puffergebiet (Diamino-monocarbonsäuren haben z.B. deren drei). Wird das Carboxyl «maskiert», z.B. durch Veresterung, so wird aus dem Ampholyten eine Base.
Alle AS sind fest. Sie lassen sich nicht ohne Zersetzung schmelzen (über 200°C). Mit wenig Ausnahmen sind sie mässig bis gut **wasserlöslich.**
Mit Ausnahme der Amino-essigsäure (Glycin) sind alle α-AS **optisch aktiv.**

3. Eiweiss-Aminosäuren

20 verschiedene L-α-AS kommen als regelmässige Bausteine in fast allen Proteinen vor. Knapp die Hälfte davon sind für die menschliche Ernährung unentbehrlich oder essentiell (in Tabelle XXXVII mit e bezeichnet).

Tabelle XXXVII. Eiweiss-Aminosäuren

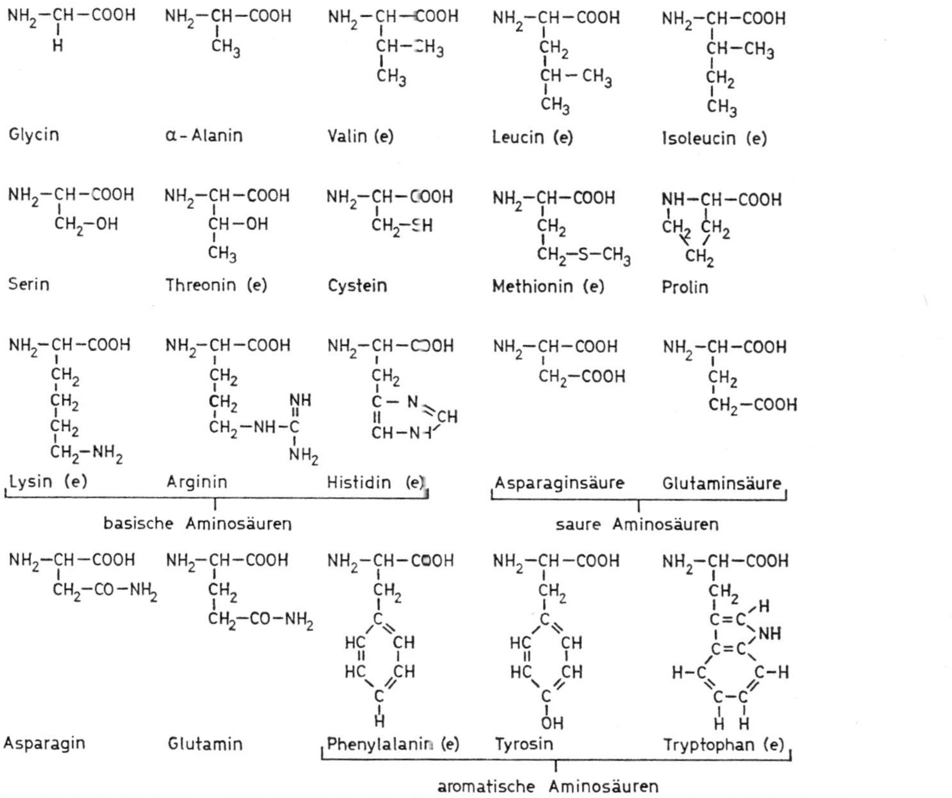

a) Glycin oder Glycocoll

Die Amino-essigsäure ist die einfachste und auch eine der häufigsten Eiweiss-Aminosäuren. Sie schmeckt süsslich und kommt besonders reichlich in Collagen (Bindegewebseiweiss) vor (Name!).

b) Serin

α-Amino-β-hydroxy-propionsäure ist ein wichtiger Bestandteil der Seide. Im Milcheiweiss Casein ist das Serin Träger von Phosphorsäure (mit der Hydroxylgruppe verestert).

c) Cystein und Cystin

Zwei Cysteinmoleküle können sich unter Abgabe von zwei H-Atomen (Oxidation) zu einem Disulfid, dem **Cystin** vereinigen.

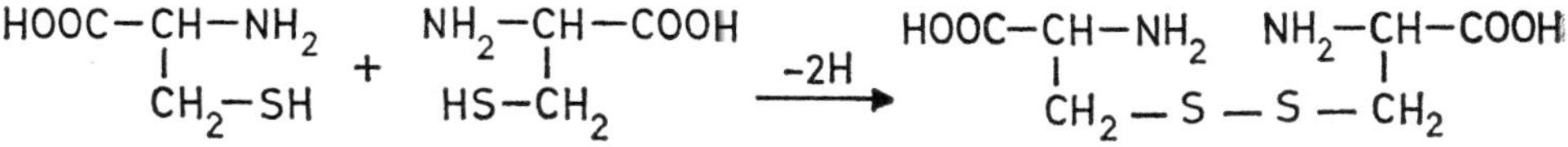

Diese Verknüpfung zweier AS-Moleküle über die S–S-Brücke des Cystins ist für die Struktur der Eiweiss-Riesenmoleküle von entscheidender Bedeutung (vgl. S. 256).
Cystein-SH-Gruppen gehören zum aktiven Zentrum zahlreicher Enzyme. Alle Stoffe, die mit SH-Gruppen reagieren, sind deshalb Gifte für diese Enzyme und somit auch für den ganzen Organismus. Cystin ist trotz seiner hydrophilen Gruppen sehr schwer wasserlöslich. Es lässt sich mit schwerlöslichen anorganischen Salzen vergleichen. Bei einer Krankheit, der Cystinurie, wird vermehrt Cystin im Urin ausgeschieden, wo es zu grösseren Nieren- und Blasensteinen kristallisieren kann. Cystin ist denn auch erstmals in einem Blasenstein entdeckt worden (cystis=Blase).
S-haltige AS lassen sich mit der Bleisulfidprobe empfindlich nachweisen (Kochen mit konzentrierter NaOH → Abspaltung des Schwefels als S^{2-}; Zusatz von Säure und Pb^{2+} → Fällung von schwarzem PbS).

d) Prolin

Prolin ist eine AS mit einer sekundären α-Aminogruppe. Es kommt besonders reichlich im Collagen vor und ist im Eiweissverband teilweise zum **Hydroxyprolin** (OH-Gruppe in γ-Stellung zum Carboxyl) oxidiert.

e) Asparaginsäure und Glutaminsäure; Asparagin und Glutamin

Die Amino-bernsteinsäure und die α-Amino-glutarsäure sind Monoamino-dicarbonsäuren und bilden in H_2O saure Lösungen (pH etwa 3). Ausser als Proteinbestandteile sind die beiden Säuren auch für den N-Stoffwechsel (Harnstoffbildung, S. 270) von Bedeutung. Im Eiweissverband ist ihre ω-Carboxylgruppe manchmal mit Ammoniak kondensiert ($-CO-NH_2$). Die so gebildeten Säureamide (vgl. S. 253) heissen **Asparagin** und **Glutamin.** Sie sind neutral und gelten in der Eiweisschemie als selbständige AS.

f) Lysin, Arginin, Histidin

Die drei AS besitzen neben der α-Aminogruppe noch zusätzlichen, z.T. sekundären Amino-Stickstoff und bilden daher basische Lösungen in H_2O. Das Arginin enthält eine Guanidingruppe (vgl. S. 248) und ist die unmittelbare Vorstufe des in der Leber gebildeten Harnstoffs (vgl. S. 254).

g) Phenylalanin, Tyrosin, Tryptophan

Die drei AS gehören zu den aromatischen Verbindungen (vgl. S. 280 ff.). Ihre Benzolringe sind verantwortlich für eine Anzahl von Farbreaktionen der Proteine und auch für deren Lichtabsorption im mittleren Ultraviolett (280 nm). Tyrosin ist Ausgangsstoff für die Biosynthese der Hormone Adrenalin und Thyroxin und auch des braunen Hautpigmentes Melanin.

Q. Amide und Peptide

1. Eigenschaften der Carbonsäureamide

Carbonsäuren können mit Ammoniak oder Aminoderivaten zu **Säureamiden** kondensieren.

$$R-COOH + NH_3 \xrightarrow{-H_2O} R-CO-NH_2$$

$$R-COOH + NH_2-R' \xrightarrow{-H_2O} R-CO-NH-R'$$

$$R-COOH + NH\begin{matrix} R' \\ R'' \end{matrix} \xrightarrow{-H_2O} R-CO-N\begin{matrix} R' \\ R'' \end{matrix}$$

$$R-CO-Cl + NH_3 \longrightarrow R-CO-NH_2 + HCl$$

Die Amidbildung ist in mancher Hinsicht der Veresterung analog (vgl. S. 221). Wie dort geht die Kondensation besser mit Säurechloriden als mit den freien Säuren. Im Säureamid ist der Stickstoff wegen des Elektronensogs des benachbarten Carbonylsauerstoffs kaum mehr basisch. Amide sind deshalb Nichtelektrolyte.
Wie die Ester lassen sich auch die Amide durch Kochen mit Säuren oder Laugen hydrolysieren (verseifen). Da die C–N-Bindung fester ist als die C–O-Bindung, lassen sich Ester durch Behandlung mit Ammoniak in Amide umwandeln:

$$\underset{\textbf{Ester}}{R-CO-O-R'} + NH_3 \longrightarrow \underset{\textbf{Amid}}{R-CO-NH_2} + \underset{\textbf{Alkohol}}{R'-OH}$$

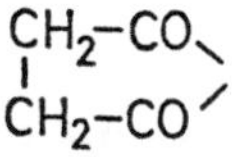
Succinimid

Aus Dicarbonsäuren und Ammoniak lassen sich ringförmige **Imide** herstellen, z. B. das Succinimid aus Bernsteinsäure.

2. Einzelne Amide

a) Formamid

Das Amid und das Dimethyl-amid der Ameisensäure sind hochsiedende, sirupartige Flüssigkeiten (Sdp 193 bzw. 153 °C). Sie werden als Lösungsmittel verwendet.

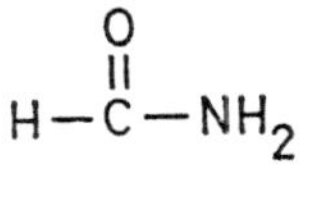
Formamid

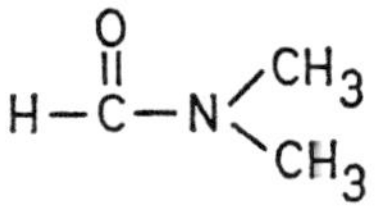
Dimethyl-formamid

b) Carbaminsäure und Harnstoff

Von der zweiwertigen Kohlensäure sind zwei Amide möglich. Das freie Monoamid von H_2CO_3, die Carbaminsäure, ist nicht beständig, wohl aber deren Ester, die **Urethane** NH_2-COOR. Sie finden als Schlafmittel Anwendung.
Gut beständig und leicht herstellbar ist das Kohlensäure-diamid, der **Harnstoff** $NH_2-CO-NH_2$. Die ausgezeichnet wasserlösliche Verbindung bildet nadelförmige Kristalle und ist auch gut alkohollöslich. Harnstoff wird in der Düngerindustrie grosstechnisch aus Kohlendioxid und Ammoniak gewonnen.

$$2NH_3 + CO_2 \xrightarrow{\text{Druck}} NH_2-CO-NH_2 + H_2O$$

Harnstoff ist das **Hauptendprodukt des N-Stoffwechsels beim Säuger.** Der Harnstoff des Urins enthält 80–90% des gesamthaft ausgeschiedenen Stickstoffs;

die übrigen 10–20% fallen auf Ammoniumionen, Kreatinin, Harnsäure und Aminosäuren. Bei normaler Eiweisskost ist die tägliche Harnstoffproduktion des Erwachsenen 20–30 g (Blutkonzentration 20–45 mg/100 ml). Die **Harnstoffbiosynthese** aus dem Stickstoff der AS ist nicht einfach eine Kondensation von Ammoniak und Kohlensäure. Die eine NH_2-Gruppe wird durch Dehydrierung und Hydrolyse aus Glutaminsäure abgespalten:

$$>CH{-}NH_2 \xrightarrow{-2H} >C{=}NH \xrightarrow{+H_2O} >C{=}O + NH_3$$

Der so gebildete Ammoniak wird unter Mitwirkung von ATP (vgl. S. 322) mit CO_2 zum Phosphorsäureester der Carbaminsäure (Carbamylphosphat) kondensiert. Die Komplettierung des Harnstoffmoleküls erfolgt in einem mehrstufigen **Kreisprozess** unter Mitwirkung von Ornithin (α-, ω-Diamino-valeriansäure). Spender des zweiten N ist Asparaginsäure. Der Stickstoff der anderen AS wird erst durch **Transaminierungen** in Glutamin- oder Asparaginsäure übergeführt.
In Mikroorganismen und auch in höheren Pflanzen kommt das Enzym **Urease** vor, welches die Amidbindungen des Harnstoffs hydrolysiert.

$$NH_2{-}\overset{\overset{\displaystyle O}{\|}}{C}{-}NH_2 + 2H_2O \xrightarrow{\text{Urease}} \overset{+}{NH_4}\left[O{-}\overset{\overset{\displaystyle O}{\|}}{C}{-}O\right]^{2-}\overset{+}{NH_4} \quad \textbf{Ammoniumcarbonat}$$

Von dieser Hydrolyse macht man für die **Harnstoffbestimmung** Gebrauch. Durch Zusatz von Alkali wird aus dem gebildeten Ammoniumcarbonat das Ammoniak ausgetrieben und entweder titriert oder photometrisch bestimmt. Die wegen ihrer Einfachheit bevorzugte Methode von Berthelot beruht auf folgenden Reaktionen:

$$\underset{\text{Hypochlorit}}{NaOCl} + NH_3 \rightarrow \underset{\text{Chloramin}}{NH_2Cl} + NaOH \qquad NH_2Cl + NaOCl + \text{Phenol} \rightarrow \text{blaugrüner Farbstoff}$$

3. Polyamide

Aus **Diaminen** und **Dicarbonsäuren** lassen sich Polykondensate von fast beliebiger Länge herstellen. Eines der bekanntesten derartigen **Polyamide** ist das **Nylon,** hergestellt aus 1,6-Diamino-hexan und Adipinsäure (Hexan-di-säure). Die Polyamide sind thermoplastisch und werden wegen ihrer Zähigkeit vor allem zu Gespinsten verarbeitet.

$$\ldots{-}NH{-}(CH_2)_6{-}NH \;\vdots\; \underset{\textbf{Dicarbonsäure}}{CO{-}(CH_2)_4{-}CO} \;\vdots\; \underset{\textbf{Diamin}}{NH{-}(CH_2)_6{-}NH} \;\vdots\; CO{-}\ldots$$

4. Peptide

Aminosäuren können sich mit ihresgleichen amidartig zu Polykondensaten, zu sogenannten **Peptiden** verketten:

$$NH_2{-}\underset{R}{\underset{|}{CH}}{-}COOH + NH_2{-}\underset{R'}{\underset{|}{CH}}{-}COOH \rightarrow H_2O + NH_2{-}\underset{R}{\underset{|}{CH}}{-}CO{-}NH{-}\underset{R'}{\underset{|}{CH}}{-}COOH \quad \textbf{Dipeptid}$$

$$\text{Dipeptid} + \text{Aminosäure} \rightarrow H_2O + NH_2{-}\underset{R}{\underset{|}{CH}}{-}CO{-}NH{-}\underset{R'}{\underset{|}{CH}}{-}CO{-}NH{-}\underset{R''}{\underset{|}{CH}}{-}COOH \quad \textbf{Tripeptid}$$

Tripeptid + nAS → nH_2O + **Polypeptid**

Die Peptidbindung ist von zentraler Bedeutung für das Leben. Sämtliche Proteine bestehen aus peptidartig verknüpften Aminosäuren (s. unten). Kurzkettige Peptide (Oligopeptide) treten vor allem als Eiweissabbauprodukte auf. Einige greifen aber auch aktiv in die Lebensvorgänge ein, so das **Glutathion** (ein Tripeptid aus Glutaminsäure, Cystein und Glycin; unter anderem als Oxidationsschutzmittel für das Hämoglobin der Blutkörperchen wirkend), die Hypophysenhormone **Vasopressin** und **Ocytocin** (beides Octapeptide), ferner die äusserst wirksamen Knollenblätterpilzgifte (ringförmige, gegen Verdauungsenzyme resistente Oligopeptide). Zu den Peptiden zählen auch verschiedene **Antibiotika** wie z. B. Penizillin und Gramicidin.
Peptide können wie andere Amide durch Kochen mit Säure oder Lauge, im allgemeinen auch enzymatisch (vgl. S. 267 f.), hydrolysiert werden. Man erhält so freie AS

R. Proteine (Eiweiss)

Der Name «Protein» ist nach dem griechischen «proteno» = «ich nehme den ersten Platz ein» geprägt worden, und zwar vom Schweden Berzelius in der ersten Hälfte des 19. Jahrhunderts, als die organische Chemie noch in den Anfängen steckte. Für die Biochemie ist der Name treffend. Das Leben ist ohne Proteine undenkbar. Sie sind Bestandteile jeder lebenden Zelle. Alle Biokatalysatoren, die Enzyme, sind Proteine.

1. Struktur der Proteine

a) Primärstruktur

Proteine sind aus peptidartig kondensierten Aminosäuren aufgebaut. Zwischen einem Polypeptid und einem Protein besteht diesbezüglich kein Unterschied. Ein Protein ist ein Polypeptid von zirka 100 bis über 10000 AS (Molekulargewicht zirka 10000 bis über 1 Million).

$$\cdots\cdots{-}NH{-}\underset{R_1}{\underset{|}{CH}}{-}CO{-}NH{-}\underset{R_2}{\underset{|}{CH}}{-}CO{-}NH{-}\underset{R_3}{\underset{|}{CH}}{-}CO{-}NH{-}\underset{R_4}{\underset{|}{CH}}{-}CO{-}\cdots\cdots$$

R_1, R_2 usw.: 20 verschiedene Gruppen, entsprechend den 20 Eiweiss-AS (S. 251).

Die Kettenlänge und vor allem das «Muster» der Aminosäuren geben jeder Eiweissart ihren besonderen Charakter.

Die Kombinationsmöglichkeiten für die Proteinsynthese sind praktisch unbeschränkt. Für eine Kette von nur 100 AS sind mit 20 Bausteintypen 20^{100} oder zirka 10^{130} Molekülarten denkbar. Würde man das ganze Weltall, so weit es mit den besten Teleskopen «ausgeleuchtet» wird (⌀ 4 Milliarden Lichtjahre), mit sich berührenden Neutronen (⌀ 10^{-2} pm) ausfüllen, und würde man eine Billion solcher Weltalle aneinanderreihen, so könnte jedes Neutron ein anderes Protein mit 100 AS darstellen. Die Natur hat diese Möglichkeiten offensichtlich nicht ganz ausgeschöpft.

Die Art der Aufeinanderfolge oder **Sequenz** der einzelnen AS in einem Proteinmolekül wird als dessen **Primärstruktur** bezeichnet. Die Sequenzanalyse selbst eines kleinen Proteinmoleküls ist sehr aufwendig und zeitraubend. Bis heute sind immerhin ein paar hundert Proteinarten – meist Enzyme und Hormone – bis in alle Details aufgeklärt. Die Primärstruktur ist für eine bestimmte Proteinart konstant. Sie ist durch die Erbmasse des synthetisierenden Organismus festgelegt. Bei der Sichelzellanämie, einer vor allem bei Schwarzen vorkommenden Blutkrankheit, wird im Hämoglobinmolekül eine einzige «falsche» AS, nämlich ein Valin statt einer Glutaminsäure eingebaut. Man bezeichnet derartige erbliche Defekte als «Molekularkrankheiten».

b) Sekundär- und Tertiärstruktur (Konformation)

Die **nativen** Proteine (im Zustand, wie sie vom Lebewesen erzeugt wurden) sind keine regellos flottierenden Peptidfadenklüngel. Jede Eiweissart besitzt ihre spezifische räumliche Feinstruktur, die sie schon während der Synthese erhält. Grössere Partien des Fadenmoleküls sind – vor allem bei den wasserlöslichen Proteinen – zu einer Schraube, der sogenannten **α-Helix** aufgewunden. «Geschraubte» Bezirke wechseln mit solchen ohne erkennbare Ordnung (Biegungsstellen der Schraube).

Gerade Helixgebiete und verbogene Bezirke reihen sich zu einem mehr oder weniger kugeligen Gebilde mit genau definierter Struktur auf (Abb. 78). Die α-Helix wird als **Sekundärstruktur,** die das ganze Proteinmolekül umfassende Knäuelordnung als **Tertiärstruktur** bezeichnet. Heute fasst man die beiden Ordnungen meist in den Begriff **Konformation** zusammen. Diese im wahrsten Sinn verwickelte Feinstruktur der Proteinmoleküle wird durch meist schwache Bindungskräfte aufrechterhalten. In der Helix (Ganghöhe 3,7 Peptideinheiten) sind es Wasserstoffbrücken zwischen O und N von Peptidgruppen, die eine Schraubenwindung übereinander liegen. Der Carbonyl-Sauerstoff zieht das Elektron des Wasserstoffs und damit die ganze über ihm liegende Peptidkette an. Die Tertiärstruktur wird vor allem durch S–S-Brücken von Cystin, das zwei auseinanderliegenden Bezirken des Fadens angehört, aber auch durch sogenannte hydrophobe Wechselwirkungen (Anziehung zwischen Kohlenwasserstoffresten der AS) garantiert.

$$>C{=}O\cdots H{-}N<$$

c) Quartärstruktur

Bei vielen Proteinen, unter anderem etlichen Enzymen gibt es Gebilde, die aus zwei oder mehr Proteinmolekülen bestehen. Solche meist lockere Wechselbeziehungen zwischen einzelnen Eiweissmolekülen nennt man **Quartärstruktur.** Klassisches Beispiel für ein Protein mit Quartärstruktur ist das Hämoglobin mit vier Untereinheiten.

Bei den wasserunlöslichen Faserproteinen sind oft viele Peptidfäden mit Wasserstoffbindung zickzackartig aneinandergereiht («Faltblattstruktur»), oder drei Fäden sind zu einem Strang gedreht wie z. B. im Collagen.

Die Konformationsaufklärung der Proteine verdanken wir vor allem der Röntgenstrukturanalyse.

d) Denaturierung

Die Bindungen, welche die Konformation eines Proteins garantieren, sind grösstenteils so schwach, dass sie durch mannigfache Umwelteinflüsse gelöst werden können. Wenn dies geschieht, bricht die subtile Raumordnung zusammen, das Eiweissmolekül wird **denaturiert.**

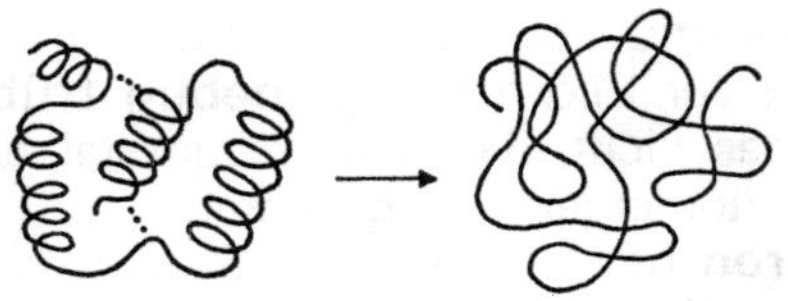

Abb. 78. Denaturierung eines Proteinmoleküls.

Vollständige Denaturierungen sind **irreversibel** (nicht rückgängig zu machen). Höchstens teildenaturierte Proteine lassen sich «renaturieren». Denaturierend wirken alle **physikalischen Vorgänge,** die dem Proteinmolekül Energie zuführen (Erwärmung auf über 60°C, kurzwellige Strahlung, Ultraschall). Die Schwingung der Atome und Atomgruppen wird dadurch verstärkt, schwache Bindungen, wie H-Brücken, werden gesprengt (vgl. S. 71). **Chemische Denaturierung** bewirken alle Agenzien, die für die Wasserstoffbrücken oder die Ionenbindungen der Sekundär- und Tertiärstruktur als Konkurrenten auftreten: Zahlreiche **Säuren** und **Basen,** konzentrierte **Harnstoff-** und Guanidinlösung, **organische Lösungsmittel,** gewisse **Netzmittel** (z. B. Fettalkoholsulfate). Verschiedene Proteine werden verschieden leicht denaturiert. Oft geht mit der Denaturierung eine **Ausfällung** (Koagulierung) des Proteins parallel, dies vor allem bei Hitze-, Säure- oder Lösungsmitteldenaturierung.

Enzyme und Proteinhormone verlieren bei Denaturierung jede Aktivität. Das Sterilisieren von Nahrungsmitteln und medizinischen Utensilien durch Hitze beruht in erster Linie auf der Denaturierung der Enzyme in den Mikroorganismen.

2. Proteine als Kolloide

a) Die kolloidale Lösung

Zwischen den **echten Lösungen** kleiner Moleküle und Ionen (z. B. NaCl oder Glucose) und den filtrierbaren und mikroskopisch differenzierbaren **Suspensionen** gibt es eine Übergangsform, die **kolloidale Lösung.** «Kolloidal» bedeutet ursprünglich leimartig. Die verschiedenen Leime (Gummi arabicum, Gelatine, Kleister) sind denn auch typische Kolloide. Zu den Kolloiden gehören alle **Riesenmoleküle,** sofern sie überhaupt wasserlöslich sind, wie Stärke, Proteine, Kieselsäure usw. Es gibt aber auch Kolloide von niedermolekularen Stoffen, die durch Zusammenballung mehrerer hundert oder tausend Moleküle zu grösseren Teilchen entstanden sind, z. B. kolloidale Schwermetallhydroxide, kolloidale Goldlösungen usw.

Niedermolekulare Stoffe	«Kristalloide»	∅ unter 1 nm	**echte Lösung**
Hochmolekulare Stoffe und zu Aggregaten assoziierte niedermolekulare Stoffe	Kolloide	∅ 1–100 nm	**kolloidale Lösung**
Gröbere, sichtbare Partikel		∅ über 100 nm	**Suspension**

Kolloide können aus **neutralen Partikeln** (z. B. Stärke) oder aus **Ionen** (z. B. Eiweiss) bestehen. Ionisierte Kolloide sind in der Regel besser wasserlöslich als ungeladene (stärkere Hydratisierung, vgl. S. 71).

Folgende Eigenschaften zeichnen kolloidale Lösungen aus:

1. In der Durchsicht (Lösung zwischen Betrachter und Lichtquelle) erscheinen sie klar, bei seitlicher Anstrahlung (Lichtstrahl quer zur Blickrichtung) **neblig trüb (Tyndalleffekt).** Die Kolloidpartikel streuen das Licht, das kurzwellige stärker als das langwellige. Dieser Umstand ist beim Photometrieren zu beachten.
2. Gelöste Kolloide lassen sich **nicht abfiltrieren** (im Gegensatz zu Suspensionen), wohl aber **in der Ultrazentrifuge sedimentieren** (im Gegensatz zu echten Lösungen).
3. Durch Dialyse lassen sich Kolloide von echt gelösten Partikeln trennen (vgl. S. 263 f.).
4. Kolloidale Ionen lassen sich **durch entgegengesetzt geladene grosse Ionen ausfällen.** Umgekehrt kann man schlecht lösliche Kolloide durch gleichsinnig geladene, gut lösliche vor dem Ausfallen schützen. Man spricht dann von **Schutzkolloidwirkung** (s. unten).

b) Sole und Gele

Eine tropfbar-flüssige kolloidale Lösung wird als **Sol** («Lösung») bezeichnet. Im Sol sind die Kolloidpartikel frei beweglich. Ein **Gel** («Gefrorenes») oder eine Gallerte ist ein Kolloid, dessen Partikel sich durch elektrische Kräfte (Ionenanziehung, H-Brücken) in lockerem Verband gegenseitig festhalten. Die einzelnen Kolloidteilchen sind zu einem mehr oder weniger formbeständigen Gitterwerk, das grosse Mengen Lösungsmittel einschliessen kann, vereinigt. Gele entstehen vorzugsweise aus Fadenmolekülen (Stärke, Dextran, Agar, Gelatine, Polyacrylamid, Fibrin, Kieselsäure). Ein Gelatine-Gel kann bis 99% Wasser enthalten, ein Fibrin-Gel bildet sich schon mit 4 mg Fibrinogen pro Liter (vgl. S. 261). Gele spielen in der Labortechnik eine grosse Rolle, z. B. Kiesel- und Dextran-Gele für die Chromatographie (vgl. S. 331 ff.), Stärke- und Polyacrylamid-Gele für die Elektrophorese (vgl. S. 264 f.), Agar- und Gelatine-Gele als Nährböden für Mikroorganismen. Auch das Zellplasma besitzt Gel-Eigenschaften.

c) Kolloideigenschaften der Plasmaproteine

Das Blutplasma enthält ein kompliziertes Gemisch von Proteinen und Proteiden (Verbindungen von Eiweiss mit anderen Stoffen). All diese Eiweisskörper sind kolloidal gelöst. Ihre Löslichkeit ist aber unterschiedlich. Am besten löslich ist das relativ niedermolekulare **Albumin.** Dieses wirkt als Schutzkolloid für die höhermolekularen **Globuline** und **Lipoproteide.** Bei gewissen Erkrankungen, vor allem entzündlichen Veränderungen, ist das Verhältnis von Schutzkolloid zu übrigen Kolloiden gestört. Die Störung kann durch **Kolloidlabilitätsproben** festgestellt werden. Bei Zusatz von gewissen Salzen, organischen Stoffen oder auch von anderen Kolloiden (zu den Proteinionen entgegengesetzt geladen) entstehen im Serum Trübungen und Ausflockungen, deren Intensität unter konstanten Bedingungen nur vom internen Verhältnis der Eiweissfraktionen abhängt. Solche Zusätze sind $CaCl_2$, $HgCl_2$, Thymol, Kephalin u.a. Die früher oft verwendeten Labilitätsproben sind heute im medizinischen Labor fast völlig durch die Elektrophorese verdrängt, die wesentlich mehr über das «Proteinspektrum» des Serums aussagt (vgl. S. 264ff.).

3. Proteine als Ampholyte

An den Enden der Proteinketten und an den Seitengruppen der Diamino-monocarbon- und Monoamino-dicarbonsäuren sitzen ionisierbare Amino- und Carboxylgruppen. Die Proteine sind somit **amphotere Elektrolyte** wie die Aminosäuren. Manches Verhalten der Proteinlösungen lässt sich mit Hilfe dieser Tatsache erklären.

In saurer Lösung sind die Protein-Kolloidpartikel Kationen, in alkalischer Lösung Anionen («A»-Regel; vgl. S. 250).

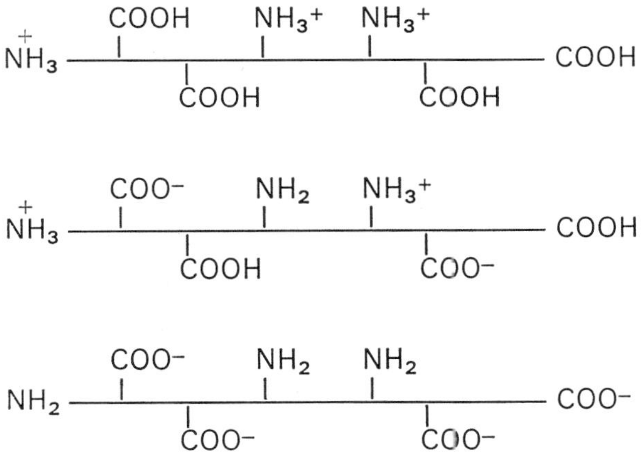

stark saure Lösung: geladene Ammoniumgruppen, undissoziierte Carboxyle

Lösung mit isoelektrischem pH: sowohl Carboxyl- als auch Amino- bzw. Ammoniumgruppen z.T. geladen, z.T. ungeladen; gleichviel Plus- und Minusladungen pro Molekül

stark alkalische Lösung: ungeladene Aminogruppen, dissoziierte Carboxyle

Abb. 79. Protein als Ampholyt.

Lässt man zu einer alkalischen Proteinlösung sukzessive Säure zufliessen, dann verschwinden mehr und mehr negative Ladungen, und mehr und mehr positive entstehen. Einmal wird der Punkt erreicht, bei dem das Proteinmolekül gleich viel positive und negative Ladungen hat, also ein nach aussen neutrales «inneres Salz» oder Zwitterion darstellt. Der bei diesem Zustand herrschende pH-Wert heisst **isoelektrischer Punkt** (IEP oder pHi). Die Lage des IEP ist vom Zahlenverhältnis Aminogruppen/Carboxylgruppen, aber auch von den pK-Werten der einzelnen Gruppen abhängig. Bei Proteinen, in denen saure AS über die basischen dominieren, liegt der IEP im sauren Gebiet (Beisp. Albumine), bei Überwiegen der basischen AS im alkalischen (Beisp. Histone der Zellkerne).

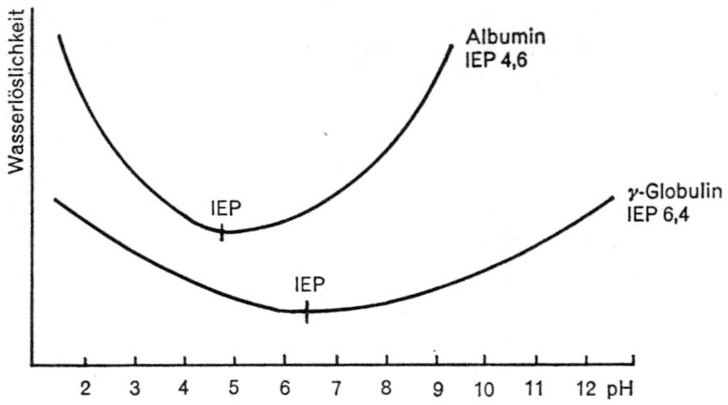

Abb. 80. pH-abhängige Löslichkeit der Proteine.

Je grösser die Nettoladung (Differenz aus pos. u. neg. Ladg.) – ob positiv oder negativ – d.h. je weiter vom IEP das pH entfernt ist, desto besser die **Löslichkeit** (starke Hydratation, gegenseitige Abstossung gleichsinniger Ladungen). Am IEP ist die Löslichkeit am geringsten. Das Phänomen der pH-variablen Löslichkeit ist beim Casein besonders auffällig. Durch leichtes Ansäuern der Milch lässt sich das Casein (IEP 4) fast vollständig ausfällen (Joghurt und andere Sauermilchprodukte). Die Ampholytnatur der Proteine und ihr unterschiedlicher IEP werden zur Trennung von Proteingemischen mit der **Elektrophorese** ausgenützt (vgl. S. 264 ff.).

Als Moleküle mit vielen schwach sauren und schwach basischen Gruppen bilden die Proteine **Puffer** mit kontinuierlichem Wirkungsbereich über ein grosses Gebiet der pH-Skala. In verschiedenen Körperflüssigkeiten kommt dieser Pufferfunktion grosse Bedeutung zu.

4. Klassierung der Proteine

Proteine im engeren Sinn
(nur aus kondensierten AS aufgebaut)

Sphäroproteine
wasserlöslich, mehr oder weniger kugelige freie Einzelmoleküle

Histone, Albumine, Globuline

Skleroproteine oder **fibrilläre Proteine**
in H_2O schwer oder unlöslich, viele Moleküle zu Strängen oder Gittern verbunden

Fibrin, Myosin, Collagen, Elastin, Keratin, Seidenfibroin

Proteide (zusammengesetzte Proteine)
Neben AS noch «fremde» Bauelemente, sogenannte **prosthetische Gruppen,** kovalent oder koordinativ gebunden

Metallproteide, Phosphoproteide, Lipoproteide, Glycoproteide, Nucleoproteide, Chromoproteide

5. Einzelne Proteine und Proteide

a) Histone

Im Zellkern findet man die Histone, niedermolekulare Proteine mit relativ viel basischen AS. Sie bilden mit den Nucleinsäuren Nucleoproteide.

b) Albumine

Die Albumine sind leicht wasserlösliche Proteine von relativ niedrigem Molekulargewicht (17 000–69 000). Wichtige Vertreter sind das **Serumalbumin, Lactalbumin** (Milch) und **Ovalbumin** (Eiklar). Im Gegensatz zu den Globulinen sind die Albumine **in reinem Wasser löslich.** Die Albumine regulieren den osmotischen Druck des Blutes und sind Vehikel für eine Reihe von schwer wasserlöslichen Stoffen, z. B. freie Fettsäuren, Bilirubin.

c) Globuline

Die Globuline unterscheiden sich strukturell nicht grundsätzlich von den Albuminen. Sie haben höheres Molekulargewicht als diese und sind schlechter wasserlöslich. In reinem Wasser sind sie praktisch nicht löslich, relativ gut dagegen in verdünnten Salzlösungen. Man spricht vom «Einsalzeffekt». In ionenarmem H_2O bilden die Globuline grosse Agglomerate zufolge gegenseitiger Ionenanziehung der Einzelpartikel. Salzionen treten in Konkurrenz mit den geladenen Gruppen der Proteinmoleküle; sie drängen sich zwischen die Eiweisspartikel; das Agglomerat zerfällt. Verdünnt man Blutserum mit Wasser, so wird es trüb, weil die Globuline teilweise ausfallen; verdünnt man mit physiologischer Kochsalzlösung (9 g NaCl/l), bleibt die Lösung klar.

Besonders gut untersucht sind die Globuline des Serums. Die Elektrophorese (vgl. S. 266) der Serumproteine liefert neben Albumin die vier Fraktionen α_1-, α_2-, β- und γ-Globuline. Diese Fraktionen sind keineswegs einheitlich. Man kennt über 30 Serumglobuline (Nachweis mittels immunologischer Verfahren). α- und β-Globuline haben mannigfache Transportfunktionen (Fette, Cholesterin, Vitamine, Hormone, Metalle u.a.). Die γ-Fraktion besteht aus den Immunglobulinen, das sind Antikörper gegen fremdes Protein und bakterielle Antigene. Mangel an γ-Globulin bedeutet Infektionsanfälligkeit.

d) Fibrinogen/Fibrin, Blutgerinnung

Fibrinogen, ein Plasmaprotein, ist trotz seiner langgestreckten Molekülform wasserlöslich. Bei der Blutgerinnung entsteht aus dem löslichen Fibrinogen das unlösliche **Fibrin-Gel.** Unter Mitwirkung einer ganzen Kette von Faktoren (u.a. Blutplättchen, Calciumionen) kann sich im Blut bei Austritt aus den Gefässen das Enzym **Thrombin** bilden. Dieses spaltet vom Fibrinogen kleinere Peptide ab. Die so «verstümmelten» Proteinmoleküle verbinden sich mit ihresgleichen kovalent zu einem riesigen Netzwerk, dem Fibringerinnsel, und bilden zusammen mit den Blutzellen den Wundver-

Tabelle XXXVIII. Plasmaproteine beim gesunden Menschen in Prozenten

Albumin	52–62	Serum	Plasma
α_1-Globulin	3–5	Serum	Plasma
α_2-Globulin	6–9	Serum	Plasma
β-Globulin	9–14	Serum	Plasma
γ-Globulin	11–17	Serum	Plasma
Fibrinogen	5		Plasma

schluss. Der Überstand von zentrifugiertem **ungeronnenem Blut** heisst **Plasma** (fibrinogenhaltig). Zentrifugiert man **nach der Gerinnung,** erhält man das **Serum** (fibrinogenfrei).

e) Myosin

Myosin ist ein Hauptprotein des Muskels. Es ist in reinem H_2O unlöslich, löslich dagegen in verdünntem KCl. Das Protein bildet das kontraktile Element der Muskelfasern.

f) Collagen und Elastin

Das Bindegewebseiweiss **Collagen** macht beim Säuger etwa 30% des Gesamtkörperproteins aus. Es ist in Salzlösungen, verdünnten Laugen und Säuren unlöslich. Gekochtes, denaturiertes Collagen ist die wasserlösliche, als Nahrungsprotein geringwertige **Gelatine. Elastin** ist Hauptbestandteil der elastischen Gewebe der Sehnen und Blutgefässe.

g) Keratin

Das Hauptprotein der Hornsubstanz (Haare, Nägel und Klauen, Hörner, Federn) ist das **Keratin** (keros=Horn). Seine Formkonstanz verdankt es dem hohen Gehalt an **Cystin** (menschliches Haar 15%). Die vielen S–S-Brücken des Cystins ergeben einen hohen Vernetzungsgrad und bewirken die Starrheit des Hornmaterials. Durch Reduktionsmittel können die –S–S-Brücken gesprengt werden (vgl. S. 251). Das Keratin wird dadurch plastisch deformierbar. Nach gewünschter Verformung können die S–S-Brücken durch Oxidation an anderen Stellen wieder geknüpft werden (Kalt-Dauerwell-Verfahren).

h) Metallproteide (Protein-Metall-Verbindungen)

Eisen, Kupfer und Zink werden im Organismus als Metallproteide transportiert. Die drei Metalle sind auch funktionelle Bestandteile von Enzymen. Das Vehikel des Eisens im Serum heisst **Siderophilin** oder Transferrin, dasjenige des Kupfers ist das Cäruloplasmin. Beides sind Globuline.

i) Phosphoproteide (Protein-Phosphorsäure-Verbindungen)

Ein wichtiges Phosphoproteid ist das **Milchcasein.** Es enthält die Phosphorsäure als Ester an der OH-Gruppe des Serins.

j) Lipoproteide (Protein-Lipid-Verbindungen)

Lipoproteide spielen vor allem für den Fetttransport im Blut eine wichtige Rolle (vgl. S. 230). Auch als Bausteine der Zellmembranen haben sie Bedeutung.

k) Glycoproteide (Protein-Kohlenhydrat-Verbindungen)

Glycoproteide sind im Tier- und Pflanzenreich weit verbreitet (Schleimstoffe, Zellmembranbestandteile, Blutgerinnungsfaktoren, Blutgruppensubstanzen usw.). Die Bindung zwischen Protein und KH ist meist glycosidisch (vgl. S. 234).

l) Nucleoproteide (Protein-Nucleinsäure-Verbindungen)

Nucleoproteide sind die wichtigsten Bestandteile der Zellkerne. Protein und Nucleinsäure (vgl. S. 319 ff.) sind salzartig verbunden.

m) Chromoproteide (Protein-Farbstoff-Verbindungen)
Die wichtigsten Farbstoffkomponenten von Chromoproteiden sind **Porphyrine** und **Flavine.** Das bestbekannte Chromoproteid ist das Hämoglobin (vgl. S. 313f.).

6. Isolierung, Fraktionierung, Bestimmung und Strukturanalyse von Proteinen

Für die Separierung gelöster Proteine von anderen Lösungskomponenten bedient man sich vor allem der Proteinfällung und der Dialyse.

a) Proteinfällung, «Enteiweissung»
Gelöstes Eiweiss kann auf mannigfache Art ausgefällt und von der übrigen Lösung abgetrennt werden. Man unterscheidet zwischen **reversibler** und **irreversibler** Fällung. Reversibel gefälltes Eiweiss kann wieder aufgelöst werden, es hat seine native Sekundär- und Tertiärstruktur behalten (keine Denaturierung); Enzyme und Hormone bleiben aktiv. **Reversibel** sind die Fällungen mit **konzentrierten Salzlösungen.** Man spricht von Aussalzen. Durch schrittweise Steigerung der Salzkonzentration können die gelösten Proteine grob fraktioniert werden. So werden z.B. durch gesättigtes Ammoniumsulfat alle Serumproteine ausgefällt, bei halber Sättigung mit dem gleichen Salz nur die Globuline. Auch mit kaltem Alkohol kann reversibel gefällt werden. Ursache der Proteinfällung durch konzentrierte Salze und organische Lösungsmittel ist die teilweise Zerstörung des schützenden Hydratmantels der Eiweissmoleküle.

Aus konzentrierten Lösungen lässt sich Eiweiss auch **isoelektrisch fällen** (pH-Verschiebung bis zum IEP; Löslichkeitsminimum). Eine solche Fällung ist aber meist unvollständig (vgl. S. 259f.).

Die **irreversible** Fällung ist stets mit einer **Denaturierung** verbunden. Das gefällte Eiweiss büsst seine Wasserlöslichkeit weitgehend ein. Irreversibel fällt man immer dann, wenn es gilt, eine Lösung möglichst vollständig zu enteiweissen. Bei allen Serumanalysen, bei denen Eiweiss aus irgendeinem Grund stört, wird dieses durch irreversible Fällung abgetrennt.
Irreversibel fällende Reagenzien sind: **Trichloressigsäure, Perchlorsäure,** Wolframsäure, Pikrinsäure, Sulfosalicylsäure, Zinkhydroxid, Uranylacetat.
Irreversible Fällungen entstehen auch beim **Erhitzen** von Proteinlösungen, vor allem in schwach saurer Lösung (Nachweis von Eiweiss im Urin: Ansäuern mit Essigsäure, Aufkochen; allfällig entstehende Trübung ist ausgefälltes Albumin).
Durch die Fällbarkeit unterscheiden sich echte Proteine von Polypeptiden im engeren Sinn.

b) Dialyse
Wesentlich schonender als die Fällung arbeitet die Dialyse. Das Verfahren macht sich den grossen **Unterschied in der Partikelgrösse** zwischen dem kolloidalen Eiweiss und den echt gelösten Gemischkomponenten zunutze. Als «Molekularsieb» verwendet man eine poröse Membran (Cellophan), welche für alle echt gelösten Partikel passierbar, für Kolloide aber undurchlässig ist.

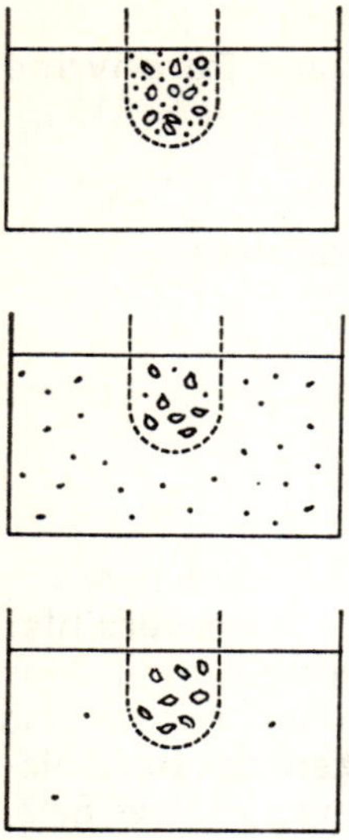

Ausgangslage: Ein Cellophansack, gefüllt mit einem Lösungsgemisch aus Kolloiden und «Kristalloiden», z. B. Protein und anorgan. Salzen, wird in ein Gefäss mit Wasser gehängt.

Zwischenlage: Die echt gelösten Stoffe sind durch die Membran in die Aussenflüssigkeit **diffundiert** (Eigenbewegung der Moleküle). Sie verteilen sich schliesslich auf die ganze Flüssigkeit inner- und ausserhalb des Beutels. Die Membran hindert die Kolloidpartikel an der Diffusion. Durch Bewegen des Sackes oder des Aussenwassers kann die Dialyse beschleunigt werden.

Endlage: Durch mehrmaliges oder auch kontinuierliches Erneuern der Aussenflüssigkeit kann der Sackinhalt vollständig von echt gelösten Stoffen befreit werden.

Abb. 81. Dialyse.

Eine erschöpfende Dialyse dauert in der Regel mehrere Stunden bis Tage. Die Dialyse darf nicht mit der Osmose verwechselt werden (vgl. S. 98). Die ideale Osmosemembran ist im Gegensatz zur Dialysemembran nur für Wassermoleküle durchlässig.

Eine wichtige Anwendung der Dialyse ist die **«künstliche Niere».** Das urämische (harnstoffreiche) Blut des Patienten mit kranken Nieren wird durch einen Dialysierschlauch gepumpt. Es wird aber nicht gegen reines Wasser dialysiert, sondern gegen eine Lösung, die alle im Plasma gelösten Salze in physiologischer Konzentration enthält. Die Plasmaproteinmoleküle können wegen ihrer Grösse die Schlauchmembran nicht passieren, die Blutzellen erst recht nicht. Dank der freien Diffusion aller anorganischen Ionen in beiden Richtungen durch die Membranporen ändert sich deren Konzentration im dialysierten Blut nicht. Die Konzentration der sog. harnpflichtigen Stoffe, die in der frischen Aussenflüssigkeit fehlen (Harnstoff, Kreatinin, Harnsäure u.a.), fällt im dialysierten Blut unter das lebensbedrohende Niveau, wenn die Aussenflüssigkeit ständig erneuert wird.

c) Ultrazentrifuge

In der Ultrazentrifuge, bei Zentrifugalbeschleunigungen bis 500000 *g* (auf 1 Gramm Masse wirkt dann eine Kraft von einer halben Tonne) lassen sich Proteingemische **fraktioniert sedimentieren.** Die Sedimentationsgeschwindigkeit ist von Grösse und Form der Kolloidpartikel abhängig.

d) Elektrophorese (phoros = Träger)

Ionen wandern im elektrischen Feld. Ihre Geschwindigkeit ist um so grösser, 1. je grösser die Feldstärke (Volt/cm), 2. je grösser die Ladung des Ions und 3. je besser beweglich das Ion (abhängig von Partikelgrösse und -form und der inneren Reibung der Flüssigkeit). Bei konstanter Feldstärke und gleichbleibender Flüssigkeit ist die

Wandergeschwindigkeit nur noch eine Funktion von Ladung, Grösse und Gestalt der Ionen. Diese Tatsache lässt sich für ein elegantes Verfahren zur Trennung von Eiweissgemischen, die **Elektrophorese** ausnützen:
Durch Auflösen des Proteingemisches in einem Puffer von definiertem pH erhält jedes Einzelprotein eine **bestimmte Nettoladung,** je nach Lage seines isoelektrischen Punktes (vgl. S. 259). Eingeschlossen zwischen zwei Zonen mit leerem Puffer von gleichem pH, wird die Eiweisslösung an eine Gleichspannung von einigen 100 V angeschlossen (Abb. 82).

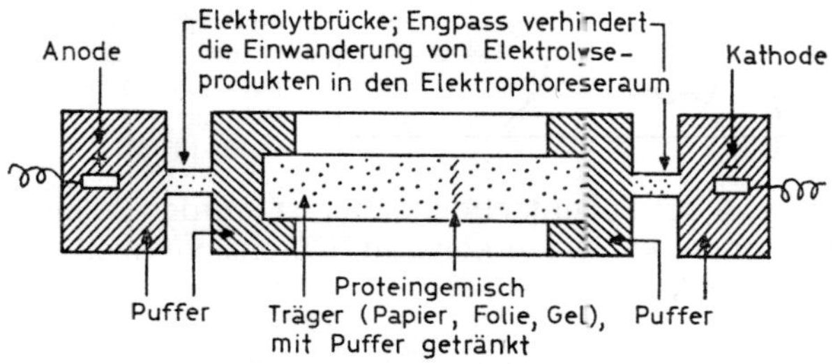

Abb. 82. Schema eines Elektrophorese-Apparates.

Je nach Nettoladung (Lage des IEP) und Beweglichkeit (Molekülgrösse und -gestalt) wandern die einzelnen Proteine mehr oder weniger schnell in die leeren Pufferzonen hinein.

Moleküle mit IEP>Puffer-pH (Nettoladung positiv) wandern Richtung Kathode
Moleküle mit IEP = Puffer-pH (Nettoladung null) bleiben am Ort
Moleküle mit IEP<Puffer-pH (Nettoladung negativ) wandern Richtung Anode

Das Puffer-pH wird so gewählt, dass die Wandergeschwindigkeiten der Gemischkomponenten nicht zu klein und möglichst unterschiedlich werden (für Serum-Proteine 8,7).

Je nach der technischen Ausführung unterscheidet man:
Trägerfreie Elektrophorese: Die Proteine wandern in einem Rohr mit freier Pufferlösung. Die wandernden Eiweisszonen können z.B. anhand ihrer Lichtbrechung lokalisiert werden.
Papier-Elektrophorese: Ein Filterpapierstreifen dient als Träger für Puffer und Eiweisslösung.
Folien-Elektrophorese: Eine quellbare Folie aus Zellulose-acetat ist Träger von Puffer und Eiweiss.

Papier- und Folien-Elektrophorese dienen vor allem analytischen Zwecken (Bestimmung des prozentualen Anteils von Proteinfraktionen an einem Gemisch). Nach dem «Lauf» werden die Eiweisszonen angefärbt, und zwar mit Farbstoffen, die sich nur mit dem Protein, nicht aber mit dem Trägermaterial verbinden. Mit einem Photometer wird dann die Farbintensität, d.h. die Lichtabsorption der Zonen ausgemessen. Abbildung 83 zeigt das graphische Ergebnis einer solchen Auswertung. Die Fläche der «Berge» ist proportional der Proteinmenge in der entsprechenden Zone.

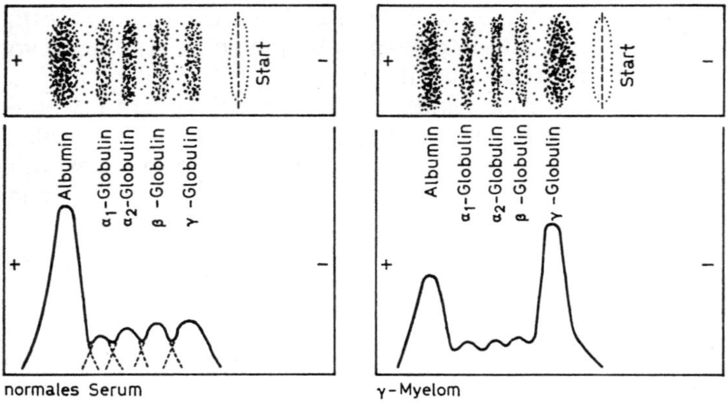

Abb. 83. Elektrophorese eines normalen und pathologischen Serums; Puffer pH 8,7.

Die Papiertechnik ist weitgehend von der Folientechnik abgelöst worden (gleichmässigere Wanderung, schärfere Zonen, kürzere Arbeitszeit, Durchsichtigkeit und damit leichtere Farbmessung bei der Folie).

Gel-Elektrophorese: Ein gequollener Gelblock aus Stärke, Agar oder Polyacrylamid ist Träger für Puffer und Eiweiss. Mit der Gel-Elektrophorese werden grössere Eiweissmengen präparativ getrennt und nach Auswaschen der Zonen (der Gelblock wird nach dem Lauf in Scheiben geschnitten) weiterverarbeitet.

Eine besondere Art der Elektrophorese ist die **isoelektrische Focussierung:** Der Puffer, in dem das Proteingemisch wandern soll, hat hier kein einheitliches pH, sondern einen pH-Gradienten, d.h. das pH nimmt von einer Elektrode zur andern kontinuierlich zu, und zwar über einen Bereich, der alle IEP der Gemischkomponenten einschliesst. Jedes Protein wandert dann bis in die Gegend, deren pH seinem eigenen IEP entspricht und bleibt dort stehen.

e) Gelfiltration oder Gelchromatographie (s. S. 334 f.)

f) Bestimmung der Gesamtproteinkonzentration

Die Proteine mit einem durchschnittlichen AS-Muster (Albumine, Globuline usw.) enthalten zirka 16% Stickstoff. Der Eiweissgehalt einer Probe kann daher durch eine Stickstoffbestimmung ermittelt werden, sofern sie keine andern N-haltigen Stoffe enthält. Andernfalls muss das Protein erst durch Fällung oder Dialyse isoliert werden. Eine solche N-Bestimmung ist die **Kjeldahl-Analyse:** Durch feuchte Veraschung mit Schwefelsäure und einem Oxidationskatalysator (Cu, Hg, Se) wird alles organische Material zerstört. Amino-, Imino- und Amid-Stickstoff wird dabei in Ammoniumsulfat übergeführt. Fünfwertiger Stickstoff (Nitrate und Nitroverbindungen) wird nicht miterfasst. In einem besonderen Destillationsapparat wird das Veraschungsgemisch mit konzentrierter Lauge umgesetzt. Durch Einblasen von Wasserdampf in die Lösung wird das freigesetzte NH_3 ausgetrieben und in eine Säurevorlage überdestilliert. Das aufgefangene Ammoniak wird titrimetrisch oder photometrisch bestimmt. Aus der gefundenen Ammoniakmenge lässt sich der Eiweissgehalt wie folgt berechnen:

mg N = mVal NH_3 mal 14; mg Eiweiss = mVal NH_3 mal $\frac{14 \cdot 100}{16}$

Von den verschiedenen **photometrischen** Eiweissbestimmungsmethoden ist die **Biuret-Reaktion** die meistgebrauchte. Proteine und Peptide geben in alkalischer Lösung mit zweiwertigem Kupfer einen violetten Komplex (vgl. S. 323), dessen Farbintensität proportional zur Anzahl Peptidbindungen und damit auch angenähert zur Eiweisskonzentration ist

Orientierende Schnellbestimmungen der Serumeiweisskonzentration basieren auf Messungen des Brechungsindex oder der Dichte des Serums.

g) Ermittlung des Anteils der einzelnen Aminosäuren an einem Protein

Proteine lassen sich durch längeres Erhitzen in stark saurer (oder alkalischer) Lösung **zu Aminosäuren hydrolysieren.** Aus dem Hydrolysat können die einzelnen AS isoliert und ihr Anteil am Gemisch bestimmt werden. Früher war die Trennung der 20 AS wegen ihrer nahen chemischen Verwandtschaft schwierig. In der **Chromatographie** besitzen wir heute ein leistungsfähiges Verfahren zur Separierung von nah verwandten Homologen, unter anderem auch von Aminosäuren. Die Chromatographie hat einen sehr breiten Anwendungsbereich und ist aus der modernen Chemie nicht mehr wegzudenken. Theorie und Technik ihrer verschiedenen Spielarten werden im Anhang besprochen (S. 331 ff.).

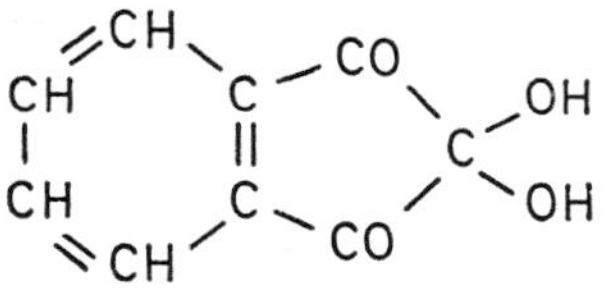

Ninhydrin

Für **Nachweis und Bestimmung von AS** benützt man vorzugsweise die Ninhydrin-Reaktion: Alle Aminoverbindungen bilden beim Erhitzen mit Ninhydrin Farbstoffe mit verschiedenen, meist blauvioletten Nuancen. Auch Peptide, Proteine und selbst Ammoniak haben positive Ninhydrin-Reaktion (unspezifischer Gruppentest).

h) Sequenzanalyse (Bestimmung der Primärstruktur)

Für kurze Peptidketten (bis etwa ein Dutzend AS) gibt es verschiedene Verfahren, welche es gestatten, eine AS nach der andern vom Faden abzuspalten und damit die Reihenfolge zu ermitteln. Für längere Peptide versagen diese Methoden, weil nach wiederholter Einzelabspaltung das Restpeptid mehr und mehr mit Nebenprodukten des Spaltprozesses verunreinigt wird. Ein Protein wird deshalb zuerst mit Enzymen «teilverdaut», d.h. es wird nur ein Teil der Peptidbindungen hydrolysiert, so dass eine Anzahl kurzkettiger Peptide entstehen. Diese werden chromatographisch oder elektrophoretisch voneinander separiert und dann auf Sequenz analysiert. Bei geschickt geleiteter Teilhydrolyse des Proteins entstehen Peptide, die sich teilweise überlappen. Ein Peptid enthält z. B. die AS Nr. 1, 2, 3, 4, 5, 6, 7, 8, ein anderes Nr. 5, 6, 7, 8, 9, 10. Die Kunst besteht dann darin, aus den Ergebnissen der Sequenzanalysen der vielen Teilpeptide die Überlappungsstücke aufzuspüren und das ganze «Puzzle» richtig zum Proteinmolekül zusammenzufügen.

7. Physiologie der Proteine

a) Verdauung und Resorption der Nahrungsproteine

Das Nahrungseiweiss wird von den **proteolytischen Enzymen** (Proteasen) des Verdauungstraktes **hydrolysiert.** Im **Magen** findet sich das **Pepsin,** welches in

salzsaurem Milieu die Proteine zu **Peptonen** (grössere Eiweisskettenbruchstücke) aufspaltet. Das pH für die optimale Pepsinwirkung liegt um 1,5. Die Hauptverdauung der Proteine erfolgt im **Dünndarm.** Das Pankreassekret liefert die Proteasen **Trypsin** und **Chymotrypsin.** Die beiden Enzyme, wie auch das Pepsin, spalten die Proteinmoleküle nur an ganz bestimmten Peptidbindungen, das Pepsin, z. B. nur an solchen mit Beteiligung der aromatischen AS Phenylalanin und Tyrosin. Die proteolytischen Enzyme werden als **inaktive Proenzyme** (Pepsinogen usw.) synthetisiert (Schutz vor Selbstverdauung der Zellproteine!). Erst im Verdauungskanal werden diese Vorstufen aktiviert, und zwar durch Abspaltung eines kurzen Peptids, einer Art Schutzkappe des aktiven Zentrums. Das Pankreas und vor allem die Darmschleimhaut sezernieren verschiedene Peptidasen, die das Werk der Proteasen vollenden. **Carboxypeptidasen** spalten die Peptide vom Carboxylende her, **Aminopeptidasen** von der andern Seite aus in einzelne Aminosäuren auf. Vom Darm ans Blut abgegeben werden praktisch nur freie AS.

b) Verwertung der resorbierten Aminosäuren

Die nach Eiweissverdauung im Blut zirkulierenden AS diffundieren in die Gewebezellen, wo sie entweder **zu arteigenem Protein** verkettet, zur **Energiegewinnung** abgebaut oder für die **Zucker- und Fettsynthese** umgebaut werden. Einzelne AS sind Ausgangsmaterial für die Synthese verschiedener Wirkstoffe (Coenzyme, Hormone). Ein besonderes Depot für überschüssige AS gibt es nicht. Was nicht im Gewebseiweiss fixiert wird, muss abgebaut werden.

c) Protein-Biosynthese

Die Eiweissynthese in den Zellen ist ein ungemein verwickelter Prozess, der in Jahrzehnten intensiver Forschung weitgehend aufgeklärt worden ist. Im Folgenden sind nur die Grundzüge dieser neusten Erkenntnisse dargelegt.
Steuerzentrale der Proteinsynthese ist der **Zellkern.** Die Nucleinsäuren des Kerns sind sozusagen die «Urdokumente», von denen die AS-Sequenzen der aufzubauenden Proteine «kopiert» werden. **Nucleinsäuren** sind hochpolymere Kettenmoleküle, aufgebaut aus Zucker (Ribose oder Desoxy-ribose, vgl. S. 319 ff.), Phosphorsäure und im wesentlichen **vier verschiedenen heterozyklischen Basen** (vgl. S. 318 f.). Nucleinsäuren mit Desoxy-ribose heissen DNA (im Kern), solche mit Ribose heissen RNA (A=acid). Das Verteilungsmuster der vier Basen, ihre Aufeinanderfolge in einer bestimmten DNA-Kette des Kerns bildet den «Code» für die Aminosäuresequenz eines bestimmten Proteins. Jedes Protein hat seine **DNA-«Matrize».** Immer drei aufeinanderfolgende Basen, ein sogenanntes **Basentriplett,** bilden das «Kennwort» für eine bestimmte AS. Eine Art Abschrift der Kern-DNA (einem photographischen Negativ vergleichbar), die sogenannte **Boten-RNA** wird vom Zellkern ins Zellplasma gesandt. Jede der 20 Eiweiss-AS wird ihrerseits mit einer für jede einzelne AS spezifischen, niedermolekularen Nucleinsäure, einer sogenannten **Transfer-RNA** gekoppelt. Jede dieser RNA trägt an einer Art Fühler ein gleiches Basentriplett, wie es in der DNA-Matrize für die betreffende AS vorgesehen ist. Dieses heftet sich an das entsprechende «negative» Abschrift-Triplett der Boten-RNA. Auf diese Weise werden alle Transfer-RNA mit ihren Aminosäureanhängern dem DNA-Code entsprechend an der Boten-RNA entlang aufgereiht. Die AS werden laufend enzymatisch miteinander kondensiert und der entstehende Peptidfaden von den Nucleinsäuren abgelöst. Ein bestimmtes Basentriplett, das Initia-

tionstriplett, sorgt für den Beginn, das Stoptriplett für den Abbruch der AS-Verkettung. Sekundär- und Tertiärstruktur bilden sich schon im Lauf der Synthese aus.

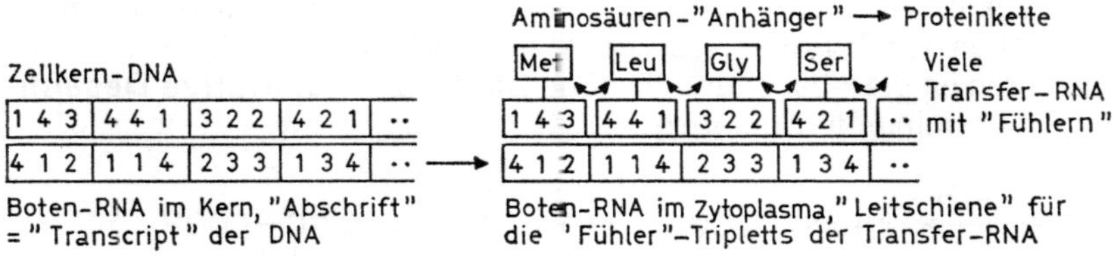

Abb. 84. Proteinsynthese, Übersetzung des «Nucleinsäure-Codes» in «Aminosäure-Klartext». Abschrift von Base 1 ist Base 4 und umgekehrt, von Base 2 ist es Base 3 und umgekehrt. 1 und 4 bzw. 2 und 3 sind komplementäre Basen in DNA und Boten-RNA bzw. in Boten-RNA und Transfer-RNA.

Das gesamte DNA-«Code-Archiv» erhält der Organismus aus den Kernen der beiden Geschlechtszellen (Erbmasse). Das ganze Heranwachsen eines Lebewesens und all seine Lebensäusserungen basieren auf dem Wirken von Enzymen. Deren spezifische Arbeitsweise ist von ihrem Bau, also letztlich von ihrer AS-Sequenz abhängig. Man darf also füglich behaupten, dass die gesamte Anatomie eines Lebewesens und auch sein Verhalten zur Umwelt durch den Code der DNA-Matrizen determiniert ist.

Die zur Proteinsynthese benötigten AS stammen mehrheitlich aus der Nahrung. 11 der 20 AS können vom Erwachsenen durch Umbau aus andern AS hergestellt werden. Der Stickstoff einer AS kann z. B. durch **Transaminierung** auf eine Ketosäure übertragen werden:

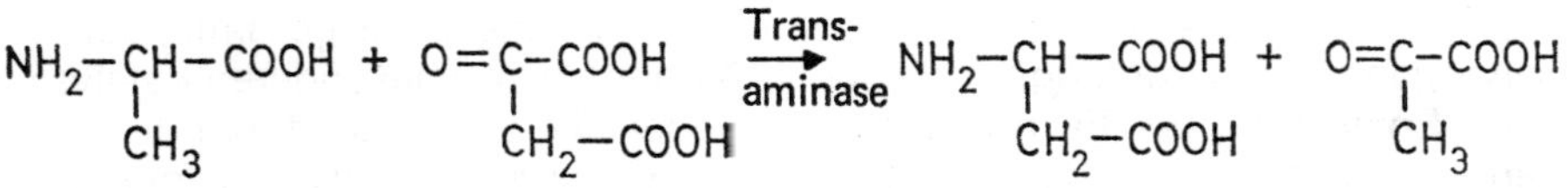

α-Alanin — Oxalessigsäure (aus Krebs-Zyklus) — Asparaginsäure — Brenztraubensäure

Aus Methionin und Serin kann Cystein gebildet werden (nicht umgekehrt!). Aus Phenylalanin bildet sich durch enzymatische Oxidation Tyrosin.

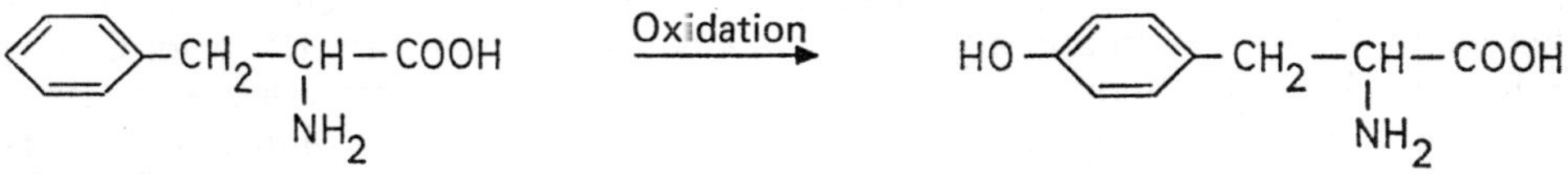

Phenylalanin — Tyrosin

9 Aminosäuren sind für den Menschen essentiell, d.h. unentbehrlich (Tab. XXXVII). Sie müssen für ein normales Gedeihen mit der Nahrung aufgenommen werden. Im tierischen Eiweiss (Fleisch, Milch, Eier) sind alle essentiellen AS in ausreichender Menge vertreten – nicht so in gewissen pflanzlichen Proteinen. Im Zein, dem Maisprotein, fehlen z.B. Tryptophan und Lysin fast vollständig. Bei rein vegetarischer Ernährung ist deshalb eine möglichst vielseitige Kost geboten.

d) Abbau von Körperprotein

Auch die Baustoffe der Zelle unterstehen dem Stoffwechsel, also einer ständigen Erneuerung, ohne dass der Organismus zu wachsen oder abzunehmen braucht. «Alte» Proteinmoleküle werden laufend durch neu synthetisierte ersetzt. Beim Eiweissabbau entstehen durch Proteolyse wieder freie AS. Der erste Schritt im Abbau der Aminosäuren ist die Abspaltung des Stickstoffs durch **oxidative Desaminierung,** bzw. Transaminierung (s. oben).

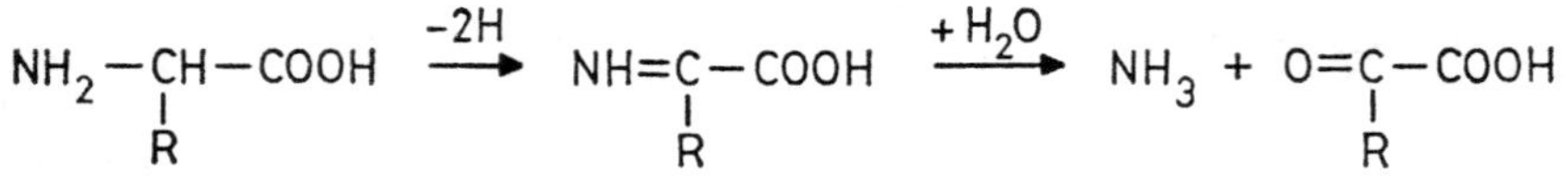

α-Aminosäure α-Iminosäure α-Ketosäure

Das abgespaltene Ammoniak wird mit CO_2 und ATP in Carbamylphosphat übergeführt und in den Harnstoffzyklus eingeschleust (vgl. S. 254). Die Ketosäuren gelangen entweder in den Krebszyklus oder sie werden nach besonderen Mechanismen zu CO_2 und Wasser abgebaut. Das C-Skelett der meisten AS kann auch zur Glucose- oder Fettsäuresynthese verwendet werden (vgl. S. 231). Der oxidative AS-Abbau ist die Hauptenergiequelle der Fleischfresser.

Der Schwefel aus Cystein, Cystin und Methionin wird mehrheitlich zu Sulfat oxidiert und als solches im Urin ausgeschieden. Ein kleinerer Teil erscheint im Taurin (vgl. S. 243).

S. Enzyme (Fermente)

Die Unzahl von chemischen Umsetzungen im Organismus, die gesamten Stoffwechselvorgänge, sind nur möglich dank der Gegenwart von besonderen Katalysatoren, den **Enzymen** oder **Fermenten.** Die beiden Synonyme sind von der griechischen bzw. lateinischen Bezeichnung für die Gärung abgeleitet. An der Hefe wurde denn auch das Wesen der Fermentkatalyse erstmals näher untersucht.

1. Bau der Enzyme

Alle Enzyme sind **Proteine** oder **Proteide.** Über hundert verschiedene Enzyme hat man bisher isolieren und als Reinstoffe kristallisieren können. Bei einer Grosszahl ist auch die AS-Sequenz aufgeklärt. Für die spezifische Katalysewirkung ist in jedem Enzym eine ganz bestimmte Aminosäuregruppierung und räumliche Anordnung (Konformation) verantwortlich. Bei der **Denaturierung,** also der **Zerstörung der räumlichen Feinstruktur, verlieren die Enzyme ihre Aktivität** (vgl. S. 257). Die proteidartigen Enzyme lassen sich meist ohne Denaturierung in Protein und Nichtproteinanteil aufspalten. Katalytische Aktivität besitzt nur die ganze Verbindung.

Holoenzym ⇄ Apoenzym + **Coenzym**
(Proteid) (Protein) (Prosthetische Gruppe)

2. Katalyse; Wirkungsweise der Enzyme

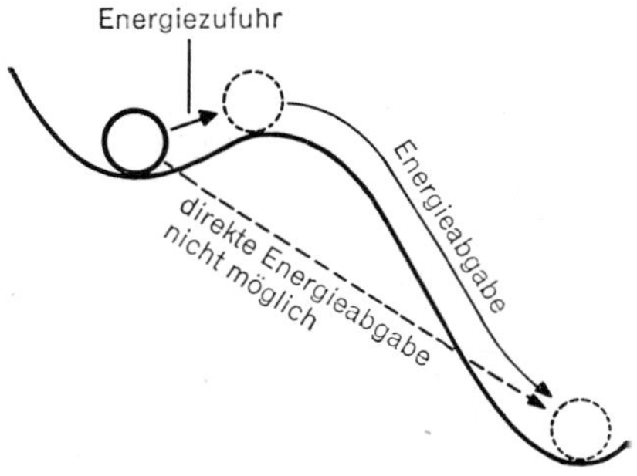

Abb. 85. Freisetzung potentieller Energie.

In der Natur gilt ganz allgemein das Prinzip, dass jeder Körper das Bestreben hat, den Zustand des kleinstmöglichen Energiegehaltes zu erreichen. Ein heisser Körper strahlt seine Energie als Wärme ab; ein hochgelegener Körper fällt und gibt seine potentielle mechanische Energie ebenfalls als Wärme ab; ein Wolkenkomplex verliert seine potentielle elektrische Energie durch Blitzentladung. Auch jeder Stoff hat die Tendenz, seine potentielle chemische Energie bei der ersten Gelegenheit durch Umwandlung in einen neuen Stoff mit geringerem Energieinhalt abzugeben. Damit ein Körper seine potentielle Energie abgeben kann, ist aber oft erst eine kleinere Energiezufuhr vonnöten. Der Stein an der Berghalde kann erst zu Tal rollen, wenn er über die Bodenwelle hinaus gehoben worden ist (Abb. 85).

Wasserstoff und Sauerstoff reagieren bei Zimmertemperatur nicht miteinander, obschon bei ihrer Vereinigung zu Wasser viel Energie frei wird. Es braucht eben erst eine Energiezufuhr zur Spaltung der Gasmoleküle in Atome, ehe die Vereinigung zu H_2O erfolgen kann. Solche «eingefrorenen» Zustände (vgl. S. 85), wie sie das kalte Knallgasgemisch darstellt, lassen sich auf 2 Arten überwinden: Zufuhr der erforderlichen Aktivierungsenergie durch hohe Erwärmung oder **Herabsetzung des Betrages der Aktivierungsenergie durch Katalysatoren.**

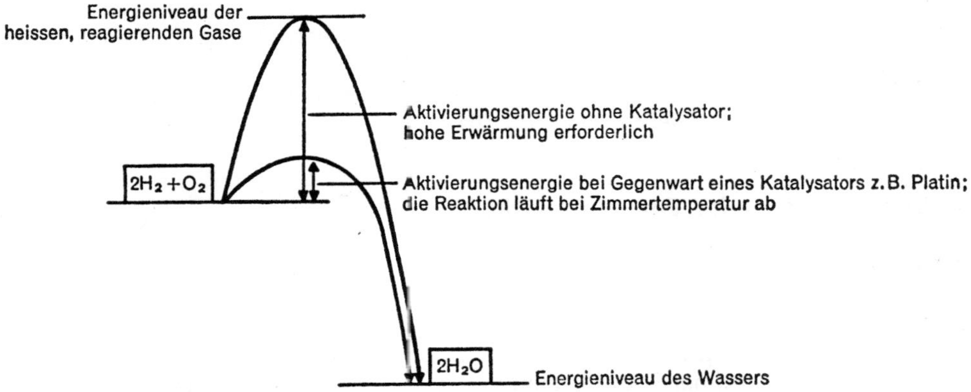

Abb. 86. Knallgaskatalyse.

Ein Katalysator ist ein Stoff, der eine chemische Reaktion beschleunigt, ohne dabei selbst umgesetzt zu werden. Diese Definition trifft auch für Enzyme zu, wenn man nur das Endergebnis der Katalyse betrachtet. Die Enzyme verbinden sich mit dem umzusetzenden Stoff, dem **Substrat,** zu einem **Enzym-Substrat-Komplex.** Den

Bereich des Enzymmoleküls, der das Substrat anlagert, nennt man das **aktive Zentrum.** Durch die Koppelung wird das Substrat aktiviert, d.h. die zu seiner Umsetzung erforderliche Aktivierungsenergie wird herabgesetzt. Nach erfolgter Umsetzung (Spaltung, Oxidation, Reduktion, Kondensation usw.) wird das veränderte Substrat wieder freigesetzt, und das Enzymmolekül ist für die nächste «Runde» bereit. An der Aktivierung ist in erster Linie eine Verlagerung von Elektronen im Substrat infolge Anziehung oder Abstossung durch das aktive Zentrum schuld.

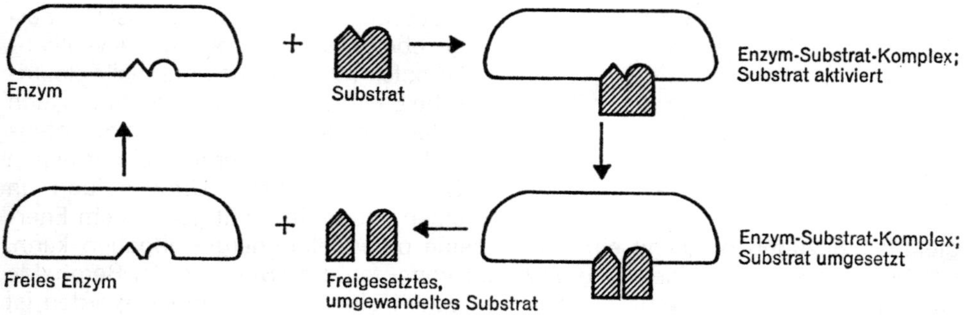

Abb. 87. Enzymkatalyse.

3. Spezifität der Enzymkatalyse

Enzyme katalysieren in der Regel nur eine ganz bestimmte Reaktion, z.B. eine Esterhydrolyse oder eine Wasserstoffübertragung, sie sind also **reaktionsspezifisch.** Die meisten Enzyme sind zudem auch **substratspezifisch,** d.h. sie katalysieren nur die Umsetzung eines einzigen Stoffes. Schon ein Isomeres desselben wird nicht mehr «akzeptiert». Substrat und Enzym müssen zueinander passen wie Schlüssel und Schloss. Das Spiegelbild des Schlüssels (optische Isomerie) passt nicht ins Schlüsselloch. Einige Enzyme, z.B. die Phosphatasen sind weniger wählerisch bezüglich Substrat. Sie spalten verschiedenste Phosphorsäureester – auch in der Natur nicht vorkommende (vgl. S. 276).

4. Beeinflussung der Enzymaktivität

a) Temperatur

Wie für alle chemischen Reaktionen gilt auch für enzymatische Vorgänge die RGT-Regel (vgl. S. 80). Bei 40° läuft eine Enzymreaktion mindestens 2^3 = achtmal schneller als bei 10°. Dass 1° Temperaturerhöhung die Aktivität eines Enzyms um ca. 10% erhöht, muss bei Enzymbestimmungen unbedingt beachtet werden (vgl. S. 275 ff.). **Die Hitzedenaturierung** setzt der Aktivitätssteigerung eine Grenze.

b) Wasserstoffionenkonzentration (pH)

Enzyme sind wie alle Proteine Ampholyte. Auch das aktive Zentrum besitzt dissoziierbare Gruppen. Die katalytische Wirkung kommt nur voll zur Entfaltung, wenn ein ganz bestimmter Ionisierungs- und damit Ladungszustand verwirklicht ist. **Die En-**

zymaktivität ist stark pH-abhängig. Jedes Enzym hat sein **pH-Optimum,** d.h. einen mehr oder weniger schmalen pH-Bereich mit grösster Aktivität. Eigenartigerweise fällt dieser Bereich nicht unbedingt mit dem pH des biologischen Milieus zusammen, in welchem das Enzym vorkommt und wirkt. Die alkalische Phosphatase hat ihr Optimum bei pH 10,3, verschiedene saure Phosphatasen um 4,8. Alle arbeiten aber in den Zellen in der Nähe des Neutralpunkts.
Durch abrupte pH-Verschiebung (Zusatz starker Laugen oder Säuren) kann eine Enzymreaktion ganz plötzlich unterbrochen werden.

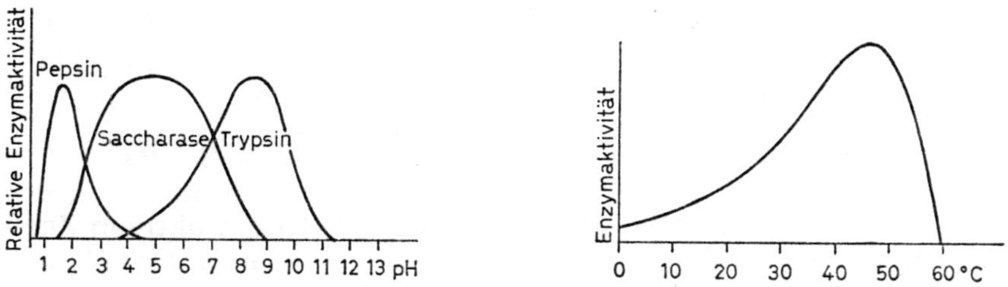

Abb. 88. Temperatur- und pH-Abhängigkeit der Enzymaktivität.

c) Substratkonzentration

Die Zahl der Umsetzungen pro Minute, die ein Enzymmolekül im Maximum ermöglicht, heisst **Wechselzahl.** Sie beträgt bei der Urease (Hydrolyse von Harnstoff) etwa 500 000, bei der Katalase (Spaltung von H_2O_2 zu Sauerstoff und Wasser) sogar 5 Millionen. Das Anlagern, Umsetzen und Abspalten eines Substratteilchens braucht somit eine bestimmte, wenn auch kurze, nicht unterbietbare Zeit. Die maximale Umsatzgeschwindigkeit (V_{max}) eines Enzyms ist dann erreicht, wenn sich das Substrat so dicht um das aktive Zentrum drängt, dass die Zeit für den Herbeitransport eines neuen Moleküls praktisch null wird. Wir sprechen dann von **Substratsättigung.** Ist das aktive Zentrum nicht «vollbeschäftigt» (geringere Substratkonzentration), ist auch die Umsatzgeschwindigkeit kleiner (Abb. 89).

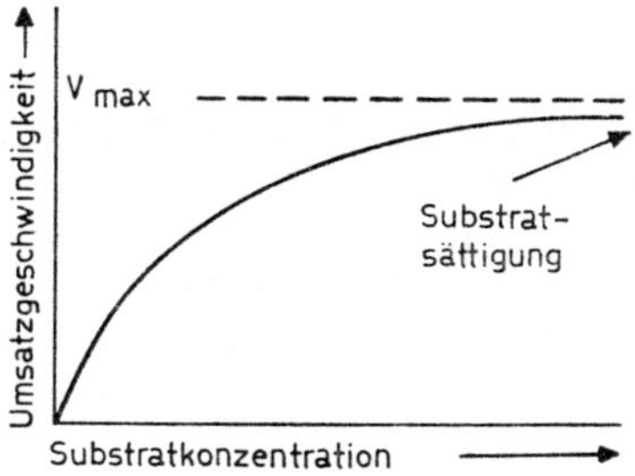

Abb. 89. Substratsättigungskurve.

d) Enzym-Aktivatoren und -Inhibitoren (Effektoren)

Viele Enzyme brauchen zur Entfaltung ihrer maximalen Aktivität die Gegenwart von bestimmten anorganischen Ionen. Solche **Aktivatoren** sind z. B. Mg^{2+}, Zn^{2+}, Mn^{2+}. Die Enzymkatalyse kann aber auch auf verschiedene Arten gehemmt werden:

Kompetitive oder Konkurrenzhemmung: Das aktive Zentrum des Enzyms bildet mit dem Hemmstoff einen Komplex wie mit dem normalen Substrat. Der Hemmstoff kann aber nicht umgesetzt werden und wird als solcher wieder abgegeben. Das betroffene Enzymmolekül hat eine «Leerlaufrunde» gemacht. Derartiger Leerlauf drückt die Gesamtleistung einer Enzymprobe herunter. Durch genügende

Erhöhung der Konzentration des echten Substrats lässt sich der «sterile» Konkurrent ausmanövrieren und die maximale Aktivität wiederherstellen. Konkurrenzhemmung gibt es nur bei naher Verwandtschaft zwischen Hemmer und Substrat. Klassisches Beispiel ist die Hemmung der Succinatdehydrogenase durch Malonsäure. Die der Bernsteinsäure homologe Malonsäure lagert sich ans Enzym an, kann aber nicht dehydriert werden.

Allosterische Hemmung: Der Hemmstoff bindet sich **ausserhalb des aktiven Zentrums** ans Enzym, verändert damit dessen Raumstruktur und setzt die Bereitschaft zur Substratbindung herab. Man spricht vom allosterischen («andersräumlichen») Effekt. Diese Art Hemmung kann durch Erhöhung der Substratkonzentration nicht aufgehoben werden.

Enzym-«Vergiftung»: Bei vielen Enzymen kann durch gewisse Substanzen die katalytische Wirkung vollständig unterbunden werden (ohne Denaturierung des Proteins). Das Enzymgift **verbindet sich irreversibel mit dem aktiven Zentrum.** Gut bekannt ist die Vergiftung der Cytochrome durch Cyanid. Das CN^- verbindet sich im aktiven Zentrum mit dem Eisen und blockiert so die Redoxkatalyse vollständig. Mit gezielter Enzymvergiftung kann man biologisches Material konservieren. Durch Zusatz von Fluorid wird z. B. die Glucose in einer Blutprobe vor dem Abbau durch Erythrozytenenzyme geschützt.

5. Nomenklatur und Klassierung der Enzyme

Die am längsten bekannten Verdauungsfermente haben Trivialnamen mit der Endung -in (Ptyalin, Pepsin, Trypsin u.a.). Später hat man die Enzymnamen aus den Substraten mit der Endung -ase konstruiert (Lipase, Uricase, Urease usw.). Viele dieser alten Namen sind heute noch im Gebrauch, vor allem für die hydrolytischen Enzyme. Die rationelle Nomenklatur der über 1000 heute bekannten Enzyme hält sich an folgendes System: **Substratbezeichnung – Typ der katalysierten Reaktion – ase.**
Beispiele: Lactatdehydrogenase: spaltet Wasserstoff von Lactat ab; Acyl-Co A-Glycerin-3-phosphat-Acyltransferase: überträgt Fettsäuregruppen (R–CO–) von Acyl-Coenzym A (aktivierte Fettsäure) auf Glycerin-phosphorsäureester (Fettsynthese).

Sämtliche Enzyme lassen sich in sechs Hauptklassen unterbringen:

1. **Oxidoreduktasen** katalysieren irgendwelche Redoxreaktionen zwischen einem Substratpaar. Beispiel: Alkoholdehydrogenase.

2. **Transferasen** katalysieren den Transfer (Übertragung)einer Atomgruppe zwischen einem Substratpaar. Beispiel: Glutamat-Pyruvat-Transaminase. Auch alle Kinasen (Hexokinase, Kreatinkinase usw.) sind Transferasen (Übertragung von Phosphat von ATP auf andere Stoffe).

3. **Hydrolasen** katalysieren die Hydrolyse von Estern, Acetalen, Säureamiden und Säureanhydriden. Beispiel: Glucose-6-Phosphatase.

4. **Lyasen** katalysieren die nichthydrolytische Abspaltung von Atomgruppen unter Zurücklassung einer Doppelbindung oder die Anlagerung von Gruppen an eine Doppelbindung. Beispiel: Fumarase (spaltet Wasser von Malat ab oder lagert Wasser an Fumarat an).

5. **Isomerasen** katalysieren die Umwandlung eines Isomeren in ein anderes. Beispiel: Triosephosphat-Isomerase (wandelt in der Glycolyse Dihydroxy-acetonphosphat in Glycerinaldehyd-phosphat um).

6. **Ligasen** katalysieren endotherme Synthesen (Aufbau von Bindungen unter Verbrauch von energiereichen Phosphaten, z.B. ATP; S. 322). Beispiel: Acyl-Coenzym A-Synthetase (Bildung von aktivierter Fettsäure aus Fettsäure und Coenzym A).

6. Enzymanalytik

a) Enzymatische Bestimmung von biologischen Gemischkomponenten
Die Substratspezifität der Enzyme macht sie zu ausgezeichneten Werkzeugen bei der analytischen Bestimmung von einzelnen Stoffen in komplizierten Gemischen. Man setzt dem Analysengut (z. B. Serum) ein Enzym zu, das selektiv nur die Umwandlung des zu bestimmenden Stoffes katalysiert. So kann ein Farbstoff gebildet, ein solcher zerstört oder auch ein Produkt erzeugt werden, das besonders leicht zu isolieren ist (Gas). Beispiele:

Harnsäure absorbiert Ultraviolett (Maximum bei 293 nm). Sie ist somit ein «unsichtbarer Farbstoff». In Gegenwart von **Uricase** wird die Harnsäure durch Luft-O_2 zum nichtabsorbierenden Allantoin oxidiert. Man misst die Extinktion der Analysenprobe vor und nach Behandlung mit Uricase bei 293 nm (Quarzoptik!). Der Extinktions**unterschied** ist proportional zur Harnsäurekonzentration.

Harnstoff wird durch **Urease** hydrolysiert. Durch Laugenzusatz wird aus dem entstandenen Ammoniumcarbonat NH_3 freigesetzt. Dieses lässt man in eine Säurevorlage diffundieren, in der es titriert wird. Mit der Hypochlorit/Phenol-Reaktion (vgl. S. 254) lässt sich das Ammoniak auch photometrisch bestimmen.

Glucose kann mittels **Glucoseoxidase** (GOD) zu Gluconsäure oxidiert werden. Dabei entsteht als Nebenprodukt Wasserstoffperoxid in stöchiometrischem Verhältnis zur umgesetzten Glucose. H_2O_2 reagiert in Gegenwart eines zweiten Enzyms, einer **Peroxidase,** mit einer zugesetzten aromatischen Verbindung unter Bildung eines Farbstoffs. Die Extinktion der Farbstofflösung ist proportional der Glucosekonzentration. Im Gegensatz zu den Reduktionsproben (vgl. S. 235) ist der GOD-Test für **Glucose spezifisch.** Er ist auch als Papierstreifen-Schnelltest für die orientierende Urinuntersuchung ausgearbeitet worden.
Eine andere Methode zur Glucosebestimmung basiert auf der Verwendung von **Hexokinase.**

b) Bestimmung von Enzymaktivitäten
Die Enzymdiagnostik hat sich als junger Zweig der klinischen Chemie in den letzten Jahrzehnten rasch entwickelt. Beim Gesunden ist das Serum arm an Enzymen, die

dem Zellinnern oder den Verdauungssekreten angehören. Bei einer ganzen Reihe von Organerkrankungen können solche Enzyme aber vermehrt in die Blutbahn gelangen. Interessant sind vor allem jene Enzyme, die mehr oder weniger selektiv nur in einem Organ oder Gewebe vorkommen, wie die Amylase (Bauch- und Mundspeicheldrüse), die tartrathemmbare saure Phosphatase (Prostata), die Kreatinkinase (Muskel) oder die Glutamat-Pyruvat-Transaminase (Leber). Kenntnis der Konzentration solcher Enzyme im Blut kann für Diagnose und Therapiekontrolle wertvoll sein.

Prinzip der Enzymbestimmung: Enzymkonzentrationen werden allgemein in Aktivitätseinheiten und kaum in Mol oder Gramm pro Liter angegeben. Nicht die Masse eines Enzyms ist in der Regel von Interesse, sondern seine Leistungskapazität. Die Umsatzgeschwindigkeit einer enzymkatalysierten Reaktion ist von einer Reihe von Bedingungen abhängig (pH, Temperatur, Effektoren, Substratkonzentration). Will man Enzymaktivitäten vergleichen, muss man unter standardisierten Bedingungen messen. Üblicherweise wählt man das optimale pH, die besten Aktivatoren und nach Möglichkeit Substratsättigung (sofern das Substrat genügend löslich ist). Als Arbeitstemperatur ist international 25 °C akzeptiert worden. Unter solchen Bedingungen gilt:

Die Menge Enzym, welche pro Minute 1 μMol Substrat umsetzt, entspricht einer internationalen Einheit IU (oder nur U).
Für die Aktivitätsbestimmung eines Enzyms inkubiert («bebrütet») man dessen Substrat mit der Analysenprobe und misst (photometrisch, titrimetrisch usw.) die pro Zeiteinheit umgesetzte Stoffmenge (Abbau oder Neubildung). Soll die Umsatzgeschwindigkeit während der ganzen Messung konstant bleiben, muss annähernd Substratsättigung herrschen. Die Stoffumsetzung kann entweder nach der **Zweipunktmethode** oder im **kinetischen Verfahren** gemessen werden. Bei der Zweipunktmethode wird über eine gemessene längere Zeit inkubiert. Durch abrupte pH-Änderung wird die Reaktion gestoppt. Das gebildete Produkt oder das noch übrige Substrat wird dann, falls nicht selbst farbig, in einen Farbstoff übergeführt und photometriert. Die kinetische Methode ist nur anwendbar, wenn ein Farbstoff (auch UV!) direkt enzymatisch gebildet oder zerstört wird (evtl. auch erst in einer Sekundärreaktion). Die Umsatzgeschwindigkeit kann dann auf dem Messinstrument unmittelbar abgelesen werden.

1. Beispiel: **Phosphatasen im Serum**
Die Phosphatasen katalysieren die **Hydrolyse von Phosphorsäure-estern.** Sie sind wenig substratspezifisch. Man kann daher für ihre Messung unphysiologische Phosphorsäure-ester als Substrate verwenden. Nach der Esterhydrolyse lässt sich entweder die Zunahme des freien Phosphates oder des organischen Teils bestimmen. Weil das Serum aber von Haus aus schon anorganisches Phosphat enthält, ermittelt man mit Vorteil den serumfremden Bestandteil. Als Substrat dient **para-Nitro-phenyl-phosphat:**

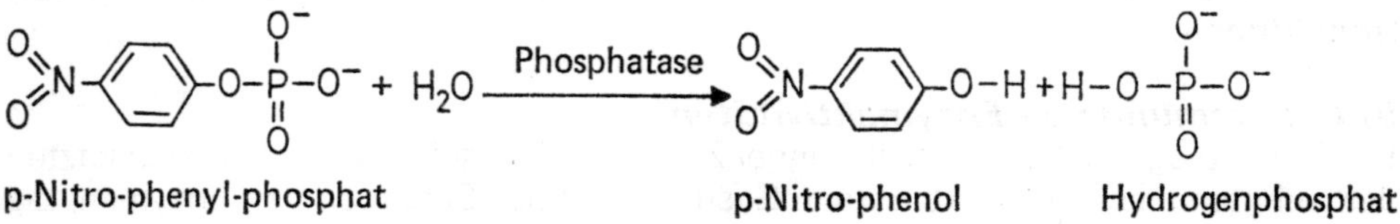

p-Nitro-phenyl-phosphat p-Nitro-phenol Hydrogenphosphat

Je nachdem, ob man die alkalische oder die sauren Phosphatasen bestimmen will, wählt man einen Puffer mit pH 10,3 oder 4,8. Das p-Nitro-phenyl-phosphat ist bei jedem pH farblos, das p-Nitro-phenol ist in saurer Lösung farblos, in alkalischer **gelb.** Man misst die Extinktion der inkubierten Probe zuerst bei alkalischem und dann bei saurem pH. Die Differenz beider Messungen ist der Konzentration des freigesetzten p-Nitro-phenols proportional. Andere gelbe Farbstoffe ohne Indikatoreigenschaft werden so ausgeschaltet. Rechenbeispiel:

Serum 0,02 ml; Endvolumen der Messlösung 2,52 ml; Inkubationszeit 30 min.

Extinktion der Serumprobe (405 nm):	alkalisch	0,638	Extinktion der Leerprobe (H_2O statt Serum):	alkalisch	0,035
	sauer	0,073		sauer	0,003
		0,565			0,032

Die Extinktion des in 30 min freigesetzten p-Nitro-phenols ist 0,565–0,032 = **0,533.** Sein molarer Extinktionskoeffizient (Ext. einer 1 M Lösung bei Schichtdicke 1 cm) ist 18 800 bei 405 nm. Nach dem Beerschen Gesetz (vgl. S. 338) gilt:

$$\frac{\text{Konzentration I}}{\text{Konzentration II}} = \frac{\text{Extinktion I}}{\text{Extinktion II}}, \text{ also: } \frac{x\text{ M}}{1\text{ M}} = \frac{0{,}533}{18\,800}$$

Das p-Nitro-phenol im inkubierten Ansatz ist somit $\frac{0{,}533}{18\,800}$ molar.

2,52 ml enthalten dann $\frac{0{,}533 \cdot 2{,}52}{18\,800 \cdot 1000}$ Mol oder $\frac{0{,}533 \cdot 2{,}52}{18{,}8}$ μMol p-Nitro-phenol, freigesetzt von 0,02 ml Serum in 30 min.

1 l Serum würde in einer Minute $\frac{0{,}533 \cdot 2{,}52 \cdot 1000}{18{,}8 \cdot 0{,}02 \cdot 30} = 119$ μMol freisetzen.

Das untersuchte Serum hat somit eine Phosphataseaktivität von **119 IU/l.**

Die alkalische Phosphatase – nicht aber die saure – lässt sich mit dem gleichen Substrat auch **kinetisch** bestimmen. Die Freisetzung des p-Nitro-phenols kann dank seiner Farbe im alkalischen Milieu auf einem Photometer mit Registriergerät direkt als Funktion der Zeit aufgezeichnet werden.

2. Beispiel: **Glutamat-Pyruvat-Transaminase (GPT) im Serum**
Die GPT katalysiert folgende Transaminierung:

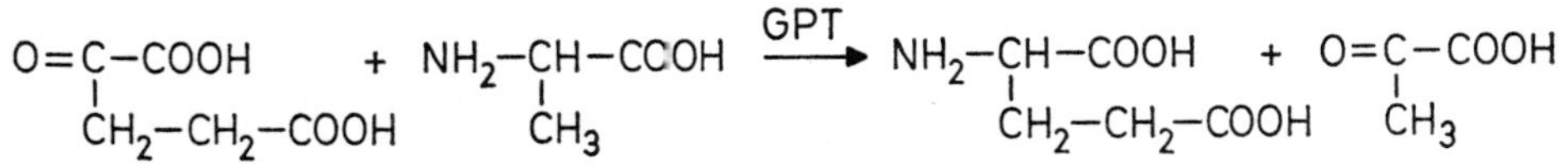

α-Ketoglutarsäure (α-Ketoglutarat) — α-Alanin — Glutaminsäure (Glutamat) — Brenztraubensäure (Pyruvat)

Die in einer Probe pro Minute produzierte Menge Brenztraubensäure in μMol entspricht der Transaminaseaktivität dieser Probe in internationalen Einheiten. Das Pyruvat kann nach Abstoppen der Enzymreaktion in einen Farbstoff übergeführt und als solcher photometriert werden. Aus gefundener Menge und Inkubationszeit berechnet sich die Enzymaktivität (Zweipunktmethode). Eleganter und zuverlässiger ist das kinetische Verfahren: Der Transaminierung wird noch ein enzymatischer Redoxprozess **(Indikatorreaktion)** angeschlossen:

$$\text{Pyruvat} + \underset{\substack{\text{reduziertes Nicotin-}\\\text{amid-adenin-dinucleotid}}}{\text{NADH}} \xrightarrow{\text{Lactatdehydrogenase (LDH)}} \text{Lactat} + \underset{\substack{\text{oxidiertes Nicotin-}\\\text{amid-adenin-dinucleotid}}}{\text{NAD}}$$

NADH (Struktur s. S. 322) absorbiert langwelliges UV, NAD hat im gleichen Spektralbereich keine Absorption (vgl. S. 340). Sorgt man dafür, dass das durch die Transaminierung gebildete Pyruvat ohne Aufstau laufend weiter umgesetzt wird (grosser Überschuss an Hilfsenzym LDH), dann ist die Extinktionsabnahme der Probe pro Minute ein Mass für die Transaminaseaktivität. Der ganze Testansatz (Analysengut, Substrate, Hilfsenzym) wird in ein thermostatisiertes Photometer gestellt. Die Extinktion der Probe bei 340 nm (oder in der Nähe davon) wird laufend aufgezeichnet. Aus dem molaren Extinktionskoeffizienten des NADH und den Messdaten wird die Enzymaktivität berechnet.

Die Lactatdehydrogenase katalysiert, wie ihr Name sagt, die Dehydrierung von Lactat (Salz der Milchsäure) zu Pyruvat. Enthält aber eine Lösung sehr viel Pyruvat und kein Lactat, dann kann die LDH auch die gegenläufige Reaktion ermöglichen (obige Gleichung). Sind beide Stoffe vorhanden, läuft der Prozess in beiden Richtungen, bis sich ein **Gleichgewicht** eingestellt hat (vgl. S. 82 ff.). Diese Erscheinung ist typisch für eine Vielzahl von Enzymen. So können grosse Strecken der Reaktionskette der Glycolyse in beiden Richtungen durchlaufen werden (Glucose $\rightleftarrows$ 2 Lactat, vgl. S. 240 f.). Bei der Bestimmung von Enzymen, die solche Gleichgewichtsreaktionen katalysieren, sorgt man durch grossen Substratüberschuss dafür, dass der zur Messreaktion gegenläufige Prozess während der Messdauer bedeutungslos bleibt. In welcher Richtung ein reversibler Prozess im Körper abläuft, hängt von Angebot und Nachfrage ab (Verschiebung des Gleichgewichts durch Wegnahme von Reaktionsprodukten). Hydrolasen und Ligasen (vgl. S. 274 f.) katalysieren nicht Gleichgewichtsprozesse (starke Energietönung). Aus Aminosäuren und Peptidasen entsteht z. B. kein Peptid.

XIV. Fragen zur Eigenkontrolle (Stoffgebiet S. 245–278)

1. Wie lautet die Gleichung für die Salzbildung aus Diäthyl-amin und Schwefelsäure?
2. Was ist ein Ampholyt?
3. Aus Glycin und Glutaminsäure sind drei verschiedene Peptide zu bilden (Halbstrukturformeln).
4. Eine wässerige Lösung mit pH 3 enthält Butylamin und Leucin. Wie können die beiden Substanzen voneinander getrennt werden?
5. Was ist a) Cholin, b) Guanidin, c) Cystein, d) Glutamin, e) Keratin, f) Kreatin?
6. Wie kommt ein Kolloid-Gel zustande?
7. Die Kreatininkonzentration im Serum sei 11 mg/l, im Urin 1270 mg/l; die über 24 h ausgeschiedene Urinmenge sei 1200 ml. Wie gross ist die Kreatinin-Clearance der untersuchten Person?
8. Warum wandern die Serumproteine bei pH 8,5 gegen die Anode, und warum wandert das Albumin rascher als die Globuline?
9. Was geschieht mit einem Protein bei der Denaturierung?
10. Was sind essentielle Aminosäuren? 4 Beispiele!
11. Warum produziert der Organismus ständig Enzyme, obschon diese ja bei den von ihnen katalysierten Reaktionen nicht verbraucht werden?
12. Stärke und Eiweiss sind beides Polykondensate. Warum gibt es viel mehr verschiedene Eiweissarten als Stärkearten?
13. Welche Rolle spielen die Zellkern-Nucleinsäuren bei der Proteinsynthese?
14. Welche Reaktionen werden von folgenden Enzymen katalysiert? a) Amylase, b) Urease, c) Phosphatase, d) Glucoseoxidase, e) Transaminasen, f) Ligasen.
15. Vier Eiweissfällungsmittel sind zu nennen, unter Angabe, ob die Fällung reversibel ist oder nicht.
16. Das Prinzip der künstlichen Niere ist zu beschreiben.
17. Was versteht man unter einem kompetitiven Hemmer und was unter einem Aktivator eines Enzyms?
18. Warum wird bei der Gel-Elektrophorese der Gelblock mit Pufferlösung und nicht mit destilliertem Wasser getränkt?
19. Welcher Unterschied besteht zwischen Dialyse und Osmose?
20. Ein Präparat Alkoholdehydrogenase oxidiert in 1 h 2,3 g Äthanol zu Acetaldehyd. Wie viele internationale Enzymeinheiten enthält das Präparat?
21. Zu welcher Stoffklasse gehört Harnstoff und zu welcher Klasse gehört die Reaktion, bei der Harnstoff in Ammoniumcarbonat übergeführt wird?
22. Was ist der isoelektrische Punkt eines Proteins?
23. Wie heissen folgende Stoffe? a) CH_3CONH_2, b) $CH_3CH_2CH_2C{\equiv}N$, c) $HOCH_2CH_2NH_2$.
24. Welche Arten von Bindungen garantieren die Konformation eines Proteins?

(Antworten S. 354)

II. Isozyklische Verbindungen

Die grosse Gesellschaft der Kohlenstoffringe wird in zwei Gruppen eingeteilt, die sich durch eine Reihe von Eigenschaften grundsätzlich voneinander unterscheiden:

Aromatische Verbindungen im engern Sinn sind alle Substanzen, deren Moleküle mindestens einen **Benzolring** (Benzolkern) enthalten. Der besondere Bau dieses Rings bedingt die Sonderstellung der ganzen Stoffgruppe. Gewisse heterozyklische Stoffe werden wegen ihrer chemischen Verwandtschaft mit den Benzolderivaten oft zu den Aromaten im weitern Sinn gezählt.

Alizyklische Verbindungen sind alle Substanzen mit mindestens einem **Kohlenstoffring,** aber **ohne Benzolkern.** Chemisch verhalten sich die alizyklischen ähnlich den aliphatischen Stoffen (alizyklisch = aliphatisch-ringförmig).

A. Aromatische Verbindungen

Die Bezeichnung «aromatisch» für die Stoffklasse ist entstanden, als erst einige wenige, eben aromatisch duftende Vertreter bekannt waren. Heute hat der Begriff nichts mehr mit Geruch oder Geschmack zu tun. Viele Aromaten riechen alles andere als aromatisch und viele wohlriechende Stoffe gehören zu den aliphatischen, alizyklischen oder heterozyklischen Verbindungen.
Charakteristisch für die aromatischen Verbindungen ist der sechsgliedrige Kohlenstoffring, der **Benzolkern,** in welchem drei Doppelbindungen mit drei Einfachbindungen abwechseln (konjugierte DB). Die Doppelbindungen des Benzolrings haben die Eigenart, dass sie fortwährend mit den Einfachbindungen Platz wechseln. Der Wechsel geht so schnell vor sich (Verschiebung von Bindungselektronen), dass sich die beiden **mesomeren** Extremzustände nicht erfassen lassen. Diese sind in Wirklichkeit gar nicht existent. Die sechs Bindungen sind vielmehr unter sich völlig gleichwertig, die Elektronen verteilen sich statistisch gleichmässig über den ganzen Ring. Die moderne Schreibweise trägt dieser Tatsache Rechnung und verwendet statt der Doppelbindungen einen Kreis. Der besondere Bindungszustand der 6 C-Atome im Benzolring prägt einen Grossteil der ganzen aromatischen Chemie. Im Vergleicn zu Stoffen mit echten Doppelbindungen zeigt der Benzolring eine erstaunliche **Stabilität.**

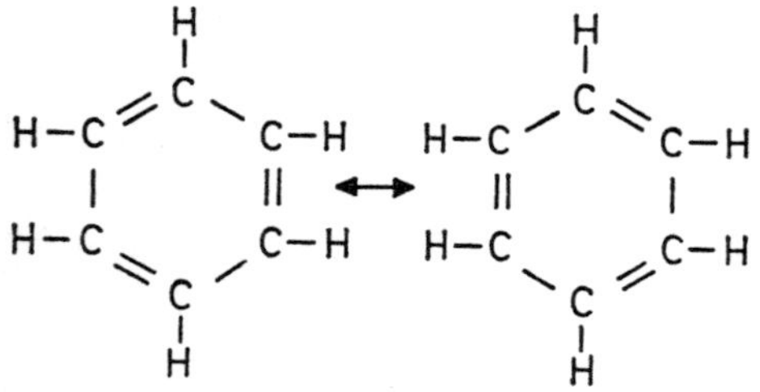

Mesomerie des Benzolmoleküls

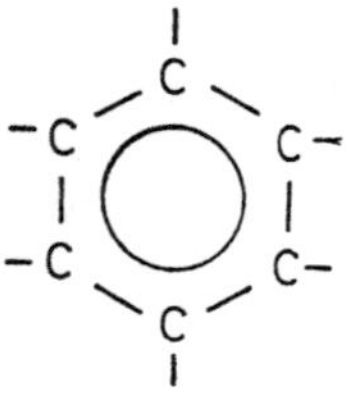

Er ist viel schwerer mit Wasserstoff abzusättigen und oxidativ zu spalten als z. B. Hexatrien-1,2,5 $CH_2=CH-CH=CH-CH=CH_2$. Auch die am Benzol-Kohlenstoff sitzenden Atome und Atomgruppen verhalten sich z.T. völlig anders als bei nichtaromatischen Verbindungen. Am auffälligsten ist die **leichte Substituierbarkeit** (Ersetzbarkeit) des Benzol-Wasserstoffs (s. unten).

1. Benzol-Kohlenwasserstoffe

a) Nomenklatur und Formelsprache

Der Grundkörper der Aromaten, das Benzol C_6H_6, hat seinen Namen vom Benzoeharz. Aus der darin enthaltenen Benzoesäure ist es 1834 hergestellt worden. Die Endung -ol, sonst für Alkohole reserviert, ist irreführend und nur im deutschen Sprachraum gebräuchlich (franz. u. engl. benzene). Als Benzolformel verwenden wir fortan das reguläre Sechseck mit dem Kreis. Der Wasserstoff wird nur ausnahmsweise gezeichnet. Eine leere Ecke am Sechseck bedeutet somit stets ein Ring-C mit H.

Die Namen der aromatischen Kohlenwasserstoffe werden, abgesehen von einigen Trivialnamen, nach Möglichkeit nach dem Genfer System auf das Benzol zurückgeführt: Die 6 Ringglieder werden numeriert, beginnend beim C mit der längsten Seitenkette. Die Substituenten mit ihren Positionsziffern werden dem Wort -benzol vorangestellt. Beispiele:

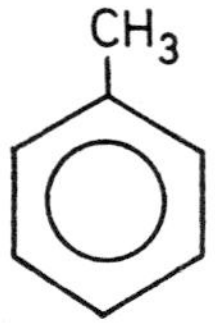

Methyl-benzol
Toluol

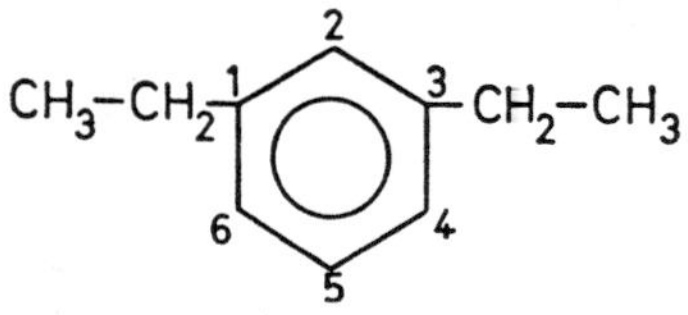

1,3-Diäthyl-benzol

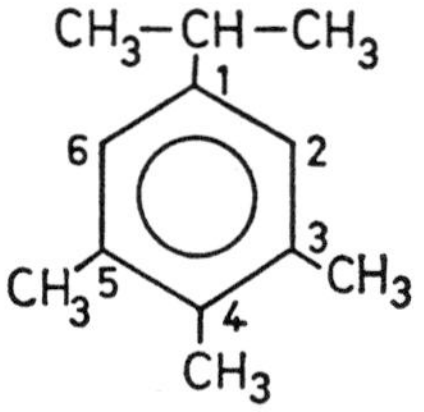

1-Isopropyl-3,4,5-trimethyl-benzol

Neben dieser Ziffern-Nomenklatur ist für Benzolderivate mit zwei und drei gleichen Substituenten noch ein zweites System gebräuchlich:

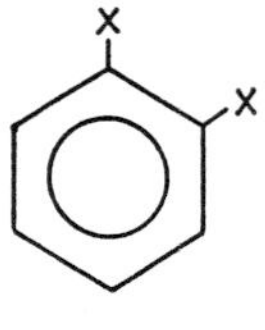
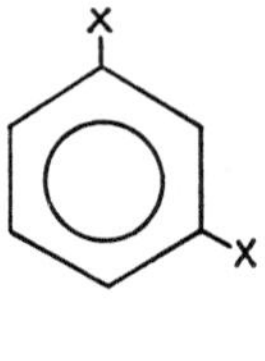
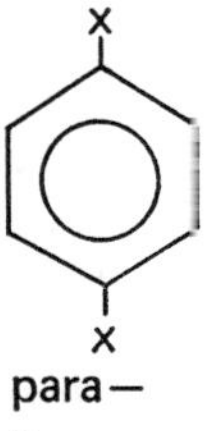
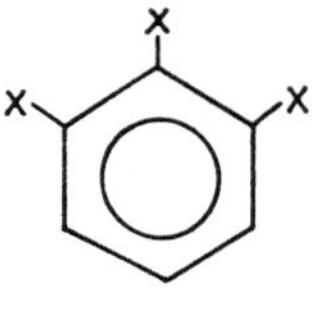
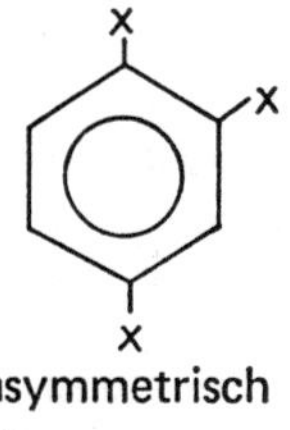
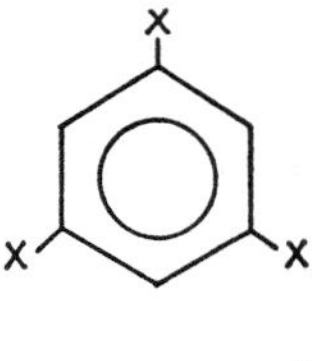

ortho–	meta–	para–	vicinal	asymmetrisch	symmetrisch
o–	m–	p–	vic–	as–	s–
1,2–	1,3–	1,4–	1,2,3–	1,2,4–	1,3,5–

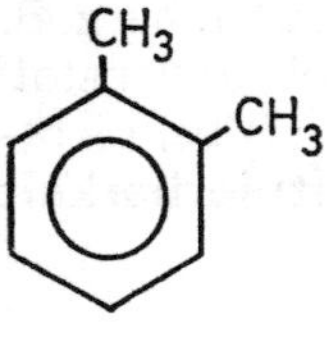

1,2-Dimethyl-benzol
ortho-Dimethyl-benzol
o-Xylol

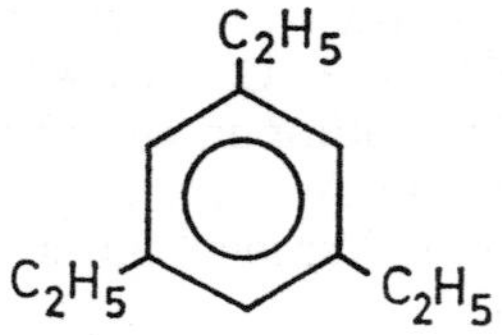

1,3,5-Triäthyl-benzol
s-Triäthyl-benzol

Eselsbrücke für ortho, meta, para: «O mein Papa».
Ist die relative Stellung eines Substituenten zu einem anderen nicht bekannt oder will man alle Möglichkeiten einschliessen, schneidet man mit dem Valenzstrich des Substituenten eine Kante des Sechsecks.

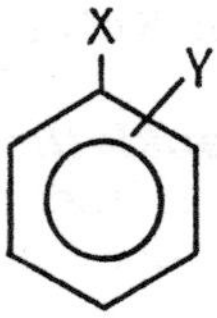

Arylgruppen. In Analogie zu den aliphatischen Alkylgruppen nennt man aromatische KW-Reste **Arylgruppen.**

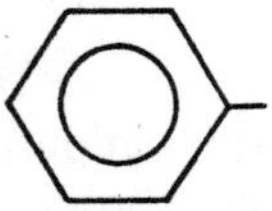

C_6H_5-

Phenylgruppe
(von «Phen», einem nicht mehr gebräuchlichen Namen für Benzol abgeleitet)

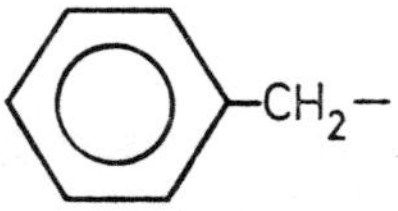

$C_6H_5-CH_2-$

Benzylgruppe
oder Phenyl-methylgruppe (von Benzylalkohol $C_6H_5CH_2OH$ abgeleitet)

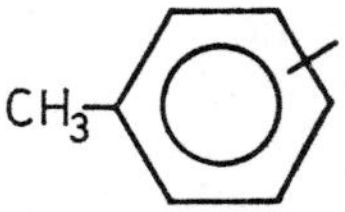

$CH_3-C_6H_4-$

Tolylgruppe

Beispiele:

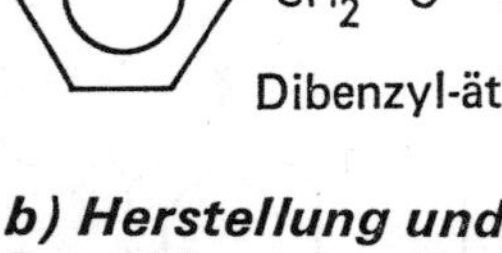

Phenyl-essigsäure

Diphenyl

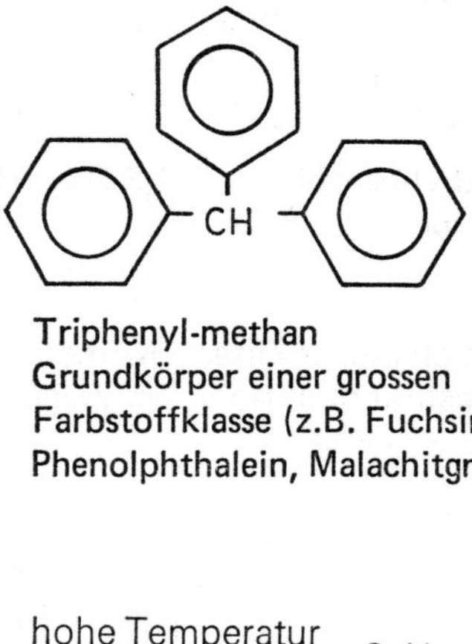

Triphenyl-methan
Grundkörper einer grossen Farbstoffklasse (z.B. Fuchsin, Phenolphthalein, Malachitgrün)

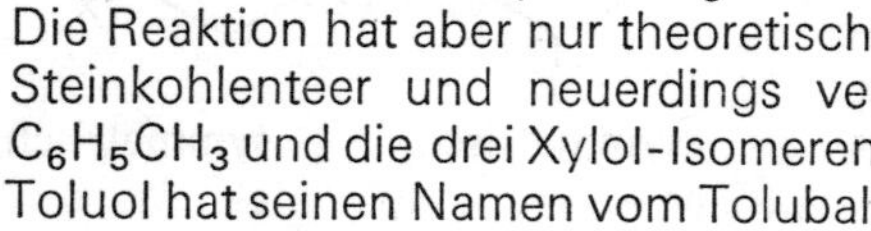

Dibenzyl-äther

b) Herstellung und Eigenschaften

Benzol kann aus Acetylen hergestellt werden: $3C_2H_2 \xrightarrow{\text{hohe Temperatur}} C_6H_6$
Die Reaktion hat aber nur theoretisches Interesse. Grosstechnisch wird Benzol aus Steinkohlenteer und neuerdings vermehrt aus Erdöl gewonnen. Auch Toluol $C_6H_5CH_3$ und die drei Xylol-Isomeren (o-, m-, p-Xylol) finden sich im Teerdestillat. Toluol hat seinen Namen vom Tolubalsam, Xylol bildet sich in kleinen Mengen beim trockenen Erhitzen von Holz (xylon=Holz).

Neben zahlreichen Spezialmethoden für einzelne KW stehen folgende allgemeine Verfahren zur Verfügung:

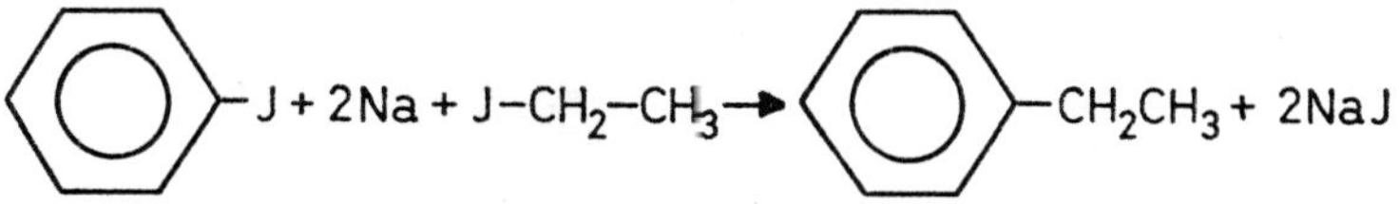

Synthese nach Wurtz (vgl. S. 190).

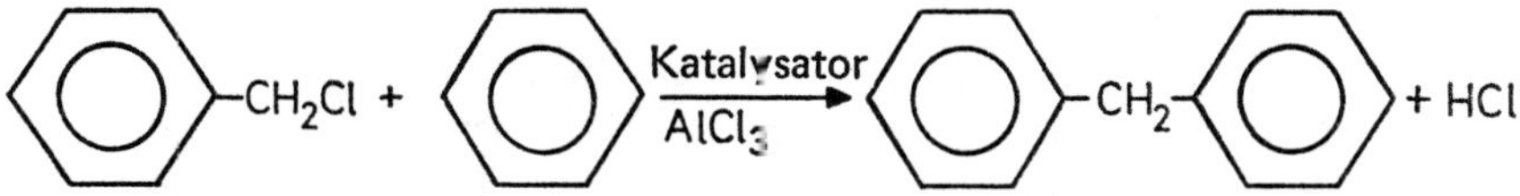

Synthese nach Friedel-Crafts

Tabelle XXXIX. Benzol-Kohlenwasserstoffe

		Smp. °C	Sdp. °C			Smp. °C	Sdp. °C
Benzol	C_6H_6	5,5	80	Hexamethyl-benzol	$C_6(CH_3)_6$	166	265
Toluol	$C_6H_5CH_3$	−95	111	Äthyl-benzol	$C_6H_5CH_2CH_3$	−93	136
o-Xylol	$C_6H_4(CH_3)_2$	−28	144	Styrol	$C_6H_5CH{=}CH_2$	−33	146
m-Xylol	$C_6H_4(CH_3)_2$	−54	139	Diphenyl	$C_6H_5-C_6H_5$	70	254
p-Xylol	$C_6H_4(CH_3)_2$	13	138	Triphenyl-methan	$(C_6H_5)_3CH$	92	359

Die Daten in Tabelle XXXIX zeigen, dass bei verwandten Stoffen der Siedepunkt mit zunehmendem Molekulargewicht steigt und dass anderseits der Schmelzpunkt bei Isomeren mit geringer Symmetrie tiefer liegt als bei solchen mit hoher Symmetrie. Je vollkommener die Symmetrie, desto leichter ordnen sich beim Abkühlen die Moleküle zu Kristallen. Von den Benzolderivaten mit zwei gleichen Ringsubstituenten hat das para-Isomere die höchste Symmetrie.

Die flüssigen aromatischen KW sind wie die aliphatischen gute und auch oft gebrauchte Lösungsmittel für lipophile Substanzen. **Benzoldämpfe** sind, vor allem bei chronischer Einwirkung, ein **gefährliches Gift.** Alle aromatischen KW haben hohen Heizwert und brennen mit stark russender Flamme. Von der leichten Substituierbarkeit ihrer H-Atome wird in den folgenden Kapiteln die Rede sein.

Styrol (Vinyl-benzol oder Phenyl-äthylen $C_6H_5CH{=}CH_2$) lässt sich leicht polymerisieren zu **Polystyrol,** einem glasklaren, aber spröden und lösungsmittelempfindlichen **Plastik.** «Styropor» ist Polystyrol in Schaumform (guter und sehr leichter Wärmeisolator, Verpackmaterial).

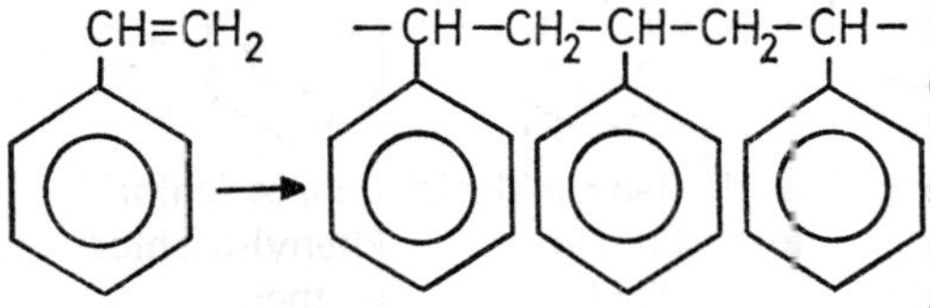

Styrol **Polystyrol**

Alle Aromaten absorbieren Ultraviolett in der Gegend von 280 nm.

2. Aromatische Halogen-kohlenwasserstoffe

Die H-Atome des Benzols lassen sich in Gegenwart von Katalysatoren relativ leicht durch Halogen ersetzen:

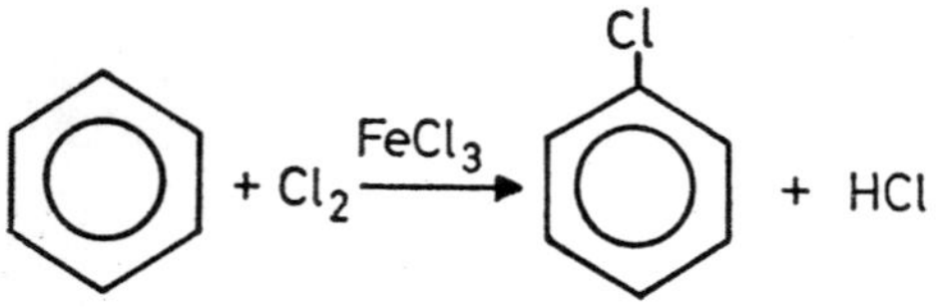

Mit dem gleichen Katalysator lassen sich – allerdings mit zunehmendem Widerstand – weitere Chloratome einführen.

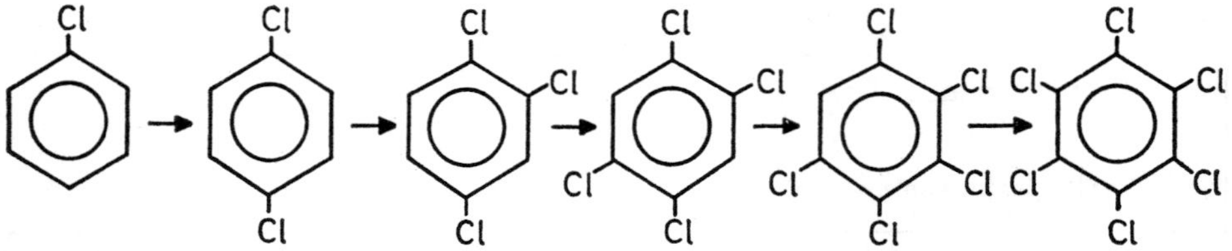

Chlor-benzol **p-Dichlor-benzol** **as-Trichlor-benzol** **1,2,4,5-Tetrachlor-benzol** **Pentachlor-benzol** **Hexachlor-benzol**

Andere Halogen-benzole werden nach dem obigen, aber auch nach anderen, speziellen Verfahren hergestellt. Am trägsten geht die Jodierung.
Bei den Alkyl-benzolen wird unterschieden zwischen Kernsubstitution und Seitenkettenhalogenierung (3K/3S-Regel):

Isomerengemisch

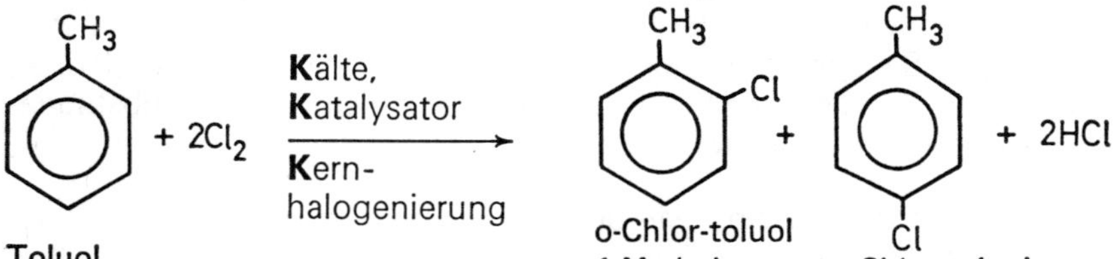

Toluol

o-Chlor-toluol 1-Methyl-2-chlorbenzol

p-Chlor-toluol 1-Methyl-4-chlorbenzol

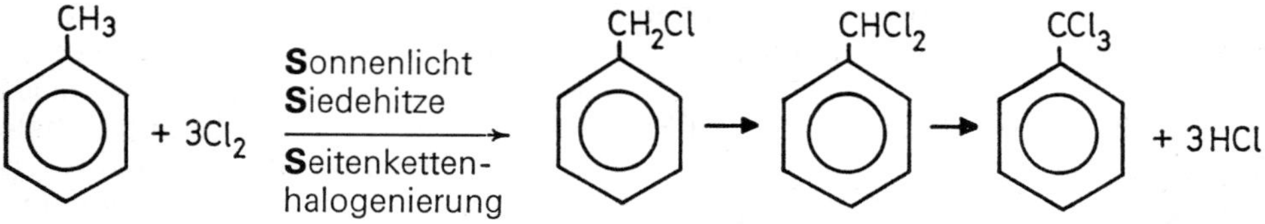

Toluol

Benzylchlorid Phenyl-chlor-methan

Benzalchlorid Phenyl-dichlor-methan

Benzotrichlorid Phenyl-trichlor-methan

Tabelle XXXX. Halogen-kohlenwasserstoffe

		Smp. °C	Sdp. °C			Smp. °C	Sdp. °C
Fluor-benzol	C_6H_5F	−45	85	o-Chlor-toluol	$CH_3C_6H_4Cl$	−36	159
Chlor-benzol	C_6H_5Cl	−45	132	m-Chlor-toluol	$CH_3C_6H_4Cl$	−48	162
Brom-benzol	C_6H_5Br	−31	155	p-Chlor-toluol	$CH_3C_6H_4Cl$	7	162
Jod-benzol	C_6H_5J	−29	188	p-Dichlor-benzol	$C_6H_4Cl_2$	53	173
				Hexachlor-benzol	C_6Cl_6	228	332

Die Halogen-benzole haben einen intensiven Geruch; die meisten sind spezifisch schwerer als Wasser. Sie werden in erster Linie als Zwischenprodukte für die Synthese anderer Aromaten (z. B. Phenol, zahlreiche Farbstoffe) verwendet. Chlorbenzol ist ein ausgezeichnetes Fettlösungsmittel (Bestandteil von Fleckenreinigungsmitteln). p-Dichlor-benzol dient als Mottenschutzmittel.
Ein wirtschaftlich bedeutender, aber sehr umstrittener Halogen-kohlenwasserstoff ist das **DDT** (p, p'-**D**ichlor-**d**iphenyl-**t**richlor-äthan). Als hochwirksames **Insektizid** (Kontaktgift) hat es viel zur Eindämmung und gebietsweisen Ausrottung der Malaria beigetragen. Der in ungeheuren Mengen über die ganze Erde verbreitete Chlor-KW (selbst in Pinguinen der Antarktis nachgewiesen!) wird biologisch nicht abgebaut. Er reichert sich als lipophile Substanz in den Fettgeweben an und führt in höheren Dosen auch beim Warmblüter zu Vergiftungen. Die Verwendung von DDT ist heute in einigen Staaten verboten.

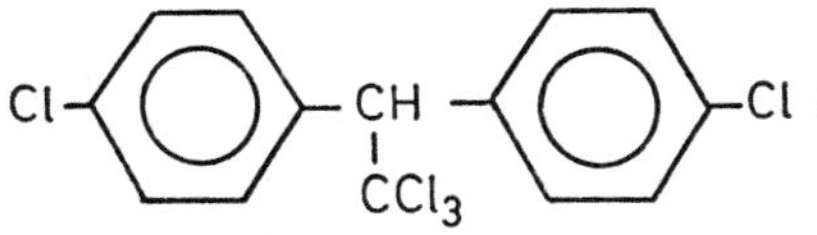

DDT

Mit Brom-benzolen lassen sich Grignardsche Verbindungen herstellen, die unter anderem zur Synthese von aromatischen Alkoholen dienen. Beispiel:

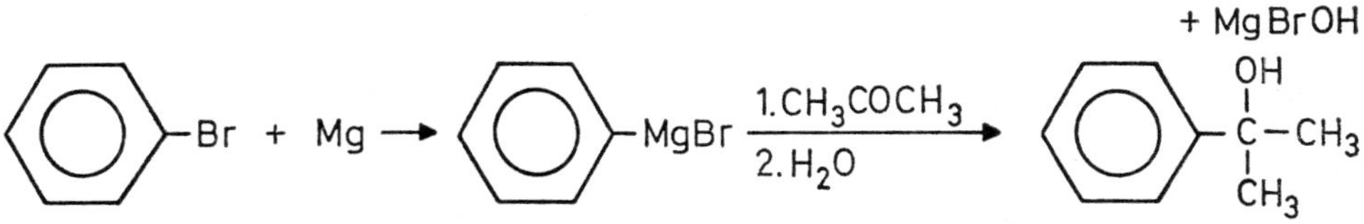

2-Phenyl-propanol-2

3. Aromatische Nitroverbindungen

Der Benzol-Wasserstoff lässt sich auch durch die **Nitrogruppe** ($-NO_2$) substituieren. Zur Nitrierung des Benzolkerns verwendet man konzentrierte Salpetersäure, gemischt mit konzentrierter Schwefelsäure (Nitriersäure).

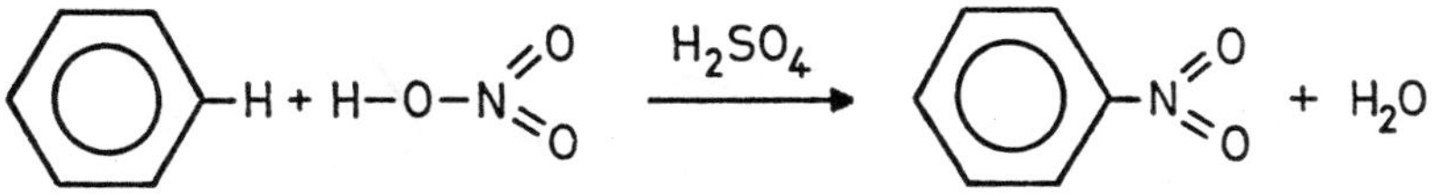

Benzol **Salpetersäure** **Nitro-benzol**

Die Schwefelsäure bindet das abgespaltene Wasser.

Die Nitrogruppe ist ein Substituent 2. Ordnung, welcher weitere Substituenten irgendwelcher Art stets in Metastellung dirigiert. Im Gegensatz dazu sind Alkylgruppen und Halogene Substituenten 1. Ordnung, die in Ortho- und Parastellung dirigieren.
Die zweite Nitrogruppe lässt sich bedeutend schwerer einführen als die erste. Für die dritte muss sogar mehrere Tage mit rauchender H_2SO_4 und rauchender HNO_3 in grossem Überschuss gekocht werden.

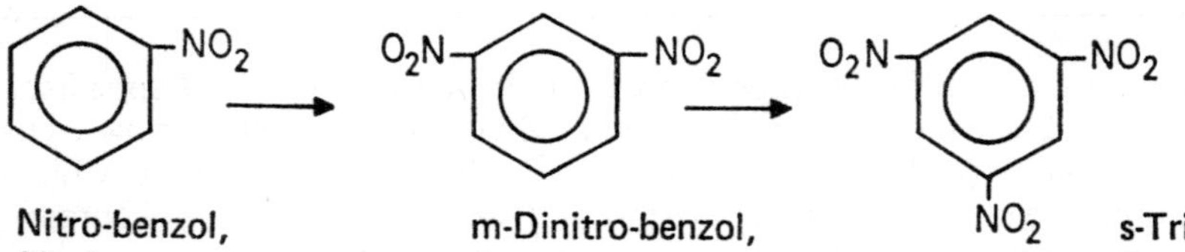

Nitro-benzol, **flüssig** — **m-Dinitro-benzol,** **fest** — **s-Trinitro-benzol,** **fest**

Nitro-benzol ist spezifisch schwerer als Wasser (Smp 6 °C, Sdp 211 °C), in reinem Zustand farblos, meist aber leicht gelb. Es riecht nach bitteren Mandeln und ist ein Blutgift (Bildung von Methämoglobin; vgl. S. 314).

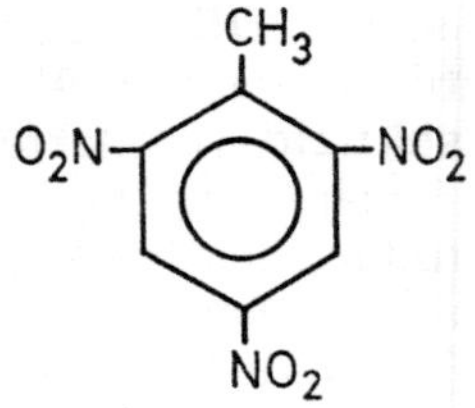

Trinitro-toluol

Leichter als Trinitro-benzol lässt sich das Trinitroderivat des Toluols erhalten. **Trinitro-toluol** (Trotyl, TNT) ist wie Dynamit ein Sicherheitssprengstoff, der nur auf Initialzündung detoniert (vgl. S. 223). Es wird als Bomben- und Granatfüllung verwendet.
Die Nitroverbindungen (N–C-Bindung) sind nicht mit den Salpetersäureestern zu verwechseln (N–O–C-Bindung). «Nitroglycerin» ist keine Nitroverbindung, sondern ein Ester!

4. Aromatische Amine

Die aromatische Nitrogruppe lässt sich leicht zur Aminogruppe reduzieren. Diese kann wie die aliphatische Verwandte alkyliert und auch aryliert werden.

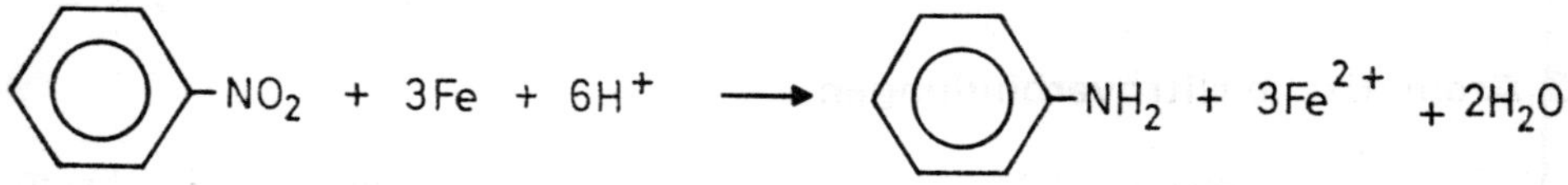

Nitro-benzol — Amino-benzol=**Anilin**

Die meisten einfacheren Amine haben gebräuchliche Trivialnamen. Beispiele:

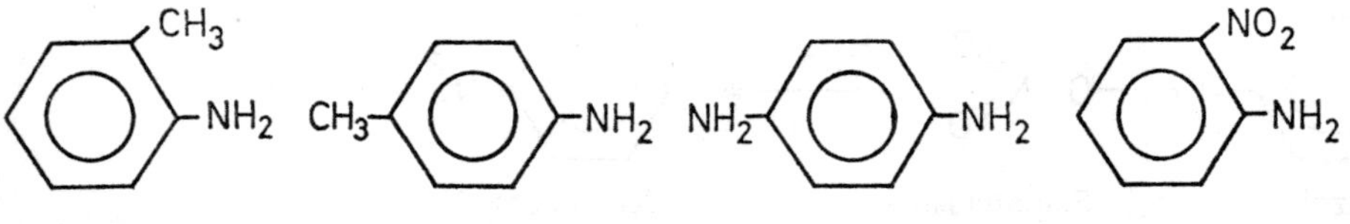

o-Amino-toluol **o-Toluidin** — p-Amino-toluol **p-Toluidin** — p-Diamino-benzol **p-Phenylendiamin** — o-Nitro-amino-benzol **o-Nitranilin**

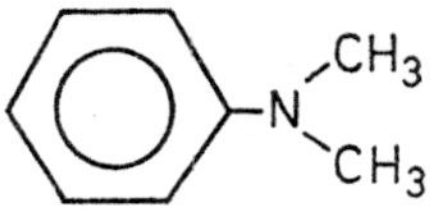

N-Dimethyl-anilin
(ein tertiäres Amin)

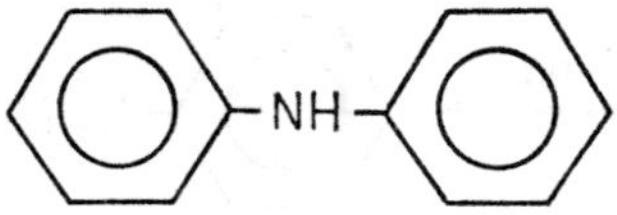

Diphenyl-amin
(ein sekundäres Amin)

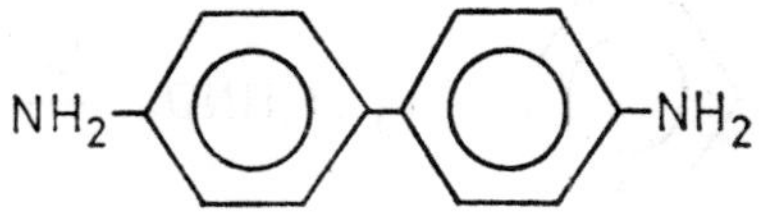

p,p'-Diamino-diphenyl
Benzidin

Die aromatischen Amine verhalten sich grundsätzlich ähnlich wie die aliphatischen. Sie sind allerdings wesentlich schwächer basisch, bilden aber wie diese mit Säuren Salze (pK_b von Anilin: 9,4, von Methyl-amin 3,4, von Ammoniak 4,7).

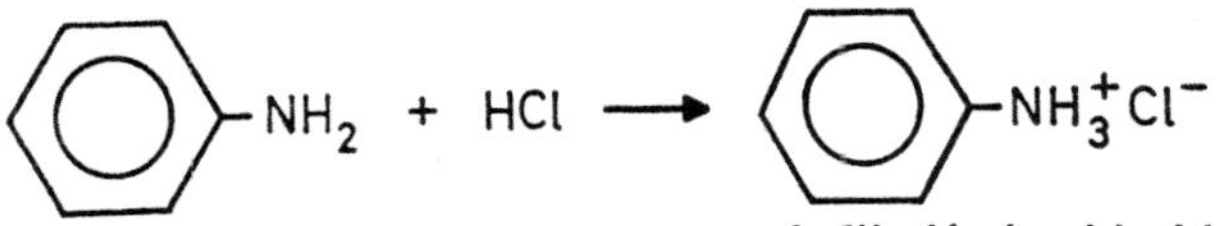

Anilin

Anilin-Hydrochlorid
Phenyl-ammoniumchlorid

Die Basen selbst sind schlecht wasserlöslich, ihre Salze dagegen gut (vgl. S. 246 f.). Die Aryl-amine riechen wie die Alkyl-amine widerlich, sind wie diese giftig und bei chronischer Einwirkung grossenteils **kanzerogen** (krebserregend).

Anilin. Das einfachste Aryl-amin $C_6H_5NH_2$ ist zum erstenmal aus dem natürlichen Indigo hergestellt worden (spanisch añil=Indigo). Ausser aus Nitro-benzol (s. obige Gleichung) wird es auch durch Erhitzen von Chlor-benzol mit Ammoniak unter hohem Druck mit Cu als Katalysator erhalten. Anilin ist eines der Schlüsselprodukte der chemischen Grossindustrie (Farbstoffe, Medikamente). Reines Anilin ist ein farbloses Öl (Sdp 184°C). Es ist autoxidabel (vgl. S. 207) und verfärbt sich bei längerem Stehen mit Luftkontakt rotbraun. **Anilinschwarz,** ein Baumwollfarbstoff, ist ein hochmolekulares Oxidationsprodukt des Anilins, das durch Dichromat auf der Zellulosefaser gebildet und niedergeschlagen wird.

o-Toluidin und Benzidin. **o-Toluidin** $CH_3-C_6H_4-NH_2$ wird zur photometrischen Glucosebestimmung verwendet. Es bildet mit Glucose in heisser konzentrierter Essigsäure einen grünen Farbstoff. **Benzidin** $NH_2-C_6H_4-C_6H_4-NH_2$ dient zum Blutnachweis. Es wird durch H_2O_2 in Gegenwart von Spuren von Hämoglobin als Katalysator zu einem blauen Farbstoff oxidiert. Das Hämoglobin wirkt bei diesem Prozess als Pseudoperoxidase (wie ein Enzym, das einen Redoxvorgang unter Beteiligung von Wasserstoffperoxid katalysiert).

5. Diazonium- und Azo-Verbindungen

a) Herstellung und Eigenschaften

Aromatische Amine reagieren mit salpetriger Säure in salzsaurer Lösung unter Bildung von **Diazoniumsalzen:**

Aryl-ammoniumion **Aryl-diazoniumion**

Eine derartige **Diazotierung** gestaltet sich wie folgt: Das Amin wird mit 3 Äquivalenten verdünnter HCl aufgelöst und auf 0–5 °C abgekühlt. Eine Lösung von Natriumnitrit wird zugetropft, bis Kaliumjodid-Stärkepapier überschüssige HNO_2 anzeigt (Blaufärbung durch J_2, aus J^- und HNO_2 entstanden).

Nur aromatische Amine lassen sich diazotieren. Aliphatische Diazonium-Verbindungen zerfallen schon bei der Entstehung in Alkohol und N_2:

$R{-}NH_2 + HNO_2 \rightarrow R{-}OH + N_2 + H_2O$
aliphatisches Amin → Alkohol

Diazoniumsalze sind mit wenig Ausnahmen nur in Lösung beständig. In trockener Form explodieren sie bei geringer Erwärmung oder Erschütterung. Sie werden daher nicht isoliert, sondern unmittelbar nach der Bildung weiterverarbeitet.

b) Hydrolyse zu Phenolen

Erhitzt man eine stark saure Lösung eines Diazoniumsalzes, so entsteht ein **Phenol.**

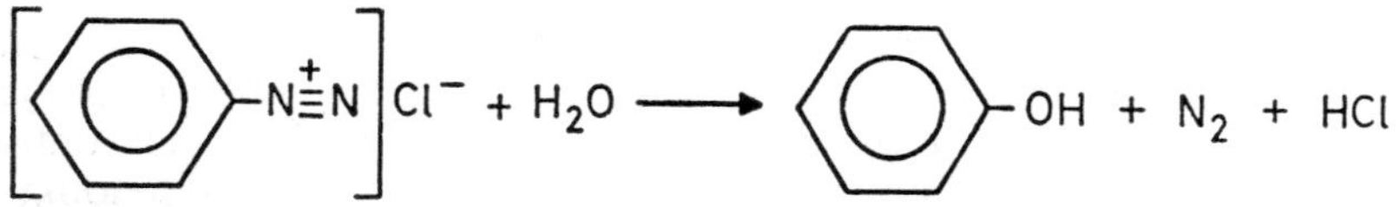

Diazoniumsalz **Phenol**

c) Sandmeyer-Reaktion

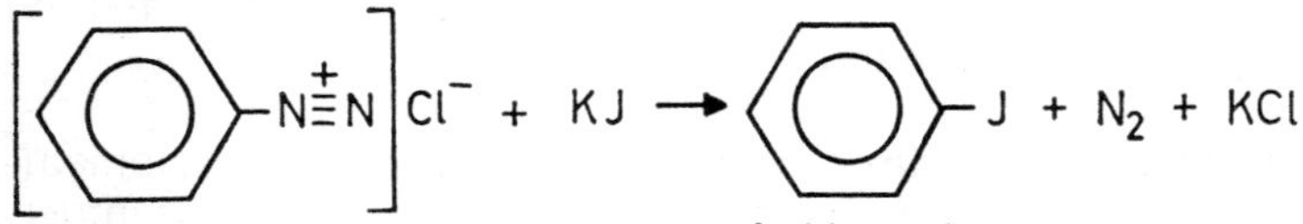

Jod-benzol

Bei Verwendung von Kupfer(I)-Salzen als Katalysatoren lässt sich die Diazoniumgruppe auch durch andere Halogene und die Cyanidgruppe ersetzen. Die Reaktion ist nach ihrem Entdecker Sandmeyer benannt. Beispiel einer Synthesekette:

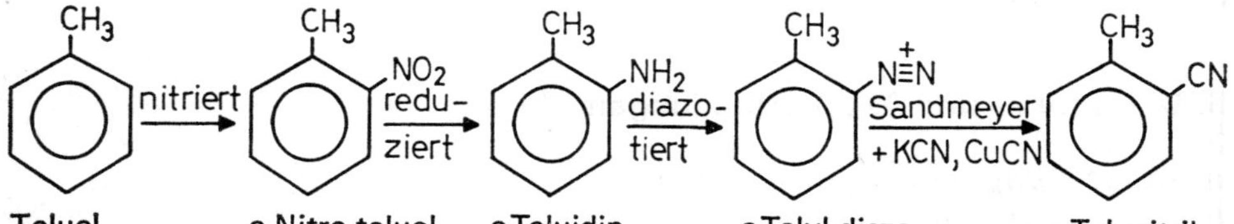

Toluol o-Nitro-toluol o-Toluidin o-Tolyl-diazoniumion o-Tolunitril

d) Kupplung, Azofarbstoffe

In schwach alkalischer Lösung reagieren Diazoniumsalze leicht mit aromatischen (und auch gewissen heterozyklischen) Hydroxy- und Amino-Verbindungen unter Bildung von **Azo-Verbindungen.**

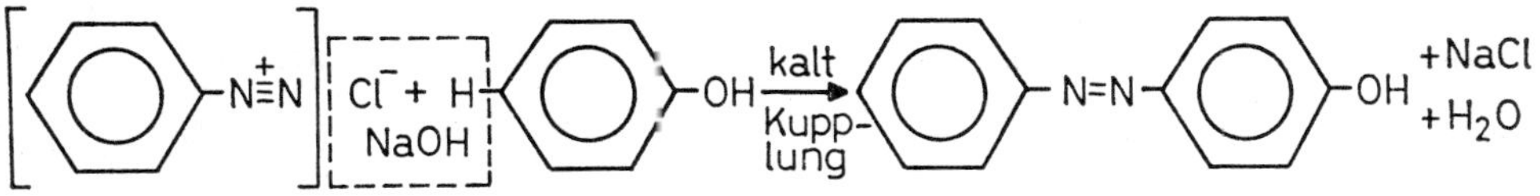

Diazoniumsalz Phenol p-Hydroxy-azo-benzol (orange)

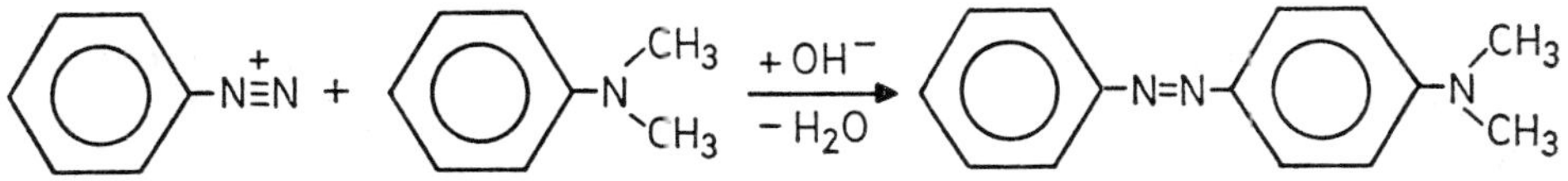

N-Dimethyl-anilin p-N-Dimethyl-amino-azo-benzol ("Buttergelb")

Die Vereinigung der Diazoniumgruppe mit einem Ring unter Bildung der Azogruppe –N=N– bezeichnet man als **Kupplung.** Die Kupplung erfolgt stets in Parastellung zur Amino- oder Hydroxylgruppe des Partnermoleküls. Ist diese besetzt, so wird in der Orthostellung gekuppelt. Alle Azo-Verbindungen sind farbig. Die Azogruppe ist ein **Chromophor** («Farbträger»).

Beide Ringe der Azo-Verbindungen können beliebige Substituenten tragen, so dass eine fast unbeschränkte Fülle von Kombinationen möglich wird. Auch Verbindungen mit zwei und mehr Azogruppen lassen sich synthetisieren. Ein grosser Teil der vielen hundert industriell hergestellten Farbstoffe, unter anderem auch viele Säure-Basen-Indikatoren, sind Azo-Verbindungen (vgl. folgendes Kapitel). Die Azofarbstoffe sind nicht besonders lichtecht.

6. Sulfonsäuren und Sulfonamide

Benzol kann auch mit Schwefelsäure Substitutionsreaktionen eingehen. Die Produkte heissen **Sulfonsäuren** (nicht zu verwechseln mit den Schwefelsäure-Estern; vgl. S. 223).

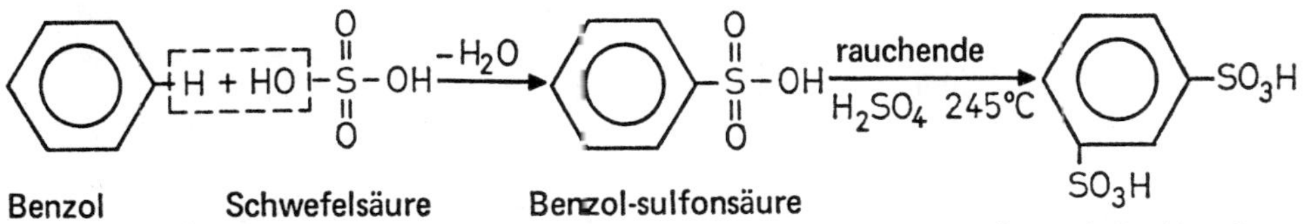

Benzol Schwefelsäure Benzol-sulfonsäure m-Benzol-disulfonsäure

Sulfonsäuren sind einwertige starke Säuren und dank ihrer dissoziierbaren Gruppe relativ gut wasserlöslich. Sie bilden mit anorganischen wie mit organischen Basen Salze:

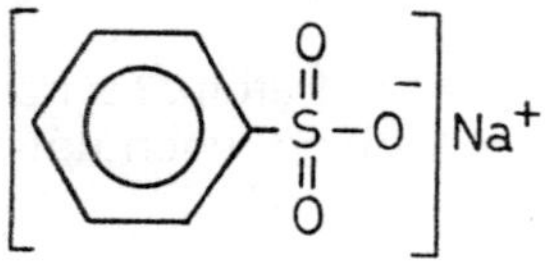

Natrium-benzol-sulfonat

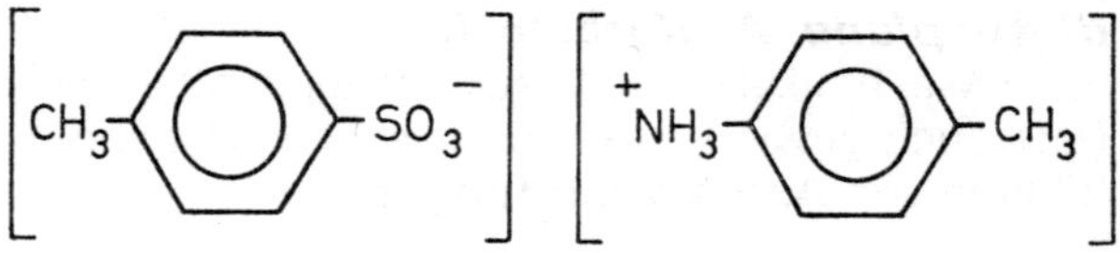

p-Toluidinsalz der p-Toluol-sulfonsäure
p-Tolyl-ammonium-p'-tolyl-sulfonat

Durch Einführung der Sulfonsäuregruppe in aromatische Verbindungen werden diese wasserlöslich gemacht. Von dieser Tatsache wird vor allem in der Farbstoffindustrie Gebrauch gemacht.

Ein Ausgangsprodukt für die Herstellung zahlreicher wasserlöslicher Farbstoffe ist die p-Amino-benzol-sulfonsäure oder **Sulfanilsäure.** Sie ist wie die Aminocarbonsäuren ein **Ampholyt** und bildet im Neutralzustand ein **inneres Salz.** Sulfanilsäure lässt sich sehr leicht diazotieren und mit den verschiedensten Partnern kuppeln. Beispiel:

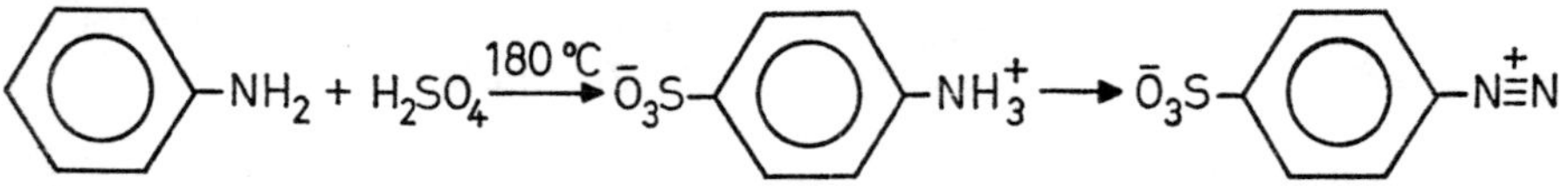

Anilin **Sulfanilsäure** **diazotierte Sulfanilsäure**

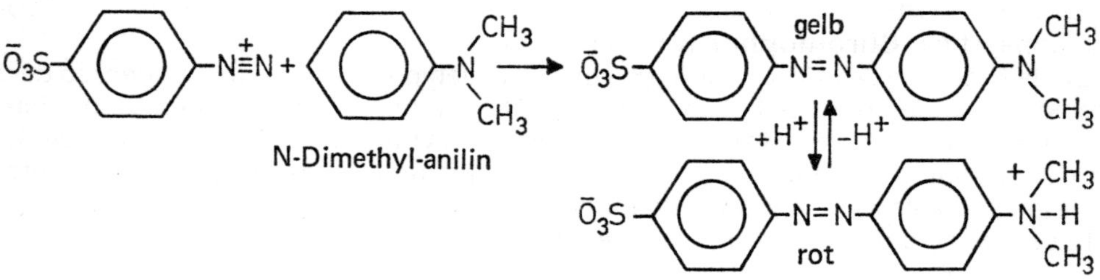

N-Dimethyl-anilin

Methylorange

Farbstoffe mit Sulfonsäuregruppen («saure Farbstoffe») werden in der Woll- und Seidenfärberei, aber auch für das Anfärben von elektrophoretisch getrennten Proteinen verwendet. Die $-SO_3^-$-Gruppe wird durch basische Gruppen der Proteine salzartig gebunden; der Farbstoff «zieht auf».

Diazotierte Sulfanilsäure wird im klinischen Labor auch zur Bestimmung des Gallenfarbstoffs **Bilirubin** verwendet, der bei Lebererkrankungen vermehrt im Blut auftritt (Gelbsucht). Mit dem heterozyklischen Bilirubin entsteht ein roter Azofarbstoff, der in alkalischem Milieu nach blau umschlägt.

Wie die Carbonsäuren lassen sich auch die Sulfonsäuren in Chloride und Amide überführen:

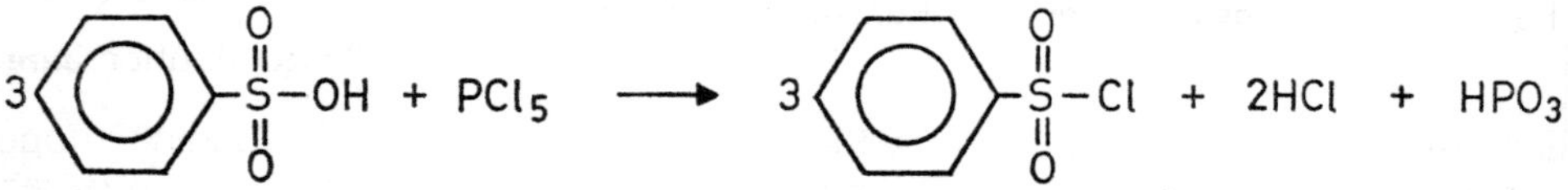

Benzol-sulfonsäurechlorid

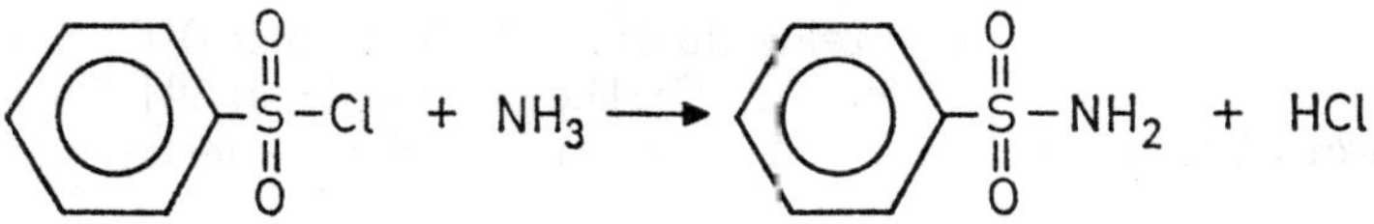

Benzol-sulfonamid

Eine Reihe von **Chemotherapeutika** (Medikamente zur Bekämpfung von bakteriellen Infektionskrankheiten) sind Derivate des Benzol-sulfonamids, z. B. Sulfathiazol.

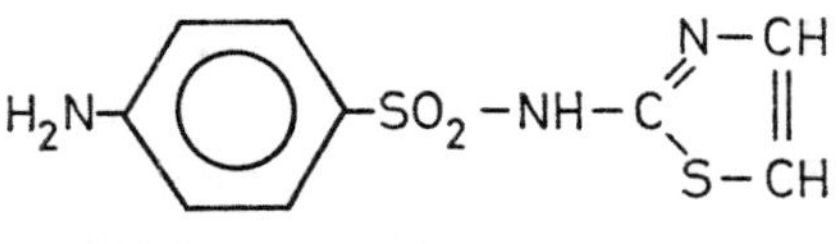

Sulfathiazol

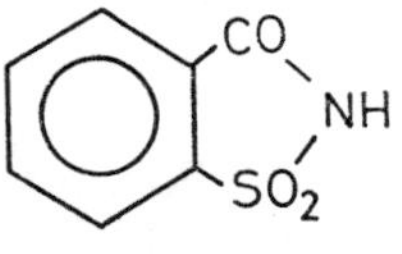

Saccharin

Ein Sulfonamid-Abkömmling ist auch der Süssstoff Saccharin, ein zyklisches Imid. Obschon chemisch nicht im entferntesten mit den Zuckern verwandt, ist es 550mal süsser als Saccharose.

7. Phenole (Hydroxy-benzole) und Chinone

Phenole im weitern Sinn sind alle Verbindungen, die eine oder mehrere direkt am Benzolkern sitzende Hydroxylgruppen haben.

a) Herstellung und Eigenschaften

Die geläufigsten Herstellungsmethoden für Hydroxy-benzole sind die Alkalischmelze von Sulfonsäuren und die Hydrolyse von Diazoniumsalzen:

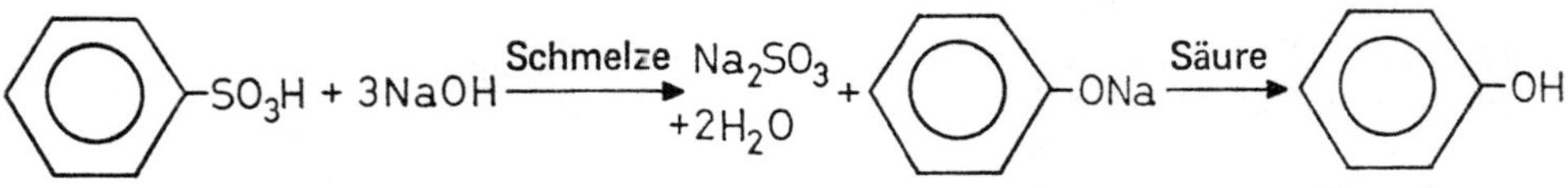

Benzol-sulfonsäure — Na-Phenolat — **Phenol**

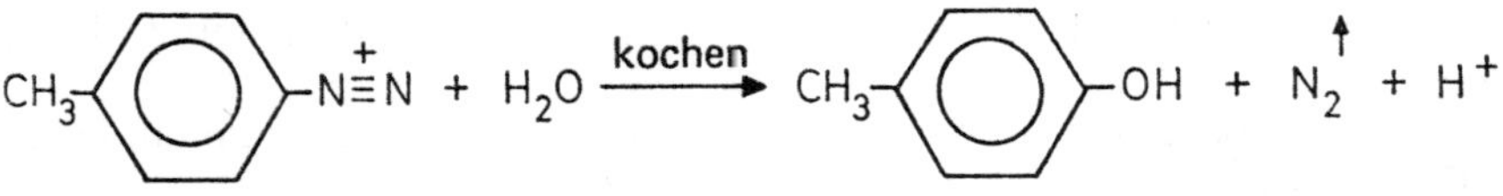

Diazotiertes p-Toluidin — p-Hydroxy-toluol **p-Kresol**

Ein drittes Verfahren geht von Halogenverbindungen aus:

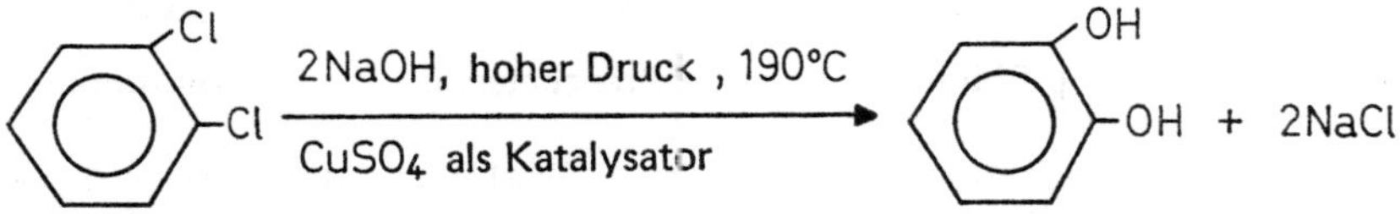

o-Dichlorbenzol — o-Dihydroxy-benzol **Brenzcatechin**

Phenol selbst gewinnt man auch aus Toluol mittels einer katalytischen Oxidation.

Die meisten Hydroxybenzole sind fest, einzelne flüssig (alle Smp über 0 °C). Ihre Siedepunkte liegen durchwegs hoch (Phenol 181 °C). Die phenolischen OH-Gruppen können **H^+-Ionen abspalten.** Durch ihren sauren Charakter unterscheiden sich die Phenole grundlegend von den Alkoholen.

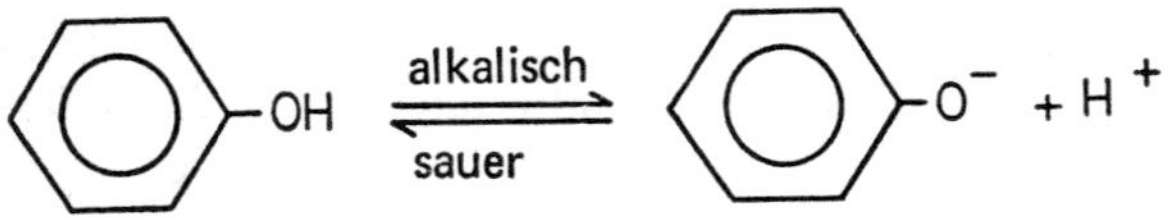

Phenolat

Der pK-Wert von Phenol ist 10,0, d.h. bei pH 10 ist Phenol erst zur Hälfte dissoziiert, bei pH 7 nur etwa zu 0,1%. Es braucht somit starke Basen, um Phenole vollständig in Salze zu verwandeln.

Gemische aus Phenolen, Carbonsäuren und Nichtelektrolyten lassen sich wie folgt fraktionieren: Das Gemisch wird in Äther gelöst. Durch Schütteln der Ätherlösung mit verdünnter Sodalösung (schwach alkalisch) werden die Carbonsäuren als Anionen extrahiert, die Phenole bleiben im Äther. Dann werden mit Natronlauge die Phenole ausgezogen. Im Äther bleiben die Nichtelektrolyte (Kohlenwasserstoffe, Alkohole, Aldehyde, Ketone usw.).

Durch elektronensaugende Substituenten (Halogene Nitrogruppen) wird der Säurecharakter der Phenole verstärkt (vgl. «Halogen-carbonsäuren», S. 215). Das oben beschriebene Trennverfahren versagt bei Polyhalogen- und Nitrophenolen. Die Nitro-phenole haben Indikatoreigenschaften (undissoziiert farblos, dissoziiert gelb; vgl. S. 276 f.).

	pK_s
Phenol	10,0
o-Chlor-phenol	9,1
2,4,6-Trichlor-phenol	7,6
p-Nitro-phenol	7,2
2,4-Dinitro-phenol	4,0
2,4,6-Trinitro-phenol	0,8

Die Phenole bilden mit Fe(III)-Ionen farbige Komplexe und lassen sich so leicht nachweisen.
o- und p-Dihydroxy-benzole lassen sich ohne Ringöffnung leicht oxidieren. Dabei entstehen **Chinone.**

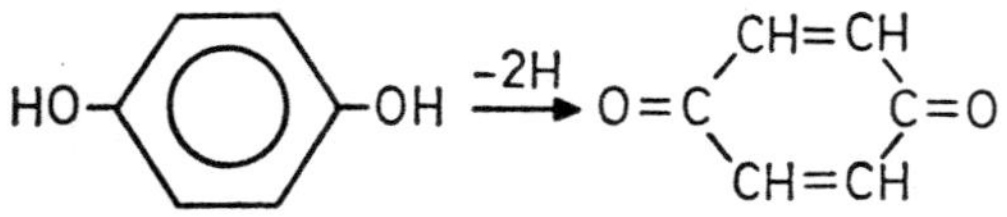

Hydrochinon **p-Chinon**

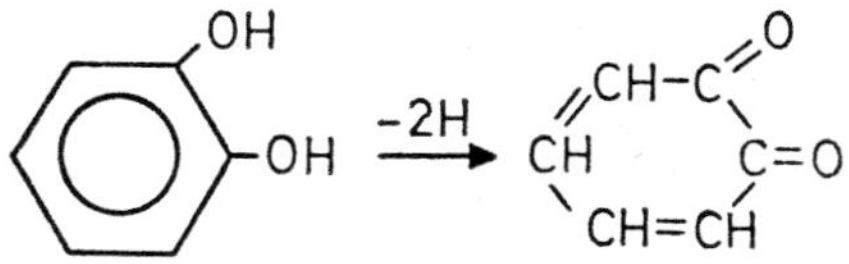

Brenzcatechin **o-Chinon**

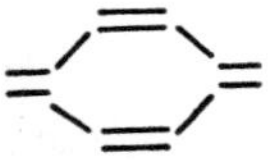

Chinoide Struktur

Die Chinone sind zyklische Diketone. Ihre Ringe sind nicht mehr aromatisch (keine Mesomerie der DB). Sie haben deshalb ähnliche Eigenschaften wie die aliphatischen Ketone. Alle Chinone und alle Verbindungen mit chinoider Struktur (siehe Formelbild) sind **farbig.** Beispiel **Phenolphthalein:**

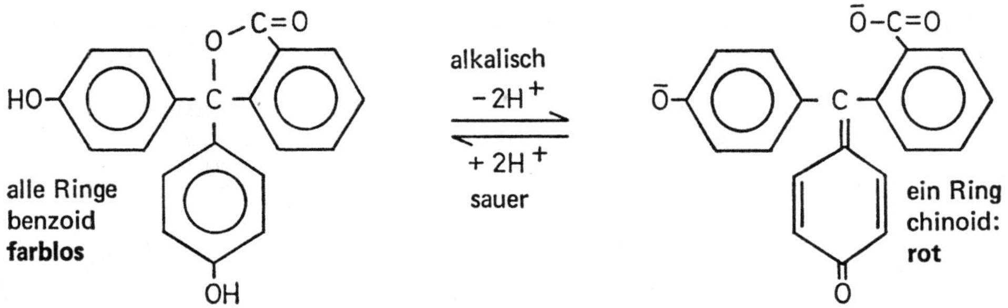

b) Einzelne Hydroxy-benzole

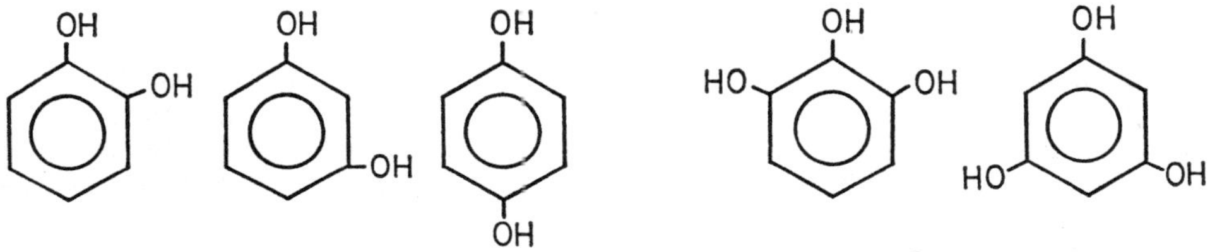

o-Dihydroxy-benzol	m-Dihydroxy-benzol	p-Dihydroxy-benzol	1,2,3-Trihydroxy-benzol	1,3,5-Trihydroxy-benzol
Brenzcatechin	**Resorcin**	**Hydrochinon**	**Pyrogallol**	**Phloroglucin**

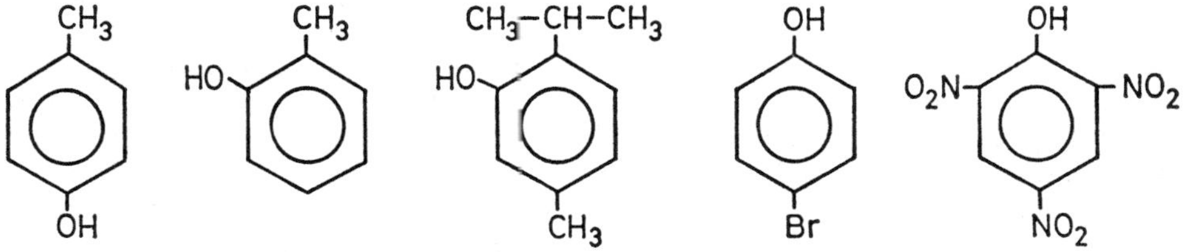

p-Hydroxy-toluol	o-Hydroxy-toluol	2-Isopropyl-5-methyl-phenol	p-Brom-phenol	2,4,6-Trinitro-phenol
p-Kresol	**o-Kresol**	**Thymol**		**Pikrinsäure**

Phenol und Kresole. C_6H_5OH bildet farblose Kristalle (Smp 43°C). Mit 2–10% Wasser ist es bei Zimmertemperatur flüssig (Phenolum liquidum). An der Luft bildet es braunrote Autoxidationsprodukte. Phenol hat einen typischen, aufdringlichen Geruch («Spitalgeruch»). Es ätzt die Haut und ist sehr gefährlich für die Augen. Früher wurde es als verdünnte wässerige Lösung unter dem Namen Karbol häufig zur Desinfektion von Räumen verwendet.

Aus Phenol und Formaldehyd lassen sich vernetzte Polykondensate herstellen (Kunststoff Bakelit).

Die drei isomeren Methyl-phenole (Kresole) haben ähnliche Eigenschaften wie Phenol. Eine Lösung von Kresol in Seifenwasser (=Lysol) wird zur Desinfektion von Gegenständen verwendet.

Hydrochinon. Das p-Dihydroxy-benzol ist ein oft gebrauchtes Reduktionsmittel. Unter anderem wird es als photographischer Entwickler verwendet (vgl. S. 171).

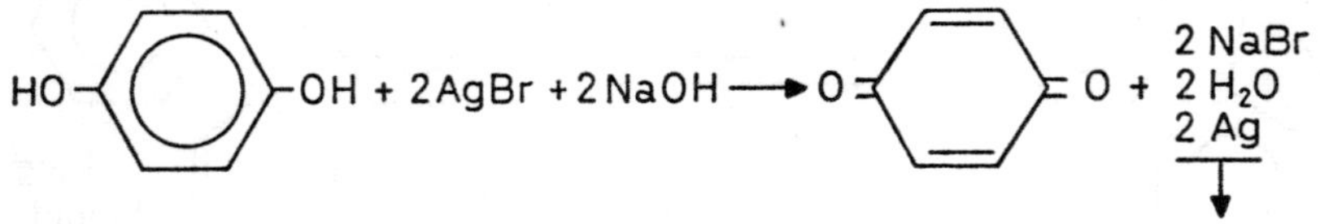

Das belichtete Silberbromid wird durch das Hydrochinon zu schwarzem Silber reduziert. Aus dem Hydrochinon wird p-Chinon.

Im Gegensatz zum Phenol sind die Di- und Polyhydroxy-benzole praktisch geruchlos und kaum ätzend.

Thymol. 2-Isopropyl-5-methyl-phenol ist der Duftstoff des Thymians, daher der Name Thymol. Es ist im Gegensatz zum Phenol nur sehr wenig wasserlöslich und wird als mildes Antiseptikum zur Konservierung von biologischen Medien, z.B. Urin, verwendet. Im klinischen Labor dient es zur Prüfung der Serumeiweiss-Zusammensetzung (Thymolprobe nach Maclagan). Bei Leberkrankheiten bildet Thymol mit dem Serum des Patienten mehr oder weniger starke Trübungen durch ausgefällte Globuline (vgl. S. 259).

Pikrinsäure. Phenol lässt sich mit Salpetersäure bis zur Trinitro-verbindung nitrieren (Formel s. oben). Wegen seines bitteren Geschmacks heisst das 2,4,6-Trinitro-phenol Pikrinsäure (picros=bitter). Wie das Trinitro-toluol ist Pikrinsäure, vor allem als Ammoniumsalz, ein brisanter Sicherheitssprengstoff (vgl. S. 223). Sie bildet mit zahlreichen organischen Basen schwerlösliche, gut kristallisierende Salze. Pikrate werden deshalb zur Isolierung, Reinigung und Identifizierung von Basen gebraucht. Im klinischen Labor dient Pikrinsäure als Reagens für die photometrische Kreatininbestimmung (Bildung einer roten Additionsverbindung) und als Eiweissfällungsmittel.

Catecholamine. Die **Hormone des Nebennierenmarks,** die Catecholamine **Adrenalin** und **Noradrenalin** sind Derivate des Brenzcatechins. Sie werden in der Drüse aus Phenyl-alanin bzw. Tyrosin gebildet (vgl. S. 251).

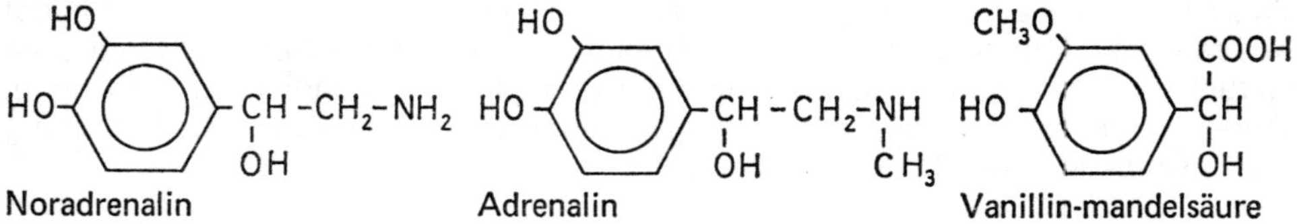

Noradrenalin **Adrenalin** **Vanillin-mandelsäure**

Adrenalin wird als Stresshormon bezeichnet. Es ist Antagonist (Gegenspieler) des Insulins und stellt den Organismus auf Leistung ein (Mobilisierung von Zucker aus Glycogen und von Fettsäuren aus dem Fettgewebe). Noradrenalin ist für die Nervenreizübertragung von Bedeutung. Die beiden Hormone werden in kleinen Mengen als solche im Urin ausgeschieden, grösstenteils aber vorgängig in Vanillin-mandelsäure umgewandelt. Die Bestimmung der Catecholamine und der Vanillinmandelsäure gibt Aufschluss über gewisse Erkrankungen des Nebennierenmarks (Phaeochromocytom).

c) Phenoläther und Phenolester

Wie aus Alkoholen lassen sich aus Phenolen Äther und Ester herstellen. Beispiele:

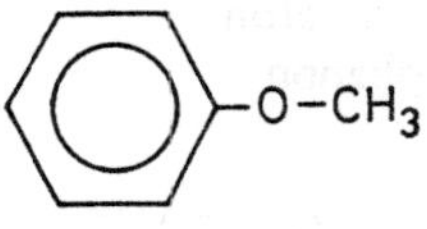

Methoxy-benzol
Methyl-phenyl-äther
Anisol

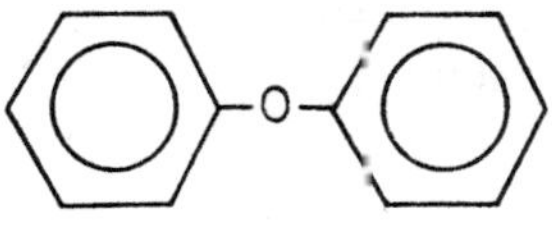

Phenoxy-benzol
Diphenyl-äther
Diphenyloxid

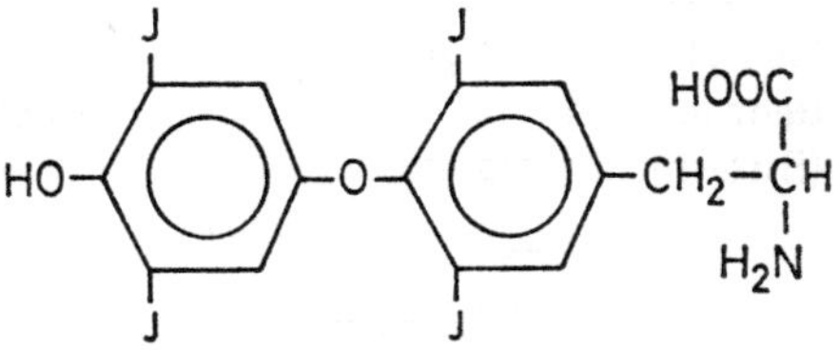

Thyroxin, ein Schilddrüsenhormon

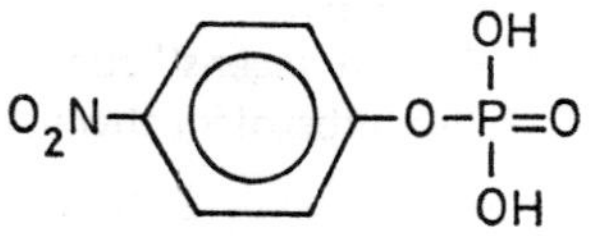

p-Nitro-phenyl-phosphat, Substrat für die Phosphatasen

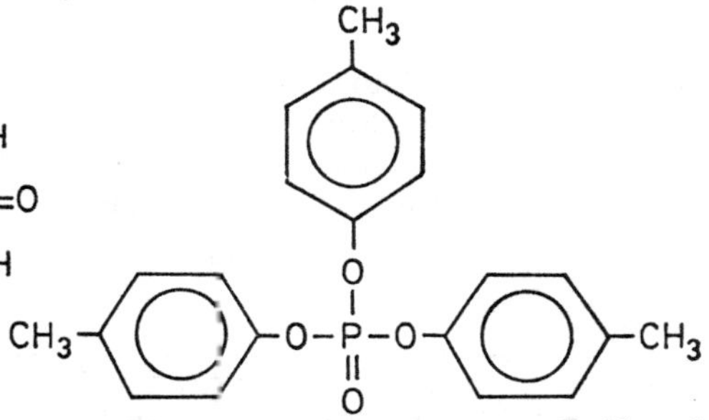

p-Trikresyl-phosphat, Weichmacher für Kunstharze, Schmiermittel

8. Aromatische Alkohole, Aldehyde und Ketone

Hydroxylgruppen an Seitenketten von Benzolringen haben keinen phenolischen, sondern alkoholischen Charakter (nicht dissoziierbar).

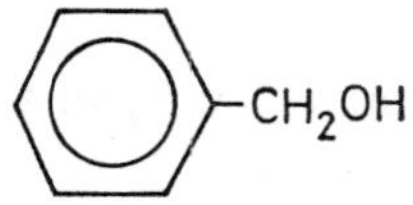

Phenyl-methylalkohol
Benzylalkohol

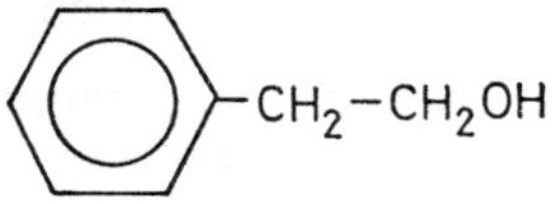

β-Phenyl-äthylalkohol
(Rosenduft)

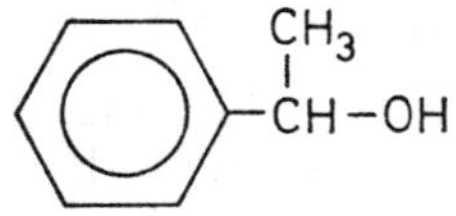

α-Phenyl-äthylalkohol

Aromatische Alkohole können ähnlich hergestellt werden wie die aliphatischen. Sie haben auch ähnliche Eigenschaften wie die mittelkettigen Alkanole.

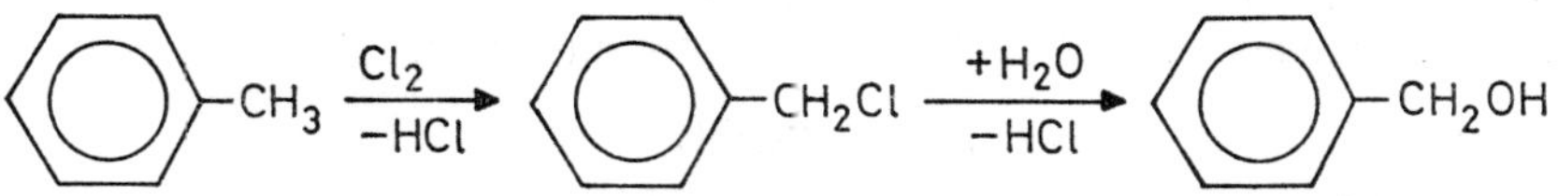

Toluol — Benzylchlorid — Benzylalkohol (Smp −15 °C, Sdp 205 °C)

(vgl. auch die Gleichung auf S. 284).

Wie die aliphatischen lassen sich auch die aromatischen Alkohole zu Aldehyden, Ketonen (und Carbonsäuren) oxidieren.

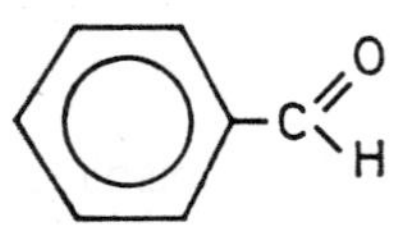

Phenyl-formaldehyd
Benzaldehyd
(Bittermandelaroma)

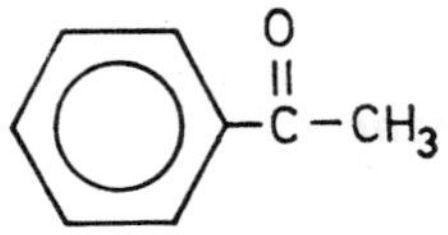

Methyl-phenyl-keton
Acetophenon

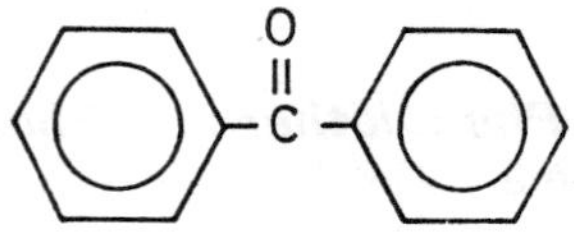

Diphenyl-keton
Benzophenon

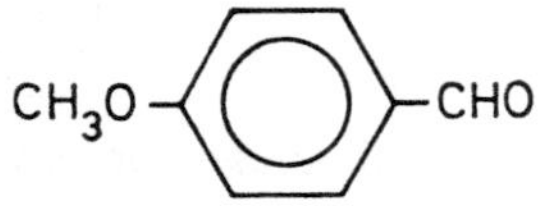

p-Methoxy-benzaldehyd
Anisaldehyd

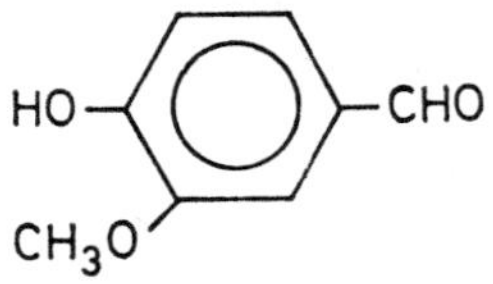

3-Methoxy-
4-hydroxy-
benzaldehyd
Vanillin (Vanillearoma)

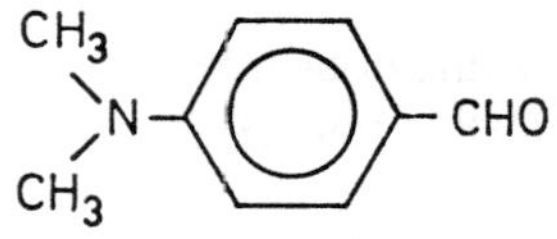

p-N-Dimethyl-amino-
benzaldehyd
("Ehrlichreagens" zum Gallenfarbstoffnachweis)

Zur Herstellung von Aryl-aldehyden und -ketonen steht eine grössere Zahl von Methoden zur Verfügung. Beispiele:

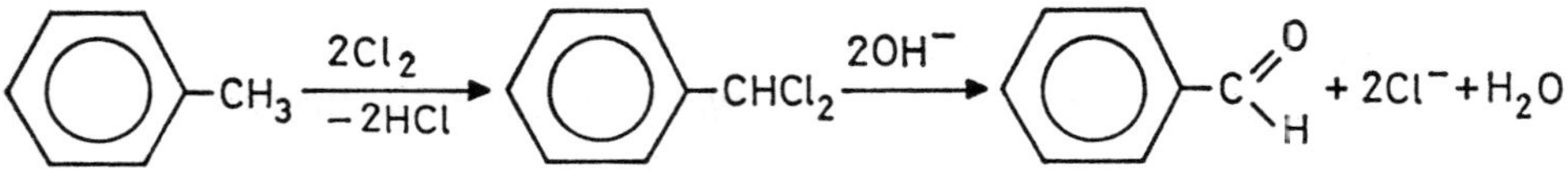

Toluol — Benzalchlorid — Benzaldehyd

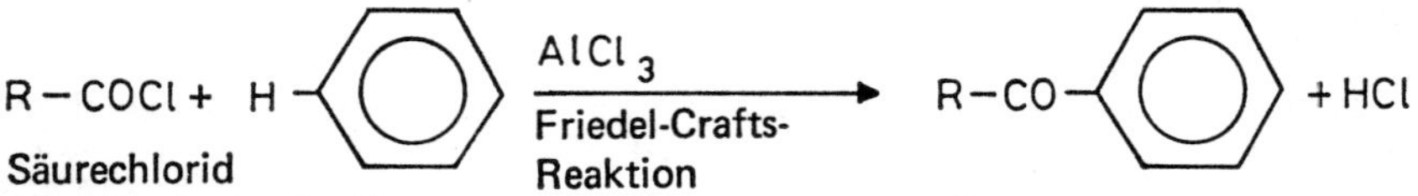

Säurechlorid
(R=Alkyl oder Aryl)

Keton

Aromatische Aldehyde und Ketone sind Zwischenprodukte für zahlreiche Synthesen. Verschiedene Aldehyde finden in der Parfümerie Verwendung.

9. Aromatische Carbonsäuren

a) Herstellung und Eigenschaften

Zur Gewinnung von Carbonsäuren, deren Carboxyl direkt am Benzolkern sitzt, oxidiert man vorzugsweise die entsprechenden Methylbenzole:

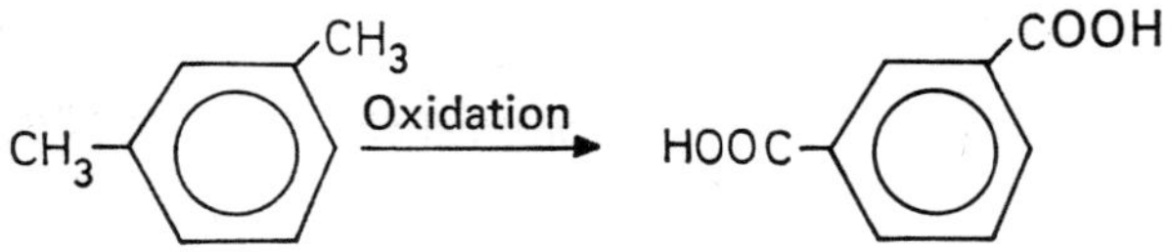

Auch durch Hydrolyse von Nitrilen, die man mit der Sandmeyer-Reaktion aus diazotierten Aminen erhält, gelangt man zu Carboxy-benzolen (vgl. S. 288, 215).
Alle Aryl-carbonsäuren sind fest (Smp durchwegs über 100°C). Ihre Säurestärke (pK) ist mit derjenigen der aliphatischen Carbonsäuren vergleichbar. Halogen- und Nitro-substituierte Säuren dissoziieren stärker als die übrigen (vgl. S. 215).

b) Einzelne Aryl-carbonsäuren

Benzoesäure. Einfachste aromatische Carbonsäure ist die Phenyl-ameisensäure oder **Benzoesäure** C_6H_5COOH. Sie kommt in verschiedenen Pflanzenarten (Balsam) vor, als Ester im Benzoeharz. Bei hohem Erhitzen spaltet sie CO_2 ab (Decarboxylierung), unter Bildung von Benzol (Namen!).
Technisch wird Benzoesäure aus Toluol hergestellt:

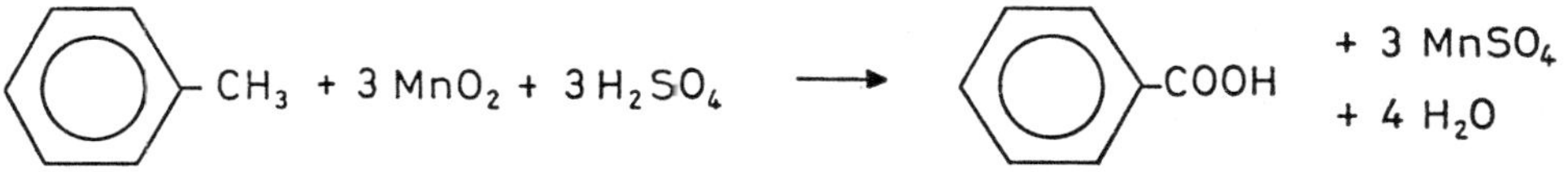

Die Säure ist schlecht wasserlöslich (0,2 g/100 ml). Mit einem pK von 4,2 ist sie etwas stärker als Essigsäure (4,8), aber schwächer als Ameisensäure (3,8). **Natriumbenzoat** wird wegen seiner bakteriziden Wirkung als Konserviermittel für Nahrungsmittel und Getränke verwendet. Benzoesäure ist im Gegensatz zu Benzol ungiftig. Sie wird in unserem Organismus nicht abgebaut, sondern amidartig an Glycin gebunden, als **Hippursäure** ausgeschieden ($C_6H_5-CO-NH-CH_2-COOH$). Ihr scharfer Schmelzpunkt bei 121,7°C macht die Benzoesäure für das Eichen von Thermometern geeignet.
Alle Derivate der Carboxylgruppe, die sich mit aliphatischen Carbonsäuren herstellen lassen, sind auch bei den Aryl-carbonsäuren zugänglich (Salze, Halogenide, Ester, Amide usw.).

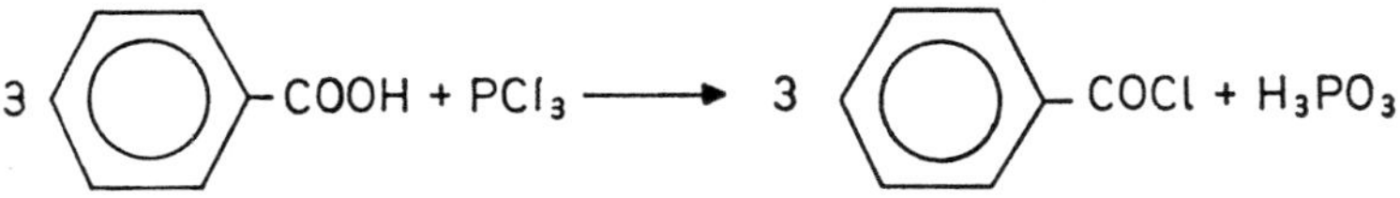

Benzoylchlorid

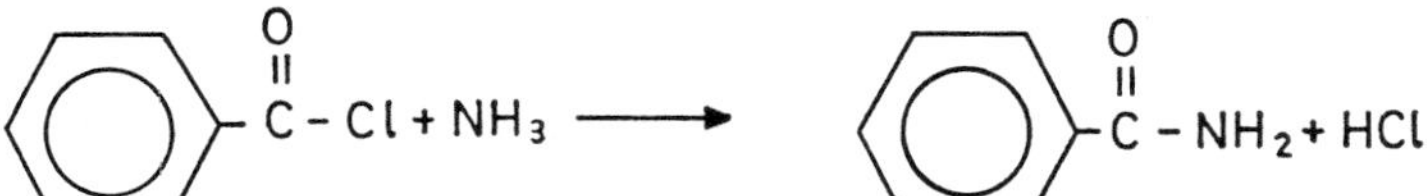

Benzamid

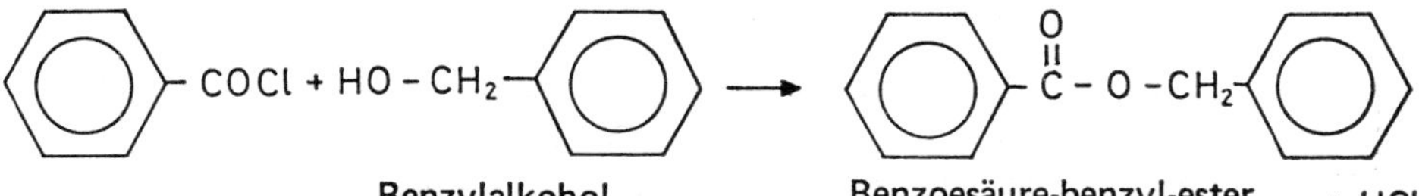

Benzylalkohol **Benzoesäure-benzyl-ester (Benzyl-benzoat)** + HCl

Phthalsäuren. Das o-Dicarboxy-benzol wird durch Oxidation von Naphthalin (vgl. S. 299) erhalten und heisst deshalb **Phthalsäure** (ein schönes Beispiel für eine phantasievolle Namengebung: Dem Naphthalin werden zwei CH-Gruppen wegoxidiert, also schneidet man auch von dessen Namen Kopf und Schwanz weg).

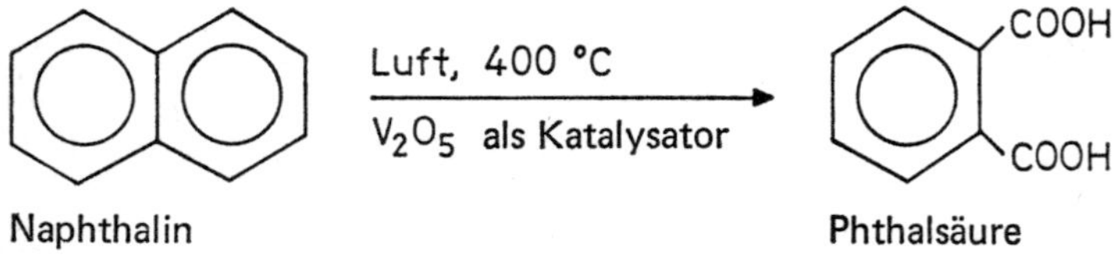

Die Phthalsäure ist mit pK_1 3,0 stärker sauer als die Benzoesäure (vgl. aliphatische Dicarbonsäuren, S. 211). Sie wird im Labor als Puffersubstanz verwendet (zwei Puffergebiete).
Aus Phthalsäure-anhydrid und Phenol wird **Phenolphthalein** (vgl. S. 293), aus Phthalsäure-anhydrid und Resorcin **Fluorescein** hergestellt:

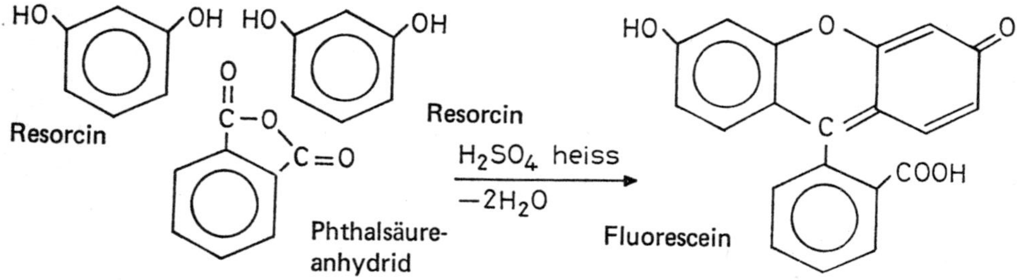

Fluorescein besitzt einen chinoiden Ring (vgl. S. 292) und ist deshalb farbig. Es wandelt zudem ultraviolettes, violettes und blaues Licht in grünes um (Fluoreszenz). Der Farbstoff dient unter anderem zum Aufspüren von unterirdischen Wasserläufen. Dank seiner Fluoreszenz lässt er sich mit empfindlichen Instrumenten (vgl. S. 342) noch in Konzentrationen bis 0,1 µg/l nachweisen. Mit 1 kg Fluorescein lässt sich ein See von 1 km^2 Fläche und einer mittleren Tiefe von 10 m nachweisbar «anfärben».
Ein Tetrabrom-fluorescein ist das **Eosin,** ein für mikroskopische Präparate verwendeter roter Farbstoff.
Das meta-Isomere der Phthalsäure heisst Isophthalsäure, das para-Isomere **Terephthalsäure.** Die letztgenannte Substanz ist Ausgangsstoff für die Herstellung von **Polyester-Kunststoffen** (Terylen, Dacron, Diolen).

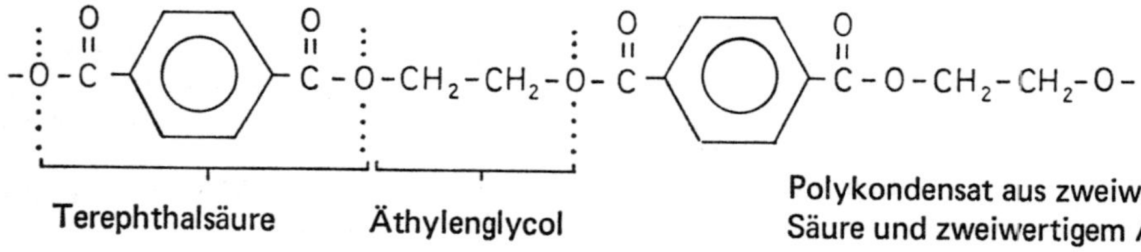

Polykondensat aus zweiwertiger Säure und zweiwertigem Alkohol

Salicylsäure und Acetyl-salicylsäure. Die Salicylsäure (Salix=Weide) wird als Konserviermittel und als Medikament gegen Rheuma verwendet. Sie ist Phenol und Carbonsäure zugleich. Wegen der Reizwirkung der phenolischen OH-Gruppe auf die Intestinalschleimhaut kann die Säure selbst nicht eingenommen werden, wohl aber deren Essigsäureester. Acetyl-salicylsäure kam erstmals als **Aspirin** – heute unter zahlreichen anderen Namen – als Schmerz- und Fiebermittel (Analgetikum und Antipyretikum) in den Handel.

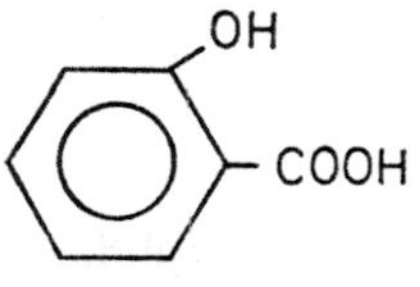

Salicylsäure

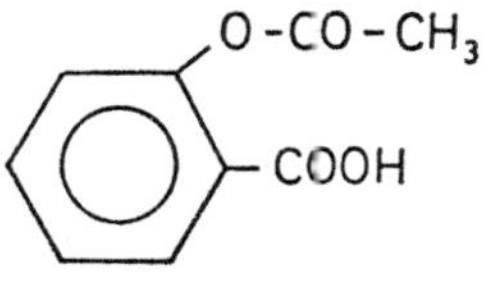

Acetyl-salicylsäure (Ester)

Phenyl-essigsäure, Mandelsäure, Zimtsäure. Von den zahlreichen Säuren mit einem oder mehreren C-Atomen zwischen Carboxyl und Benzolkern seien nur die folgenden drei Beispiele gegeben:

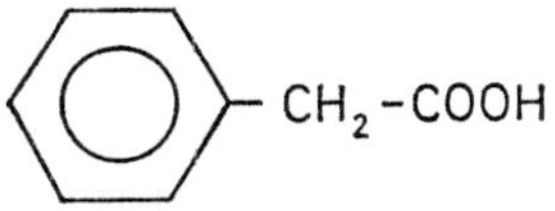

Phenyl-essigsäure

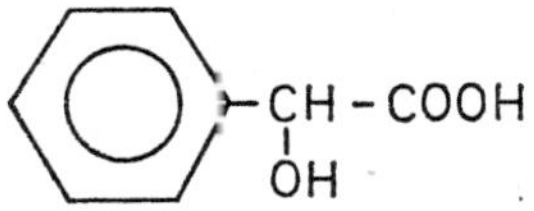

Phenyl-glycolsäure
Mandelsäure

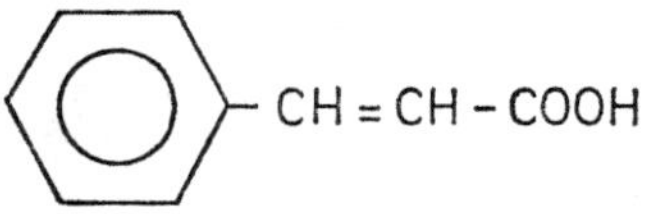

β-Phenyl-acrylsäure
Zimtsäure

10. Annellierte (kondensierte) aromatische Verbindungen

Stoffe mit zwei und mehr Benzolringen mit gemeinsamer «Kante» (je zwei C gehören gleichzeitig zwei Ringen an) heissen annellierte oder kondensierte Aromaten. Sie zeigen ähnliche Mesomerie wie der Einzel-Benzolkern. Alle typisch aromatischen Eigenschaften, vor allem die leichte Substituierbarkeit der Wasserstoffatome, finden wir auch bei den annellierten Verbindungen.

a) Naphthalin und dessen Derivate

Einfachster bizyklischer Aromat ist das Naphthalin $C_{10}H_8$

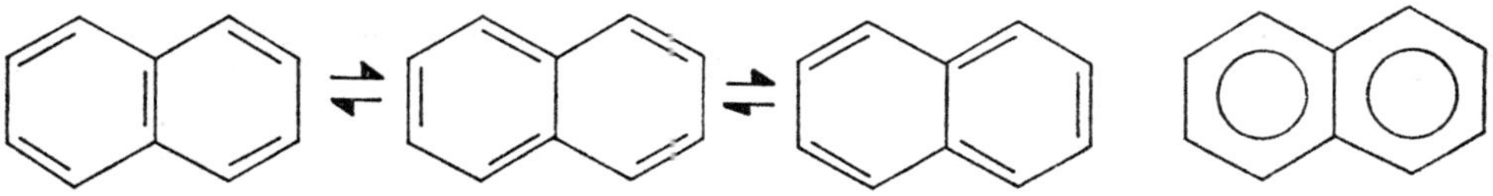

Mesomerie des Naphthalins

Naphthalin ist fest (Smp 80 °C), farblos und hat einen typischen, starken Geruch. Vor Einführung des p-Dichlor-benzols wurde es häufig als Mottenschutzmittel verwendet. Der Kohlenwasserstoff wird (zusammen mit anderen annellierten Aromaten) aus Steinkohlenteer gewonnen. Die H-Atome des Naphthalins sind noch leichter substituierbar als die des Benzols. Es existieren zwei Monosubstitutions-Isomere. Mit zwei gleichen Substituenten sind sogar 10 Isomere möglich (3 beim Benzol).

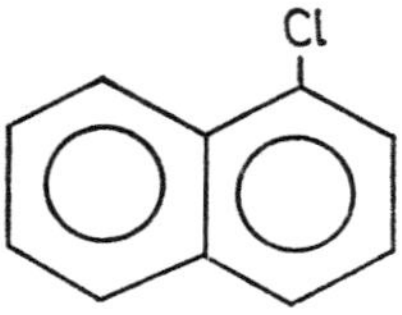

α-Chlor-naphthalin

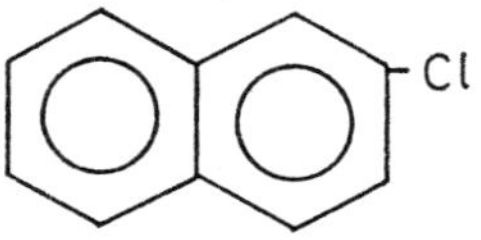

β-Chlor-naphthalin

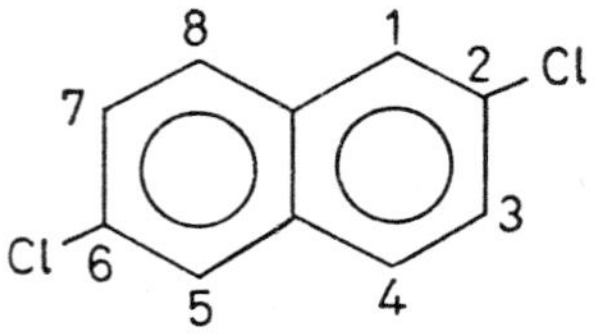

2,6-Dichlor-naphthalin

Bei zwei und mehr Substituenten werden deren Positionen mit Nummern angegeben. Die C-Atome, die beiden Ringen gemeinsam gehören (kein substituierbares H) werden nicht mitnumeriert.

Synthesebeispiele:

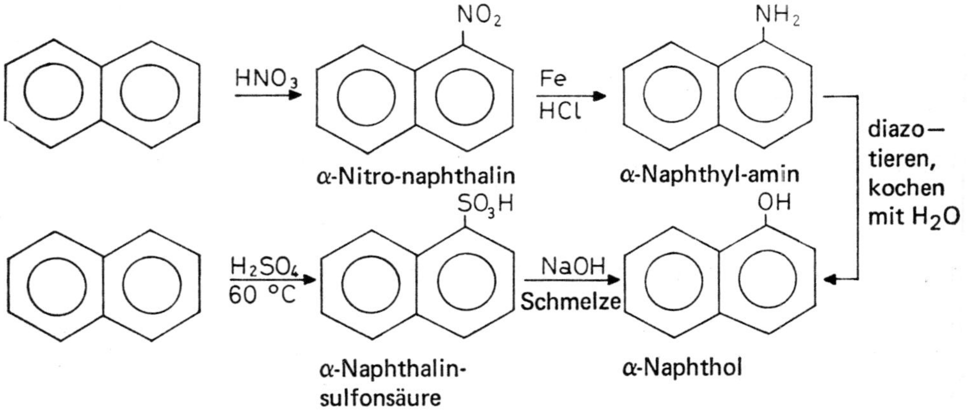

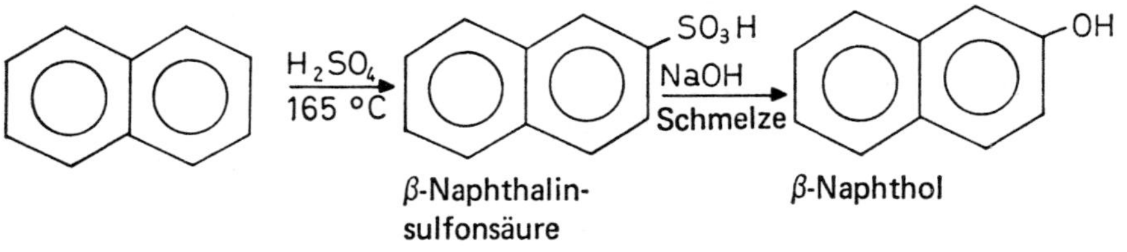

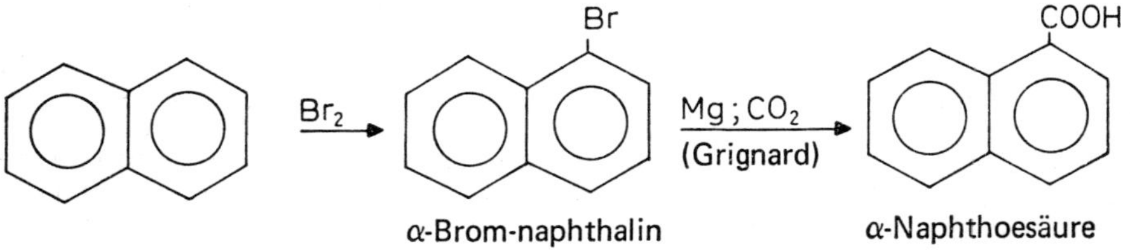

Alle obigen monosubstituierten Naphthaline sind wichtige Ausgangsprodukte für zahlreiche **Farbstoffsynthesen.** Die Zahl der Naphthalinderivate mit mehreren verschiedenen Substituenten ist viel grösser als beim Benzol. Für die Farbstoffindustrie sind vor allem verschiedene Naphthol-sulfonsäuren und Naphthyl-aminsulfonsäuren wichtig (wasserlösliche Azofarbstoffe).

Wesentlich leichter als Benzol lässt sich Naphthalin zu alizyklischen Verbindungen **hydrieren:**

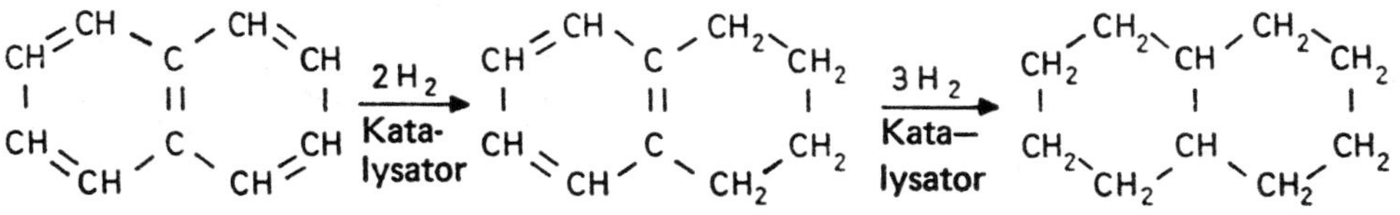

Naphthalin $C_{10}H_8$ **Tetrahydro-naphthalin Tetralin** $C_{10}H_{12}$ **Decahydro-naphthalin Decalin** $C_{10}H_{18}$

Im Gegensatz zum Naphthalin sind die beiden Hydro-naphthaline flüssig. Sie werden als Lösungsmittel und Zusatz für Motortreibstoffe verwendet.

b) Polyzyklische Aromaten

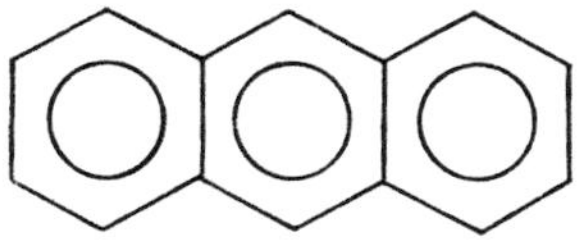

Anthracen
blau fluoresziered

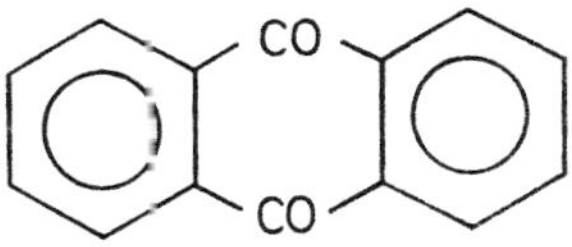

Anthrachinon
gelb

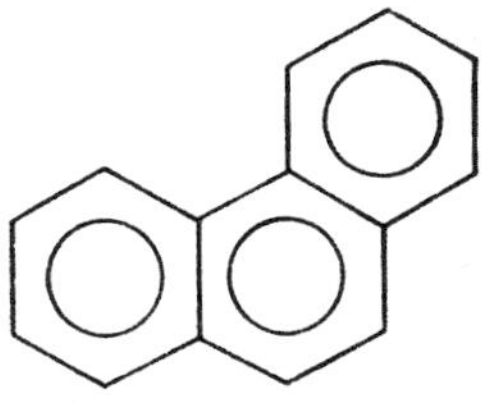

Phenanthren

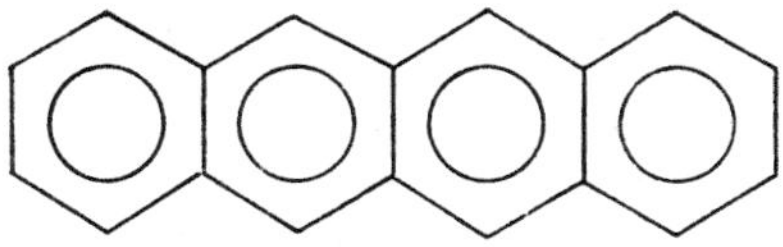

Naphthacen

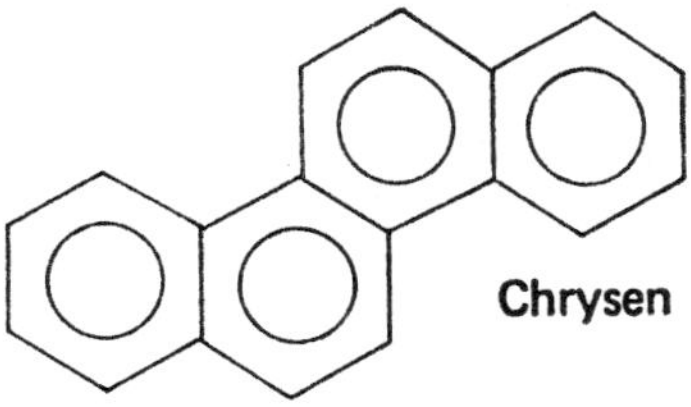

Chrysen

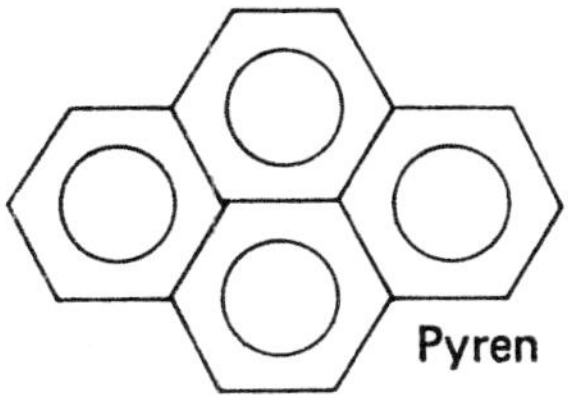

Pyren

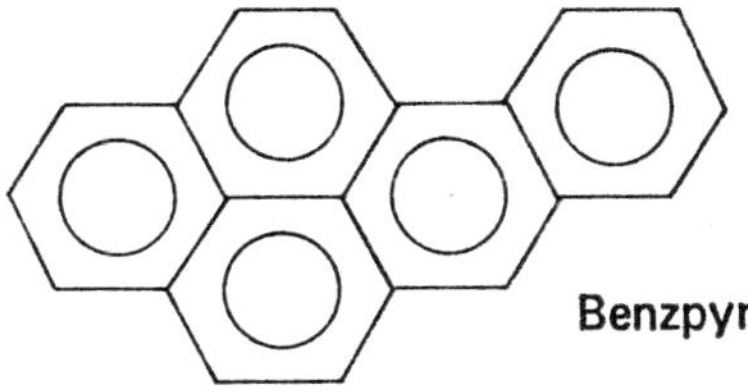

Benzpyren

Verschiedene polyzyklische KW sind krebserregend, besonders ausgeprägt das Benzpyren. Dieses kommt nicht nur im Steinkohlenteer, sondern auch im Holz-, Auspuff- und Zigarettenrauch vor.

Vom Anthrachinon lassen sich eine Reihe von licht- und waschechten Baumwollfarbstoffen (Indanthrenfarbstoffe) ableiten.

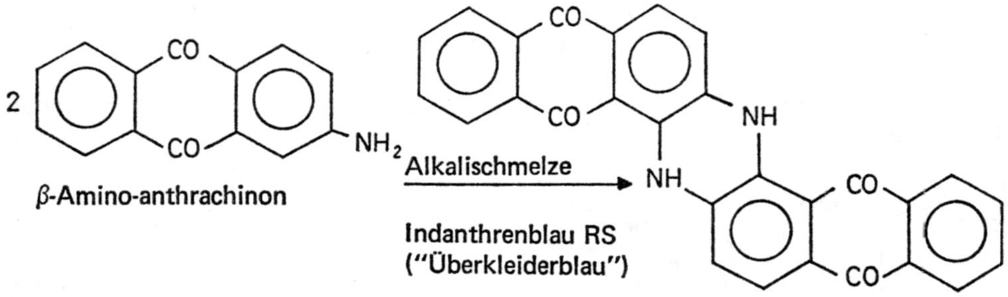

XV. Fragen zur Eigenkontrolle (Stoffgebiet S. 280–302)

1. Warum bilden die Benzolderivate eine besondere Familie unter den Kohlenstoffringen?
2. Wie heissen folgende Stoffe?

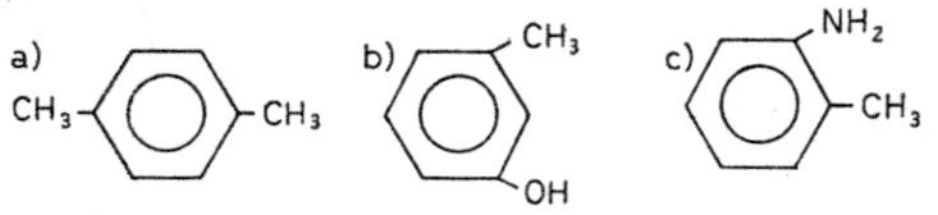

3. Die Gleichung für die Diazotierung von p-Diamino-benzol ist zu formulieren.
4. Die Formeln für a) Anilin, b) Benzidin und c) Triphenylamin sind aufzuzeichnen.
5. Die Gleichung für die Neutralisation von Bariumhydroxid und m-Toluol-sulfonsäure ist aufzustellen.
6. Acetyl-salicylsäure wird im Darm verseift. Wie lautet die Gleichung für diesen Vorgang?
7. Toluol wird unter starker Belichtung in der Siedehitze mit Chlor behandelt. Was entsteht dabei?
8. Wie heissen die 10 Dichlor-derivate des Naphthalins?
9. Was versteht man in der aromatischen Chemie unter einer Kupplung?
10. Wie heissen folgende Stoffe?

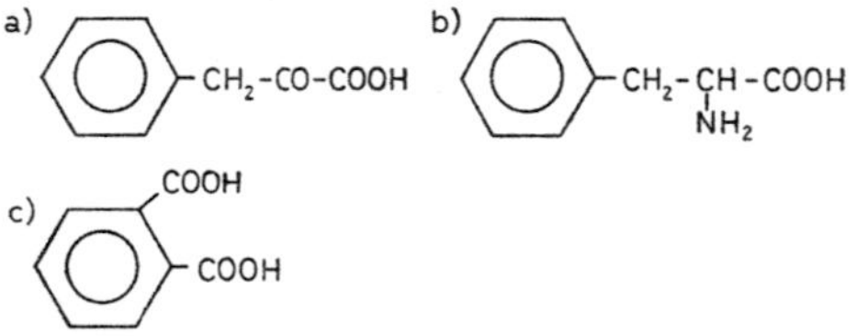

11. Welche Verbindung entsteht aus Phenylmagnesiumbromid und Acetaldehyd (Grignard-Reaktion)?
12. p-Kresol und Benzylalkohol haben gleiche Bruttoformel und beide haben eine Hydroxylgruppe. Welcher fundamentale Unterschied besteht zwischen ihnen?
13. Woraus wird a) Polystyrol, b) Terylen hergestellt?
14. Nach der Methode von Friedel-Crafts soll Phenyl-propyl-keton hergestellt werden. Welche Ausgangsstoffe sind dazu erforderlich?
15. Wie erklärt es sich, dass p-Xylol einen viel höheren Schmelzpunkt hat als m-Xylol?
16. Was ist a) DDT und b) TNT?
17. Welcher Unterschied besteht zwischen einer Sulfonsäure und einem Schwefelsäure-ester?
18. p-Nitro-toluol wird mit Zink und Salzsäure reduziert. Die Gleichung ist zu formulieren und der Name des gebildeten Produktes anzugeben.
19. Welche Eigenschaften hat Hydrochinon?
20. a) Was ist Benzamid, Benzylamin, Benzonitril? b) welche dieser Stoffe lassen sich hydrolysieren?
21. Wie trennt man ein Gemisch aus einem Toluidin, einem Phenol, Naphthalin und Mandelsäure (ohne Destillation der Gemischkomponenten)?
22. Aus Toluol soll Benzoesäure-benzylester hergestellt werden. Über welche Zwischenprodukte kann diese Synthese laufen?
23. Welchen Dissoziationszustand hat Sulfanilsäure a) bei pH 5, b) bei pH 10?
24. Mit der Bruttoformel C_7H_6O ist die Strukturformel eines Aromaten zu konstruieren. Der Stoff ist zu benennen.

(Antworten S. 355)

B. Alizyklische Verbindungen

Alle isozyklischen (carbozyklischen) Verbindungen ohne Benzolkern werden zu den alizyklischen Stoffen gerechnet.

1. Cycloalkane und Cycloalkene

Alle Kohlenwasserstoffe mit drei und mehr C-Atomen lassen sich als offene Ketten und auch als Ringe herstellen. Einzelne zyklische KW kommen im Erdöl natürlich vor. Die Cycloalkane haben ähnliche Eigenschaften wie die n-Alkane. Ihre Siedepunkte liegen 10–20 °C höher als die der offenen Ketten mit gleicher C-Zahl.

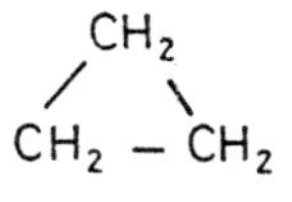

Cyclopropan

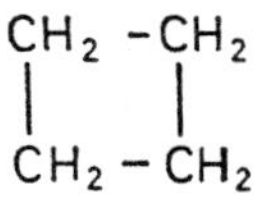

Cyclobutan

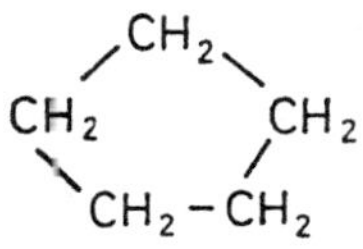

Cyclopentan

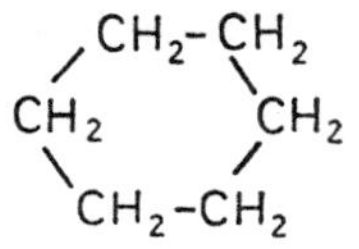

Cyclohexan

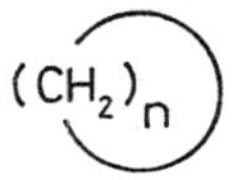

Cycloalkan

Die allgemeine Formel der Cycloalkane C_nH_{2n} ist dieselbe wie für die aliphatischen Alkene (dem Ringschluss fallen zwei H zum Opfer).

Beispiel einer Cycloalkansynthese:

$Br-CH_2-CH_2-CH_2-Br + Zn \rightarrow$ Cyclopropan $+ ZnBr_2$

Im 3- und 4-Ring sind die C-Valenzen aus ihrer normalen Tetraederlage deformiert. Der 5-Ring ist dagegen praktisch spannungsfrei. In Ringen mit 6 und mehr C laufen die C-Valenzen im Zickzack wie bei den offenen Ketten (vgl. S. 189). Vom Cyclohexan existieren zwei, allerdings nicht isolierbare, Isomerieformen, die sich leicht ineinander umwandeln:

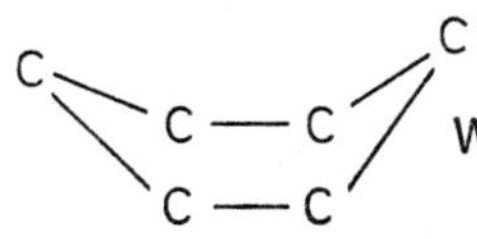

Wannenform

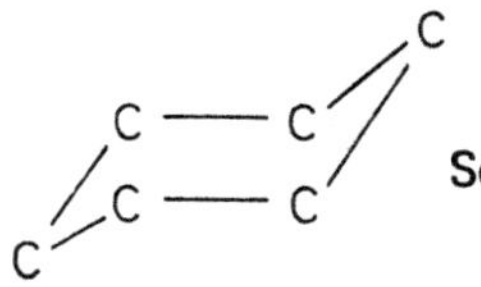

Sesselform

Wie bei den Aromaten gibt es auch bei den alizyklischen Verbindungen «mehrringige» Moleküle. Neben polyzyklischen KW vom Typ des Decalins (vgl. S. 301) existieren auch Stoffe ohne Analogie bei den Aromaten. Beispiel: Spiropentan.

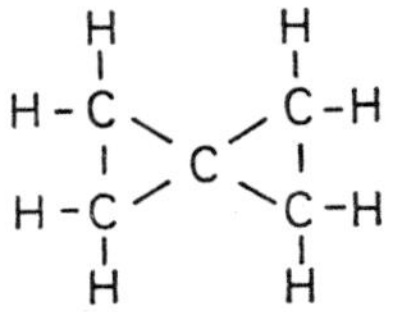

Spiropentan

Man hat Cycloalkane mit über 30 C hergestellt. Selbst Verbindungen mit zwei, wie bei einer Eisenkette sich durchdringenden, nicht miteinander verknüpften Ringen, sogenannte Catenane, sind synthetisiert worden.

Auch zahlreiche Cycloalkene und Cyclopolyene sind bekannt. Beispiele:

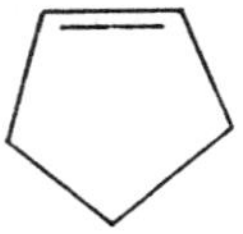

Cyclopenten

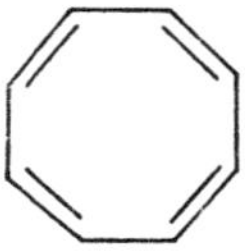

Cyclooctatetraen

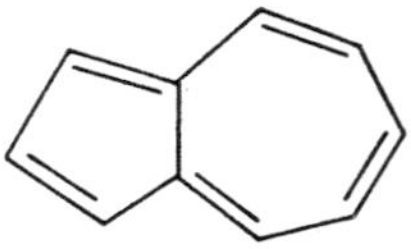

Azulen (blau)

Trotz gehäufter konjugierter Doppelbindungen haben Cyclooctatetraen und Azulen nicht aromatischen Charakter.

2. Alizyklische Alkohole und Ketone

Zyklische Ketone erhält man beim hohen Erhitzen der Calciumsalze von Dicarbonsäuren.

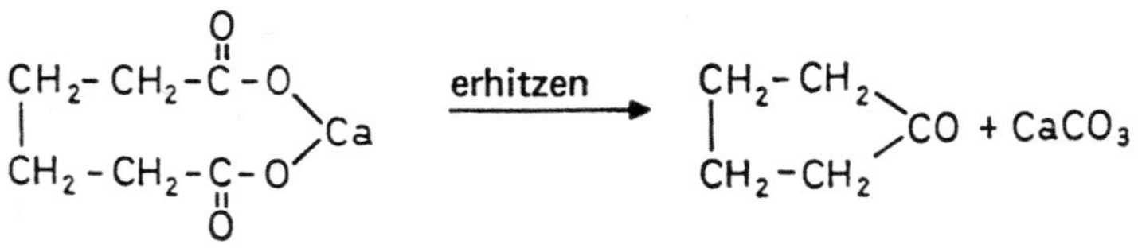

Calciumsalz der Adipinsäure **Cyclopentanon**

Cyclohexanon wird grosstechnisch aus Phenol hergestellt:

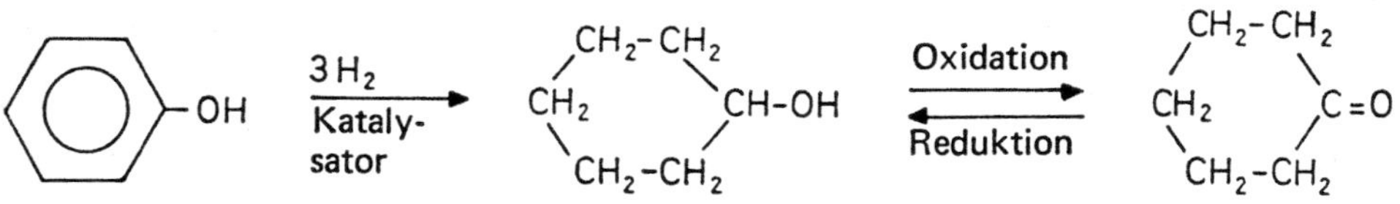

Phenol **Cyclohexanol** **Cyclohexanon**

Wie die aliphatischen bilden auch die zyklischen Ketone Redoxsysteme mit den entsprechenden sekundären Alkoholen.
Cyclohexanon ist ein gutes Lösungsmittel, unter anderem für verschiedene Kunstharze (Sdp 156 °C).

Cyclohexanol ist unter anderem Ausgangsprodukt für die Herstellung von Nylon (vgl. S. 254). Durch Oxidation mit HNO_3 wird der Ring gesprengt und es entsteht Adipinsäure. Von deren Diammoniumsalz gelangt man durch Wasserentzug zum Adipinsäure-dinitril. Dieses wird zu 1,6-Diamino-hexan reduziert. Adipinsäure und das Diamin werden zum Polyamid kondensiert (Nylon).

Ein Keton mit einem 15-gliedrigen Ring und einer Methylgruppe in β-Stellung zum Carbonyl ist das **Muscon,** der Duftstoff des natürlichen Moschus.

3. Terpene

Eine besondere Gruppe von Naturstoffen sind die **Terpene.** Ein Grossteil aller pflanzlichen Duftstoffe gehört dazu. Sie umfassen Kohlenwasserstoffe, Alkohole, Aldehyde, Ketone und Carbonsäuren. Allen Terpenen gemeinsam ist das Aufbauprinzip. Strukturelement ist das Isopren oder Methyl-butadien-1,3. Die Terpene werden von den Pflanzen durch verschiedenartige, meist ringförmige, seltener offenkettige, Verknüpfung von zwei, drei, vier, sechs oder acht aktivierten Isoprenmolekülen und nachfolgende Oxidation oder Reduktion synthetisiert.

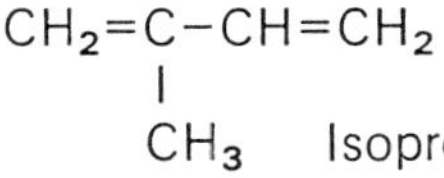
Isopren

Beispiele von Terpenen:

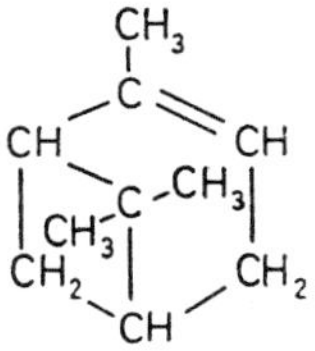
Pinen, im Terpentinöl; ein Kohlenwasserstoff

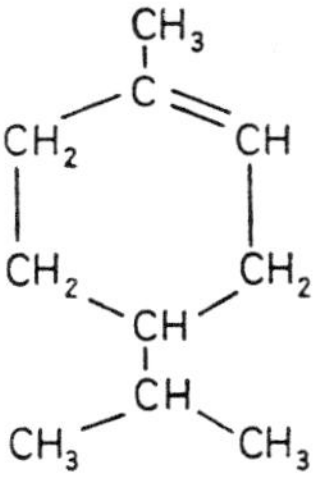
Limonen, in Zitronen; ein KW

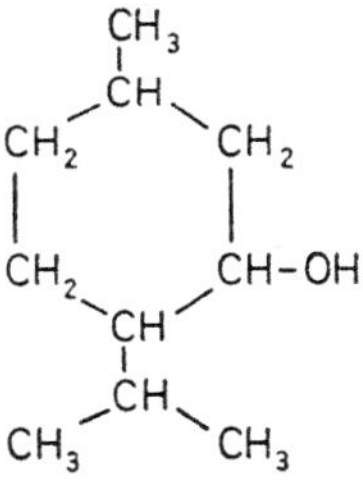
Menthol, in Pfefferminze; ein Alkohol

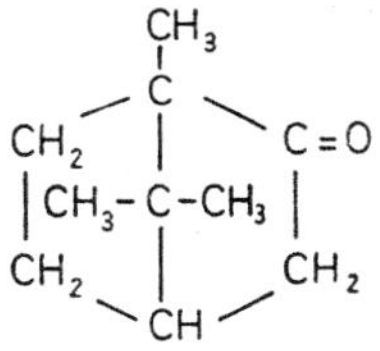
Campher, in Campherstrauch; ein Keton

Auch die Aromastoffe von Eukalyptus, von Lorbeer, Kümmel und vielen anderen Gewürzen sind Terpene. Der Hauptbestandteil des Nadelholzharzes ist die Abietinsäure, eine trizyklische C_{20}-Verbindung (Abies=Weisstanne).
Eine Untergruppe der Terpene sind die C_{40}-Verbindungen der **Carotinoide** (Farbstoffe von Karotten, Tomaten, Paprika, Safran usw.).

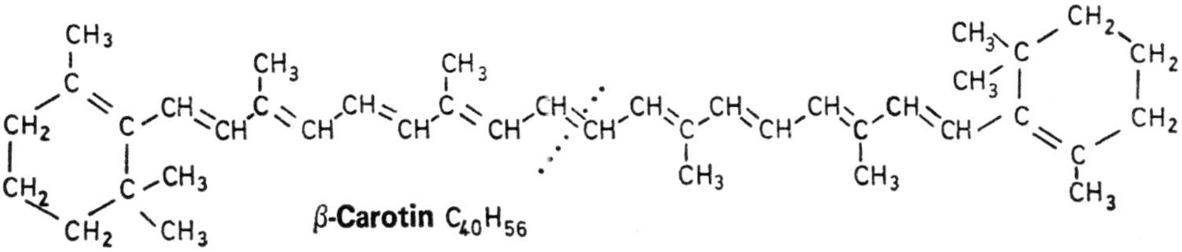
β-Carotin $C_{40}H_{56}$

Das *β*-Carotin ist ein **Provitamin.** In unserem Körper kann es oxidativ in zwei Moleküle **Retinal** (ein C_{20}-Aldehyd) gespalten werden (punktierte Linie in obiger Formel). Retinal bildet nach trans-cis-Umlagerung einer seiner Doppelbindungen eine Verbindung mit einem Protein, den **Sehpurpur.** Diese, auch Rhodopsin genannte Verbindung, ist der lichtempfindliche Farbstoff der Augennetzhaut. Durch Lichteinfall wird die cis-DB in die trans-Form umgestülpt und die Bindung des

Retinals zum Eiweiss gespalten. Dadurch wird der Nervenreiz ausgelöst, der dem Gehirn das Signal «Licht» übermittelt. Das gespaltene Rhodopsin wird laufend regeneriert. Retinal und Retinol (Aldehydgruppe zu $-CH_2OH$ reduziert; leicht zu Retinal oxidierbar) heissen **Vitamine A.** Mangel an Vitamin A führt zu Nachtblindheit. Das Vitamin ist auch für ein normales Wachstum unentbehrlich. Es gehört zu den fettlöslichen Vitaminen (Tagesbedarf etwa 2 mg).

4. Steroide

a) Einteilung, Vorkommen, Eigenschaften

Eine den Terpenen nah verwandte Naturstoffgruppe von grosser Vielfalt bilden die **Steroide.** Auch sie werden aus Isopren-Einheiten aufgebaut. Sie besitzen aber nur ausnahmsweise Mehrfache von 5 C-Atomen, weil in der Schlussphase der Synthese verschiedene Endgruppen oxidativ abgespalten werden. Allen Steroiden gemeinsam ist ein tetrazyklisches Grundskelett aus 17 C-Atomen. Die einzelnen Vertreter der Gruppe unterscheiden sich im Sättigungsgrad, in Zahl und Länge der Seitenketten und in den funktionellen Gruppen (Alkohol, Keton, Aldehyd, Carbonsäure, Ester). Steroide sind im Pflanzen- und vor allem im Tierreich weit verbreitet. Sie werden zusammen mit den Terpenen wegen ihrer Wasserfeindlichkeit zu den Lipoiden gerechnet (vgl. S. 231).

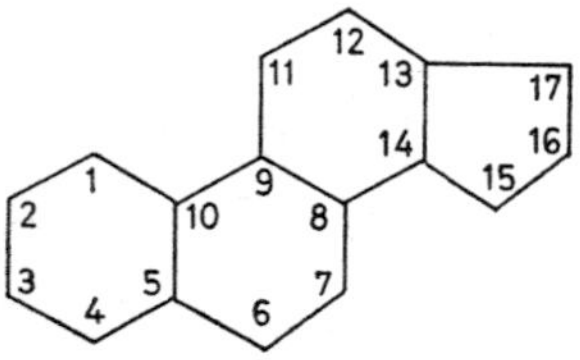

Sterangerüst

Man findet die Steroide und auch die Terpene im Unverseifbaren des biologischen Materials. Tierische und pflanzliche Materie lässt sich durch Hydrolyse fast vollständig in wasserlösliche Produkte überführen.

$$\text{Stärke und Zellulose} \xrightarrow{\text{Säure}} \text{Glucose}$$

$$\text{Fette} \xrightarrow{\text{Lauge}} \text{Seifen + Glycerin}$$

$$\text{Proteine} \xrightarrow{\text{Säure oder Lauge}} \text{Aminosäuren}$$

$$\text{Skelettsubstanz} \xrightarrow{\text{Säure}} \text{lösliche Calciumsalze}$$

Wird das alkalisch gemachte Hydrolysat mit Äther ausgeschüttelt, so geht das «Unverseifbare» (Lipoide ohne saure Gruppen) in den Äther über. Die einzelnen Stoffe können daraus z. B. durch Gaschromatographie isoliert werden (vgl. S. 334).

Die Steroide werden wie folgt eingeteilt:

Steran heisst der gesättigte Kohlenwasserstoff mit dem nackten Ringgerüst.
Sterine besitzen in Stellung 17 eine verzweigte Alkylkette von 8 oder 9 C-Atomen. Beispiele: Cholesterin (Formel s. unten), Ergosterin.
Gallensäuren haben eine 17-Seitenkette mit nur 5 C-Atomen, wovon das äusserste zum Carboxyl oxidiert ist. Beispiel: Cholsäure.

Steroidhormone tragen in Stellung 17 entweder einen C_2-Rest oder keine Seitenkette. Beispiele: Cortisol, Testosteron.
Saponine, Digitaloide und **Steroidalkaloide** sind pflanzliche Wirkstoffe mit einem heterozyklischen Ring (O oder N als Ringglied) in Stellung 17. Beispiele: Digitonin, Strophanthin (herzaktive Pharmaka aus Fingerhut bzw. Strophanthus).

Die meisten Steroide tragen in Stellung 3 eine Hydroxylgruppe, einige eine Ketogruppe.

b) Cholesterin

Das mit grossem Abstand häufigste Steroid des tierischen Organismus ist das **Cholesterin.** Es ist ein einwertiger, sekundärer Alkohol mit einer Doppelbindung, bildet farblose, wachsartige Kristalle und schmilzt bei 148 °C. Korrekter als der deutsche Name ist die englische und französische Bezeichnung Cholesterol.

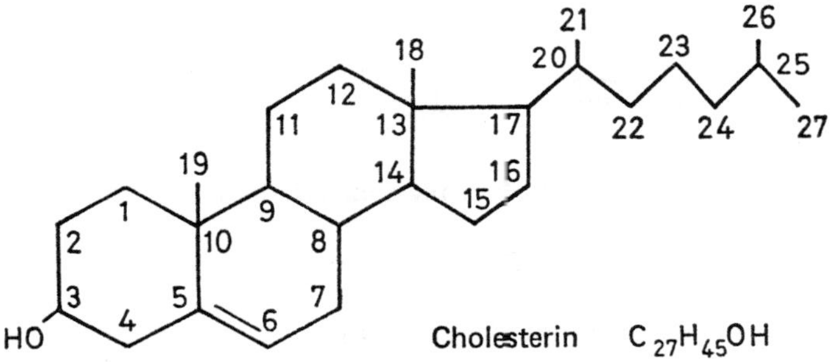

Cholesterin $C_{27}H_{45}OH$

Das pflanzliche **Ergosterin** unterscheidet sich vom tierischen Cholesterin durch zwei zusätzliche DB (7–8 und 22–23) und eine zusätzliche Methylgruppe in Stellung 24.

Cholesterin wird von uns mit animalischer Nahrung aufgenommen, aber auch in grosser Menge synthetisiert. Die **Cholesterinbiosynthese** ist ein vielstufiger Prozess. Ausgangsmaterial ist **aktivierte Essigsäure** (Acetyl-Coenzym A; vgl. S. 230). Ein Zwischenprodukt ist aktiviertes Isopren. Cholesterin ist zusammen mit den Phospholipiden (vgl. S. 231 f.) am Aufbau der **Zellmembranen** beteiligt. Besonders hohe Konzentrationen finden sich im Zentralnervensystem. Das Blut des durchschnittlichen Europäers enthält etwa 2 g/l. Etwa zwei Drittel davon sind **mit Fettsäuren verestert.** Sowohl «freies» wie verestertes Cholesterin ist im Blut an Globuline gebunden (Lipoproteine; vgl. S. 230). Das Cholesterin ist für das Zustandekommen der **Arteriosklerose** mit ihren verheerenden Folgen (dominierende Todesursache in den westlichen Staaten) mitverantwortlich. Das Steroidskelett kann in unserem Organismus nicht abgebaut werden. Cholesterin wird deshalb als solches ausgeschieden. Wegen seiner Hydrophobie gelangt es nicht in den Urin. Es wird von der Leber als Gallensäure-Emulsion in den Darm abgegeben. Unter ungünstigen Verhältnissen kann das Cholesterin in der Gallenblase auskristallisieren und Konkremente bilden. Die meisten **Gallensteine** bestehen aus fast reinem Cholesterin (chole=Galle, stereos=fest).
Cholesterin ist Ausgangsmaterial für die **Biosynthese aller anderen tierischen Steroide** (Gallensäuren, Hormone, Vitamin D).
Zur analytischen Bestimmung des Cholesterins im klinischen Labor benützt man eine für ungesättigte Steroide typische Farbreaktion. Es bildet mit Acetanhydrid in

konzentrierter Schwefelsäure einen grünen Farbstoff, der sich photometrieren lässt. Mit Digitonin, einem Digitalis-Steroid bildet unverestertes Cholesterin einen wasser- und alkoholunlöslichen Niederschlag. Es kann so von seinen Estern getrennt werden, die mit Digitonin nicht reagieren.

c) Vitamin D

Die antirachitischen Vitamine der D-Gruppe, die **Calciferole,** sind streng genommen keine Steroide, werden aber aus solchen gebildet (Provitamine). Aus dem pflanzlichen Ergosterin bzw. dem in unserem Körper gebildeten 7-Dehydro-cholesterin entstehen unter UV-Bestrahlung in der Haut die Vitamine D_2 bzw. D_3 oder Ergocalciferol bzw. Cholecalciferol (Ringöffnung zwischen den C-Atomen 9 und 10). Die Seitenkette erhält dann noch eine Hydroxylgruppe in Position 25.

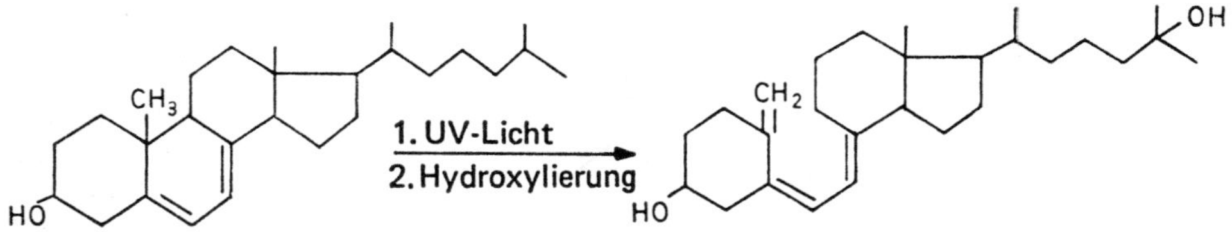

7-Dehydro-cholesterin **25-Hydroxy-cholecalciferol**

Die D-Vitamine fördern die **Resorption von Calciumionen** aus dem Verdauungstrakt und steuern zusammen mit dem Parathormon der Nebenschilddrüse und dem Calcitonin der Schilddrüse den **Knochenstoffwechsel.** Mangel an Vitamin D führt zu **Rachitis** (Tagesbedarf 0,025 mg). Die Calciferole gehören zu den fettlöslichen Vitaminen. Cholecalciferol kommt im Lebertran reichlich vor.

d) Gallensäuren

Die Leber produziert aus Cholesterin durch Hydrierung, Ringhydroxylierung und oxidative Seitenkettenverkürzung die **Gallensäuren.**

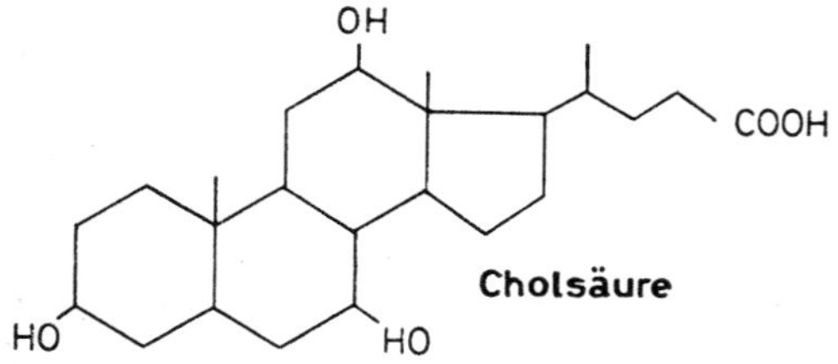

Cholsäure

Chenodesoxy-cholsäure hat in Stellung 12 keine Hydroxylgruppe («Desoxy-» = «eine Hydroxylgruppe weniger»).

Die Gallensäuren werden, **amidartig mit Glycin oder Taurin verknüpft** (R−CO−NH−CH_2−COOH bzw. R−CO−NH−CH_2−CH_2−SO_3H), im Gallensekret an den Darm abgegeben. Sowohl die Carbonsäuren als auch die Sulfonsäuren sind beim pH des Darmes (7–8) praktisch **vollständig ionisiert** (Salzform). Sie haben deshalb ähnliche Eigenschaften wie die Seifen (hydrophiler und lipophiler Pol; Emulgatorwirkung). Die Gallensalze sind massgeblich an der **Fettverdauung** beteiligt (vgl. S. 229). Etwa 90% der in den Darm gelangten Gallensäuren werden resorbiert, durch die Pfortader in die Leber zurückgeführt und erneut mit der Galle ausgeschieden **(enterohepatischer Kreislauf).**

e) Steroidhormone

Hormone («Botenstoffe») sind **Wirkstoffe,** die von bestimmten Drüsen oder Geweben produziert und an die Blutbahn abgegeben werden (innere oder **endokrine Sekretion).** Alle Hormone **steuern** irgendwelche **Lebensvorgänge,** unter anderem durch Induktion («Ankurbelung») der Synthese bestimmter Enzyme. Die innersekretorischen Drüsen beeinflussen sich durch ihre Hormone zum Teil gegenseitig. Zentrales Steuerorgan verschiedener anderer Drüsen ist der Hypophysen-Vorderlappen, der eine Reihe von **glandotropen Hormonen** (alles Polypeptide) sezerniert, z. B. Gonadotropine (die Keimdrüsen stimulierend), Corticotropin (die Nebennierenrinde stimulierend), Thyreotropin (die Schilddrüse anregend). Die Tätigkeit der Hypophyse wird ihrerseits durch die Hormone der von ihr gesteuerten Drüsen und auch durch das Zwischenhirn beeinflusst.

Die Hormone der Nebennierenrinde (Corticoide) und der Keimdrüsen (Sexualhormone) sind Steroide mit einer auf 2 C verkürzten oder ganz fehlenden 17-Seitenkette. Alle werden aus Cholesterin gebildet.

Gestagene (Schwangerschaftshormone, Ovulationshemmer). Das Schwangerschaftshormon **Progesteron** ist ein Diketon. Es wird im Zyklus der Frau vom **Corpus luteum** und in der Schwangerschaft von der **Plazenta** produziert. Das Hormon bereitet die Uterusschleimhaut zur Aufnahme des Eis vor und sorgt für die Aufrechterhaltung einer begonnenen Schwangerschaft. Durch seine Wirkung auf die Hypophyse verhindert Progesteron indirekt die Reifung weiterer Eizellen (Ovulationshemmung). Die Wirkstoffe der «Pille» (synthetische Gestagene) haben einen analogen Effekt.

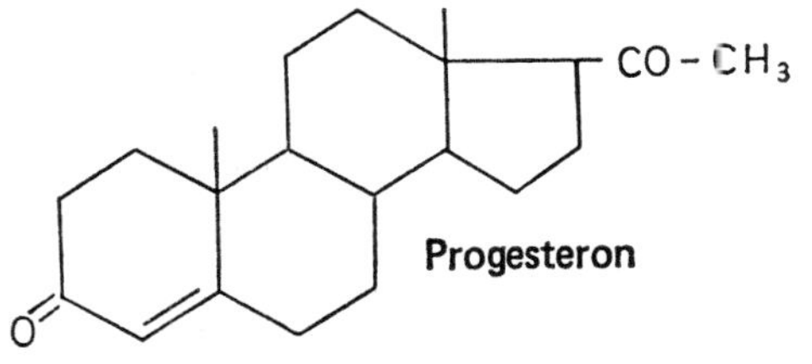

Progesteron

Östrogene

Die **Follikelhormone** oder **Östrogene** Östron, Östradiol und Östriol zeichnen sich durch einen **aromatischen Ring** mit einer phenolischen OH-Gruppe aus. Am wichtigsten ist das **Östradiol** (Östron hat in Stellung 17 statt einer Alkoholgruppe eine Ketogruppe, Östriol ausser in Stellung 3 und 17 auch in Position 16 eine OH-Gruppe). Die Östrogene (Oestrus = Brunst) werden im reifenden **Follikel** gebildet und steuern im Wechselspiel mit dem Progesteron aus dem Gelbkörper und den Gonadotropinen der Hypophyse den weiblichen Genitalzyklus. Sie sind auch für die Entwicklung der sekundären Geschlechtsmerkmale der Frau verantwortlich.

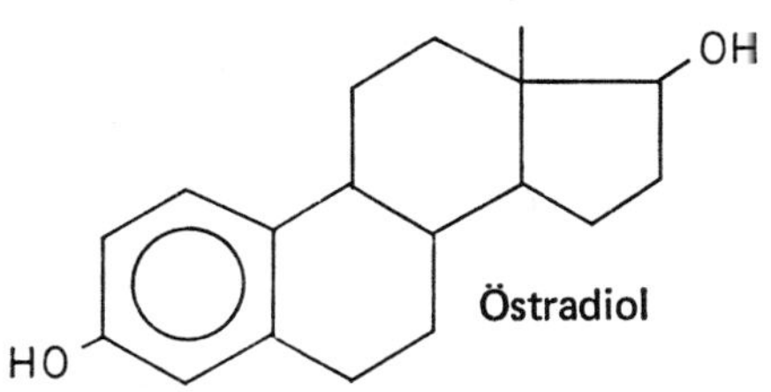

Östradiol

Androgene

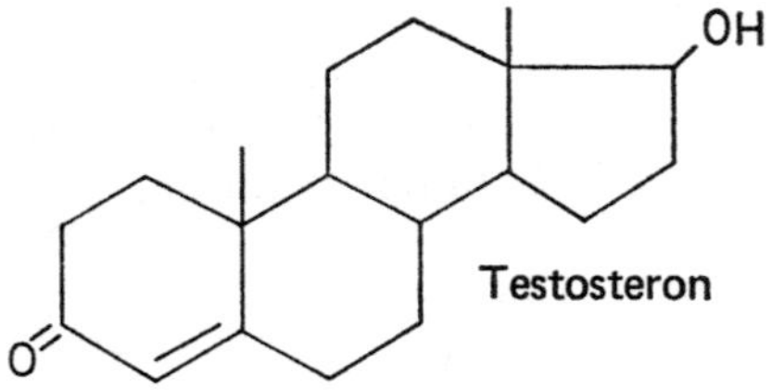

Testosteron

Das wichtigste männliche Sexualhormon ist das **Testosteron.** Es wird in den **Hoden** (Testes) gebildet und ist für die Ausbildung der Genitalien und der sekundären Geschlechtsmerkmale des Mannes (Stimmbruch, Bartwuchs) verantwortlich. Das Hormon steuert auch die Reifung der Spermien.

Sowohl weibliche als auch männliche Hormone sind in ihrem Vorkommen nicht auf das eine Geschlecht beschränkt. Ihr Mengenverhältnis ist aber bei Mann und Frau stark unterschiedlich.

Corticoide. Die wichtigsten Hormone der Nebennierenrinde (man hat daraus etwa 30 verschiedene Steroide isoliert) sind **Cortisol, Corticosteron** und **Aldosteron.**

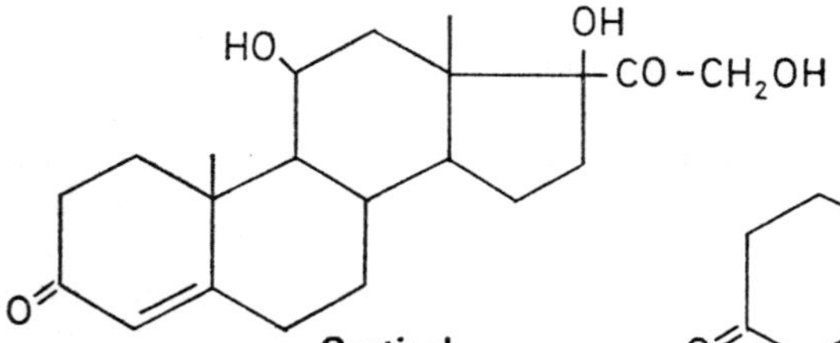

Cortisol

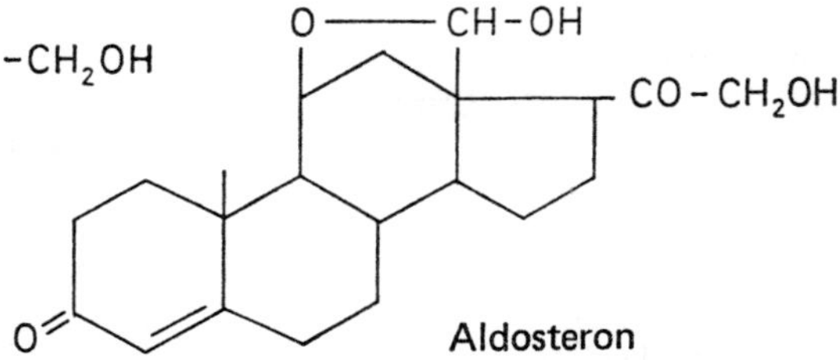

Aldosteron

Corticosteron hat dieselbe Formel wie Cortisol, nur ohne OH-Gruppe in Stellung 17. Aldosteron fällt durch seine Aldehydgruppe in Stellung 18 auf, die mit der OH-Gruppe von Position 11 ein Cyclohalbacetal bilden kann (vgl. S. 234).
Aldosteron steuert vor allem die Rückresorption von Na^+ aus dem Primärurin, Cortisol und Corticosteron die Bildung von Glucose bzw. Glycogen aus Aminosäuren.

Damit die Hormone ihrer «steuertechnischen» Aufgabe gerecht werden (sie sollen im allgemeinen keine Dauerwirkung entfalten), müssen sie rasch unwirksam gemacht werden können. Da das Steroidgerüst im Körper nicht abgebaut wird, werden die Steroidhormone meist durch Redoxvorgänge inaktiviert (Abbau der Seitenkette, Hydrierung von Doppelbindungen). Zum Teil werden sie auch unverändert, aber mit Glucuronsäure gekoppelt, im Urin ausgeschieden. Die im Urin bestimmbaren 17-Ketosteroide sind zum grössten Teil Abbauprodukte der Sexualhormone.

III. Heterozyklische Verbindungen

Alle ringförmigen Moleküle, die neben C noch andere Elemente als Ringglieder enthalten, nennt man **heterozyklisch.** Die drei wichtigsten «Heteroelemente» sind **O, S** und **N.** Die heterozyklische Chemie ist sehr umfangreich, die Zahl der Verbindungen riesig. Im Rahmen dieses Buches können nur die Grundkörper und einige biochemisch bedeutende Stoffe besprochen werden.

A. Furan, Thiophen und Pyrrol

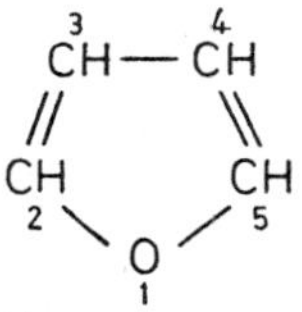

Furan

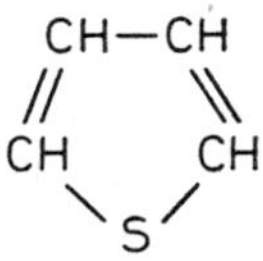

Thiophen

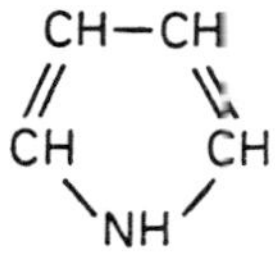

Pyrrol

Der Name des Furans leitet sich von Furfural (alte Bezeichnung: Furfurol) ab, einem Derivat des Furans mit einer Aldehydgruppe in Stellung 2. Furfural wird aus den Pentosen der Kleie (lat. furfur) gewonnen. Thiophen ist ein Begleiter des aus Steinkohlenteer isolierten Benzols (Phen = alter Name des Benzols, thio = Schwefel). Pyrrol bedeutet «Rotöl». Die Verbindung erzeugt auf Fichtenholz in Gegenwart von HCl eine Rotfärbung.
Heterozyklische Fünfringe mit zwei Doppelbindungen besitzen mehr oder weniger aromatischen Charakter (stabile DB, leichte Substituierbarkeit des Wasserstoffs an den Ring-C-Atomen. Furan-, Thiophen- und Pyrrolringe werden deshalb oft wie der Benzolkern mit einem eingeschriebenen Kreis gezeichnet.
Alle drei Grundkörper lassen sich aus Succindialdehyd herstellen:

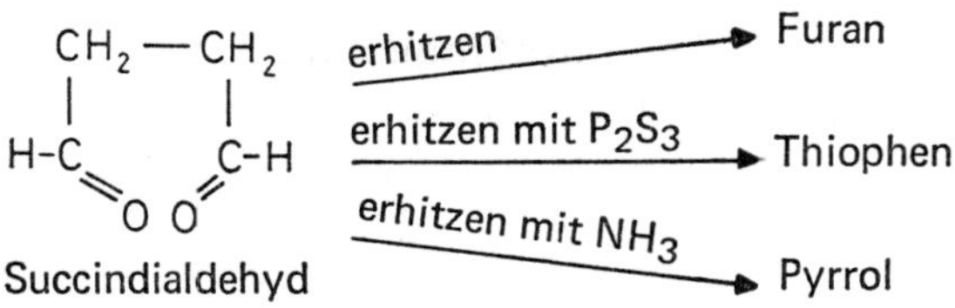

Nimmt man statt dem Dialdehyd ein γ-Diketon, so erhält man die entsprechenden 2,5-Alkyl-substituierten Verbindungen.

Furanderivate erhält man auch beim Erhitzen von Zuckern mit starken Säuren (Kohlenhydratnachweis nach Molisch, vgl S. 235).

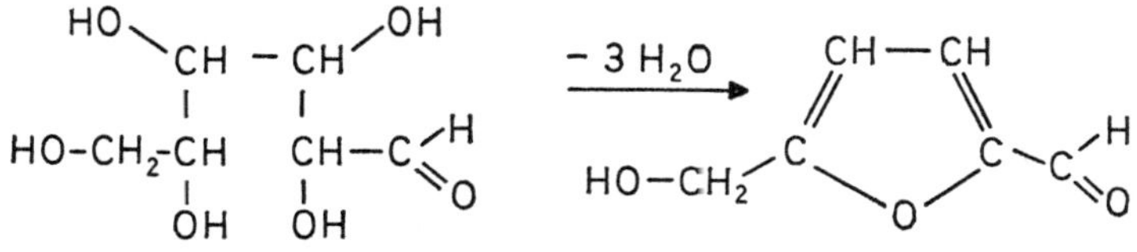

Glucose oder andere Aldohexose — **Hydroxy-methyl-furfural**

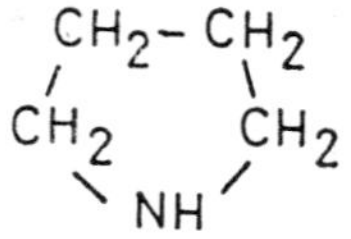

Pyrrolidin

Das Pyrrol ist trotz seiner sekundären Aminogruppe kaum basisch (pK_b 13,6), wohl aber das Tetrahydropyrrol oder **Pyrrolidin.**
Ein Derivat des Pyrrolidins ist die Aminosäure Prolin (vgl. S. 251 f.).

B. Porphyrine und deren Derivate

1. Bau und Eigenschaften der Porphyrine

Die **Porphyrine** umfassen eine Gruppe lebenswichtiger pflanzlicher und tierischer Farbstoffe. Gemeinsamer Grundkörper aller Porphyrine ist das **Porphin,** ein aus vier Pyrroleinheiten zusammengesetzter Ring.

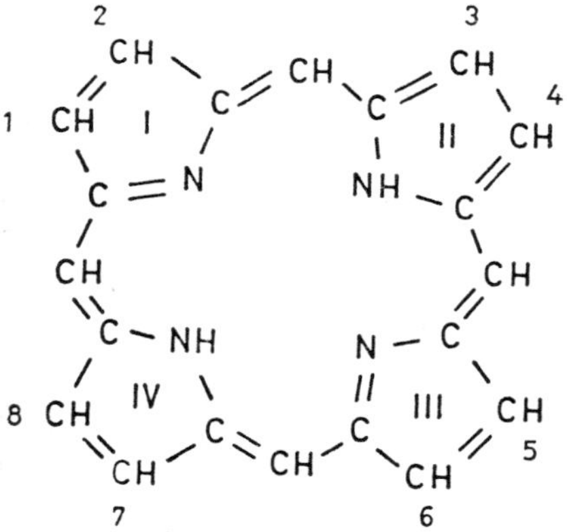

Porphin

In den Porphyrinen sind die C-Atome 1 bis 8 (s. Formelbild) Träger verschiedener Substituenten. Die 11 konjugierten Doppelbindungen des Porphins können mit Einfachbindungen Platz wechseln, ähnlich wie in den aromatischen Ringsystemen. Alle Porphyrine sind farbig (porphyrus = purpurfarbig). In der Nähe von 400 nm haben sie ein ausgeprägtes Absorptionsmaximum (Soretbande). Anhand dieser Absorption, aber auch dank ihrer **Fluoreszenz** lassen sich Porphyrine nachweisen und auch bestimmen. Die Stoffgruppe hat eine starke Tendenz zur Bildung von **Metallkomplexen** (Fe, Mg).

Die Porphyrine haben eine zentrale Stellung im **Sauerstoffhaushalt** von Tier und Pflanze. Blutfarbstoff und Blattgrün sind Metallkomplexe von Porphyrinen.

2. Biosynthese der Porphyrine

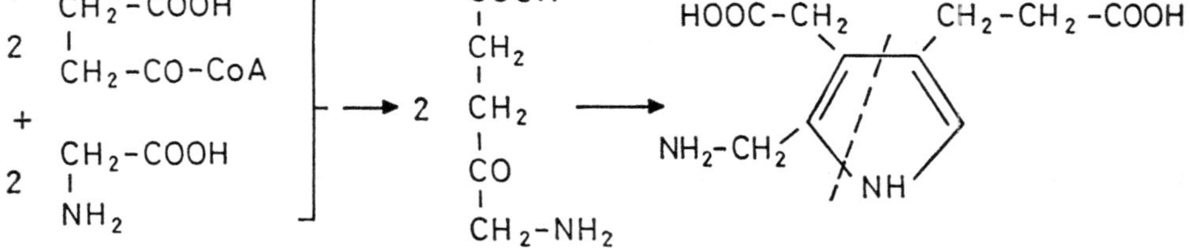

Succinyl-Coenzym A + Glycin — δ-Amino-lävulinsäure — Porphobilinogen

Wichtigstes Porphyrin in unserem Organismus ist das **Protoporphyrin** und dessen Eisenkomplex, das **Häm.** Die Porphyrinsynthese geht in unserem Körper von Glycin und Bernsteinsäure (bzw. Succinyl-Coenzym A) aus. Eines der ersten Zwischenprodukte ist δ-Amino-lävulinsäure, eine γ-Ketosäure. Aus zwei Molekülen dieser Verbindung entsteht durch Ringschluss **Porphobilinogen.** Vier Moleküle desselben vereinigen sich zu einem Porphingerüst mit acht Säuregruppen als Seitenketten. Durch eine Reihe von Dehydrierungen und Decarboxylierungen ensteht schliesslich das Protoporphyrin.

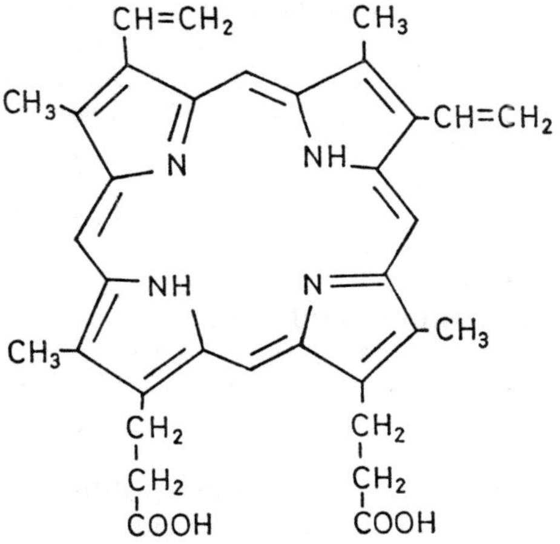

Protoporphyrin

Bei verschiedenen Krankheiten (angeborene Enzymdefekte, Vergiftungen) können einzelne Syntheseschritte unterbunden oder fehlgeleitet werden. Dann stauen sich Zwischenprodukte der Protoporphyrinsynthese an. Diese und daraus entstandene Nebenprodukte werden in Stuhl und Urin ausgeschieden. Die Isolierung und Bestimmung von δ-Amino-lävulinsäure, Porphobilinogen, Uroporphyrin (Nebenprodukt mit 8 Carboxylgruppen) und Koproporphyrin (Nebenprodukt mit 4 Carboxylgruppen) ist wichtig für die Diagnose solcher Erkrankungen. Bleivergiftung führt z. B. zu erhöhter Ausscheidung von Koproporphyrin und δ-Aminolävulinsäure.

3. Häm und Hämoglobin

Durch enzymatischen Einbau von **zweiwertigem Eisen** in das Protoporphyrin entsteht das **Häm.**

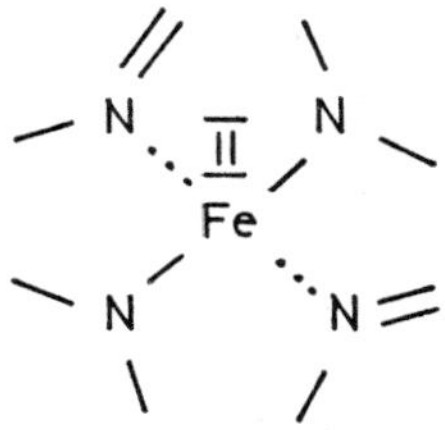

Häm (Molekülzentrum)

Das Eisen des Häms ist nicht salzartig, sondern **komplex** an den Pyrrol-Stickstoff gebunden und nicht dissoziierbar. Man spricht von einem **Chelatkomplex** (vgl. S. 323ff..).
Das Häm kann sich mit einem niedermolekularen Protein verbinden. Da das Eisen koordinativ sechswertig ist, kann es noch zwei Liganden aufnehmen. Diese werden von zwei Histidinresten des Proteins gestellt.

Vier Protein-Häm-Komplexe aus je zwei verschieden langen Peptidketten (α-Kette: 141 AS; β-Kette: 146 AS) bilden zusammen das **Hämoglobin** mit seiner charakteristischen Quartärstruktur (vgl. S. 256).
Das Hämoglobin (Hb) ist der Hauptbestandteil (etwa 35%) der Erythrozyten

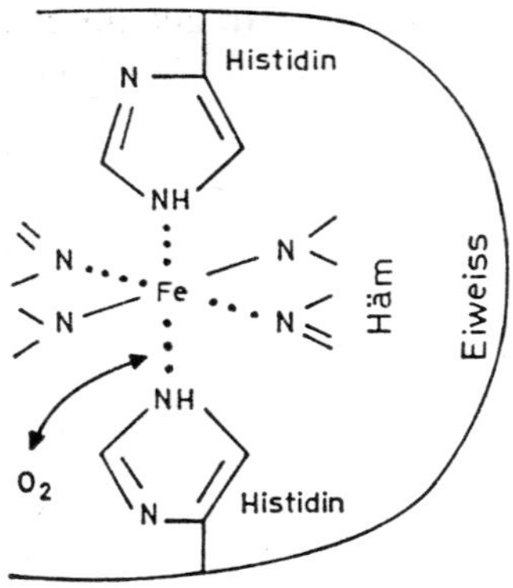

Abb. 90. Hämoglobin und Oxy-hämoglobin.

(rote Blutkörperchen). Es ist das **Transportmittel für den molekularen Sauerstoff** zwischen Lunge und Körperzellen. Bei Eintritt von Sauerstoff in die Erythrozyten löst sich eine der Koordinativvalenzen zwischen Eisen und Eiweiss, und das O_2-Molekül nimmt die Stelle des Histidinrestes ein. Im so entstandenen **Oxy-hämoglobin** ist das Fe immer noch **zweiwertig.** Die Bindung zum Sauerstoff ist locker. Zwischen dem Oxy-hämoglobin und dem im Blut physikalisch gelösten O_2 besteht folgendes Gleichgewicht: $Hb + O_2 \rightleftharpoons HbO_2$. Wenn in den Kapillaren das Plasma an Sauerstoff verarmt, verschiebt sich das Gleichgewicht nach links, das HbO_2 wird wieder zum freien Hb. Hb und HbO_2 haben verschiedene Absorptionsspektren und auch verschiedene Farbe (Hb dunkelrot, HbO_2 hellrot).

Statt Sauerstoff kann das Hämoglobin auch **Kohlenmonoxid** binden. Die Affinität zu CO ist etwa 200mal grösser als zu O_2. Wenn die Atemluft nur 0,1% CO enthält, wird die Hälfte des gesamten Hb damit beladen und für den O_2-Transport blockiert (schwere Vergiftung!).

Durch Oxidationsmittel, z. B. Kaliumhexacyanoferrat(III), wird das Häm-Eisen oxidiert. Dabei bildet sich das rotbraune Methämoglobin oder **Hämiglobin,** das keinen Sauerstoff binden kann. Auch im Körper wird ständig etwas Hämoglobin zu Hämiglobin oxidiert. Ein Enzym, die Hämiglobin-Reduktase, sorgt für laufende Rückreduktion, so dass der Anteil des Hämiglobins beim Gesunden 1% des Gesamtblutfarbstoffs nicht überschreitet. Bei gewissen Vergiftungen (Chlorat, Benzol, Anilin, Phenacetin) kann die Hämiglobinkonzentration des Blutes stark ansteigen. Das Braunwerden von eingetrocknetem Blut (Wundschorf) beruht auf der Bildung von Hämiglobin.

Der Gehalt des Blutes an CO-Hb und an Hämiglobin kann spektrophotometrisch ermittelt werden (vgl. S. 337 ff.). Zur Bestimmung der Gesamt-Hb-Konzentration führt man mittels Hexacyanoferrat(III) (Ferricyanid) alle Hb-Formen in Hämiglobin über. Nach Zugabe von KCN entsteht der stabile Cyan-hämiglobinkomplex, der photometrisch mit einer Standardprobe verglichen wird.

4. Cytochrome und Atmungskette

Alle sauerstoffverbrauchenden Zellen enthalten als Coenzyme der biologischen Oxidation Cytochrome. Dies sind dem Hämoglobin verwandte Chromoproteide. Zum Teil besitzen sie auch das Häm als prosthetische Gruppe, zum Teil einen andern Fe-Porphyrin-Komplex. Das **Cytochrom-Eisen wechselt während der Redoxvorgänge seine Wertigkeit** von II zu III und umgekehrt. Beim Nährstoffabbau fallen grosse Mengen Wasserstoff an, der von Coenzymen (NAD usw.) gebunden wird (vgl. S. 323). Damit diese Coenzyme wieder «einsatzfähig» werden, müssen sie ihren Wasserstoff an den aus dem Blut herbeigeführten O_2 abgeben.

Eine Reaktion zwischen Wasserstoffträger und O_2 spielt aber nur unter Vermittlung verschiedener Cytochrome in der **Atmungskette** (vgl. S. 241). Der Prozess lässt sich vereinfacht wie folgt darstellen:

$$XH_2 + 2\,\text{Cytochrom-}Fe^{3+} \longrightarrow X + 2\,\text{Cytochrom-}Fe^{2+} + 2H^+ \quad (X \xrightarrow{+2H} XH_2)$$

$$\tfrac{1}{2}O_2 + 2\,\text{Cytochrom-}Fe^{2+} \longrightarrow 2\,\text{Cytochrom-}Fe^{3+} + O^{2-}$$

$$2H^+ + O^{2-} \longrightarrow H_2O$$

(X=Coenzym)

X ist im obigen Reaktionsschema das Ubichinon, das den Wasserstoff von den Coenzymen des oxidativen Nährstoffabbaus (Flavin-adenin-dinucleotid und Nicotinamid-adenin-dinucleotid) übernimmt. Der ans Ubichinon gebundene Wasserstoff gibt sein Elektron ans Cytochrom-Eisen ab und wird dadurch zum H^+-Ion oxidiert. Das reduzierte Cytochrom gibt das aufgenommene Elektron via zwei weitere Cytochrome an den elementaren Sauerstoff weiter. Das so gebildete O^{2-}-Ion ist nicht beständig und verbindet sich sofort mit $2H^+$ zu H_2O. Die ganze Atmungskette ist stark **exotherm.** Die Energie wird dank den vielen Einzelstufen ratenweise frei und kann deshalb optimal ausgenützt werden. Etwa ein Drittel der Gesamtenergie wird zum Aufbau von **energiereichem Phosphat** (ATP; vgl. S. 322) verwendet. Cytochrome mit dreiwertigem Eisen verbinden sich wie das Hämiglobin sehr leicht mit **Cyanidionen.** Der CN-Komplex lässt sich nicht mehr reduzieren; die Zellatmung kommt zum Stillstand. Die Blausäurevergiftung beruht auf der Blockierung der Atmungskette durch Cyanid.

5. Chlorophyll

Der grüne Farbstoff der pflanzlichen Chloroplasten besteht aus verschiedenen Porphyrinderivaten, die aber nicht Eisen, sondern **Magnesium** als Zentralatom enthalten. Eine der Carboxylgruppen der Seitenketten ist mit einem ungesättigten C_{20}-Alkohol (Phytol) verestert. Chlorophyll fängt die für die **photolytische Spaltung von Wasser** nötige Sonnenenergie ein. Der bei der Photolyse anfallende Sauerstoff wird von der Pflanze an die Umwelt abgegeben, der Wasserstoff wird zur Reduktion von CO_2 und damit zum Aufbau von Kohlenhydraten verwendet (Assimilation).

6. Gallenfarbstoffe

Ein Erythrozyt lebt durchschnittlich 4 Monate. Nach dieser Zeit wird er «eingeschmolzen». In Leber, Milz und Knochenmark wird das Hb abgebaut. Erster Schritt ist eine **oxidative Öffnung des Porphyrinrings** unter CO_2-Abspaltung. Dann werden Eisen und Protein vom heterozyklischen Rest abgetrennt. Das Eiweiss wird zu AS hydrolysiert, welche entweder zu Neusynthesen oder zur Energiegewinnung verarbeitet werden. Das **Eisen** wird grösstenteils **an ein Protein (Ferritin) gebunden** und so für die Hämoglobin-Neubildung **gespeichert.** Die Fe-Zufuhr mit der Nahrung ist so gering, dass das Metall nicht durch Ausscheidung verschwendet werden darf. Das geöffnete, eisen- und globulinfreie Protoporphyrin ist das **Biliver-**

din (grün). Es wird zu **Bilirubin** (gelb) reduziert (Aufnahme von 2H; eine DB weniger als Biliverdin).

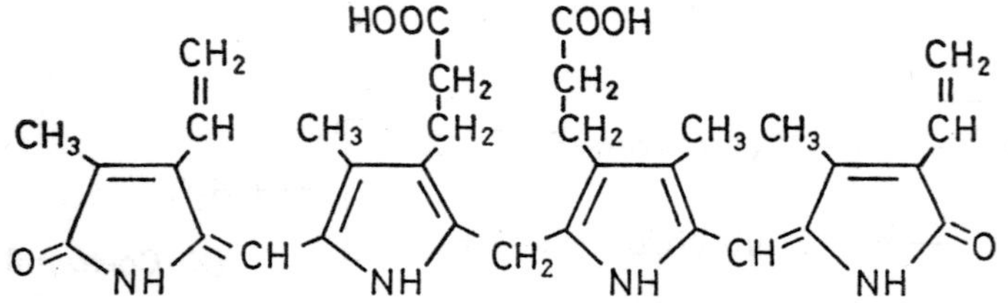

Bilirubin

Ausserhalb der Leber gebildetes Bilirubin wird mit dem Blut (an Albumin als Vehikel gebunden) in die Leber gebracht. Daselbst wird der Farbstoff **mit Glucuronsäure verestert** (Carboxyl des Bilirubins – OH-Gruppe der Glucuronsäure). Durch diese, als Konjugation bezeichnete, Vereinigung wird das Bilirubin wasserlöslich und kann mit dem Gallensekret **in den Darm abgegeben** werden. Von der Darmflora wird die Pyrrolkette weiter reduziert zu Urobilinogen und Stercobilinogen, die wiederum zu Urobilin bzw. Stercobilin dehydriert werden können. Alle diese Formen (Gallenfarbstoffe) besitzen noch die Kette der vier Pyrrolringe mit den vollständigen Seitenketten und unterscheiden sich nur in der Zahl der Doppelbindungen.

Gallenfarbstoffe	DB
Biliverdin	13
Bilirubin	12
Urobilin	9
Urobilinogen	8
Stercobilin	7
Stercobilinogen	6

Die Gallenfarbstoffe können wieder resorbiert und erneut in die Leber geführt werden (enterohepatischer Kreislauf). Kleine Mengen gelangen durch das Blut in den Urin. Bei verschiedenen Lebererkrankungen (Hepatitis, Gallengangverschluss, Knollenblätterpilz-Vergiftung u.a.) und auch bei gesteigertem Hb-Abbau kommt es zu einem Rückstau von Bilirubin im Blut. Das Plasma wird mehr oder weniger intensiv gelb (**Ikterus** oder Gelbsucht). Der Gesunde hat weniger als 10 mg Bilirubin pro Liter Plasma. Konzentrationen von über 200 mg/l (bei «Rhesuskindern» vorkommend) sind toxisch. Durch Blutaustausch werden diese Säuglinge vor Hirnschäden bewahrt.

Obschon selbst ein Farbstoff, kann Bilirubin nur bei Neugeborenen direkt photometriert werden. Bald nach Beginn der oralen Ernährung erscheinen andere gelbe Farbstoffe (Carotine usw.) im Blut. Man führt daher das Bilirubin zur photometrischen Bestimmung mittels diazotierter Sulfanilsäure (vgl. S. 290) in einen roten (in alkalischem Milieu blauen) **Azofarbstoff** über. Für die sichere Diagnose einer Gelbsucht ist eine fraktionierte Bestimmung des Bilirubin-glucuronids und des unkonjugierten, an Eiweiss gebundenen Bilirubins von Bedeutung. Das Glucuronid kuppelt ohne Zusatz mit diazotierter Sulfanilsäure (direktes Bilirubin), während das albumingebundene erst durch gewisse Reagenzien (Coffein, Diphyllin, Methanol) von seinem Vehikel abgelöst werden muss (indirektes Bilirubin).

C. Indol und dessen Derivate

Indol ist eine gemischt heterozyklisch-aromatische Verbindung. Ein Pyrrolring ist mit einem Benzolkern annelliert. Wie bei verschiedenen Aromaten ist auch hier die Endung -ol irreführend (keine Hydroxylgruppe!).

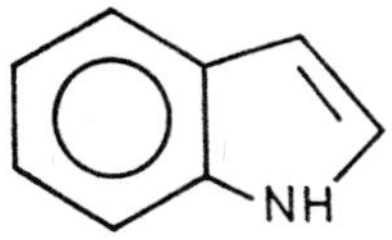

Indol

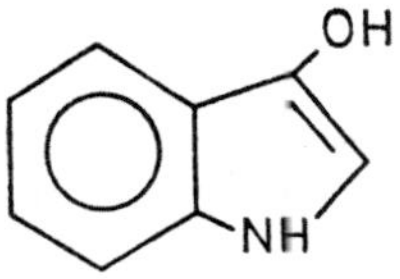

Indoxyl

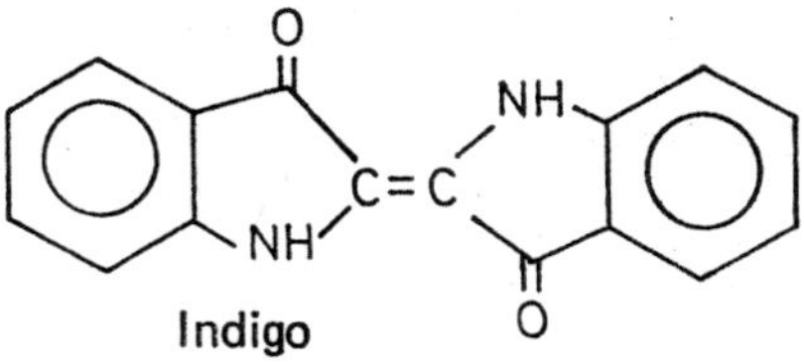

Indigo

Die Indigopflanze enthält ein Glucosid des **Indoxyls** (s. Formel). Wird dieses Glucosid an der Luft enzymatisch gespalten, so wird das freigesetzte Indoxyl zum blauvioletten **Indigo** oxidiert. Indigo ist wie die Indanthrenfarbstoffe (vgl. S. 302) ein Küpenfarbstoff. Er ist selber wasserunlöslich, lässt sich aber durch Reduktion (Verküpung), z. B. mit Natriumdithionit, in eine alkalilösliche Form überführen. Textilien werden mit dieser Leucoform (farblos) «gefärbt». Durch Luftoxidation wird auf der Faser der unlösliche und deshalb waschechte Farbstoff neugebildet.

Ein weiteres Indolderivat ist das **Tryptophan,** eine essentielle Aminosäure (Formel s. S. 251). Ausser Eiweissbestandteil ist das Tryptophan Ausgangsstoff für ein in verschiedenen Organen gebildetes Gewebshormon, das **Serotonin.** Das Hormon reguliert unter anderem den Blutdruck und die Darmperistaltik.

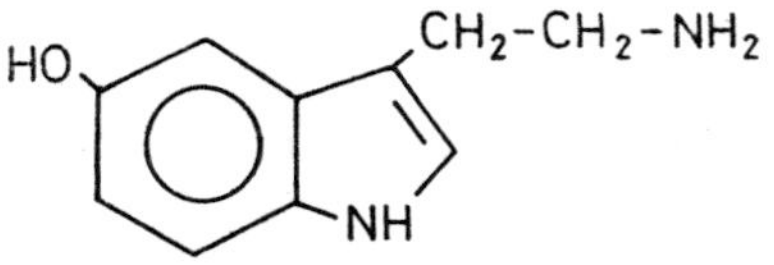

Serotonin

D. Fünfgliedrige Ringe mit zwei und mehr Heteroatomen

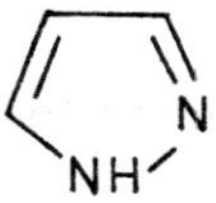

Pyrazol

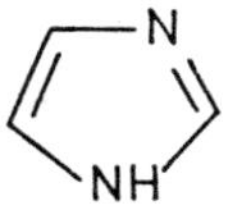

Imidazol

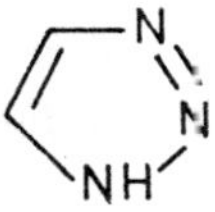

1,2,3-Triazol

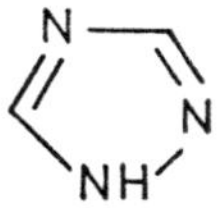

1,2,4-Triazol

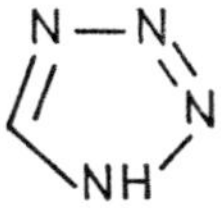

Tetrazol

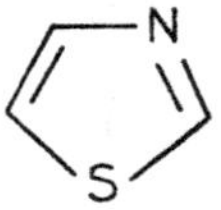

Thiazol

Der Imidazolring findet sich in der Seitenkette des Histidins, einer basischen Aminosäure (vgl. S. 251, 313). Durch Decarboxylierung von Histidin entsteht die Base **Histamin,** die bei verschiedenen **Allergien** eine massgebende Rolle spielt.

Ein Thiazolderivat ist das Thiamin (Vitamin B_1). Thiamin-pyrophosphat wirkt als Coenzym bei Decarboxylierungen im Energiestoffwechsel. Mangel an Thiamin führt zu Beriberi, einer Nervenerkrankung.

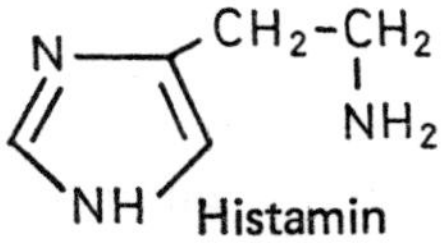

Histamin

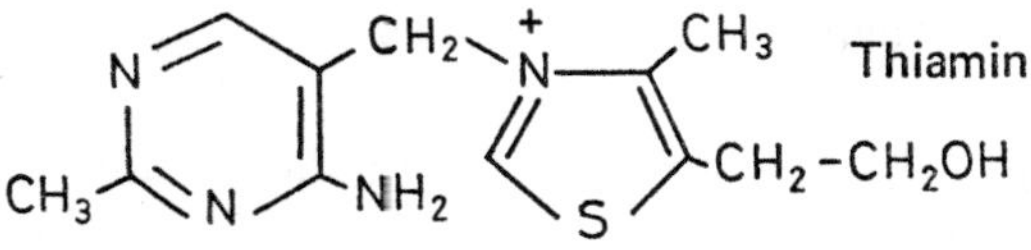

Thiamin

E. Sechsringe mit Stickstoff

Die heterozyklischen Sechsringe mit ein und zwei N-Atomen und drei Doppelbindungen haben einen dem Benzol analogen Bau und deshalb ausgesprochen aromatischen Charakter.

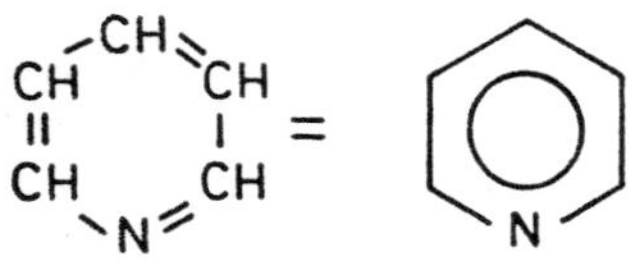

Pyridin

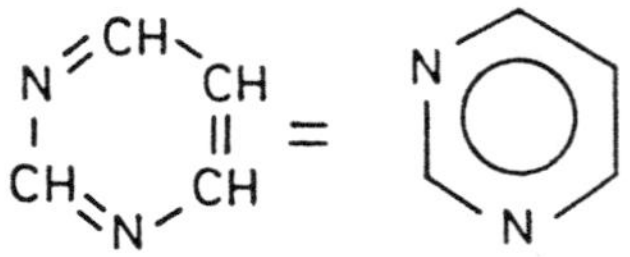

Pyrimidin

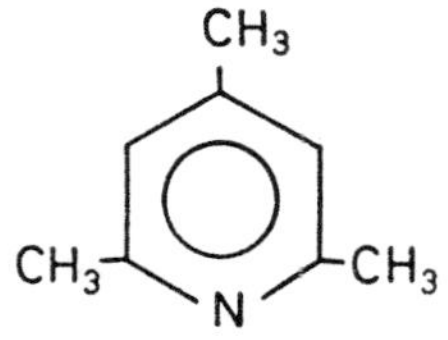

s-Collidin

Pyridin ist mit einem pK_b von 8,8 etwas stärker basisch als Anilin und sehr viel stärker als Pyrrol. Mit starken Säuren bildet es beständige Pyridiniumsalze. Die Base ist im Gegensatz zu Anilin in jedem Verhältnis mit Wasser mischbar. Sie hat einen durchdringenden, widerlichen Geruch und ist giftig. Pyridin findet als Lösungsmittel und als Fliessmittel für die Chromatographie Verwendung (Sdp 115 °C).

Natürliche Derivate des Pyridins sind das **Nicotin** und das Nicotinsäureamid (Nicotinamid), ein B-Vitamin (Antipellagra-Vitamin).

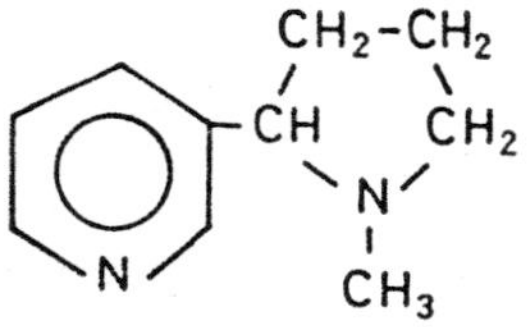

Nicotin

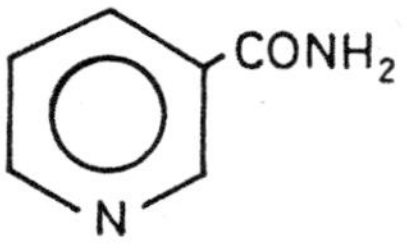

Nicotinsäure-amid

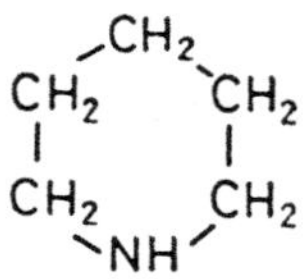

Piperidin

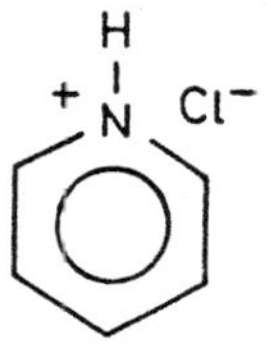

Pyridiniumchlorid

Derivate des **Pyrimidins** sind Bausteine der **Nucleinsäuren** (s. S. 319 ff.) und bilden zusammen mit Purinderivaten (s. unten) den Code für die Aminosäuresynthese (vgl. S. 268).

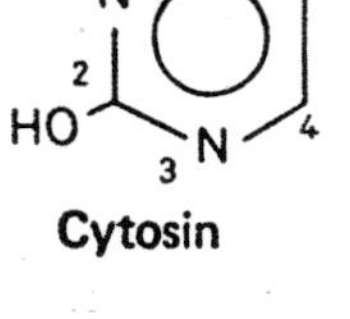

Cytosin

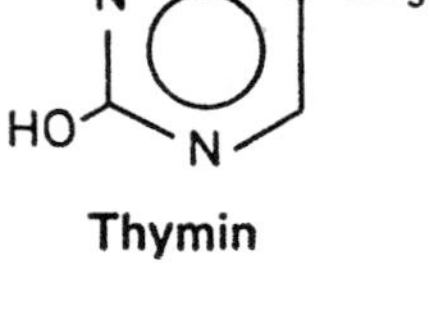

Thymin

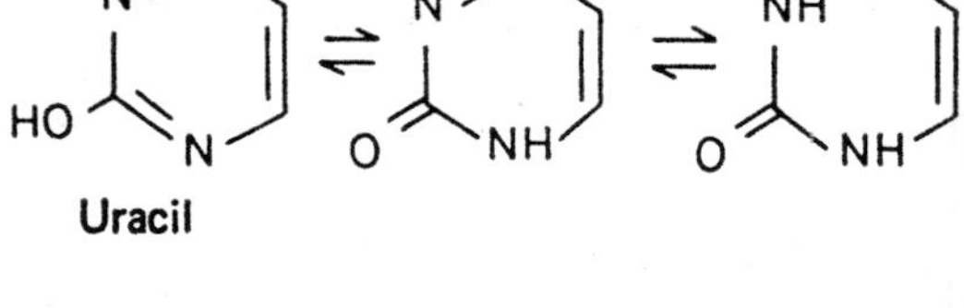

Uracil

Alle drei der obigen Hydroxy-pyrimidine unterliegen der Keto-Enol-Tautomerie (vgl. S. 224), wie am Beispiel des Uracils dargestellt.

F. Purine

Zu den biochemisch wichtigsten heterozyklischen N-Verbindungen gehören die **Purine.** Der Grundkörper der Stoffgruppe besteht aus einem Pyrimidinring, annelliert mit einem Imidazolring.

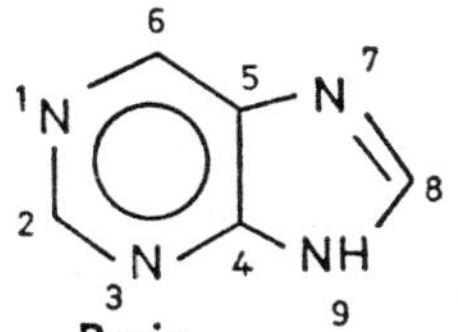
Purin

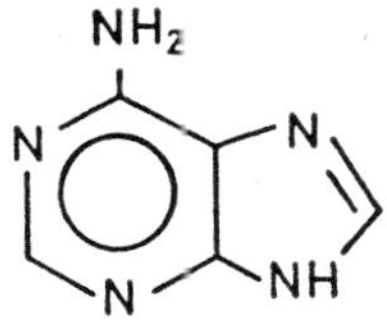
Adenin

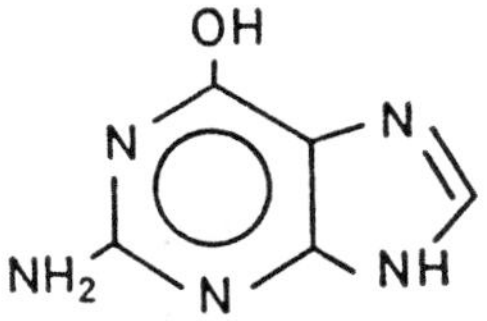
Guanin

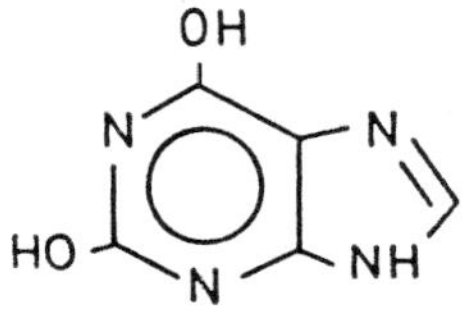
Xanthin

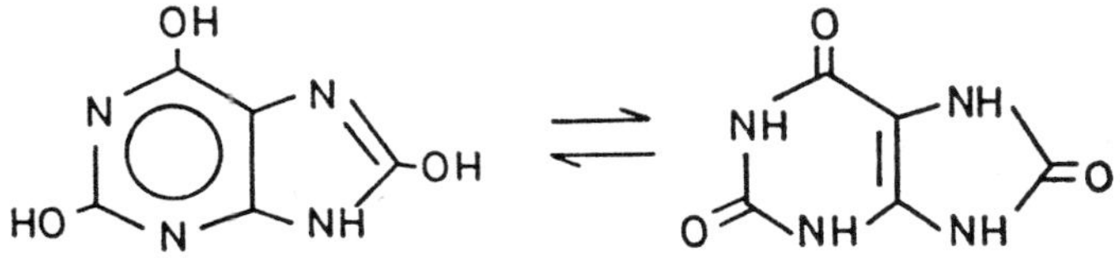
Harnsäure

Purin ist wie Pyridin und Pyrimidin basisch. **Adenin** und **Guanin** gehören zur **Basengarnitur der Nucleinsäuren** (s. S. 320). Sie haben im Stoffwechsel auch als Bestandteil von **energiereichen Phosphaten,** das Adenin ausserdem als **Baustein von Coenzymen** (z.B. Coenzym A), wichtige Aufgaben.

Der Abbau der in unserem Körper synthetisierten Purinbasen führt über das Xanthin zur **Harnsäure.** Die drei Hydroxylgruppen der Enolform dieses Trihydroxy-purins haben phenolischen Charakter; ihr Wasserstoff ist dissoziierbar. Bei den meisten Säugetieren wird die Harnsäure mittels Uricase durch oxidative Ringöffnung in das gut wasserlösliche Allantoin umgewandelt (vgl. S. 275). Dem Menschen fehlt die Uricase. Er scheidet die Harnsäure als solche im Urin aus (etwa 1 g/Tag). Bei neutralem und schwach saurem pH ist die Harnsäure praktisch undissoziiert und sehr schlecht wasserlöslich. Sie bildet deshalb oft Urinsedimente, unter ungünstigen Verhältnissen auch Nieren- und Blasensteine. Krankhaft erhöhte Purinsynthese kann zu einer «Überschwemmung» des Körpers mit Harnsäure führen. Diese kristallisiert dann unter anderem in den Gelenken aus (Gicht).

Die enzymatische Bestimmung der Harnsäure ist auf Seite 275 beschrieben worden.

G. Nucleinsäuren und Nucleotide

1. Bausteine und Raumstruktur der Nucleinsäuren

Die Nucleinsäuren (NS) sind im Kapitel «Proteine» (S. 268 f.) als die Träger der Erbanlagen und «Direktoren» der Eiweiss-Synthese beschrieben worden. Ihren Namen verdanken sie der Entdeckung in Zellkernen. Sie kommen aber in jeder lebenden Zelle auch im Zytoplasma vor.

Die Bauelemente der NS sind:

- **1. Basen**
  - **Purine**
    - **Adenin A**
    - **Guanin G**
  - **Pyrimidine**
    - **Cytosin C**
    - **Thymin T**
    - **Uracil U**
- **2. Zucker**
  - **Ribose**
  - **2-Desoxy-ribose**
- **3. Phosphorsäure**

```
 B     B     B     B
 |     |     |     |
-Z-P-Z-P-Z-P-Z-P-
```

Ausser den nebenstehend aufgeführten Basen kommen, vor allem in der Transfer-Ribonucleinsäure, noch andere, seltene Pyrimidine und Purine vor. Nach der Art des Zuckers unterscheidet man **Ribonucleinsäuren** = RNA (**R**ibo**n**ucleic **a**cid) und Desoxy-ribonucleinsäuren = DNA. Die DNA enthalten als Basen A, G, C und **T,** die RNA vor allem A, G, C und **U.** Die drei Bauelemente Base (B), Zucker (Z) und Phosphorsäure (P) sind in allen NS nach folgendem Plan zu mehr oder weniger hochmolekularen Ketten verknüpft:

Die Phosphorsäure bildet eine Esterbrücke zwischen dem 3. C der einen und dem 5. C der andern Pentose. Das 1. C des Zuckers (Aldehydgruppe) ist direkt mit einem Ringstickstoff der Base (Pos. 9 beim Purin, Pos. 3 beim Pyrimidin) verbunden (vgl. Formeln von ATP und NAD, S. 322). Von den drei H-Atomen der Phosphorsäure sind nur zwei an der Kettenbildung beteiligt. Das dritte ist noch ionogen und für den sauren Charakter der NS-Moleküle verantwortlich.

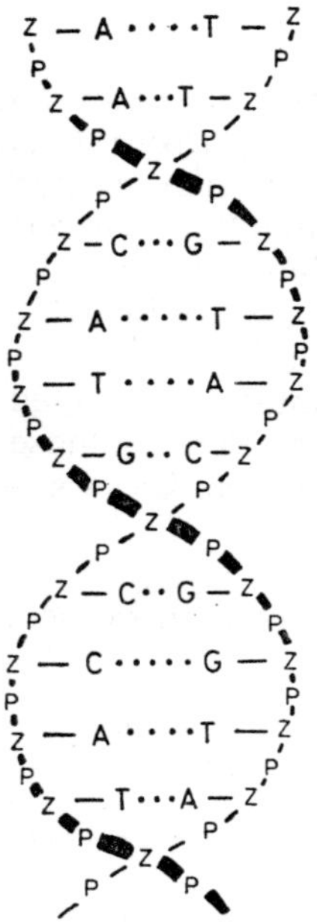

DNA-Moleküle sind sehr hochpolymer und besitzen eine definierte Raumstruktur, ähnlich der Konformation der Proteine (vgl. S. 256). Zwei DNA-Ketten sind jeweils zu einer Schraube, einer **Doppelhelix** verzwirnt. Ähnlich wie in der α-Helix der Proteine wird auch in der Doppelhelix der DNA die Struktur durch H-Brücken aufrechterhalten. Beim Protein laufen die H-Bindungen von einer Windung zur nächsten, bei der DNA von einem Strang zum andern (Abb. 91). Die Basen sind im Innern der Ketten so angeordnet, dass sich immer ein Adenin und ein Thymin oder ein Guanin und ein Cytosin gegenüberstehen. Die Basen mit Hydroxylgruppen haben in der Doppelhelix vornehmlich Ketoform. Der Sauerstoff der Carbonylgruppen und der Wasserstoff der Aminogruppen ziehen sich gegenseitig an (vgl. S. 256).
Guanin und Cytosin bzw. Adenin und Thymin sind **komplementäre Basenpaare.** Der eine Strang einer DNA ist als ganzer komplementär zum andern Strang. Für die Aufeinanderfolge (Sequenz) der vier Basen gibt es in einem Strang von ein paar tausend Basen eine riesige Zahl von Möglichkeiten. Jede einzelne Sequenz verkörpert eine ganz bestimmte genetische Information (vgl. «Proteinsynthese», S. 268 f.).
Die DNA-Doppelhelix verbindet sich mit Histonen (basische Proteine) zu Nucleoproteiden.

Abb. 91. DNA-Doppelhelix. An den Kreuzungsstellen der beiden Stränge in der Skizze steht die Folge Zucker–Base... Base–Zucker senkrecht zur Zeichenebene.

2. Replikation und Transkription

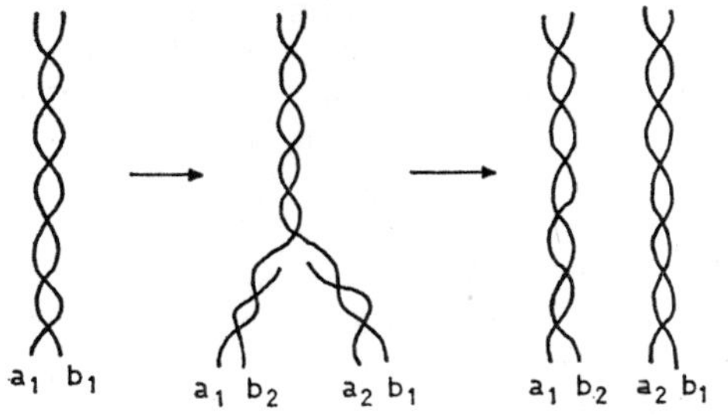

Abb. 92. Replikation (Verdoppelung) der DNA-Doppelhelix.

Bei der normalen Zellteilung muss die gesamte genetische Information an die beiden Tochterzellen weitergegeben werden. Vor der Kernteilung wird jede DNA-Doppelhelix von einem Ende her entzwirnt. Längs jedem der beiden komplementären Stränge wird ein neuer, wiederum zum alten komplementärer Strang synthetisiert. So entstehen zwei absolut identische Doppelstränge, die dann auf die beiden Tochterzellen verteilt werden. Diese Reproduktion des genetischen Materials wird als **Replikation** bezeichnet.

Dem Prozess der Replikation ähnlich ist die ebenfalls im Zellkern stattfindende **Transkription,** das ist die Übergabe des Basen-Codes auf die Boten-Ribonucleinsäure oder **Messenger-RNA** (m-RNA). Dem einen Strang der entzwirnten Doppelhelix entlang wird die RNA synthetisiert, nach demselben Prinzip wie der neue Strang der DNA bei der Replikation, nur dass Uracil die Stelle des Thymins einnimmt (keine Methylgruppe in Pos. 5 des Pyrimidinrings). Die m-RNA löst sich schon während der Synthese laufend von ihrer DNA-«Mutter» ab und gelangt nach Fertigstellung vom Kern ins Zytoplasma, wo sie als «Leitschiene» für die Proteinsynthese dient (vgl. S. 269). Die Messenger-RNA hat keine definierte Raumstruktur und ist sehr kurzlebig (Spaltung durch das Enzym Ribonuclease).

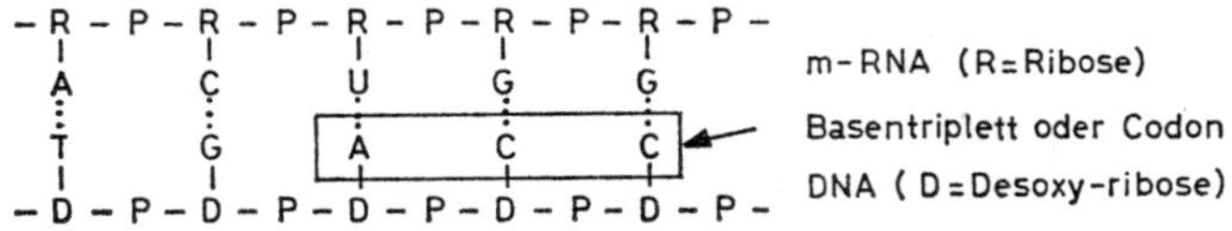

Abb. 93. Transkription.

3. Transfer-RNA und Ribosomen-RNA

Die Ribonucleinsäuren, welche die einzelnen aktivierten Aminosäuren binden und sich mit ihrem «Fühler»-Basentriplett ans komplementäre Triplett der Boten-RNA anlagern, heissen Transfer-Ribonucleinsäuren (t-RNA). Sie sind niedermolekular (weniger als 100 Basen), gut wasserlöslich, und sie besitzen eine wohldefinierte Konformation. Jede Aminosäure hat ihre «private» Transfer-RNA (vgl. S. 268f.).
Eine dritte Art von Ribonucleinsäuren verkörpert die **ribosomale RNA.** Sie bildet kleine, im Elektronenmikroskop sichtbare Granula, die **Ribosomen,** die sich an der Proteinsynthese beteiligen. Die Anlagerung der AS-beladenen t-RNA an die m-RNA und die Knüpfung der Peptidbindung findet stets in Gegenwart eines Ribosoms statt. Man bezeichnet deshalb die Ribosomen scherzweise als Nähmaschinen der Proteine.

4. Nucleotide

Eine NS-Baueinheit, bestehend aus Base, Zucker und Phosphorsäure, wird als **Nucleotid,** die Verbindung aus Base und Zucker ohne Phosphat als **Nucleosid** bezeichnet. Monomere und dimere Nucleotide haben vitale Bedeutung als **Coenzyme** in unserem Zellstoffwechsel. Es seien nur zwei Beispiele mit Formel angeführt, von denen in früheren Kapiteln mehrfach die Rede war (S. 242, 278, 315):
ATP ist ein **energiereiches Phosphat.** Es wird in der Atmungskette und bei einigen anderen exothermen Stoffwechselprozessen gebildet und speichert einen Teil der daselbst freigesetzten chemischen Energie. Bei endothermen Stoffwechselvorgängen (Synthesen, Stofftransporte, Muskel- und Nervenarbeit) gibt ATP pro Mol etwa 7 kcal ab und wird dabei zum Diphosphat oder Monophosphat hydrolysiert.
NAD ist Coenzym von zahlreichen **Dehydrogenasen.** Es nimmt den durch diese abgespaltenen Wasserstoff auf und gibt ihn an das FAD (s. unten) der Atmungskette weiter (vgl. S. 278, 340).

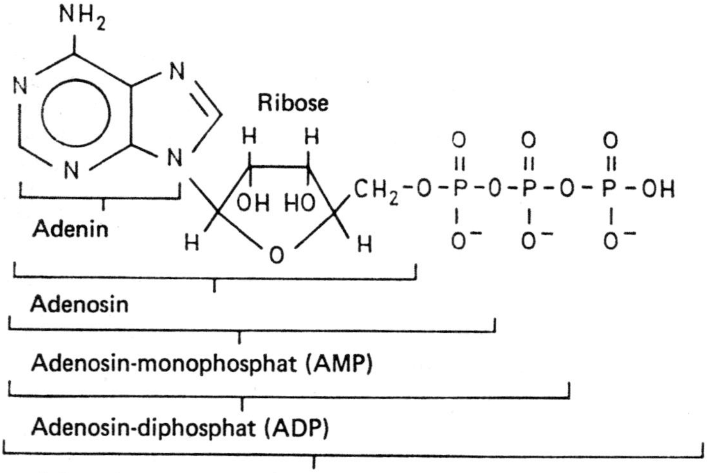

Adenosin-triphosphat (ATP)

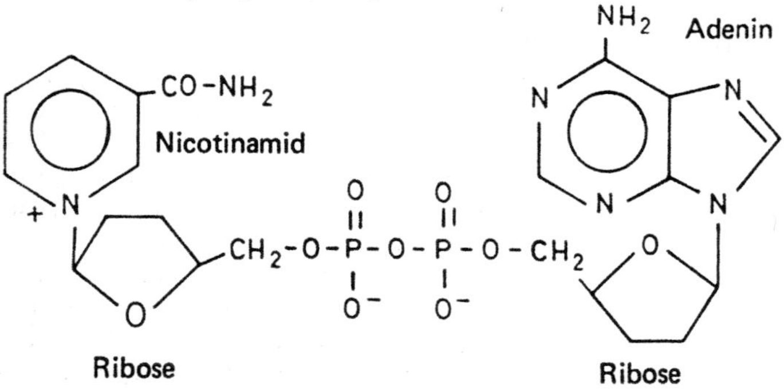

Nicotinamid-adenin-dinucleotid (NAD)

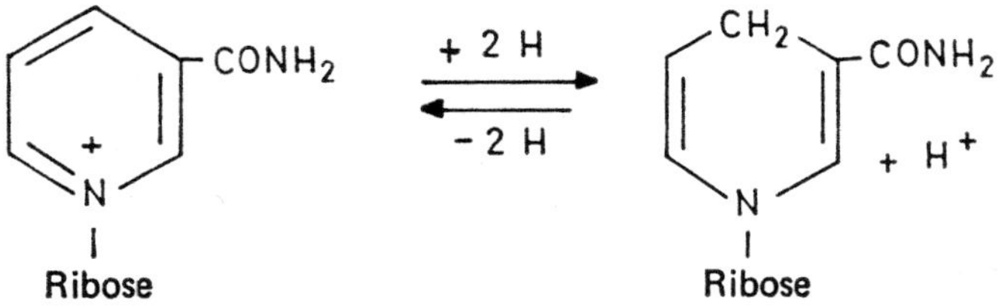

NAD^+; oxidierte Form, keine Absorption bei 340 nm

NADH + H^+; reduzierte Form, Absorptionsmaximum bei 340 nm

Der Wechsel zwischen **benzoider** und **chinoider** Form des Pyridinrings verursacht einen Wechsel in der UV-Absorption. Diese Tatsache wird im optischen Test von Warburg analytisch ausgenützt (vgl. S. 278).
Coenzyme mit ähnlicher Funktion wie das NAD sind die **Flavin-nucleotide.** Flavin ist eine trizyklische Base mit 4 N-Atomen. Flavin-adenin-dinucleotid (FAD) übernimmt in der Atmungskette den Wasserstoff von NADH und gibt ihn an das Ubichinon weiter (vgl. S. 315). Das Flavingerüst wird dem Körper mit dem Vitamin B_2 (Riboflavin) zugeführt. Auch das in früheren Kapiteln öfters erwähnte **Coenzym A,** der **Aktivator der Carbonsäuren,** ist ein Nucleotid-Derivat aus Adenin, Ribose, drei Molekülen H_3PO_4, Pantothensäure (ein Vitamin B) und Cysteamin ($NH_2-CH_2-CH_2-SH$). Es bildet energiereiche Thioester mit den Carbonsäuren.

H. Chelatkomplexe

Hämoglobin und Chlorophyll (vgl. S. 313, 315) sind zwei typische Beispiele von **Chelaten,** das sind **organische Metallkomplexe,** in denen ein Metallion von mindestens zwei Koordinativ-Bindungsstellen eines organischen Moleküls «in die Zange genommen» wird (chele = Hummerschere). Man spricht von mehrzähnigen Liganden. Bei den auf den Seiten 168 ff. beschriebenen Komplexen sind die Metallatome von einzelnen, unter sich freien (einzähnigen) Liganden umgeben.
Chelate von Schwermetallen sind meist **intensiv gefärbt.** Diese Tatsache wird zum gegenseitigen Nachweis und zur photometrischen Bestimmung von Metallen und Chelatbildnern ausgenützt. Beispiele:

1. Nachweis und Bestimmung von Polypeptiden und Proteinen mit Kupfer (Biuret-Reaktion):

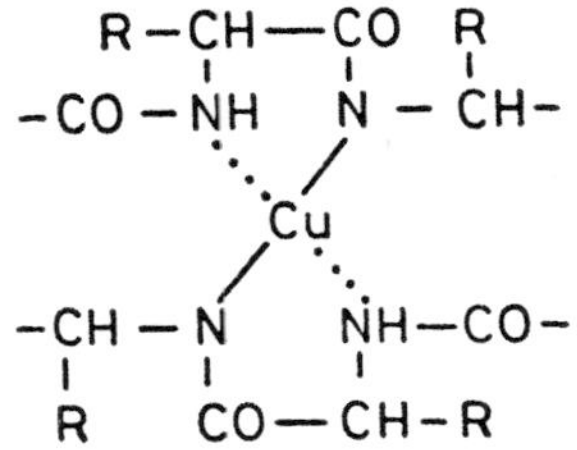

Kupfer-Peptid-Komplex

Polypeptide sind für das Kupfer zweizähnige Liganden. Das Chelat ist in alkalischem Milieu intensiv violett. Für das Zustandekommen des Komplexes sind mindestens zwei NH–CO-Gruppen pro Molekül erforderlich wie im Biuret $NH_2-CO-NH-CO-NH_2$ oder jedem Peptid aus mehr als zwei AS.

2. Nachweis und Bestimmung von **Eisen(II)** mit **Phenanthrolin:**

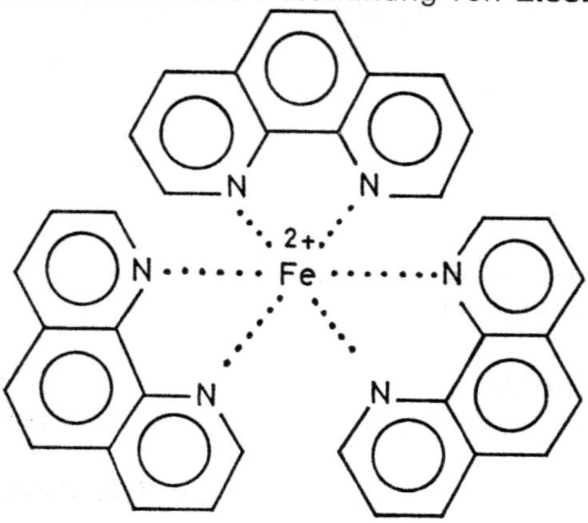

Eisen(II)-Phenanthrolin-Chelat (zweizähnige Liganden)

Das Eisen(II)-Phenanthrolin-Chelat ist intensiv rot. Noch stärker ist die Färbung des entsprechenden Diphenyl-phenanthrolin-Komplexes. Dieser ist in Wasser schlecht, in Amylalkohol gut löslich. Fe(II)-Ionen lassen sich somit nach Chelierung mit organischen Lösungsmitteln extrahieren. Sulfoniert man den Chelatbildner, so wird der Komplex wasserlöslich. Diphenyl-phenanthrolin-disulfonat wird zur photometrischen Bestimmung des Serumeisens verwendet.

3. Nachweis und Bestimmung von Blei, Quecksilber und Zink mit Diphenyl-Thiocarbazon (Dithizon):

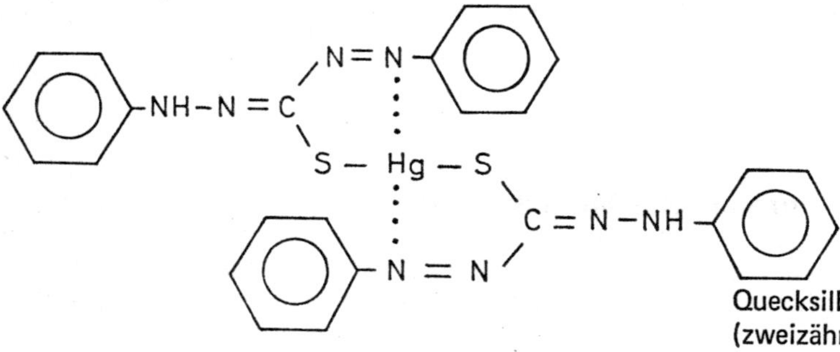

Quecksilber-Dithizon-Chelat (zweizähnige Liganden)

Die Dithizonkomplexe sind gut löslich in Tetrachlorkohlenstoff und Chloroform. Sie können mit diesen Lösungsmitteln aus wässerigem Milieu ausgeschüttelt und photometriert werden.

Durch Chelierung können **Schwermetalle in alkalischem Milieu in Lösung gehalten** werden (keine Bildung von schwerlöslichen Hydroxiden). Beispiel: Fehlingsche Lösung für den Zuckernachweis: Kupfer(II)-Tartrat-Chelat in Natronlauge (tiefblau).

Einige Chelate sind **sehr schwerlöslich,** so dass sie zur Isolierung und **gravimetrischen Bestimmung** von Metallionen verwendet werden. Beispiel: Dimethyl-glyoxim-Nickel-Komplex; intensiv rot (vgl. S. 210).

Durch Chelatbildung können Metallionen **maskiert** werden. Sie verlieren ihre Ionenaktivität. Beispiel: Durch Zusatz von Äthylendiamin-tetraessigsäure (EDTA) zu Leitungswasser wird das Ca^{2+} cheliert, so dass es z. B. mit Seifen keinen Niederschlag mehr bilden kann. Gibt man EDTA (engl. **e**thylene-**d**iamine-**t**etraacetic **a**cid) zu einer Blutprobe, wird deren Gerinnung verhindert.

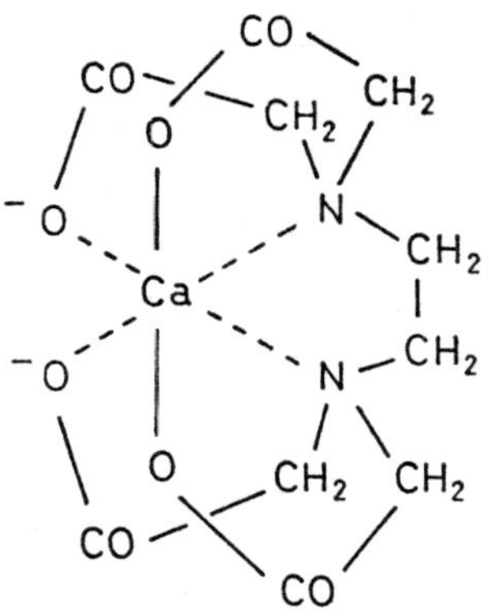

Calcium-EDTA-Chelat (sechszähniger Ligand)

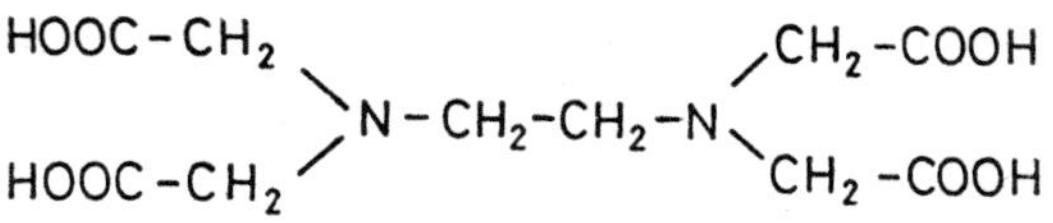

Äthylendiamin-tetraessigsäure (EDTA)

Mit EDTA lassen sich Calciumionen titrieren: Zur Lösung mit unbekanntem Ca^{2+}-Gehalt gibt man etwas Lauge und den Indikator Calcein, der in Gegenwart von Ca^{2+}-Ionen grün fluoresziert. Dann lässt man EDTA bekannter Molarität zutropfen, bis die Fluoreszenz verschwindet (Bildung des stabilen Ca-EDTA-Komplexes auf Kosten des instabilen Ca-Calcein-Komplexes). 1 Mol verbrauchtes EDTA entspricht 1 Mol Ca^{2+}.

XVI. Fragen zur Eigenkontrolle (Stoffgebiet S. 303–325)

1. Wie lässt sich Cyclohexanon herstellen?
2. Welchen gemeinsamen Baustein haben alle Terpene?
3. Wie lässt sich Kupfer(II) in alkalischem Milieu in Lösung halten?
4. Zu welcher Stoffklasse gehören a) die Gallensäuren, b) die Harnsäure?
5. Welche Rolle spielen Vitamin A und Vitamin D im Stoffwechsel?
6. Man nenne zwei heterozyklische Eiweiss-AS. Wie heisst deren Ringgerüst?
7. Welche Wertigkeit hat das Eisen a) im Hämoglobin, b) im Hb-O_2, c) in den Cytochromen?
8. Was ist ein vierzähniger Ligand? Beispiel.
9. Man nenne drei Sexualhormone mit ihren Funktionen.
10. In welcher Form verlässt der Porphyrin-Stickstoff unseren Körper?
11. Wie unterscheidet sich Hämoglobin von Hämiglobin?
12. Was ist a) Pyrrol, b) Pyridin, c) Pyrimidin?
13. Worauf beruht die Giftwirkung von a) CO, b) HCN?
14. Welches ist der unmittelbare Reaktionspartner des Luftsauerstoffs in der Zellatmung?
15. Welches sind die Bausteine von ATP?
16. Wie heissen die vier Basen der DNA, und welche bilden in der Doppelhelix Paare?
17. Man nenne drei Stoffe, die in unserem Körper aus Cholesterin gebildet werden.
18. Welche Rolle spielt Nicotinamid-adenin-dinucleotid im Stoffwechsel?
19. Warum kommt es in saurem Urin viel leichter zu Harnsäure-Steinbildung als in alkalischem Urin?
20. Was ist ein Provitamin? Man nenne zwei Beispiele.
21. Was versteht man a) unter Replikation, b) unter Transkription bei den Nucleinsäuren?
22. Wie kommt es a) zu Gicht, b) zu einem Ikterus?
23. Wie heissen folgende Stoffe?

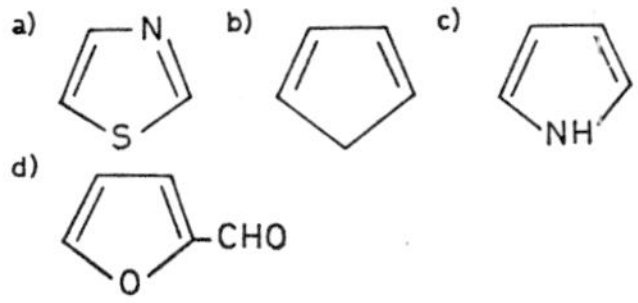

24. Wie viele Atome Chlor besitzt ein Molekül Chlorophyll?

Antworten S. 356.

Tabelle XXXXI. Die wichtigsten aliphatischen und aromatischen Verbindungstypen

Allgemeine Formel	Name der Stoffgruppe	Beispiel
$R-CH_3$	Alkan	Hexan (R=Pentyl)
$R-CH=CH-R'$	Alken	Buten-2 (R=R'=Methyl)
$R-C\equiv C-R'$	Alkin	Acetylen (Äthin) (R=R'=H)
$R-CH=CH-(CH_2)_n-CH=CH-R'$	Alkadien	Pentadien-1,4 (R=R'=H, n=1)
$R-CH_2Cl-R'$	Chlor-alkan	2-Chlor-heptan (R=Methyl, R'=Pentyl)
$R-CH_2-OH$	primärer einwertiger Alkohol	Octanol-1 (1-Hydroxy-octan) (R=Heptyl)
$R-CH_2$ $\quad >CH-OH$ $R'-CH_2$	sekundärer einwertiger Alkohol	Butanol-2 (R=Methyl, R'=H)
$R-CH_2\diagdown$ $R'-CH_2-C-OH$ $R''-CH_2\diagup$	tertiärer einwertiger Alkohol	Methyl-propanol-2 (R=R'=R''=H)
$R-CH-(CH_2)_n-CH-R'$ $\quad\;\; \vert \qquad\qquad\quad \vert$ $\quad OH \qquad\quad\; OH$	zweiwertiger Alkohol	Decan-diol-1,5 (R=H, R'=Pentyl, n=3)
$R-CH_2-O-CH_2-R'$	Äther	Methyl-propyl-äther (Methoxy-propan) (R=H, R'=Äthyl)
$R-C\begin{smallmatrix}\diagup\!\!\diagup O\\ \diagdown H\end{smallmatrix}$	Aldehyd	Acetaldehyd (Äthanal) (R=Methyl)
$\qquad\quad O$ $\qquad\quad \Vert$ $R-CH_2-C-CH_2-R'$	Keton	Äthyl-methyl-keton (Butanon-2) (R=Methyl, R'=H)
$R-CH_2-CO-(CH_2)_n-CO-CH_2-R'$	Diketon	Diacetyl (Butandion) (R=R'=H, n=0)
$R-C\begin{smallmatrix}\diagup\!\!\diagup O\\ \diagdown OH\end{smallmatrix}$	Monocarbonsäure	Propionsäure (R=Äthyl)
$HOOC-(CH_2)_n-COOH$	Dicarbonsäure	Bernsteinsäure (n=2)
$R-CH_2Cl-(CH_2)_n-COOH$	Chlor-carbonsäure	β-Chlor-buttersäure (R=Methyl, n=1)
$R-CH-(CH_2)_n-COOH$ $\quad\;\; \vert$ $\quad OH$	Hydroxy-carbonsäure	Milchsäure (α-Hydroxy-propionsäure) (R=Methyl, n=0)

R, R', R'', R'''=$C_nH_{2n+1}-$=Alkyl (n=beliebige ganze Zahl, inkl. 0; R wird dann=H)

Ar, Ar' = Aryl = 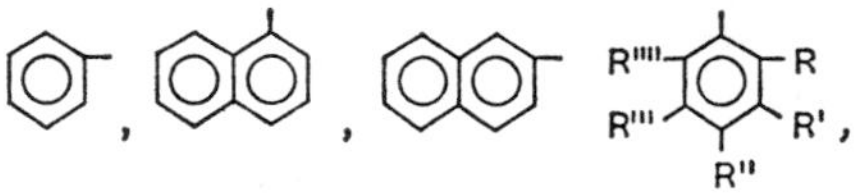

, usw.

Allgemeine Formel	Name der Stoffgruppe	Beispiel
$R{-}CH_2{-}CO{-}(CH_2)_n{-}COOH$	Keto-carbonsäure	Acetessigsäure (β-Keto-buttersäure) (R=H, n=1)
$R{-}CO{-}O{-}CO{-}R$	Carbonsäure-anhydrid	Essigsäure-anhydrid (R=Methyl)
$R{-}CO{-}Cl$	Carbonsäure-chlorid	Propionylchlorid (R=Äthyl)
$R{-}CO{-}O{-}CH_2{-}R'$	Carbonsäure-ester	Capronsäure-äthylester (Äthyl-capronat) (R=Pentyl, R'=Methyl)
$O_2N{-}O{-}CH_2{-}R$	Salpetersäure-ester	Salpetersäure-propylester (Propyl-nitrat) (R=Äthyl)
$R{-}CH_2{-}O{-}S(=O)_2{-}O{-}CH_2{-}R'$	Schwefelsäure-ester	Schwefelsäure-dimethylester (Dimethyl-sulfat) (R=R'=H)
$R{-}CH(O{-}R')(O{-}R'')$	Acetal	Dimethoxy-äthan (R=R'=R''=Methyl)
$CH_2OH{-}(CHOH)_n{-}CHO$	Aldose (Polyhydroxy-aldehyd)	Glucose (n=4)
$CH_2OH{-}(CHOH)_n{-}C(=O){-}CH_2OH$	Ketose (Polyhydroxy-keton)	Fructose (n=3)
$R{-}CH_2{-}NH_2$	primäres Amin	Methyl-amin (Amino-methan) (R=H)
$(R{-}CH_2)(R'{-}CH_2)NH$	sekundäres Amin	Äthyl-propyl-amin (R=Methyl, R'=Äthyl)
$(R{-}CH_2)(R'{-}CH_2)N{-}CH_2{-}R''$	tertiäres Amin	Dibutyl-methyl-amin (R=H, R'=R''=Propyl)
$(R{-}CH_2)(R'{-}CH_2)N^{+}(CH_2{-}R'')(CH_2{-}R''')$	quartäres Ammoniumion	Tetramethyl-ammonium (R=R'=R''=R'''=H)
$R{-}CH{=}NH$	Imin	Pentyl-imin (R=Butyl)
$R{-}C{\equiv}N$	Carbonsäure-nitril	Acetonitril (R=Methyl)
$R{-}CH(NH_2){-}(CH_2)_n{-}OH$	Amino-alkohol	Colamin (Amino-äthanol) (R=H, n=1)
$R{-}CH(NH_2){-}(CH_2)_n{-}COOH$	Aminosäure	Alanin (α-Amino-propionsäure) (R=Methyl, n=0)
$R{-}CO{-}NH_2$	Carbonsäure-amid	Formamid (R=H)

Fortsetzung von Tabelle XXXXI.

Allgemeine Formel	Name der Stoffgruppe	Beispiel
$NH_2-CH-CO-NH-CH-COOH$ $\quad\;\, \vert \qquad\qquad\quad \vert$ $\quad\;\, R \qquad\qquad\quad R'$	Dipeptid	Alanyl-glycin (R=Methyl, R'=H)
$R-CH_2-SH$	Thioalkohol (Mercaptan)	Thiopropanol (R=Äthyl)
$R-C-SH$ $\quad \Vert$ $\quad O$	Thiocarbonsäure	Thioessigsäure (R=Methyl)
$R-CH_2-S-CH_2-R$	Thioäther (Dialkyl-sulfid)	Diäthyl-sulfid (R=R'=Methyl)
$R-CH_2-S-S-CH_2-R$	Dialkyl-disulfid	Äthyl-methyl-disulfid (R=Methyl, R'=H)
Ar−OH	Phenol im weitern Sinn	*β*-Naphthol 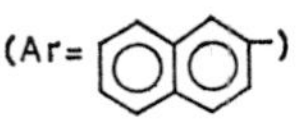
$Ar-N\leqslant^{O}_{O}$	Nitroverbindung	m-Nitro-toluol 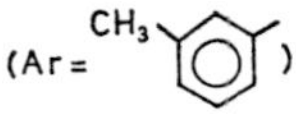
Ar−N=N−Ar'	Azoverbindung	Azo-benzol 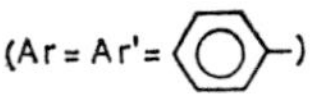
$Ar-N{\equiv}N^+Cl^-$	Diazoniumsalz	Phenyl-diazonium-chlorid 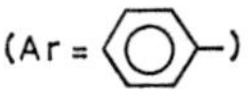
$\quad O$ $\quad \Vert$ $Ar-S-OH$ $\quad \Vert$ $\quad O$	Sulfonsäure	*α*-Naphthalin-sulfonsäure 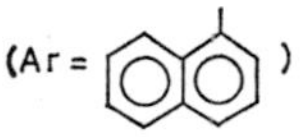
$\quad O$ $\quad \Vert$ $Ar-S-NH_2$ $\quad \Vert$ $\quad O$	Sulfonamid	3,4-Dimethyl-benzol-sulfon-amid 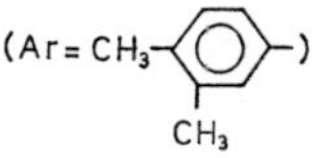

Anhang: Analytische Methoden

A. Übersicht

1. Die wichtigsten Verfahren zur Isolierung von Reinstoffen

Trennmethode		Für die Trennung entscheidende Eigenschaft
Filtration	gewöhnliche Filtration (4)	Teilchengrösse
	Filtration mit Vakuum oder Druck (5)	
	Ultrafiltration	
Dialyse (263)		
Gelchromatographie (334)		
Massenspektrometrie (37)		Teilchenmasse
Zentrifugation	gewöhnliche Zentrifugation (5)	Teilchendichte
	Gradientenzentrifugation	
	Ultrazentrifugation (264)	
Destillation	gewöhnliche Destillation (6)	Siedepunkt
	Vakuumdestillation (6)	
	Wasserdampfdestillation	
	Sublimation (141)	
Fraktionierte Kristallisation	Abkühlung (7)	Löslichkeit
	Lösungsmittelentzug (7)	
	Fremdstoffzusatz (99)	
Extraktion (8)		
Gegenstromverteilung		
Verteilungschromatographie	Säulenchromatographie (335)	
	Dünnschichtchromatographie (336)	
	Papierchromatographie (336)	
Gaschromatographie (334)		
Adsorptionschromatographie (333)		Ladungszustand
Ionenaustauschchromatographie (333)		
Elektrophorese	trägerfreie Elektrophorese (265)	
	Gel-Elektrophorese (266)	
	Folien- und Papier-Elektrophorese (265)	
	Immun-Elektrophorese	
	Elektrofocussierung (266)	

Die einzelnen Methoden sind auf den in Klammern angegebenen Seiten beschrieben. Methoden ohne Seitenangabe figurieren nicht in diesem Buch.

2. Die wichtigsten Methoden der quantitativen Analyse

Gravimetrie

Titrimetrie (Volumetrie)
- Acidimetrie
- Oxidimetrie
  - Jodometrie
  - Manganometrie
  - Cerimetrie
- Komplexometrie
- Fällungstitration

(Acidimetrie, Oxidimetrie, Komplexometrie, Fällungstitration:)
- Titration mit Farbstoffindikatoren
- Potentiometrische Titration (Spannungsmessungen)
- Konduktometrische Titration (Leitfähigkeitsmessungen)

Manometrie (Gasanalyse)

Photometrie
- Absorptionsphotometrie
  - Messung von gebildeten Farbstoffen
  - Messung von zerstörten Farbstoffen
  - Messung der Geschwindigkeit von Farbstoffbildungen oder -zerstörungen
- Nephelometrie
- Fluorimetrie
- Flammenphotometrie
- Atomabsorption

Potentiometrische Analysen (Messung von Ionenkonzentrationen)

Polarimetrie (Messung der optischen Drehung)

Biologische Aktivitätsbestimmung

Radioaktivitätsmessung (Tracerexperimente)

Die folgenden Seiten sind den Trenn- und Analysenverfahren gewidmet, die im Hauptteil des Buches wohl erwähnt, aber nicht beschrieben sind.

3. Die wichtigsten Identifikationsmethoden für Reinstoffe

a) Physikalische Untersuchungen

Folgende physikalische Daten können am isolierten Reinstoff ermittelt und in Tabellenwerken mit den entsprechenden Grössen bekannter Stoffe verglichen werden:

Schmelzpunkt **Molekulargewicht** (Fixpunktverschiebung; vgl. S. 97)
Siedepunkt **Absorptionsspektrum** (sichtbar, ultraviolett, infrarot; S. 340)
Dichte **Emissionsspektrum** (Fluoreszenz, Flamme; vgl. S. 342 ff.)

Hat der unbekannte Stoff denselben Schmelzpunkt wie eine vermutete bekannte Substanz, lässt sich die Identität der beiden durch Bestimmung eines **Mischschmelzpunktes** bestätigen bzw. widerlegen. Ist der Schmelzpunkt der Mischung gleich dem Schmelzpunkt der Einzelstoffe, so sind diese identisch. Ist der Mischschmelzpunkt tiefer, sind sie verschieden.

b) Reaktionen mit Gruppen- oder Element-spezifischen Reagenzien

Das Verhalten der untersuchten Substanz in Gegenwart von Reagenzien, die durch Farbstoffbildung, Gasentwicklung, Niederschlagsbildung usw. ganz bestimmte

Atomgruppen, Ionen oder Elemente anzeigen, gibt wertvollen Aufschluss über die Familienzugehörigkeit.
Die Herstellung bestimmter **Derivate** und die Ermittlung ihrer physikalischen Daten (s. oben) erleichtert oft das eindeutige Erkennen von Verbindungen.

c) Vergleichende Chromatographie und Elektrophorese
Steht die Zugehörigkeit einer Substanz zu einer **Stoffgruppe** fest (z. B. Fettsäuren, Peptide, Zucker), unterwirft man den unbekannten Stoff parallel mit einer Reihe vermuteter bekannter Stoffe der **Chromatographie** oder (bei Elektrolyten) der **Elektrophorese.** Wandert der Unbekannte unter verschiedenen Chromatographie- oder Elektrophoresebedingungen gleich rasch wie ein bestimmter Bekannter, ist die Identität der beiden praktisch sicher.

d) Untersuchung des biochemischen Verhaltens
Zahlreiche **Proteine** lassen sich aufgrund von **Antigen-Antikörper-Fällungsreaktionen** identifizieren (Immunchemie). **Enzyme** erkennt man an ihrer **katalytischen Wirkung** auf bestimmte Substrate. Hormone können anhand ihrer physiologischen Wirkung auf Tier oder Mensch identifiziert werden.

B. Chromatographie

Die Chromatographie in all ihren Spielarten ist eine relativ junge Technik zur Auftrennung der verschiedensten Gemische nah verwandter Stoffe (z. B. homologer organischer Verbindungen). Die ersten chromatographischen Experimente wurden mit Pflanzenfarbstoffen ausgeführt (Chromatographie = «Farbaufzeichnung»).

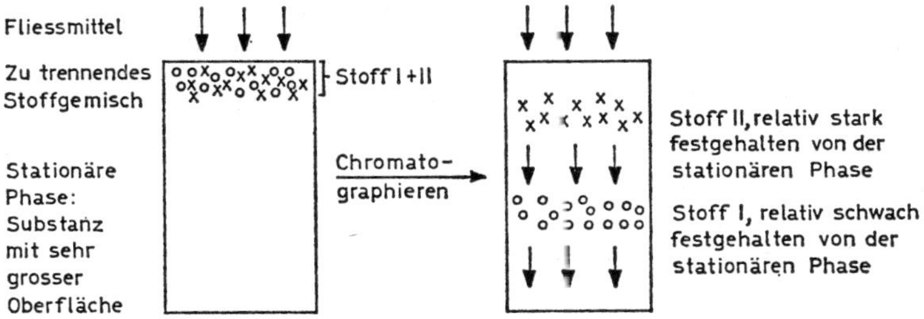

Abb. 94. Chromatographie.

Alle Varianten der Chromatographie basieren auf folgendem Prinzip: Ein Bett (Säule, Platte, Folie) von **feinstrukturiertem Material mit sehr grosser innerer Oberfläche = stationäre Phase** lässt man von einer Flüssigkeit (oder einem Gas) = **mobile Phase** oder **Fliessmittel** durchströmen. Nahe beim Eintritt der mobilen in die stationäre Phase belädt man das System mit dem zu trennenden Stoffgemisch. Fliessmittel und stationäre Phase «reissen sich» nun um die Gemischkomponenten. Von der stationären Phase werden diese festgehalten, von der mobilen Phase vorwärtsgetrieben. Je nach Bevorzugung der einen oder der anderen Phase durch einen Gemischbestandteil wandert dieser schneller oder langsamer.

Zwei Gemischbestandteile mit unterschiedlicher Wanderfreudigkeit bekommen während des Chromatographielaufes mehr und mehr Abstand voneinander und können schliesslich getrennt aus dem System isoliert werden.

Je nach Beschaffenheit der beiden Phasen wird unterschieden zwischen:

Verteilungschromatographie (stationäre Phase flüssig, fein verteilt und von festem, inertem Träger festgehalten; mobile Phase flüssig, mit stationärer Phase nicht mischbar);
Adsorptionschromatographie (stationäre Phase fest, oberflächenaktiv; mobile Phase: meist organische Flüssigkeit);
Ionenaustauschchromatographie (stationäre Phase: Ionenaustauscher; mobile Phase: wässerige Pufferlösung);
Gaschromatographie (stationäre Phase flüssig wie bei der Verteilungschromatographie oder fest wie bei der Adsorptionschromatographie; mobile Phase gasförmig);
Gelchromatographie oder Gelfiltration (stationäre Phase: mit Wasser gequollenes Gel; mobile Phase: Wasser).

Je nach Aufmachung der stationären Phase spricht man von **Säulen-, Dünnschicht-** oder **Papierchromatographie.** Alle drei Techniken kommen bei der Verteilungschromatographie zur Anwendung. Die andern Varianten bedienen sich vor allem der Säule.

1. Verteilungschromatographie

Von einem feinporösen, **hydrophilen Trägermaterial,** z. B. Silicagel (kolloidale Kieselsäure) oder Zellulose, werden submikroskopische **Wassertröpfchen** mit sehr grosser Gesamtoberfläche festgehalten. Als **Fliessmittel** dient eine **organische Flüssigkeit** (meist ein Gemisch von zwei oder mehr Lösungsmitteln). Seltener verwendet man auch einen lipophilen Träger mit adsorbierter organischer Flüssigkeit als stationäre Phase und Wasser als Fliessmittel. Alle Bestandteile des zu trennenden Gemisches müssen in beiden Phasen löslich sein. Das **Verhältnis der Löslichkeiten einer Komponente in stationärer und mobiler Phase** sei z. B. a/b. Zu Beginn des Chromatographielaufes verteilt sich diese Substanz in den beiden Phasen im Mengenverhältnis a/b, wie beim Ausschütteln im Scheidetrichter (enger Kontakt kleinster Tröpfchen, freie Diffusion von einer Phase in die andere). Beim «Laufen» kommt das beladene Fliessmittel ständig mit neuen, reinen stationären Tröpfchen und die beladene stationäre Phase laufend mit neuem, reinem Fliessmittel in Kontakt. Die beiden Phasen extrahieren sich fortwährend gegenseitig. Die Substanzverteilung im Verhältnis a/b stellt sich kontinuierlich neu ein; die Gemischkomponente wird allmählich vorwärtsgetrieben. Ist das Verhältnis a/b gross (Stoff relativ gut löslich in stationärer Phase, relativ schlecht löslich im Fliessmittel), dann wandert die Komponente langsam (bevorzugter Aufenthalt in der stillstehenden Flüssigkeit). Ist a/b klein, wandert die Substanz schnell (bevorzugter Aufenthalt in der strömenden Flüssigkeit; nur kurzfristige «Rast» in der stationären Phase). Ist die stationäre Phase Wasser, dann gilt die Regel: **Je hydrophiler eine Komponente** eines Gemisches aus verwandten Stoffen, **desto langsamer, je lipophiler, desto schneller** wandert sie. Für jedes Stoffgemisch wird das Fliessmittel so gewählt, dass der Verteilungskoeffizient a/b für die einzelnen Komponenten möglichst unterschiedlich wird.

2. Adsorptionschromatographie

Stationäre Phase ist ein feinporiges Material mit vielen **polaren Gruppen** an der Oberfläche, z.B. Aluminiumoxid O=Al–O–Al=O (vgl. S. 70). Die zu trennenden Stoffe werden von den Restladungen dieser Oberflächengruppen (O ist negativ, Al positiv polarisiert) je nach deren eigener Polarität mehr oder weniger stark festgehalten **(adsorbiert).** Es bilden sich unter anderem Wasserstoffbrücken aus. Als mobile Phase verwendet man ein mehr oder weniger polares Lösungsmittel. Dessen eigene Restladungen treten mit den Restladungen der stationären Phase in Konkurrenz. Die Gemischkomponenten werden je nach Bevorzugung von Fliessmittel oder Feststoffoberfläche mehr oder weniger rasch vorwärtsgetrieben, und zwar nach ähnlichen statistischen Gesetzmässigkeiten wie bei der Verteilungschromatographie. Im Verlauf einer Adsorptionschromatographie kann das Fliessmittel gewechselt werden. Man beginnt mit schwach polaren Lösungsmitteln und steigert dann die Polarität (z.B. Alkan – Äther – Keton – Carbonsäure).
Auch bei der Verteilungschromatographie sind oft Adsorptionswirkungen des Trägermaterials mit im Spiel (polare Gruppen der Zellulose bei der Papierchromatographie).

3. Ionenaustauschchromatographie

Zur **Trennung von Elektrolyten** (Carbonsäuren, Amine, Aminosäuren, Peptide usw.) werden vorzugsweise **Ionenaustauscher** als stationäre und **Pufferlösungen** als mobile Phase verwendet. Gibt man die Lösung eines Elektrolytgemisches auf eine Ionenaustauschersäule, so werden alle Anionen bzw. Kationen des Gemisches gegen bewegliche Ionen der stationären Phase ausgetauscht und festgehalten (vgl. S. 110ff.). Während des Chromatographielaufes treten die Ionen des strömenden Puffers mit den Ionen des Analysengemisches in Konkurrenz um die Bindungsstellen des Austauschers. Die einzelnen Gemischkomponenten werden je nach Anziehung durch die stationären Ladungen verschieden rasch vom Puffer vorwärtsgetrieben. Die «Klebefreudigkeit» eines Elektrolyten an einem bestimmten Ionenaustauscher hängt in erster Linie von seinem Dissoziationsgrad ab. Nur Ionen, nicht aber undissoziierte Moleküle des Elektrolytgemisches, werden naturgemäss von der stationären Phase festgehalten. Der Dissoziationsgrad von schwachen Elektrolyten ist seinerseits eine Funktion des Fliessmittel-pH. So wie bei der Adsorptionschromatographie während eines Laufes die Polarität des Fliessmittels gesteigert werden kann, lässt sich bei der Ionenaustauschtechnik das Puffer-pH erhöhen (für Basen) bzw. senken (für Säuren), wenn es gilt, die Wanderung von «klebrigen» Komponenten zu beschleunigen. Monochlor-essigsäure wandert z.B. in einer Anionenaustauschersäule langsamer als Essigsäure, weil jene bei gleichem pH stärker dissoziiert als diese (vgl. S. 118). Essigsäure wandert anderseits bei pH 2 schneller als bei pH 3 unter sonst gleichen Bedingungen, weil sie um so weniger dissoziiert, je saurer das Milieu ist.

4. Gaschromatographie

Stoffe, die sich ohne Zersetzung verdampfen lassen, können gaschromatographisch getrennt werden. Ein mehrere Meter langes, aufgewickeltes Rohr wird mit einem feinstrukturierten Material gefüllt, das entweder mit einer extrem **hoch siedenden Flüssigkeit** beladen ist (ähnlich wie bei der Verteilungschromatographie) oder eine **Oberfläche mit polaren Gruppen** besitzt (wie bei der Adsorptionschromatographie). Ein **inertes Gas,** das von der stationären Phase in keiner Weise festgehalten wird (z. B. H_2), dient als mobile Phase. Das ganze System wird bis in die Gegend des Siedebereichs des Analysengemisches erhitzt. Dieses wird als Flüssigkeit in den vorgewärmten Gasstrom eingespritzt, und zwar kurz vor dessen Eintritt in die Rohrfüllung. Die Gemischsubstanzen kommen dann als Dampfwölkchen mit der stationären Phase in Berührung, wo sie sich in der adsorbierten Flüssigkeit lösen bzw. von der aktiven Oberfläche des Festkörpers festgehalten werden. Dank ihrem **Dampfdruck** können die so aufgehaltenen Moleküle die stationäre Phase wieder verlassen und mit dem Gasstrom weiterwandern. Löslichkeit bzw. Adsorbierbarkeit einerseits und Dampfdruck anderseits bestimmen die Geschwindigkeit der Wanderung. Die Gaschromatographie dient vor allem der quantitativen Analyse von Gemischen und kaum präparativen Zwecken. Am Ende des Rohres strömt das Gas durch einen **Detektor,** der die einzelnen Analysensubstanzen aufspürt und auch deren Menge registriert. Als Messgrösse dient z. B. die Wärmeleitfähigkeit des ausströmenden Gases, die sich ändert, wenn es mit dem Dampf einer Gemischkomponente beladen wird. Ist das Trägergas brennbar, so kann man es nach dem Austritt aus dem Rohr verbrennen. Die elektrische Leitfähigkeit der Flamme ist dann ein Mass für die Menge der mitgeführten Analysensubstanz. Bei der Verbrennung entstehen kurzfristig geladene Molekülbruchstücke, die von in die Flamme ragenden Elektroden angezogen werden (Flammenionisations-Detektor). Das System wird vor dem Analysenlauf mit bekannten Mengen bekannter Substanzen **geeicht.**
Für die Gaschromatographie besonders geeignet sind z. B. Kohlenwasserstoffe, Äther, Ester, Ketone, Aldehyde, einwertige Alkohole und niedere einwertige Carbonsäuren. Ungeeignet sind mehrwertige Alkohole und Carbonsäuren, Zucker, Aminosäuren.

5. Gelchromatographie oder Gelfiltration

Bei der Gelchromatographie werden Gemischbestandteile nach ihrer **Molekülgrösse sortiert.** Ein **granuliertes Kolloidgel,** meist Dextran-Glycerin-Polyäther («Sephadex»), Polyacrylamid oder ein anderes Polykondensat wird, mit Wasser oder Elektrolytlösung aufgeschwemmt, in ein Rohr gefüllt. Die Gelgranula bestehen aus einem **submikroskopischen Netzwerk** von Makromolekülfäden, dessen Maschenweite durch geeignete Synthesebedingungen beeinflusst werden kann. Die Flüssigkeit in der Chromatographiesäule verteilt sich ungefähr zu gleichen Teilen auf das Innere des Gels und auf den Raum zwischen den Granula. Lässt man das System «laufen», so bewegt sich die Flüssigkeit in den Zwischenräumen, während sie im Innenraum der Gelkörner praktisch in Ruhe bleibt (sehr grosser Reibungswiderstand im engmaschigen Netz).

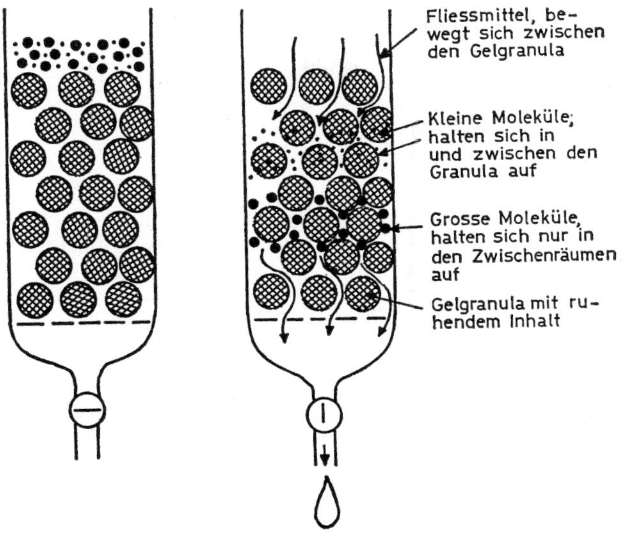

Abb. 95. Gelchromatographie.

Das zu trennende Stoffgemisch soll Moleküle enthalten, die grösser und solche die kleiner sind als die Gelmaschen. Strömt ein solches Gemisch durch die Säule, so diffundieren die kleinen Moleküle frei durch die Gelkörner, während die grossen sich nur durch die Zwischenräume bewegen können. Man spricht deshalb auch von einem **Molekülsieb.** Teilchen, die sich im Innern der Granula aufhalten, werden praktisch nicht fortbewegt. Erst nach Austritt werden sie wieder vom Strom erfasst, bis sie sich im nächsten Korn verkriechen. Ist das Flüssigkeitsvolumen inner- und ausserhalb der Granula gleich gross, hält sich ein kleines Molekül statistisch gesehen die halbe Zeit im Innern der ruhenden Flüssigkeit auf; es braucht also doppelt so lang wie ein grosses, um die ganze Säule zu durchlaufen (vgl. Abb. 95). Da die Gelmaschen nicht alle gleich gross sind, können bei Gemischen aus Molekülen ähnlicher Grösse alle Übergänge zwischen freiem Eintritt und völligem Ausschluss vorkommen. Je leichter der Eintritt ins Gel, desto langsamer die Wanderung. Bei genügender Säulenlänge können deshalb auch Teilchen mit geringem Grössenunterschied getrennt werden, vorausgesetzt, dass die kleinsten Maschen höchstens die kleinsten Moleküle passieren lassen und die weitesten Maschen höchstens die grössten Moleküle aussperren. Die Gelchromatographie leistet in der Biochemie vorzügliche Dienste bei der Fraktionierung von Proteinen und Peptiden.

6. Säulen-, Dünnschicht- und Papierchromatographie

Die äussere Aufmachung der chromatographischen Verfahren richtet sich nach dem Ziel des Trennprozesses und nach der verfügbaren Stoffmenge. Die Säulentechnik ist vor allem präparativ und quantitativ analytisch, die Dünnschicht- und Papierchromatographie mehr qualitativ betont.

Bei der **Säulenchromatographie** werden Fliessmittel und stationäre Phase zusammen in ein Rohr mit Siebboden gefüllt (vgl. Abb. 95). Das Analysengemisch wird oben auf die stationäre Phase gegeben. Am untern Ende der Säule wird Fliessmittel abgelassen und am obern Ende kontinuierlich durch neues ersetzt. Das auslaufende Fliessmittel = **Eluat** wird durch periodischen Wechsel des Auffanggefässes **fraktioniert.** Die Gemischkomponenten gelangen so nach verschieden schnellem Durchlaufen der Säule in verschiedene Gefässe.

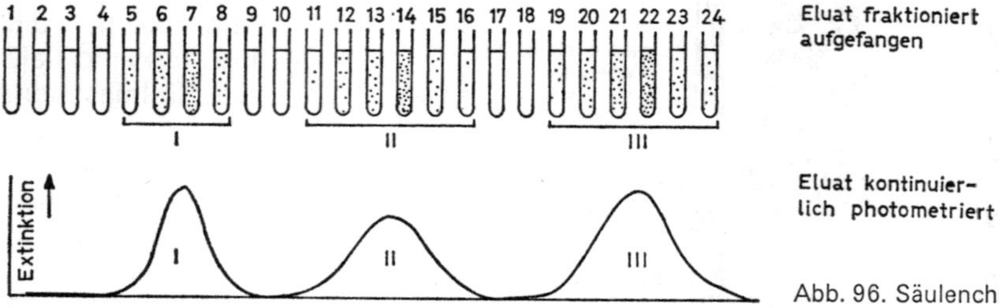

Abb. 96. Säulenchromatogramm.

Das Eluat kann bei Austritt aus der Säule auch laufend mit einem Farbreagens gemischt (für Aminosäuren z. B. Ninhydrin) und der mit den eluierten Substanzen gebildete Farbstoff laufend photometriert werden. Wird die Extinktion von einem Schreiber registriert, erhält man direkt ein quantitatives Abbild des Analysengemisches. Die Flächen der Glockenkurven in Abbildung 96 sind ein Mass für die Menge des eluierten Stoffes.

Bei der **Dünnschichtchromatographie** ist die stationäre Phase bzw. deren Träger als dünne Schicht (ein paar Zehntel bis ein paar Millimeter) auf eine Glas- oder Kunststoffplatte ausgebreitet und lose verklebt (meist Silicagelpulver). Bei der **Papierchromatographie** fungiert ein Bogen Fliesspapier mit adsorbierter Luftfeuchtigkeit als selbsttragende stationäre Phase. Nahe einer Kante des Papiers oder der Dünnschicht wird das Analysengemisch aufgetragen (Grössenordnung Mikrogramm). Die gleiche Kante wird dann, ohne dass der Gemischfleck eintaucht, in ein flaches Gefäss mit Fliessmittel gesetzt. Die ganze Einrichtung wird in eine mit Fliessmitteldampf gesättigte Atmosphäre (geschlossene Kammer) gebracht. Die Flüssigkeit wird durch die Kapillarwirkung der porösen Substanz aufgesogen. Eine Fliessmittelfront stösst durch die stationäre Phase nach oben vor. Der Gemischfleck wandert und teilt sich auf in einzelne Reinstoffflecken. Nach Beendigung des Laufes wird das Fliessmittel verdampft und farblose Flecken werden durch **Besprühen mit einem Farbreagens sichtbar gemacht.**

Die Papiertechnik ist die ältere der beiden Varianten, heute aber weitgehend von den Dünnschichtverfahren verdrängt (raschere Wanderung, konzisere Flecken, kleinere Minimalmengen, bessere Resistenz gegen aggressive Sprühmittel bei der Dünnschicht). Das Schichtverfahren hat vor der Säule den Vorzug, dass mehrere Stoffgemische und bekannte Vergleichssubstanzen gleichzeitig im gleichen System chromatographiert werden können.

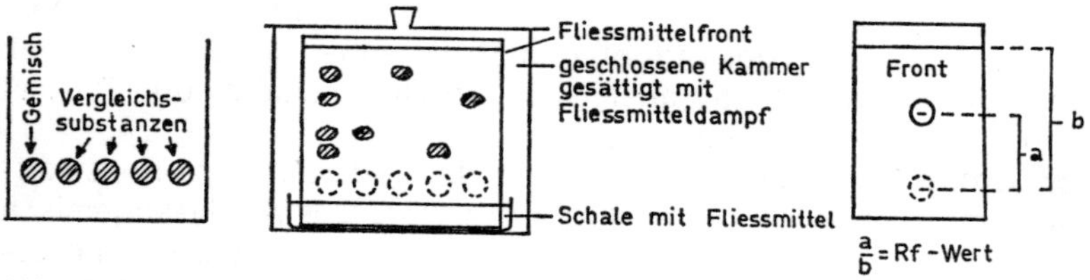

Abb. 97. Dünnschicht- und Papierchromatographie.

Die Schichtchromatographie dient in erster Linie der Aufspürung und Identifizierung von Gemischbestandteilen. Für jeden Stoff ist in einem gegebenen System unter fixierten Bedingungen das Verhältnis aus seiner Wanderstrecke und der Wanderstrecke der Fliessmittelfront, der sogenannte **Rf-Wert** eine konstante Grösse (R von Ratio = Verhältnis, f von Front). Hat ein unbekannter Stoff in verschiedenen Fliessmittelsystemen immer denselben Rf-Wert wie eine bekannte Vergleichssubstanz, dann sind die beiden mit grosser Wahrscheinlichkeit identisch. Kommen nur wenige Gemischkomponenten in Frage, genügt zur Identifizierung die Chromatographie in **einem** Fliessmittel unter Mitführen der Vergleichssubstanzen. Jedes Dünnschichtchromatogramm kann beliebig in Felder aufgeteilt und diese einzeln ausgewaschen und untersucht werden.

Die Chromatographie ist erst wenige Jahrzehnte alt. Sie hat vor allem der Naturstoffchemie ganz enorme Fortschritte gebracht und ist heute aus dem modernen Laboratorium nicht mehr wegzudenken.

C. Photometrie

1. Übersicht

Bei allen photometrischen Analysen wird durch das Analysengut entweder Licht verschluckt, Licht umgewandelt oder Licht erzeugt. Das von der Analysensubstanz ausgehende (nicht verschluckte, umgewandelte oder erzeugte) Licht wird gemessen und zur Menge des untersuchten Stoffes in Beziehung gesetzt. Man unterscheidet:

Absorptionsphotometrie: Schwächung von eingestrahltem Licht durch die Analysenlösung infolge teilweiser Absorption;
Fluorimetrie: Umwandlung von eingestrahltem kurzwelligem in ausgestrahltes langwelliges Licht durch fluoreszierende Stoffe;
Nephelometrie (Trübungsmessung): Streuung von eingestrahltem Licht durch kolloidale oder suspendierte Partikel;
Flammenphotometrie: Umwandlung von Wärme in Licht durch hoch erhitzte Metallatome;
Atomabsorption: Absorption von eingestrahltem Licht durch hoch erhitzte Metallatome.

2. Absorptionsphotometrie

a) Visuelle Kolorimetrie

Durchläuft ein weisser Lichtstrahl eine farbige Substanz, dann wird seine Energie teilweise absorbiert und in Wärme verwandelt. Der austretende Strahl ist schwächer als der eintretende. Die Schwächung eines Lichtstrahls in einer klaren gefärbten Lösung ist nur von der Anzahl der getroffenen absorbierenden Teilchen abhängig – ungeachtet der Wegstrecke, auf welche sie sich verteilen. Eine Lösung von der Konzentration 1% und der durchstrahlten Schichtdicke 1 cm muss somit dieselbe

Lichtschwächung hervorrufen wie eine Lösung von 0,4% und einer Schichtdicke von 2,5 cm. Im zweiten Fall werden auf 2,5 cm gleich viel absorbierende Teilchen getroffen wie im ersten Fall auf 1 cm.
Werden zwei gleich starke Lichtstrahlen von zwei Lösungen gleich stark geschwächt, dann gilt folgende Beziehung:

$\mathbf{K_1 \cdot d_1 = K_2 \cdot d_2}$ K = Konzentration, d = Schichtdicke

Sind K_1, d_1 und d_2 bekannt, dann lässt sich die unbekannte Konzentration K_2 berechnen.
Eine Standardlösung mit bekannter Konzentration und die Analysenlösung werden mit demselben Licht nebeneinander durchstrahlt. Die Schichtdicke des Analysengutes wird dann so verändert, dass beide Lösungen in der Durchsicht gleich hell erscheinen. Die beiden Schichtdicken werden gemessen und die Konzentration der analysierten Lösung nach obiger Gleichung berechnet. Diese visuelle Kolorimetrie wird im modernen Labor kaum mehr gebraucht, weil das Auge für den Vergleich von Lichtwerten zu wenig empfindlich arbeitet.

b) Das Lambert-Beersche Gesetz

Mit Hilfe eines elektrischen Photometers kann die durch eine Lösung bewirkte Lichtschwächung direkt bestimmt werden, und zwar durch Messung der Intensität eines Lichtstrahls vor und nach Durchlaufen der Messlösung. Das zu messende Licht trifft auf eine Photozelle, wo es eine elektrische Spannung erzeugt. Diese Photospannung lässt einen kleinen Strom fliessen, der nach elektronischer Verstärkung gemessen wird. **Die Stromstärke ist proportional der Intensität des auf die Photozelle fallenden Lichts.** Ist die mathematische Beziehung zwischen Lösungskonzentration und Lichtschwächung bekannt, lässt sich jene aus dem elektrischen Messwert berechnen.

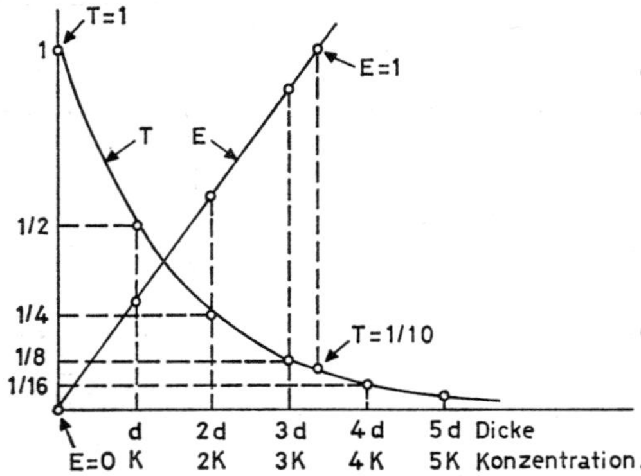

Abb. 98. Transmission T und Extinktion E als Funktion der Schichtdicke bzw. Konzentration.

Ein monochromatischer Lichtstrahl (Licht mit nur einer Wellenlänge) durchlaufe ein absorbierendes Medium von der Schichtdicke d cm und werde dabei auf die Hälfte geschwächt. Beim Durchlaufen einer weiteren gleich dicken Schicht wird diese halbe Intensität nochmals halbiert. Der austretende Strahl hat dann noch ein Viertel seiner ursprünglichen Stärke. Nach Passieren einer dritten Schicht von d cm ist der Strahl auf ein Achtel seiner Eintrittsintensität geschwächt usw. Denselben Effekt wie durch Verdoppelung und Verdreifachung der Schichtdicke bei konstanter Konzentration erhält man durch Verdoppelung und Verdreifachung der Konzentration K bei konstanter Schichtdicke (vgl. obige Gleichung). Das Verhältnis aus der Austrittsintensität I und der Eintrittsintensität I_0 wird als **Durchlässigkeit** oder **Transmission** T der untersuchten Lösung bezeichnet.

Wie Abbildung 98 zeigt, ist die Durchlässigkeit keine lineare, sondern eine exponentielle Funktion der Schichtdicke bzw. Konzentration. Direkt proportional zu Schichtdicke und Konzentration ist hingegen der Logarithmus der reziproken Transmission. Diese Grösse wird als **Extinktion** E bezeichnet.

$$\frac{I}{I_0} = T \qquad \log \frac{1}{T} = \log \frac{I_0}{I} = E$$

	Schichtdicke bzw. Konzentration		Transmission T		Extinktion $E = \log \frac{1}{T}$
Lineare Zunahme	0	Exponentielle Abnahme	1	Lineare Zunahme	0
	d bzw. K		1/2		0,30103
	2d bzw. 2K		1/4		0,60206
	3d bzw. 3K		1/8		0,90609
	4d bzw. 4K		1/16		1,20412

T	E	
1	0	vollkommen durchlässig
0,1	1	10% des Lichtes gehen durch
0,01	2	1% des Lichtes geht durch
0,001	3	0,1% des Lichtes geht durch
0	∞	vollständig undurchlässig

$\frac{E_1}{E_2} = \frac{d_1}{d_2}$ **Bei konstanter Konzentration sind Extinktion und Dicke der durchstrahlten Schicht direkt proportional**

$\frac{E_1}{E_2} = \frac{K_1}{K_2}$ **Bei konstanter Schichtdicke sind Extinktion und Konzentration einer Lösung direkt proportional**

Die beiden Verhältnisgleichungen lassen sich in eine Formel, das **Gesetz von Lambert-Beer,** vereinigen:

$$\mathbf{E = \varepsilon \cdot K \cdot d}$$

Ist $K = 1$ Mol/l und $d = 1$ cm, so wird $E = \varepsilon$ (moraler Extinktionskoeffizient).
Der molare Extinktionskoeffizient ε ist die Extinktion einer 1 molaren Lösung von der Schichtdicke 1 cm.
Ist von einem Farbstoff der molare Extinktionskoeffizient bekannt, dann lässt sich aus der gemessenen Extinktion seiner Lösung seine Konzentration berechnen, gegebene Schichtdicke (Innenabstand der Küvettenwände) vorausgesetzt.

$$K = \frac{E}{\varepsilon}$$

Beispiel: ε von Bilirubin bei 463 nm ist 44700; das Molekulargewicht 584. Eine Lösung von der Schichtdicke 2 cm hat die Extinktion 0,776. Wie viele Milligramm Bilirubin enthalten 50 ml der Lösung?

$$K = \frac{0{,}776}{44700 \cdot 2}\ \text{Mol/l} \rightarrow \frac{0{,}776 \cdot 584}{44700 \cdot 2}\ \text{g/l} \rightarrow \frac{0{,}776 \cdot 584 \cdot 50}{44700 \cdot 2} = \mathbf{0{,}253\ mg\ in\ 50\ ml}$$

Ist der molare Extinktionskoeffizient eines Stoffes nicht bekannt, dann werden die Extinktionen der Analysenlösung und einer Standardlösung bekannter Konzentration bei gleicher Schichtdicke verglichen. Die Konzentration wird dann:

$$\mathbf{K_{Analyse} = \frac{E_{Analyse}}{E_{Standard}} \cdot K_{Standard}}$$

Das Lambert-Beersche Gesetz gilt streng nur **für relativ verdünnte Lösungen** und nur **für monochromatisches Licht.** Die molaren Extinktionskoeffizienten müssen aus den Extinktionen verdünnter Lösungen berechnet werden.

c) Absorptionsspektren

Die allermeisten Stoffe besitzen die Fähigkeit der **selektiven Strahlungsabsorption,** d.h. Licht verschiedener Wellenlängen wird verschieden stark absorbiert. Stoffe, die nur im Ultraviolett und Infrarot absorbieren, erscheinen dem Auge farblos. Farbige Substanzen absorbieren im sichtbaren Gebiet des Spektrums. **Der molare Extinktionskoeffizient ist in jedem Fall von der Wellenlänge des eingestrahlten Lichtes abhängig.** Stellt man den Extinktionskoeffizienten als Funktion der Wellenlänge graphisch dar, so erhält man das **Absorptionsspektrum** eines Stoffes.

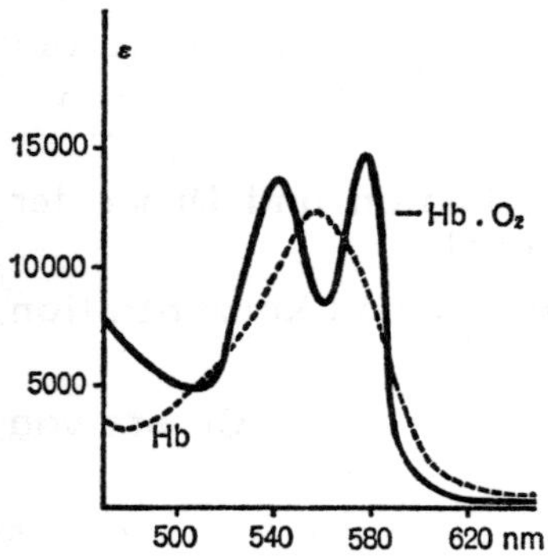

Abb. 99. Absorptionsspektren von Hämoglobin und Oxy-hämoglobin.

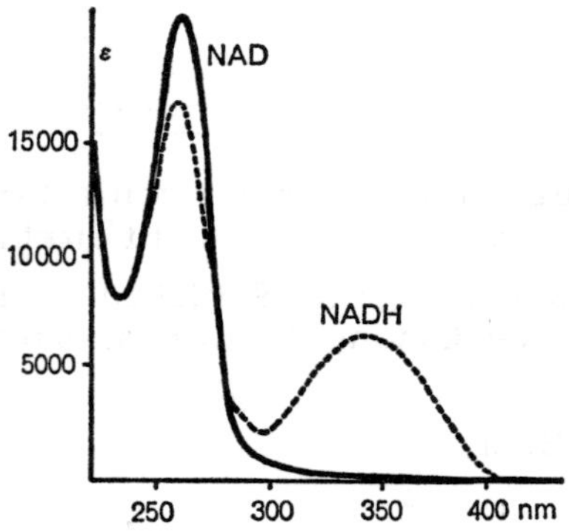

Abb. 100. Absorptionsspektren von oxidiertem und reduziertem Nicotinamid-adenin-dinucleotid NAD und NADH.

Will man einen Stoff photometrisch bestimmen, dann misst man die Extinktion seiner Lösung wenn immer möglich mit monochromatischem Licht, und zwar bei einem **Absorptionsmaximum** oder in dessen Nähe (bei NADH z.B. bei 340 nm; vgl. Abb.100). Die Farbe des Messlichtes ist dann in der Regel komplementär zur Farbe der zu messenden Lösung (rot/grün; orange/blau; gelb/violett).

d) Photometertypen

Für die Absorptionsphotometrie werden zwei grundsätzlich verschiedene Apparatetypen verwendet: a) Filterphotometer; b) Spektralphotometer.

Bei den **Filterphotometern** wird das zur Messung verwendete Licht **mittels farbiger Filter** entweder aus **weissem Glühlampenlicht** oder aus dem «kalten Licht» einer **Gasentladungslampe** isoliert. Hat die Lichtquelle ein kontinuierliches Spektrum (z.B. Wolframlampe), dann erhält man mit Filtern nur annähernd monochromatisches Licht, denn auch das beste Filter lässt nicht nur Licht einer einzigen Wellenlänge passieren. Emittiert die Lichtquelle ein Linienspektrum (z.B. Quecksilberdampflampe), dann lassen sich leicht einzelne Linien herausfiltrieren. Die

Zahl der verfügbaren Wellenlängen ist aber eng beschränkt (bei Hg-Dampf 334, 366, 405, 436, 492, 546, 578 nm).

In den **Spektralphotometern** wird das Licht einer **weissen Lichtquelle** mittels Prisma oder Interferenzgitter **in sein Spektrum zerlegt.** Aus dem «Regenbogen» wird die gewünschte Wellenlänge mit einer Spaltblende isoliert. Die Monochromasie ist beim Spektralphotometer weitgehend verwirklicht und es steht jede beliebige Wellenlänge zur Verfügung. Nachteil gegenüber den Filtergeräten ist der höhere Preis.
Moderne Photometer geben die Messergebnisse direkt in Extinktion an (logarithmische Skala oder Digitalanzeige).

e) Praktische Ausführung photometrischer Analysen
Die Photometrie erfreut sich – vor allem in der Naturstoffanalyse (Biochemie, klinische Chemie) – grosser Beliebtheit. Sie gestattet es sehr oft, in einem komplizierten Gemisch (z. B. Serum) eine Komponente ohne vorherige Isolierung rasch und selektiv zu bestimmen.
Ist man sicher, dass bei einer bestimmten Wellenlänge nur eine Gemischkomponente Licht absorbiert (z. B. Bilirubin bei 463 nm oder Proteine bei 280 nm), kann diese direkt photometriert werden. Man kann dann mit dem molaren Extinktionskoeffizienten operieren wie im Beispiel auf Seite 339. In den weitaus meisten Fällen muss der zu bestimmende Stoff – und nur er – durch ein spezifisches Reagens erst in einen Farbstoff übergeführt werden. Immer dann, wenn der Photometrie eine chemische Reaktion vorausgeht, muss eine Standardlösung bekannter Konzentration und eine Leerprobe (in der Regel Wasser) genau gleich behandelt werden wie das Analysenmaterial. Von allen drei Proben wird die Extinktion bestimmt. Die Konzentration des Analysengutes wird dann:

$$K_A = \frac{E_A - E_L}{E_S - E_L} \cdot K_S$$

K_A bzw. K_S = Konzentration von Analysenlösung bzw. Standard
E_A, E_S, E_L = Extinktion von Analysengut, Standard und Leerprobe

Mit E_L wird die Färbung, welche durch die Reagenzien allein verursacht wird, abgezogen. Enthält das Analysengut Fremdsubstanzen, die als solche bei der Messwellenlänge merklich absorbieren und sich bei der Farbreaktion nicht verändern, muss vom Zähler im Bruch der obigen Formel die entsprechende Eigenextinktion abgezogen werden. Man erhält diese durch Messen eines Testansatzes mit blossem Lösungsmittel anstelle des Farbreagens.

Die allermeisten Farbstoffe sind wenig lichtecht. Man merke sich: **Farbige Lösungen nie direktem Sonnenlicht aussetzen!** Trübe Lösungen müssen vor der Messung durch Zentrifugieren oder Filtrieren geklärt werden. Durch Streuung an den suspendierten Partikeln geht Licht verloren, und es wird eine zu hohe Extinktion vorgetäuscht (s. Abschnitt «Nephelometrie»).
Bei allen photometrischen Messungen muss kontrolliert werden, wie weit das Lambert-Beersche Gesetz gilt (Aufstellen einer Eichkurve mit einer Verdünnungsreihe). Bei hohen Konzentrationen, ausserhalb des linearen Bereichs der Eichkurve, muss das Analysengut vor der Farbreaktion sinngemäss verdünnt werden.

3. Nephelometrie

An **kolloidalen und suspendierten Partikeln** wird ein Lichtstrahl mehr oder weniger **gestreut.** Das Medium erscheint trüb. Zur Photometrie von Trübungen kann entweder das nicht gestreute Restlicht gemessen werden (wie bei der Absorptionsphotometrie) oder das gestreute Sekundärlicht, das die Messküvette rechtwinklig zum Einfallstrahl verlässt (wie bei der Fluorimetrie). Das Messergebnis wird in jedem Fall mit dem einer Standardsuspension verglichen. Die Lichtstreuung in einem trüben Medium ist von der **Teilchengrösse** und von der **Wellenlänge abhängig.** Je grösser die Partikel und je kleiner die Wellenlänge, desto stärker die Streuung. Weil die Partikelgrösse von Suspensionen nicht leicht zu reproduzieren ist, sind nephelometrische Bestimmungen von Substanzmengen meist nicht sehr genau.

4. Fluorimetrie

Gewisse Stoffe haben die Fähigkeit, kurzwelliges in langwelliges Licht umzuwandeln. Die Erscheinung wird als **Fluoreszenz** bezeichnet. Sie verdankt ihren Namen dem Mineral Fluorit (CaF_2), welches dank spurenweiser Verunreinigung mit Europium blau fluoresziert. Fluoreszierende Verbindungen sind relativ selten. Deshalb ist man bestrebt, wo immer sie auftreten oder leicht herzustellen sind, ihre besondere Eigenschaft analytisch auszunützen. Bei gleichbleibender Bestrahlung ist nämlich die Intensität des emittierten Sekundärlichtes um so grösser, je konzentrierter die fluoreszierende Lösung ist.
Die Nachweisgrenze für gewisse fluoreszierende Stoffe liegt wesentlich tiefer als für den am stärksten gefärbten Farbstoff (für Fluorescein bei 0,1 μg/l). Im klinischen Labor werden die Porphyrine, die Catecholamine und andere Wirkstoffe fluorimetrisch bestimmt.

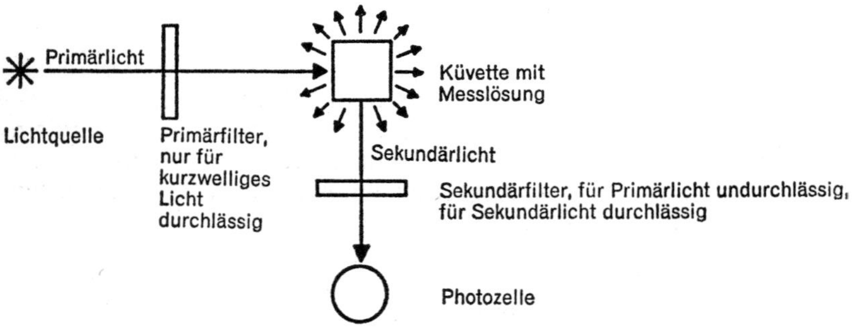

Abb. 101. Fluoreszenzmessung.

Die Analysenlösung wird in einer Küvette mit **kurzwelligem Licht** (violett oder ultraviolett), dem **Primärlicht,** angestrahlt. Fluoreszierende Moleküle absorbieren dieses Licht und strahlen die aufgenommene Energie als Licht von grösserer Wellenlänge (blau, grün, gelb oder rot) nach allen Richtungen wieder ab. Die Intensität dieses **Sekundärlichts** wird im Photometer gemessen. Ein Sekundärfilter, das für das kurzwellige Primärlicht undurchlässig ist, schliesst allfällig gestreutes oder reflektiertes Erregerlicht von der Photozelle aus. Besonders leistungsfähige Fluorimeter haben statt Primär- und Sekundärfilter Prismen oder Gitter, die es gestatten, das günstigste Erregerlicht bzw. das mit maximaler Intensität emittierte Sekundärlicht zur Messung auszunützen (Doppelmonochromator).

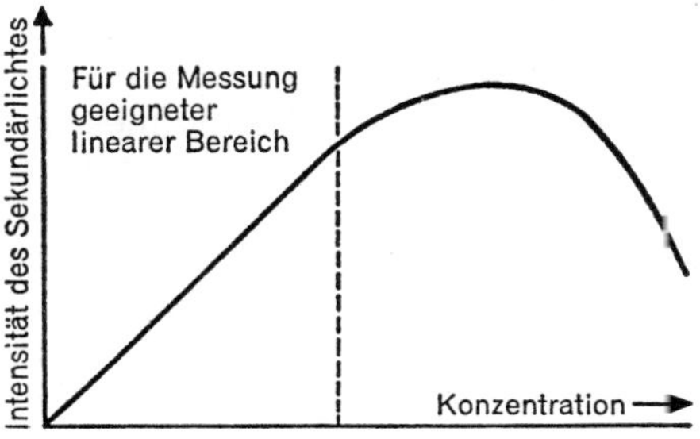

Abb. 102. Konzentrationsabhängigkeit der Fluoreszenz.

Die Abhängigkeit der Lichtintensität von der Konzentration des fluoreszierenden Stoffes wird anhand einer Standard-Verdünnungsreihe ermittelt. Für stark verdünnte Lösungen ist die **Intensität der Sekundärstrahlung der Konzentration direkt proportional** (bei den Porphyrinen z. B. bis etwa 1 mg/l). Bei höheren Konzentrationen nimmt die Fluoreszenzausbeute ab. Die Sekundärstrahlung kann in stark konzentrierten Lösungen fast ganz verschwinden. Man spricht von **Konzentrationslöschung** oder «Quenching».
Die Fluoreszenzmessung kann auch zur Titrimetrie herangezogen werden, und zwar, wenn beim Titrationsendpunkt ein fluoreszierender Stoff verschwindet oder auftritt (vgl. S. 325).

5. Flammenphotometrie

Werden Metallatome hoch erhitzt, springen die Elektronen in ihrer äussersten Schale unter Aufnahme von Wärmeenergie auf ein höheres Niveau. Beim Zurückfallen der angeregten Elektronen auf ihre «Ruhebahnen» wird die absorbierte Energie als Lichtquant wieder abgegeben. Dies äussert sich als **Emission eines für jedes Element charakteristischen Linienspektrums.** Die Intensität einer bestimmten Spektrallinie ist ein Mass für die Konzentration des strahlenden Metalls in der Flamme. Diese Tatsache wird zur Bestimmung von Alkali- und Erdalkalimetallen, die sich besonders leicht anregen lassen, ausgenützt.
Die Analysenlösung wird in konstantem Fluss durch eine Düse in eine heisse Flamme (z. B. Acetylen/Luft) gesprüht. Das Wasser und auch die darin gelösten Stoffe verdampfen dabei augenblicklich. Die Metallatome werden zum Strahlen angeregt (durch die reduzierende Wirkung des brennenden Gases werden die Metallionen der Lösung zum Teil in Atome übergeführt; nur diese sind anregbar). Das von der Flamme emittierte Licht wird durch ein Prisma oder Gitter **spektral zerlegt.** Eine für das untersuchte Metall **charakteristische Spektrallinie** wird

mit einer Spaltblende **isoliert** und photoelektrisch gemessen wie bei anderen Photometern. Die Abhängigkeit des Galvanometerausschlages von der Metallionenkonzentration in der versprühten Lösung wird mit Standardlösungen ermittelt. Für eine Verdünnungsreihe bekannter Salzlösungen wird das Messergebnis als Funktion der Konzentration aufgezeichnet. Die Konzentration der Analysenproben wird auf der so erhaltenen **Eichkurve** abgelesen. Die Photometeranzeige ist meist nicht streng proportional der Konzentration. Die Eichkurve ist mehr oder weniger gegen die Konzentrationsachse gekrümmt. Die Lichtausbeute ist bei höherer Konzentration relativ schlechter als bei niedriger. Je stärker die Flamme leuchtet, desto mehr Licht geht in der Flamme selbst durch Eigenabsorption verloren (vgl. Abschnitt 6). Die Flammenphotometrie gestattet keine Absolutmessungen. Es gibt keine Emissionskoeffizienten analog den Extinktionskoeffizienten. Einer gemessenen Lichtintensität kann nicht eine bestimmte Ionenkonzentration zugeordnet werden. Die Lichtausbeute ist von vielen Faktoren abhängig, wie Flammenform und -temperatur, Gaszusammensetzung, Zustand der Düse, Qualität von Spiegeln, Prismen und Photozellen. Bei jeder Mess-Serie muss die Eichkurve neu reproduziert werden, will man nicht Fehlbestimmungen zufolge veränderter Messbedingungen riskieren.

6. Atomabsorption

Ein Metallatom im Dampfzustand kann nicht nur thermische Energie aufnehmen und als Lichtquanten wieder abgeben, sondern auch eingestrahltes Licht absorbieren und in Wärme verwandeln. **Emittiertes und absorbiertes Licht haben dieselbe Wellenlänge** (im Gegensatz zur Fluoreszenz). Die selektive Lichtabsorption (Atomabsorption) durch Metalldämpfe kann wie die selektive Emission analytisch ausgenützt werden. Das Analysenmaterial wird in konstantem Fluss in einer breiten Flamme versprüht. Von einer Lampe wird ein Lichtstrahl durch die Flamme hindurch auf eine Photozelle projiziert. In der Lampe wird das gleiche Metall, das im Analysengut bestimmt werden soll, elektrisch zum Strahlen angeregt. Je mehr von diesem Metall die Flamme mitführt, desto stärker wird der Lichtstrahl durch Absorption geschwächt. Anhand einer Eichkurve kann wie bei der Emissionsmessung die Metallkonzentration aus der gemessenen Lichtintensität berechnet werden. Mit Hilfe der Atomabsorption können zahlreiche Metalle, die sich für die Emission schlecht oder gar nicht eignen, wie Mg, Cu, Fe, Zn, Pb und andere mit guter Empfindlichkeit bestimmt werden. Jedes Metall erfordert eine eigene Lampe.

D. Potentiometrie, Bestimmung von Ionenkonzentrationen mit Hilfe von Spannungsmessungen

1. Abhängigkeit des Elektrodenpotentials von der Elektrolytkonzentration

Auf Seite 106 wurde dargelegt, wie aus einem Metall, das in die Lösung seiner eigenen Ionen taucht, eine Elektrode mit bestimmtem Potential entsteht. Die Spannung, die man zwischen der Normal-Wasserstoffelektrode (vgl. S. 106) und einer Metallelektrode mit 1 molarer Ionenlösung misst, wurde als Normalpotential des betreffenden Metalls definiert. Ändert man die Konzentration des Metallions, so ändert sich diese Spannung nach folgendem Gesetz:

$U = U_0 + c \cdot \log K$

U = gemessene Spannung zwischen Metallelektrode und Normal-Wasserstoffelektrode

U_0 = Normalpotential des Metalls

K = molare Konzentration des Metallions

c = eine Konstante $\left(= \frac{0{,}059}{\text{Wertigkeit des Ions}}\right)$

Auf eine Ableitung der Formel kann hier nicht eingegangen werden.

Aus dem bekannten U_0 und der gemessenen Spannung U lässt sich die Konzentration K berechnen. Beispiel:
Das gemessene Potential einer Silberelektrode sei 0,33 V; das Normalpotential von Ag/Ag^+ ist 0,81 V. Wie gross ist die Ag^+-Konzentration?

$$0{,}33 = 0{,}81 + 0{,}059 \cdot \log x \qquad \log x = \frac{0{,}33-0{,}81}{0{,}059} = -8{,}14 \qquad \mathbf{x = 7{,}24 \cdot 10^{-9}\ M}$$

Durch Messung von Elektrodenpotentialen können unwägbar kleine Ionenkonzentrationen ermittelt werden. Man spricht von der «elektrochemischen Waage». Die Löslichkeitsprodukte von schwerlöslichen Elektrolyten werden z. B. auf diese Weise bestimmt (vgl. S. 128).

2. Konzentrationspotentiale

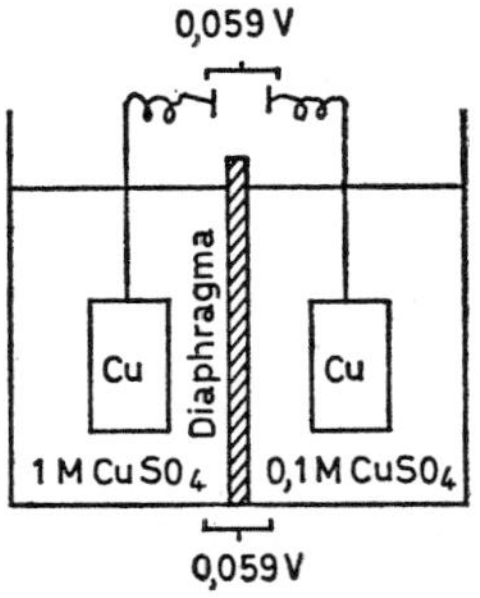

Abb. 103. Konzentrationspotential zwischen zwei Cu-Elektroden.

Die linke Elektrode in Abbildung 103 hat das Cu-Normalpotential U_0. Das Potential U der rechten Elektrode ist um 0,059 V kleiner.
$U = U_0 + 0{,}059 \cdot \log 0{,}1$
$= U_0 + 0{,}059 \cdot (-1) = U_0 - 0{,}059$.
Die entgegengesetzt gleiche Spannung, wie sie zwischen den beiden Kupferplatten gemessen wird, besteht auch am Diaphragma (poröse Wand) zwischen den beiden Lösungen. Das zwischen zwei Lösungen gleicher Ionen verschiedener Konzentration herrschende Potential wird als **Konzentrationspotential** bezeichnet.

3. Die Kalomelelektrode

Als Vergleichselektrode für Potentialmessungen kann im Prinzip nicht nur die Normal-Wasserstoffelektrode verwendet werden, sondern auch jede Metallelektrode mit konstantem und genau bekanntem Eigenpotential. Besonders leicht herzustellen und zu handhaben ist die Kalomelelektrode (Abb. 104). Das Kalomel Hg_2Cl_2 ist schwerlöslich. Durch die gesättigte KCl-Lösung entsteht eine definierte Cl^--Ionenkonzentration, die auch beim Eindunsten erhalten bleibt (konstante Temperatur vorausgesetzt). Konstante Cl^--Konzentration bedeutet auch konstante Hg^+-Konzentration (vgl. S. 128) und damit auch konstantes Potential Hg/Hg^+. Das Potential der Kalomelelektrode gegen die Normal-Wasserstoffelektrode ist +0,249 V. Die Konzentration der Hg^+-Ionen ist $4{,}47 \cdot 10^{-11}$ M. Verwendet man die Kalomelelektrode anstelle der H-Normalelektrode, muss zu den gemessenen Spannungen 0,249 V addiert werden.

4. Elektrische pH-Messung

Eine Wasserstoffelektrode kann zur Messung von H^+-Ionenkonzentrationen, also zur pH-Bestimmung gebraucht werden.

$U = U_0 + 0{,}059 \cdot \log(H^+)$

U_0 der H-Normalelektrode ist definitionsgemäss gleich null. Nach Definition ist ferner $-\log(H^+) = pH$. Schaltet man eine Normal-Wasserstoffelektrode gegen eine H-Elektrode mit unbekannter H^+-Ionenkonzentration, so gilt:

$U = -0{,}059 \cdot pH$ oder $\mathbf{pH = -\dfrac{U}{0{,}059}}$

Die Spannung ändert sich linear mit dem pH der Messlösung. Das Konzentrationspotential zweier H-Elektroden mit einer pH-Einheit Unterschied ist 59 mV.
Viel bequemer als die unhandlichen H-Elektroden ist die Kombination einer **Glaselektrode** mit einer Kalomelelektrode als Referenz (Abb. 104).

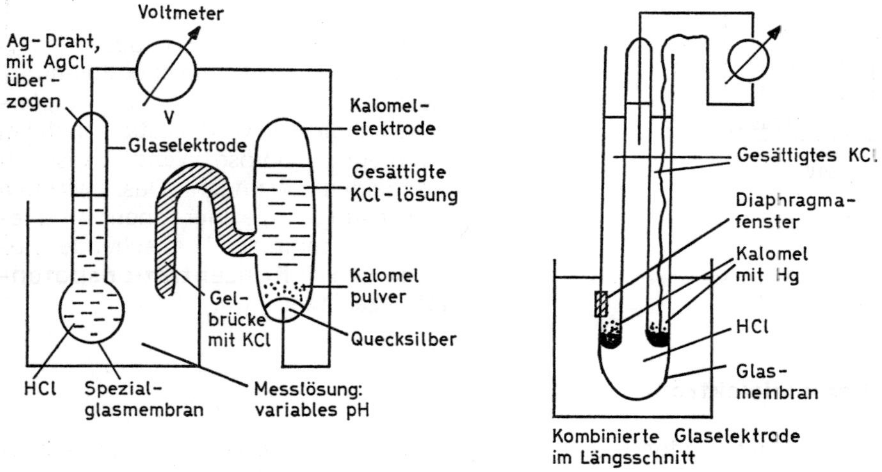

Abb. 104. pH-Messung mit Glaselektrode.

Die Kugelmembran aus **speziellem Glas wirkt für H^+-Ionen wie ein durchlässiges Diaphragma,** ohne für Wasser passierbar zu sein. Je nach der (H^+)-Konzentration in der Messflüssigkeit wird das Konzentrationspotential an der Membran verschieden hoch (Änderung um 59 mV bei Änderung um eine pH-Einheit). Die Glaselektrode bildet mit der Messlösung, einer **Kalomelelektrode** und dem Voltmeter einen Stromkreis. Die Kalomelelektrode ist über eine mit KCl-Lösung getränkte Gelbrücke mit der Messlösung verbunden. Weil das Potential beider Metallelektroden konstant bleibt, ist die Gesamtspannung im Messinstrument nur **vom Konzentrationspotential an der Membran,** also **vom pH der Messlösung abhängig.** Sie ändert sich linear mit dem pH. Das Instrument wird mit Puffern von bekanntem pH geeicht.
Es sind auch Spezialgläser für die Bestimmung anderer Kationen entwickelt worden (Na^+, K^+, NH_4^+).

Antworten zu den Kontrollfragen

I. (zu S. 16)

1. Siehe Seite 3 und 8.
2. Zwei Elemente lassen sich in jedem beliebigen Verhältnis mischen, sie verbinden sich aber nur in einer oder wenigen bestimmten Proportionen miteinander. Im Gemisch sind die spezifischen Eigenschaften der Komponenten noch zu erkennen, in der Verbindung sind sie verschwunden. Das Gemisch lässt sich physikalisch zerlegen, die Verbindung nicht.
3. Siehe Seite 2 f.
4. Wasserstoff und Sauerstoff.
5. Moleküle von Elementen bestehen aus gleichartigen, diejenigen von Verbindungen aus verschiedenartigen Atomen.
6. Filtration und Zentrifugation, eventuell Nachwaschen des Feststoffes mit Wasser.
7. Siehe Seite 3.
8. Siehe Tabelle III, Seite 12.
9. Siehe Seite 13.
10. Durch Vakuumdestillation. Durch Druckerniedrigung mit der Wasserstrahlpumpe kann der Siedepunkt von 160 auf etwa 60°C gesenkt werden.
11. Siehe Seite 13.
12. Zentrifugalbeschleunigung, Partikelgrösse, Viskosität der Flüssigkeit, Dichteunterschied Partikel/Flüssigkeit.
13. Spaltung von chemischen Bindungen durch Erwärmen. Aus einem Stoff entstehen zwei oder mehr neue Stoffe. Im Gegensatz zur Thermolyse werden bei der Destillation keine Bindungen gelöst, sondern nur verschiedenartige Moleküle separiert.
14. 67,5 g Wasser+2,5 g Wasserstoff.
15. 840 kg.
16. Bei chemischen Prozessen werden die kleinsten Stoffeinheiten, die Moleküle, verändert – bei physikalischen nicht. Bei physikalischen Prozessen bleiben die spezifischen Stoffeigenschaften erhalten – bei chemischen nicht.
17. Durch Evakuieren des Raumes über der Flüssigkeit oder durch Erhitzen.
18. Siehe Seite 11.
19. Extraktion mit organischem Lösungsmittel, das sich mit Wasser nicht mischt (Äther, Chloroform u.a.); Destillation.
20. Siehe Tabelle II, Seite 12.
21. Durch Anwendung von Vakuum oder Druck, eventuell Verwendung gröberer Filter oder Erwärmen der Suspension (heisse Flüssigkeiten sind dünnflüssiger als kalte).
22. Alkohol: C:H:O = 12:3:8.
23. Filtration und Nachwaschen des Filterrückstandes mit destilliertem Wasser, bis sich im Filtrat kein Kochsalz mehr nachweisen lässt – oder Zentrifugation, Absaugen des Überstandes und mehrmaliges Waschen des Sedimentes durch Aufrühren und Zentrifugieren in destilliertem Wasser.
24. Atome sind die kleinsten Teilchen, in die ein Stoff mit chemischen Mitteln zerlegt werden kann. Moleküle bestehen immer aus zwei bis vielen miteinander verbundenen Atomen. Sie können im Gegensatz zu den Atomen auf chemischem Weg verändert werden.

II. (zu S. 30)

1. Das Hämoglobin der roten Blutkörperchen.
2. Siehe Seite 19.
3. $BaO+H_2O \rightarrow Ba(OH)_2$.
4. $C_7H_{13}Cl_2NO$.
5. Siehe Seite 17.
6. Eine Oxidation unter Feuererscheinung.
7. Cr_2O_3, CrO_3; Cu_2O, CuO; CO, CO_2.
8. Edelgase sind chemisch inert; die leichten (He, Ne, Ar) reagieren nicht mit anderen Elementen, die schweren nur mit Fluor und Sauerstoff.
9. Wasser: H_2O; H–O–H. Wasserstoff: H_2; H–H.

Ammoniak: NH_3; 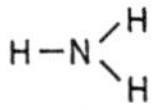 Methan: CH_4; 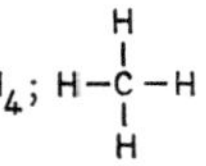

10. 9 H-Atome.
11. $C_6H_{12}O_6+6O_2 \rightarrow 6CO_2+6H_2O$.
12. Destillation von flüssiger Luft und Wasserelektrolyse.
13. CO_2 und H_2O.
14. Siehe Abbildung 15, S. 20.
15. Temperaturerhöhung; Katalysatorzusatz; bei Festkörpern Vergrösserung der Oberfläche; bei Lösungen Erhöhung der Konzentrationen der Reaktionspartner.
16. Die meisten Nichtmetalloxide bilden mit Wasser Säuren, die meisten Leichtmetalloxide Basen (Laugen).
17. $(NH_2)_2CO+2HNO_2 \rightarrow 2N_2+3H_2O+CO_2$.
18. NH_3: III; NO_2: IV; N_2O_5: V; N_2O_3: III.
19. Das Kraftfeld eines Atoms, das ein H-Atom oder ein anderes einwertiges Atom binden kann.
20. $4FeS_2+11O_2 \rightarrow 8SO_2+2Fe_2O_3$.
21. Cu: I, II; Ca: II; K: I; P: III, V; S: II, IV, VI; Mg: II.

22. Bleidioxid oder Blei(IV)-oxid; Dieisentrioxid oder Eisen(III)-oxid; Dikupferoxid oder Kupfer(I)-oxid.
23. $2FeCl_2+Cl_2 \rightarrow 2FeCl_3$.
24.
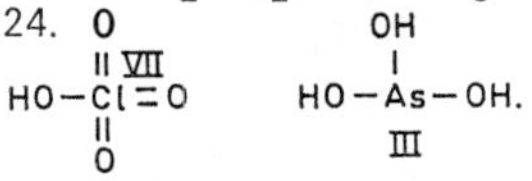

III. (zu S. 46)

1. H_2SO_4: 98,1; $Ba(OH)_2$: 171,3.
2. Gleich viel Elektronen auf der äussersten Schale.
3. a) $Ba+2H_2O \rightarrow Ba(OH)_2+H_2$; b) $2Al+3H_2O \rightarrow Al_2O_3+3H_2$; c) keine Reaktion.
4. Nichtmetalle in einem Dreieck in der rechten oberen Ecke (Ausnahme H: links oben); Halbmetalle an der Hypotenuse des Nichtmetalldreiecks (Grenze zu den Metallen).
5. $6{,}023 \cdot 10^{23}$=Zahl der C-Atome in 12 g des ^{12}C-Isotops=Zahl der Moleküle in 1 Mol.
6. Siehe Seite 33.
7. ^{35}Cl.
8. Leitungswasser enthält wechselnde Mengen Calciumsalze. Rückstände von eingetrockneten Wassertropfen verfälschen eine Ca-Bestimmung.
9. Beim stabilen Isotop stehen Neutronen- und Protonenzahl in optimalem Verhältnis zueinander, der Kern ist im Gleichgewicht. Beim instabilen Isotop ist das Verhältnis ungünstig (zu viel oder zu wenig Neutronen). Unter Ausstossung von Partikeln (radioaktive Strahlung) wandeln sich instabile Isotope in stabile Isotope anderer Elemente um.
10. Siehe Seite 44.
11. Be, Mg, Ca, Sr, Ba, Ra; 2 Elektronen auf der äussersten Schale; Wertigkeit II.
12. Na reagiert mit H_2O (Bildung von NaOH und H_2).
13. a) 2,3 kg; b) 0,00009 kg (90 mg).
14. α-Strahlen=Heliumkerne (2 Neutronen+2 Protonen), β-Strahlen=Elektronen, γ-Strahlen=kurzwellige (harte) Röntgenstrahlen.
15. Aufkochen und abkühlen unter Luftabschluss.
16. Wasserstoff oder Protium (1 Proton); Deuterium (1 Proton+1 Neutron); Tritium (1 Proton+2 Neutronen).
17. 11,2 l.
18. Siehe Buchdeckel.
19. Die zweitinnerste Elektronenschale mit maximal 8 Elektronen (auch Neonschale genannt).
20. 100 pg Erythrozyt $\rightarrow$ 0,1 pg Fe=$0{,}1 \cdot 10^{-12}$ g $\rightarrow \frac{0{,}1 \cdot 10^{-12}}{56}$ Mol Fe $\rightarrow \frac{0{,}1 \cdot 10^{-12}}{56} \cdot 6 \cdot 10^{23}$ Atome $\approx 10^9$ (1 Milliarde) Fe-Atome.
21. 183 Tage $\approx$ 23 Halbwertszeiten. Von 1 mg sind nach dieser Zeit noch $\approx \frac{1}{2^{23}}$ mg übrig. $\frac{1}{2^{23}} \approx 10^{-7}$ mg $\approx$ 0,1 ng.

22. Der grösste Teil der Argonkerne besteht aus 18 Protonen und 22 Neutronen (Atomgewicht 40); der grösste Teil der Kaliumkerne hat 19 Protonen und 20 Neutronen (Atomgewicht 39).
23. Protonen, mit der positiven Einheitsladung; Neutronen, ungeladen.
24. Ionenaustauscherwasser enthält wechselnde Mengen von Mikroorganismen und deren oft giftige Stoffwechselprodukte.

IV. (zu S. 67)

1. Zerfall der Moleküle von Säuren, Basen und Salzen in Ionen (elektrisch geladene Molekülbruchstücke).
2. Dreiwertig.
3. Säure langsam zum Wasser zusetzen (nicht umgekehrt!).
4. Lösung abkühlen; Lösung eindampfen; anderes, mit Wasser mischbares Lösungsmittel zusetzen.
5. Weil AgCl ausfallen und einen allfälligen AgBr-Niederschlag überdecken würde.
6. Natriumnitrit, Kaliumdihydrogenphosphat, Eisen(III)-sulfat, Calciumjodat, Magnesiumammoniumphosphat, Kaliumperchlorat.
7. 1 nVal (=1 nMol) HCN $\rightarrow 6 \cdot 10^{23} \cdot 10^{-9} = 6 \cdot 10^{14}$ Moleküle $\rightarrow 6 \cdot 10^{14} \cdot 0{,}0001 = 6 \cdot 10^{10}$ H^+-Ionen.
8. 0,1 Mol=12,0 g $NaHSO_4$ (Natriumhydrogensulfat).
9. Siehe Tabelle VIII, Seite 51.
10. $3Ca(OH)_2+2H_3PO_4 \rightarrow Ca_3(PO_4)_2+6H_2O$; $2NH_4OH+H_2CO_3 \rightarrow (NH_4)_2CO_3+2H_2O$.
11. Auflösen des Zinks in Salzsäure, dann Ausfällen von Zinkhydroxid mit Natronlauge. $Zn+2HCl \rightarrow ZnCl_2+H_2$; $ZnCl_2+2NaOH \rightarrow Zn(OH)_2+2NaCl$.
12. Kochsalzlösung wird konzentrierter wegen Wasserverdunstung; Ammoniak wird verdünnter wegen Verdunsten von NH_3.
13. Wenn einer der potentiellen neuen Stoffe ausfällt oder verdampft.
14. 10 mVal NaOH $\rightarrow$ 400 mg.
15. $2NH_3+H_2SO_4 \rightarrow (NH_4)_2SO_4$.
16. $Ca(OH)_2 \rightarrow Ca^{2+}+2OH^-$; $Fe_2(SO_4)_3 \rightarrow 2Fe^{3+}+3SO_4^{2-}$; $KH_2PO_4 \rightarrow K^++H_2PO_4^-$; $H_2SO_3 \rightarrow H^++HSO_3^-$ ($H_2PO_4^-$ und HSO_3^- zerfallen geringfügig weiter unter Abspaltung eines H^+-Ions).
17. H_2SO_4: Schwefeltrioxid; NaOH: Natriumoxid; HCl: kein Anhydrid; NH_4OH: Ammoniak.
18. Verschluckte Säure: Natriumhydrogencarbonatlösung oder Milch trinken; Lauge im Auge: mit sehr viel Wasser auswaschen, unverzüglich Arzt aufsuchen.
19. Marmor+Salzsäure: $CaCO_3+2HCl \rightarrow CaCl_2+H_2O+CO_2$; Schwefeleisen+Salzsäure: $FeS+2HCl \rightarrow FeCl_2+H_2S$.
20. Chlorat hat mehr O als Chlorit; Namen O-freier Salze enden auf -id.

21. Zusatz von HCl: $SO_3^{2-}+2H^+ \rightarrow H_2O+SO_2\uparrow$ (Geruch); Zusatz von $BaCl_2+HNO_3$: $SO_4^{2-}+Ba^{2+} \rightarrow \underline{BaSO_4}\downarrow$.
22. Siehe Seite 53.
23. Mg-, Al-, Fe-, Cu-, Zn- und alle anderen Schwermetallionen: SO_4^{2-}, CO_3^{2-}, PO_4^{3-}.
24. Ein Carbonatpulver darüberstreuen ($2H^++CO_3^{2-} \rightarrow H_2O+CO_2\uparrow$).

V. (zu S. 86)

1. Die zwischen einem positiv polarisierten Wasserstoffatom eines Moleküls und einem negativ polarisierten Atom eines andern Moleküls (z.B. Sauerstoff) wirkende Anziehung.
2. Eine Verbindung mit einer (oder mehreren) —O—O-Gruppen.
3.
:S· :Br· Ca He :C::O: H:C:::N:
4. 0,4 Mol HJO_3 auf 2 Mol HJ.
5. Keine.
6. Zirka 125 mg.
7. Jede Reaktion, bei der Elektronen, O-Atome oder H-Atome von einer Teilchenart auf eine andere übertragen werden.
8. Elektrolyse von Wasser, Kochsalz, usw., Thermolyse von Oxiden, Photolyse von Wasser (grüne Pflanze), Bildung von Jodwasserstoff aus den Elementen.
9. Siehe Seite 68 f.
10. $2CrO_3+6HCl+6HJ \rightarrow 2CrCl_3+3J_2+6H_2O$.
11. J_2, O_2, $HClO_4$, F_2.
12. Die Anziehung des gemeinsamen Elektronenpaars durch Cl ist viel stärker als durch H. Dadurch entsteht eine ungleiche Ladungsverteilung auf den beiden Atomen; das Cl wird negativ, das H positiv polarisiert.
13. Siehe Seite 85.
14. Bei einem Redoxvorgang gebildeter elementarer Wasserstoff, der vor der Bildung von H_2-Molekülen kurzfristig atomar und deshalb speziell reaktionsfähig auftritt.
15. 2 Cl-Atome übernehmen je ein Elektron von einem Mg-Atom. Die Cl-Atome werden zu Cl^--Ionen, das Mg-Atom zum Mg^{2+}-Ion.
16. $2Fe^{2+}+Cl_2 \rightarrow 2Fe^{3+}+2Cl^-$.
farblos gelb
17. Durch Zusatz von OH^--Ionen (Lauge).
18. H_2S (H-Spender).
19. Sein Bestreben, Elektronen aufzunehmen; die Stärke seines Elektronensogs (grösser bei Cl als bei J).
20. Siehe Seite 71.
21. 500 °C ist günstiger. N_2 und H_2 stehen mit NH_3 im Gleichgewicht. Durch Temperaturerhöhung wird der endotherme Vorgang, also der Zerfall von NH_3 in die Elemente, begünstigt.
22. H_2O_2 zerfällt sehr rasch in H_2O und O_2 ($2H_2O_2 \rightarrow 2H_2O+O_2$); der Zerfall wird durch Hämoglobin und Katalase katalysiert.
23. H_2 und Cl_2 vereinigen sich praktisch vollständig zu HCl, sofern das Gleichgewicht nicht eingefroren ist (Belichtung oder Zündung).
24. a) Verschiebung nach links (der endotherme Zerfall von CO_2 wird begünstigt); b) Verschiebung nach rechts (kleineres Volumen von $2CO_2$ als von $2CO+O_2$).

VI. (zu S. 103)

1. Eine Säure mit der Konzentration 0,001 Val/l.
2. Zerkleinern der Kristalle, umrühren, erwärmen.
3. 6,054 mM SO_4^{2-}; 12,11 mM NH_4^+.
4. Wegen der Verdünnung der Blutflüssigkeit wird diese gegenüber den Erythrozyten hypotonisch; die Zellen nehmen Wasser auf und platzen (Hämolyse).
5. Siehe Seite 95.
6. 9,124 mM.
7. Beim Mischen zweier Flüssigkeiten mit ungleich grossen Molekülen findet Volumenkontraktion statt. 50 ml Alkohol werden im Messkolben mit Wasser auf 100 ml aufgefüllt.
8. 0,2640 M; 1,056% GV.
9. Siehe Seite 102.
10. 17,33 ml.
11. 0,240 M.
12. 290 mMol $\rightarrow 1,75 \cdot 10^{23}$ Einzelteilchen.
13. 10,6 mg Na_2CO_3; 28,6 mg $Na_2CO_3 \cdot 10H_2O$.
14. Abkühlen der Lösung; Eindampfen der Lösung; Zusatz eines zweiten Lösungsmittels, das mit dem ersten mischbar ist und den zu kristallisierenden Stoff schlechter löst als das erste.
15. 44,44 ml.
16. Siehe Seite 103.
17. 35100 μg.
18. Molekulargewicht 62.
19. Siehe Seite 100.
20. 11,48 g/l.
21. 5,6 mVal.
22. 160 μl.
23. 3,825 g.
24. In einem tarierten Wägegläschen mit dicht schliessendem Deckel werden zirka 15 mg Substanz eingewogen. Das Wägeglas wird mit offenem Deckel in einen Exsikkator mit P_2O_5 gesetzt und einige Stunden unter Vakuum gehalten. Nach Öffnen des Exsikkators wird das Wägeglas sofort geschlossen und nochmals gewogen. Das genaue Nettogewicht sei a mg. Die Substanz wird in $\frac{a}{15} \cdot 50000 - a$ mg Lösungsmittel aufgelöst.

VII. (zu S. 130)

1. Durch Schmelzelektrolyse eines Kaliumsalzes.
2. H_2O zerfällt geringfügig in H^+- und OH^--Ionen

3. 3 μMol.
4. Siehe Abbildung 51, Seite 113.
5. Die Lösung mit pH 4 braucht mehr Säure (Erklärung S. 117).
6. Die Elektronen fliessen vom Eisen zum Silber, der Strom (scheinbare Fliessrichtung der positiven Ladung) fliesst vom Ag zum Fe.
7. Wegen aufgenommenem CO_2 ist destilliertes Wasser leicht sauer.
8. Zwischen 4,4 und 8,3 (siehe Tabelle XVIII, S. 20).
9. Das Normalpotential von Zn ist negativ, dasjenige von Ag positiv; Zink reduziert H^+-Ionen zu H-Atomen, Silber ist dazu nicht imstande.
10. Starke Säure: hohe Dissoziationskonstante, Molekül weitgehend ionisiert (Stärke=spezifische Eigenschaft); konzentrierte Säure: hoher Säuregehalt einer Lösung (Konzentration=zufällige Eigenschaft).
11. $2 \cdot 10^{-11}$.
12. 10^{-10} Mol OH^-/l.
13. Neutral; sauer, sauer; neutral; alkalisch alkalisch.
14. 0,0001.
15. Anion rot, Molekül farblos.
16. Die PO_4^{3-}-Ionen fangen H^+-Ionen ein und gehen in HPO_4^{2-} und dann in $H_2PO_4^-$ über.
17. Zwischen 12 und 13.
18. Die auslaufende Lösung enthält neben Wasser Salzsäure und Alkohol (K^+ und Ca^{2+} sind gegen H^+ ausgetauscht worden).
19. Bei pH 2 braucht es für die gleiche Verschiebung 10^5 mal mehr H^+- oder OH^--Ionen als bei pH 7.
20. Ein Platindraht taucht in eine Lösung, die 1 Mol/l Br_2 und 1 Mol/l Br^- enthält. Der Draht ist über ein Voltmeter mit einer Normal-Wasserstoffelektrode verbunden, diese über eine Elektrolytbrücke mit der Brom/Bromid-Lösung.

21. $\frac{(H^+)\ (Ac^-)}{(HAc)} \approx 10^{-5}$.

a) $(H^+) \approx 10^{-5} \cdot \frac{(HAc)}{(Ac^-)} \approx \frac{10^{-5} \cdot 0{,}1}{0{,}01} \approx 10^{-4}$;

$pH \approx 4$;

b) $\frac{(H^+)\ (Ac^-)}{0{,}1} \approx 10^{-5}$; $(H^+) = (Ac^-)$;

$(H^+)^2 \approx 10^{-5} \cdot 0{,}1$; $(H^+) \approx 10^{-3}$; $pH \approx 3$.

22. $KHSO_4 \rightarrow K^+ + HSO_4^-$. Das HSO_4^--Ion zerfällt zum grössten Teil weiter in H^+ und SO_4^{2-}. $KHCO_3 \rightarrow K^+ + HCO_3^-$. Das HCO_3^--Ion fängt H^+-Ionen aus dem Wasser ein und geht zum Teil in H_2CO_3 über.
23. Siehe Seite 109.
24. Das Papier trägt den Indikator in der sauren Form. Die wenigen OH^--Ionen des Wassers werden von einem kleinen Teil der H^+-Ionen des Indikators neutralisiert. Der grösste Teil des Indikators bleibt in der sauren Form. Die Pufferwirkung des Wassers ist viel zu schwach, sein Eigen-pH wird durch den Indikator verfälscht. Anders bei einer Pufferlösung: Die vom Indikator eingefangenen OH^--Ionen werden vom Puffer laufend nachgeliefert; das Puffer-pH wird vom Indikator praktisch nicht verändert.

VIII. (zu S. 147)

1. 9,384 N.
2. $^1/_6$ Mol KJO_3=35,67 g wird in saurem Milieu mit einem Überschuss an KJ (zirka 2 Mol≈300 g) umgesetzt und die Lösung auf 1 l aufgefüllt.
3. Siehe Seite 137.
4. 0,4078 mVal; 0,1 N Titrierlauge.
5. a) Zusatz eines Oxidationsmittels (z. B. H_2O_2)+Säure+Stärke: KJ-Lösung wird blau, KCl nicht. b) Zusatz von arseniger Säure und Cer(IV)-Salz (gelb): Die KJ-Probe entfärbt sich rasch, KCl sehr langsam. c) Zusatz von $AgNO_3$: KJ gibt hellgelben, KCl weissen, am Licht grau werdenden Niederschlag.
6. Keiner der Reaktionspartner ist im Überschuss.
7. 122,5 ml.
8. a) +VII; b) +III; c) −I und +I.
9. Das Volumen der verbrauchten Titriersäure ist nur etwa 0,05 ml (2 Tropfen). Ohne besondere Mikrotitrieranlage wird das Analysenergebnis sehr ungenau.
10. Die Reaktion läuft in dieser Richtung nicht ab, wohl aber in der Gegenrichtung. Br ist ein stärkerer Elektronensauger als J.
11. Die Lösung ist sauer (0,5 mVal Lauge+zirka 1 mVal Säure).
12. Bezugssubstanz für titrimetrische Analysen; wird genau eingewogen und zur Bestimmung der Normalität von Titrierlösungen verwendet; muss leicht rein herzustellen sein; muss längere Zeit an der Luft beständig sein (nicht hygroskopisch, nicht verwitternd, nicht autoxidabel).
13. Wasserprobe abmessen; mit HNO_3 ansäuern; Diphenylcarbazon-Indikator zusetzen; $Hg(NO_3)_2$ bekannten Titers zutropfen bis zum Umschlag nach violett; Berechnung nach der Formel auf Seite 140.
14. Glas wird von HF angegriffen (Bildung von SiF_4).
15. 173,9.
16. Der Indikator mit pK 9 ist am besten. Bei pH 9 hat er seine Mischfarbe (Umschlag) und die Säure ist hier zu 99,99% neutralisiert. Bei pH 5 (Umschlag des Indikators a ist die Säure nur zur Hälfte, bei pH 7 zu 99% neutralisiert (siehe Abb. 58, S. 134).
17. Siehe Seite 141.
18. Theoretischer Verbrauch 15,86 ml; Reinheit 97,7%.
19. 10,1 g/100 g. HCl-Konzentration in Dampf kleiner als in Lösung; 20,2 g/100 g: HCl-Konzentration in Dampf gleich wie in Lösung; 30,3 g/100 g: HCl-Konzentration in Dampf grösser als in Lösung.
20. 0,19 N.
21. 10,27 g/l.
22. 4,46%.

23. $HCO_3^- + H^+ \rightarrow H_2O + CO_2$. Indikator mit Umschlag in der Gegend von pH 4 (pK_1 von H_2CO_3 ist 6,5; bei pH 4 ist über 99,5% des Hydrogencarbonats in Kohlensäure übergeführt).
24. a) Alkoholische Jodlösung; b) 1 g J_2+2 g KJ ad 300 ml Wasser; c) Additionsverbindung zwischen Jod und Stärke (blau).

IX. (zu S. 154)

1. $\frac{1000 \cdot 48}{111,69} = 430$ g.

2. $\frac{0,25 \cdot 50 \cdot 136,1}{31} = 54,9$ mg.

3. $\frac{150 \cdot 12,01}{44,01} = 40,93\%$.

4. 106,5 mg Cl $\rightarrow$ 3 mMol NaCl $\rightarrow$ 3 mMol Na; 31 mg P $\rightarrow$ 1 mMol Na_3PO_4 $\rightarrow$ 3 mMol Na; 6 mMol Na $\rightarrow$ 138 mg Na/100 ml.
5. 15 ml N_2 $\rightarrow$ 0,67 mMol N_2 $\rightarrow$ 0,335 mMol Harnstoff $\rightarrow$ 20,1 mg Harnstoff.
6. 50 l (aus 4 Mol Gasgemisch entstehen 2 Mol NH_3).
7. 10 ml 2 N CH_3COOH $\rightarrow$ 20 mMol Säure $\rightarrow$ 40 mMol CO_2 $\rightarrow$ 1760 mg CO_2.
8. 10 · 0,75 mMol Zn $\rightarrow$ 15 mMol Lauge $\rightarrow$ 7,5 ml 2 N NaOH.

9. $\frac{38,6 \cdot 788,15 \cdot 100}{31 \cdot 0,5 \cdot 1000} = 196,4$ mg/100 ml.

10. $\frac{0,21 \cdot 32 + 0,78 \cdot 28 + 0,01 \cdot 40}{22,4} = 1,293$ g/l

$\left(\text{bei Normalbedingungen}\right) \rightarrow \frac{1,293 \cdot 710 \cdot 273}{760 \cdot 288} =$
= 1,145 g/l (bei 710 Torr und 15 °C).
11. a) 100 ml $\rightarrow$ 4,464 mMol NH_3 $\rightarrow$ 2,232 mMol $(NH_4)_2CO_3$/300 ml $\rightarrow$ 7,440 mM; b) 50 ml (2,232 mMol).
12. 100 l CO_2 (keine Volumenänderung; 1 Mol CO $\rightarrow$ 1 Mol CO_2).

13. $\frac{65 \cdot 1650 \cdot 28 \cdot 100}{3 \cdot 60 \cdot 16 \cdot 1000} = 104,3$ g Eiweiss.

14. 5 g NaOH $\rightarrow$ 0,125 Mol NaOH $\rightarrow$ 0,125 Mol CO_2 $\rightarrow$ 0,125 · 22,4 l CO_2 $\rightarrow \frac{0,125 \cdot 22,4 \cdot 100}{0,03} =$
= 9333 l = 9,333 m^3 Luft.

15. $\frac{58,71}{72,6} = \frac{154,77 + x \cdot 18}{347,2}$ $x = 7\ H_2O$.

16. $C_3H_7NO_2$ (Alanin); Berechnung siehe Seite 150.
17. 60 g Glucose = 1/3 Mol $\rightarrow$ 2/3 Mol Essigsäure = = 40 g. Lösung: 40 g/l.

18. $\frac{300 \cdot 0,88 \cdot 159,8}{78 \cdot 3,12} = 173,4$ ml.

19. $\frac{13 \cdot 137,3 \cdot 100}{31 \cdot 80} = 72\%$.

20. $\frac{30 \cdot 174,26}{74,55 \cdot 2} = 35,06$ mg K_2SO_4/100 ml.

21. Von beiden Säuren 61,2 ml (1 Mol Zn $\rightarrow$ 2 Val Säure; 20 g Zn $\rightarrow$ 306 mMol).
22. 4 Mol HCl sind nicht in 89,6, sondern in 0,4 l 10 N HCl enthalten; richtiges Ergebnis: 112 l Cl_2.
23. 15 ml NH_3-Gas enthalten allein schon über 9 mg N.

24. $\frac{20 \cdot 10^{-3} \cdot 2 \cdot 10^{-5} \cdot 273 \cdot 6 \cdot 10^{23}}{760 \cdot 293 \cdot 22,4} =$
$= 1,3 \cdot 10^{13}$ Moleküle.

X. (zu S. 183)

1. Temporäre H.: $Ca(HCO_3)_2$; permanente H.: $CaSO_4$; Kesselsteinbildung: $Ca(HCO_3)_2 \rightarrow CaCO_3 + CO_2 + H_2O$.
2. Siehe Abbildung 61, Seite 162.
3. Cr (VI); Mo (VI); Mn (VI, VII).
4. Aufnahme als Aminosäuren (Cystein/Cystin, Methionin); Ausscheidung als Sulfat und Taurin.
5. Im Skelett.
6. Siehe S. 155.
7. In der $K_3[Fe(CN)_6]$-Lösung ist die Konzentration der Fe^{3+}-Ionen so klein, dass selbst in konzentrierter Lauge das Löslichkeitsprodukt von $Fe(OH)_3$ nicht erreicht wird.
8. Hydroxylamin; Cyansäure; phosphorige Säure; Natriumazid; Kaliumrhodanid; Phosphoroxychlorid.
9. Siehe Seite 182.
10. Bildung von rotem Eisen(III)-rhodanid oder Berliner Blau $KFe[Fe(CN)_6]$ oder gefärbten organischen Fe(II)-Komplexen.
11. Siehe Seite 163.
12. Ein Stoff, der sowohl mit Säuren als auch mit Basen Salze bilden kann. Beispiel: $Al(OH)_3$.
13. Ag, Hg, Pb, Bi, Cd, As, Sb, Sn.
14. Siehe Seiten 177 und 166.
15. $AgBr + 2Na_2S_2O_3 \rightarrow Na_3[Ag(S_2O_3)_2] + NaBr$.
16. Kalium-hexacyanoferrat(II); Ladung des Fe: 2+; Diamminsilber-sulfat, Ladung des Ag: 1+.
17. MnO_2, ZnO, PbS, HgS (siehe S. 174, 179).
18. Siehe Seite 171.
19. Beim zweiten Komplex hat es mehr freie Ag^+-Ionen.
20. Hauptunterschied im C-Gehalt (Roheisen am meisten, Weicheisen am wenigsten).
21. Permanganat ist sein eigener Indikator.
22. Siehe Seite 177.
23. Weil HCl von Permanganat zu Chlor oxidiert wird.

24. $\frac{25,87 \cdot 0,1 \cdot 55,85}{150} = 96,32\%$ Fe.

XI. (zu S. 204)

1. Siehe Seite 186.
2. Siehe Seite 193 und 203.
3. Äthanol bildet nach dem Schütteln mit Wasser niemals eine eigene Schicht - im Gegensatz zu Amylalkohol.
4. Hydrophil = wasserfreundlich, die Wasserlöslichkeit fördernd; lipophil = fettfreundlich, die Fettlöslichkeit fördernd.
5.

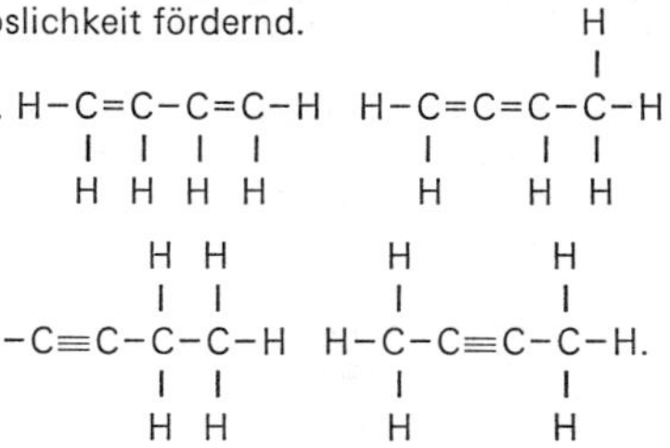

6. $Cl-O-H$ dissoziiert in $Cl-O^- + H^+$; CH_3-O-H löst sich ohne zu dissoziieren; $K-O-H$ zerfällt in $K^+ + OH^-$.
7. Siehe Seite 185.
8. 3-Äthyl-2-methyl-penten-4.
9. Beide Formeln sind Projektionen desselben tetraedrischen Moleküls (siehe S. 189).
10. HCl bildet Cl^--Ionen, CCl_4 nicht. Nur Cl^--Ionen vereinigen sich mit Ag^+-Ionen zum schwerlöslichen AgCl.
11. Siehe Seite 196 f., 201.
12. Durch katalytische Hydrierung (Wasserstoff-Addition).
13. Butanol ist besser H_2O-löslich. Beim Hexanol entfallen auf die eine hydrophile OH-Gruppe sechs lipophile Gruppen, im Butanol ist das entsprechende Verhältnis 1:4.
14. Während der Filtration geht durch Verdunstung Äther verloren; das gesamte Endvolumen ist kleiner als 50 ml.
15. Siehe Seite 191.
16. $2CH_3Br + 2CH_3CH_2CH_2OH + Ag_2O \rightarrow$
$\rightarrow 2CH_3-O-CH_2CH_2CH_3 + 2AgBr + H_2O$.
17. Isomere haben gleiche Bruttoformel. Bei Strukturisomeren sind die einzelnen Atome oder Atomgruppen verschieden zusammengefügt (unverzweigt, verschieden verzweigt, offenkettig, ringförmig; verschiedene Lage von Doppel- und Dreifachbindungen). cis-trans-Isomerie siehe Seite 192.
18. Chloroform, Tetrachlorkohlenstoff, Methylenchlorid, Hexachlor-äthan.
19. Chloroform bildet die untere Schicht, Petroläther die obere.
20.

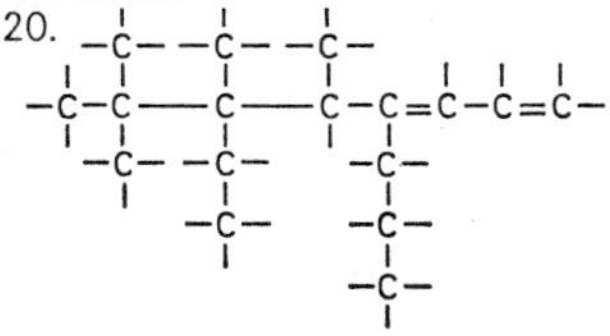

21. a) Gemisch aus festen aliphatischen Kohlenwasserstoffen; b) Gemisch aus gasförmigen KW; c) Gemisch aus flüssigen aliphatischen KW.
22. Durch Addition von zwei Molekülen Chlor an ein Molekül C_2H_2.
23. a) $-CH_2-$; b) $CH_3-\underset{|}{CH}-CH_3$;
c) CH_3-CH_2-O-.
24. Siehe Seite 200.

XII. (zu S. 225)

1. Aldehyde siehe Tabelle XXXIII, Seite 206; Reduktionsprodukte der Aldehyde: primäre Alkohole (siehe Tabelle XXXI, S. 199); Oxidationsprodukte der Aldehyde: Monocarbonsäuren (siehe Tabelle XXXIV, S. 211).
2. a) Diacetyl; b) Acetessigsäure; c) Dihydroxyaceton.
3. n-Pentanol.
4.

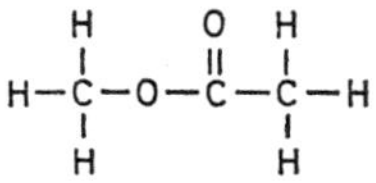

Essigsäure – methylester

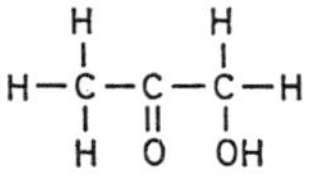

Hydroxy – aceton

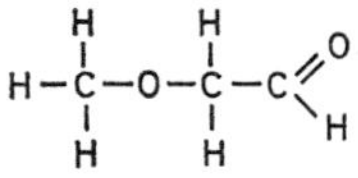

Methoxy – acetaldehyd

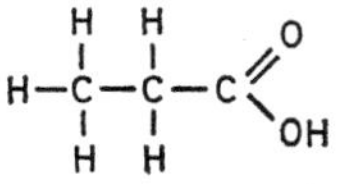

Propionsäure

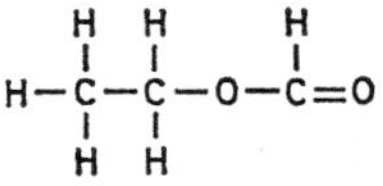

Ameisensäure – äthylester

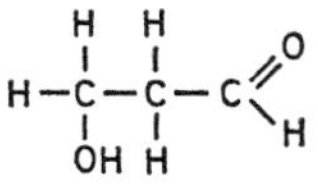

β – Hydroxy – propionaldehyd

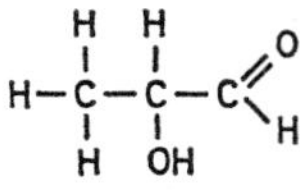

α – Hydroxy – propionaldehyd

5. Behandeln mit einem Oxidationsmittel (z.B. Chromsäure); aus Aldehyden entstehen dabei Carbonsäuren, Ketone verändern sich nicht. Nach der Oxidation wird destilliert oder bei schwerflüchtigen Substanzen ausgeschüttelt. Das Destillat bzw. der Extrakt wird auf Säure getestet.
6. Siehe Seite 207 und 208.
7. Siehe Seite 209 und 215.
8. a) $-\underset{\substack{\| \\ O}}{C}-$; b) $-C\begin{smallmatrix} {}^{\nearrow}O \\ {}_{\searrow}OH \end{smallmatrix}$; c) $CH_3-\overset{\substack{O \\ \|}}{C}-$.

9. CH_3COOH (Essigsäure), HOOC−COOH (Oxalsäure), CCl_3COOH (Trichlor-essigsäure).
Das CCl_3COOH-Molekül ist am stärksten, das CH_3COOH-Molekül am schwächsten polar (starker Elektronensog der drei Cl-Atome). Je grösser die Polarität, desto leichter die Dissoziation.
10. Aceton ist polar, Propan nicht (siehe S. 206).
11. a) Milchsäure; b) Bernsteinsäure; c) Äpfelsäure; d) Malonsäure; e) Brenztraubensäure; f) Weinsäure.
12. I: Ameisensäure-methylester $\rightarrow$ Formiat+Methanol; II: Phosphorsäure-äthyl-methyl-propylester $\rightarrow$ Phosphat+Methanol+Äthanol+Propanol; III: Kohlensäure-diisopropylester $\rightarrow$ Carbonat+Isopropanol.
13. Wenn sie mindestens ein asymmetrisches C-Atom besitzt (siehe S. 218).
14. Siehe Seite 221.
15. 10,3%GV.
16. a) Spontane Oxidation bei Kontakt mit Luft (Zimmertemperatur); b) Abspaltung von CO_2 aus Carbonsäuren.
17. a) Der Stoff ist eine Carbonsäure, die am ersten C nach der Carboxylgruppe eine Hydroxylgruppe trägt; er dreht polarisiertes Licht nach links; die vier Substituenten seines asymmetrischen C-Atoms haben gleiche räumliche Anordnung wie der linksdrehende Glycerinaldehyd (Bezugssubstanz der L-Reihe).
b) Der Stoff ist eine Carbonsäure mit einer Methylgruppe am ersten und einer Hydroxylgruppe am zweiten C nach dem Carboxyl; er ist optisch aktiv, besteht aber zu gleichen Teilen aus dem rechts- und dem linksdrehenden Isomeren und dreht polarisiertes Licht nicht.
18. CH_3COCl (Säurechlorid der Essigsäure); $COCl_2$ (Dichlorid der Kohlensäure).
19. 1 M Na-Acetat ist alkalischer als 1 M Na-Formiat. Die Dissoziationskonstante der Essigsäure ist kleiner als die der Ameisensäure; 1 Mol Acetat-Ionen fängt mehr H^+-Ionen aus dem Wasser ein als 1 Mol Formiat-Ionen.
20. $2(CH_3)_2CH{-}OH + HOOC{-}(CH_2)_3{-}COOH \rightarrow (CH_3)_2CH{-}O{-}CO{-}(CH_2)_3{-}CO{-}O{-}CH(CH_3)_2 + 2H_2O$.
21. Essigsäure, Acetaldehyd, Äthanol, Aceton, Isopropanol.
22. Acetaldehyd+HCN $\rightarrow$ Milchsäure-nitril $\xrightarrow{\text{Hydrolyse}}$ Milchsäure (siehe S. 207).
23. Siehe Seite 220.
24. a) gasförmig; b) fest; c) flüssig; d) fest; e) flüssig; f) fest.

XIII. (zu S. 244)

1. Je höher der Sättigungsgrad, desto höher der Schmelzpunkt.
2. Fructose trägt die Carbonylgruppe am zweiten C (Ketose), Glucose am ersten C (Aldose), sonst identische Struktur (siehe S. 232 f.).
3. Katalytische Hydrierung von natürlichen Pflanzenölen zur Erhöhung des Schmelzpunktes und Verbesserung der Haltbarkeit.
4. Saccharose.
5. Ascorbinsäure ist ein für den Stoffwechsel unentbehrlicher Stoff, der dem menschlichen Organismus mit der Nahrung zugeführt werden muss (Tagesbedarf zirka 70 mg).
6. Aktivierte Essigsäure (Thioester aus Coenzym A und Essigsäure); Bildung aus abgebauten Kohlenhydraten, Fettsäuren und Aminosäuren.
7. a) Schwefelkohlenstoff; b) Methyl-sulfonsäure; c) Äthyl-methyl-thioäther; d) Thioäthanol (Äthylmercaptan); e) Diäthyl-disulfid; e) kann durch Reduktion in d) übergeführt werden.
8. Siehe Seite 231.
9. Der Extrakt der angesäuerten Lösung liefert Stearinsäure als Rückstand, der andere Extrakt gibt keinen Rückstand; Natriumstearat ist in Äther unlöslich.
10. Sie sind unempfindlich gegen Wasserhärte, aber meist biologisch nicht abbaubar (Gewässerbelastung).
11. 0 ml (Glycolyse = anaerober Prozess).
12. Durch Decarboxylierung von Keto-carbonsäuren (siehe S. 242).
13. Molekulargewicht von Ölsäure: 282. 1 mMol Ölsäure (282 mg) bindet 1 mMol J_2 (254 mg); 100 mg Ölsäure binden 90 mg J_2 (Jodzahl = 90).
14. Fettdepots, Glycogenspeicher in Leber und Muskel, energiereiche Phosphate.
15. Als freie Fettsäuren und Monoglyceride.
16. Baustein der Stärke ist die α-Glucose, derjenige der Zellulose die β-Glucose (siehe S. 237 f.).
17. Die Hydrophilie der Carboxylgruppe ist bei beiden Substanzen praktisch gleich. Beim Palmitat ist aber die lipophile Alkylkette viel länger und damit auch wirksamer als beim Acetat. Die Lösungsvermittlung zwischen Wasser und hydrophobem Material ist deshalb beim Palmitat viel besser als beim Acetat.
18. Siehe Seite 232 f und 235 f.
19. Siehe Seite 234.
20. Die Fettsäure-Anionen bilden mit Calciumionen schwerlösliche Niederschläge.
21. Siehe Seite 229.
22. Siehe Seite 237, 238 und 236.
23. Es fehlt uns das Enzym, das Zellulose zu Glucose hydrolysiert.
24. Glycerin, Fettsäuren, Phosphorsäure, Aminoalkohol.

XIV. (zu S. 279)

1. $2(C_2H_5)_2NH + H_2SO_4 \rightarrow [(C_2H_5)_2NH_2]_2SO_4$.
2. Ein Stoff, der sowohl mit Säuren als auch mit Basen Salze bilden kann.

3.

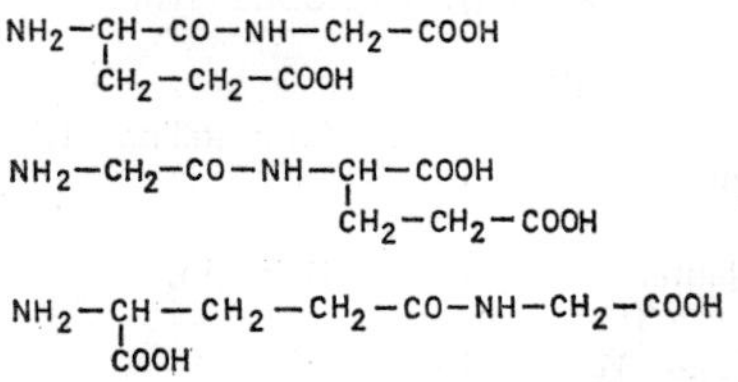

4. Lösung alkalisch machen; mit Äther ausschütteln; das undissoziierte Butylamin geht in den Äther, das Leucinanion bleibt im Wasser.
5. Siehe S. 248, 249, 251, 262.
6. Siehe S. 258.
7. 96,2 ml/min.
8. Der isoelektrische Punkt aller Serumproteine liegt unter 7; bei pH 8,5 sind alle anionisch; die Nettoladung von Albumin ist grösser als die der Globuline; das Albuminmolekül ist zudem kleiner und beweglicher als die Globulinmoleküle.
9. Sekundär-, Tertiär- und Quartärstruktur werden zerstört (siehe S. 257).
10. Siehe Seite 250 f.
11. Enzyme unterliegen dem Stoffwechsel wie andere Proteine; sie werden durch Zellproteasen abgebaut.
12. Das Monomere der Stärke ist α-Glucose (nur eine Bausteinart); Monomere der Proteine sind die Aminosäuren (20 verschiedene Bausteine).
13. Die Desoxy-ribonucleinsäuren sind das «Informationsarchiv» für die Eiweissynthese (genetischer Code); die Sequenz ihrer Basen bestimmt die Sequenz der Aminosäuren im Protein (siehe S. 268).
14. a) Hydrolyse von Stärke zu Maltose; b) Hydrolyse von Harnstoff zu Ammoniumcarbonat; c) Hydrolyse von Phosphorsäure-estern; d) Oxidation von Glucose mit Sauerstoff zu Gluconsäure und H_2O_2; e) Übertragung von Aminogruppen von Aminosäuren auf Ketosäuren; f) Knüpfung von C–C-, C–N- und C–O-Bindungen.
15. Siehe Seite 263.
16. Siehe Seite 263 f.
17. Ein kompetitiver Hemmer konkurriert mit dem Substrat des Enzyms um dessen aktives Zentrum. Der Hemmer bildet wie das Substrat einen Komplex mit dem Enzym, kann aber im Gegensatz zum normalen Substrat nicht umgesetzt werden. Ein Aktivator erhöht die Umsatzgeschwindigkeit.
18. Destilliertes Wasser würde kein einheitliches pH über den ganzen Gelblock und während der ganzen Laufzeit gewährleisten; seine Leitfähigkeit wäre zudem zu gering.
19. Siehe Seite 263 und 98.
20. 2,3 g/h = 50 000 μMol/h = $\frac{50\,000}{60}$ μMol/min → 833 IU.
21. Harnstoff ist ein Carbonsäure-amid; die Reaktion ist eine Hydrolyse.
22. Siehe Seite 259.
23. a) Acetamid; b) Butyronitril (Buttersäurenitril); c) Amino-äthanol oder Colamin.
24. Wasserstoffbrücken, Disulfidbrücken, Ionenbindungen, hydrophobe Wechselwirkungen zwischen Alkyl- und Arylgruppen.

XV. (zu S. 302)

1. Siehe Seite 280.
2. a) p-Xylol oder 1,4-Dimethyl-benzol; b) m-Kresol oder 3-Hydroxy-toluol oder 3-Methyl-phenol; c) o-Toluidin oder 2-Methyl-anilin oder 2-Amino-toluol.
3. $NH_2-C_6H_4-NH_2 + 2HNO_2 + 2H^+ \rightarrow N{\equiv}^+N-C_6H_4-N^+{\equiv}N + 4H_2O$.
4.

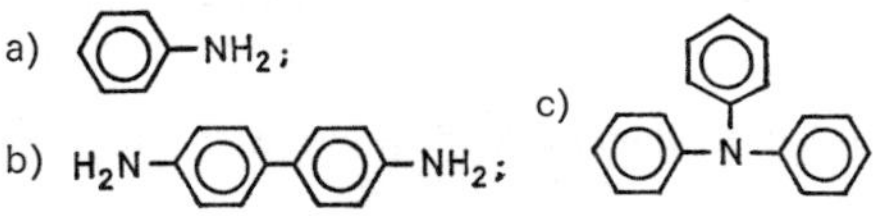

5.

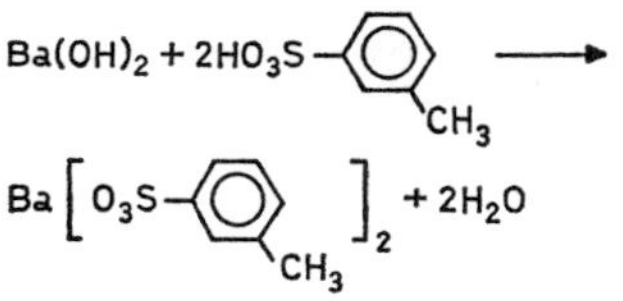

6.

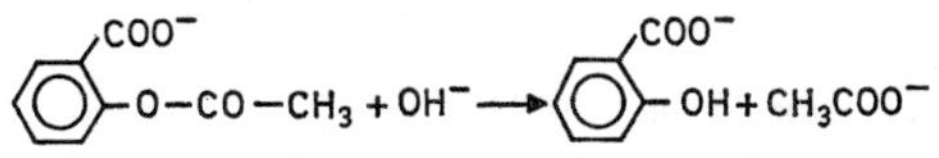

7. Siehe Seite 284.
8. 1,2-; 1,3-; 1,4-; 1,5-; 1,6-; 1,7-; 1,8-; 2,3-; 2,6-; 2,7-Dichlor-naphthalin.
9. Die Vereinigung einer Diazonium-Verbindung mit einem aromatischen oder heterozyklischen Körper zu einer Azo-Verbindung.
10. a) Phenyl-brenztraubensäure; b) Phenyl-alanin; c) Phthalsäure.
11. α-Phenyl-äthanol.
12. p-Kresol ist ein Phenol, also im Gegensatz zu Benzylalkohol dissoziierbar.
13. a) aus Styrol; b) aus Terephthalsäure und Glycol.
14. Butyrylchlorid und Benzol.
15. p-Xylol hat höhere Symmetrie als m-Xylol.
16. Siehe Seite 285 und 286.
17. Sulfonsäure: Schwefelsäure-ester:

```
     O             O
 |   ||        |   ||
–C–S–OH;     –C–O–S–OH.
 |   ||        |   ||
     O             O
```

18. $CH_3-C_6H_4-NO_2 + 3Zn + 6HCl \rightarrow CH_3-C_6H_4-NH_2 + 3ZnCl_2 + 2H_2O$; p-Toluidin.
19. Siehe Seite 292.

20.

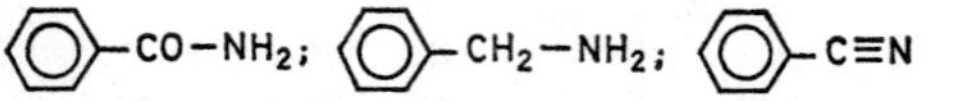

Benzamid und Benzonitril lassen sich zu Benzoesäure und Ammoniak hydrolysieren; Benzylamin ist nicht hydrolysierbar.

21. 1. Gemisch in Äther auflösen; mit Sodalösung ausschütteln; Mandelsäure geht in die Wasserphase; Wasserphase abtrennen, ansäuern, mit Äther ausschütteln und Äther abdampfen → Mandelsäure. 2. Ätherphase der Sodaextraktion mit verdünnter NaOH ausschütteln; das Phenol geht in die Wasserphase; Wasserphase abtrennen und Phenol isolieren wie Mandelsäure. 3. Ätherphase der NaOH-Extraktion mit verdünnter HCl ausschütteln; Toluidin geht in die Wasserphase; Wasserphase abtrennen, alkalisch machen, mit Äther ausschütteln und Äther abdampfen → Toluidin. 4. Ätherphase der HCl-Extraktion eindampfen → Naphthalin.

22. Toluol → Benzylchlorid → Benzylalkohol
↓
Benzotrichlorid → Benzoylchlorid } → Benzoesäure-benzylester.

23. a) Zwitterion; b) Anion (siehe S. 250).

24. Benzaldehyd (Formel S. 296).

XVI. (zu S. 325)

1. Durch katalytische Hydrierung von Phenol und anschliessende Oxidation des gebildeten Cyclohexanols.
2. Isopren (siehe S. 305).
3. Mit Hilfe eines Chelatbildners, z.B. Tartrat, Citrat oder EDTA.
4. a) Steroide; b) Purine.
5. Siehe Seite 305 f. und 308.
6. Histidin (Imidazolring), Tryptophan (Indolgerüst).
7. a) II; b) II; c) II/III.
8. Ein Chelatbildner mit vier Bindungsstellen. Beispiel: Porphyrine.
9. Siehe Seite 309 f.
10. Als Gallenfarbstoff, vor allem Bilirubin.
11. Siehe Seite 313 f.
12. Siehe Seite 311 und 318.
13. CO bindet sich an Hämoglobin und blockiert den O_2-Transport im Blut. CN^- bindet sich ans dreiwertige Fe der Cytochrome und blockiert die Atmungskette. In beiden Fällen kommt der Energiestoffwechsel zum Erliegen.
14. Das zweiwertige Eisen eines Cytochroms (Elektronentransfer): $O_2 + 4Fe^{2+} \rightarrow 2O^{2-} + 4Fe^{3+}$.
15. Adenin, Ribose, Phosphorsäure (siehe S. 322).
16. Adenin/Thymin; Guanin/Cytosin.
17. Cholsäure, Cholecalciferol, Cortisol, Aldosteron, Östradiol usw. (siehe S. 308 ff.).
18. Es ist Coenzym zahlreicher Dehydrogenasen (Wasserstoffakzeptor).
19. Die Löslichkeit der Harnsäure sinkt mit fallendem pH (Abnahme der Dissoziation und damit der Hydrophilie).
20. Vorstufe eines Vitamins; wird mit der Nahrung aufgenommen und durch Stoffwechselvorgänge im Organismus in ein Vitamin umgewandelt. Beisp.: β-Carotin, Cholesterin.
21. Siehe Seite 321.
22. a) Überproduktion von Harnsäure, Bildung von Harnsäure-Kristallen in Gelenken; b) Anstau von Bilirubin im Blut bei gestörter Ausscheidung oder übermässigem Hämoglobinabbau.
23. a) Thiazol; b) Cyclopentadien-1,3; c) Pyrrol; d) Furfural.
24. Keines.

Sachregister

Abbinden von Gips 101
Abietinsäure 305
Abrösten von Sulfiden 166
Absolute Temperatur 152
Absoluter Alkohol 200
Absorptionsphotometrie 337 ff.
Absorptionsspektren 340
Acetaldehyd 194, 206, **208,** 240
Acetale 208
Acetanhydrid 220, 307
Acetate 124 f., 211, 213
Acetatpuffer 124 f., 127
Acetatseide 224
Acetessigester 224
Acetessigsäure 217
Aceton 206, **209,** 224
Acetophenon 296
Acetyl-aceton 210
Acetyl-cholin 249
Acetyl-Coenzym A 230, 231, 240 f., 307
Acetylen **193,** 282
Acetylgruppe 217
Acetyljodid 220
Acetyl-salicylsäure 299
Acidimetrische Titration 131 ff.
Acidose 217
Acrolein 209
Acrylsäure 214
Actiniden 35, 36
Acyl-Coenzym A 230
Acylgruppen 219
Acyl-halogenide 219 f.
Addition 192, 207
Additionsverbindungen 141
Adenin 319 ff.
Adenosin 322
Adenosin-diphosphat 322
Adenosin-monophosphat 322
Adenosin-triphosphat 242, **322**
Adipinsäure 211, **214,** 254, 304
Adrenalin 252, **294**
Adsorption 167, 175
Adsorptionschromatographie 332, **333**
Aerobe Prozesse 20
Agar-Gel 258, 266
Aggregatzustand 3, 4
Akkumulator 109
Aktives Zentrum der Enzyme 272
Aktivierte Essigsäure 230
– Fettsäuren 230
Aktivierungsenergie 271 f.
Alanin **251,** 269, 277
Alaun 62, 101, 158
Albumine 258, 260, **261**
Aldehyde 205 ff., 295 f.
Aldohexosen 233
Aldosen 232
Aldosteron 310
Aldoxim 208
Aliphatische Schwefelverbindungen 242 f.
– Verbindungen 185 ff.
– Verbindungstypen 326 ff.
Alizyklische Alkohole 304
– Ketone 304
– Verbindungen 280, **303 ff.**
Alkadiene 191
Alkalimetalle 106, **155 f.,** 343
Alkalimetallgruppe 35
Alkalische Phosphatase 273, 276 f.
– Reaktion 115
Alkaloide 247
Alkane 185 ff.
Alkanone 206
Alkatrien 191
Alkene 190 ff.
Alkine 193 f.
Alkoholate 195, 198 f., 203
Alkoholdehydrogenase 274
Alkohole 23, 151, 196 ff., 295 f.
– einwertige 196, 200 f.
– mehrwertige 196, 201
– primäre, sekundäre, tertiäre 197
Alkoxygruppen 202
Alkyl-ammoniumionen 246
Alkylene 190 ff.
Alkylgruppen 187 ff.
Alkylhalogenide 194
Alkyl-schwefelsäure 224
Alkyl-sulfinsäure 243
Alkyl-sulfonsäure 243
Allantoin 275, 319
Allgemeine und anorganische Chemie 2 ff.
Allosterische Hemmung 274
Allotrope Modifikationen **163,** 165 ff.
Allotropie **163,** 165 ff.
Alphastrahlen 38
Altersbestimmung 40
Aluminium 2, 12, 33, 76, 106, 107, **158 f.**
Aluminiumacetat 159
Aluminiumchlorid 283
Aluminiumgewinnung 159
Aluminiumhydroxid 55, 65, 159
Aluminiumoxid 33, 333
Aluminiumsulfat 58
Aluminiumsulfid 58
Amalgame 179
Ameisensäure 210 f., **213**
Amide 252 ff.
Amine 245 ff., 286 f.
Amino-alkohole 249
Amino-anthrachinon 302
Amino-benzol 286
Aminogruppe 245, 286
Amino-lävulinsäure 313
Aminopeptidasen 268
Aminosäure-Code 268
Aminosäuren 215, 249 ff., 269 f.
α-Aminosäuren 249 ff.
β-Aminosäuren 249
Aminosäuresequenz **256,** 267, 269
Aminosäurestoffwechsel 269 f.
Amino-toluol 286
Ammoniak 22 ff., 33, 55, 64, **160**
Ammoniaknachweis 50, 66, 160
Ammoniaksynthese 85
Ammoniaktitration 134 f.
Ammoniumacetat 121
Ammoniumcarbonat 254
Ammoniumchlorid 50, 96, 125, 139
Ammoniumcyanat 184
Ammoniumhydroxid **53,** 55, 65, 125
Ammoniummolybdat 174
Ammoniumnitrat 95, 96
Ammoniumrest 53
Ammoniumsulfat 24, 263
Ammoniumsulfid 166, 174
Ampholyte 159, 165, **250, 259,** 290
Amphotere Stoffe 159, **250, 259,** 290
Amylacetat 224

Amylalkohol 199, **201**
Amylase 239, 276
Amylopektin 237
Amylose 237
Anaerobe Prozesse 20, 240 f.
Analgetika 299
Analysenstandard 339, 341
Analysenwaage 90
Analytische Methoden 329 ff.
Androgene 310
Anhydride **49,** 220
Anhydrit 101
Anilin 76, 151, 286 f., 290
Anilinschwarz 287
Anionen 104 ff.
Anionenaustauscher 110 f.
Anisaldehyd 296
Anisol 295
Annellierte Verbindungen 299 ff.
Anode 10, 104 ff.
Anodenschlamm 105
Anorganische Chemie 2 ff.
Anthracen 301
Anthrachinon 301
Antibiotika 255
Antikörper 261
Antimon 107, **165**
Antimonbutter 165
Antimontrichlorid 165
Antipellagra-Vitamin 318
Antipoden, optische 218
Antipyretika 299
Antischaummittel 201
Antiseptika 294
Antworten zu den Kontrollfragen 348 ff.
Apatit 163
Äpfelsäure **217,** 231
Apoenzym 270
Äquivalent von Säuren und Basen 57 ff.
Äquivalenzpunkt 131, 134 f.
Arachidonsäure 231
Arginin 251 f.
Argon 17
Aromatische Aldehyde 295 f.
– Alkohole 295 f.
– Aminoverbindungen 286 ff.
– Carbonsäure-ester 297, 299
– Carbonsäuren 296 f.
– Halogen-kohlenwasserstoffe 284
– Ketone 295 f.
– Kohlenwasserstoffe 281 ff.
– Nitroverbindungen 285 f.
– Sulfonsäuren 289 ff.
– Verbindungen 280 ff.
– Verbindungstypen 328
Arsen 11, **164 f.**
Arsenige Säure 142, **165**
Arsenik 165
Arsenkies 164
Arsenpentoxid 165
Arsensäure 142, **165**
Arsentrioxid 165
Arsenwasserstoff 164
Arsin 164
Arteriosklerose 307
Aryl-amin 287
Arylgruppen 282
Asbest 157
Ascorbinsäure 239
Asparagin 251 f.
Asparaginsäure **251 f.,** 254, 269
Aspirin 299
Assimilation 78, 315
Assoziation der Alkohole 200
– der Carbonsäuren 212
Astatin 11, 137
Asymmetrische C-Atome 218 f.
Äthan 186
Äthanal 206
Äthandiol 201
Äthanol 198 f., **200**
Äthansäure 211
Äthen 190 f.
Äther 23, **202**
Ätherperoxid 177, **203**
Äthin 193
Äthylacetat 221
Äthylalkohol 198 f., **200,** 240
Äthyl-amin 195
Äthyl-benzol 283
Äthylbromid 194
Äthylchlorid 195
Äthylen 190 f., **193**
Äthylendiamin-tetraessigsäure 324 f.
Äthylenglycol 201, 298
Äthylengruppe 188
Äthylgruppe 188
Äthyl-isopropyl-methyl-amin 245
Äthyl-methyl-äther 195
Äthyl-methyl-keton 206, 209
Äthyl-propyl-äther 202
Äthyl-propyl-keton 206
Atmung 241
Atmungskette **314 f.,** 323
Atomabsorption 337, **344**
Atombau 34 ff.
Atombestandteile 34 ff.
Atombindung 68
Atome **9,** 34 ff.
Atomgewicht 42
Atomhülle 34 ff.
Atomkern 34 ff.
Atommasse 42
ATP 242, 315, 322
Atropin 247
Auflöseprozess 96
Aufrahmen 7
Auripigment 164
Ausdehnungskoeffizient von Gläsern 182
Ausfällung durch Abkühlen 7, 100
– durch doppelte Umsetzung 62 ff.
– durch zweites Lösungsmittel 99
Auskristallisation 7, 99 f.
Aussalzen 263
Ausschwingzentrifuge 5
Autokatalyse 175
Autoxidation 207, 287
Avitaminosen 239
Avogadro, Gesetz von 22, 45
Avogadrosche Zahl = Loschmidtsche Zahl 44
Azeotropes Gemisch **139,** 200
Azide 161
Azo-benzol 289
Azo-bilirubin 316
Azofarbstoffe **289,** 316
Azogruppe 288
Azoverbindungen 288 f.
Azulen 304

Bakelit 208, 293
Barbiturate 214
Barium 12, 19, 32, 156, **158**
Bariumcarbonat 17, 24, 65, 128
Bariumchlorid 62, 63, 66
Bariumhydroxid 17, 19, 24, 32, **53,** 55
Bariumnitrat 58
Bariumoxid 19, 24
Bariumperoxid 77
Bariumphosphat 65
Bariumsulfat 62, 63, 65, 66, 128 f.
Baryt 158
Barytlauge 19, 53
Basen 18 f., 48 ff., 245 ff.
Basenanhydride 49, 59
Basenbildner 19, 59
Basenrest 48 f.
Basenrestionen 48 f., 55 ff.
Basentriplett 268, 321
Basische Salze 61
Batterie, elektrochemische 108, 109
Bauchspeichel 229, 239, 268
Bauxit 159
Beersches Gesetz 338 ff.
Belichtung, photographische 171

Benediktsche Lösung 178
– Probe 235
Benzalchlorid 284, 296
Benzaldehyd 296
Benzamid 297
Benzidin 77, **287**
Benzin 190
Benzochinon 292
Benzoeharz 281, 297
Benzoesäure 281, **297**
Benzoesäure-benzylester 297
Benzol 29, 194, **280 ff.**
Benzolderivate 281 ff.
Benzol-disulfonsäure 289
Benzolkern 280
Benzol-Kohlenwasserstoffe 281 ff.
Benzolring 280
Benzol-sulfonamid 291
Benzol-sulfonsäure 289, 291
Benzol-sulfonsäurechlorid 290
Benzophenon 296
Benzotrichlorid 284
Benzoylchlorid 297
Benzpyren 301
Benzylalkohol **295,** 297
Benzylchlorid 284, 295
Benzylgruppe 282
Berechnung
– der prozentualen Zusammensetzung von Verbindungen 148 f.
– photometrische 339 ff.
– von Gasvolumen 152 f.
– von Konzentrationen 88 ff., 339, 341
– von Lösungsvolumen 92 f.
– von Mischlösungen 94
– von Reaktionsumsätzen 150 f.
Bergius-Synthese 190
Bergkristall 181
Beriberi 317
Berliner Blau 170
Bernsteinsäure 211, **214,** 230, 313
Bernsteinsäure-anhydrid 220
Berthelot-Reaktion 254
Beryll 156
Beryllium 156
Betastrahlen 38
Bicarbonatanalyse 118
Bicarbonationen 113
Bicarbonatpuffer 127
Bier 96, 200
Bilirubin 290, **316,** 339
Bilirubinbestimmung 316
Bilirubin-glucuronid 316
Biliverdin 315 f.
Binäre Elektrolyte 128
Bindung, chemische 68 ff.
Biochemie 184 ff.
Biologische Oxidation 241 f.
Bittermandelöl 296
Bittersalz 157
Biuret 323
Biuret-Reaktion 267, **323**
Blasensteine 65, 66, 164, 252, 319
Blaugel 102
Blausäure 51, **52,** 65, 162, 207, 248
Blei 12, 107, 109, **179 f.,** 324
Bleiacetat 166, 179
Bleiakkumulator 109
Bleiazid 161
Bleibestimmung 180, 344
Bleichlorid 65
Bleichromat 179
Blei-Dithizon-Komplex 180, 324
Bleiglanz 166, 179
Bleiglas 182
Bleiglätte 180
Bleijodid 142
Bleinitrat 179
Bleioxide 109, **180**
Bleisulfat 65, 109, 128
Bleivergiftung 180, 313
Bleiweiß 166, 179
Bleizucker 179
Blindprobe = Leerprobe 341
Blutgerinnung 158, 261
Blutlaugensalz 170
Blutnachweis 77, 78, 287
Blut-pH 116
Blutplasma 262
Blutpuffer 127
Blutserum 262
Blutzucker 236
Bohrsches Atommodell 36
Bor 11
Boratpuffer 127
Borat-Titration 135 f.
Borax 52
Borsäure 23, 51, **52**
Boten-Ribonucleinsäure 268, 321
Braunstein 174
Brechungsindex von Glas 182
Brechweinstein 165
Brennsprit 200
Brenzcatechin 291 ff.
Brenztraubensäure **216,** 240 f., 269, 277
Briefcouvertkristalle 214
Brom 12, 76, 108, 137, **140 f.**
Brom-äthan 194
Brom-benzol 285
Bromkresolpurpur 120
Bromlauge 141
Brom-naphthalin 300
Brom-phenol 293
Bromsäure 141
Bromthymolblau 19, 120, 121
Bromwasser 140
Bromwasserstoff 33, 51, 141
Brönsted-Säuren und -Basen 129
Bronze 178
Brünieren 165
Brunnenwasser 31, 112, 116
Bruttoformel 23, 149
BUNA 193
Butadien **191,** 193
Butan 186 ff.
Butanal 206
Butan-disäure 211
Butanol 199, **201**
Butanon 206
Buten 191
Buttergelb 289
Buttersäure 211, **213**
Buttersäure-isopropylester 222
Butylacetat 224
Butylalkohol 199, 201
Butylen 191
Butyl-isopropyl-keton 205
Butyl-magnesiumjodid 195
Butyraldehyd 206
Butyrat 211
Butyrylchlorid 220, 222

C siehe auch unter K und Z
Cadaverin 247
Cadmium 107
Calcein 325
Calciferol 308
Calcium 12, 19, 32, 76, 156, **157 f.,** 325
Calciumacetat 206
Calciumbestimmung 325, 343 f.
Calciumbicarbonat 157
Calciumcarbid 194
Calciumcarbonat 64, 65, 128, 129, 157
Calciumchlorid 101, 102, 150, 158
Calcium-EDTA-Chelat 325
Calciumfluorid 137
Calciumhydrogencarbonat 31, 61, **157**
Calciumhydroxid 19, 24, 32, 49 **53,** 55
Calciumnitrat 62
Calciumoxalat 65, 158, **214**
Calciumoxid 19, 24, 49, **157**
Calciumphosphat 65
Calciumstoffwechsel 308
Calciumsulfat 31, 65, 101, 128
Calciumtitration 325
Campher 305

Caprinaldehyd 206
Caprinsäure 211
Capronaldehyd 206
Capronsäure 211
Caprylaldehyd 206
Caprylsäure 211
Carbamid = Harnstoff 253
Carbaminsäure 253
Carbonatapatit 158
Carbonatnachweis 66
Carbonatpuffer 127
Carbonattitration 136
Carbonsäure-amide 252 ff.
Carbonsäure-anhydride 220
Carbonsäure-ester 221 ff., 297
Carbonsäure-halogenide 219 f.
Carbonsäuren 210 ff., 296 f.
Carbonylgruppe 205
Carboxylgruppe 210
Carboxypeptidasen 268
Carotine 305
Carotinoide 305
Cäruloplasmin 178, **262**
Casein 262
Cäsium 156
Catecholamine 294
Catenane 303
Cerimetrie 330
Cersulfat 142
Cetylalkohol 199, 201
Chelatkomplexe 313, **323 ff.**
Chemilumineszenz 163
Chemische Bindung 68 ff.
– Elemente 11, Buchdeckel
– Formeln 22 ff.
– Gleichungen 28 ff.
– Trennung 9 f
– Verwitterung 157
Chemisches Gleichgewicht 82 ff.
Chemotherapeutika 291
Chenodesoxy-cholsäure 308
Chilesalpeter 141, 160
Chinoide Struktur 292
Chinon **292,** 294
Chlor 2, 12, 13, 26, 29, 75, 108, **137 ff.**
Chloral 209
Chloralhydrat 209
Chloramin 254
Chlor-äthan 195
Chlor-äthen 194
Chlor-benzol **284 f.,** 287
Chlor-essigsäure 215
Chloridtitration 139
Chlorige Säure 140
Chlorkalk 139
Chlorknallgas 138
Chlor-methan 195
Chlor-naphthalin 300
Chloroform 195 f., 220
Chlorophyll 78, 315
Chlor-phenol 292
Chlor-propionsäure 219
Chlorsäure 51, 140
Chlor-toluol 284 f.
Chlorwasser 139
Chlorwasserstoff 22, 24, 33, 50, 65, **139**
Cholecalciferol 308
Cholesterin 307
Cholesterin-ester 307
Cholin 231, 249
Cholsäure 308
Chrom 12, 107, **173**
Chromalaun 173
Chromate 173
Chromatographie 331 ff.
Chromeisenstein 173
Chromgelb 179
Chromhydroxid 173
Chromophor 289
Chromoproteide 260, **263,** 314
Chromoxide 26, 173
Chromsäure 173
Chromschwefelsäure 173
Chrysen 301
Chylomikronen 229
Chymotrypsin 268
cis-Form 192
cis-trans-Isomerie 192
Citrate 217
Citratpuffer 127
Citronensäure **217,** 230
Citronensäurezyklus 230
Clearance 248
Cobalt 102, 107
Cocain 247
Codon 321
Coenzym A 230 f., 319, **323**
Coenzyme 270, 322
CO-Hämoglobin 314
Colamin 231, 249
Collagen 251, 257, 260, **262**
Collidin 318
Collidinpuffer 127
Corpus luteum 309
Corticoide 309, 310
Corticosteron 310
Corticotropin 309
Cortisol 310
Cracking 193
Cupriverbindungen 27
Cuproverbindungen 27
Cyanat 162
Cyanhämiglobin 314
Cyanhydrinsynthese 207
Cyanidvergiftung 274
Cyanmethämoglobin 314
Cyansäure 162
Cyanwasserstoff 51, **52,** 65
Cycloalkane 303
Cycloalkene 303
Cyclobutan 303
Cyclohalbacetalform der Zucker 233 ff.
Cyclohexan 303
Cyclohexanol 304
Cyclohexanon 304
Cyclooctatetraen 304
Cyclopentan 303
Cyclopentanon 304
Cyclopenten 304
Cyclopropan 303
Cysteamin 323
Cystein **251,** 269, 270
Cystin **251,** 262, 270
Cytochrome 274, **314 f.**
Cytosin **318,** 320 f.

Dacron 298
DDT 285
Decahydro-naphthalin 301
Decalin 301
Decan 186
Decanal 206
Decarboxylierung 217, 297
Dehydrierung 205
Dehydrocholesterin 308
Demineralisiertes Wasser 31, 112
Denaturierung von Alkohol 200
– von Eiweiss 257, 263
Desaminierung 270
Desoxyribonucleinsäuren 320 f.
Desoxyribose 236, 320 f.
Destillat 6 f.
Destillation 6 f., 31
Destillierrückstand 6
Destilliertes Wasser 31
Deuterium 38
Deuteronen 40
Dextran **238,** 258, 334
Dextrine 238
Dextrose 236
Diabetes 209, 217, 236
Dialkylsulfat 223
Dialkylsulfid 243
Dialkylsulfon 243
Dialkylsulfoxid 243
Dialyse 263 f.
Diamine 245, 286
Diamino-benzol 286
Diamino-diphenyl 287
Diamino-hexan 304
Diamino-monocarbonsäuren 249 ff., 259
Diamino-pentan 247
Diaphragma 345
Diastase = Amylase 239
Diäthyl-äther 203
Diäthyl-benzol 281

Diäthylcarbonat 224
Diäthyl-keton 206
Diazoniumsalze 287 ff.
Diazo-sulfanilsäure 290
Diazotierung 288
Dibenzyl-äther 282
Dicarbonsäuren 210 f., **214**
Dichlor-äthan 195
Dichlor-benzol **284 f.,** 291
Dichlor-diphenyl-trichlor-äthan 285
Dichlor-essigsäure 215
Dichlor-methan 195
Dichlor-naphthalin 300
Dichromate 173
Dichromsäure 173
Dichte 2, 3, 5, 7
Dieselöl 190
Diffusion 21, 98, 102, 264
Digitaloide 307
Digitonin 307, 308
Dihydroxy-aceton 233, 235
Dihydroxy-benzol 291, 294
Dihydroxy-propionsäure 216
Diisopropyl-äther 202 f.
Dijod-methan 194
Dijod-stearinsäure 226
Dikaliumhydrogenphosphat 61, 122
Dimethyl-amin 245, 249
Dimethyl-amino-azo-benzol 289
Dimethyl-amino-benzaldehyd 296
Dimethyl-anilin 287, 289, 290
Dimethyl-äther 202
Dimethyl-benzol 282
Dimethyl-formamid 253
Dimethyl-glyoxim 210
Dimethyl-keton 205
Dimethyl-oxalat 221
Dinitro-benzol 286
Dinitro-phenol 292
Diolen 298
Dipeptide 255
Diphenyl 282, 283
Diphenyl-amin 287
Diphenyl-äther 295
Diphenylcarbazon 139
Diphenyl-diamin 287
Diphenyl-keton 296
Diphenyl-methan 283
Diphenyloxid 295
Diphenyl-phenanthrolin 324
Diphenyl-thiocarbazon 324
Dipole 71
Direktes Bilirubin 316
Disaccharidbindung 234
Disaccharide 232
Disproportionierung 139, 141
Dissousgas 194
Dissoziation der Säuren und Basen 48, 54, 118
– des Wassers 113 ff.
– von Hydrogensalzen 61
Dissoziationsgleichgewicht 113, 118
Dissoziationsgrad 54
Dissoziationskonstante 51, 114, 118
Distickstoffpentoxid 49
Disulfidbrücken 251 f., 256, 262
Disulfide **243,** 251
Dithionit 167
Dithizon 324
DNA 268, 320
Dodecanol 199
Dolomit 157
Doppelbindungen 25 f., 190 ff.
Doppelhelix 320
Doppelsalze 62
Doppelt destilliertes Wasser 32
Doppelte Umsetzungen 62 ff.
Dreifachbindungen 25, 193 f.
D-Reihe optischer Isomerer 218
Druckabhängigkeit der Löslichkeit 96
Dünnschichtchromatographie 332, 335 ff.
Duranglas 182
Durchdringungsvermögen von Strahlen 39
Durchlässigkeit, optische 338 f.
Dynamisches Gleichgewicht 82 ff.
Dynamit 223
D-Zucker 233 f.

Edelgase 8, **17**
Edelgasgruppe 35
Edelgasschale 68
Edelmetalle 33, 50, 170
EDTA 324 f.
Edukt = Ausgangsprodukt 28
Effektoren 273
Ehrlich-Reagens 296
Eichkurve 341, 344
Eicosan 186
Einfache Umsetzung 32 f.
Eingefrorene Gleichgewichte **85,** 271
Einheitsladung 34
Einsalzen 261
Einwertige Alkohole 196, **200**
– Carbonsäuren 211 ff.
Eisen 12, 13, 33, 76, 107, 108, **177,** 313 ff.
Eisen(II)-ammoniumsulfat 177
Eisenbestimmung 177, 324, 344
Eisenbromid 58
Eisenchlorid 62, 166, 177
Eisen(II)-hydroxid 53, 55, 64, 177
Eisen(III)-hydroxid 27, 53, 55, 58, 150
Eisenkomplexe 170, 313 ff., 324
Eisenoxide 10, 33, 149
Eisen-Phenanthrolin-Chelat 324
Eisenrhodanid 162
Eisenstoffwechsel 177
Eisensulfat 27, 64, 177
Eisensulfid 13, 24, 62
Eisessig 213
Eis-Kochsalz-Mischung 97
Eiweiss 162 f., 255 ff.
Eiweissaminosäuren 250 ff.
Eiweissbestimmung 266 f.
Eiweissfällung 257, **263**
Eiweissfällungsmittel 263
Eiweisshydrolyse 267 f.
Eiweissynthese 268
Eiweissverdauung 267 f.
Elastin 260, 262
Elektrochemie 104 ff., 344 ff.
Elektroden 10, 104 ff., 344 ff.
Elektrodenpotential 344 ff.
Elektrolyse 10, 18, **104 ff.**
Elektrolytdenaturierung 257
Elektrolyte 47 ff., 104 ff.
Elektrolytische Dissoziation 47 ff.
Elektrolytnatur der Proteine 259 f.
Elektronen 34 ff., 68 ff., 74
Elektronenaffinität 70
Elektronenakzeptoren 70, 74
Elektronendonatoren 70, 74
Elektronenformeln 68
Elektronenpaare 68
Elektronenschalen 36 f.
Elektronenübertragungen 74
Elektrophorese 264 ff.
Elementarladung 34, 48 f.
Elementarteilchen 34
Elemente, chemische 11 f., Buchdeckel
–, galvanische 108
Elementumwandlungen 39
Eloxierung 159
Eluat 336
Emission 39, 343 f.
Emulgatoren 223, 228, 308
Emulgierwirkung der Seifen 228
Endokrine Drüsen 309 f.
Endotherme Reaktionen 78, 84, 95
Energieerhaltung 78
Energiereiches Phosphat 242, 315, 319, **322**
Energiestoffwechsel 241 f.
Enolform 224

Enteiweissen 263
Enterohepatischer Kreislauf 309, 316
Entgiftungsvorgänge 238
Entglasung 181
Entkalken 213
Entwickler 171, 294
Entwicklung, photographische 171
Enzym-Aktivatoren 273
Enzymaktivitäten 272 ff.
Enzymatische Analysen 275
Enzymbestimmungen 275 ff.
Enzymdiagnostik 275 ff.
Enzyme 20, 229, 239, 267 f., **270 ff.**
Enzymeinheiten 276
Enzymgifte 274
Enzym-Inhibitoren 273 f.
Enzymkonzentrationen 276
Enzym-Substrat-Komplex 271
Enzym-Vergiftung 274
Eosin 298
Erbsubstanz 319 ff.
Erdalkalimetalle 35, 156 ff., 343
Erdalkalimetallgruppe 35
Erdgas 190
Erdmetallgruppe 35
Erdöl 190
Ergocalciferol 308
Ergosterin 306 ff.
Erhaltung der Masse 13
Erstarrungspunkt 3
Erythrit 201
Erythrose 232, 235
Erythrozyten 21, 315
Essentielle Aminosäuren 250 f., 269
– Fettsäuren 227, **231**
Essigester 221, **224**
Essiggärung 213
Essigsäure 2, 124, 211, **213**
Essigsäure-amylester 222, 224
Essigsäure-anhydrid **220,** 307
Essigsäure-äthylester 221, **224**
Essigsäure-butylester 224
Essigsäure-nitril 248
Essigsaure Tonerde 159
Ester **221 ff.,** 226 ff., 295, 297
Esterhydrolyse 222, 227 f.
Exotherme Reaktionen 78, 84, 95
Explosionen 82, 138
Exsikkator 102
Extinktion 338 ff.
Extinktionskoeffizient 339
Extraktion 4, 8, 246

FAD 315, 323
Fällungstitration 162
Faltblattstruktur 257
Faraday 106
Fehlingsche Lösung 178, 207, 324
– Probe 235, 239
Feinsprit 200
Feldspat 156
Fermente = Enzyme 270 ff.
Ferricyanid 170
Ferrihydroxid 27
Ferritin 315
Ferrocyanid 170
Ferrosulfat 27
Fettabbau 230
Fettdepots 229 ff.
Fette 20, **226 ff.**
Fetthärtung 227
Fetthydrolyse 227 f.
Fettresorption 229
Fettsäuren 211 ff., 226 ff.
Fettsäuresynthese 231
Fettstoffwechsel 229 ff.
Fettverdauung 229
Feuchte Veraschung 50, 266
Fibrin 260 f.
Fibringel 258, 261
Fibrinogen 261
Filter 4, 340, 342
Filterphotometer 340
Filterrückstand 4
Filtration 4
Fischer-Tropsch-Synthese 190
Fischtran 226
Fixierbad 171
Fixiersalz 101
Fixierung, photographische 171
Fixpunktverschiebung 97
Flammen 18, 343
Flammenfarben 155 f.
Flammenphotometrie 337, 343 f.
Flavin 323
Flavin-adenin-dinucleotid 315, 323
Flavin-nucleotide 323
Fliehkraft 5
Fliessmittel 331 ff.
Fluor 12, 69, 70, 76, 106, 108, **137 f.**
Fluorapatit 138
Fluor-benzol 285
Fluorescein 298
Fluoreszenz 325, **342 f.**
Fluorimetrie 337, **342 f.**
Fluorit 342
Fluorwasserstoff 33, 51, **138**
Flussäure 33, 51, **138**
Flüssige Luft 18
Flussspat 137
Folien-Elektrophorese 265
Follikelhormon 309
Formaldehyd 205 f., **208,** 210
Formalin 208
Formamid 253
Formelindex **23,** 28
Formeln, chemische 22 ff.
– für Lösungsberechnungen 89 ff.
– für Photometrie 339 f.
– für stöchiometrische Rechnungen 148 ff.
– für Titrationen 132, 144
Formiate 211
Fraktionierte Salzfällung 263
Francium 11
Friedel-Crafts-Synthese 283, 296
Fruchtzucker 236
Fructose 232, 234, **236**
Fulminat 162
Fumarase 275
Fumarsäure **214,** 230
Furan 311
Furfural = Furfurol 311
Fuselöl 201

Galactosämie 236
Galactose **233,** 236
Galle 229, 307, 308, 316
Gallenfarbstoffe 315 f.
Gallengangverschluss 316
Gallensäuren 306, **308**
Gallensteine 307
Galvanisches Element 108
Gammaprozent 87
Gammastrahlen 38
Gärung 200, 216, 240
Gaschromatographie 332, **334**
Gasgleichung 152
Gasmoleküle, Bau der 22
Gebrannter Gips 101
– Kalk 53, 157
Gefrierpunkt 3, 97
Gefrierpunkterniedrigung 97
Gefriertrocknung 103
Gegenstromkühler 6
Gel **258,** 334
Gelatine 258
Gelbkörperhormon = Progesteron 309
Gelbsucht 316
Gelchromatographie 332, **334 f.**
Gel-Elektrophorese 266
Gelfiltration 332, **334 f.**
Gelöschter Kalk 19, **53**
Genauigkeit 88
Genetische Information 320 f.
Genfer Nomenklatur 188
Germanium 11
Gerüstproteine 262
Gesättigte Kohlenwasserstoffe 185 ff.

– Lösungen 97
Gestagene 309
Gicht 319
Gips **101,** 157
Gipsbrennen 101
Glandotrope Hormone 309
Glas 181
Glasätzen 138
Glaselektrode 346 f.
Glasfilter 4
Glaubersalz 101
Gleichgewicht, chemisches 82 ff., 278
–, eingefrorenes 85
Gleichgewichtskonstante 83
Gleichungen, chemische 28 ff.
Glimmer 159
Globin 314
Globuline 258, 260, **261**
Gluconeogenese 241
Gluconsäure **238,** 275
Glucosamin 239
Glucose 233 ff., **236**
Glucoseabbau 240
Glucosebestimmung 275
Glucoseoxidase 238, 275
Glucoside **238,** 317
Glucuronide 238, **316**
Glucuronsäure **238,** 310, 316
Glutamat-Pyruvat-Transaminase 274, 276, **277**
Glutamin 251 f.
Glutaminsäure 251, **252,** 254, 277
Glutarsäure 211
Glutathion 255
Glycerin 201
Glycerinaldehyd 232, 235
Glycerin-ester 222 f., 226 ff.
Glycerin-monoester 229
Glycerinsäure 216
Glycerintrinitrat 223
Glycin **251,** 308, 313
Glycinpuffer 127
Glycocoll **siehe** Glycin
Glycogen **237,** 240
Glycol **201,** 298
Glycolsäure 216
Glycolyse 240 ff.
Glycoproteide 260, **262**
Glycosidbindung 234
Glycoside 238
Glyoxal 209
Gold 2, 107
Goldsol 257
Gonadotropine 309
Gooch-Tiegel 5, 66
Gramicidin 255
Grammatom 44
Grammolekül 44
Grauspiessglanz 165
Gravimetrie 66
Grignardsche Verbindungen 195
Grignard-Synthese **207,** 212, 285
Grundstoffe 11
Gruppen der Elemente 35
Gruppennummern 35
Guanidin 248
Guanin 319 ff.

Halbacetal 208, 233 f.
Halbedelmetalle 33
Halbmetalle 11, 36
Halbstrukturformeln 187
Halbwertszeit 39
Halogenaddition an Doppelbindungen 192, 226
Halogen-alkane **194,** 198, 203
Halogen-alkene 194
Halogen-carbonsäuren 214 f.
Halogene 59, 137 ff.
Halogengruppe 35, 137
Halogenidnachweis 66
Halogen-kohlenwasserstoffe 194 f., 284 f.
Halogenlampe 174
Halogenwasserstoffe 33, **137**
–, Bildungswärmen 79
Häm 313 ff.
Hämatit 177
Hämiglobin 314
Hämiglobin-Reduktase 314
Hämoglobin 21, 44, 151, 256, 263, 287, **313 ff.**
Hämoglobinabbau 315 f.
Hämoglobin, Absorptionsspektren 340
Hämolyse 99
Harnpflichtige Stoffe 264
Harnsäure 163, **319**
Harnsäurebestimmung, enzymatische 275
Harnsteine 65, 164, 252, 319
Harnstoff 162 f., 184, **253 f.**
Harnstoffbestimmung **254,** 275
Harnstoffbiosynthese 254
Harnstoffsynthese nach Wöhler 184
Härte von Strahlen 39
Härte von Wasser 31, 157
Hauptgruppen 35
Heizöl 190
Helium 17
Helix 256
Hepatitis 316
Heptamolybdänsäure 174
Heptan 186
Heptanol 199
Heptylalkohol 199
Heroin 247
Heteroelemente 311
Heterozyklische Verbindungen 311 ff.
Hexachlor-äthan 195
Hexachlor-benzol 284 f.
Hexadecanol 199
Hexamethyl-benzol 283
Hexan 186 ff.
Hexanal 206
Hexanol 199
Hexanon 206
Hexatrien 281
Hexokinase 274, 275
Hexosen 232
Hexylalkohol 199
H-Form von Ionenaustauschern 111 f.
Hippursäure 297
Histamin 317
Histidin 251 f., 313 f., 317
Histone 260 f., 320
Hitzedenaturierung 257
Hitzekoagulation 257
Hochofenprozess 73, **177**
Hochungesättigte Fettsäuren 231
Holoenzym 270
Holzzucker 238
Homologe Reihe 185
Honig 237
Hormone 240, 255, 294, 295, 308, **309**
Hornsubstanz 262
Hydratationswärme 95
Hydratbildner 95, 101
Hydratbildung 71, 95
Hydrate 101
Hydrathülle 71
Hydrazin 108, **161,** 208
Hydrazon 208
Hydrierung **192,** 227, 301
Hydrochinon 292 ff.
Hydrochloride 246, 250
Hydrogencarbonat 54, 113, 118
Hydrogencarbonatpuffer 127
Hydogensalze 61
Hydrolasen 274
Hydrolyse **121 ff.,** 222, **227 f.,** 239, 253, 254, 255, 267, 288
Hydroniumion 71
Hydrophile Gruppen 198
Hydrophobe Gruppen 198
Hydroxide 18, 32
Hydroxidionen 48
Hydroxy-benzole 291 ff.
Hydroxy-buttersäure 216 f.
Hydroxy-carbonsäuren 207, 215 ff.

Hydroxy-essigsäure 216
Hydroxylamin **161**, 208
Hydroxylgruppe 48 ff., 196 f., 291 f.
Hydroxylionen 48 ff.
Hydroxy-methyl-furfural 311
Hydroxy-naphthalin 300
Hydroxy-prolin 252
Hydroxy-propionsäure 216
Hydroxy-toluol 291, 293
Hygroskopische Stoffe 50, **102**, 201
Hyperglykämie 240
Hypertonische Lösungen 98
Hypophyse 309
Hypophysenhormone 255
Hypotonische Lösungen 98

Identifikation von Stoffen 330 f.
Ikterus 316
Imidazol 317
Imide 253
Imine 247
Imino-harnstoff 248
Iminosäure 270
Immunglobuline 261
Impfen von Lösungen 100
Indanthrenblau RS 302
Indigo 317
Indikatoren 19, 119 ff, 131, 134
Indikatorreaktion 278
Indikatorumschlag 120
Indirektes Bilirubin 316
Indol 317
Indoxyl 317
Initialzünder 161
Innere Salze 250, 290
Innersekretorische Drüsen 309
Insektizide 285
Insulin 240
Internationale Enzymeinheit 276
Intrazellulärflüssigkeit 113
Inulin 238
Invertseifen 229, 247
Invertzucker 237
Ionen 47 ff.
Ionenaustauschchromatographie 332 f.
Ionenaustauscher 110 ff., 333
Ionenaustauscherwasser **31**, 112
Ionenbildung 69
Ionenbindung 69 f.
Ionengleichgewicht 113
Ionenkonzentrationen 112 f.
Ionenladungen 47 ff.
Ionenprodukt 113 f.
Ionentheorie 47 ff., 104 ff.
Ionogramm 113
Irreversible Fällung 257

Isobutan 187
Isobutanol 199
Isobutylalkohol 199
Isocyansäure 162
Isoelektrische Focussierung 266
Isoelektrischer Punkt 259 f., 265 f.
Isoionischer Punkt 250
Isoleucin 251
Isolierung von reinen Stoffen 3 ff., 329
Isomerasen 275
Isomerie 187, 192, 218, 224, 280 f., 299 f.
Isophthalsäure 298
Isopren 305, 307
Isopropanol 199
Isopropylalkohol 199
Isothermdestillation 102
Isotonische Lösungen 98
Isotope 37 ff.
Isozyklische Verbindungen 280 ff.

Javellewasser 139
Jod 12, 73, 75, 76, 108, 137, **141 f.**
Jodlösung 141
Jodnachweis 141 f.
Jodoform 196
Jodometrie **143 ff.**, 178, 226
Jodsäure 60
Jod-Stärke-Additionsverbindung 141, 143
Jodtinktur 141
Jodwasserstoff 51, 73, 82, **142**, 144
Jodzahl 226

K siehe auch unter C
Kalilauge 19, 32, **53**, 55,
Kalium 12, 19, 32, 76, 107, **156**
– im Blut 113
Kaliumaluminiumsulfat 62, 101
Kaliumbichromat = Kaliumdichromat 76, 173
Kaliumborat 60
Kaliumbromat 60
Kaliumbromid 60, 96
Kaliumcarbonat 60
Kaliumchlorat 18, 24, 60, 76, 96
Kaliumchlorid 60, 96
Kaliumchlorit 60
Kaliumchromat 96
Kaliumcyanid 60, 63, 123, 212
Kaliumdichromat 76, 173
Kaliumdihydrogenphosphat 61, 122
Kaliumferricyanid 169 f.
Kaliumfluorid 60

Kalium-hexachloroplatinat 170
Kalium-hexacyanoferrat 169 f., 235, 314
Kaliumhydrogensulfid 243
Kaliumhydrogentartrat 217
Kaliumhydroxid 19, 24, 32, **53**, 55
Kaliumhypochlorit 60, 76
Kaliumisotope 40
Kaliumjodat 60, 142, 146
Kaliumjodid 60, 105
Kaliummanganat 174
Kalium-natrium-tartrat 217
Kaliumnitrat 60, 63, 96
Kaliumnitrit 60
Kaliumoxid 19, 24, 25
Kaliumperchlorat 60, 96
Kaliumpermanganat 26, 29, 76, 96, **175**
Kaliumphosphat 60, 61, 122
Kaliumsulfat 60
Kaliumsulfid 60
Kaliumsulfit 60
Kalium-tetrachloroaurat 170
Kalium-tetrajodomercurat 170
Kaliumthiosulfat 60
Kalk, gelöschter 19, 157
Kalkbrennen 157
Kalklöschen 157
Kalkmilch 53
Kalkseifen 228
Kalkstein 157
Kalomel 179
Kalomelelektrode 345 f.
Kalottenmodell 189
Karbol 293
Katalase 77, 273
Katalysatoren 20, 78, 80, 83, 85, 192 f., 194, 200, 288
Katalyse 271 ff.
Kathode 10, 104
Kationen 104 ff.
Kationenaustauscher 110 f.
Kautschuk 193
Keimdrüsenhormone 309 f.
Kephalin 231
Keratin 260, **262**
Kernladungszahl 34
Kernreaktionen 38 ff., 81
Kernseifen 228
Kesselstein 157
Keto-carbonsäuren 215 ff.
Keto-Enol-Tautomerie 224, 318
Ketoform 224
Keto-glutarsäure 216, 230, 277
Ketohexosen 232
Ketone 205 ff., 295 f.
Ketonkörper 217
Ketonsprit 209
Ketosäuren 215 ff., 270

Ketosen 232
Ketosteroide 310
Ketoxim 208
Kieselgur 223
Kieselsäure 51, 258
Kinasen 274
Kinetische Enzymbestimmung 276
Kjeldahl-Analyse 266
Kleister 237
Klopffestigkeit 180
Knallgas 13, 15, 33, **84,** 271
Knallgasgleichgewicht 84, 85
Knallsäure 162
Koagulation 257
Kobalt 107
Kochsalz 59, 97, 104, 111, 138 f.
Kochsalzelektrolyse 104, 156
Koeffizienten 28
Kohlendioxid 8, 17–20, 22 24, 26, **52,** 63, 65, 96, 152
Kohlendioxid-Assimilation 78
Kohlendioxid, Entfernung aus Luft 17
Kohlenhydrate 20, 232 ff.
Kohlenhydratstoffwechsel 239 ff.
Kohlenmonoxid 22, 26, 73, 76, 175, 213, 314
Kohlensäure 19, 24, 31, 51, **52,** 65, 118, 127, 216
Kohlensäuredichlorid 220
Kohlensäure-ester 224
Kohlensäurefreies Wasser 31, 96
Kohlenstoff 12, 19, 76
Kohlenstoffgruppe 35
Kohlenstoffisotope 40
Kohlenstoffketten 184 ff.
Kohlenstofftetraeder 189
Kohlenwasserstoffe 185 ff.
Kokosfett 226, 227
Kolloidale Lösungen 237, 257 ff.
Kolloide 257 ff., 263 f.
Kolloidfällung 258 f.
Kolloidlabilitätsproben 259
Kolloidnatur der Proteine 257 ff.
Kolorimetrie 337 f.
Kompetitive Hemmung 273
Komplementäre Basen 320
Komplexbildung 168 ff., 323 ff.
Komplexe 168 ff., 313, 323 ff.
Komplexometrische Titration 325
Komplexsalze 169 f.
Komplexverbindungen 168 ff., 323 ff.
Komplexzerfallskonstanten 169
Kondensation 6, 203, 221, 234
Kondensationspunkt 3
Kondensierte Ringsysteme 299
Konformation 256
Kongorot 120
Königswasser 50, 170
Konjugation 316
Konjugierte Doppelbindungen 191, 280
Konkurrenzhemmung 273
Konstante Proportionen 14
Konzentrationsberechnungen 88 ff.
Konzentrationseinheiten 87
Konzentrationslöschung 343
Konzentrationspotentiale 128, 345 ff.
Koordinationsverbindungen 168 ff., 323 ff.
Koordinationszahl 168
Koproporphyrine 313
Korund 159
Kovalente Bindung 68
Kreatin 248
Kreatinin 163, **248,** 294
Kreatinin-Clearance 248
Kreatinkinase 274, 276
Krebs-Zyklus 230
Kresol 29', 293
Kristallgitter 59
Kristallisation 7, 99 f.
Kristallkeime 100
Kristalloide 258, 264
Kristallsoda 101
Kristallstruktur 3, 59
Kristallwasser 101
Kristallwasserhaltige Salze 101
Kryolith 138, 159
Krypton 17
Kühler 6
Kumulierte Doppelbindungen 191
Künstliche Niere 264
Küpenfarbstoff 317
Kupfer 12, 26, 27, 33, 73, 75, 105–107 **178,** 345
Kupfer-Ammoniak-Komplex 168 f.
Kupfercarbonat 62
Kupfercyanid 288
Kupferelektrode 345
Kupferglanz 178
Kupferhydroxid 53, 64, 168 ff.
Kupferjodid 27, 142
Kupferkies 166, 178
Kupferkomplexe **168 ff.,** 178, 235, **323**
Kupfernachweis 178
Kupfernitrat 75
Kupferoxide 26, 73, 235
Kupfer-Peptid-Komplex 323
Kupferphosphat 58
Kupfersulfat 64, **101,** 105, 149, **178**
Kupfersulfid 128

Laborwaage 90
Lachgas 161
Lackmus 19
Lactalbumin 261
Lactase 240
Lactat 216, 278
Lactatdehydrogenase 278
Lacton 222, 239
Lactose 236
Lambert-Beersches Gesetz 338 ff.
Landolt-Reaktion 142
Lanthaniden 35, 36
Latentes Bild 171
Laugen 18 f., **52**
Laurinsäure 211
Laurylalkohol 199, 201
Laurylsulfat 229
Lävulose 237
Le Chatelier, Prinzip von 85
Lecithin 231 f.
Leerprobe 277, 341
Leerwert 277, 341
Leichengift 247
Leichtbenzin 190
Leichtmetalle 18, 32, 155 ff.
Leichtmetalloxide 18 f., 49
Leiter 11
Leitfähigkeit 3, 47
Leitungswasser 31, 112
Leuchtpetrol 190
Leucin 251
Leucoform 317
Lewis-Formeln 68
Lichtabsorption 119
Lichtabsorptionsspektren 340
Lichtbrechungsindex 3, 182
Lichtdurchlässigkeit von Glas 182
Lichtemission 155, 342 f.
Liganden 168
Ligasen 275
Ligroin 190
Liköre 200
Limonen 305
Linienspektren 340, 343
Linolensäure 231
Linolsäure 231
Lipämie 229
Lipide 231
Lipoide 231, 306 ff.
Lipophile Gruppen 198
Lipolyse 230
Lipoproteide = Lipoproteine 230, 258, 262, 307

Lithium 69, 107, 155 f.
Logarithmus 115
Lokalbetäubungsmittel 247
Loschmidtsche Zahl 44
Lösen und Kristallisieren 87 ff.
Löslichkeit 3, 7, 8, 96
Löslichkeitskurven 96, 100
Löslichkeitsprodukt **128 f.**, 214, 345
Lösungen 87 ff.
–, Zubereitung von 90
Lösungsberechnungen 91 ff.
Lösungsvorgang 95
Lösungswärme 95
L-Reihe optischer Isomerer 218
Luft und Sauerstoff 17 ff.
Lugolsche Lösung 141
Luminol 78
Lyasen 275
Lyophilisieren 103
Lysin **251 f.**, 269
Lysol 293

Magensäure 112, 139
Magnesium 12, 13, 76, 107, 156, **157**, 315
Magnesiumammonium-phosphat 62, 65, 157
Magnesiumcarbonat 65
Magnesiumhydroxid 53, 65, 157
Magnesiumoxid 13, 24
Magnesiumsulfat 157
Magneteisenstein 177
Magnetit 177
Makromoleküle 110
Malat 217
Malonsäure 211, 214, 274
Maltase 240
Maltose 234, **236**, 239
Malzzucker 234, **236**
Mandelsäure 299
Mangan 12, 107, **174 f.**
Mangandichlorid 29
Mangandioxid 174
Manganheptoxid 174
Manganometrie 175
Mangansulfid 174
Mannit 201
Markierung, radioaktive 40 f.
Markownikow, Regel von 192
Marmor 157
Masseinheiten 45
Massenerhaltungsgesetz 13, 28
Massenspektrographie 37
Massenwirkungsgesetz 82 ff.
Meerwasser 116, 156, 157
Mega- 45
Mehrwertige Alkohole 201
Mehrzähnige Liganden 323
Melanin 252
Membranen 98, 263 f.
Mennige 180
Menthol 305
Mercaptan 243
Mercurimetrie 139
Mescalin 247
Mesomerie 212, 280, 299
Messenger-Ribonucleinsäure 321
Messing 178
Meta 207
Metalle und Nichtmetalle 11, 36
Metallhydride 33
Metallkomplexe, anorganische 168 ff.
–, organische 323 ff.
Metalloxide 18 f., 49
Metallproteide 260, **262**
Metaphosphorsäure 49, 163
Metastabiler Zustand 85
Metastellung 281
meta-Xylol 283
Methacrylsäure-ester 214
Methämoglobin 286, 314
Methan 22–24, 33, **186**
Methanal 206
Methanol 198 f., **200**, 210
Methionin **251**, 270
Methoxy-benzol 295
Methyl-acetylen 193
Methylalkohol 198 f., **200**
Methyl-amin 245
Methyl-ammoniumhydroxid 246
Methyl-benzol 281
Methyl-butadien 305
Methylchlorid 195
Methylenchlorid 195
Methylengruppe 188
Methylenjodid 194
Methylgruppe 188
Methylorange 19, 120, 121, **290**
Methyl-pentandial 205
Methyl-phenol 293
Methyl-phenyl-äther 295
Methyl-phenyl-keton 296
Methyl-propanol 199
Methyl-propyl-keton 206
Methylrot 120
Mikro- 45
Mikrowaage 90
Milchfett 226
Milchglas 183
Milchsäure **216**, 218, 240
Milchzucker 236
Milliäquivalent 132 ff.
Milligrammprozent 87
Millival 132 ff.
Mineralsäuren 50
Mischbare Lösungsmittel 99
Mischschmelzpunkt 330
Mischungsrechnung 94
Mittelöl 190
Mobile Phase 331 ff.
Modifikationen 76, 163 ff.
Mohrsches Salz 177
Mol 44, 87
Molare Gefrierpunkterniedrigung 97
Molarer Extinktionskoeffizient 339
Molare Siedepunkterhöhung 97
Molarität 87
Molarlösungen 87 ff.
Molekulargewicht 43
Molekularkrankheiten 256
Moleküle und Atome 9 f.
Molekülsieb 263, 335
Molisch-Reaktion 235, 311
Molvolumen 45
Molybdän 174
Molybdänglanz 174
Molybdänsäure 174
Monoamino-dicarbonsäuren 249 ff., 259
Monoamino-monocarbonsäuren 249 ff.
Monocarbonsäuren 210 ff.
Monochlor-essigsäure 215
Monochromatisches Licht 338 ff.
Monosaccharide 232
Morphin 247
Most 200
Muscon 304
Muskeleiweiss 262
Muskelfasern 262
Mutterlauge 100
Myosin 260, **262**
Myristinsäure 211

Nachtblindheit 306
Nachweis von Säuren und Basen 19
Nachweisreaktionen 18, 19, 66, 330 f.
NAD, NADH 278, 314 f., **322 f.**, 340
Nano- 45
Naphthacen 301
Naphthalin 298 ff.
Naphthalin-sulfonsäure 300
Naphthoesäure 300
Naphthole 300
Naphthyl-amin 300
Narkotika 196, 203
Naszierender Sauerstoff 77
– Wasserstoff 76
Nativzustand 256
Natrium 12, 13, 19, 32, 76, 107, **156**

Natriumacetat 124 f.
Natriumalkoholat 195
Natriumbenzoat 297
Natriumbicarbonat 61, 122
Natriumbisulfat 61
Natriumbisulfit 61
Natriumborat 136
Natriumcarbonat 60, 62, 64, 101, 122, 148, 152
Natriumchlorid 2, 14, 24, 58, 59, 62, 64, 96, 104
Natriumdithionit 167
Natriumfluorid 138
Natriumformiat 213, 214
Natriumhydrogencarbonat 61, 122
Natriumhydrogensulfat 61
Natriumhydrogensulfit 61
Natriumhydroxid 19, 24, 28, 32, 49, **52,** 53, 55, 59
Natriumhypobromit 141
Natriumhypochlorit 139
Natriumisopropylat 222
Natriumjodat 141
Natriumnitrat 62, 63, 96
Natriumnitroprussiat 170
Natriumoxalat 175, 214
Natriumoxid 19, 24, 28, 49
Natrium-pentacyano-mono-nitrosoferrat 170
Natriumphenolat 291
Natriumsulfat 59, 101
Natriumsilfid 62, 63
Natriumsulfit 142
Natriumthiosulfat 100, 101, 171
Natronkalk 132
Natronlauge 19, **52 f.,** 105, 156
Nebengruppen 35
Nebennierenhormone 294, 310
Nebenschilddrüse 158
Negativbild 172
Nektar 237
Neodym 35
Neon 17
Nephelometrie 337, **342**
Nesslers Reagens 160
Netzmittel 223, 228 f., 247
Neusilber 178
Neutrales Milieu 114 f.
Neutralisation 55 ff.
Neutralisationsgleichungen **58 f.,** 79
Neutralisationswärme 79
Neutralpunkt 117, 134
Neutronen 34 ff.
Nichtelektrolyte 47, 185 ff.
Nichtleiter 11, 47
Nichtmetalle 11, 18, 36
Nichtmetallhalogenide 137
Nichtmetalloxide 18
Nickel 107, 210
Nickel-Dimethyl-glyoxim-Komplex 324
Nicotin 247, 318
Nicotinamid-adenin-dinucleotid 273, 315, 322 f.
Nicotinsäureamid 318
Nierensteine 65, 158, 214, 252, 319
Ninhydrin 267
Nitranilin 286
Nitrate 161 f.
Nitratnachweis 161
Nitriersäure 222, 285
Nitrierung 285
Nitrile 247
Nitrite 52
Nitro-benzol 76, 151, **285 f.**
Nitroglycerin 223
Nitrogruppe 285
Nitro-naphthalin 300
Nitro-phenol 276, 292
Nitro-phenylphosphat 276, 295
Nitroprussidnatrium 170
Nitrose Gase 50, 161
Nitro-toluol 288
Nitroverbindungen 285
Nitrozellulose 223
Nomenklatur der Salze 60
– organischer Verbindungen 188
Nonan 186
Noradrenalin 294
Normalbedingungen 152
normal-Butan 187
normal-Butanol 199
Normalität 88, 143
Normallösungen 88 ff., 143, 175
Normalpotentiale 107, 344 ff.
normal-Propanol 199
Normal-Wasserstoffelektrode 106
Nucleinsäuren 268, **319 ff.**
Nucleoproteide 260, 262, 320
Nucleoside 322
Nucleotide 322
Nukleonen 34
Nulläres C 197
Nylon 254, 304

Octadecanol 199
Octan 186
Octanal 206
Octanol 197, 199, **201**
Octapeptide 255
Octylalkohol 197, 199, **201**
Ocytocin 255
OH-Form der Ionenaustauscher 111 f.
Oktett 68
Öle 190, 226 ff.
Olefine 190 ff.
Oleum 167
Oligopeptide 255
Öllauge 52
Ölsäure **214,** 226, 227
Optische Aktivität 218 f.
– Antipoden 218 f., 233
– Drehung 218 f.
– Isomere 218 f., 233
Orbitale 37
Ordnungszahl 35, 38 f.
Organische Chemie und Biochemie 184 ff.
– Verbindungstypen, Übersicht 326 ff.
Ornithin 254
Orthophosphorsäure 163
Orthostellung 281
ortho-Xylol 282, 283
Osmium 2
Osmose 98
Osmotischer Druck 98
Östradiol 309
Östriol 309
Östrogene 309
Östron 309
Ovalbumin 261
Ovulationshemmer 309
Oxalate 211
Oxalessigsäure 230, 269
Oxalsäure 211, 214
Oxalsäure-dimethylester 221
Oxidation 18, 20, 72 ff., 241 f.
Oxidationsmittel 72 ff., 76, 108, 140
Oxidationsstufen 26
Oxidationszahl 75
Oxidative Desaminierung 270
Oxide 18 f., 25, 26, 29, 72 f.
Oxidimetrische Titration 143 ff., 175
Oxidoreduktasen 274
Oxim 208
Oxoverbindungen 205
Oxy-hämoglobin 21, 314, 340
Oxytocin = Ocytocin 255
Ozon 76

Palmitinsäure 211, 213, 226
Pankreassekret 229, 239, 268
Pantothensäure 323
Papierchromatographie 332, 335 ff.
Papier-Elektrophorese 265
Paraffine 185 ff.
Paraffinöl 190
para-Nitro-phenol 276, 292
para-Nitro-phenylphosphat 276, 295

Parastellung 281
Parathormon 158, 308
para-Xylol 283
Patina 62
Penicillin 255
Pentachlor-benzol 284
Pentahydroxy-pentan 197
Pentan 186 f., 189
Pentanal 206
Pentanol 199, **201**
Pentanon 206
Pentanpentol 197
Pentin 193
Pentosen 232, **236**
Pepsin 267
Pepsinogen 268
Peptidasen 268
Peptidbindung 255
Peptide 254 f.
Peptone 268
Perchlorsäure **50,** 51, 76, 108, 140, 263
Perhydrol 77
Periodensystem 34 ff., Buchdeckel
Permanente Härte 157
Permanganate 175
Permangansäure 108, 175
Permutite 110
Peroxidase 275
Peroxide 77
Petroläther 190
pH-Bestimmung 120 f., 346 f.
pH-Messung, elektrische 346 f.
pH-Meter 346 f.
pH-Optimum von Enzymen 273
– von Puffern 126 f.
pH-Verschiebungen 117
pH-Wert 113 ff.
– verschiedener Flüssigkeiten 116
Phäochromocytom 295
Phenanthren 301
Phenanthrolin 324
Phenol 288, 289, **291 ff.**
Phenolat 291 f.
Phenol-äther 295
Phenol-ester 295
Phenolische Hydroxylgruppe 292
Phenolphthalein 19, 120, 121, **292 f.**
Phenolrot 19, 120
Phenyl-alanin **251 f.,** 269
Phenyl-ammoniumchlorid 287
Phenyl-äthylalkohol 295
Phenylendiamin 286
Phenyl-essigsäure 282, 299
Phenylgruppe 282
Phenyl-magnesiumbromid 285
Phenyl-propanol 285
Phloroglucin 293
Phosgen 220
Phosphatasebestimmung 276 f.
Phosphatasen 272, **276**
Phosphatide 231 f.
Phosphatnachweis 164
Phosphatpuffer 126, 127
Phosphin 163
Phospholipide 231 f.
Phosphoproteide 260, 262
Phosphor 12, 19, 29, **163 f.**
Phosphorbedarf des Menschen 164
Phosphorige Säure 108, 163
Phosphorit 163
Phosphoroxychlorid 164
Phosphorpentachlorid 164
Phosphorpentoxid 19, 24, 26, 29, 102, 163
Phosphorsäure 19, 24, 29, **50,** 51, 57, 163
Phosphorsäure-anhydrid 49, 163
Phosphorsäure-ester 223, 276, 320 ff.
Phosphorstoffwechsel 164
Phosphortrichlorid 164, 220
Phosphorwasserstoff 163
Photographie 171
Photolyse 78, 138, 171, 315
Photometer 340 f.
Photometrie 337 ff.
Photozelle 338 f.
Phthalatpuffer 127
Phthalsäure 298
Phthalsäure-anhydrid 298
Physikalische Trennmethoden 3 ff., 329, 331 ff.
Physiologie des Calciums 158
– der Fette 229 f.
– des Jods 141
– der Kohlenhydrate 239 ff.
– des Phosphors 164
– der Proteine 267 ff.
– des Schwefels 270
Phytol 315
Pico- 45
Pikraminsäure 235
Pikrate 294
Pikrinsäure 235, 248, 263, **293 f.**
Pinen 305
Piperidin 318
pK-Wert 118
pK-Werte von organischen Basen 249, 312, 318
– von organischen Säuren 211, 215–217, 298
– von Phenolen 292
Plasma 262
Plasmaeiweiss 261
Platin 2, 106, 107
Plexiglas 214
Polare Moleküle 70
Polarimeter 219
Polarimetrie 219
Polarisiertes Licht 218
Polarisierung 70
Polyacrylamid 258, 266
Polyamide 254
Polyäthylen 193
Polyene 191
Polyester 298
Polyfructose 238
Polyglucose 238
Polykondensat 237, 254, 255, 298
Polymerisation 193
Polypeptide 255
Polypropylen 193
Polysaccharide 232, **237 f.**
Polystyrol 283
Polytetrafluor-äthylen 196
Polyvinylchlorid 196
Polyzyklische Aromaten 301
Porphin 312
Porphobilinogen 313
Porphyrine 312, 315, 342
Prozellanfilter 5
Positivbild 172
Potential 106
Potentiometrische Analyse 344 ff.
ppm, ppb 87
Praseodym 35
Primäre Alkohole 197 ff., 205, 210
– Amine 245 ff.
Primäres C 197
– Phosphat 61
Primärfilter 342
Primärlicht 342
Primärstruktur der Proteine 255 f., 267
Prinzip von Le Chatelier 85
Proenzyme 268
Progesteron 309
Prolin 251 f.
Promethium 11, 35
Propan 186
Propanal 206
Propanol 198 f., 201
Propanon 206
Propantriol 201
Propen 191
Propenal 209
Propensäure 214
Propin 193
Propionaldehyd 206
Propionsäure 211, 212, **213**

Propylalkohol 198 f., 201
Propylen 191
Propylgruppe 188
Prostata-Phosphatase 276
Prosthetische Gruppe 260, 270
Proteasen 267
Proteide 260, **262 f.,** 270
Proteinabbau 267 f., 270
Proteinanalysen 263 ff.
Proteine 255 ff.
Proteinfällung 263
Proteinstoffwechsel 267 ff.
Proteinsynthese 268 f., 319 ff.
Proteolytische Enzyme 267
Protium 38
Protonen 34 ff.
Protoporphyrin 313
Provitamin A 305
– D 308
Prozentgehalt 87
Psychopharmaka 155
Puffer **124 ff.,** 260, 333
Pufferkapazität 125
Puffer-Optimum 125 f.
Purine 319 ff.
PVC 196
Pyrazol 317
Pyren 301
Pyrexglas 182
Pyridin 318
Pyridiniumchlorid 318
Pyridin-nucleotide 323
Pyrimidin 318, 320
Pyrit 166
Pyrogallol 293
Pyrolyse 193
Pyrophosphorsäure 163
Pyrosäuren 49
Pyroschwefelsäure 49
Pyrrol 311
Pyrrolidin 312
Pyruvat **216,** 277, 278

Qualitative Analyse 1, 66, 330 f.
Quantitative Analyse 1, 66, 131 ff., 139, 143 ff., 175, 330 ff.
Quartäre Ammoniumbasen 245
Quartäres C 197
Quartärstruktur der Proteine 256
Quarz 181
Quarzglas 181
Qecksilber 2, 9, 107, **179,** 324
Quecksilberazid 161
Quecksilberchlorid 65, 139, 168, 179
Quecksilberdampflampe 340
Quecksilber-Dithizon-Chelat 324
Quecksilberjodid 65, 142, 168
Quecksilberkomplexe 168 ff., 324
Quecksilbernitrat 140, 179
Quecksilberoxid 9, 24, 79
Quecksilbervergiftung 179
Quenching 343

Racemate 219
Radioaktive Isotope 38 ff., 158
Radium 156
Radon 17
Ranzigkeit der Fette 227
Rationelle Namen organischer Verbindungen 186, 188
Rauchende Salzsäure 50
– Schwefelsäure 50, 167
Reagenslösungen 91
Reaktionen 1., 2. und 3. Ordnung 81
Reaktionsgeschwindigkeit 80 ff.
Reaktionskette 151 f.
Realgar 164
Redoxäquivalent 143
Redoxpotential 108
Redoxvorgänge 72, 104, 143, 205, 315
Reduktone 235
Reduktion 72 f.
Reduktionsmittel 72, 76, 108, 171, 239, 292
Reduktionsmitteln, Titration von 145
Reduktionsproben 235
Regel vom kleinsten Zwang 83
Reine Stoffe 2 ff.
Replikation 321
Resorcin 293, 298
Retinal 305 f.
Retinol 306
Reversible Fällung 263
Rf-Wert 337
RGT-Regel 80, 272
Rhodanid 162
Rhodanwasserstoff 162
Rhodopsin 305
Ribit 201
Ribonuclease 321
Ribonucleinsäuren 320 f.
Ribose 236, 242, 320 ff.
Ribosomen 321
Ribosomen-RNA 321
Riesenionen 110
Riesenmoleküle 110, 237, 255 ff.
Rindenhormone 310
Ringform der Zucker 234
RNA 268, 320
Roheisen 177
Rohöl 190
Rohrzucker 153, 234 ff.
Rost 33
Roteisenstein 177
Rotgiltigerz 165
Rubidium 156
Rubin 159

Saccharase 237, 240
Saccharidbindung 234
Saccharin 291
Saccharose 234 ff.
Salicylsäure 299
Salmiak 160
Salpetersäure **50,** 51, 75, 76, **161**
Salpetersäure-anhydrid 49, 161
Salpetersäure-ester 222
Salpetrige Säure 51, **52,** 75, 161, 287 f.
Salze **55 f., 59 ff.,** 212 246
Salzsäure 33, **50,** 51
Sandmeyer-Reaktion 288
Saphir 159
Saponine 307
Sauerstoff 8, 9, 12–15, **17 ff.,** 24, 25 f., 72 ff., 76, 78, 314
Sauerstoffakzeptoren 73
Sauerstoffbedarf 21
Sauerstoffdonatoren 73
Sauerstofffreie Säuren 51, 60
Sauerstoffgruppe 35, 166 f.
Sauerstoffkreislauf 20 f.
Sauerstofftransport im Blut 21, 314
Säulenchromatographie 332 ff.
Säureamide 252 ff.
Säureanhydride **49,** 59, 102
Säure-Basen-Indikatoren 19, 119 ff.
Säure-Basen-Puffer 124
Säurebildende Metalle 173 ff.
Säurebildner 59
Säurechloride **219 f.,** 222, 253
Saure Farbstoffe 290
Säurehalogenide 219 f.
Säuren 18 f., **48 ff., 114 ff.,** 210, 289, 296
Saure Phosphatase 273, 276
Säurerest 48
Saure Salze 61
Scheidetrichter 8, 246
Schiessbaumwolle 223
Schiffsche Basen 247
Schilddrüse 141
Schilddrüsenhormone 295
Schlafmittel 209, 253
Schlämmen 4
Schleimstoffe 262
Schmelzpunkt 2, 3
Schmelzpunktverschiebungen 97
Schmelzwärme von Wasser 79

Schmieröl 190
Schmierseifen 228
Schutzkolloide 258
Schwache Säuren und Basen 118
Schwangerschaftshormon 309
Schwefel 12, 13, 19, **166 f.**
Schwefelbestimmung 149
Schwefelblumen 166
Schwefeldioxid 19, 24, **166 f.**
Schwefeleisen 13
Schwefelkies 166
Schwefelkohlenstoff 242
Schwefelsäure 14, 24, 26, **49,** 51, 55, 56, 59, 61, 64, 102, **167**
Schweflsäure-anhydrid 49, 167
Schwefelsäure-ester 223
Schwefeltrioxid 22, 49, 167
Schwefelverbindungen, aliphatische 242 f.
–, heterozyklische 311, 317
Schwefelwasserstoff 23, 33, 51, 52, 55, 65, 73, 76, 108, **166**
–, jodometrische Titration von 146
Schweflige Säure 19, 24, 51, 65, 76, 108, **167**
Schwerbenzin 190
Schwerer Wasserstoff 38
Schweres Wasser 38
Schwermetallbestimmung 324, 344
Schwermetalle 177 ff.
Schwermetallhydroxide 53, 65
Schwermetalloxide 18, 73, 173 f.
Schwermetallsulfide 65, **166**
Schweröl 190
Schwerspat 158
Sediment 5
Sedimentationszeit 6
Sehpurpur 305
Seidenfibroin 260
Seifen 227 f.
Seignettesalz 217
Sekundäre Alkohole 197, 199, 205, 210
– Amine 245 ff.
Sekundäres Butanol 199
– C 197
– Phosphat 61
Sekundärfilter 342
Sekundärlicht 342
Sekundärstruktur der Proteine 256
Selen 167
Selenzelle 167
Seltene Erdmetalle = Lanthaniden 35
Semipermeable Membran 98
Senfgas 243
Sephadex 334
Sequenz der Aminosäuren 256, 267
Serin **251,** 262, 269
Serotonin 317
Serum 262
Serumalbumin 261
Serumbicarbonat 113
Serumcalcium 113
Serumchlorid 113
Serumeisen 178
Serumelektrolyte 112
Serumenzyme 275 f.
Serumglobuline 261
Serumkalium 113
Serummagnesium 113
Serumnatrium 113
Serumphosphatasen 276
Serumproteine 261
Sesselform 303
Sexualhormone 309 f.
Sichelzellanämie 256
Sicherheitsglas 182
Sicherheitssprengstoffe 223, 286
Siderophilin 178, 262
Siedekapillare 7
Siedepunkt 2, 3, 6
Siedepunktverschiebung 97
Silber 2, 107, 171 f.
Silber-Ammoniak-Komplex 169 f.
Silberazid 161
Silberbromid 65, 66, 128, 171
Silbercarbonat 66
Silberchlorid 62, 63, 65, 66, 128
Silberhalogenide 171 f.
Silberjodid 65, 66, 128, 142
Silberkeime 171
Silberkomplexe 168 ff., 207, 213, 235
Silbernitrat 62, 63, 66
Silberoxid 10
Silberpermanganat 175
Silberrhodanid 162
Silberspiegel 207, 235
Silber-Thiosulfat-Komplex 170 f.
Silicagel 102, 332
Silicium 11, 12
Skleroproteine 260
Skorbut 239
Smaragd 156
Soda 156
Sol 258
Sonnenblumenöl 227
Soretbande 312
Spannungsreihe 106 f.
Spektralphotometer 340
Spezifische Drehung 219
– Eigenschaften 2
Spezifisches Gewicht 3
Sphäroproteine 260 f.
Spirituosen 200
Spiropentan 303
Sprengstoffe 223, 286
Spurenelemente 178 f.
Stabilitätskonstante von Komplexen 169
Stahl 177
Standard-Bicarbonat 118 f.
Standardlösungen 91, 149, 339, 341
Stärke 141, **237,** 258
Stationäre Phase 331 ff.
Stearinsäure 211, 213, **226 f.**
Stearylalkohol 199, 201
Steinsalz 138, 156
Steran 306
Stercobilin 316
Stercobilinogen 316
Sterine 306 f.
Steroidalkaloide 307
Steroide 306 ff.
Steroidhormone 307, 309 f.
Stickstoff 2, 12, 17, 24, 26, **160 ff.**
Stickstoffbestimmung nach Kjeldahl 266
Stickstoffdioxid 50, 161
Stickstoffgruppe 35, **160 ff.**
Stickstoffkreislauf 162
Stickstoffmetabolismus 162 f.
Stickstoffmonoxid 50, 75, 161
Stickstoffoxide 50, 161
Stickstoffthermometer 179
Stickstoffverbindungen, aliphatische 245 ff.
–, heterozyklische 311 ff.
Stickstoffwasserstoffsäure 161
Stöchiometrie 148 ff.
α-Strahlen 38
β-Strahlen 38
γ-Strahlen 38
Strahlungsarten 38
Strahlungshärte 39
Strontium 156, 158
Strophanthin 307
Strukturformeln 23, 186 ff.
Strychnin 247
Styrol 283
Sublimat 139, 179
Sublimation 52, 103, 141, 160
Substituenten 1. und 2. Ordnung 286
Substitution 281
Substrat 271 f.
Substratsättigung 273
Succinat 211
Succinatdehydrogenase 274
Succindialdehyd 311

Succinimid 253
Succinyl-Coenzym A 312 f.
Succinyldichlorid 220
Sulfanilsäure 151, **290,** 316
Sulfatbestimmung 66
Sulfathärte 157
Sulfathiazol 291
Sulfhydrylgruppe 243
Sulfide 60, 65, 66, 166
Sulfidnachweis 66
Sulfinsäuren 243
Sulfonamide 291
Sulfonate 290
Sulfone 243
Sulfonsäuren 243, 289 f.
Sulfosalicylsäure 263
Sulfoxide 243
Sulfurierung 289
Summenformel 23
Suspension 5 f., 257 f., 342
Symbole der Elemente 11 f., Buchdeckel
Synthese 13

Talk 157
Tartrate 217
Tartrathemmung der sauren Phosphatase 276
Taucherkrankheit 96
Taurin 243, 270, 308
Tautomerie 224
Technetium 11
Teflon 196
Tellur 11
Temperaturabhängigkeit der Löslichkeit 7, 8, 96
Temporäre Härte 157
Terephthalsäure 298
Terpene 305
Terpentinöl 305
Tertiäre Alkohole **197,** 199, 207, 210
– Amine 245 ff.
Tertiäres Butanol 199
– C 197
– Phosphat 61
Tertiärstruktur der Proteine 256
Terylen 298
Testosteron 310
Tetraäthylblei 180
Tetrabrom-fluorescein 298
Tetrachlor-benzol 284
Tetrachlorkohlenstoff 195 f., 220
Tetrachlor-methan 195 f.
Tetracontan 187
Tetrahydro-naphthalin 301
Tetralin 301
Tetrammin-kupfersulfat 169
Tetrazol 317
Tetrosen 232, **235**
Thermochemie 78
Thermochemische Gleichungen 79
Thermolyse 9, 10
Thiamin 317
Thiazol 317
Thioalkohol 243
Thioäther 243
Thiocarbonsäure 243
Thiocyansäure 162
Thiolgruppe 243
Thiophen 311
Thiosulfat 143 ff.
Threonin 251
Thrombin 261
Thymin 318, 320 f.
Thymol 293 f.
Thymolblau 120
Thymoltrübungstest 259
Thyreotropin 309
Thyroxin 141, 252, 295
Titan 12
Titer 132
Titerfaktor 132
Titration, acidimetrische 131 ff.
–, jodometrische 143 ff.
–, komplexometrische 325
–, manganometrische 175
–, mercurimetrische 139
–, oxidimetrische 143 ff.
– schwacher Säuren und Basen 135
– von Salzen 135 f.
Titrationsformeln 132, 140, 144 f.
Titrationskurven 134
Titrierlösungen 132, 143 f.
Titriervorlage 131
Tolubalsam 282
Toluidin 286 f.
Tolunitril 288
Toluol **281 ff.,** 284, 288, 295–297
Toluol-sulfonsäure 290
Tolylgruppe 282
Ton 159
Tonerde 159
Torr 152
Tracer 40
Transaminasen 277 f.
Transaminierung 254, 269 f.
Transferasen 274
Transfer-Ribonucleinsäuren 268, 321
Transferrin 262
trans-Form 192
Transkription 321
Transmission, optische 338 f.
Transurane 35, 40
Traubenzucker 236
Trennmethoden, physikalische 3 ff., 329 ff.
–, Übersicht 329
Trennung von Gemischen 3 ff., 246, 292, 329 ff.
Triadenmetalle 35
Triamine 245
Triäthanolamin 127, 249
Triäthyl-amin 245
Triäthyl-benzol 282
Triazol 317
Tricarbonsäuren 210
Tricarbonsäurezyklus 230
Trichlor-äthen 195
Trichlor-äthylen 195
Trichlor-benzol 284
Trichlor-essigsäure 215, 263
Trichlor-methan 195
Trichlor-phenol 292
Trifluor-essigsäure 215
Trikaliumphosphat 61
Trikresylphosphat 295
Trimethyl-amin 247
Trinitro-benzol 286
Trinitro-phenol 292, 293
Trinitro-toluol 286
Triosen 232, **235**
Triosephosphat-Isomerase 275
Tripelphosphat 62, 157
Tripeptide 255
Triphenyl-methan 282, 283
Trishydroxy-methyl-amino-methan 127, 249
Trispuffer 127
Tritium 38
Trivialnamen 186
Trockeneis 52
Trocknen von feuchten Substanzen 102
– von Lösungsmitteln 101, 156
Trocknungsmittel 102
Trotyl 286
Trübungsmessung 342
Trypsin 268
Tryptophan **251 f.,** 269, 317
Tyndalleffekt 258
Tyrosin 251 f., 269

Übergangselemente 37
Übersättigte Lösung 100
Überstand 5 f.
Ubichinon 315
Ultraviolettabsorption 278, 340
Ultraviolettphotometrie 278
Ultrazentrifuge 264
Umesterung 227
Umkristallisieren 99 f.
Umrechnung von Ionenkonzentration in pH-Wert und umgekehrt 115 f.

– von Prozentgehalt in Molarität und Normalität und umgekehrt 89 f.
Umschlagsbereich von Indikatoren 120
Umschlags-pH 120
Umsetzungen, doppelte 62 ff.
–, einfache 33
Undecan 186
Unedle Metalle 32, 107
Ungesättigte Carbonsäuren 214, 226
– Kohlenwasserstoffe 190 ff., 280 ff.
Universalindikatoren 121
Unterbromige Säure 141
Unterchlorige Säure 60, 140
Unverseifbares 306
Uracil 318, 320 f.
Urämisches Blut 264
Uran 2
Uranylacetat 263
Urease 254, 273, 275
Urethane 253
Uricase 275, 319
Urobilin 316
Urobilinogen 316
Uroporphyrin 313
Urtiterlösungen 91
Urtitersubstanzen 132, 146, 175

Vakuumdestillation 7
Vakuumexsikkator 102
Vakuumfiltration 4
Val **55 ff.,** 88 ff., 112, 131 ff., 143 ff.
Valenz 25
Valenzelektronen 68
Valenzkraft 25
Valeraldehyd 206
Valeriansäure 211
Valin 251
Vanadiumpentoxid 167, 298
Vanillin 296
Vanillin-mandelsäure 294
Vasopressin 255
Verbindung 10, 13
Verbindungstypen, Übersicht 326 ff.
Verbrennung 18
Verdampfungswärme von Wasser 79
Verdauungsenzyme 229, 239 f., 267 f.
Verdünnungsberechnungen 93f.
Veresterung 221
Vergällen 200
Veronalpuffer 127
Verseifung 222, 227 f., 306
Verteilungschromatographie 332 f.
Verwittern von Kristallen 101
Verzinken 179
Vicinale Doppelbindungen 191
Vicinalstellung 281
Vinylchlorid 194
Vinylgruppe 191
Viscosität 6
Vitamin A 306
– B_1 317
– C 239
– D 158, 308
– F 231
Vitamine 239
Volumenkontraktion 95

Waagen 90
Wachse 201, 222
Wägen 90
Wägeschiffchen 91
Walrat 201
Wannenform 303
Wärmetönung 78
Waschflasche 17
Wasser 10, 13, 14, 23, **31 ff., 71**
Wasserdampf 22
Wasserelektrolyse 10, 33
Wasserenthärtung 112
Wasserhärte 31, 157
Wasserstoff 10, 12–15, 17, 22, 24, 25, 32, **33**
Wasserstoffabspaltung 73, 205
Wasserstoffakzeptoren 73
Wasserstoffbrücken 71, 200, 201, 256, 320
Wasserstoffdonatoren 73
Wasserstoffempfänger 73
Wasserstoffexponent = pH-Wert 113
Wasserstoffionen 48 ff.
Wasserstoffisotope 38
Wasserstoffperoxid 72, **77,** 78, 108, 176, 275
–, Titration von 145, 176
Wasserstoffspender 73
Wasserstoffverbindungen 31 ff.
Wechselzahl 273
Weicheisen 177
Weiches Wasser 31
Wein 200
Weinsäure 217, 218
Weinstein 217
Wertigkeit der Elemente 25 ff., 36, 75, Buchdeckel
– von Säuren und Basen 55
Winkelkopfzentrifuge 5
Wismut 107, 165
Wismutglanz 165
Wöhlersche Harnstoffsynthese 184
Wolfram 2, **174**
Wolframcarbid 174
Wolframit 174
Wolframlampe 174, 340
Wolframsäure 174, 263
Woodsches Metall 165
Wurtzsche Synthese 190, 283

Xanthin 319
Xanthoproteinreaktion 52
Xenon 17
Xylol **282 f.,** 296
Xylulose 232

Yperit 243

Z siehe auch C
Zein 269
Zellatmung 20, 241
Zellulose 238
Zelluloseacetat 224, 265
Zement 159
Zentralatom 168
Zentrifugalbeschleunigung 6
Zentrifugalkraft 5
Zentrifugation 5, 7, 264
Zentrifugen 5, 264
Zentrifugengleichung 6
Zeolithe 110
Zerlegung von Reinstoffen 9 f.
Zimtsäure 299
Zink 76, 106, 107, **178 f.,** 324
Zinkblende 166
Zinkhydroxid 53, 179, 263
Zinkoxid 33, 179
Zinksulfat 101, 179
Zinkweiss 179
Zinn 107
Zinnober 166, 179
Zucker 232 ff.
Zuckerkrankheit 209, 217, 236
Zuckernachweis 235
Zündung 13
Zweipunktmethoden zur Enzymbestimmung 276
Zweiwertige Alkohole 196, 201
– Carbonsäuren 210 f., 214
Zwitterionen 250, 259